全国勘察设计注册公用设备工程师给水排水专业执业指南

第4册 常用资料

季 民 主编
周 丹 主审

中国建筑工业出版社

图书在版编目(CIP)数据

全国勘察设计注册公用设备工程师给水排水专业执业指南. 第4册, 常用资料 / 季民主编；周丹主审. — 北京：中国建筑工业出版社, 2024.4（2025.2重印）

ISBN 978-7-112-29713-9

Ⅰ. ①全… Ⅱ. ①季… ②周… Ⅲ. ①给排水系统 – 资格考试 – 教材 Ⅳ. ①TU991

中国国家版本馆 CIP 数据核字（2024）第 064036 号

责任编辑：于　莉
责任校对：芦欣甜

全国勘察设计注册公用设备工程师给水排水专业执业指南
第 4 册　常用资料
季　民　主编

周　丹　主审

＊

中国建筑工业出版社出版、发行（北京海淀三里河路9号）

各地新华书店、建筑书店经销

北京红光制版公司制版

天津安泰印刷有限公司印刷

＊

开本：787 毫米 × 1092 毫米　1/16　印张：26¾　字数：646 千字
2024 年 4 月第一版　　2025 年 2 月第二次印刷
定价：**109.00** 元
ISBN 978-7-112-29713-9
（44259）

前　　言

　　全国勘察设计注册公用设备工程师（给水排水）执业资格已实行多年，注册公用设备工程师（给水排水）专业的考试、注册、继续教育等工作持续进行。随着技术的发展，给水排水注册工程师在继续教育和执业过程中常遇到一些新的问题和疑惑。为了使给水排水注册工程师系统掌握专业知识、正确理解和运用相关标准规范、提高理论联系实际和分析解决工程问题的能力，特编写《全国勘察设计注册公用设备工程师给水排水专业执业指南》（简称执业技术指南）。执业技术指南共分四册：

　　第 1 册　给水工程

　　第 2 册　排水工程

　　第 3 册　建筑给水排水工程

　　第 4 册　常用资料

　　第 1 册由于水利主编，张晓健主审。参编人员及分工如下：第 1 章由于水利、吴一繁、黎雷编写；第 2 章由于水利、黎雷编写；第 3 章由于水利、李伟英、黎雷编写；第 4 章由李伟英编写；第 5 章～第 12 章由张玉先、范建伟、刘新超、邓慧萍、高乃云编写；第 13 章由董秉直、李伟英编写；第 14 章、第 15 章由董秉直编写。

　　第 2 册由何强主编，赫俊国主审。参编人员及分工如下：第 1 章、第 10 章～第 13 章、第 15 章、第 16 章、第 18 章、第 20 章由何强、许劲、翟俊、柴宏祥、艾海男编写；第 2 章～第 9 章由张智编写；第 14 章、第 17 章、第 19 章由周健编写。

　　第 3 册由岳秀萍主编，郭汝艳主审。参编人员及分工如下：第 1 章由吴俊奇、岳秀萍编写，第 2 章由朱锡林、范永伟编写，第 4 章、第 5 章由岳秀萍、范永伟编写。

　　第 4 册由季民主编，周丹主审。参编人员如下：季民、周丹、赵迎新、孙井梅、翟思媛、王兆才、王秀宏在本册前期编写工作中作出了重要贡献。

　　执业技术指南紧扣给水排水注册工程师应知应会的专业知识，吸收国内外给水排水新技术、新工艺、新设备和新经验，重在解决执业过程中常遇到的理论与实践问题，为专业人员的理论与业务水平提高、更好执业提供有价值的参考。

　　执业技术指南可以作为给水排水注册工程师执业过程中继续学习的参考书，也可以作为专业技术人员从事工程设计咨询、工程建设项目管理、专业技术管理的辅导读本和高等学校师生教学、学习参考用书。

目　录

1 常 用 符 号

1.1 给水排水常用名称符号

给水排水常用名称符号见表 1-1。

给水排水常用名称符号 表 1-1

名称	符号	名称	符号
流速	V、v	氢离子浓度	pH
流量	Q、q	摩擦阻力系数	λ
面积	A、F、f、w	局部阻力系数	ξ
容积、体积	V、W	粗糙系数	n
公称直径	DN	谢才系数	C
管外径、内径	D、d	流量系数	μ
停留时间	T、t	水的运动黏度	v
扬程	H、h	水的动力黏度	μ
水头损失	H、h	雷诺数	Re
水力坡降	I、i	弗劳德数	Fr
水力半径	R	水力梯度	G
湿周	X、ρ、P	效率	η
水泵吸程	H_s	周期	T
功率	N	频率	f、P
转速	n	径流系数	ψ

1.2 给水排水常用名词缩写

给水排水常用名词缩写见表 1-2。

给水排水常用名词缩写 表 1-2

常用名词	缩写	常用名词	缩写
悬浮固体	SS	聚丙烯酰胺	PAM
五日生化需氧量	BOD_5	碱式氯化铝	PAC
化学需氧量	COD	聚合硫酸铁	PFS
耗氧量	OC	三氯甲烷	THMS
溶解氧	DO	游动电流	SCM
理论需氧量	ThOD	总凯氏氮	TKN
总需氧量	TOD	总氮	TN
理论有机碳	ThOC	工程塑料	ABS
总有机碳	TOC	浊度	NTU
瞬时需氧量	IOD	固体总量	TS
溶解固体量	DS	污泥容积指数	SVI

常用名词	缩写	常用名词	缩写
混合液浓度 （或称污泥浓度）	MLSS	两级活性污泥法 （或称吸附生物氧化法）	A/B
混合液挥发物浓度	MLVSS	序批式活性污泥法	SBR
挥发固体	VSS	硬聚氯乙烯	UPVC
污泥沉降比	SV（%）	移动床生物膜反应器	MBBR
厌氧好氧法	A/O	膜生物反应器	MBR
厌氧缺氧好氧法	A^2/O	升流式厌氧污泥床	UASB

1.3 计量单位名称及符号

我国的法定计量单位包括：

（1）国际单位制的基本单位（SI）。

（2）国际单位制的辅助单位。

（3）国际单位制中具有专门名称的导出单位。

（4）国家选定的非国际单位制单位。

（5）由以上单位构成的组合形式的单位。

（6）由词头和以上单位构成的十进倍数和分数单位。

1.3.1 SI 基本单位

SI 基本单位名称及符号见表1-3。

SI 基本单位名称及符号 表1-3

量	单位名称	单位符号	定 义
长度	米	m	米等于氪–86 原子的 $2p_{10}$ 和 $5d_5$ 能级之间跃迁所对应的辐射，在真空中的 1650763.73 个波长的长度
质量	千克（公斤）	kg	千克是质量单位，等于国际千克原器的质量
时间	秒	s	秒是铯–133 原子基态的两个超精细能级之间跃迁所对应的辐射的 9192631770 个周期的持续时间
电流	安［培］	A	安培是一恒定电流，若保持在处于真空中相距 1 米的两无限长，而圆截面可忽略的平行直导线内，则在此两导线之间产生的力在每米长度上等于 2×10^{-7} 牛顿
热力学温度	开［尔文］	K	热力学温度单位开尔文是水三相点热力学温度的 1/273.16
物质的量	摩［尔］	mol	1. 摩尔是一系统的物质的量，该系统中所包含的基本单元数与 0.012 千克碳–12 的原子数目相等 2. 在使用摩尔时，基本单元应予指明，可以是原子、分子、离子、电子及其他粒子，或是这些粒子的特定组合
发光强度	坎［德拉］	cd	坎德拉是一光源在给定方向上的发光强度，该光源发出频率为 540×10^{12} 赫兹的单色辐射，且在此方向上的辐射强度为 1/683 瓦特每球面度

注：1. 去掉方括号时为单位名称的全称，去掉方括号中的字时即成为单位名称的简称，无方括号的单位名称，简称与全称同。下同。

2. 圆括号中的名称与它前面的名称是同义词。下同。

1.3.2　SI 辅助单位

SI 辅助单位名称及符号见表1-4，使用时可以把它们当作基本单位或导出单位。

SI 辅助单位名称及符号　　　　表 1-4

量	单位名称	单位符号	定　义
平面角	弧度	rad	弧度是一圆内两条半径之间的平面角，这两条半径在圆周上截取的弧长与半径相等
立体角	球面度	sr	球面度是一立体角，其顶点位于球心。而它在球面上所截取的面积等于以球半径为边长的正方形面积

1.3.3　SI 导出单位

用 SI 基本单位表示的 SI 导出单位名称及符号见表1-5。

用 SI 基本单位表示的 SI 导出单位名称及符号　　　　表 1-5

量	SI 单位		量	SI 单位	
	名称	符号		名称	符号
面积	平方米	m^2	电流密度	安［培］每平方米	A/m^2
体积	立方米	m^3	磁场强度	安［培］每米	A/m
速度	米每秒	m/s	［物质的量］浓度[①]	摩［尔］每立方米	mol/m^3
加速度	米每二次方秒	m/s^2	比体积	立方米每千克	m^3/kg
波数	每米	m^{-1}	［光］亮度	坎［德拉］每平方米	cd/m^2
密度	千克每立方米	kg/m^3			

① 在不致产生误解时，量的名称中方括号内的字可以省略。

具有专门名称和符号的 SI 导出单位见表1-6。用专门名称和符号表示的 SI 导出单位见表1-7。

具有专门名称和符号的 SI 导出单位　　　　表 1-6

量	SI 单位			
	名称	符号	用其他 SI 单位表示的表示式	用 SI 基本单位表示的表示式
频率	赫［兹][①]	Hz		s^{-1}
力	牛［顿］	N		$m \cdot kg \cdot s^{-2}$
压强，（压力），应力	帕［斯卡］	Pa	N/m^2	$m^{-1} \cdot kg \cdot s^{-2}$
能，功，热量	焦［耳］	J	$N \cdot m$	$m^2 \cdot kg \cdot s^{-2}$
功率，辐［射］通量	瓦［特］	W	J/s	$m^2 \cdot kg \cdot s^{-3}$
电量，电荷	库［仑］	C		$s \cdot A$
电位（电势），电压，电动势	伏［特］	V	W/A	$m^2 \cdot kg \cdot s^{-3} \cdot A^{-1}$
电容	法［拉］	F	C/V	$m^{-2} \cdot kg^{-1} \cdot s^4 \cdot A^2$
电阻	欧［姆］	Ω	V/A	$m^2 \cdot kg \cdot s^{-3} \cdot A^{-2}$
电导	西［门子］	S	A/V	$m^{-2} \cdot kg^{-1} \cdot s^3 \cdot A^2$
磁通［量］	韦［伯］	Wb	$V \cdot s$	$m^2 \cdot kg \cdot s^{-2} \cdot A^{-1}$

量	SI 单位			
	名称	符号	用其他 SI 单位表示的表示式	用 SI 基本单位表示的表示式
磁感应［强度］，磁通密度	特［斯拉］	T	Wb/m²	kg · s⁻² · A⁻¹
电感	亨［利］	H	Wb/A	m² · kg · s⁻² · A⁻²
摄氏温度	摄氏度	℃		K
光通［量］	流［明］	lm		cd · sr
［光］照度	勒［克斯］	lx	lm/m²	m⁻² · cd · sr

① 在不致产生误解时，量的名称中方括号内的字可以省略。

用专门名称和符号表示的 SI 导出单位　　　　　表 1-7

量	SI 单位		
	名称	符号	用 SI 基本单位表示的表示式
［动力］黏度	帕［斯卡］秒①	Pa · s	m⁻¹ · kg · s⁻¹
力矩	牛［顿］米	N · m	m² · kg · s⁻²
表面张力	牛［顿］每米	N/m	kg · s⁻²
热流密度，辐［射］照度	瓦［特］每平方米	W/m²	kg · s⁻³
热容，熵	焦［耳］每开［尔文］	J/K	m² · kg · s⁻² · K⁻¹
比热容，比熵	焦［耳］每千克开［尔文］	J/（kg · K）	m² · s⁻² · K⁻¹
比能	焦［耳］每千克	J/kg	m² · s⁻²
热导率（导热系数）	瓦［特］每米开［尔文］	W/（m · K）	m · kg · s⁻³ · K⁻¹
能［量］密度	焦［耳］每立方米	J/m³	m⁻¹ · kg · s⁻²
摩尔能［量］	焦［耳］每摩［尔］	J/mol	m² · kg · s⁻² · mol⁻¹
摩尔熵，摩尔热容	焦［耳］每摩［尔］开［尔文］	J/（mol · K）	m² · kg · s⁻² · K⁻¹ · mol⁻¹

① 在不致产生误解时，量的名称中方括号内的字可以省略。

用 SI 辅助单位表示的 SI 导出单位名称及符号见表 1-8。

用 SI 辅助单位表示的 SI 导出单位名称及符号　　　　　表 1-8

量	SI 单位	
	名称	符号
角速度	弧度每秒	rad/s
角加速度	弧度每二次方秒	rad/s²
辐［射］强度	瓦［特］每球面度①	W/sr
辐［射］亮度	瓦［特］每平方米球面度	W/（m² · sr）

① 在不致产生误解时，量的名称中方括号内的字可以省略。

表 1-5 ~ 表 1-8 未列出的其他量可按上述原则构成其 SI 导出单位。

1.3.4　SI 词头

SI 词头名称及符号见表 1-9。SI 单位的十进倍数单位与分数单位，由 SI 词头加 SI 单位构成；质量的单位由 SI 词头加克（符号是 g）构成。

SI 词头名称及符号

表 1-9

因数	词头名称		符号
	英文	中文	
10^{18}	exa	艾［可萨］	E
10^{15}	peta	拍［它］	P
10^{12}	tera	太［拉］	T
10^{9}	giga	吉［咖］	G
10^{6}	mega	兆	M
10^{3}	kilo	千	k
10^{2}	hecto	百	h
10^{1}	deca	十	da
10^{-1}	deci	分	d
10^{-2}	centi	厘	c
10^{-3}	milli	毫	m
10^{-6}	micro	微	μ
10^{-9}	nano	纳［诺］	n
10^{-12}	pico	皮［可］	p
10^{-15}	femto	飞［母托］	f
10^{-18}	atto	阿［托］	a

1.3.5 未制单位和制外单位

（1）可以与国际单位制并用的单位名称及符号见表 1-10，一般不要将该表中的单位与国际单位制单位构成组合单位。已经习惯的这类组合单位暂时允许使用。

可以与国际单位制并用的单位名称及符号

表 1-10

量	单位名称	单位符号	与 SI 单位的关系或定义
时间	分	min	$1min = 60s$
	［小］时	h	$1h = 60min = 3600s$
	日，（天）	d	$1d = 24h = 86400s$
平面角，（角度）	度	°	$1° = (\pi/180)\ rad$
	［角］分	′	$1' = (1/60)° = (\pi/10800)\ rad$
	［角］秒	″	$1'' = (1/60)' = (\pi/648000)\ rad$
体积，容积	升	L	$1L = 1dm^3 = 10^{-3}m^3$
质量	吨	t	$1t = 10^3 kg$
	［统一的］原子质量单位	u	$1u \approx 1.6605655 \times 10^{-27} kg$
能	电子伏特	eV	$1eV = 1.6021892 \times 10^{-19} J$
声压级	分贝	dB	定义：一声音的声压与参考声压之比的常用对数的 20 倍等于 1，则这个声音的声压级为 1 分贝，规定参考声压为零级，并等于 2×10^{-5} 帕斯卡
响度级	方		方是一声音根据人耳判断与其等响的 1000 赫兹纯音的声压级为 1 分贝的响度级

（2）可以与国际单位制暂时并用的单位名称及符号见表 1-11，一般不要将它们与国际单位制单位构成组合单位。工程单位制（重力制）；厘米·克·秒制，暂时允许使用。

可以与国际单位制暂时并用的单位名称及符号

表 1-11

量	单位名称	单位符号	与 SI 单位的关系	备注
旋转频率，（转速）	转每分	min^{-1}，rpm	1rpm＝（1/60）s^{-1}	
长度	海里		1 海里＝1852m	只用于航程
	公里		1 公里＝10^3m	
	费密		1 费密＝1fm＝10^{-45}m	
	埃	A	1A＝0.1nm＝10^{-10}m	
面积	公亩	a	1a＝1dam^2＝$10^2$$m^2$	
	公顷	ha	1ha＝1hm^2＝$10^4$$m^2$	
力	达因	dyn	1dyn＝10^{-5}N	
	千克力（公斤力）	kgf	1kgf＝9.80665N	
	吨力	tf	1tf＝9.80665×10^3N	
速度	节		1 节＝1 海里/小时＝（1852/3600）m/s	用于航行速度
加速度	伽	Gal	1Gal＝1cm/s^2＝$10^{-2}$$m/s^2$	
力矩	千克力米	kgf·m	1kgf·m＝9.80665N·m	
压强，（压力）	巴	bar	1bar＝0.1MPa＝10^5Pa	
	标准大气压	atm	1atm＝101325Pa	
	托	Torr	1Torr＝（101325/760）Pa	
	毫米汞柱	mmHg	1mmHg＝133.3224Pa	
压强，（压力）	千克力每平方厘米（工程大气压）	kgf/cm^2（at）	1kgf/cm^2＝9.80665×10^4Pa	
	毫米水柱	mmH_2O	1mmH_2O＝9.806375Pa	
应力	千克力每平方毫米	kgf/mm^2	1kgf/mm^2＝9.80665×10^6Pa	
［动力］黏度	泊	P	1P＝1dyn·s/cm^2＝0.1Pa·s	
运动黏度	斯［托克斯］	St	1St＝1cm^2/s＝$10^{-4}$$m^2/s$	
能，功	千克力米	kgf·m	1kgf·m＝9.80665J	
	瓦［特］小时	W·h	1W·h＝3600J	
功率	马力		1 马力＝735.49875W ＝75kgf·m/s	指米制马力
热量	卡 热化学卡	cal cal_{th}	1cal＝4.1868J 1cal_{th}＝4.1840J	第一个卡指国际蒸汽表卡，国际符号是cal_{th}，但各国常用 cal 作符号

量	单位名称	单位符号	与SI单位的关系	备注
比热容	卡每克摄氏度	$cal/(g \cdot \text{℃})$	$1cal/(g \cdot \text{℃}) =$ $4.1868 \times 10^3 J/(kg \cdot K)$	
	千卡每千克摄氏度	$kcal/(kg \cdot \text{℃})$	$1kcal/(kg \cdot \text{℃}) =$ $4.1868 \times 10^3 J/(kg \cdot K)$	
传热系数	卡每平方厘米秒摄氏度	$cal/(cm^2 \cdot s \cdot \text{℃})$	$1cal/(cm^2 \cdot s \cdot \text{℃}) =$ $4.1868 \times 10^4 W/(m^2 \cdot K)$	
热导率，（导热系数）	卡每厘米秒摄氏度	$cal/(cm \cdot s \cdot \text{℃})$	$1cal/(cm \cdot s \cdot \text{℃}) =$ $4.1868 \times 10^2 W/(m \cdot K)$	

2 单 位 换 算

2.1 统一公制计量单位中文名称

统一公制计量单位名称、代号、对主单位的比见表2-1。

统一公制计量单位名称、代号、对主单位的比 表 2-1

类别	采用的单位名称	代号	对主单位的比
长度	微米	μm	百万分之一米（1/1000000m）
	忽米	cmm	十万分之一米（1/100000m）
	丝米	dmm	万分之一米（1/10000m）
	毫米	mm	千分之一米（1/1000m）
	厘米	cm	百分之一米（1/100m）
	分米	dm	十分之一米（1/10m）
	米	m	主单位
	十米	dam	米的十倍（10m）
	百米	hm	米的百倍（100m）
	公里（千米）	km	米的千倍（1000m）
重量 （质量单位 名称同）	毫克	mg	百万分之一千克（1/1000000kg）
	厘克	cg	十万分之一千克（1/100000kg）
	分克	dg	万分之一千克（1/10000kg）
	克	g	千分之一千克（1/1000kg）
	十克	dag	百分之一千克（1/100kg）
	百克	hg	十分之一千克（1/10kg）
	千克	kg	主单位
	公担（分吨）	dt	公斤的百倍（100kg）
	吨	t（Mg）	公斤的千倍（1000kg），克的兆倍（10^6g）
容量	毫升	mL	千分之一升（1/1000L）
	厘升	cL	百分之一升（1/100L）
	分升	dL	十分之一升（1/10L）
	升	L	主单位
	十升	daL	升的十倍（10L）
	百升	hL	升的百倍（100L）
	千升（米³）	kL	升的千倍（1000L）
体积	立方毫米	mm^3	一兆分之一立方米（$10^{-9}m^3$）
	立方厘米	cm^3	百万分之一立方米（$1/1000000m^3$）
	立方米	m^3	主单位

注：$1\mu m = 1000nm$（纳米）；$1nm = 10Å$（埃）；$1Å$（埃）$= 10^{-8}cm$（厘米）。

2.2 常用单位换算

2.2.1 长度单位换算

长度单位换算见表2-2。

长度单位换算　　　　　　　　　　　　　　表2-2

单位	km	hm	dam	m	dm	cm	mm	μm	nm	pm	Å	X单位
千米（公里）	1	10	10^2	10^3	10^4	10^5	10^6	10^9	10^{12}	10^{15}	10^{13}	10^{16}
百米	10^{-1}	1	10	10^2	10^3	10^4	10^5	10^8	10^{11}	10^{14}	10^{12}	10^{15}
十米	10^{-2}	10^{-1}	1	10	10^2	10^3	10^4	10^7	10^{10}	10^{13}	10^{11}	10^{14}
米	10^{-3}	10^{-2}	10^{-1}	1	10	10^2	10^3	10^6	10^9	10^{12}	10^{10}	10^{13}
分米	10^{-4}	10^{-3}	10^{-2}	10^{-1}	1	10	10^2	10^5	10^8	10^{11}	10^9	10^{12}
厘米	10^{-5}	10^{-4}	10^{-3}	10^{-2}	10^{-1}	1	10	10^4	10^7	10^{10}	10^8	10^{11}
毫米	10^{-6}	10^{-5}	10^{-4}	10^{-3}	10^{-2}	10^{-1}	1	10^3	10^6	10^9	10^7	10^{10}
微米	10^{-9}	10^{-8}	10^{-7}	10^{-6}	10^{-5}	10^{-4}	10^{-3}	1	10^3	10^6	10^4	10^7
纳米	10^{-12}	10^{-11}	10^{-10}	10^{-9}	10^{-8}	10^{-7}	10^{-6}	10^{-3}	1	10^3	10	10^4
皮米	10^{-15}	10^{-14}	10^{-13}	10^{-12}	10^{-11}	10^{-10}	10^{-9}	10^{-6}	10^{-3}	1	10^{-2}	10
埃	10^{-13}	10^{-12}	10^{-11}	10^{-10}	10^{-9}	10^{-8}	10^{-7}	10^{-4}	10^{-1}	10^2	1	10^3
主单位①	10^{-16}	10^{-15}	10^{-14}	10^{-13}	10^{-12}	10^{-11}	10^{-10}	10^{-7}	10^{-4}	10^{-1}	10^{-3}	1

① 1X单位 = 1.00206×10^{-13} m。

2.2.2 面积单位换算

面积单位换算见表2-3。

面积单位换算　　　　　　　　　　　　　　表2-3

单位	km²	hm² = ha	dam² = a	m²	dm²	cm²	mm²	μm²	nm²	pm²	b
平方千米	1	10^2	10^4	10^6	10^8	10^{10}	10^{12}	10^{18}	10^{24}	10^{30}	
平方百米（公顷）	10^{-2}	1	10^2	10^4	10^6	10^8	10^{10}	10^{16}	10^{22}	10^{28}	
平方十米（公亩）	10^{-4}	10^{-2}	1	10^2	10^4	10^6	10^8	10^{14}	10^{20}	10^{26}	
平方米	10^{-6}	10^{-4}	10^{-2}	1	10^2	10^4	10^6	10^{12}	10^{18}	10^{24}	10^{28}
平方分米	10^{-8}	10^{-6}	10^{-4}	10^{-2}	1	10^2	10^4	10^{10}	10^{16}	10^{22}	10^{26}
平方厘米	10^{-10}	10^{-8}	10^{-6}	10^{-4}	10^{-2}	1	10^2	10^8	10^{14}	10^{20}	10^{24}
平方毫米	10^{-12}	10^{-10}	10^{-8}	10^{-6}	10^{-4}	10^{-2}	1	10^6	10^{12}	10^{18}	10^{22}
平方微米	10^{-18}	10^{-16}	10^{-14}	10^{-12}	10^{-10}	10^{-8}	10^{-6}	1	10^6	10^{12}	10^{16}
平方纳米	10^{-24}	10^{-22}	10^{-20}	10^{-18}	10^{-16}	10^{-14}	10^{-12}	10^{-6}	1	10^6	10^{10}
平方皮米	10^{-30}	10^{-28}	10^{-26}	10^{-24}	10^{-22}	10^{-20}	10^{-18}	10^{-12}	10^{-6}	1	10^4
靶恩				10^{-28}	10^{-26}	10^{-24}	10^{-22}	10^{-16}	10^{-10}	10^{-4}	1

2.2.3 体积单位换算

体积单位换算见表2-4。

体积单位换算　　　　表2-4

单位	km^3	hm^3	dam^3	m^3	hL	daL	$dm^3=L$①	dL	cL	$cm^3=mL$	$mm^3=\mu L$	$\mu m^3=fL$	nm^3	pm^3
立方千米	1	10^3	10^6	10^9	10^{10}	10^{11}	10^{12}	10^{13}	10^{14}	10^{15}	10^{18}	10^{27}	10^{36}	10^{45}
立方百米	10^{-3}	1	10^3	10^6	10^7	10^8	10^9	10^{10}	10^{11}	10^{12}	10^{15}	10^{24}	10^{33}	10^{42}
立方十米	10^{-6}	10^{-3}	1	10^3	10^4	10^5	10^6	10^7	10^8	10^9	10^{12}	10^{21}	10^{30}	10^{39}
立方米	10^{-9}	10^{-6}	10^{-3}	1	10	10^2	10^3	10^4	10^5	10^6	10^9	10^{18}	10^{27}	10^{36}
百升	10^{-10}	10^{-7}	10^{-4}	10^{-1}	1	10	10^2	10^3	10^4	10^5	10^8	10^{17}	10^{26}	10^{35}
十升	10^{-11}	10^{-8}	10^{-5}	10^{-2}	10^{-1}	1	10	10^2	10^3	10^4	10^7	10^{16}	10^{25}	10^{34}
立方分米（升）	10^{-12}	10^{-9}	10^{-6}	10^{-3}	10^{-2}	10^{-1}	1	10	10^2	10^3	10^6	10^{15}	10^{24}	10^{33}
分升	10^{-13}	10^{-10}	10^{-7}	10^{-4}	10^{-3}	10^{-2}	10^{-1}	1	10	10^2	10^5	10^{14}	10^{23}	10^{32}
厘升	10^{-14}	10^{-11}	10^{-8}	10^{-5}	10^{-4}	10^{-3}	10^{-2}	10^{-1}	1	10	10^4	10^{13}	10^{22}	10^{31}
立方厘升（毫升）	10^{-15}	10^{-12}	10^{-9}	10^{-6}	10^{-5}	10^{-4}	10^{-3}	10^{-2}	10^{-1}	1	10^3	10^{12}	10^{21}	10^{30}
立方毫米（微升）	10^{-18}	10^{-15}	10^{-12}	10^{-9}	10^{-8}	10^{-7}	10^{-6}	10^{-5}	10^{-4}	10^{-3}	1	10^9	10^{18}	10^{27}
立方微米（飞升）	10^{-27}	10^{-24}	10^{-21}	10^{-18}	10^{-17}	10^{-16}	10^{-15}	10^{-14}	10^{-13}	10^{-12}	10^{-9}	1	10^9	10^{18}
立方纳米	10^{-36}	10^{-33}	10^{-30}	10^{-27}	10^{-26}	10^{-25}	10^{-24}	10^{-23}	10^{-22}	10^{-21}	10^{-18}	10^{-9}	1	10^9
立方皮米	10^{-45}	10^{-42}	10^{-39}	10^{-36}	10^{-35}	10^{-34}	10^{-33}	10^{-32}	10^{-31}	10^{-30}	10^{-27}	10^{-18}	10^{-9}	1

① 为了与数字"1"相区别，升的符号"l"可以使用大写正体字母"L"。

2.2.4 质量单位换算

质量单位换算见表2-5。

质量单位换算　　　　表2-5

单位	Mt	kt	Mg	dt	kg	hg	dag	g	dg	mg	μg①	ca at②
兆吨	1	10^3	10^6	10^7	10^9	10^{10}	10^{11}	10^{12}	10^{13}	10^{15}	10^{18}	
千吨	10^{-3}	1	10^3	10^4	10^6	10^7	10^8	10^9	10^{10}	10^{12}	10^{15}	
吨（兆克）	10^{-6}	10^{-3}	1	10	10^3	10^4	10^5	10^6	10^7	10^9	10^{12}	
分吨	10^{-7}	10^{-4}	10^{-1}	1	10^2	10^3	10^4	10^5	10^6	10^8	10^{11}	
千克	10^{-9}	10^{-6}	10^{-3}	10^{-2}	1	10	10^2	10^3	10^4	10^6	10^9	5×10^3
百克	10^{-10}	10^{-7}	10^{-4}	10^{-3}	10^{-1}	1	10	10^2	10^3	10^5	10^8	5×10^2
十克	10^{-11}	10^{-8}	10^{-5}	10^{-4}	10^{-2}	10^{-1}	1	10	10^2	10^4	10^7	5×10
克	10^{-12}	10^{-9}	10^{-6}	10^{-5}	10^{-3}	10^{-2}	10^{-1}	1	10	10^3	10^6	5
分克	10^{-13}	10^{-10}	10^{-7}	10^{-6}	10^{-4}	10^{-3}	10^{-2}	10^{-1}	1	10^2	10^5	0.5

单位	Mt	kt	Mg	dt	kg	hg	dag	g	dg	mg	μg①	ca at②
毫克	10^{-15}	10^{-12}	10^{-9}	10^{-8}	10^{-6}	10^{-5}	10^{-4}	10^{-3}	10^{-2}	1	10^3	5×10^{-3}
微克	10^{-18}	10^{-15}	10^{-12}	10^{-11}	10^{-9}	10^{-8}	10^{-7}	10^{-6}	10^{-5}	10^{-3}	1	5×10^{-6}
克拉					2×10^{-4}	2×10^{-3}	2×10^{-2}	2×10^{-1}	2	2×10^2	2×10^5	1

① 过去称为 γ。

② 只用于钻石、珍珠、贵金属。

2.2.5 力单位换算

力单位换算见表 2-6。

力单位换算 表 2-6

单位	N	dyn	gf	kgf	0.1kN	kN
牛顿	1	10^5	0.1019716×10^3 $\approx 10^2$	$0.1019716 \approx 10^{-1}$	10^{-2}	10^{-3}
达因	10^{-5}	1	0.1019716×10^{-2} $\approx 10^{-3}$	0.1019716×10^{-5} $\approx 10^{-6}$	10^{-7}	10^{-8}
克力①	0.80665×10^{-3} $\approx 10^{-2}$	9.80665×10^2 $\approx 10^3$	1	10^{-3}	9.80665×10^{-5} $\approx 10^{-4}$	9.80665×10^{-6} $\approx 10^{-5}$
千克力	$9.80665 \approx 10$	9.80665×10^5 $\approx 10^6$	10^3	1	9.80665×10^{-2} $\approx 10^{-1}$	9.80665×10^{-3} $\approx 10^{-2}$
百牛	10^2	10^7	0.1019716×10^5 $\approx 10^4$	0.1019716×10^2 ≈ 10	1	10^{-1}
千牛	10^3	10^8	0.1019716×10^6 $\approx 10^5$	0.1019716×10^3 $\approx 10^2$	10	1

① 克力在西欧有些国家，有一个专门名称"pond"，千克力则称为"kilopond"，符号为 p，kp。

2.2.6 千克力（kgf）、牛顿（N）换算

千克力（kgf）、牛顿（N）换算见表 2-7。

千克力（kgf）、牛顿（N）换算① 表 2-7

kgf	0	1	2	3	4	5	6	7	8	9
0	—	9.80665	19.61330	29.41995	39.22660	49.03325	58.83990	68.64655	78.45320	88.25985
10	98.06650	107.87315	117.67980	127.48645	137.29310	147.09975	156.90640	166.71305	176.51970	186.32635
20	196.13300	205.93965	215.74630	225.55295	235.35960	245.16625	254.97290	264.77955	274.58620	284.39285
30	294.19950	304.00615	313.81280	323.61945	333.42610	343.23275	353.03940	362.84605	372.65270	382.45935
40	392.26600	402.07265	411.87930	421.68595	431.49260	441.29925	451.10590	460.91255	470.71920	480.52585
50	490.33250	500.13915	509.94580	519.75245	529.55910	539.36575	549.17240	558.97905	568.78570	578.59235

kgf	0	1	2	3	4	5	6	7	8	9
60	588.39900	598.20565	608.01230	617.81895	627.62560	637.43225	647.23890	657.04555	666.85220	676.65885
70	686.46550	696.27215	706.07880	715.88545	725.69210	735.49875	745.30540	755.11205	764.91870	774.72535
80	784.53200	794.33865	804.14530	813.95195	823.75860	833.56525	843.37190	853.17855	862.98520	872.79185
90	882.59850	892.40515	902.21180	912.01845	921.82510	931.63175	941.43840	951.24505	961.05170	970.85835

① 本表所列换算数值同样适用于下列换算：

a. 千克力米换为焦耳；千克力米每秒换为瓦特；千克力米秒平方换为千克平方米；千克力每平方米换为帕斯卡；

b. 千克力每平方厘米换为 10^4 Pa；千克力每平方毫米换为牛顿每平方毫米；毫米水柱换为 10^3 Pa；

c. 米水柱换为帕斯卡；千克力秒平方每米四次方换为千克每立方米；千克力米每千克开尔文换为焦耳每千克开尔文；

d. 克力换为 10^{-3} N；兆克力换为 10^3 N。

例如：$1 \text{kgf} \cdot \text{m} = 9.80665 \text{J}$；$1 \text{kgf} \cdot \text{m/s} = 9.80665 \text{W}$。

2.2.7 动力黏度单位换算

动力黏度单位换算见表2-8。

动力黏度单位换算　　　　　　　　　　　　　　　　　　　　　　表2-8

单位	Pa·s	P	cP	kg/(m·h)	kgf·s/m²
帕斯卡秒	1	10	10^3	3.6×10^3	1.020×10^{-1}
泊（dyn·s/cm²）	10^{-1}	1	10^2	3.6×10^2	1.020×10^{-2}
厘泊	10^{-3}	10^{-2}	1	3.6	1.020×10^{-4}
千克每米小时	2.778×10^{-4}	2.778×10^{-3}	2.778×10^{-1}	1	2.833×10^{-5}
千克力秒每平方米	9.80665	9.80665×10	9.80665×10^3	3.530×10^4	1

2.2.8 运动黏度单位换算

运动黏度单位换算见表2-9。

运动黏度单位换算　　　　　　　　　　　　　　　　　　　　　　表2-9

单位	m²/s	St	cSt	m²/h
平方米每秒	1	10^4	10^6	3.6×10^3
斯托克斯	10^{-4}	1	10^2	3.6×10^{-1}
厘斯	10^{-6}	10^{-2}	1	3.6×10^{-2}
平方米每小时	2.778×10^{-4}	2.778	2.778×10^2	1

2.2.9 压力与应力单位换算

压力与应力单位换算见表2-10。

压力与应力单位换算

表 2-10

单位	$Pa=N/m^2$	bar	atm	$Torr=mmHg$	$dyn/cm^2=\mu bar$	$mH_2O=0.1at$	$mmH_2O=kgf/m^2$	kgf/cm^2（at）	kgf/mm^2	$N/mm^2=MPa$	daN/mm^2
帕斯卡	1	10^{-5}	$9.869\times10^{-6}\approx10^{-5}$	7.500×10^{-3}	10	$0.102\times10^{-3}\approx10^{-4}$	$0.102\approx10^{-1}$	$10.2\times10^{-6}\approx10^{-5}$	$0.102\times10^{-6}\approx10^{-7}$	10^{-6}	10^{-7}
巴	10^5	1	$0.98665\approx1$	750	10^6	$10.2\approx10$	$10.2\times10^3\approx10^4$	$1.02\approx1$	$10.2\times10^{-3}\approx10^{-2}$	10^{-1}	10^{-2}
标准大气压	101325	1.013	1	760	$1.013\times10^6\approx10^6$	$10.33\approx10$	$10.33\times10^3\approx10^4$	$1.033\approx1$	$10.33\times10^{-3}\approx10^{-2}$	$0.1013\approx10^{-1}$	10.13×10^{-3}
托（毫米汞柱）	133.322	1.333×10^{-3}	1.316×10^{-3}	1	1.333×10^3	13.6×10^{-3}	13.60	1.36×10^{-3}	13.60×10^{-6}	133.32×10^{-6}	13.33×10^{-6}
达因/平方厘米（微巴）	10^{-1}	10^{-6}	$0.98665\times10^{-6}\approx10^{-6}$	0.750×10^{-3}	1	$10.2\times10^{-6}\approx10^{-5}$	$10.2\times10^{-3}\approx10^{-2}$	$1.02\times10^{-6}\approx10^{-6}$	$10.2\times10^{-9}\approx10^{-8}$	10^{-7}	10^{-8}
米水柱	$9.80665\times10^3\approx10^4$	$98.0665\times10^{-3}\approx10^{-1}$	$0.09687\approx10^{-1}$	73.6	$98.1\times10^3\approx10^5$	1	10^3	10^{-1}	10^{-3}	$9.81\times10^{-3}\approx10^{-2}$	$0.981\times10^{-3}\approx10^{-3}$
毫米水柱	$9.80665\approx10$	$98.0665\times10^{-6}\approx10^{-4}$	$0.0968\times10^{-3}\approx10^{-4}$	0.736×10^{-1}	$98.1\approx10^2$	10^{-3}	1	10^{-4}	10^{-6}	$9.81\times10^{-6}\approx10^{-5}$	$0.981\times10^{-6}\approx10^{-6}$
千克力/平方厘米（工程大气压）	$9.80665\times10^4\approx10^5$	$0.98665\approx1$	$0.968\approx1$	736	$0.981\times10^6\approx10^6$	10	10^4	1	10^{-2}	98.1×10^{-3}	9.81×10^{-3}
千克力/平方毫米	$9.80665\times10^6\approx10^7$	$98.0665\approx10^2$	$0.0968\times10^3\approx10^2$	0.0736×10^6	$98.1\times10^6\approx10^8$	10^3	10^6	10^2	1	$9.81\approx10$	$0.981\approx1$
牛顿/平方毫米	10^6	10	$9.868\approx10$	7.50×10^3	10^7	$102\approx10^2$	$0.102\times10^6\approx10^5$	$10.2\approx10$	$0.102\approx10^{-1}$	1	10^{-1}
十牛顿/平方毫米	10^7	10^2	$98.69\approx10^2$	75.00×10^3	10^8	$1.02\times10^3\approx10^3$	$1.02\times10^6\approx10^6$	$0.102\times10^3\approx10^2$	$1.02\approx1$	10	1

2.2.10 功、能与热量单位换算

功、能与热量单位换算见表2-11。

功、能与热量单位换算 表2-11

单位	J = N·m = W·s	cal$_{Ih}$	W·h	kgf·m	erg
焦耳	1	0.2388	277.778 × 10^{-6}	0.10197	10^7
国际蒸气表卡	4.1868	1	1.163 × 10^{-3}	0.4269	41.868 × 10^6
瓦小时	3600	0.85984 × 10^3	1	0.3671 × 10^3	36.00 × 10^9
千克力米	9.80665	2.3418	2.7241 × 10^{-3}	1	98.0665 × 10^6
尔格	10^{-7}	23.884 × 10^{-9}	27.778 × 10^{-12}	10.197 × 10^{-9}	1
达因米	10^{-5}	2.3884 × 10^{-6}	2.7778 × 10^{-9}	1.0197 × 10^{-6}	10^2
米制马力小时	2.6478 × 10^6	632.41 × 10^3	735.51	0.26999 × 10^{-6}	26.478 × 10^{12}
升大气压	101.33	24.201	28.147 × 10^{-3}	10.332	1.0133 × 10^9
电子伏特	1.602 × 10^{-19}	3.8262 × 10^{-20}	4.450 × 10^{-23}	1.6336 × 10^{-20}	1.602 × 10^{-12}

单位	dyn·m	米制马力小时	L·atm	eV
焦耳	10^5	0.37767 × 10^{-6}	9.8689 × 10^{-3}	6.2422 × 10^{18}
国际蒸气表卡	0.41868 × 10^6	1.581 × 10^{-6}	41.319 × 10^{-3}	2.614 × 10^{19}
瓦小时	360.0 × 10^6	1.3597 × 10^{-3}	35.528	2.2472 × 10^{22}
千克力米	980.665 × 10^3	3.7040 × 10^{-6}	96.781 × 10^{-3}	6.1215 × 10^{19}
尔格	10^{-2}	37.767 × 10^{-15}	0.9869 × 10^{-9}	6.2422 × 10^{11}
达因米	1	3.7767 × 10^{-12}	98.689 × 10^{-9}	6.2422 × 10^{13}
米制马力小时	264.78 × 10^9	1	26.131 × 10^3	1.6528 × 10^{25}
升大气压	10.133 × 10^6	38.269 × 10^{-6}	1	6.3251 × 10^{20}
电子伏特	1.602 × 10^{-14}	6.0503 × 10^{-26}	1.581 × 10^{-21}	1

2.2.11 功率、能量流及热流单位换算

功率、能量流及热流单位换算见表2-12。

功率、能量流及热流单位换算 表2-12

单位	W	cal$_{Ih}$/s	kcal$_{Ih}$/h	kgf·m/s
瓦特	1	0.23885	0.8598	0.10197
卡路里每秒	4.1868	1	3.600	0.4269
千卡路里每小时	1.163	0.2777	1	0.11859
千克力米每秒	9.80665	2.3422	8.4322	1
尔格每秒	10^{-7}	23.885 × 10^{-9}	85.985 × 10^{-9}	10.197 × 10^{-9}
达因米每秒	10^{-5}	2.3885 × 10^{-6}	8.5985 × 10^{-6}	1.0197 × 10^{-6}
米制马力	735.499	0.1757 × 10^3	0.6324 × 10^3	75
升大气压每小时	28.147 × 10^{-3}	6.7228 × 10^{-3}	24.202 × 10^{-3}	2.8669 × 10^{-3}

单位	erg/s	dyn·m/s	米制马力	L·atm/h
瓦特	10^7	10^5	1.3599 × 10^{-3}	35.528
卡路里每秒	41.868 × 10^6	0.41868 × 10^6	5.6924 × 10^{-3}	148.75
千卡路里每小时	11.63 × 10^6	0.1163 × 10^6	1.5816 × 10^{-3}	41.319
千克力米每秒	98.0665 × 10^6	0.980665 × 10^6	13.333 × 10^{-3}	348.41
尔格每秒	1	10^{-2}	0.13596 × 10^{-9}	3.5528 × 10^{-6}
达因米每秒	10^2	1	13.596 × 10^{-9}	355.28 × 10^{-6}
米制马力	7.355 × 10^9	73.55 × 10^6	1	26.13 × 10^3
升大气压每小时	0.28147 × 10^6	2.8147 × 10^3	38.277 × 10^{-6}	1

2.2.12 时间单位换算

时间单位换算见表2-13。

时间单位换算 表2-13

年（a）	月	日（d）	小时（h）	分（min）	秒（s）
1	12	365	8760	525600	31536000
0.0833	1	30	720	43200	·2592000
0.0027397	0.033	1	24	1440	86400
0.00011416	0.0013889	0.041677	1	60	3600
0.000001902	0.00002315	0.00069444	0.016667	1	60
0.0000000318	0.000000386	0.00001157	0.0002778	0.016667	1

2.2.13 速度换算

速度换算见表2-14。

速度换算 表2-14

米/秒（m/s）	千米/小时（km/h）	海里/小时（n mile/h）
1	3.6000	1.944
0.2778	1	0.5400
0.5144	1.8520	1

2.2.14 流量换算

流量换算见表2-15。

流量换算 表2-15

立方米/秒（m³/s）	升/秒（L/s）	立方米/小时（m³/h）	美加仑/秒（USgal/s）	英加仑/秒（UKgal/s）
1	1000	3600	264.2000	220.0900
0.0010	1	3.6000	0.2642	0.2201
0.0003	0.2778	1	0.0734	0.0611
0.0037	3.7863	13.6222	1	0.8333
0.0045	4.5435	16.3466	1.2004	1

2.2.15 功的换算

功的换算见表2-16。

功的换算 表2-16

千克·厘米（kg·cm）	千克·米（kg·m）	吨·米（t·m）
1	0.01	0.00001
100	1	0.001
100000	1000	1

2.2.16　功率换算

功率换算见表2-17。

功率换算

表 2-17

千瓦（kW）	千克·米/秒（kg·m/s）	千卡/秒（kcal/s）
1	102	0.2389
0.0098	1	0.00234
4.186	426.9	1

2.2.17　水的各种硬度单位及换算

水的各种硬度单位及换算见表2-18。

水的各种硬度单位及换算

表 2-18

硬度	德国度	法国度	英国度	美国度
毫克当量/L	2.804	5.005	3.511	50.045
德国度	1	1.7848	1.2521	17.847
法国度	0.5603	1	0.7015	10
英国度	0.7987	1.4285	1	14.285
美国度	0.0560	0.1	0.0702	1

注：1. 德国度：1度相当于1L水中含有10mgCaO；

　　2. 英国度：1度相当于0.7L水中含有10mgCaCO$_3$；

　　3. 法国度：1度相当于1L水中含有10mgCaCO$_3$；

　　4. 美国度：1度相当于1L水中含有1mgCaCO$_3$。

2.2.18　饱和蒸汽压力

饱和蒸汽压力见表2-19。

饱和蒸汽压力

表 2-19

水温（℃）	5	10	20	30	40	50
饱和蒸汽压力（以Pa计）	0.883	1.1768	2.354	4.217	7.355	12.258
水温（℃）	60	70	80	90	100	
饱和蒸汽压力（以Pa计）	19.809	31.087	47.268	70.02	101.303	

2.2.19　密度换算

密度换算见表2-20。

密度换算

表 2-20

克/毫升（g/mL）	千克/立方米＝克/公升（kg/m³＝g/L）	克/立方米（g/m³）
1	1×10^3	1×10^6
0.001	1	1×10^3
1×10^{-6}	1×10^{-3}	1

注：10^{-6}kg/L 为1ppm；10^{-9}kg/L 为1ppb；10^{-12}kg/L 为1ppt。

3 物理、化学

3.1 物理常数

工程中常用物理常数见表3-1。

常用物理常数   表3-1

名称	数值	单位	
标准自由落体加速度（纬度45°）（gn）	980.616	厘米/秒²	cm/s²
地球半径（赤道）	6378.3	公里	km
光速（真空中）	2.99793×10^5	公里/秒	km/s
声速（函数值）	$331 + 0.609t$	米/秒	m/s
（标准大气压力）（atm）	1.033×10^5		Pa
理想气体标准摩尔体积（V_0）	0.022414		m³/mol
摩尔气体常数（R_m）	8.3143	焦耳/开·摩尔	J/(mol·K)
以绝对温度表示水的冰点	273.16	开［尔文］	K
法拉第常数（F）	9.649×10^4	库仑·克当量$^{-1}$	c·ge^{-1}

3.2 海拔高度与大气压力的关系

海拔高度与大气压力的关系见表3-2。

海拔高度与大气压力的关系   表3-2

海拔高度（m）	大气压力（Pa）	海拔高度（m）	大气压力（Pa）
0	10.13×10^4	1100	8.83×10^4
100	10.01×10^4	1200	8.72×10^4
200	9.88×10^4	1300	8.61×10^4
300	9.76×10^4	1500	8.40×10^4
400	9.64×10^4	2000	7.89×10^4
500	9.52×10^4	2500	7.28×10^4
600	9.40×10^4	3000	6.72×10^4
700	9.28×10^4	3500	6.16×10^4
800	9.17×10^4	4000	5.60×10^4
900	9.05×10^4	4500	5.04×10^4
1000	8.94×10^4	5000	4.48×10^4

3.3 化学元素

化学元素见表3-3。

化 学 元 素 表 3-3

序数	名称	符号	原子量	化合价	序数	名称	符号	原子量	化合价
1	氢	H	1.0079	1	44	钌	Ru	101.07	3, 4, 5, 6, 8
2	氦	He	4.00260	0	45	铑	Rh	102.9055	2, 3, 4
3	锂	Li	6.941	1	46	钯	Pd	106.4	2, 4
4	铍	Be	9.01218	2	47	银	Ag	107.868	1
5	硼	B	10.81	3	48	镉	Cd	112.40	2
6	碳	C	12.011	2, 4	49	铟	In	114.82	1, 3
7	氮	N	14.0067	1, 2, 3, 4, 5	50	锡	Sn	118.69	2, 4
8	氧	O	15.9994	2	51	锑	Sb	121.75	3, 5
9	氟	F	18.99840	1	52	碲	Te	127.60	2, 4, 6
10	氖	Ne	20.179	0	53	碘	I	126.9045	1, 3, 5, 7
11	钠	Na	22.98977	1	54	氙	Xe	131.30	2, 4, 6, 8
12	镁	Mg	24.305	2	55	铯	Cs	132.9054	1
13	铝	Al	26.98154	3	56	钡	Ba	137.34	2
14	硅	Si	28.086	4	57	镧	La	138.9055	3
15	磷	P	30.97376	3, 5	58	铈	Ce	140.12	3, 4
16	硫	S	32.06	2, 4, 6	59	镨	Pr	140.9077	3, 4
17	氯	Cl	35.453	1, 3, 4, 5, 6, 7	60	钕	Nd	144.24	3
18	氩	Ar	39.948	0	61	钷	Pm	(147)	3
19	钾	K	39.098	1	62	钐	Sm	150.4	2, 3
20	钙	Ca	40.08	2	63	铕	Eu	151.96	2, 3
21	钪	Sc	44.9559	3	64	钆	Gd	157.25	3
22	钛	Ti	47.90	2, 3, 4	65	铽	Tb	158.9254	3, 4
23	钒	V	50.9414	2, 3, 4, 5	66	镝	Dy	162.50	3
24	铬	Cr	51.996	2, 3, 6	67	钬	Ho	164.9304	3
25	锰	Mn	54.9380	2, 3, 4, 6, 7	68	铒	Er	167.26	3
26	铁	Fe	55.847	2, 3, 6	69	铥	Tm	168.9342	2, 3
27	钴	Co	58.9332	2, 3	70	镱	Yb	173.04	2, 3
28	镍	Ni	58.71	2, 3	71	镥	Lu	174.97	3
29	铜	Cu	63.546	1, 2	72	铪	Hf	178.49	4
30	锌	Zn	65.38	2	73	钽	Ta	180.9479	5
31	镓	Ga	69.72	3	74	钨	W	183.85	2, 4, 5, 6
32	锗	Ge	72.59	4	75	铼	Re	186.2	2, 4, 5, 6, 7
33	砷	As	74.9216	3, 5	76	锇	Os	190.2	3, 4
34	硒	Se	78.96	2, 4, 6	77	铱	Ir	192.22	2, 3, 4, 6
35	溴	Br	79.904	1, 5	78	铂	Pt	195.09	2, 4, 6
36	氪	Kr	83.80	—	79	金	Au	196.9665	1, 3
37	铷	Rb	85.4678	1	80	汞	Hg	200.59	1, 2
38	锶	Sr	87.62	2	81	铊	Tl	204.37	1, 3
39	钇	Y	88.9059	3	82	铅	Pb	207.2	2, 4
40	锆	Zr	91.22	2, 3, 4	83	铋	Bi	208.9804	3, 5
41	铌	Nb	92.9064	3, 5	84	钋	Po	(210)	2, 4
42	钼	Mo	95.94	2, 3, 4, 5, 6	85	砹	At	(210)	—
43	锝	Tc	98.9062	4, 6, 7	86	氡	Rn	(222)	—

序数	名称	符号	原子量	化合价	序数	名称	符号	原子量	化合价
87	钫	Fr	(223)	1	96	锔	Cm	(247)	3
88	镭	Ra	226.0254	2	97	锫	Bk	(247)	3, 4
89	锕	Ac	(227)	3	98	锎	Cf	(251)	3
90	钍	Th	232.0381	3, 4	99	锿	Es	(254)	3
91	镤	Pa	231.0359	4, 5	100	镄	Fm	(253)	3
92	铀	U	238.029	3, 4, 5, 6	101	钔	Md	(256)	3
93	镎	Np	237.0482	3, 4, 5, 6	102	锘	No	(254)	—
94	钚	Pu	(242)	3, 4, 5, 6	103	铹	Lr	(257)	—
95	镅	Am	(243)	3, 4, 5, 6					

3.4 常用化合物的分子式、分子量、相对密度

常用化合物的分子式、分子量和相对密度见表3-4。

常用化合物的分子式、分子量和相对密度 表3-4

名称	分子式	分子量	相对密度（20℃）
盐酸	HCl	36.46	
硫酸	H_2SO_4	98.08	
硝酸	HNO_3	63.01	
磷酸	H_3PO_4	98.00	
偏磷酸	HPO_3	79.99	
硅酸	H_2SiO_3	78.08	
氟硅酸	H_2SiF_6	144.08	
醋酸	CH_3COOH	60.05	
草酸	$H_2C_2O_4$	90.04	
氯化钾	KCl	74.56	1.99
硫酸钾	K_2SO_4	174.27	2.67
硝酸钾	KNO_3	101.11	2.10
碳酸钾	K_2CO_3	138.21	2.29
氯酸钾	$KClO_3$	122.56	2.344
重铬酸钾	$K_2Cr_2O_7$	294.22	2.69
铬酸钾	K_2CrO_4	194.21	2.74
高锰酸钾	$KMnO_4$	158.04	2.70
磷酸钾	K_3PO_4	212.27	
磷酸氢二钾	K_2HPO_4	174.18	
磷酸二氢钾	KH_2PO_4	136.09	
氰化钾	KCN	65.12	1.52
铁氰化钾（赤血盐）	$K_3[Fe(CN)_6]$	329.25	1.811
亚铁氰化钾（黄血盐）	$K_4[Fe(CN)_6] \cdot 3H_2O$	422.39	1.88

名称	分子式	分子量	相对密度（20℃）
钾明矾	$K_2SO_4 \cdot Al_2(SO_4)_3 \cdot 24H_2O$	948.76	
氢氧化钾	KOH	56.11	2.12
氯化钠	$NaCl$	58.44	2.17
硫酸钠	Na_2SO_4	142.04	2.67
含水硫酸钠	$Na_2SO_4 \cdot 10H_2O$	322.21	1.46
亚硫酸钠	Na_2SO_3	126.05	
硝酸钠	$NaNO_3$	85.05	2.25
碳酸钠	Na_2CO_3	105.99	2.5
重碳酸钠	$NaHCO_3$	84.00	2.2
含水碳酸钠	$Na_2CO_3 \cdot 10H_2O$	286.15	1.46
硅酸钠	Na_2SiO_3	122.07	2.4
含水硅酸钠	$Na_2SiO_3 \cdot 9H_2O$	248.20	
磷酸三钠	Na_3PO_4	164.00	2.537
磷酸氢二钠	Na_2HPO_4	141.98	
磷酸二氢钠	NaH_2PO_4	119.98	
含水磷酸三钠	$Na_3PO_4 \cdot 12H_2O$	380.10	1.62
含水磷酸氢二钠	$Na_2HPO_4 \cdot 12H_2O$	358.17	1.63
偏磷酸钠	$NaPO_3$	101.97	2.48
六偏磷酸钠	$(NaPO_3)_6$	611.83	2.48
铝酸钠	$NaAlO_3$	81.97	
氟硅酸钠	Na_2SiF_6	188.07	2.67
氰化钠	$NaCN$	49.01	1.59
硫化钠	Na_2S	78.05	1.86
氟化钠	NaF	42.00	2.79
草酸钠	$Na_2C_2O_4$	134.00	
硫代硫酸钠	$Na_2S_2O_3$	158.11	1.73
含水硫代硫酸钠	$Na_2S_2O_3 \cdot 5H_2O$	248.19	1.7
氢氧化钠	$NaOH$	40.00	2.02
氯化钡	$BaCl_2$	208.25	
含水氯化钡	$BaCl_2 \cdot 2H_2O$	244.31	3.10
硫酸钡	$BaSO_4$	233.40	4.5
硝酸钡	$Ba(NO_3)_2$	261.35	3.24
碳酸钡	$BaCO_3$	197.37	4.3
铬酸钡	$BaCrO_4$	253.34	
氢氧化钡	$Ba(OH)_2$	171.34	4.49
含水氢氧化钡	$Ba(OH)_2 \cdot 8H_2O$	315.50	2.18
氯化钙	$CaCl_2$	110.99	2.15
含水氯化钙	$CaCl_2 \cdot 6H_2O$	219.09	
硫酸钙	$CaSO_4$	136.15	2.96
含水硫酸钙	$CaSO_4 \cdot 2H_2O$	172.17	2.32

名称	分子式	分子量	相对密度（20℃）
硝酸钙	$Ca(NO_2)_2$	164.08	2.4
含水硝酸钙	$Ca(NO_3)_2 \cdot 4H_2O$	236.16	1.82
碳酸钙	$CaCO_3$	100.09	2.71
重碳酸钙	$Ca(HCO_3)_2$	162.12	
磷酸钙	$Ca_3(PO_4)_2$	310.20	3.14
磷酸氢钙	$CaHPO_4$	136.07	
含水磷酸氢钙	$CaHPO_4 \cdot 2H_2O$	172.10	2.30
硅酸钙	$CaSiO_2$	116.14	2.92
氟化钙	CaF_2	78.08	3.18
氢氧化钙	$Ca(OH)_2$	74.10	2.08
氯化镁	$MgCl_2$	95.13	1.32
含水氯化镁	$MgCl_2 \cdot 6H_2O$	203.33	1.56
硫酸镁	$MgSO_4$	120.37	
含水硫酸镁	$MgSO_4 \cdot 7H_2O$	246.49	1.68
硝酸镁	$Mg(NO_3)_2$	148.32	
含水硝酸镁	$Mg(NO_3)_2 \cdot 6H_2O$	256.43	1.64
碳酸镁	$MgCO_3$	84.33	3.04
重碳酸镁	$Mg(HCO_3)_2$	146.32	
氢氧化镁	$Mg(OH)_2$	58.33	2.36
三氯化铝	$AlCl_3$	133.35	2.47
含水三氯化铝	$AlCl_3 \cdot 6H_2O$	241.45	
硫酸铝	$Al_2(SO_4)_2$	342.16	2.71
含水硫酸铝	$Al_2(SO_4)_3 \cdot 18H_2O$	666.41	1.69
铝矾	$KAl(SO_4)_2 \cdot 12H_2O$	474.40	1.75
氢氧化铝	$Al(OH)_3$	78.00	2.423
氯化亚铁	$FeCl_2$	126.76	2.99
含水氯化亚铁	$FeCl_2 \cdot 4H_2O$	198.82	1.926
三氯化铁	$FeCl_3$	162.22	2.80
含水三氯化铁	$FeCl_3 \cdot 6H_2O$	270.32	
硫酸亚铁	$FeSO_4$	151.91	
含水硫酸亚铁	$FeSO_4 \cdot 7H_2O$	278.02	1.895
硫酸铁	$Fe_2(SO_4)_3$	399.88	3.10
碳酸亚铁	$FeCO_3$	115.84	3.80
氢氧化亚铁	$Fe(OH)_2$	89.87	3.4
氢氧化铁	$Fe(OH)_3$	106.87	3.4~3.9
氯化银	$AgCl$	143.22	5.56
硝酸银	$AgNO_3$	169.88	4.35
硫酸铜	$CuSO_4$	159.66	3.6
氯化铵	NH_4Cl	53.50	1.54
硫酸铵	$(NH_4)_2SO_4$	132.14	1.77
硫酸铝铵（铝铵矾）	$Al_2(SO_4)_3 \cdot (NH_4)_2SO_4 \cdot 24H_2O$	906.66	
硝酸铵	NH_4NO_3	80.05	1.73
碳酸氢铵	NH_4HCO_3	79.06	1.58
草酸铵	$(NH_4)_2C_2O_4$	124.10	

名称	分子式	分子量	相对密度（20℃）
氢氧化铵	NH_4OH	35.05	
过氧化氢	H_2O_2	34.02	1.44
氧化钠	Na_2O	62.00	2.27
氧化铝	Al_2O_3	101.94	3.85
氧化铁	Fe_2O_3	159.68	5.1～5.2
一氧化锰	MnO	70.93	5.45
二氧化锰	MnO_2	86.93	5.02
氨	NH_3	17.03	0.77g/L
氰化氢	HCN	27.03	0.90g/L
硫化氢	H_2S	34.09	
氟化氢	HF	20.01	0.92g/L

3.5 水的主要理化常数和物理性质

水的主要理化常数和物理性质见表3-5～表3-16。

水的主要理化常数　　　　　　　表3-5

分子式	H_2O	临界常数：	
分子量	18.016	温度	374.2℃
冰点	0℃	压力	$218.5×0.1MPa$（1atm）
沸点	100℃	密度	$0.324g/cm^3$
最大相对密度时的温度	3.98℃		
比热：			
0.1MPa（1个atm），15℃时	$4.186J/(g·℃)$	冰：	
汽：		相对密度0℃	$916.8kg/m^3$
比热100℃	$2.051J/(g·℃)$	比热−20～0℃	$2.135J/(g·℃)$
密度4℃	$1000kg/m^3$	溶化热0℃	$333687.9J/kg$

每立方米水在各种温度下的质量［压力为101324Pa（760mmHg）］　　　表3-6

温度（℃）	质量（kg）	温度（℃）	质量（kg）	温度（℃）	质量（kg）	温度（℃）	质量（kg）
0	999.87	26	996.81	52	987.15	78	973.07
2	999.97	28	996.26	54	986.21	80	971.83
4	1000.00	30	995.67	56	985.25	82	970.57
6	999.97	32	995.05	58	984.25	84	969.30
8	999.88	34	994.40	60	983.24	86	968.00
10	999.73	36	993.71	62	982.20	88	966.68
12	999.52	38	992.99	64	981.13	90	965.34
14	999.27	40	992.24	66	980.05	92	963.99
16	998.97	42	991.47	68	978.94	94	962.61
18	998.62	44	990.66	70	977.81	96	961.22
20	998.23	46	989.82	72	976.66	98	959.81
22	997.80	48	988.96	74	975.48	100	958.38
24	997.32	50	988.07	76	974.29		

水的离子积 表 3-7

温度 (℃)	K_w	$\sqrt{K_w}$	温度 (℃)	K_w	$\sqrt{K_w}$
0	$10^{-14.9435} = 0.1139 \times 10^{-14}$	$10^{-7.4713} = 0.3374 \times 10^{-7}$	35	$10^{-13.6801} = 2.089 \times 10^{-14}$	$10^{-6.841} = 1.445 \times 10^{-7}$
5	$10^{-14.7333} = 0.1846 \times 10^{-14}$	$10^{-7.3669} = 0.4296 \times 10^{-7}$	40	$10^{-13.5348} = 2.918 \times 10^{-14}$	$10^{-6.7674} = 1.708 \times 10^{-7}$
10	$10^{-14.5346} = 0.2920 \times 10^{-14}$	$10^{-7.2673} = 0.5403 \times 10^{-7}$	45	$10^{-13.3960} = 4.019 \times 10^{-14}$	$10^{-6.6980} = 2.005 \times 10^{-7}$
15	$10^{-14.3463} = 0.4505 \times 10^{-14}$	$10^{-7.1732} = 0.6712 \times 10^{-7}$	50	$10^{-13.2617} = 5.474 \times 10^{-14}$	$10^{-6.6309} = 2.399 \times 10^{-7}$
20	$10^{-14.1669} = 0.6810 \times 10^{-14}$	$10^{-7.0825} = 0.825 \times 10^{-7}$	55	$10^{-13.1369} = 7.297 \times 10^{-14}$	$10^{-6.5685} = 2.701 \times 10^{-7}$
24	$10^{-14} = 1.000 \times 10^{-14}$	$10^{-7} = 1.000 \times 10^{-7}$	60	$10^{-13.0171} = 9.615 \times 10^{-14}$	$10^{-6.5086} = 3.10 \times 10^{-7}$
25	$10^{-13.9965} = 1.008 \times 10^{-14}$	$10^{-6.9983} = 1.004 \times 10^{-7}$	70	$10^{-12.791} = 16.18 \times 10^{-14}$	$10^{-6.396} = 4.019 \times 10^{-7}$
30	$10^{-13.8330} = 1.469 \times 10^{-14}$	$10^{-6.9185} = 1.212 \times 10^{-7}$	80	$10^{-12.589} = 25.7 \times 10^{-14}$	$10^{-6.295} = 5.07 \times 10^{-7}$

注：1. $K_w = [H^+][OH^-]$；$\sqrt{K_w} = [H^+] = [OH^-]$。

2. $\sqrt{K_w}$栏内等式前之指数的绝对值，即为纯水的 pH。

水中氧的溶解极限（mg/L） 表 3-8

水的性质	水的温度（℃）						
	0	5	10	15	20	25	30
	氧的溶解极限（mg/L）						
淡水	14.6	12.8	11.3	10.2	9.2	8.4	7.6
海水	11.3	10.0	9.0	8.1	7.4	6.7	6.1

水在各种大气压力下的沸点 t 表 3-9

H（Pa）	t（℃）	H（Pa）	t（℃）	H（Pa）	t（℃）	H（Pa）	t（℃）
90657	96.916	94657	98.106	98656	99.255	102656	100.366
90924	96.996	94923	98.184	98923	99.331	102923	100.439
91190	97.077	95190	98.262	99190	99.406	103189	100.511
91457	97.157	95457	98.339	99456	99.481	103456	100.584
91724	97.237	95723	98.417	99723	99.555	103722	100.656
91990	97.317	95990	98.494	99990	99.630	103989	100.728
92257	97.396	96257	98.571	100256	99.704	104256	100.800
92524	97.477	96523	98.648	100523	99.778	104522	100.872
92790	97.556	96790	98.724	100789	99.852	104789	100.944
93057	97.635	97056	98.801	101056	99.926	105056	101.016
93324	97.714	97323	98.877	101323	100.000	105322	101.087
93590	97.793	97590	98.953	101589	100.073	105589	101.158
93857	97.872	97856	99.029	101856	100.147	105856	101.229
94123	97.950	98123	99.105	102123	100.220	106122	101.300
94390	98.028	98390	99.180	102389	100.293	106389	101.371

注：1mmHg = 133.322Pa。

水的汽化热 r

温度（℃）	r（J/kg）	温度（℃）	r（J/kg）	温度（℃）	r（J/kg）
0	2500775	35	2418295.6	70	2333303.6
5	2489052.6	40	2406153.9	75	2320743.2
10	2477329.6	45	2394012.2	80	2308182.8
15	2465606.5	50	2382289.2	85	2295622.4
20	2453464.8	55	2370147.5	90	2282643.4
25	2441741.8	60	2358005.7	95	2269664.3
30	2430018.7	65	2345445.4	100	2256685.2

注：1kcal = 4186.8J。

水的导热系数 λ

表 3-11

温度（℃）	λ [W/(m·℃)]	温度（℃）	λ [W/(m·℃)]	温度（℃）	λ [W/(m·℃)]
0	0.551	35	0.625	70	0.668
5	0.563	40	0.634	75	0.671
10	0.575	45	0.641	80	0.675
15	0.587	50	0.648	85	0.678
20	0.599	55	0.654	90	0.680
25	0.608	60	0.659	95	0.683
30	0.618	65	0.664	100	0.683

注：1kcal/h = 1.163W。

水的动力黏度 μ

表 3-12

温度（℃）	μ [9.8×10⁻⁶（Pa·s）]	温度（℃）	μ [9.8×10⁻⁶（Pa·s）]	温度（℃）	μ [9.8×10⁻⁶（Pa·s）]
0	182.5	35	73.6	70	41.4
5	154.3	40	66.6	75	38.7
10	133.0	45	61.1	80	36.2
15	116.5	50	56.0	85	34.0
20	102.0	55	51.8	90	32.1
25	90.6	60	47.9	95	30.3
30	81.7	65	44.5	100	28.8

水的运动黏度 ν

表 3-13

温度（℃）	ν（cm²/s）	温度（℃）	ν（cm²/s）	温度（℃）	ν（cm²/s）
0	0.0179	14	0.0117	28	0.0084
1	0.0173	15	0.0114	29	0.0082
2	0.0167	16	0.0111	30	0.0080
3	0.0162	17	0.0108	31	0.0078
4	0.0157	18	0.0106	32	0.0077
5	0.0152	19	0.0103	33	0.0075
6	0.0147	20	0.0101	34	0.0074
7	0.0143	21	0.0098	35	0.0072
8	0.0139	22	0.0096	36	0.0071
9	0.0135	23	0.0094	37	0.0069
10	0.0131	24	0.0091	38	0.0068
11	0.0127	25	0.0089	39	0.0067
12	0.0125	26	0.0087	40	0.0066
13	0.0120	27	0.0085	41	0.0064

温度（℃）	ν（cm²/s）	温度（℃）	ν（cm²/s）	温度（℃）	ν（cm²/s）
42	0.0063	49	0.0056	80	0.0036
43	0.0062	50	0.0055	85	0.0034
44	0.0061	55	0.0051	90	0.0032
45	0.0060	60	0.0047	95	0.0030
46	0.0059	65	0.0044	100	0.0028
47	0.0058	70	0.0041		
48	0.0057	75	0.0038		

注：1. 水的动力黏度 $\mu = \nu\rho$；

2. 表内均系在压力 $P = 0.1$ MPa 情况下的数值。

理想纯水在不同温度时的电阻率　　　　表 3-14

温度（℃）	水的理论电阻率（Ω·cm）	温度（℃）	水的理论电阻率（Ω·cm）
5	62.10×10^6	30	14.1×10^6
10	45.5×10^6	35	9.75×10^6
15	31.2×10^6	40	7.66×10^6
20	26.3×10^6	45	7.10×10^6
25	18.3×10^6	50	5.80×10^6

按压力排列的饱和水蒸气参数　　　　表 3-15

绝对压力 P（MPa）	饱和温度 t（℃）	蒸汽比容 ν''（m³/kg）	蒸汽密度 γ''（kg/m³）	含热量（J/kg）		汽化热 r（J/kg）
				水 i'	蒸汽 i''	
0.01	45.45	14.95	0.06688	190122.6	2583255.6	2393174.9
0.01	53.60	10.21	0.09791	224161.2	2597909.4	2373915.6
0.02	59.67	7.795	0.1283	249575.1	2608795.1	2359261.8
0.025	64.56	6.322	0.1582	270006.7	2617168.7	2347120.1
0.03	68.68	5.328	0.1877	287256.3	2624286.2	2337071.8
0.04	75.42	4.069	0.2458	315517.2	2635590.6	2319905.9
0.05	80.86	3.301	0.3029	338335.3	2644382.9	2306089.4
0.06	85.45	2.783	0.3594	357594.6	2651919.1	2294366.4
0.07	89.45	2.409	0.4152	374425.5	2658199.3	2283899.4
0.08	92.99	2.125	0.4705	389330.5	2663642.2	2274269.8
0.09	96.18	1.904	0.5253	402728.3	2668666.3	2265896.2
0.10	99.09	1.725	0.5797	414995.6	2673271.8	2258359.9
0.12	104.25	1.455	0.6875	436766.9	2680808.0	2244124.8
0.14	108.74	1.259	0.7942	455733.2	2687925.6	2231983.1
0.16	112.73	1.111	0.8999	472647.8	2694205.8	2221516.1
0.18	116.33	0.9952	1.005	487929.6	2699229.9	2211467.8
0.20	119.62	0.9016	1.109	501871.7	2703835.4	2201839.1
0.22	122.65	0.8246	1.213	514557.7	2708022.2	2193464.5
0.24	125.46	0.7601	1.316	526699.4	2712209.0	2185509.6
0.26	128.08	0.7052	1.418	538003.8	2715977.2	2177973.4

绝对压力 P (MPa)	饱和温度 t (℃)	蒸汽比容 v'' (m³/kg)	蒸汽密度 γ'' (kg/m³)	含热量 (J/kg)		汽化热 r (J/kg)
				水 i'	蒸汽 i''	
0.28	130.55	0.6578	1.520	548470.8	2719326.6	2170855.8
0.30	132.88	0.6166	1.622	558519.1	2722676.0	2164156.9
0.32	135.08	0.5804	1.723	567730.1	2725188.1	2157458.0
0.34	137.18	0.5483	1.824	576941.0	2728118.9	2151177.8
0.36	139.18	0.5196	1.925	585314.6	2730630.9	2145316.3
0.38	141.09	0.4939	2.025	593688.2	2733143.0	2139454.8
0.40	142.92	0.4706	2.125	601224.5	2735655.1	2134430.6
0.42	144.68	0.4495	2.225	608760.7	2737748.5	2128987.8
0.44	146.38	0.4303	2.324	616296.9	2739841.9	2123544.9
0.45	147.20	0.4213	2.374	619646.4	2741097.9	2121451.6
0.50	151.11	0.3816	2.621	636812.3	2745703.4	2108891.2
0.60	158.08	0.3213	3.112	666957.2	2754077.0	2087119.8
0.70	164.17	0.2778	3.600	693334.1	2760775.9	2067441.8
0.80	169.61	0.2448	4.085	717198.8	2766637.4	2049438.6
0.90	174.53	0.2189	4.568	738551.5	2771661.6	2033110.1
1.00	179.04	0.1981	5.049	758648.2	2775848.4	2017200.2
1.10	183.20	0.1808	5.530	777070.1	2779616.5	2002546.4
1.20	187.08	0.1664	6.010	794235.9	2782965.9	1988730.0
1.30	190.71	0.1541	6.488	810145.8	2785896.7	1975750.9
1.40	194.13	0.1435	6.967	825218.3	2788408.8	1963190.5
1.50	197.36	0.1343	7.446	839872.1	2790920.9	1951048.8

注：1kcal = 4186.8J。

按温度排列的饱和水蒸气参数　　　表 3-16

饱和温度 t (℃)	绝对压力 P (MPa)	蒸汽比容 v'' (m³/kg)	蒸汽密度 γ'' (kg/m³)	含热量 (J/kg)		汽化热 r (J/kg)
				水 i'	蒸汽 i''	
1	0.0006695	192.6	0.005192	4228.6	2502450.4	2498263.6
2	0.0007193	179.9	0.005559	8415.4	2504543.7	2496170.2
3	0.0007724	168.2	0.005945	12644.1	2506218.5	2493658.1
4	0.0008289	157.3	0.006357	16830.9	2508311.9	2491564.7
5	0.0008891	147.2	0.006793	21059.6	2509986.6	2489052.6
6	0.0009532	137.8	0.007257	25246.4	2511661.3	2486540.5
7	0.0010210	129.1	0.007746	29433.2	2513754.7	2484447.1
8	0.0010932	121.0	0.008264	33661.8	2515429.4	2479841.6
9	0.0011699	113.4	0.008818	37848.6	2517522.8	2479841.6
10	0.0012513	106.42	0.009398	42035.5	2519197.5	2477329.6
11	0.0013376	99.91	0.01001	46222.3	2521290.9	2475236.2
12	0.0014292	93.84	0.01066	50409.1	2522965.7	2472724.1
13	0.0015262	88.18	0.01134	54595.8	2525059.1	2470630.7

饱和温度 t （℃）	绝对压力 P （MPa）	蒸汽比容 v'' （m³/kg）	蒸汽密度 γ'' （kg/m³）	含热量 （J/kg）		汽化热 r （J/kg）
				水 i'	蒸汽 i''	
14	0.0016289	82.90	0.01206	58782.6	2526733.8	2468118.6
15	0.0017377	77.97	0.01282	62969.4	2528408.5	2465606.5
16	0.0018528	73.39	0.01363	67156.3	2530083.2	2463094.4
17	0.0019746	69.10	0.01447	71343.1	2531757.9	2460582.4
18	0.002103	65.09	0.01536	75529.9	2533432.6	2458070.3
19	0.002239	61.34	0.01630	79716.6	2535526.1	2455976.9
20	0.002383	57.84	0.01729	83903.5	2537200.8	2453464.8
21	0.002535	54.56	0.01833	88090.3	2538875.5	2450952.7
22	0.002695	51.50	0.01942	92277.1	2540968.9	2448859.3
23	0.002863	48.62	0.02057	96463.9	2542643.6	2446347.2
24	0.003041	45.93	0.02177	100608.8	2544737.1	2444253.8
25	0.003229	43.40	0.02304	104795.6	2546411.7	2441741.8
26	0.003426	41.04	0.02437	108982.4	2548086.5	2439229.7
27	0.003634	38.82	0.02576	113169.2	2550179.9	2437136.3
28	0.003853	36.73	0.02723	117356.0	2551854.6	2434624.2
29	0.004083	34.77	0.02876	121500.9	2553948.0	2432530.8
30	0.004325	32.93	0.03037	125687.7	2555622.7	2430018.7
31	0.004580	31.20	0.03205	129874.5	2557716.1	2427925.3
32	0.004847	29.57	0.03382	134061.3	2559390.8	2425413.2
33	0.005128	28.04	0.03566	138248.1	2561065.5	2422901.2
34	0.005423	26.60	0.03559	142434.9	2563158.9	2420807.8
35	0.005733	25.24	0.03962	146579.8	2564833.7	2418295.7
36	0.006057	23.97	0.04172	150766.6	2566508.4	2415783.6
37	0.006398	22.77	0.04392	154953.4	2568601.8	2413690.2
38	0.006755	21.63	0.04623	159140.2	2570276.5	2411178.1
39	0.007129	20.56	0.04864	163327.1	2571951.2	2408666.0
40	0.007520	19.55	0.05115	167513.8	2573625.9	2406154.0
41	0.007931	18.59	0.05379	171658.8	2575300.7	2403641.9
42	0.008360	17.69	0.05653	175845.6	2576975.4	2401129.8
43	0.008809	16.84	0.05938	180032.4	2578650.1	2398617.7
44	0.009279	16.04	0.06234	184219.2	2580743.5	2396524.3
45	0.009771	15.28	0.06544	188406.0	2582418.2	2394012.2
46	0.010284	14.56	0.06868	192592.8	2584511.6	2391918.8
47	0.010821	13.88	0.07205	196779.6	2586186.4	2389406.8
48	0.011382	13.23	0.07559	200924.5	2587861.1	2386894.7
49	0.011967	12.62	0.07924	205111.3	2589954.5	2384801.3
50	0.012578	12.04	0.08306	209298.1	2591629.2	23882289.2

注：1kcal=4186.8J。

3.6 水的硬度

水的硬度分类，1L 水中构成硬度为 1 德国度的化合物含量和钙、镁离子浓度折算成硬度的系数见表 3-17 ~ 表 3-19。

水的硬度 表3-17

	水的性质	很软水	软水	中等硬度	硬水	很硬水
总硬度	德国度	0~4	4~8	8~16	16~30	>30
	以 CaO 计（mg/L）	0~40	40~80	80~160	160~300	>300
	以 $CaCO_3$ 计（mg/L）	0~71	71~143	143~286	286~535	>535

1L 水中硬度为 1 德国度的化合物含量（mg/L） 表3-18

序号	化合物名称	化合物含量	序号	化合物名称	化合物含量
1	CaO	10.00	8	MgO	7.19
2	Ca	7.14	9	$MgCO_3$	15.00
3	$CaCl_2$	19.17	10	$MgCl_2$	16.98
4	$CaCO_3$	17.85	11	$MgSO_4$	21.47
5	$CaSO_4$	24.28	12	$Mg(HCO_3)_2$	26.10
6	$Ca(HCO_3)_2$	28.90	13	$BaCl_2$	37.14
7	Mg	4.34	14	$BaCO_3$	35.20

钙、镁等离子浓度折算成硬度的系数 表3-19

离子名称	系数 折合成德国度	离子名称	系数 折合成德国度	离子名称	系数 折合成德国度
钙（Ca^{++} mg/L）	0.1399	铁（Fe^{++} mg/L）	0.1004	锶（Sr^{++} mg/L）	0.0639
镁（Mg^{++} mg/L）	0.2305	锰（Mn^{++} mg/L）	0.1021	锌（Zn^{++} mg/L）	0.0858

注：将水中测得的各种离子浓度值（mg/L），乘以系数后相加即为总硬度。

4 气　象

4.1 风

4.1.1 风向方位图

风向一般用 8 个或 16 个罗盘方位表示。风向方位见图 4-1。

4.1.2 风向玫瑰图

风向玫瑰图，按其风向资料的内容来分，有风向玫瑰图、风向频率玫瑰图和平均风速玫瑰图等。如按其气象观测记载的期限，又可分为月平均、季平均、年平均等各种玫瑰图。

风向玫瑰图是用风向次数计算出来的；风向频率玫瑰图是将风向发生的次数，用百分数来表示，所以两者的图形是相同的。平均风速玫瑰图用来表示各个风向的风力大小，就是把风向相同的各次风速加在一起，然后用其次数相除所得的数值。风向玫瑰图见图 4-2。

图 4-1　风向方位

成都

——全年 ----夏季

图 4-2　风向玫瑰图

玫瑰图上所表示的风的吹向，是指从外面吹向地区（玫瑰）中心的。

4.1.3 风速与高度的关系

随着高度的增加，风速受地面摩擦的影响就减小。因此，风离地面越高，则速度越大，这种变化见表 4-1。

高度（m）	0.5	1	2	16	32	100
风速（m/s）	2.4	2.8	3.3	4.7	5.5	8.2

4.1.4 风级

风级的划分见表4-2。

风　级　　　　　　　　　　　　　　　表4-2

风　级	风　名	相当风速 （m/s）	地　面　上　物　体　的　象　征
0	无　风	0～0.2	炊烟直上，树叶不动
1	软　风	0.3～1.5	风信不动，烟能表示风向
2	轻　风	1.6～3.3	脸感觉有微风，树叶微响，风信开始转动
3	微　风	3.4～5.4	树叶及微枝摇动不息，旌旗飘展
4	和　风	5.5～7.9	地面尘土及纸片飞扬，树的小枝摇动
5	清　风	8.0～10.7	小树摇动，水面起波
6	强　风	10.8～13.8	大树枝摇动，电线呼呼作响，举伞困难
7	疾　风	13.9～17.1	大树摇动，迎风步行感到阻力
8	大　风	17.2～20.7	可折断树枝，迎风步行感到阻力很大
9	烈　风	20.8～24.4	屋瓦吹落，稍有破坏
10	狂　风	24.5～28.4	树木连根拔起或摧毁建筑物，陆上少见
11	暴　风	28.5～32.6	有严重破坏力，陆上很少见
12	飓　风	32.6以上	摧毁力极大，陆上极少见

4.1.5 风与城市污染的关系

为了避免或减少工业废气对城市居民的毒害，应将工业企业布置在下风向。这样，就必须了解城市的风向频率和风速大小，以确定其对城市污染的程度。一般可用污染系数表示（表4-3），其计算公式如下：

$$污染系数 = \frac{风向频率}{平均风速} \qquad (4-1)$$

按表 4-3 做污染系数玫瑰图，见图 4-3。

污 染 系 数   表 4-3

项目	风向								
	北	东北	东	东南	南	西南	西	西北	总计
次　数	10	9	10	11	9	13	8	20	90
频　率（%）	11.1	10.0	11.1	12.2	10.0	14.4	9.0	22.2	100
平均风速（m/s）	2.7	2.8	3.4	2.8	2.5	3.1	1.9	3.1	
污染系数	4.1	3.6	3.3	4.4	4.0	4.6	4.7	7.2	

由图 4-3 可知，西北方位的污染系数最大，其次为西和西南两个方位，而东和东北两个方位的污染系数最小。可见，这个城市若新建排放有害气体的工业区时，工业区应放在该城市的东部和东北部，即城市的下风地带；而居住区则以西北部为最好，使居民区位于城市上风地带。

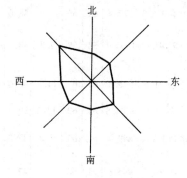

图 4-3　污染系数玫瑰图

4.2　降雨等级的划分

降雨等级的划分见表 4-4。

降 雨 等 级   表 4-4

降雨等级	现　象　描　述	降雨量范围（mm）	
		一天内总量	半天内总量
小　雨	雨能使地面潮湿、但不泥泞	1～10	0.2～5.0
中　雨	雨降到屋顶上有淅淅声，凹地积水	10～25	5.1～15
大　雨	降雨如倾盆，落地四溅，平地积水	25～50	15.1～30
暴　雨	降雨比大雨还猛，能造成山洪暴发	50～100	30.1～70
大暴雨	降雨比暴雨还大，或时间长，造成洪涝灾害	100～200	70.1～140
特大暴雨	降雨比大暴雨还大，能造成洪涝灾害	>200	>140

4.3　全国主要城市室外气象参数

全国 32 个主要城市室外气象参数见表 4-5。

地名	海拔高度（m）	夏季平均气压（mbar）	日照百分率（%）		温度（℃）					室外计算相对湿度（%）		降水量（mm）			室外风速（m/s）		
			全年	冬季	年平均	极端最高	极端最低	最热月平均最高	最冷月平均最低	冬季空气调节	最热月平均	平均年总量	一日最大	一小时最大	冬季平均	夏季平均	夏季折算成距地面2m处数值风速
哈 尔 滨	171.7	985.1	60	63	3.6	36.4	-38.1	28.0	-24.8	74	77	523.3	104.8	59.1	3.8	3.5	2.5
长 春	236.8	977.9	60	66	4.9	38.0	-36.5	27.9	-21.6	68	78	593.8	130.4	69.7	4.2	3.5	2.5
沈 阳	41.6	1000.7	58	58	7.8	38.3	-30.6	29.2	-17.3	64	78	734.5	215.5	89.0	3.1	2.9	2.1
北 京	31.5	998.6	63	67	11.5	40.6	-27.4	30.8	-9.9	45	78	644.2	244.2	75.3	2.8	1.9	1.4
天 津	3.3	1004.8	61	62	12.2	39.7	-22.9	30.7	-8.2	53	78	569.9	158.1	92.9	3.1	2.6	1.9
呼和浩特	1063.0	889.4	67	69	5.8	37.3	-32.8	28.1	-18.9	56	64	417.5	210.1	64.3	1.6	1.5	1.1
石 家 庄	80.5	995.6	62	66	12.9	42.7	-26.5	31.9	-7.8	52	75	549.9	200.2	92.9	1.8	1.5	1.1
太 原	777.9	919.2	60	64	9.5	39.4	-25.5	29.5	-13.0	51	72	459.5	183.5	88.1	2.6	2.1	1.5
乌鲁木齐	917.9	906.7	61	50	5.7	40.5	-41.5	29.6	-20.3	80	44	277.6	57.7	13.4①	1.7	3.1	2.3
西 宁	2261.2	773.5	62	70	5.7	33.5	-26.6	24.4	-15.1	48	65	368.2	62.2	30.1	1.7	1.9	1.4
兰 州	1517.2	843.1	59	61	9.1	39.1	-21.7	29.2	-12.6	58	61	327.7	96.8	52.0	0.5	1.3	1.0
银 川	1111.5	883.5	69	75	8.5	39.3	-30.6	29.6	-15.0	58	64	202.8	66.8	29.6	1.7	1.7	1.2
西 安	396.9	959.2	46	43	13.3	41.7	-20.6	32.4	-5.0	67	72	580.2	92.3	39.4	1.8	2.2	1.6
济 南	51.6	998.5	62	61	14.2	42.5	-19.7	32.1	-5.4	54	73	685.0	298.4	96.0	3.2	2.8	2.0
上 海	4.5	1005.3	45	43	15.7	38.9	-10.1	31.8	0.3	75	83	1123.7	204.4	91.9	3.1	3.2	2.3
南 京	8.9	1004.0	49	46	15.3	40.7	-14.0	32.2	-1.6	73	81	1031.3	172.5	68.2	2.6	2.6	1.9
合 肥	29.8	1001.0	49	46	15.7	41.0	-20.6	32.4	-1.2	75	81	988.4	129.6	69.6	2.5	2.6	1.9
杭 州	41.7	1000.5	43	39	16.2	39.9	-9.6	33.3	0.7	77	80	1398.9	189.3	68.9	2.3	2.2	1.6
南 昌	46.7	999.1	43	34	17.5	40.6	-9.3	34.0	2.0	74	75	1596.4	289.0	57.8	3.8	2.7	1.9
福 州	83.8	996.5	42	36	19.6	39.8	-1.2	34.0	7.6	74	78	1343.7	167.6	64.3	2.7	2.9	2.1

室 外 气 象 参 数   表 4-5

最多风向及其频率（%）												年最多风向及其频率（%）		最大冻土深度（cm）	最大积雪深度（cm）
冬季						夏季									
12月		1月		2月		6月		7月		8月		风向	频率		
风向	频率	风向	频率	风向	频率	风向	频率	风向	频率	风向	频率				
SSW	15	S	14	SSW	12	S / C	12 / 19	S / C	14 / 22	S / C	12 / 23	S / SSW	12	205	41
SW	21	SW	21	SW	18	SW	16	SSW, SW / C	16 / 19	SSW, SW / C	13 / 19	SW	17	169	22
N	13	N	13	N	14	S	18	S	19	S	14	S	12	148	20
N / C	14 / 15	NNW	14	N, NNW	12	S	9	S / C	9 / 15	N / C	10 / 10	N / C	10 / 10	85	24
NNW	13	NNW	14	NNW	12	SE	13	SE	11	SE	9	NNW	8	69	20
NW / C	10 / 22	NW / C	11 / 25	NW / C	10 / 20	SSW / C	7 / 11	SSW / C	7 / 12	SSW / C	6 / 15	NW / C	8 / 15	143	30
N / C	9 / 27	N / C	10 / 23	N / C	10 / 19	SE / C	11 / 19	SE / C	11 / 26	SE / C	9 / 21	N, SE / C	9 / 21	54	19
NNW / C	15 / 30	NNW / C	14 / 29	NNW / C	14 / 28	NNW / C	12 / 29	NNW / C	13 / 38	NNW / C	15 / 45	NNW / C	13 / 32	77	16
S / C	10 / 15	S / C	12 / 49	S / C	12 / 37	NW / C	15 / 21	NW / C	15 / 23	NW / C	16 / 26	NW / C	11 / 32	133	48
SE	18	SE	21	SE	28	SE	18	SE	22	SE	26	SE	25	134	18
NE / C	3 / 47	NE / C	3 / 41	NE / C	7 / 38	E / C	9 / 41	E / C	9 / 40	E / C	8 / 40	NE / C	7 / 40	103	10
N / C	11 / 30	N / C	11 / 28	N / C	12 / 27	S / C	12 / 19	S / C	11 / 21	S / C	9 / 22	N, S / C	8 / 24	88	17
NE	11	NE	11	NE	17	NE	12	NE	17	NE	19	NE	14	45	22
SSW	15	ENE	14	ENE	17	SSW	19	SSW	15	ENE	15	SSW	16	44	19
NW	15	NW	15	NW	11	ESE, SE	16	SSE	19	ESE	17	ESE	10	8	14
NE / C	9 / 11	NE	11	NE	11	NE	15	SE	12	SE	12	NE, E	9	9	51
NW / C	9 / 23	ENE / C	9 / 19	ENE / C	9 / 18	S	13	S / C	17 / 17	ENE	9	ENE / C	9 / 17	11	45
NNW	18	NNW	16	NNW	14	SSW	20	SSW	25	SSW	10	NNW / C	12 / 13		23
N / NW / C	29 / 14 / 32	N / NW	28 / 13	N / SE	29 / 11	NNW, SW / SE	10 / 24	SW / SE	17 / 32	NNE / SE / C	13 / 20 / 30	N / SE / C	22 / 14 / 27		24

33

地名	海拔高度 (m)	夏季平均气压 (mbar)	日照百分率 (%)		温度 (℃)					室外计算相对湿度 (%)		降水量 (mm)			室外风速 (m/s)		
			全年	冬季	年平均	极端最高	极端最低	最热月平均最高	最冷月平均最低	冬季空气调节	最热月平均	平均年总量	一日最大	一小时最大	冬季平均	夏季平均	折算2m处成距地面数值夏季平均风速
台北	9.0②	1005.3			22.1	38.0	-2.0	33.7	12.2	82	77	1869.9	400.0		3.7	2.8	2.0
郑州	110.4	991.7	54	53	14.2	43.0	-17.9	32.4	-4.7	60	76	640.9	189.4	79.2	3.4	2.6	1.9
武汉	23.3	1001.7	46	39	16.3	39.4	-18.1	33.0	-0.9	76	79	1204.5	317.4	98.6	2.7	2.6	1.9
长沙	44.9	999.4	38	27	17.2	40.6	-11.3	34.0	1.6	81	75	1396.1	192.5	82.5	2.8	2.6	1.9
广州	6.6	1004.5	43	40	21.8	38.7	0.0	32.6	9.7	70	83	1004.1	284.9	83.9	2.2	1.8	1.3
海口	14.1	1002.4	51	39	23.8	38.9	2.8	33.2	14.6	85	83	1684.5	283.0	89.0	3.4	2.8	2.0
南宁	72.2	996.0	41	30	21.6	40.4	-2.1	33.0	9.6	75	82	1300.6	198.6	87.2	1.8	1.9	1.4
成都	505.9	947.7	28	21	16.2	37.3	-5.9	30.0	2.4	80	85	947.0	195.2	67.5	0.9	1.1	0.8
重庆	351.1	963.9	26	10	17.8	40.2	-1.8	32.9	5.6	83	71	1151.5	195.3	69.7①	1.3	1.6	1.1
贵阳	1071.2	887.9	31	19	15.3	37.5	-7.8	28.7	2.2	78	77	1174.7	133.9	76.0①	2.2	2.0	1.4
昆明	1891.4	808.0	56	72	14.7	31.5	-5.4	24.0	1.4	68	83	1006.5	153.3	57.1	2.5	1.8	1.3
拉萨	3648.7	652.4	68	77	7.5	29.4	-16.5	22.5	-10.2	28	54	444.8	41.6	28.9	2.2	1.8	1.3

①此资料观测记录为大于5年且小于或等于10年的参数。

②此资料观测记录为大于10年且小于或等于20年的参数。

注：1. 本表的编制，参阅《全国主要城市室外气象参数》编制说明；

2. 夏季平均气压 1mbar = 100Pa。

最多风向及其频率（%）												年最多风向及其频率（%）		最大冻土深度（cm）	最大积雪深度（cm）
冬季						夏季						风向	频率		
12月		1月		2月		6月		7月		8月					
风向	频率	风向	频率	风向	频率	风向	频率	风向	频率	风向	频率				
E	32	E	26	E	27	SSE	13	ESE	13	ESE	17	E	23		
WNW	15	WNW	14	NE	16	S	13	S	13	NE	13	NE	12	27	23
C	24	C	26	C	25	C	18	C	24	C	29	C	25		
NNE	20	NNE	18	NNE	19	SE	9	SSW	10	NNE	14	NNE	14	10	32
C	26	C	23	C	21	C	21			C	21	C	23		
NW	32	NW	31	NW	30	NW	13	S	21	NW	14	NW	24	5	20
C	30	C	29	C	27	C	29	C	25	C	24	C	27		
N	29	N	28	N	24	SE	15	SE	16	E	11	N	16		
						C	26	C	27	C	29	C	25		
NE	31	NE	31	NE	25	SSE	20	SSE	21	SSE	13	NE	16		
						E				C	22				
ENE	15	ENE	17	ENE	16	SE	14	SE	15	E	13	E	13		
C	21	C	21			C	26	C	25	C	28	C	23		
NNE	11	NNE	14	NNE	12	NNE	7	NNE	9	N	9	NNE	11		
C	36					C	27	C	31	C	29				5
N	13	N	13	N	12	N	10	N	8	NE	8	N	11		
C	63	C	59	C	54	C	45	C	43	C	44	C	49		2
NE	21	NE	21	NE	24	S	14	S	23	S	13	NE	15		
						C	22			C	29	C	19		13
SW	22	SW	23	SW	25	SW	18	SW	18	S	9	SW	18		
										C	30				17
E	17	E	16	ESE	13	ESE	13	ESE	14	ESE	14	ESE	14	26	11
C	63	C	50	C	35	C	36	C	50	C	54	C	46		

4.4 我国部分城市暴雨强度新公式

近年来我国许多城市开展了暴雨强度公式修订工作，表4-6列出我国部分城市暴雨强度公式，其中大多数为2013年后新修订的公式。

我国部分城市暴雨强度公式　　　　表4-6

序号	省、自治区、直辖市	城市（区域）名称	暴雨强度公式	选样方法	发布年度	发布或编制单位（地方标准号）	备注
1	北京	I区	$q=\dfrac{1558(1+0.955\lg P)}{(t+5.551)^{0.835}}$ $(1\min<t\leqslant5\min)$	年最大值法	2016	北京市城市规划设计研究院（DB11/T 969—2016）	北京市西北部山后背风区
2			$q=\dfrac{2719(1+0.96\lg P)}{(t+11.591)^{0.902}}$ $(5\min<t\leqslant1440\min)$				
3		II区	$q=\dfrac{591(1+0.893\lg P)}{(t+1.859)^{0.436}}$ $(1\min<t\leqslant5\min)$				其他区
4			$q=\dfrac{1602(1+1.0371\lg P)}{(t+11.593)^{0.681}}$ $(5\min<t\leqslant1440\min)$				
5	上海		$q=\dfrac{1600(1+0.8461\lg P)}{(t+7.0)^{0.656}}$		2017	上海市水务局（DB31/T 1043—2017）	
6	天津	I区	$q=\dfrac{2141(1+0.75621\lg P)}{(t+9.6093)^{0.6893}}$	年最大值法	2016	天津城建设计院有限公司（DB/T 29—236—2016）	中心城区和环城4区
7		II区	$q=\dfrac{2728(1+0.75621\lg P)}{(t+13.4757)^{0.7386}}$				滨海新区
8		III区	$q=\dfrac{3034(1+0.75891\lg P)}{(t+13.2148)^{0.7849}}$				其他4区及蓟州区平原地区
9		IV区	$q=\dfrac{2583(1+0.77801\lg P)}{(t+13.7521)^{0.7677}}$				蓟州区北部山区（20m等高线以上）
10	重庆	沙坪坝	$q=\dfrac{1132(1+0.958\lg P)}{(t+5.408)^{0.595}}$		2017	重庆市市政设计研究院，重庆市气候中心	
11		巴南	$q=\dfrac{1898(1+0.867\lg P)}{(t+9.480)^{0.709}}$				
12		渝北	$q=\dfrac{1111(1+0.9450\lg P)}{(t+9.713)^{0.561}}$				

序号	省、自治区、直辖市	城市（区域）名称	暴雨强度公式	选样方法	发布年度	发布或编制单位（地方标准号）	备注
13		石家庄	$q = \dfrac{1689(1 + 0.898 \lg P)}{(t + 7)^{0.729}}$				采用单一重现期公式
14		保定	$q = \dfrac{2131.654(1 + 0.997 \lg P)}{(t + 11.026)^{0.757}}$				
15		邯郸	$q = \dfrac{1907.229(1 + 0.971 \lg P)}{(t + 11.842)^{0.671}}$				
16		秦皇岛	$q = \dfrac{605.709(1 + 0.711 \lg P)}{(t + 1.040)^{0.464}}$				
17		唐山	$q = \dfrac{1983.569(1 + 0.6851 \lg P)}{(t + 10.233)^{0.702}}$				
18	河北	张家口	$q = \dfrac{3777.488(1 + 0.906 \lg P)}{(t + 15.479)^{0.948}}$	年最大值法	2016	河北省住房和城乡建设厅〔DB 13（J）/T 210—2016〕	
19		衡水	$q = \dfrac{3953.190(1 + 0.997 \lg P)}{(t + 16.393)^{0.852}}$				
20		沧州	$q = \dfrac{2226.663(1 + 0.997 \lg P)}{(t + 9.596)^{0.731}}$				
21		廊坊	$q = \dfrac{1226.812(1 + 0.776 \lg P)}{(t + 6.191)^{0.599}}$				
22		邢台	$q = \dfrac{1616.117(1 + 0.854 \lg P)}{(t + 13.24)^{0.638}}$				
23		承德	$q = \dfrac{2958.422(1 + 0.789 \lg P)}{(t + 14.72)^{0.829}}$				
24		辛集	$q = \dfrac{9784.554(1 + 1.827 \lg P)}{(t + 29.043)^{1.109}}$				

序号	省、自治区、直辖市	城市（区域）名称	暴雨强度公式	选样方法	发布年度	发布或编制单位（地方标准号）	备注
25		太原	$q = \dfrac{1808.276(1 + 1.173 lgP)}{(t + 11.994)^{0.826}}$				城南
26			$q = \dfrac{10491.942(1 + 1.627 lgP)}{(t + 23.651)^{1.229}}$				城北
27		运城	$q = \dfrac{993.7(1 + 1.04 lgP)}{(t + 10.3)^{0.65}}$				
28		大同	$q = \dfrac{8814.06(1 + 1.267 lgP)}{(t + 27.388)^{1.187}}$				
29		晋中	$q = \dfrac{1695.878(1 + 0.920 lgP)}{(t + 10.095)^{0.824}}$				
30		长治	$q = \dfrac{3340(1 + 1.43 lgP)}{(t + 15.8)^{0.93}}$				
31	山西	临汾	$q = \dfrac{1325.646(1 + 1.623 lgP)}{(t + 11.517)^{0.783}}$	年最大值法	2017	山西省住房和城乡建设厅（DBJ04/T 344—2017）	
32		忻州	$q = \dfrac{1803.6(1 + 1.04 lgP)}{(t + 8.64)^{0.8}}$				
33		阳泉	$q = \dfrac{1730.1(1 + 0.61 lgP)}{(t + 9.6)^{0.78}}$				
34		侯马	$q = \dfrac{2212.8(1 + 1.04 lgP)}{(t + 10.4)^{0.83}}$				
35		吕梁	$q = \dfrac{724.2(1 + 1.58 lgP)}{(t + 4.72)^{0.669}}$				
36		朔州	$q = \dfrac{1402.8(1 + 0.81 lgP)}{(t + 6)^{0.81}}$				
37		晋城	$q = \dfrac{900(1 + 0.83 lgP)}{t^{0.558}}$				
38		济南	$q = \dfrac{1421.481(1 + 0.932 gP)}{(t + 7.347)^{0.617}}$		2014		
39		青岛	$q = \dfrac{1919.009(1 + 0.997 lgP)}{(t + 10.740)^{0.738}}$		2015		
40	山东	淄博	$q = \dfrac{2186.085(1 + 0.997 lgP)}{(t + 10.328)^{0.791}}$		2015	当地市政府	
41		枣庄	$q = \dfrac{1170.206(1 + 0.919 lgP)}{(t + 5.445)^{0.595}}$		2014		
42		东营	$q = \dfrac{1363.621(1 + 0.919 lgP)}{(t + 5.778)^{0.653}}$		2016		

序号	省、自治区、直辖市	城市（区域）名称	暴雨强度公式	选样方法	发布年度	发布或编制单位（地方标准号）	备注
43	山东	烟台	$q = \dfrac{1619.486(1 + 0.958 \lg P)}{(t + 11.142)^{0.698}}$		2015	当地市政府	
44		潍坊	$q = \dfrac{4843.466(1 + 0.984 \lg P)}{(t + 19.481)^{0.932}}$		2015		
45		济宁	$q = \dfrac{2451.987(1 + 0.893 \lg P)}{(t + 14.249)^{0.733}}$		2015		
46		菏泽	$q = \dfrac{2578.764(1 + 0.997 \lg P)}{(t + 13.076)^{0.785}}$		2015		
47		德州	$q = \dfrac{2763.708(1 + 0.906 \lg P)}{(t + 15.67)^{0.751}}$		2015		
48		临沂	$q = \dfrac{1652.094(1 + 0.997 \lg P)}{(t + 8.294)^{0.661}}$		2015		
49		聊城	$q = \dfrac{1455.148(1 + 0.932 \lg P)}{(t + 9.346)^{0.614}}$		2015		
50		滨州	$q = \dfrac{2819.094(1 + 0.932 \lg P)}{(t + 14.368)^{0.808}}$		2015		
51		日照	$q = \dfrac{1444.966(1 + 0.880 \lg P)}{(t + 6.952)^{0.650}}$		2015		
52		泰安	$q = \dfrac{2024.805(1 + 0.958 \lg P)}{(t + 9.873)^{0.730}}$		2015		
53		威海	$q = \dfrac{1824.308(1 + 0.7641 \lg P)}{(t + 10)^{0.685}}$		2015		
54	浙江	杭州	$q = \dfrac{1455.550(1 + 0.958 \lg P)}{(t + 5.861)^{0.674}}$	年最大值法	2020	浙江省城乡规划设计研究院，浙江省气候中心（DB33/T 1191—2020）	这些公式仅适用于各市主城区
55		宁波	$q = \dfrac{6576.744(1 + 0.685 \lg P)}{(t + 25.309)^{0.921}}$				
56		温州	$q = \dfrac{781.307(1 + 0.867 \lg P)}{(t + 5.029)^{0.429}}$				
57		嘉兴	$q = \dfrac{6458.229(1 + 0.698 \lg P)}{(t + 19.571)^{0.937}}$				
58		湖州	$q = \dfrac{3017.869(1 + 0.880 \lg P)}{(t + 10.033)^{0.833}}$				
59		绍兴	$q = \dfrac{4202.615(1 + 1.267 \lg P)}{(t + 21.018)^{0.863}}$				
60		金华	$q = \dfrac{2734.581(1 + 0.747 \lg P)}{(t + 14.705)^{0.781}}$				

序号	省、自治区、直辖市	城市（区域）名称	暴雨强度公式	选样方法	发布年度	发布或编制单位（地方标准号）	备注
61	浙江	衢州	$q = \dfrac{1633.573(1 + 0.607 \lg P)}{(t + 7.559)^{0.689}}$	年最大值法	2020	浙江省城乡规划设计研究院，浙江省气候中心（DB33/T 1191—2020）	这些公式仅适用于各市主城区
62		台州	$q = \dfrac{695.993(1 + 0.802 \lg P)}{(t + 3.179)^{0.420}}$				
63		普陀	$q = \dfrac{572.741(1 + 0.9451 \lg P)}{(t + 0.390)^{0.487}}$				
64		丽水	$q = \dfrac{3098.757(1 + 0.7301 \lg P)}{(t + 12.262)^{0.819}}$				
65	江苏	南京	$i = \dfrac{64.300 + 53.800 \lg P}{(t + 32.900)^{1.011}}$		2014	当地市政府	
66		无锡	$q = \dfrac{4758.5 + 3089.5 \lg P}{(t + 18.469)^{0.845}}$		2014		
67		徐州	$i = \dfrac{16.007 + 11.48 \lg P}{(t + 17.217)^{0.7069}}$		2013		
68		常州	$i = \dfrac{134.5106(1 + 0.47841 \lg P)}{(t + 32.0692)^{1.1947}}$		2013		
69		苏州	$q = \dfrac{3306.63(1 + 0.82011 \lg P)}{(t + 18.99)^{0.7735}}$		2011		
70		南通	$i = \dfrac{11.4508(1 + 0.72541 \lg P)}{(t + 10.8344)^{0.7097}}$		2013		
71		连云港	$i = \dfrac{9.5(1 + 0.7191 \lg P)}{(t + 11.2)^{0.619}}$		2014		
72		淮安	$i = \dfrac{13.928(1 + 0.721 \lg P)}{(t + 11.28)^{0.711}}$		2014		
73		盐城	$i = \dfrac{16.2936(1 + 0.98911 \lg P)}{(t + 14.5566)^{0.7563}}$		2013		
74		扬州	$i = \dfrac{15.726941(1 + 0.6967731 \lg P)}{(t + 13.117904)^{0.752221}}$		2012		
75		镇江	$i = \dfrac{38.3623 + 39.02671 \lg P}{(t + 19.1377)^{0.975}}$		2014		
76		泰州	$i = \dfrac{9.100(1 + 0.6191 \lg P)}{(t + 5.648)^{0.644}}$		2014		
77		宿迁	$i = \dfrac{61.2(1 + 1.051 \lg P)}{(t + 39.4)^{0.996}}$		2015		

序号	省、自治区、直辖市	城市（区域）名称	暴雨强度公式	选样方法	发布年度	发布或编制单位（地方标准号）	备注
78		福州	$q = \dfrac{2457.435(1 + 0.633\lg P)}{(t + 12)^{0.724}}$				
79		厦门	$q = \dfrac{928.15(1 + 0.716\lg P)}{(t + 4.4)^{0.535}}$ $(t \leqslant 180\text{min})$				
80		宁德	$q = \dfrac{1431.621(1 + 0.672\lg P)}{(t + 7.5)^{0.579}}$ $(180\text{min} < t \leqslant 1440\text{min})$				
81		屏南	$q = \dfrac{2604.305(1 + 0.542\lg P)}{(t + 13.3)^{0.769}}$				
82		泉州	$q = \dfrac{1517.455(1 + 0.763\lg P)}{(t + 11.3)^{0.612}}$				
83	福建	德化	$q = \dfrac{3620.560(1 + 0.571\lg P)}{(t + 12.8)^{0.812}}$	年最大值法	2021	福建省气候中心，福建省城乡规划设计研究院（DBJ/T 13—52—2021）	主城区
84		宁德	$q = \dfrac{1431.621(1 + 0.672\lg P)}{(t + 7.5)^{0.579}}$				
85		莆田	$q = \dfrac{1236.802(1 + 0.568\lg P)}{(t + 5.6)^{0.554}}$				
86		漳州	$q = \dfrac{2649.205(1 + 0.777\lg P)}{(t + 12.6)^{0.737}}$				
87		龙岩	$q = \dfrac{3380.915(1 + 0.636\lg P)}{(t + 13.9)^{0.805}}$				
88		三明	$q = \dfrac{5453.218(1 + 0.551\lg P)}{(t + 19.6)^{0.904}}$				
89		南平	$q = \dfrac{3087.496(1 + 0.635\lg P)}{(t + 9.1)^{0.821}}$				建阳区
90		广州	$q = \dfrac{3618.427(1 + 0.438\lg P)}{(t + 11.259)^{0.750}}$		2011	广州市水务局	中心城区
91	广东	深圳	$q = \dfrac{1450.239(1 + 0.594\lg P)}{(t + 11.13)^{0.555}}$		2015	深圳市气象局	
92		珠海	$q = \dfrac{847.172(1 + 0.659\ln P)}{(t + 5.373)^{0.391}}$		2015	珠海市气象局	

序号	省、自治区、直辖市	城市(区域)名称	暴雨强度公式	选样方法	发布年度	发布或编制单位(地方标准号)	备注
93	广东	汕头	$q = \dfrac{1602.902(1 + 0.6331\lg P)}{(t + 7.149)^{0.592}}$		2015	汕头市气象局	
94		湛江	$q = \dfrac{4123.986(1 + 0.6071\lg P)}{(t + 28.766)^{0.693}}$		2015	湛江市气象局	
95		江门	$q = \dfrac{2283.662(1 + 1.1281\lg P)}{(t + 11.663)^{0.662}}$		2015	江门市水务局、气象局等	
96		茂名	$q = \dfrac{1861.341(1 + 0.3601\lg P)}{(t + 5.590)^{0.567}}$		2016	广东省气象防灾技术服务中心	
97		惠州	$q = \dfrac{1877.373(1 + 0.4381\lg P)}{(t + 8.131)^{0.598}}$				
98		清远	$q = \dfrac{4071.713(1 + 0.6331\lg P)}{(t + 16.852)^{0.756}}$		2018	清远市气象局、水务局	
99		东莞	$q = \dfrac{3717.342(1 + 0.5031\lg P)}{(t + 14.533)^{0.729}}$		2016	中国城市规划设计研究院	
100		中山	$q = \dfrac{1829.552(1 + 0.4441\lg P)}{(t + 6.0)^{0.591}}$		2014	中山市气象局	五桂山以北地区
101		顺德	$q = \dfrac{2545.044(1 + 0.399\ln P)}{(t + 9.414)^{0.665}}$		2016	佛山市气象局	
102		韶关	$q = \dfrac{1852.865(1 + 0.62931\lg P)}{(t + 9.6384)^{0.6697}}$ (2年≤P≤10年)				
103			$q = \dfrac{1508.2772(1 + 0.51651\lg P)}{(t + 8.9303)^{0.5903}}$ (P>10年)				
104		河源	$q = \dfrac{1358.936(1 + 0.4771\lg P)}{(t + 4.401)^{0.553}}$		2017		
105		肇庆	$q = \dfrac{4693.651(1 + 0.5291\lg P)}{(t + 13.023)^{0.812}}$		2018		
106	广西	南宁	$q = \dfrac{4306.586(1 + 0.5161\lg P)}{(t + 15.293)^{0.793}}$	年最大值法	2016	南宁市规划局、气象局	
107		桂林	$q = \dfrac{2276.830(1 + 0.5811\lg P)}{(t + 10.268)^{0.686}}$		2015	桂林市住房和城乡建设委员会、气象局	
108		柳州	$q = \dfrac{1929.943(1 + 0.7761\lg P)}{(t + 9.507)^{0.652}}$		2015	柳州市住房和城乡建设委员会、气象局	

序号	省、自治区、直辖市	城市（区域）名称	暴雨强度公式	选样方法	发布年度	发布或编制单位（地方标准号）	备注
109	广西	梧州	$q = \dfrac{6113.589(1 + 0.750\lg P)}{(t + 22.627)^{0.865}}$	年最大值法	2016	梧州市市政和园林管理局、气象局	
110		贺州	$q = \dfrac{1823.540(1 + 0.620\lg P)}{(t + 7.017)^{0.669}}$		2015	贺州市规划局、气象局	
111		来宾	$q = \dfrac{1334.241(1 + 0.828\lg P)}{(t + 6.172)^{0.594}}$		2015		
112		玉林	$q = \dfrac{3544.319(1 + 0.672\lg P)}{(t + 16.065)^{0.745}}$		2017	广西气象服务中心	
113		贵港	$q = \dfrac{2836.829}{(t + 7.291)^{0.680}}$ （$P = 3$ 年单一重现期公式）		2015	贵港市气象局	单一重现期公式
114			$q = \dfrac{2702.728}{(t + 6.632)^{0.638}}$ （$P = 5$ 年单一重现期公式）				
115	海南	海口	$q = \dfrac{3681.176(1 + 0.2571\lg P)}{(t + 20.089)^{0.678}}$		2017		
116		三亚	$q = \dfrac{1325.105(1 + 0.5681\lg P)}{(t + 7.641)^{0.535}}$		2017		
117		琼海	$q = \dfrac{1958.576(1 + 0.660\lg P)}{(t + 11)^{0.5921}}$		2017		
118		儋州	$q = \dfrac{30663.72(1 + 0.5291\lg P)}{(t + 51.628)^{1.099}}$		2017		
119	云南	昆明	$q = \dfrac{1226.623(1 + 0.9581\lg P)}{(t + 6.714)^{0.648}}$	年最大值法	2015	昆明市气象局	
120		玉溪	$q = \dfrac{2870.528(1 + 0.6331\lg P)}{(t + 14.742)^{0.818}}$		2015		
121		普洱	$q = \dfrac{4578.897(1 + 0.7371\lg P)}{(t + 16.905)^{0.880}}$		2020	普洱市市场监督管理局（DB5308/T 59—2020）	思茅区
122	贵州	贵阳	$q = \dfrac{2146.431(1 + 0.750\lg P)}{(t + 15.113)^{0.719}}$		2016		
123		铜仁	$q = \dfrac{1346.557(1 + 0.6981\lg P)}{(t + 8.643)^{0.598}}$		2018		

序号	省、自治区、直辖市	城市（区域）名称	暴雨强度公式	选样方法	发布年度	发布或编制单位（地方标准号）	备注
124	四川	成都	$i = \dfrac{44.594(1 + 0.651\lg P)}{(t + 27.346)^{0.953(\log P) - 0.017}}$	年最大值法	2015	成都市水务局、气象局	
125		眉山	$q = \dfrac{3682.174(1 + 1.214\lg P)}{(t + 22.6)^{0.810}}$		2015	眉山市水务局、气象局	
126		广安	$q = \dfrac{3534.719(1 + 0.750\lg P)}{(t + 19.551)^{0.828}}$		2018	广安市气象局	
127		达州	$q = \dfrac{928.799(1 + 0.818\lg P)}{(t + 5.788)^{0.565}}$		2015	达州市气象局	
128		宜宾	$q = \dfrac{7316.018(1 + 0.555\lg P)}{(t + 30.890)^{0.903}}$		2017	宜宾市气象局、城乡规划局	
129		广元	$q = \dfrac{1234.955(1 + 0.633\lg P)}{(t + 7.493)^{0.608}}$		2017	广元市气象局	
130		德阳	$q = \dfrac{5666.378(1 + 0.789\lg P)}{(t + 28.804)^{0.881}}$		2019	德阳市住房和城乡建设局、气象局	
131		自贡	$q = \dfrac{1986(1 + 0.945\lg P)}{(t + 14.9)^{0.703}}$ （2 年≤P≤10 年，t≤180min）		2017	自贡市住房和城乡建设局、气象局	
132			$q = \dfrac{2047(1 + 0.690\lg P)}{(t + 20.2)^{0.643}}$ （10 年≤P≤100 年，t≤180min）		2017		
133		泸州	$q = \dfrac{1473.348(1 + 0.792\lg P)}{(t + 11.017)^{0.662}}$		2016	泸州市气象局、住房和城乡建设局	
134		乐山	$q = \dfrac{2213.141(1 + 0.571\lg P)}{(t + 17.392)^{0.655}}$		2016		
135		巴中	$q = \dfrac{1969.666(1 + 0.698\lg P)}{(t + 17.946)^{0.699}}$		2016	巴中市气象局	
136		雅安	$q = \dfrac{861.725(1 + 0.763\lg P)}{(t + 3.994)^{0.469}}$		2021	雅安市住房和城乡建设局	
137		西昌	$i = \dfrac{5.6288 + 5.68\lg P}{(t + 14.3157)^{0.5913}}$				
138		绵阳	$i = \dfrac{4.923(1 + 0.7221\lg P)}{(t + 4)^{0.485}}$				
139		甘孜	$i = \dfrac{4.4812 + 3.73559\lg P}{(t + 4.0119)^{0.8102}}$				
140		内江	$q = \dfrac{1617.411(1 + 0.724\lg P)}{(t + 8.635)^{0.621}}$		2017	内江市气象局	

序号	省、自治区、直辖市	城市（区域）名称	暴雨强度公式	选样方法	发布年度	发布或编制单位（地方标准号）	备注
141		西安	$q = \dfrac{2210.87(1 + 2.915 \lg P)}{(t + 21.933)^{0.974}}$		2014		
142		渭南	$q = \dfrac{2602(1 + 1.07 \lg P)}{(t + 18.0)^{0.91}}$				
143	陕西	咸阳	$q = \dfrac{384(1 + 1.5 \lg P)}{t^{0.51}}$				
144		铜川	$q = \dfrac{990(1 + 1.3 \lg P)}{(t + 7.0)^{0.67}}$				
145		宝鸡	$q = \dfrac{1838.5(1 + 0.94 \lg P)}{(t + 12.0)^{0.93}}$				
146	青海	西宁	$q = \dfrac{656.591(1 + 0.997 \lg P)}{(t + 4.490)^{0.759}}$		2019	西宁市城乡建设局、气象局	
147	新疆	乌鲁木齐	$q = \dfrac{693(1 + 1.123 \lg P)}{(t + 15)^{0.841}}$		2014	乌鲁木齐市城建设计研究院、市气象局	
148		伊宁	$q = \dfrac{1695.415(1 + 0.997 \lg P)}{(t + 8.226)^{1.009}}$		2015	伊犁州气象局	
149	内蒙古	呼和浩特	$q = \dfrac{973.990(1 + 0.906 \lg P)}{(t + 5.622)^{0.721}}$		2020	呼和浩特市住房和城乡建设局等	
150		哈尔滨	$q = \dfrac{1935.797(1 + 0.646 \lg P)}{(t + 6.984)^{0.748}}$		2016	哈尔滨市气象局	哈尔滨市江南主城区
151	黑龙江	鸡西	$q = \dfrac{5264.175(1 + 0.997 \lg P)}{(t + 17.087)^{1.045}}$		2017	鸡西市城乡建设局、气象局	
152		双鸭山	$q = \dfrac{1698.498(1 + 0.997 \lg P)}{(t + 10.437)^{0.808}}$		2017	双鸭山市气象局	
153		长春	$q = \dfrac{1618.165(1 + 0.84 \lg P)}{(t + 9.93)^{0.704}}$		2015		
154	吉林	吉林	$q = \dfrac{2085.14(1 + 0.88 \lg P)}{(t + 10.56)^{0.83}}$	年最大值法	2015		
155	辽宁	葫芦岛	$q = \dfrac{756.649(1 + 0.984 \lg P)}{(t + 5.483)^{0.528}}$		2017		

序号	省、自治区、直辖市	城市（区域）名称	暴雨强度公式	选样方法	发布年度	发布或编制单位（地方标准号）	备注
156	河南	郑州	$q = \dfrac{2001.829(1 + 3.264)\lg P}{(t + 24.8)^{0.856}}$		2023	郑州市自然资源和规划局	
157		商丘	$q = \dfrac{1976.898(1 + 1.229\lg P)}{(t + 15.661)^{0.727}}$		2023	商丘市气象局	
158		开封	$q = \dfrac{1758.844(1 + 0.5084\lg P)}{(t + 14.652)^{0.686}}$				
159		洛阳	$i = \dfrac{62.372 + 45.684\lg P}{(t + 29.4)^{1.057}}$		2014		
160		焦作	$q = \dfrac{1345.941(1 + 0.997\lg P)}{(t + 7.155)^{0.680}}$		2015		
161		漯河	$q = \dfrac{1622.658(1 + 0.732\lg P)}{(t + 8.7)^{0.677}}$		2014		
162		济源	$q = \dfrac{1581.274(1 + 0.828\lg P)}{(t + 9.789)^{0.728}}$		2015		
163		鹤壁	$q = \dfrac{3968(1 + 0.694\lg P)}{(t + 16.7)^{0.858}}$		2016		
164		濮阳	$q = \dfrac{1507.808(1 + 0.945\lg P)}{(t + 8.701)^{0.858}}$		2016		
165	安徽	合肥	$q = \dfrac{4850(1 + 0.846\lg P)}{(t + 19.1)^{0.896}}$	年最大值	2014	合肥市城乡建设委员会（DBHJ/T 012—2014）	
166		阜阳	$q = \dfrac{2242.494(1 + 1.408\lg P)}{(t + 15.517)^{0.749}}$		2017	阜阳市政府、气象局	
167		蚌埠	$q = \dfrac{2957.275(1 + 0.399\lg P)}{(t + 12.892)^{0.747}}$		2014	蚌埠市住房和城乡建设局	
168		芜湖	$q = \dfrac{2094.971(1 + 0.633\lg P)}{(t + 11.731)^{0.710}}$		2015	芜湖市住房和城乡建设局	江南区
169			$q = \dfrac{1094.977(1 + 0.906\lg P)}{(t + 3.770)^{0.605}}$				江北区
170		亳州	$q = \dfrac{1321.161(1 + 0.739\lg P)}{(t + 5.989)^{0.596}}$		2015		
171		黄山	$q = \dfrac{1159.530(1 + 0.841\lg P)}{(t + 3.770)^{0.597}}$		2018	黄山市住房和城乡建设委员会、气象局	

序号	省、自治区、直辖市	城市（区域）名称	暴雨强度公式	选样方法	发布年度	发布或编制单位（地方标准号）	备注
172	安徽	马鞍山	$q = \dfrac{3255.057(1 + 0.672 \lg P)}{(t + 13.105)^{0.808}}$		2015	马鞍山市住房和城乡建设委员会、气象局	
173		淮北	$q = \dfrac{927.306(1 + 0.711 \lg P)}{(t + 2.340)^{0.505}}$		2015	淮北市城乡建设委员会、气象局	
174		宿州	$q = \dfrac{559.506(1 + 1.176 \lg P)}{(t + 0.027)^{0.438}}$		2016	宿州市气象局、城管局	
175		滁州	$q = \dfrac{2696.075(1 + 0.4381 \lg P)}{(t + 14.830)^{0.692}}$		2015	滁州市城乡规划建设委员会、气象局	
176		池州	$q = \dfrac{783.524(1 + 0.5811 \lg P)}{(t + 1.820)^{0.461}}$		2015	池州市住房和城乡建设委员会	
177		宣城	$q = \dfrac{2632.104(1 + 0.60711 \lg P)}{(t + 11.604)^{0.769}}$	年最大值法	2015	安徽省气候可行性论证中心	
178		淮南	$q = \dfrac{1693.951(1 + 0.971854 \lg P)}{(t + 7.961)^{0.689}}$		2013		
179		铜陵	$q = \dfrac{1588(1 + 0.73 \lg P)}{(t + 10)^{0.64}}$		2015	铜陵市人民政府	
180	江西	南昌	$q = \dfrac{1598(1 + 0.69 \lg P)}{(t + 1.4)^{0.64}}$				
181		九江	$q = \dfrac{1495.020(1 + 0.55 \lg P)}{(t + 8)^{0.79}}$				
182		宜春	$q = \dfrac{1077.655(1 + 0.893 \lg P)}{(t + 7.400)^{0.590}}$		2016		
183		贵溪	$q = \dfrac{2715.444(1 + 0.763 \lg P)}{(t + 13.426)^{0.709}}$				
184		萍乡	$q = \dfrac{1074.385(1 + 0.7241 \lg P)}{(t + 5.586)^{0.568}}$		2018	萍乡市人民政府	
185		上饶	$q = \dfrac{2744.378(1 + 0.5551 \lg P)}{(t + 17.408)^{0.759}}$		2017		
186		赣州	$q = \dfrac{11470.660(1 + 0.5516 \lg P)}{(t + 27.786)^{1.044}}$		2016	赣州市气象局	
187		鹰潭	$q = \dfrac{2715.444(1 + 0.7631 \lg P)}{(t + 13.426)^{0.789}}$		2015	鹰潭市市政府	

序号	省、自治区、直辖市	城市（区域）名称	暴雨强度公式	选样方法	发布年度	发布或编制单位（地方标准号）	备注
188	湖南	长沙	$q = \dfrac{5766.387(1 + 0.831\lg P)}{(t + 30.259)^{0.912}}$	数理统计法	2022	湖南省住房和城乡建设厅 DBJ 43/T 390—2022	
189		湘潭	$q = \dfrac{8844.178(1 + 1.038\lg P)}{(t + 29.872)^{1.02}}$				
190		郴州	$q = \dfrac{3312.461(1 + 0.6981\lg P)}{(t + 17.201)^{0.805}}$				
191		益阳	$q = \dfrac{1938.229(1 + 0.802\lg P)}{(t + 9.434)^{0.703}}$				
192		岳阳	$q = \dfrac{1215.289(1 + 0.711\lg P)}{(t + 6.397)^{0.581}}$				
193		株洲	$q = \dfrac{1839.712(1 + 0.724\lg P)}{(t + 6.986)^{0.703}}$				
194		常德	$q = \dfrac{1451.442(1 + 0.997\lg P)}{(t + 8.226)^{0.654}}$				
195		永州	$q = \dfrac{22992.792(1 + 0.771\lg P)}{(t + 47.543)^{1.146}}$				
196		衡阳	$q = \dfrac{1915.959(1 + 0.6461\lg P)}{(t + 11.212)^{0.711}}$				
197		张家界	$q = \dfrac{1504.471(1 + 0.919\lg P)}{(t + 10.231)^{0.639}}$				
198		邵阳	$q = \dfrac{3871.593(1 + 0.766\lg P)}{(t + 14.963)^{0.868}}$				
199	湖北	武汉	$q = \dfrac{1614(1 + 0.887\lg P)}{(t + 11.23)^{0.658}}$ ($5\text{min} \leqslant t \leqslant 1440\text{min}$) ($2\ \text{年} \leqslant P \leqslant 100\ \text{年}$)	年最大值法	2020	武汉市市场监督管理局（DB4201/T 641—2020）	
200		十堰	$q = \dfrac{3266.071(1 + 0.997\lg P)}{(t + 21.156)^{0.838}}$		2016		
201		襄阳	$q = \dfrac{7839.62(1 + 0.841\lg P)}{(t + 31.481)^{0.963}}$		2015	湖北省气象服务中心	
202		荆门	$q = \dfrac{2230.377(1 + 1.224\lg P)}{(t + 20.277)^{0.721}}$		2016		
203		荆州	$q = \dfrac{3100.593(1 + 0.932\lg P)}{(t + 16.100)^{0.823}}$		2016	荆州市住房和城乡建设局	

序号	省、自治区、直辖市	城市（区域）名称	暴雨强度公式	选样方法	发布年度	发布或编制单位（地方标准号）	备注
204	甘肃	庆阳	$q = \dfrac{1035.6(1 + 1.061\lg P)}{(t + 7.881)^{0.7329}}$		2016		
205		兰州	$q = \dfrac{924(1 + 3.918\lg P)}{(t + 14.92)^{0.942}}$		2016		

注：P 代表设计降雨重现期，单位为年；t 代表降雨历时，单位为 min；

q 表示暴雨强度时，单位为 L/(s·hm²)；i 表示暴雨强度时，单位为 mm/min。

5 管道水力计算

5.1 钢管和铸铁管水力计算

5.1.1 计算公式

钢管和铸铁管水力计算，沿用甫·阿·舍维列夫著水力计算表。表中所采用的两种计算水头损失公式如下：

（1）按水力坡降计算水头损失：水管的水力计算，一般采用式（5-1）：

$$i = \lambda \frac{1}{d_j} \frac{v^2}{2g} \tag{5-1}$$

式中　i——水力坡降；

　　　λ——摩阻系数；

　　　d_j——管子的计算内径（m）；

　　　v——平均水流速度（m/s）；

　　　g——重力加速度，为 9.81m/s^2。

应用式（5-1）时，必须先确定求取摩阻系数 λ 的依据。对于旧的钢管和铸铁管：

当 $\dfrac{v}{\nu} \geqslant 9.2 \times 10^5 \dfrac{1}{m}$ 时，ν——液体的运动黏度（m^2/s），则

$$\lambda = \frac{0.0210}{d_j^{0.3}} \tag{5-2}$$

当 $\dfrac{v}{\nu} < 9.2 \times 10^5 \dfrac{1}{m}$ 时，则

$$\lambda = \frac{1}{d_j^{0.3}} \left(1.5 \times 10^{-6} + \frac{\nu}{v} \right)^{0.3} \tag{5-3}$$

或采用 $\nu = 1.3 \times 10^{-6} m^2/s$（水温为 10℃）时，则

$$\lambda = \frac{0.0179}{d_j^{0.3}} \left(1 + \frac{0.867}{v} \right)^{0.3} \tag{5-4}$$

管壁如发生锈蚀或沉垢，管壁的粗糙度就增加，从而使系数 λ 值增大。式（5-2）和式（5-3）适合于旧钢管和铸铁管这类管材的自然粗糙度。

将式（5-2）和式（5-4）中求得的 λ 值，代入式（5-1）中，得出的旧钢管和铸铁管的水力坡降（水头损失）计算公式为：

当 $v \geqslant 1.2m/s$ 时，

$$i = 0.00107 \frac{v^2}{d_j^{1.3}} \tag{5-5}$$

当 $v < 1.2m/s$ 时，

$$i = 0.000912 \frac{v^2}{d_j^{1.3}} \left(1 + \frac{0.867}{v}\right)^{0.3} \tag{5-6}$$

钢管和铸铁管水力计算表即按式（5-5）和式（5-6）制成。

（2）按比阻计算水头损失：水管的水力计算，采用式（5-7）：

$$i = A \cdot Q^2 \tag{5-7}$$

式中，A 为管道比阻，代表单位管长、单位流量时沿程水头损失。研究得出，沿程水头损失与比阻和流量的平方乘积成正比。比阻与管材、壁厚、管径、流速等因素相关。中等管径与大管径钢管 $1000i$ 和 A 值的修正系数 K_1 见表5-2，中等管径与大管径钢管 v 值的修正系数 K_2 见表5-3，不同流速的 A 值修正系数 K_3 见表5-6。平均水流速度 $v \geqslant 1.2 \text{m/s}$ 情况下的钢管和铸铁管的 A 值列于表5-4、表5-5。由于钢管和铸铁管的计算内径 d_j 不同，如公称直径 $DN = 50 \text{mm}$ 时，钢管的计算内径 $d_j = 52 \text{mm}$；铸铁管的计算内径 $d_j = 49 \text{mm}$。因此，同一公称直径，钢管和铸铁管的 A 值不同。

5.1.2 水力计算表制表和使用说明

（1）编制钢管和铸铁管水力计算表时所用的计算内径 d_j 的尺寸，见表5-1。在确定计算内径 d_j 时，直径小于 300mm 的钢管及铸铁管，考虑锈蚀和沉垢的影响，其内径应减去 1mm 计算。对于直径 300mm 和 300mm 以上的管子，这种直径的减小，没有实际意义，可以不必考虑。

编制钢管和铸铁管水力计算表时所用的计算内径尺寸　　　　　表5-1

钢			管				（mm）			铸铁管	
										（mm）	
普通水煤气管				中	等	管	径	大	管	径	
公称直径 DN	外径 D	内径 d	计算内径 d_j	公称直径 DN	外径 D	内径 d	计算内径 d_j	公称直径 DN	外径 D	计算内径[①] d_j	内径 d
8	13.50	9.00	8.00	125	146	126	125	400	426	406	50
10	17.00	12.50	11.50	150	168	148	147	450	478	458	75
15	21.25	15.75	14.75	175	194	174	173	500	529	509	100
20	26.75	21.25	20.25	200	219	199	198	600	630	610	125
25	33.50	27.00	26.00	225	245	225	224	700	720	700	150
32	42.25	35.75	34.75	250	273	253	252	800	820	800	200
40	48.00	41.00	40.00	275	299	279	278	900	920	900	250
50	60.00	53.00	52.00	300	325	305	305	1000	1020	1000	300
70	75.50	68.00	67.00	325	351	331	331	1200	1220	1200	350
80	88.50	80.50	79.50	350	377	357	357	1300	1320	1300	400
100	114.00	106.00	105.00					1400	1420	1400	450
125	140.00	131.00	130.00					1500	1520	1500	500
150	165.00	156.00	155.00					1600	1620	1600	600
								1800	1820	1800	700
								2000	2020	2000	800
								2200	2220	2200	900
								2400	2420	2400	1000
								2600	2620	2600	1100
											1200
											1300
											1400
											1500

（铸铁管计算内径 d_j 列：49, 74, 99, 124, 149, 199, 249, 300, 350, 400, 450, 500, 600, 700, 800, 900, 1000, 1100, 1200, 1300, 1400, 1500）

① 为壁厚 10mm 的管子。

（2）表5-2、表5-3（中等管径和大管径钢管水力计算表）管壁厚均采用10mm。使用时如需精确计算，应根据所选用的管子壁厚的不同，分别对表5-2、表5-3中的$1000i$和v值或对表5-4、表5-5中的A值加以修正。

$1000i$值和A值的修正系数K_1采用式（5-8）计算：

$$K_1 = \left(\frac{d_j}{d'_j}\right)^{5.3} \tag{5-8}$$

式中　d_j——壁厚10mm时管子的计算内径（m）；

　　　d'_j——选用管子的计算内径（m）。

修正系数K_1值，见表5-2。

中等管径和大管径钢管$1000i$值和A值的修正系数K_1　　　　表5-2

公称直径	壁　厚　δ　（mm）										
DN（mm）	4	5	6	7	8	9	10	11	12	13	14
125	0.61	0.66	0.72	0.78	0.85	0.92	1	1.09	1.18	1.30	1.42
150	0.66	0.70	0.76	0.81	0.88	0.93	1	1.08	1.16	1.25	1.35
175	0.70	0.74	0.79	0.83	0.89	0.94	1	1.06	1.13	1.21	1.29
200	0.73	0.77	0.81	0.85	0.90	0.95	1	1.06	1.12	1.18	1.24
225	0.76	0.79	0.83	0.87	0.91	0.95	1	1.05	1.10	1.15	1.21
250	0.78	0.81	0.86	0.88	0.92	0.96	1	1.04	1.09	1.14	1.19
275	0.80	0.83	0.86	0.89	0.93	0.96	1	1.04	1.08	1.12	1.17
300	0.81	0.84	0.87	0.90	0.93	0.97	1	1.03	1.07	1.11	1.15
325	0.83	0.85	0.88	0.91	0.94	0.97	1	1.03	1.07	1.10	1.14
350	0.84	0.86	0.89	0.92	0.95	0.97	1	1.03	1.06	1.09	1.13
400	—	0.88	0.90	0.93	0.95	0.97	1	1.03	1.05	1.08	1.11
450	—	0.89	0.91	0.93	0.95	0.98	1	1.02	1.05	1.07	1.10
500	—	0.90	0.92	0.94	0.96	0.98	1	1.02	1.04	1.06	1.09
600	—	0.91	0.93	0.95	0.97	0.98	1	1.02	1.04	1.05	1.07
700	—	—	—	—	—	0.98	1	1.02	1.03	1.05	1.06
800	—	—	—	—	—	0.99	1	1.01	1.03	1.04	1.05
900	—	—	—	—	—	0.99	1	1.01	1.02	1.04	1.05
1000	—	—	—	—	—	0.99	1	1.01	1.02	1.03	1.04
1200	—	—	—	—	—	—	1	1.01	1.02	1.03	1.04
1300	—	—	—	—	—	—	1	1.01	1.02	1.02	1.03
1400	—	—	—	—	—	—	1	1.01	1.02	1.02	1.03
1500	—	—	—	—	—	—	1			1.02	1.03
1600	—	—	—	—	—	—	1			1.02	1.03
1800	—	—	—	—	—	—	1			1.02	1.02
2000	—	—	—	—	—	—	1			1.02	1.02
2200	—	—	—	—	—	—	1			1.01	1.02
2400	—	—	—	—	—	—	1			1.01	1.02
2600	—	—	—	—	—	—	1			1.01	1.02

平均水流速度 v 的修正系数 K_2 采用式（5-9）计算：

$$K_2 = \left(\frac{d_j}{d'_j}\right)^2 \qquad (5\text{-}9)$$

修正系数 K_2 值，见表5-3。

中等管径和大管径钢管 v 值的修正系数 K_2

表 5-3

公称直径 DN（mm）	壁　　厚　δ　（mm）										
	4	5	6	7	8	9	10	11	12	13	14
125	0.83	0.86	0.88	0.91	0.94	0.97	1	1.03	1.07	1.10	1.14
150	0.85	0.88	0.90	0.92	0.95	0.97	1	1.03	1.05	1.09	1.12
175	0.87	0.89	0.91	0.93	0.96	0.98	1	1.02	1.05	1.07	1.10
200	0.89	0.91	0.92	0.94	0.97	0.98	1	1.02	1.04	1.06	1.09
225	0.90	0.92	0.93	0.95	0.97	0.98	1	1.02	1.04	1.05	1.08
250	0.91	0.93	0.94	0.95	0.97	0.98	1	1.02	1.03	1.05	1.07
275	0.92	0.93	0.94	0.96	0.97	0.99	1	1.01	1.03	1.04	1.06
300	0.93	0.94	0.95	0.96	0.97	0.99	1	1.01	1.03	1.04	1.05
325	0.93	0.94	0.95	0.96	0.98	0.99	1	1.01	1.02	1.04	1.05
350	0.94	0.95	0.96	0.97	0.98	0.99	1	1.01	1.02	1.03	1.04
400	—	0.95	0.96	0.97	0.98	0.99	1	1.01	1.02	1.03	1.04
450	—	0.96	0.97	0.97	0.98	0.99	1	1.01	1.02	1.03	1.03
500	—	0.96	0.97	0.98	0.98	0.99	1	1.01	1.01	1.02	1.03
600	—	0.97	0.97	0.98	0.99	0.99	1	1.01	1.01	1.02	1.03
700	—	—	—	—	—	0.99	1	1.00	1.01	1.02	1.02
800	—	—	—	—	—	1.00	1	1.00	1.01	1.01	1.02
900	—	—	—	—	—	1.00	1	1.00	1.01	1.01	1.02
1000	—	—	—	—	—	1.00	1	1.00	1.01	1.01	1.02
1200	—	—	—	—	—	—	1	1.00	1.01	1.01	1.01
1300	—	—	—	—	—	—	1	1.00	1.01	1.01	1.01
1400	—	—	—	—	—	—	1	1.00	1.01	1.01	1.01
1500	—	—	—	—	—	—	1		1.005	1.01	1.01
1600	—	—	—	—	—	—	1			1.01	1.01
1800	—	—	—	—	—	—	1			1.01	1.01
2000	—	—	—	—	—	—	1			1.01	1.01
2200	—	—	—	—	—	—	1			1.005	1.007
2400	—	—	—	—	—	—	1			1.005	1.0067
2600	—	—	—	—	—	—	1			1.004	1.006

（3）按比阻计算水头损失时，式（5-7）只适用于平均水流速度 $v \geqslant 1.2\text{m/s}$ 的情况。当 $v < 1.2\text{m/s}$ 时，表5-4 和表5-5 中的比阻 A 值，应乘以修正系数 K_3。K_3 可按式（5-10）计算：

$$K_3 = 0.852\left(1 + \frac{0.867}{v}\right)^{0.3} \qquad (5\text{-}10)$$

钢管的比阻 A 值 表 5-4

水　煤　气　管			中　等　管　径		大　管　径	
公称直径 DN （mm）	A （Qm³/s）	A （QL/s）	公称直径 DN （mm）	A （Qm³/s）	公称直径 DN （mm）	A （Qm³/s）
8	225500000	225. 5	125	106. 2	400	0. 2062
10	32950000	32. 95	150	44. 95	450	0. 1089
15	8809000	8. 809	175	18. 96	500	0. 06222
20	1643000	1. 643	200	9. 273	600	0. 02384
25	436700	0. 4367	225	4. 822	700	0. 01150
32	93860	0. 09386	250	2. 583	800	0. 005665
40	44530	0. 04453	275	1. 535	900	0. 003034
50	11080	0. 01108	300	0. 9392	1000	0. 001736
70	2893	0. 002893	325	0. 6088	1200	0. 0006605
80	1168	0. 001168	350	0. 4078	1300	0. 0004322
100	267. 4	0. 0002674			1400	0. 0002918
125	86. 23	0. 00008623			1500	0. 0002024
150	33. 95	0. 00003395			1600	0. 0001438
					1800	0. 00007702
					2000	0. 00004406
					2200	0. 00002659
					2400	0. 00001677
					2600	0. 00001097

注：Qm³/s 表示 Q 以 m³/s 计，QL/s 表示 Q 以 L/s 计。

铸铁管的比阻 A 值 表 5-5

内　径（mm）	A（Qm³/s）	内　径（mm）	A（Qm³/s）
50	15190	500	0. 06839
75	1709	600	0. 02602
100	365. 3	700	0. 01150
125	110. 8	800	0. 005665
150	41. 85	900	0. 003034
200	9. 029	1000	0. 001736
250	2. 752	1100	0. 001048
300	1. 025	1200	0. 0006605
350	0. 4529	1300	0. 0004322
400	0. 2232	1400	0. 0002918
450	0. 1195	1500	0. 0002024

修正系数 K_3 值，见表 5-6。

v（m/s）	0.2	0.25	0.3	0.35	0.4	0.45	0.5	0.55	0.6
K_3	1.41	1.33	1.28	1.24	1.20	1.175	1.15	1.13	1.115
v（m/s）	0.65	0.7	0.75	0.8	0.85	0.9	1.0	1.1	≥1.2
K_3	1.10	1.085	1.07	1.06	1.05	1.04	1.03	1.015	1.00

（4）钢管（水煤气管）的 $1000i$ 和 v 值见表 5-7；钢管 $DN = 125 \sim 2600\text{mm}$ 的 $1000i$ 和 v 值见表 5-8 ~ 表 5-10；铸铁管 $DN = 50 \sim 1500\text{mm}$ 的 $1000i$ 和 v 值见表 5-11、表 5-12；表中 v 为平均水流速度（m/s）。

计算示例：

【例 1】 当流量 $Q = 14\text{L/s} = 0.014\text{m}^3/\text{s}$ 时，求管长 $l = 3500\text{m}$，外径×壁厚 $= 194\text{mm} \times 6\text{mm}$ 的钢管的水头损失。

【解】 由表 5-1 中查得外径 $D194\text{mm}$ 的钢管公称直径为 $DN = 175\text{mm}$，又由表 5-8 中 $DN = 175\text{mm}$ 一栏内查得 $1000i = 4.15$，$v = 0.60\text{m/s}$。

因为管壁厚度不等于 10mm（为 6mm），故须对 $1000i$ 值加以修正。由表 5-2 中查得修正系数 $K_1 = 0.79$。

故水头损失为

$$h = 9.8iK_1l = 9.8 \times \frac{4.15}{1000} \times 0.79 \times 3500 = 112.45\text{kPa}$$

按照比阻求水头损失时，由表 5-4 中查得 $A = 18.96$（Q 以 m^3/s 计），因为平均水流速度 $v = 0.60\text{m/s}$（小于 1.2m/s），故须对 A 值加以修正。

由表 5-6 查得修正系数 $K_3 = 1.115$。修正系数 K_1 仍等于 0.79。

故水头损失为

$$h = 9.8AK_1K_3lQ^2 = 9.8 \times 18.96 \times 0.79 \times 1.115 \times 3500 \times 0.014^2 = 112.28\text{kPa}$$

同样，因为管壁厚度不等于 10mm，也应对平均水流速度 v 值加以修正，由表 5-3 查得修正系数 $K_2 = 0.91$。

则求得：

$$v = 0.60 \times 0.91 = 0.55\text{m/s}$$

【例 2】 当流量 $Q = 7\text{L/s} = 0.007\text{m}^3/\text{s}$ 时，求 $DN = 150\text{mm}$，管长 $l = 2000\text{m}$ 的铸铁管的水头损失。

【解】 由表 5-11 中查到：$1000i = 2.46$；$v = 0.40\text{m/s}$，故

$$h = 9.8il = 9.8 \times \frac{2.46}{1000} \times 2000 = 48.22\text{kPa}$$

按比阻 A 值求水头损失时，由表 5-5 中查得 $A = 41.85$（Q 以 m^3/s 计）。因为平均流速小于 1.2m/s，故必须计入修正系数 K_3，当 $v = 0.40\text{m/s}$ 时，由表 5-6 中查得 $K_3 = 1.20$。

故水头损失为

$$h = 9.8AK_3lQ^2 = 9.8 \times 41.85 \times 1.20 \times 2000 \times 0.007^2 = 48.23\text{kPa}$$

5.1.3 钢管水力计算

钢管水力计算见表 5-7 ~ 表 5-10。

表 5-7

钢管（水煤气管）的 1000i 和 v 值

Q		DN (mm)																	
		8		10		15		20		25		32		40		50		70	
m³/h	L/s	v	1000i	v	1000i	v	1000i	v	1000i	v	1000i	v	1000i	v	1000i	v	1000i	v	1000i
0.090	0.025	0.50	162																
0.108	0.030	0.60	226																
0.126	0.035	0.70	300	0.34	50.4														
0.144	0.040	0.80	384	0.38	63.9														
0.162	0.045	0.89	476	0.43	79.0	0.26	23.5												
0.180	0.050	0.99	580	0.48	95.5	0.29	28.4												
0.198	0.055	1.09	692	0.53	113	0.32	33.8												
0.216	0.060	1.19	815	0.58	133	0.35	39.2												
0.234	0.065	1.29	953	0.63	154	0.38	45.2	0.20	9.76										
0.252	0.070	1.39	1105	0.67	176	0.41	51.8	0.22	11.1										
0.270	0.075	1.49	1268	0.72	200	0.44	58.6	0.23	12.5										
0.288	0.080	1.59	1443	0.77	225	0.47	65.7	0.25	14.0										
0.306	0.085	1.69	1629	0.82	252	0.50	73.3	0.26	15.6										
0.324	0.090	1.79	1827	0.87	280	0.53	81.5	0.28	17.3										
0.342	0.095	1.89	2035	0.91	310	0.56	89.8	0.29	19.1										
0.360	0.10	1.99	2255	0.96	340	0.58	98.5	0.31	20.8										
0.396	0.11	2.19	2729	1.06	406	0.64	117	0.34	24.7	0.21	7.36								
0.432	0.12	2.39	3247	1.15	478	0.70	137	0.37	28.8	0.23	8.59								
0.468	0.13	2.59	3811	1.25	557	0.76	159	0.40	33.3	0.24	9.91								
0.504	0.14	2.78	4420	1.35	646	0.82	182	0.43	38.0	0.26	11.3								

| Q | | DN (mm) | | | | | | | | | | | | | | | | | |
m³/h	L/s	8 v	8 1000i	10 v	10 1000i	15 v	15 1000i	20 v	20 1000i	25 v	25 1000i	32 v	32 1000i	40 v	40 1000i	50 v	50 1000i	70 v	70 1000i
0.540	0.15	2.98	5074	1.44	742	0.88	208	0.46	43.0	0.28	12.7								
0.576	0.16			1.54	843	0.94	234	0.50	48.5	0.30	14.3								
0.612	0.17			1.64	953	0.99	262	0.53	54.1	0.32	15.9								
0.648	0.18			1.73	1068	1.05	291	0.56	60.1	0.34	17.6								
0.684	0.19			1.83	1189	1.11	322	0.59	66.3	0.36	19.4	0.20	4.75						
0.72	0.20			1.92	1318	1.17	354	0.62	72.7	0.38	21.3	0.21	5.22						
0.90	0.25			2.41	2059	1.46	551	0.78	109	0.47	31.8	0.26	7.70	0.20	3.92				
1.08	0.30			2.89	2965	1.76	793	0.93	153	0.56	44.2	0.32	10.7	0.24	5.42				
1.26	0.35			3.37	4036	2.05	1079	1.09	204	0.66	58.6	0.37	14.1	0.28	7.08				
1.44	0.40					2.34	1409	1.24	263	0.75	74.8	0.42	17.9	0.32	8.98				
1.62	0.45					2.63	1784	1.40	333	0.85	93.2	0.47	22.1	0.36	11.1	0.21	3.12		
1.80	0.50					2.93	2202	1.55	411	0.94	113	0.53	26.7	0.40	13.4	0.23	3.74		
1.98	0.55					3.22	2665	1.71	497	1.04	135	0.58	31.8	0.44	15.9	0.26	4.44		
2.16	0.60							1.86	591	1.13	159	0.63	37.3	0.48	18.4	0.28	5.16		
2.34	0.65							2.02	694	1.22	185	0.68	43.1	0.52	21.5	0.31	5.97		
2.52	0.70							2.17	805	1.32	214	0.74	49.5	0.56	24.6	0.33	6.83	0.20	1.99
2.70	0.75							2.33	924	1.41	246	0.79	56.2	0.60	28.3	0.35	7.70	0.21	2.26
2.88	0.80							2.48	1051	1.51	279	0.84	63.2	0.64	31.4	0.38	8.52	0.23	2.53
3.06	0.85							2.64	1187	1.60	316	0.90	70.7	0.68	35.1	0.40	9.63	0.24	2.81
3.24	0.90							2.79	1330	1.69	354	0.95	78.7	0.72	39.0	0.42	10.70	0.25	3.11

Q		DN (mm)															
m³/h	L/s	25		32		40		50		70		80		100		125	
		v	1000i	v	1000i	v	1000i	v	1000i	v	1000i	v	1000i	v	1000i	v	1000i
3.42	0.95	1.79	394	1.00	86.9	0.76	43.1	0.45	11.8	0.27	3.42						
3.60	1.0	1.88	437	1.05	95.7	0.80	47.3	0.47	12.9	0.28	3.76	0.20	1.64				
3.78	1.05	1.98	481	1.11	105	0.84	51.8	0.49	14.1	0.30	4.09	0.21	1.78				
3.96	1.1	2.07	528	1.16	114	0.87	56.4	0.52	15.3	0.31	4.44	0.22	1.95				
4.14	1.15	2.17	578	1.21	124	0.91	61.3	0.54	16.6	0.33	4.81	0.23	2.10				
4.32	1.2	2.26	629	1.27	135	0.95	66.3	0.56	18.0	0.34	5.18	0.24	2.27				
4.50	1.25	2.35	682	1.32	147	0.99	71.6	0.59	19.4	0.35	5.57	0.25	2.44				
4.68	1.3	2.45	738	1.37	159	1.03	76.9	0.61	20.8	0.37	5.99	0.26	2.61				
4.86	1.35	2.54	796	1.42	171	1.07	82.5	0.64	22.3	0.38	6.41	0.27	2.79				
5.04	1.4	2.64	856	1.48	184	1.11	88.4	0.66	23.7	0.40	6.83	0.28	2.97				
5.22	1.45	2.73	918	1.53	197	1.15	94.4	0.68	25.4	0.41	7.27	0.29	3.16				
5.40	1.5	2.82	983	1.58	211	1.19	101	0.71	27.0	0.42	7.72	0.30	3.36				
5.58	1.55	2.92	1049	1.63	226	1.23	107	0.73	28.7	0.44	8.22	0.31	3.56				
5.76	1.6	3.01	1118	1.69	240	1.27	114	0.75	30.4	0.45	8.70	0.32	3.76				
5.94	1.65			1.74	256	1.31	121	0.78	32.2	0.47	9.19	0.33	3.97				
6.12	1.7			1.79	271	1.35	129	0.80	34.0	0.48	9.69	0.34	4.19	0.20	1.09		
6.30	1.75			1.85	287	1.39	136	0.82	35.9	0.50	10.2	0.35	4.41	0.202	1.15		
6.48	1.8			1.90	304	1.43	144	0.85	37.8	0.51	10.7	0.36	4.66	0.21	1.21		
6.66	1.85			1.95	321	1.47	152	0.87	39.7	0.52	11.3	0.37	4.89	0.214	1.27		
6.84	1.9			2.00	339	1.51	161	0.89	41.8	0.54	11.9	0.38	5.13	0.22	1.32		

Q m³/h	Q L/s	DN 25 v	DN 25 1000i	DN 32 v	DN 32 1000i	DN 40 v	DN 40 1000i	DN 50 v	DN 50 1000i	DN 70 v	DN 70 1000i	DN 80 v	DN 80 1000i	DN 100 v	DN 100 1000i	DN 125 v	DN 125 1000i
7.02	1.95			2.06	357	1.55	169	0.92	43.8	0.55	12.4	0.39	5.37	0.225	1.39		
7.20	2.0			2.11	375	1.59	178	0.94	46.0	0.57	13.0	0.40	5.62	0.23	1.47		
7.56	2.1			2.21	414	1.67	196	0.99	50.3	0.60	14.2	0.42	6.13	0.24	1.58		
7.92	2.2			2.32	454	1.75	216	1.04	54.9	0.62	15.5	0.44	6.66	0.25	1.72		
8.28	2.3			2.43	497	1.83	236	1.08	59.6	0.65	16.8	0.46	7.22	0.27	1.87		
8.64	2.4			2.53	541	1.91	256	1.13	64.5	0.68	18.2	0.48	7.79	0.28	2.00		
9.00	2.5			2.64	587	1.99	278	1.18	69.6	0.71	19.6	0.50	8.41	0.29	2.16		
9.36	2.6			2.74	635	2.07	301	1.22	74.9	0.74	21.0	0.52	9.03	0.30	2.31	0.20	0.826
9.72	2.7			2.85	684	2.15	325	1.27	80.8	0.77	22.6	0.54	9.66	0.31	2.48	0.203	0.878
10.08	2.8			2.95	736	2.23	349	1.32	86.9	0.79	24.1	0.56	10.3	0.32	2.63	0.21	0.940
10.44	2.9					2.31	374	1.37	93.2	0.82	25.7	0.58	11.0	0.33	2.81	0.22	0.995
10.80	3.0					2.39	400	1.41	99.8	0.85	27.4	0.60	11.7	0.35	2.98	0.23	1.06
11.16	3.1					2.47	428	1.46	107	0.88	29.1	0.62	12.4	0.36	3.17	0.233	1.12
11.52	3.2					2.55	456	1.51	114	0.91	30.9	0.64	13.2	0.37	3.36	0.24	1.19
11.88	3.3					2.63	485	1.55	121	0.94	32.7	0.66	13.9	0.38	3.54	0.25	1.26
12.24	3.4					2.71	515	1.60	128	0.96	34.5	0.68	14.7	0.39	3.74	0.26	1.32
12.60	3.5					2.78	545	1.65	136	0.99	36.5	0.70	15.5	0.40	3.93	0.264	1.40
12.96	3.6					2.86	577	1.69	144	1.02	38.4	0.72	16.3	0.42	4.14	0.27	1.46
13.32	3.7					2.94	610	1.74	152	1.05	40.4	0.74	17.2	0.43	4.34	0.28	1.54
13.68	3.8					3.02	643	1.79	160	1.08	42.5	0.76	18.0	0.44	4.57	0.29	1.61

Q		DN (mm)											
m³/h	L/s	50		70		80		100		125		150	
		v	$1000i$	v	$1000i$	v	$1000i$	v	$1000i$	v	$1000i$	v	$1000i$
14.04	3.9	1.84	169	1.11	44.6	0.79	18.9	0.45	4.77	0.294	1.69	0.207	0.723
14.40	4.0	1.88	177	1.13	46.8	0.81	19.8	0.46	5.01	0.30	1.76	0.21	0.754
14.76	4.1	1.93	186	1.16	49.0	0.83	20.7	0.47	5.22	0.31	1.84	0.217	0.785
15.12	4.2	1.98	196	1.19	51.2	0.85	21.7	0.48	5.46	0.32	1.92	0.22	0.824
15.48	4.3	2.02	205	1.22	53.5	0.87	22.6	0.50	5.71	0.324	2.01	0.23	0.857
15.84	4.4	2.07	215	1.25	56.0	0.89	23.6	0.51	5.94	0.33	2.09	0.233	0.890
16.20	4.5	2.12	224	1.28	58.6	0.91	24.6	0.52	6.20	0.34	2.18	0.24	0.924
16.56	4.6	2.17	235	1.30	61.2	0.93	25.7	0.53	6.44	0.35	2.27	0.244	0.966
16.92	4.7	2.21	245	1.33	63.9	0.95	26.7	0.54	6.71	0.354	2.35	0.25	1.00
17.28	4.8	2.26	255	1.36	66.7	0.97	27.8	0.55	6.95	0.56	2.45	0.254	1.04
17.64	4.9	2.31	266	1.39	69.5	0.99	28.9	0.57	7.24	0.37	2.53	0.26	1.08
18.00	5.0	2.35	277	1.42	72.3	1.01	30.0	0.58	7.49	0.38	2.63	0.265	1.12
18.36	5.1	2.40	288	1.45	75.2	1.03	31.1	0.59	7.77	0.384	2.72	0.27	1.15
18.72	5.2	2.45	300	1.47	78.2	1.05	32.2	0.60	8.04	0.39	2.82	0.276	1.20
19.08	5.3	2.50	311	1.50	81.3	1.07	33.4	0.61	8.34	0.40	2.91	0.28	1.24
19.44	5.4	2.54	323	1.53	84.4	1.09	34.6	0.62	8.64	0.41	3.02	0.286	1.28
19.80	5.5	2.59	335	1.56	87.5	1.11	35.8	0.63	8.92	0.414	3.11	0.29	1.32
20.16	5.6	2.64	348	1.59	90.7	1.13	37.0	0.65	9.23	0.42	3.22	0.297	1.37
20.52	5.7	2.68	360	1.62	94.0	1.15	38.3	0.66	9.52	0.43	3.32	0.30	1.41
20.88	5.8	2.73	373	1.64	97.3	1.17	39.5	0.67	9.84	0.44	3.43	0.31	1.45

| Q | | DN (mm) | | | | | | | | | | | |
m³/h	L/s	50 v	50 1000i	70 v	70 1000i	80 v	80 1000i	100 v	100 1000i	125 v	125 1000i	150 v	150 1000i
21.24	5.9	2.78	386	1.67	101	1.19	40.8	0.68	10.1	0.444	3.53	0.313	1.50
21.60	6.0	2.82	399	1.70	104	1.21	42.1	0.69	10.5	0.45	3.65	0.32	1.54
21.96	6.1	2.87	412	1.73	108	1.23	43.5	0.70	10.8	0.46	3.76	0.323	1.59
22.32	6.2	2.92	426	1.76	111	1.25	44.9	0.72	11.1	0.47	3.87	0.33	1.64
22.68	6.3	2.97	440	1.79	115	1.27	46.4	0.73	11.4	0.475	3.99	0.334	1.69
23.04	6.4	3.01	454	1.81	118	1.29	47.9	0.74	11.8	0.48	4.09	0.34	1.73
23.40	6.5			1.84	122	1.31	49.4	0.75	12.1	0.49	4.22	0.344	1.78
23.76	6.6			1.87	126	1.33	50.9	0.76	12.4	0.50	4.33	0.35	1.83
24.12	6.7			1.90	130	1.35	52.4	0.77	12.8	0.505	4.45	0.355	1.88
24.48	6.8			1.93	134	1.37	54.0	0.78	13.2	0.51	4.57	0.36	1.93
24.84	6.9			1.96	138	1.39	55.6	0.80	13.5	0.52	4.70	0.366	1.98
25.20	7.0			1.99	142	1.41	57.3	0.81	13.9	0.53	4.81	0.37	2.03
25.56	7.1			2.01	146	1.43	58.9	0.82	14.3	0.535	4.95	0.376	2.08
25.92	7.2			2.04	150	1.45	60.6	0.83	14.6	0.54	5.06	0.38	2.14
26.28	7.3			2.07	154	1.47	62.3	0.84	15.0	0.55	5.20	0.39	2.19
26.64	7.4			2.10	158	1.49	64.0	0.85	15.4	0.56	5.32	0.392	2.24
27.00	7.5			2.13	163	1.51	65.7	0.87	15.8	0.565	5.46	0.40	2.30
27.36	7.6			2.15	167	1.53	67.5	0.88	16.2	0.57	5.60	0.403	2.36
27.72	7.7			2.18	172	1.55	69.3	0.89	16.6	0.58	5.73	0.41	2.41
28.08	7.8			2.21	176	1.57	71.1	0.90	17.0	0.59	5.87	0.413	2.46

Q		DN (mm)									
		70		80		100		125		150	
m³/h	L/s	v	1000i	v	1000i	v	1000i	v	1000i	v	1000i
28.44	7.9	2.24	181	1.59	72.9	0.91	17.4	0.595	6.00	0.42	2.53
28.80	8.0	2.27	185	1.61	74.8	0.92	17.8	0.60	6.15	0.424	2.58
29.16	8.1	2.30	190	1.63	76.7	0.93	18.2	0.61	6.28	0.43	2.64
29.52	8.2	2.33	195	1.65	78.6	0.95	18.6	0.62	6.43	0.435	2.71
29.88	8.3	2.35	199	1.67	80.5	0.96	19.1	0.625	6.56	0.44	2.76
30.24	8.4	2.38	204	1.69	82.4	0.97	19.5	0.63	6.72	0.445	2.82
30.60	8.5	2.41	209	1.71	84.4	0.98	19.9	0.64	6.85	0.45	2.88
30.96	8.6	2.44	214	1.73	86.4	0.99	20.3	0.65	7.01	0.456	2.95
31.32	8.7	2.47	219	1.75	88.4	1.01	20.8	0.655	7.15	0.46	3.00
31.68	8.8	2.50	224	1.77	90.5	1.02	21.2	0.66	7.31	0.466	3.06
32.04	8.9	2.52	229	1.79	92.6	1.03	21.7	0.67	7.45	0.47	3.14
32.40	9.0	2.55	234	1.81	94.6	1.04	22.1	0.68	7.62	0.477	3.20
32.76	9.1	2.58	240	1.83	96.8	1.05	22.6	0.69	7.78	0.48	3.26
33.12	9.2	2.61	245	1.85	98.9	1.06	23.0	0.693	7.93	0.49	3.33
33.48	9.3	2.64	250	1.87	101	1.07	23.5	0.70	8.10	0.493	3.39
33.84	9.4	2.67	256	1.89	103	1.09	24.0	0.71	8.25	0.50	3.45
34.20	9.5	2.69	261	1.91	105	1.10	24.5	0.72	8.42	0.503	3.52
34.56	9.6	2.72	267	1.93	108	1.11	25.0	0.723	8.57	0.51	3.59
34.92	9.7	2.75	272	1.95	110	1.12	25.4	0.73	8.74	0.514	3.66
35.28	9.8	2.78	278	1.97	112	1.13	26.0	0.74	8.90	0.52	3.72

Q		DN (mm)									
		70		80		100		125		150	
m³/h	L/s	v	1000i	v	1000i	v	1000i	v	1000i	v	1000i
35.64	9.9	2.81	284	1.99	115	1.14	26.4	0.75	9.08	0.525	3.80
36.00	10.0	2.84	289	2.01	117	1.15	26.9	0.753	9.23	0.53	3.87
36.90	10.25	2.91	304	2.06	123	1.18	28.2	0.77	9.67	0.54	4.04
37.80	10.5	2.98	319	2.11	129	1.21	29.5	0.79	10.1	0.56	4.22
38.70	10.75	3.05	334	2.16	135	1.24	30.9	0.81	10.6	0.57	4.41
39.6	11.0			2.21	141	1.27	32.4	0.83	11.0	0.58	4.60
40.5	11.25			2.27	148	1.30	33.8	0.85	11.5	0.60	4.79
41.4	11.5			2.32	155	1.33	35.4	0.87	11.9	0.61	4.98
42.3	11.75			2.37	161	1.36	36.9	0.88	12.4	0.62	5.19
43.2	12.0			2.42	168	1.39	38.5	0.90	12.9	0.64	5.39
44.1	12.25			2.47	175	1.41	40.1	0.92	13.4	0.65	5.59
45.0	12.5			2.52	183	1.44	41.8	0.94	14.0	0.66	5.80
45.9	12.75			2.57	190	1.47	43.5	0.96	14.5	0.68	6.03
46.8	13.0			2.62	197	1.50	45.2	0.98	15.0	0.69	6.24
47.7	13.25			2.67	205	1.53	46.9	1.00	15.5	0.70	6.46
48.6	13.5			2.72	213	1.56	48.7	1.02	16.1	0.71	6.68
49.5	13.75			2.77	221	1.59	50.6	1.04	16.7	0.73	6.92
50.4	14.0			2.82	229	1.62	52.4	1.05	17.2	0.74	7.15
51.3	14.25			2.87	237	1.65	54.3	1.07	17.8	0.75	7.38
52.2	14.5			2.92	246	1.67	56.2	1.09	18.4	0.77	7.61

Q		DN (mm)					
		100		125		150	
m³/h	L/s	v	$1000i$	v	$1000i$	v	$1000i$
53.1	14.75	1.70	58.2	1.11	19.0	0.78	7.88
54.0	15.0	1.73	60.2	1.13	19.6	0.79	8.12
55.8	15.5	1.78	64.2	1.17	20.8	0.82	8.62
57.6	16.0	1.85	68.5	1.20	22.1	0.85	9.15
59.4	16.5	1.90	72.8	1.24	23.5	0.87	9.67
61.2	17.0	1.96	77.3	1.28	24.9	0.90	10.2
63.0	17.5	2.02	81.9	1.32	26.4	0.93	10.8
64.8	18.0	2.08	86.6	1.36	27.9	0.95	11.4
66.6	18.5	2.14	91.5	1.39	29.5	0.98	11.9
68.4	19.0	2.19	96.5	1.43	31.1	1.01	12.6
70.2	19.5	2.25	102	1.47	32.8	1.03	13.2
72.0	20.0	2.31	107	1.51	34.5	1.06	13.8
73.8	20.5	2.37	112	1.54	36.2	1.09	14.5
75.6	21.0	2.42	118	1.58	38.0	1.11	15.2
77.4	21.5	2.48	124	1.62	39.9	1.14	15.8
79.2	22.0	2.54	129	1.66	41.7	1.17	16.5
81.0	22.5	2.60	135	1.69	43.6	1.19	17.2
82.8	23.0	2.66	141	1.73	45.6	1.22	18.0
84.6	23.5	2.71	148	1.77	47.6	1.24	18.7
86.4	24.0	2.77	154	1.81	49.7	1.27	19.5
88.2	24.5	2.83	161	1.85	51.8	1.30	20.4
90.0	25.0	2.89	167	1.88	53.9	1.32	21.2
91.8	25.5	2.94	174	1.92	56.1	1.35	22.1
93.6	26.0	3.00	181	1.96	58.3	1.38	22.9
95.4	26.5			2.00	60.5	1.40	23.8

Q		DN (mm)					
		100		125		150	
m³/h	L/s	v	$1000i$	v	$1000i$	v	$1000i$
97.2	27.0			2.03	62.9	1.43	24.7
99.0	27.5			2.07	65.2	1.46	25.7
100.8	28.0			2.11	67.6	1.48	26.6
102.6	28.5			2.15	70.0	1.51	27.6
104.4	29.0			2.18	72.5	1.54	28.5
106.2	29.5			2.22	75.0	1.56	29.5
108.0	30.0			2.26	77.6	1.59	30.5
109.8	30.5			2.30	80.2	1.62	31.6
111.6	31.0			2.34	82.9	1.64	32.6
113.4	31.5			2.37	85.6	1.67	33.7
115.2	32.0			2.41	88.3	1.70	34.8
117.0	32.5			2.45	91.1	1.72	35.9
118.8	33.0			2.49	93.9	1.75	37.0
120.6	33.5			2.52	96.8	1.77	38.1
122.4	34.0			2.56	99.7	1.80	39.2
124.2	34.5			2.60	103	1.83	40.4
126.0	35.0			2.64	106	1.85	41.6
127.8	35.5			2.67	109	1.88	42.8
129.6	36.0			2.71	112	1.91	44.0
131.4	36.5			2.75	115	1.93	45.2
133.2	37.0			2.79	118	1.96	46.5
135.0	37.5			2.82	121	1.99	47.7
136.8	38.0			2.86	125	2.01	49.0
138.6	38.5			2.90	128	2.04	50.5
140.4	39.0			2.94	131	2.07	51.6

Q		DN (mm)					
		100		125		150	
m³/h	L/s	v	1000i	v	1000i	v	1000i
142.2	39.5			2.98	135	2.09	53.0
144.0	40			3.01	138	2.12	54.3
147.6	41					2.17	57.1
151.2	42					2.23	59.9
154.8	43					2.28	62.8
158.4	44					2.33	65.7
162.0	45					2.38	68.7
165.6	46					2.44	71.8
169.2	47					2.49	75.0
172.8	48					2.54	78.2
176.4	49					2.60	81.5
180.0	50					2.65	84.9
183.6	51					2.70	88.3
187.2	52					2.76	91.8
190.8	53					2.81	95.4
194.4	54					2.86	99.0
198.0	55					2.91	103
201.6	56					2.97	106
205.2	57					3.02	110

注: v 为平均水流速度 (m/s)。

表 5-8

钢管 DN=125～350mm 的 1000i 和 v 值

Q m³/h	Q L/s	DN 125 v	125 1000i	150 v	150 1000i	175 v	175 1000i	200 v	200 1000i	225 v	225 1000i	250 v	250 1000i	275 v	275 1000i	300 v	300 1000i
9.00	2.5	0.20	0.932														
9.90	2.75	0.22	1.10														
10.80	3.0	0.24	1.28														
11.70	3.25	0.26	1.48														
12.60	3.5	0.28	1.68	0.21	0.768												
13.50	3.75	0.31	1.91	0.22	0.869												
14.40	4.0	0.33	2.14	0.24	0.976												
15.30	4.25	0.35	2.39	0.25	1.08												
16.20	4.5	0.37	2.64	0.26	1.20												
17.10	4.75	0.39	2.90	0.28	1.32	0.20	0.600										
18.00	5.0	0.41	3.18	0.29	1.45	0.21	0.659										
18.90	5.25	0.43	3.48	0.31	1.57	0.22	0.715										
19.80	5.5	0.45	3.77	0.32	1.71	0.23	0.778										
20.70	5.75	0.47	4.10	0.34	1.86	0.24	0.844										
21.60	6.0	0.49	4.42	0.35	1.99	0.25	0.905	0.20	0.474								
23.40	6.5	0.53	5.12	0.38	2.31	0.28	1.04	0.21	0.544								
25.20	7.0	0.57	5.84	0.41	2.63	0.30	1.19	0.23	0.619								
27.00	7.5	0.61	6.63	0.44	2.98	0.32	1.35	0.24	0.703								
28.80	8.0	0.65	7.46	0.47	3.35	0.34	1.51	0.26	0.786	0.20	0.433						
30.60	8.5	0.69	8.34	0.50	3.74	0.36	1.69	0.28	0.874	0.22	0.483						

DN (mm)

Q (m³/h)	Q (L/s)	DN (mm) 125 v	125 1000i	150 v	150 1000i	175 v	175 1000i	200 v	200 1000i	225 v	225 1000i	250 v	250 1000i	275 v	275 1000i	300 v	300 1000i
32.4	9.0	0.73	9.25	0.53	4.14	0.38	1.87	0.29	0.966	0.23	0.531						
34.2	9.5	0.77	10.2	0.56	4.58	0.40	2.05	0.31	1.06	0.24	0.586						
36.0	10.0	0.81	11.2	0.59	5.02	0.42	2.25	0.32	1.17	0.25	0.643	0.20	0.362				
37.8	10.5	0.86	12.3	0.62	5.50	0.45	2.46	0.34	1.27	0.27	0.697	0.21	0.394				
39.6	11.0	0.90	13.5	0.65	5.98	0.47	2.68	0.36	1.38	0.28	0.759	0.22	0.428				
41.4	11.5	0.94	14.5	0.68	6.45	0.49	2.90	0.37	1.49	0.29	0.823	0.23	0.466				
43.2	12.0	0.98	15.8	0.71	7.01	0.51	3.13	0.39	1.62	0.30	0.884	0.24	0.502	0.20	0.313		
45.0	12.5	1.02	17.0	0.74	7.55	0.53	3.38	0.41	1.74	0.32	0.952	0.25	0.540	0.206	0.335		
46.8	13.0	1.06	18.3	0.77	8.12	0.55	3.62	0.42	1.86	0.33	1.02	0.26	0.578	0.21	0.359		
48.6	13.5	1.10	19.6	0.79	8.70	0.57	3.88	0.44	1.99	0.34	1.09	0.27	0.618	0.22	0.383		
50.4	14.0	1.14	21.0	0.82	9.31	0.60	4.15	0.45	2.14	0.35	1.16	0.28	0.659	0.23	0.410		
52.2	14.5	1.18	22.5	0.85	9.93	0.62	4.42	0.47	2.27	0.37	1.24	0.29	0.701	0.24	0.436		
54.0	15.0	1.22	23.9	0.88	10.6	0.64	4.70	0.49	2.41	0.38	1.32	0.30	0.745	0.25	0.462	0.20	0.295
55.8	15.5	1.26	25.5	0.91	11.2	0.66	4.99	0.50	2.56	0.39	1.40	0.31	0.789	0.255	0.489	0.21	0.313
57.6	16.0	1.30	27.2	0.94	11.9	0.68	5.30	0.52	2.72	0.41	1.48	0.32	0.835	0.26	0.519	0.22	0.331
59.4	16.5	1.34	28.9	0.97	12.6	0.70	5.60	0.54	2.87	0.42	1.57	0.33	0.882	0.27	0.548	0.23	0.350
61.2	17.0	1.39	30.7	1.00	13.3	0.72	5.91	0.55	3.03	0.43	1.65	0.34	0.930	0.28	0.577	0.233	0.369
63.0	17.5	1.43	32.5	1.03	14.1	0.74	6.23	0.57	3.19	0.44	1.74	0.35	0.980	0.29	0.606	0.24	0.386
64.8	18.0	1.47	34.4	1.06	14.8	0.77	6.57	0.58	3.37	0.46	1.83	0.36	1.03	0.30	0.636	0.25	0.406
66.6	18.5	1.51	36.3	1.09	15.6	0.79	6.91	0.60	3.54	0.47	1.92	0.37	1.08	0.305	0.671	0.253	0.427

Q		DN (mm)																		

Q m³/h	Q L/s	125 v	125 1000i	150 v	150 1000i	175 v	175 1000i	200 v	200 1000i	225 v	225 1000i	250 v	250 1000i	275 v	275 1000i	300 v	300 1000i	325 v	325 1000i	350 v	350 1000i
68.4	19.0	1.55	38.3	1.12	16.4	0.81	7.25	0.62	3.71	0.48	2.02	0.38	1.13	0.31	0.703	0.26	0.448	0.22	0.302		
70.2	19.5	1.59	40.4	1.15	17.2	0.83	7.62	0.63	3.89	0.49	2.12	0.39	1.19	0.32	0.735	0.27	0.470	0.23	0.317		
72.0	20.0	1.63	42.5	1.18	18.1	0.85	7.98	0.65	4.07	0.51	2.21	0.40	1.24	0.33	0.768	0.274	0.492	0.232	0.330	0.20	0.230
73.8	20.5	1.67	44.6	1.21	18.9	0.87	8.35	0.67	4.27	0.52	2.31	0.41	1.30	0.34	0.806	0.28	0.511	0.24	0.345	0.205	0.240
75.6	21.0	1.71	46.8	1.24	19.8	0.89	8.72	0.68	4.46	0.53	2.42	0.42	1.36	0.35	0.840	0.29	0.534	0.244	0.360	0.21	0.251
77.4	21.5	1.75	49.1	1.27	20.8	0.91	9.13	0.70	4.65	0.55	2.53	0.43	1.41	0.354	0.875	0.294	0.557	0.25	0.376	0.215	0.261
79.2	22.0	1.79	51.4	1.30	21.8	0.94	9.52	0.71	4.85	0.56	2.63	0.44	1.47	0.36	0.911	0.30	0.581	0.256	0.392	0.22	0.272
81.0	22.5	1.83	53.7	1.33	22.8	0.96	9.92	0.73	5.06	0.57	2.74	0.45	1.54	0.37	0.952	0.31	0.605	0.26	0.406	0.225	0.283
82.8	23.0	1.87	56.2	1.36	23.8	0.98	10.3	0.75	5.27	0.58	2.86	0.46	1.60	0.38	0.989	0.315	0.630	0.27	0.422	0.23	0.294
84.6	23.5	1.92	58.6	1.38	24.8	1.00	10.8	0.76	5.48	0.60	2.97	0.47	1.66	0.39	1.03	0.32	0.655	0.273	0.439	0.235	0.307
86.4	24.0	1.95	61.1	1.41	25.9	1.02	11.2	0.78	5.69	0.61	3.09	0.48	1.72	0.395	1.06	0.33	0.677	0.28	0.457	0.24	0.317
88.2	24.5	2.00	63.7	1.44	27.0	1.04	11.6	0.80	5.92	0.62	3.21	0.49	1.79	0.40	1.11	0.335	0.703	0.285	0.474	0.245	0.329
90.0	25.0	2.04	66.3	1.47	28.1	1.06	12.1	0.81	6.14	0.63	3.32	0.50	1.86	0.41	1.15	0.34	0.730	0.29	0.489	0.25	0.341
91.8	25.5	2.08	69.0	1.50	29.2	1.08	12.5	0.83	6.37	0.65	3.45	0.51	1.92	0.42	1.19	0.35	0.756	0.30	0.507	0.255	0.353
93.6	26.0	2.12	71.8	1.53	30.4	1.11	13.0	0.84	6.60	0.66	3.57	0.52	1.99	0.43	1.23	0.36	0.784	0.302	0.526	0.26	0.365
95.4	26.5	2.16	74.5	1.56	31.6	1.13	13.4	0.86	6.84	0.67	3.69	0.53	2.06	0.44	1.28	0.363	0.812	0.31	0.544	0.265	0.378
97.2	27.0	2.20	77.4	1.59	32.7	1.15	13.9	0.88	7.08	0.68	3.83	0.54	2.13	0.445	1.32	0.37	0.836	0.314	0.563	0.27	0.391
99.0	27.5	2.24	80.3	1.62	34.0	1.17	14.4	0.89	7.32	0.70	3.96	0.55	2.21	0.45	1.37	0.38	0.864	0.32	0.583	0.275	0.403
100.8	28.0	2.28	83.2	1.65	35.2	1.19	14.9	0.91	7.57	0.71	4.09	0.56	2.28	0.46	1.41	0.383	0.893	0.325	0.599	0.28	0.417
102.6	28.5	2.32	86.2	1.68	36.5	1.21	15.4	0.92	7.82	0.72	4.22	0.57	2.35	0.47	1.45	0.39	0.923	0.33	0.619	0.285	0.430

Q m³/h	Q L/s	DN (mm) 125 v	125 1000i	150 v	150 1000i	175 v	175 1000i	200 v	200 1000i	225 v	225 1000i	250 v	250 1000i	275 v	275 1000i	300 v	300 1000i	325 v	325 1000i	350 v	350 1000i
104.4	29.0	2.36	89.3	1.71	37.8	1.23	15.9	0.94	8.08	0.74	4.36	0.58	2.43	0.48	1.50	0.40	0.953	0.34	0.639	0.29	0.443
106.2	29.5	2.40	92.4	1.74	39.1	1.26	16.5	0.96	8.34	0.75	4.51	0.59	2.51	0.49	1.55	0.404	0.983	0.34	0.659	0.295	0.457
108.0	30.0	2.45	95.5	1.77	40.5	1.28	17.1	0.97	8.60	0.76	4.64	0.60	2.58	0.49	1.59	0.41	1.01	0.35	0.680	0.30	0.471
109.8	30.5	2.49	98.8	1.80	41.8	1.30	17.6	0.99	8.87	0.77	4.79	0.61	2.66	0.50	1.64	0.42	1.04	0.35	0.698	0.305	0.485
111.6	31.0	2.53	102	1.83	43.2	1.32	18.2	1.01	9.15	0.79	4.94	0.62	2.74	0.51	1.69	0.424	1.07	0.36	0.719	0.31	0.499
113.4	31.5	2.57	105	1.86	44.6	1.34	18.8	1.02	9.42	0.80	5.08	0.63	2.83	0.52	1.74	0.43	1.10	0.37	0.741	0.315	0.513
115.2	32.0	2.61	109	1.89	46.0	1.36	19.4	1.04	9.70	0.81	5.23	0.64	2.92	0.53	1.79	0.44	1.14	0.37	0.762	0.32	0.528
117.0	32.5	2.65	112	1.92	47.5	1.38	20.0	1.05	9.98	0.82	5.39	0.65	3.00	0.54	1.84	0.445	1.17	0.38	0.785	0.325	0.543
118.8	33.0	2.69	116	1.94	48.9	1.40	20.6	1.07	10.3	0.84	5.53	0.66	3.08	0.54	1.90	0.45	1.20	0.38	0.803	0.33	0.558
120.6	33.5	2.73	119	1.97	50.4	1.43	21.3	1.09	10.6	0.85	5.69	0.67	3.17	0.55	1.95	0.46	1.23	0.39	0.826	0.335	0.573
122.4	34.0	2.77	123	2.00	52.0	1.45	21.9	1.10	10.9	0.86	5.85	0.68	3.26	0.56	2.00	0.465	1.27	0.39	0.849	0.34	0.588
124.2	34.5	2.81	126	2.03	53.5	1.47	22.6	1.12	11.2	0.87	6.00	0.69	3.34	0.57	2.05	0.47	1.30	0.30	0.872	0.345	0.604
126.0	35.0	2.85	130	2.06	55.1	1.48	23.2	1.14	11.5	0.89	6.17	0.70	3.43	0.58	2.11	0.48	1.34	0.41	0.896	0.35	0.620
127.8	35.5	2.89	134	2.09	56.7	1.51	23.9	1.15	11.8	0.90	6.34	0.71	3.52	0.59	2.16	0.49	1.37	0.41	0.916	0.355	0.636
129.6	36.0	2.93	138	2.12	58.3	1.53	24.6	1.17	12.1	0.91	6.50	0.72	3.61	0.59	2.22	0.493	1.41	0.42	0.940	0.36	0.652
131.4	36.5	2.97	141	2.15	59.9	1.55	25.3	1.18	12.4	0.93	6.67	0.73	3.71	0.60	2.27	0.50	1.44	0.42	0.964	0.365	0.668
133.2	37.0	3.02	145	2.18	61.5	1.57	26.0	1.20	12.7	0.94	6.84	0.74	3.80	0.61	2.34	0.51	1.47	0.43	0.989	0.37	0.684
135.0	37.5			2.21	63.2	1.60	26.7	1.22	13.0	0.95	7.02	0.75	3.90	0.62	2.39	0.513	1.51	0.44	1.01	0.375	0.701
136.8	38.0			2.24	64.9	1.62	27.4	1.23	13.4	0.96	7.19	0.76	3.99	0.63	2.45	0.52	1.55	0.44	1.04	0.38	0.718
138.6	38.5			2.27	66.6	1.64	28.1	1.25	13.7	0.98	7.37	0.77	4.09	0.63	2.51	0.53	1.59	0.45	1.06	0.385	0.735

Q (m³/h)	Q (L/s)	DN (mm) 150 v	150 1000i	175 v	175 1000i	200 v	200 1000i	225 v	225 1000i	250 v	250 1000i	275 v	275 1000i	300 v	300 1000i	325 v	325 1000i	350 v	350 1000i
140.4	39.0	2.30	68.4	1.66	28.8	1.27	14.1	0.99	7.55	0.78	4.19	0.64	2.57	0.534	1.63	0.453	1.09	0.39	0.752
142.2	39.5	2.33	70.1	1.68	29.6	1.28	14.5	1.00	7.72	0.79	4.29	0.65	2.63	0.54	1.66	0.46	1.11	0.395	0.769
144.0	40	2.36	71.9	1.70	30.3	1.30	14.8	1.01	7.91	0.80	4.39	0.66	2.69	0.55	1.70	0.465	1.14	0.40	0.787
147.6	41	2.42	75.6	1.74	31.9	1.33	15.6	1.04	8.28	0.82	4.59	0.67	2.81	0.56	1.78	0.48	1.19	0.41	0.823
151.2	42	2.48	79.3	1.79	33.4	1.37	16.4	1.07	8.67	0.84	4.80	0.69	2.94	0.57	1.86	0.49	1.24	0.42	0.859
154.8	43	2.53	83.1	1.83	35.1	1.40	17.1	1.09	9.05	0.86	5.01	0.71	3.07	0.59	1.94	0.50	1.30	0.43	0.896
158.4	44	2.59	87.0	1.87	36.7	1.43	17.9	1.12	9.44	0.88	5.23	0.72	3.21	0.60	2.02	0.51	1.35	0.44	0.934
162.0	45	2.65	91.0	1.91	38.4	1.46	18.8	1.14	9.86	0.90	5.45	0.74	3.34	0.62	2.11	0.52	1.41	0.45	0.973
165.6	46	2.71	95.1	1.96	40.1	1.50	19.6	1.17	10.3	0.92	5.68	0.76	3.48	0.63	2.20	0.53	1.47	0.46	1.01
169.2	47	2.77	99.3	2.00	41.9	1.53	20.5	1.19	10.7	0.94	5.91	0.77	3.62	0.64	2.28	0.55	1.52	0.47	1.05
172.8	48	2.83	104	2.04	43.7	1.56	21.4	1.22	11.1	0.96	6.14	0.79	3.76	0.66	2.37	0.56	1.58	0.48	1.09
176.4	49	2.89	108	2.08	45.5	1.59	22.3	1.24	11.6	0.98	6.38	0.81	3.91	0.67	2.47	0.57	1.64	0.49	1.13
180.0	50	2.95	112	2.13	47.4	1.63	23.2	1.27	12.1	1.00	6.63	0.82	4.03	0.68	2.55	0.58	1.70	0.50	1.17
183.6	51	3.01	117	2.17	49.3	1.66	24.1	1.29	12.5	1.02	6.87	0.84	4.20	0.70	2.65	0.59	1.77	0.51	1.21
187.2	52			2.21	51.3	1.69	25.1	1.32	13.0	1.04	7.14	0.86	4.36	0.71	2.75	0.60	1.83	0.52	1.26
190.8	53			2.26	53.3	1.72	26.0	1.34	13.5	1.06	7.40	0.87	4.52	0.72	2.84	0.62	1.90	0.53	1.30
194.4	54			2.30	55.3	1.76	27.0	1.37	14.1	1.08	7.66	0.89	4.68	0.74	2.94	0.63	1.96	0.54	1.35
198.0	55			2.34	57.4	1.79	28.0	1.40	14.6	1.10	7.92	0.91	4.84	0.75	3.05	0.64	2.03	0.55	1.39
201.6	56			2.38	59.5	1.82	29.1	1.42	15.1	1.12	8.20	0.92	5.01	0.77	3.14	0.65	2.10	0.56	1.44
205.2	57			2.43	61.6	1.85	30.1	1.45	15.7	1.14	8.47	0.94	5.17	0.78	3.25	0.66	2.16	0.57	1.49

Q		DN (mm)																	
		150		175		200		225		250		275		300		325		350	
m³/h	L/s	v	1000i	v	1000i	v	1000i	v	1000i	v	1000i	v	1000i	v	1000i	v	1000i	v	1000i
208.8	58			2.47	63.8	1.89	31.2	1.47	16.2	1.16	8.75	0.95	5.33	0.79	3.36	0.67	2.24	0.58	1.54
212.4	59			2.51	66.0	1.92	32.3	1.50	16.8	1.18	9.03	0.97	5.51	0.81	3.46	0.69	2.31	0.59	1.58
216.0	60			2.55	68.3	1.95	33.4	1.52	17.4	1.20	9.30	0.99	5.68	0.82	3.57	0.70	2.38	0.60	1.63
219.6	61			2.60	70.6	1.98	34.5	1.55	17.9	1.22	9.61	1.00	5.88	0.83	3.69	0.71	2.45	0.61	1.68
223.2	62			2.64	72.9	2.02	35.6	1.57	18.5	1.24	9.93	1.02	6.05	0.85	3.80	0.72	2.52	0.62	1.73
226.8	63			2.68	75.3	2.05	36.8	1.60	19.1	1.26	10.2	1.04	6.24	0.86	3.91	0.73	2.60	0.63	1.79
230.4	64			2.72	77.7	2.08	38.0	1.62	19.7	1.28	10.6	1.05	6.42	0.88	4.03	0.74	2.68	0.64	1.84
234.0	65			2.77	80.1	2.11	39.2	1.65	20.4	1.30	10.9	1.07	6.60	0.89	4.15	0.75	2.75	0.65	1.89
237.6	66			2.81	82.6	2.15	40.4	1.67	21.0	1.32	11.2	1.09	6.79	0.90	4.26	0.77	2.83	0.66	1.94
241.2	67			2.85	85.1	2.18	41.6	1.70	21.6	1.34	11.6	1.10	6.99	0.92	4.38	0.78	2.92	0.67	2.00
244.8	68			2.89	87.7	2.21	42.9	1.73	22.3	1.36	11.9	1.12	7.19	0.93	4.51	0.79	2.99	0.68	2.05
248.4	69			2.94	90.3	2.24	44.1	1.75	23.0	1.38	12.3	1.14	7.38	0.94	4.63	0.80	3.08	0.69	2.11
252.0	70			2.98	92.9	2.28	45.4	1.78	23.6	1.40	12.7	1.15	7.58	0.96	4.76	0.81	3.16	0.70	2.16
255.6	71			3.02	95.6	2.31	46.7	1.80	24.3	1.42	13.0	1.17	7.80	0.97	4.89	0.82	3.24	0.71	2.22
259.2	72					2.34	48.1	1.83	25.0	1.44	13.4	1.19	7.99	0.98	5.01	0.84	3.33	0.72	2.28
262.8	73					2.37	49.4	1.85	25.7	1.46	13.8	1.20	8.18	1.00	5.14	0.85	3.41	0.73	2.34
266.4	74					2.41	50.8	1.88	26.4	1.48	14.1	1.22	8.41	1.01	5.28	0.86	3.50	0.74	2.40
270.0	75					2.44	52.2	1.90	27.1	1.50	14.5	1.24	8.63	1.03	5.40	0.87	3.59	0.75	2.46
273.6	76					2.47	53.6	1.93	27.8	1.52	14.9	1.25	8.87	1.04	5.54	0.88	3.68	0.76	2.52
277.2	77					2.50	55.0	1.95	28.6	1.54	15.3	1.27	9.10	1.05	5.68	0.89	3.77	0.77	2.58

Q		DN (mm)												
		200		225		250		275		300		325		350	
m³/h	L/s	v	1000i	v	1000i	v	1000i	v	1000i	v	1000i	v	1000i	v	1000i
280.8	78	2.54	56.4	1.98	29.3	1.56	15.7	1.28	9.34	1.07	5.82	0.91	3.86	0.78	2.64
284.4	79	2.57	57.9	2.00	30.1	1.58	16.1	1.30	9.58	1.08	5.96	0.92	3.95	0.79	2.71
288.0	80	2.60	59.3	2.03	30.9	1.60	16.5	1.32	9.82	1.09	6.10	0.93	4.05	0.80	2.77
291.6	81	2.63	60.8	2.06	31.6	1.62	16.9	1.33	10.1	1.11	6.25	0.94	4.14	0.81	2.83
295.2	82	2.67	62.3	2.08	32.4	1.64	17.4	1.35	10.3	1.12	6.38	0.95	4.23	0.82	2.90
298.8	83	2.70	63.9	2.11	33.2	1.66	17.8	1.37	10.6	1.14	6.53	0.96	4.33	0.83	2.96
302.4	84	2.73	65.4	2.13	34.0	1.68	18.2	1.38	10.8	1.15	6.69	0.98	4.43	0.84	3.03
306.0	85	2.76	67.0	2.16	34.8	1.70	18.7	1.40	11.1	1.16	6.83	0.99	4.53	0.85	3.10
309.6	86	2.80	68.6	2.18	35.7	1.72	19.1	1.42	11.3	1.18	6.98	1.00	4.62	0.86	3.17
313.2	87	2.83	70.2	2.21	36.5	1.74	19.5	1.43	11.6	1.19	7.14	1.01	4.73	0.87	3.23
316.8	88	2.86	71.8	2.23	37.3	1.76	20.0	1.45	11.9	1.20	7.27	1.02	4.83	0.88	3.30
320.4	89	2.89	73.4	2.26	38.2	1.78	20.5	1.47	12.2	1.22	7.44	1.03	4.93	0.89	3.37
324.0	90	2.93	75.1	2.28	39.1	1.80	20.9	1.48	12.4	1.23	7.61	1.05	5.04	0.90	3.44
327.6	91	2.96	76.8	2.31	39.9	1.82	21.4	1.50	12.7	1.25	7.78	1.06	5.13	0.91	3.52
331.2	92	2.99	78.5	2.33	40.8	1.84	21.9	1.52	13.0	1.26	7.95	1.07	5.24	0.92	3.59
334.8	93			2.36	41.7	1.86	22.3	1.53	13.3	1.27	8.12	1.08	5.35	0.93	3.66
338.4	94			2.39	42.6	1.88	22.8	1.55	13.6	1.29	8.30	1.09	5.46	0.94	3.73
342.0	95			2.41	43.5	1.90	23.3	1.56	13.8	1.30	8.48	1.10	5.57	0.95	3.81
345.6	96			2.44	44.4	1.92	23.8	1.58	14.1	1.31	8.66	1.12	5.68	0.96	3.88
349.2	97			2.46	45.4	1.94	24.3	1.60	14.4	1.33	8.84	1.13	5.79	0.97	3.96

Q m³/h	L/s	DN (mm) 200 v	200 $1000i$	225 v	225 $1000i$	250 v	250 $1000i$	275 v	275 $1000i$	300 v	300 $1000i$	325 v	325 $1000i$	350 v	350 $1000i$
352.8	98			2.49	46.3	1.96	24.8	1.61	14.7	1.34	9.02	1.14	5.90	0.98	4.03
356.4	99			2.51	47.3	1.98	25.3	1.63	15.0	1.35	9.21	1.15	6.01	0.99	4.12
360.0	100			2.54	48.2	2.00	25.8	1.65	15.3	1.37	9.39	1.16	6.13	1.00	4.19
367.2	102			2.59	50.2	2.04	26.9	1.68	16.0	1.40	9.77	1.18	6.36	1.02	4.35
374.4	104			2.64	52.2	2.08	27.9	1.71	16.6	1.42	10.2	1.21	6.58	1.04	4.51
381.6	106			2.69	54.2	2.12	29.0	1.75	17.2	1.45	10.5	1.23	6.84	1.06	4.67
388.8	108			2.74	56.2	2.16	30.1	1.78	17.9	1.48	10.9	1.15	7.10	1.08	4.84
396.0	110			2.79	58.3	2.20	31.2	1.81	18.6	1.51	11.4	1.28	7.37	1.10	5.00
403.2	112			2.84	60.5	2.24	32.4	1.84	19.3	1.53	11.8	1.30	7.64	1.12	5.18
410.4	114			2.89	62.7	2.28	33.6	1.88	19.9	1.56	12.2	1.32	7.91	1.14	5.35
417.6	116			2.94	64.9	2.32	34.8	1.91	20.7	1.59	12.6	1.35	8.19	1.16	5.53
424.8	118			2.99	67.1	2.36	36.0	1.94	21.4	1.61	13.1	1.37	8.48	1.18	5.71
432.0	120					2.40	37.2	1.98	22.1	1.64	13.5	1.39	8.77	1.20	5.87
439.2	122					2.44	38.4	2.01	22.8	1.67	14.0	1.42	9.06	1.22	6.07
446.4	124					2.48	39.7	2.04	23.6	1.70	14.4	1.44	9.36	1.24	6.27
453.6	126					2.52	41.0	2.08	24.4	1.72	14.9	1.46	9.66	1.26	6.47
460.8	128					2.56	42.3	2.11	25.1	1.75	15.4	1.49	9.97	1.28	6.68
468.0	130					2.60	43.6	2.14	25.9	1.78	15.9	1.51	10.3	1.30	6.89
475.2	132					2.64	45.0	2.17	26.7	1.81	16.4	1.53	10.6	1.32	7.10
482.4	134					2.68	46.4	2.21	27.6	1.83	16.9	1.56	10.9	1.34	7.32

Q		DN (mm)									
		250		275		300		325		350	
m³/h	L/s	v	1000i	v	1000i	v	1000i	v	1000i	v	1000i
489.6	136	2.73	47.8	2.24	28.4	1.86	17.4	1.58	11.3	1.36	7.54
496.8	138	2.77	49.2	2.27	29.2	1.89	17.9	1.60	11.6	1.38	7.77
504.0	140	2.81	50.6	2.31	30.1	1.92	18.4	1.63	11.9	1.40	7.99
511.2	142	2.85	52.1	2.34	30.9	1.94	18.9	1.65	12.3	1.42	8.22
518.4	144	2.89	53.6	2.37	31.8	1.97	19.5	1.67	12.6	1.44	8.46
525.6	146	2.93	55.1	2.40	32.7	2.00	20.0	1.70	13.0	1.46	8.69
532.8	148	2.97	56.6	2.44	33.6	2.03	20.6	1.72	13.3	1.48	8.93
540.0	150	3.01	58.1	2.47	34.5	2.05	21.1	1.74	13.7	1.50	9.17
547.2	152			2.50	35.5	2.08	21.7	1.77	14.1	1.52	9.42
554.4	154			2.54	36.4	2.11	22.3	1.79	14.4	1.54	9.67
561.6	156			2.57	37.4	2.13	22.9	1.81	14.8	1.56	9.92
568.8	158			2.60	38.3	2.16	23.4	1.84	15.2	1.58	10.2
576.0	160			2.64	39.3	2.19	24.0	1.86	15.6	1.60	10.4
583.2	162			2.67	40.3	2.22	24.6	1.88	16.0	1.62	10.7
590.4	164			2.70	41.3	2.24	25.3	1.91	16.4	1.64	11.0
597.6	166			2.73	42.3	2.27	25.9	1.93	16.7	1.66	11.2
604.8	168			2.77	43.2	2.30	26.5	1.95	17.2	1.68	11.5
612.0	170			2.80	44.4	2.33	27.1	1.98	17.6	1.70	11.8
619.2	172			2.83	45.4	2.35	27.8	2.00	18.0	1.72	12.1
626.4	174			2.87	46.5	2.38	28.4	2.02	18.4	1.74	12.3
633.6	176			2.90	47.5	2.41	29.1	2.04	18.9	1.76	12.6
640.8	178			2.93	48.6	2.44	29.8	2.07	19.3	1.78	12.9
648.0	180			2.96	49.7	2.46	30.4	2.09	19.7	1.80	13.2
655.2	182			3.00	50.8	2.49	31.1	2.11	20.2	1.82	13.5
662.4	184					2.52	31.8	2.14	20.6	1.84	13.8

Q (m³/h)	Q (L/s)	DN (mm) 250		275		300		325		350	
		v	$1000i$	v	$1000i$	v	$1000i$	v	$1000i$	v	$1000i$
669.6	186					2.55	32.5	2.16	21.1	1.86	14.1
676.8	188					2.57	33.2	2.18	21.5	1.88	14.4
684.0	190					2.60	33.9	2.21	22.0	1.90	14.7
691.2	192					2.63	34.6	2.23	22.4	1.92	15.0
698.4	194					2.65	35.3	2.25	22.9	1.94	15.3
705.6	196					2.68	36.1	2.28	23.4	1.96	15.7
712.8	198					2.71	36.8	2.30	23.9	1.98	16.0
720.0	200					2.74	37.6	2.32	24.3	2.00	16.3
730.8	203					2.78	38.7	2.36	25.1	2.03	16.8
741.6	206					2.82	39.9	2.39	25.8	2.06	17.3
752.4	209					2.86	41.0	2.43	26.6	2.09	17.8
763.2	212					2.90	42.2	2.46	27.4	2.12	18.3
774.0	215					2.94	43.4	2.50	28.1	2.15	18.8
784.8	218					2.98	44.6	2.53	28.9	2.18	19.4
795.6	221					3.02	45.9	2.57	29.7	2.21	19.9
806.4	224							2.60	30.5	2.24	20.5
817.2	227							2.64	31.4	2.27	21.0
828.0	230							2.67	32.2	2.30	21.6
838.8	233							2.71	33.0	2.33	22.1
849.6	236							2.74	33.9	2.36	22.7
860.4	239							2.78	34.8	2.39	23.3
871.2	242							2.81	35.6	2.42	23.9
882.0	245							2.85	36.5	2.45	24.5
892.8	248							2.88	37.4	2.48	25.1
903.6	251							2.92	38.3	2.51	25.7
914.4	254							2.95	39.3	2.54	26.3
925.2	257							2.99	40.2	2.57	26.9
936.0	260							3.02	41.1	2.60	27.6
946.8	263									2.63	28.2
957.6	266									2.66	28.8

续表

Q		DN (mm)										
		250		275		300		325		350	
m³/h	L/s	v	1000i	v	1000i	v	1000i	v	1000i	v	1000i
968.4	269									2.69	29.5
979.2	272									2.72	30.2
990.0	275									2.75	30.8
1000.8	278									2.78	31.5
1011.6	281									2.81	32.2
1022.4	284									2.84	32.9
1033.2	287									2.87	33.6
1044.0	290									2.90	34.3
1054.8	293									2.93	35.0
1065.6	296									2.96	35.7
1076.4	299									2.99	36.4
1087.2	302									3.02	37.2
1098.0	305										
1108.8	308										
1119.6	311										
1130.4	314										
1141.2	317										
1152.0	320										
1166.4	324										
1180.8	328										
1195.2	332										
1209.6	336										
1224.0	340										
1238.4	344										
1252.8	348										

注：v 为平均水流速度（m/s）。

表 5-9

钢管 DN=400～1000mm 的 1000i 和 v 值

Q		DN (mm)									
		400		450		500		600		700	
m³/h	L/s	v	1000i	v	1000i	v	1000i	v	1000i	v	1000i
115.2	32	0.25	0.282								
118.8	33	0.255	0.299	0.20	0.166						
122.4	34	0.26	0.315	0.206	0.175						
126.0	35	0.27	0.330	0.21	0.184						
129.6	36	0.28	0.348	0.22	0.194						
133.2	37	0.286	0.366	0.225	0.205						
136.8	38	0.29	0.382	0.23	0.214						
140.4	39	0.30	0.401	0.24	0.224						
144.0	40	0.31	0.420	0.243	0.234						
147.6	41	0.32	0.439	0.25	0.245	0.20	0.146				
151.2	42	0.324	0.457	0.255	0.255	0.206	0.153				
154.8	43	0.33	0.477	0.26	0.266	0.21	0.159				
158.4	44	0.34	0.498	0.27	0.277	0.216	0.166				
162.0	45	0.35	0.519	0.273	0.288	0.22	0.173				
165.6	46	0.355	0.538	0.28	0.299	0.226	0.180				
169.2	47	0.36	0.560	0.285	0.311	0.23	0.187				
172.8	48	0.37	0.582	0.29	0.323	0.236	0.194				
176.4	49	0.38	0.602	0.30	0.335	0.24	0.201				
180.0	50	0.39	0.625	0.303	0.347	0.246	0.209				
183.6	51	0.394	0.648	0.31	0.361	0.25	0.216				

Q		DN（mm）									
		400		450		500		600		700	
m³/h	L/s	v	1000i	v	1000i	v	1000i	v	1000i	v	1000i
187.2	52	0.40	0.672	0.316	0.374	0.255	0.223				
190.8	53	0.41	0.693	0.32	0.386	0.26	0.230				
194.4	54	0.42	0.718	0.33	0.399	0.265	0.238				
198.0	55	0.425	0.743	0.334	0.412	0.27	0.246				
201.6	56	0.43	0.768	0.34	0.426	0.275	0.254				
205.2	57	0.44	0.790	0.346	0.439	0.28	0.263				
208.8	58	0.45	0.816	0.35	0.453	0.285	0.271				
212.4	59	0.46	0.843	0.36	0.467	0.29	0.280	0.20	0.117		
216.0	60	0.463	0.866	0.364	0.481	0.295	0.288	0.205	0.120		
223.2	62	0.48	0.921	0.38	0.510	0.30	0.306	0.21	0.127		
230.4	64	0.49	0.974	0.39	0.539	0.31	0.322	0.22	0.134		
237.6	66	0.51	1.03	0.40	0.572	0.32	0.340	0.23	0.142		
244.8	68	0.52	1.09	0.41	0.603	0.33	0.359	0.233	0.150		
252.0	70	0.54	1.15	0.42	0.635	0.34	0.379	0.24	0.157		
259.2	72	0.56	1.21	0.44	0.667	0.35	0.399	0.246	0.165		
266.4	74	0.57	1.27	0.45	0.701	0.36	0.419	0.25	0.173		
273.6	76	0.59	1.33	0.46	0.735	0.37	0.438	0.26	0.182	0.20	0.0934
280.8	78	0.60	1.39	0.47	0.770	0.38	0.459	0.267	0.191	0.203	0.0984
288.0	80	0.62	1.46	0.49	0.809	0.39	0.481	0.27	0.200	0.21	0.103
295.2	82	0.63	1.53	0.50	0.845	0.40	0.503	0.28	0.209	0.213	0.107

Q		DN (mm)													
		400		450		500		600		700		800		900	
m³/h	L/s	v	1000i	v	1000i	v	1000i	v	1000i	v	1000i	v	1000i	v	1000i
302.4	84	0.65	1.60	0.51	0.882	0.41	0.526	0.287	0.217	0.218	0.112				
309.6	86	0.66	1.67	0.52	0.920	0.42	0.549	0.29	0.226	0.22	0.116				
316.8	88	0.68	1.74	0.53	0.959	0.43	0.570	0.30	0.236	0.23	0.121				
324.0	90	0.69	1.81	0.55	0.998	0.44	0.594	0.31	0.246	0.234	0.126				
331.2	92	0.71	1.89	0.56	1.04	0.45	0.618	0.315	0.256	0.24	0.131				
338.4	94	0.73	1.96	0.57	1.08	0.46	0.643	0.32	0.266	0.244	0.136				
345.6	96	0.74	2.04	0.58	1.12	0.47	0.669	0.33	0.275	0.25	0.141				
352.8	98	0.76	2.12	0.59	1.17	0.48	0.694	0.335	0.286	0.255	0.147				
360.0	100	0.77	2.20	0.61	1.21	0.49	0.718	0.34	0.296	0.26	0.152	0.20	0.0799		
367.2	102	0.79	2.28	0.62	1.25	0.50	0.745	0.35	0.307	0.265	0.157	0.203	0.0827		
374.4	104	0.80	2.37	0.63	1.30	0.51	0.772	0.356	0.318	0.27	0.163	0.207	0.0856		
381.6	106	0.82	2.45	0.64	1.34	0.52	0.799	0.36	0.330	0.275	0.168	0.21	0.0885		
388.8	108	0.83	2.54	0.65	1.39	0.53	0.827	0.37	0.339	0.28	0.175	0.215	0.0915		
396.0	110	0.85	2.63	0.67	1.44	0.54	0.856	0.38	0.351	0.286	0.180	0.22	0.0945		
403.2	112	0.86	2.71	0.68	1.49	0.55	0.882	0.383	0.363	0.29	0.186	0.223	0.0976		
410.4	114	0.88	2.81	0.69	1.54	0.56	0.911	0.39	0.375	0.296	0.192	0.227	0.101		
417.6	116	0.90	2.90	0.70	1.59	0.57	0.941	0.40	0.387	0.30	0.197	0.23	0.104		
424.8	118	0.91	2.99	0.72	1.64	0.58	0.971	0.404	0.399	0.307	0.204	0.235	0.107		
432.0	120	0.93	3.09	0.73	1.69	0.59	1.00	0.41	0.412	0.31	0.210	0.24	0.110		
439.2	122	0.94	3.18	0.74	1.74	0.60	1.03	0.42	0.423	0.32	0.216	0.243	0.114		

Q		DN (mm)												
		400		450		500		600		700		800		900	
m³/h	L/s	v	1000i	v	1000i	v	1000i	v	1000i	v	1000i	v	1000i	v	1000i
446.4	124	0.96	3.28	0.75	1.80	0.61	1.06	0.424	0.436	0.322	0.222	0.247	0.117		
453.6	126	0.97	3.37	0.76	1.85	0.62	1.09	0.43	0.449	0.33	0.229	0.25	0.120		
460.8	128	0.99	3.48	0.78	1.90	0.63	1.13	0.44	0.462	0.333	0.236	0.255	0.124		
468.0	130	1.00	3.58	0.79	1.96	0.64	1.16	0.445	0.475	0.34	0.242	0.26	0.127	0.20	0.0716
475.2	132	1.02	3.68	0.80	2.01	0.65	1.19	0.45	0.489	0.343	0.249	0.263	0.131	0.207	0.0735
482.4	134	1.03	3.79	0.81	2.07	0.66	1.22	0.46	0.500	0.35	0.256	0.267	0.134	0.21	0.0760
489.6	136	1.05	3.89	0.82	2.13	0.67	1.26	0.465	0.514	0.353	0.262	0.27	0.138	0.214	0.0779
496.8	138	1.07	4.00	0.84	2.19	0.68	1.29	0.47	0.528	0.36	0.270	0.274	0.140	0.217	0.0798
504.0	140	1.08	4.11	0.85	2.25	0.69	1.33	0.48	0.543	0.364	0.277	0.28	0.144	0.22	0.0818
511.2	142	1.10	4.22	0.86	2.31	0.70	1.36	0.49	0.557	0.37	0.284	0.282	0.148	0.223	0.0837
518.4	144	1.11	4.33	0.87	2.36	0.71	1.40	0.493	0.572	0.374	0.291	0.286	0.152	0.226	0.0857
525.6	146	1.13	4.45	0.89	2.43	0.72	1.43	0.50	0.586	0.38	0.298	0.29	0.155	0.23	0.0877
532.8	148	1.14	4.56	0.90	2.49	0.73	1.47	0.51	0.599	0.385	0.306	0.294	0.159	0.233	0.0905
540.0	150	1.16	4.68	0.91	2.55	0.74	1.51	0.513	0.614	0.39	0.313	0.30	0.163	0.236	0.0925
547.2	152	1.17	4.79	0.92	2.62	0.75	1.54	0.52	0.630	0.395	0.321	0.302	0.167	0.24	0.0946
554.4	154	1.19	4.91	0.93	2.68	0.76	1.58	0.53	0.645	0.40	0.328	0.306	0.171	0.242	0.0967
561.6	156	1.20	5.02	0.95	2.74	0.77	1.62	0.534	0.661	0.405	0.335	0.31	0.175	0.245	0.0989
568.8	158	1.22	5.15	0.96	2.81	0.78	1.66	0.54	0.676	0.41	0.343	0.314	0.179	0.248	0.101
576.0	160	1.24	5.28	0.97	2.87	0.79	1.69	0.55	0.690	0.416	0.352	0.32	0.183	0.25	0.103
583.2	162	1.25	5.41	0.98	2.94	0.80	1.73	0.554	0.706	0.42	0.360	0.322	0.187	0.255	0.106

Q		DN (mm)															
		400		450		500		600		700		800		900		1000	
m³/h	L/s	v	1000i	v	1000i	v	1000i	v	1000i	v	1000i	v	1000i	v	1000i	v	1000i
590.4	164	1.27	5.55	0.99	3.01	0.81	1.77	0.56	0.723	0.426	0.367	0.326	0.191	0.258	0.108	0.209	0.0651
597.6	166	1.28	5.68	1.01	3.08	0.82	1.82	0.57	0.739	0.43	0.375	0.33	0.195	0.26	0.111	0.21	0.0662
504.8	168	1.30	5.82	1.02	3.15	0.83	1.86	0.575	0.756	0.436	0.383	0.334	0.200	0.264	0.113	0.214	0.0679
612.0	170	1.31	5.96	1.03	3.22	0.835	1.89	0.58	0.772	0.44	0.392	0.34	0.204	0.267	0.115	0.216	0.0690
619.2	172	1.33	6.10	1.04	3.29	0.84	1.94	0.59	0.787	0.447	0.400	0.342	0.208	0.27	0.117	0.219	0.0707
626.4	174	1.34	6.24	1.06	3.36	0.85	1.98	0.595	0.804	0.45	0.409	0.346	0.213	0.273	0.120	0.22	0.0719
633.6	176	1.36	6.39	1.07	3.43	0.86	2.02	0.60	0.821	0.457	0.417	0.35	0.217	0.277	0.123	0.224	0.0736
640.8	178	1.37	6.53	1.08	3.50	0.87	2.07	0.61	0.839	0.46	0.425	0.354	0.222	0.28	0.125	0.227	0.0753
648.0	180	1.39	6.68	1.09	3.58	0.88	2.11	0.62	0.857	0.47	0.435	0.36	0.226	0.283	0.128	0.23	0.0765
655.2	182	1.41	6.83	1.10	3.66	0.89	2.15	0.623	0.875	0.473	0.443	0.362	0.231	0.286	0.130	0.232	0.0783
662.4	184	1.42	6.98	1.12	3.73	0.90	2.19	0.63	0.893	0.48	0.452	0.366	0.235	0.29	0.132	0.234	0.0795
669.6	186	1.44	7.13	1.13	3.81	0.91	2.24	0.64	0.908	0.483	0.461	0.37	0.240	0.292	0.135	0.237	0.0813
676.8	188	1.45	7.29	1.14	3.88	0.92	2.29	0.643	0.927	0.49	0.469	0.374	0.244	0.295	0.137	0.24	0.0825
684.0	190	1.47	7.44	1.15	3.96	0.93	2.33	0.65	0.945	0.494	0.480	0.38	0.249	0.30	0.141	0.242	0.0843
691.2	192	1.48	7.60	1.16	4.04	0.94	2.38	0.66	0.964	0.50	0.488	0.382	0.254	0.302	0.143	0.244	0.0856
698.4	194	1.50	7.76	1.18	4.12	0.95	2.42	0.664	0.983	0.504	0.497	0.386	0.259	0.305	0.146	0.247	0.0874
705.6	196	1.51	7.92	1.19	4.20	0.96	2.47	0.67	1.00	0.51	0.506	0.39	0.263	0.308	0.148	0.25	0.0887
712.8	198	1.53	8.09	1.20	4.27	0.97	2.52	0.68	1.02	0.514	0.515	0.394	0.268	0.31	0.151	0.252	0.0906
720.0	200	1.54	8.25	1.21	4.36	0.98	2.56	0.684	1.04	0.52	0.526	0.40	0.273	0.314	0.153	0.255	0.0925
730.8	203	1.57	8.50	1.23	4.49	1.00	2.64	0.69	1.07	0.53	0.539	0.404	0.281	0.32	0.158	0.26	0.0945

Q		DN (mm)															
		400		450		500		600		700		800		900		1000	
m³/h	L/s	v	1000i	v	1000i	v	1000i	v	1000i	v	1000i	v	1000i	v	1000i	v	1000i
741.6	206	1.59	8.75	1.25	4.62	1.01	2.71	0.70	1.10	0.535	0.554	0.41	0.288	0.324	0.162	0.262	0.0971
752.4	209	1.61	9.01	1.27	4.76	1.02	2.78	0.71	1.13	0.54	0.569	0.42	0.296	0.33	0.166	0.266	0.0997
763.3	212	1.64	9.27	1.29	4.89	1.04	2.86	0.72	1.15	0.55	0.585	0.422	0.303	0.333	0.170	0.27	0.102
774.0	215	1.66	9.53	1.30	5.03	1.06	2.93	0.74	1.19	0.56	0.600	0.43	0.311	0.34	0.175	0.274	0.105
784.8	218	1.68	9.80	1.32	5.17	1.07	3.01	0.75	1.22	0.57	0.614	0.434	0.319	0.343	0.180	0.278	0.108
795.6	221	1.71	10.1	1.34	5.32	1.09	3.09	0.76	1.25	0.574	0.630	0.44	0.327	0.35	0.183	0.28	0.110
806.4	224	1.73	10.3	1.36	5.46	1.10	3.17	0.77	1.28	0.58	0.646	0.45	0.335	0.352	0.188	0.285	0.113
817.2	227	1.75	10.6	1.38	5.61	1.12	3.25	0.78	1.31	0.59	0.662	0.452	0.343	0.357	0.193	0.29	0.115
828.0	230	1.78	10.9	1.40	5.76	1.13	3.32	0.79	1.34	0.60	0.679	0.46	0.352	0.36	0.197	0.293	0.118
838.8	233	1.80	11.2	1.41	5.91	1.14	3.41	0.80	1.37	0.605	0.693	0.463	0.359	0.366	0.202	0.297	0.121
849.6	236	1.82	11.5	1.43	6.06	1.16	3.49	0.81	1.41	0.61	0.710	0.47	0.367	0.37	0.207	0.30	0.123
860.4	239	1.85	11.8	1.45	6.22	1.17	3.58	0.82	1.44	0.62	0.727	0.475	0.376	0.376	0.212	0.304	0.126
871.2	242	1.87	12.1	1.47	6.38	1.19	3.66	0.83	1.47	0.63	0.744	0.48	0.384	0.38	0.216	0.31	0.129
882.0	245	1.89	12.4	1.49	6.54	1.20	3.73	0.84	1.51	0.64	0.762	0.49	0.393	0.385	0.221	0.312	0.132
892.8	248	1.92	12.7	1.50	6.70	1.22	3.83	0.85	1.54	0.644	0.777	0.493	0.402	0.39	0.226	0.316	0.135
903.6	251	1.94	13.0	1.52	6.86	1.23	3.92	0.86	1.58	0.65	0.795	0.50	0.411	0.394	0.230	0.32	0.138
914.4	254	1.96	13.3	1.54	7.02	1.25	4.01	0.87	1.61	0.66	0.813	0.505	0.420	0.40	0.235	0.323	0.141
925.2	257	1.98	13.6	1.56	7.19	1.26	4.11	0.88	1.65	0.67	0.831	0.51	0.429	0.404	0.241	0.327	0.144
936.0	260	2.01	13.9	1.58	7.36	1.28	4.21	0.89	1.69	0.68	0.849	0.52	0.438	0.41	0.246	0.33	0.147
946.8	263	2.03	14.3	1.60	7.53	1.29	4.30	0.90	1.72	0.683	0.865	0.523	0.447	0.413	0.250	0.335	0.150

Q		DN (mm)															
		400		450		500		600		700		800		900		1000	
m³/h	L/s	v	1000i	v	1000i	v	1000i	v	1000i	v	1000i	v	1000i	v	1000i	v	1000i
957.6	266	2.05	14.6	1.61	7.70	1.31	4.40	0.91	1.76	0.69	0.884	0.53	0.456	0.42	0.256	0.34	0.153
968.4	269	2.08	14.9	1.63	7.88	1.32	4.50	0.92	1.79	0.70	0.903	0.535	0.466	0.423	0.262	0.342	0.156
979.2	272	2.10	15.3	1.65	8.06	1.34	4.60	0.93	1.83	0.71	0.922	0.54	0.475	0.43	0.267	0.346	0.159
990.0	275	2.12	15.6	1.67	8.23	1.35	4.71	0.94	1.87	0.715	0.942	0.55	0.485	0.432	0.272	0.35	0.162
1000.8	278	2.15	15.9	1.69	8.41	1.37	4.81	0.95	1.91	0.72	0.958	0.553	0.495	0.44	0.277	0.354	0.166
1011.6	281	2.17	16.3	1.71	8.60	1.38	4.91	0.96	1.94	0.73	0.978	0.56	0.505	0.442	0.283	0.36	0.169
1022.4	284	2.19	16.6	1.72	8.78	1.40	5.02	0.97	1.98	0.74	0.997	0.565	0.514	0.446	0.288	0.362	0.172
1033.2	287	2.22	17.0	1.74	8.97	1.41	5.13	0.98	2.02	0.75	1.02	0.57	0.524	0.45	0.294	0.365	0.175
1044.0	290	2.24	17.3	1.76	9.16	1.42	5.23	0.99	2.06	0.753	1.03	0.58	0.534	0.456	0.299	0.37	0.178
1054.8	293	2.26	17.7	1.78	9.35	1.44	5.34	1.00	2.10	0.76	1.05	0.583	0.545	0.46	0.305	0.373	0.182
1065.6	296	2.29	18.1	1.80	9.54	1.45	5.45	1.01	2.14	0.77	1.08	0.59	0.555	0.465	0.310	0.377	0.185
1076.4	299	2.31	18.4	1.81	9.73	1.47	5.56	1.02	2.18	0.78	1.10	0.595	0.565	0.47	0.316	0.38	0.189
1087.2	302	2.33	18.8	1.83	9.93	1.48	5.67	1.03	2.22	0.785	1.12	0.60	0.576	0.475	0.322	0.384	0.192
1098.0	305	2.36	19.2	1.85	10.1	1.50	5.79	1.04	2.27	0.79	1.14	0.61	0.586	0.48	0.327	0.39	0.195
1108.8	308	2.38	19.6	1.87	10.3	1.51	5.90	1.05	2.31	0.80	1.16	0.613	0.597	0.484	0.333	0.392	0.199
1119.6	311	2.40	19.9	1.89	10.5	1.53	6.02	1.06	2.35	0.81	1.18	0.62	0.608	0.49	0.340	0.396	0.203
1130.4	314	2.42	20.3	1.91	10.7	1.54	6.13	1.07	2.39	0.82	1.20	0.625	0.618	0.494	0.346	0.40	0.206
1141.2	317	2.45	20.7	1.92	10.9	1.56	6.25	1.08	2.44	0.824	1.22	0.63	0.629	0.50	0.351	0.404	0.210
1152.0	320	2.47	21.1	1.94	11.1	1.57	6.37	1.09	2.48	0.83	1.24	0.64	0.640	0.503	0.357	0.41	0.213
1166.4	324	2.50	21.6	1.97	11.4	1.59	6.53	1.11	2.54	0.84	1.27	0.645	0.655	0.51	0.365	0.412	0.217

Q		DN (mm)															
		400		450		500		600		700		800		900		1000	
m³/h	L/s	v	1000i	v	1000i	v	1000i	v	1000i	v	1000i	v	1000i	v	1000i	v	1000i
1180.8	328	2.53	22.2	1.99	11.7	1.61	6.69	1.12	2.59	0.85	1.30	0.65	0.668	0.52	0.374	0.42	0.223
1195.2	332	2.56	22.7	2.01	12.0	1.63	6.86	1.14	2.65	0.86	1.33	0.66	0.683	0.522	0.382	0.423	0.228
1209.6	336	2.59	23.3	2.04	12.3	1.65	7.02	1.15	2.72	0.87	1.36	0.67	0.698	0.53	0.390	0.43	0.233
1224.0	340	2.63	23.8	2.06	12.6	1.67	7.19	1.16	2.77	0.88	1.39	0.68	0.714	0.534	0.398	0.433	0.238
1238.4	344	2.66	24.4	2.09	12.9	1.69	7.36	1.18	2.84	0.89	1.42	0.684	0.729	0.54	0.408	0.44	0.243
1252.8	348	2.69	25.0	2.11	13.2	1.71	7.54	1.19	2.90	0.90	1.45	0.69	0.745	0.55	0.416	0.443	0.248
1267.2	352	2.72	25.5	2.14	13.5	1.73	7.71	1.20	2.95	0.91	1.48	0.70	0.761	0.553	0.425	0.45	0.253
1281.6	356	2.75	26.1	2.16	13.8	1.75	7.89	1.22	3.02	0.93	1.51	0.71	0.777	0.56	0.434	0.453	0.258
1296.0	360	2.78	26.7	2.18	14.1	1.77	8.06	1.23	3.09	0.94	1.54	0.72	0.793	0.57	0.443	0.46	0.263
1310.4	364	2.81	27.3	2.21	14.4	1.79	8.24	1.24	3.16	0.95	1.58	0.724	0.809	0.572	0.451	0.463	0.268
1324.8	368	2.84	27.9	2.23	14.7	1.81	8.43	1.26	3.23	0.96	1.61	0.73	0.826	0.58	0.460	0.47	0.274
1339.2	372	2.87	28.5	2.26	15.1	1.83	8.61	1.27	3.30	0.97	1.64	0.74	0.843	0.585	0.470	0.474	0.280
1353.6	376	2.90	29.2	2.28	15.4	1.85	8.80	1.29	3.37	0.98	1.67	0.75	0.859	0.59	0.479	0.48	0.285
1368.0	380	2.93	29.8	2.31	15.7	1.87	8.98	1.30	3.44	0.99	1.71	0.76	0.876	0.60	0.488	0.484	0.291
1382.4	384	2.97	30.4	2.33	16.1	1.89	9.18	1.31	3.52	1.00	1.74	0.764	0.893	0.604	0.498	0.49	0.296
1396.8	388	3.00	31.0	2.35	16.4	1.91	9.37	1.33	3.59	1.01	1.77	0.77	0.911	0.61	0.508	0.494	0.302
1411.2	392			2.38	16.7	1.93	9.56	1.34	3.66	1.02	1.81	0.78	0.928	0.62	0.517	0.50	0.307
1425.6	396			2.40	17.1	1.95	9.76	1.35	3.74	1.03	1.84	0.79	0.946	0.622	0.526	0.504	0.313
1440.0	400			2.43	17.4	1.97	9.96	1.37	3.81	1.04	1.88	0.80	0.964	0.63	0.537	0.51	0.319
1458.0	405			2.46	17.9	1.99	10.2	1.39	3.91	1.05	1.92	0.81	0.986	0.64	0.549	0.52	0.326

Q		450		500		600		700		800		900		1000	
m³/h	L/s	v	1000i	v	1000i	v	1000i	v	1000i	v	1000i	v	1000i	v	1000i
1476	410	2.49	18.3	2.01	10.5	1.40	4.01	1.07	1.97	0.82	1.01	0.644	0.560	0.522	0.333
1494	415	2.52	18.7	2.04	10.7	1.42	4.11	1.08	2.01	0.83	1.03	0.65	0.573	0.53	0.340
1512	420	2.55	19.2	2.06	11.0	1.44	4.21	1.09	2.06	0.84	1.05	0.66	0.586	0.535	0.349
1530	425	2.58	19.7	2.09	11.2	1.45	4.31	1.10	2.10	0.85	1.08	0.67	0.599	0.54	0.356
1548	430	2.61	20.1	2.11	11.5	1.47	4.41	1.12	2.15	0.86	1.10	0.68	0.612	0.55	0.363
1566	435	2.64	20.6	2.14	11.8	1.49	4.51	1.13	2.20	0.87	1.12	0.684	0.626	0.554	0.371
1584	440	2.67	21.1	2.16	12.0	1.51	4.62	1.14	2.24	0.88	1.15	0.69	0.639	0.56	0.379
1602	445	2.70	21.6	2.19	12.3	1.52	4.72	1.16	2.29	0.89	1.17	0.70	0.651	0.57	0.387
1620	450	2.73	22.0	2.21	12.6	1.54	4.83	1.17	2.34	0.90	1.20	0.71	0.665	0.573	0.395
1638	455	2.76	22.5	2.24	12.9	1.56	4.94	1.18	2.39	0.91	1.22	0.715	0.679	0.58	0.402
1656	460	2.79	23.0	2.26	13.2	1.57	5.04	1.19	2.44	0.92	1.25	0.72	0.693	0.59	0.411
1674	465	2.82	23.5	2.28	13.4	1.59	5.15	1.21	2.49	0.93	1.27	0.73	0.707	0.592	0.419
1692	470	2.85	24.0	2.31	13.7	1.61	5.27	1.22	2.54	0.935	1.30	0.74	0.721	0.60	0.427
1710	475	2.88	24.6	2.33	14.0	1.62	5.38	1.23	2.59	0.94	1.32	0.75	0.736	0.605	0.436
1728	480	2.91	25.1	2.36	14.3	1.64	5.49	1.25	2.65	0.95	1.35	0.754	0.748	0.61	0.444
1746	485	2.94	25.6	2.38	14.6	1.66	5.61	1.26	2.70	0.96	1.38	0.76	0.763	0.62	0.452
1764	490	2.97	26.1	2.41	14.9	1.68	5.72	1.27	2.76	0.97	1.40	0.77	0.778	0.624	0.461
1782	495	3.00	26.7	2.43	15.2	1.69	5.84	1.29	2.82	0.98	1.43	0.78	0.793	0.63	0.469
1800	500			2.46	15.6	1.71	5.96	1.30	2.87	0.99	1.46	0.79	0.808	0.64	0.479
1836	510			2.51	16.2	1.74	6.20	1.33	2.99	1.01	1.51	0.80	0.838	0.65	0.496

DN (mm)

Q		DN (mm)												
		450		500		600		700		800		900		1000	
m³/h	L/s	v	1000i	v	1000i	v	1000i	v	1000i	v	1000i	v	1000i	v	1000i
1872	520			2.55	16.8	1.78	6.45	1.35	3.11	1.03	1.56	0.82	0.867	0.66	0.514
1908	530			2.60	17.5	1.81	6.70	1.38	3.23	1.05	1.62	0.83	0.899	0.67	0.532
1944	540			2.65	18.1	1.85	6.95	1.40	3.35	1.07	1.68	0.85	0.931	0.69	0.550
1980	550			2.70	18.8	1.88	7.21	1.43	3.48	1.09	1.74	0.86	0.962	0.70	0.569
2016	560			2.75	19.5	1.92	7.48	1.46	3.60	1.11	1.80	0.88	0.995	0.71	0.589
2052	570			2.80	20.2	1.95	7.75	1.48	3.73	1.13	1.86	0.90	1.03	0.73	0.609
2088	580			2.85	20.9	1.98	8.02	1.51	3.87	1.15	1.92	0.91	1.06	0.74	0.627
2124	590			2.90	21.7	2.02	8.30	1.53	4.00	1.17	1.98	0.93	1.10	0.75	0.648
2160	600			2.95	22.4	2.05	8.58	1.56	4.14	1.19	2.05	0.94	1.13	0.76	0.669
2196	610			3.00	23.1	2.09	8.87	1.59	4.28	1.21	2.11	0.96	1.17	0.78	0.690
2232	620					2.12	9.16	1.61	4.42	1.23	2.18	0.97	1.20	0.79	0.709
2268	630					2.16	9.46	1.64	4.56	1.25	2.25	0.99	1.24	0.80	0.731
2304	640					2.19	9.76	1.66	4.71	1.27	2.32	1.01	1.28	0.81	0.753
2340	650					2.22	10.1	1.69	4.86	1.29	2.39	1.02	1.31	0.83	0.775
2376	660					2.26	10.4	1.71	5.01	1.31	2.47	1.04	1.35	0.84	0.796
2412	670					2.29	10.7	1.74	5.16	1.33	2.54	1.05	1.39	0.85	0.819
2448	680					2.33	11.0	1.77	5.32	1.35	2.62	1.07	1.43	0.87	0.842
2484	690					2.36	11.3	1.79	5.47	1.37	2.70	1.08	1.47	0.88	0.864
2520	700					2.39	11.7	1.82	5.63	1.39	2.78	1.10	1.51	0.89	0.888
2556	710					2.43	12.0	1.84	5.79	1.41	2.86	1.12	1.55	0.90	0.912

Q		DN (mm)									
		600		700		800		900		1000	
m³/h	L/s	v	1000i	v	1000i	v	1000i	v	1000i	v	1000i
2592	720	2.46	12.4	1.87	5.96	1.43	2.94	1.13	1.59	0.92	0.937
2628	730	2.50	12.7	1.90	6.13	1.45	3.02	1.15	1.63	0.93	0.959
2664	740	2.53	13.0	1.92	6.29	1.47	3.10	1.16	1.67	0.94	0.985
2700	750	2.57	13.4	1.95	6.47	1.49	3.19	1.18	1.72	0.95	1.01
2736	760	2.60	13.8	1.97	6.64	1.51	3.27	1.19	1.76	0.97	1.04
2772	770	2.63	14.1	2.00	6.82	1.53	3.36	1.21	1.80	0.98	1.06
2808	780	2.67	14.5	2.03	6.99	1.55	3.45	1.23	1.85	0.99	1.09
2844	790	2.70	14.9	2.05	7.17	1.57	3.53	1.24	1.89	1.01	1.11
2880	800	2.74	15.3	2.08	7.36	1.59	3.62	1.26	1.94	1.02	1.14
2916	810	2.77	15.6	2.10	7.54	1.61	3.72	1.27	1.99	1.03	1.16
2952	820	2.81	16.0	2.13	7.73	1.63	3.81	1.29	2.04	1.04	1.19
2988	830	2.84	16.4	2.16	7.92	1.65	3.90	1.30	2.09	1.06	1.22
3024	840	2.87	16.8	2.18	8.11	1.67	4.00	1.32	2.14	1.07	1.24
3060	850	2.91	17.2	2.21	8.31	1.69	4.09	1.34	2.19	1.08	1.27
3096	860	2.94	17.6	2.23	8.50	1.71	4.19	1.35	2.24	1.09	1.30
3132	870	2.98	18.0	2.26	8.70	1.73	4.29	1.37	2.30	1.11	1.33
3168	880	3.01	18.5	2.29	8.90	1.75	4.39	1.38	2.35	1.12	1.36
3204	890			2.31	9.11	1.77	4.49	1.40	2.40	1.13	1.39
3240	900			2.34	9.31	1.79	4.59	1.41	2.46	1.15	1.42
3276	910			2.36	9.52	1.81	4.69	1.43	2.51	1.16	1.45

Q		\#DN (mm) 600		700		800		900		1000	
m³/h	L/s	v	$1000i$	v	$1000i$	v	$1000i$	v	$1000i$	v	$1000i$
3312	920			2.39	9.73	1.83	4.79	1.45	2.57	1.17	1.48
3348	930			2.42	9.94	1.85	4.90	1.46	2.62	1.18	1.51
3384	940			2.44	10.2	1.87	5.00	1.48	2.68	1.20	1.53
3420	950			2.47	10.4	1.89	5.11	1.49	2.74	1.21	1.57
3456	960			2.49	10.6	1.91	5.22	1.51	2.80	1.22	1.60
3492	970			2.52	10.8	1.93	5.33	1.52	2.85	1.24	1.63
3528	980			2.55	11.0	1.95	5.44	1.54	2.91	1.25	1.67
3564	990			2.57	11.3	1.97	5.55	1.56	2.97	1.26	1.70
3600	1000			2.60	11.5	1.99	5.66	1.57	3.03	1.27	1.74
3672	1020			2.65	12.0	2.03	5.89	1.60	3.16	1.30	1.81
3744	1040			2.70	12.4	2.07	6.13	1.63	3.28	1.32	1.88
3816	1060			2.75	12.9	2.11	6.36	1.67	3.41	1.35	1.95
3888	1080			2.81	13.4	2.15	6.61	1.70	3.54	1.38	2.02
3960	1100			2.86	13.9	2.19	6.85	1.73	3.67	1.40	2.10
4032	1120			2.91	14.4	2.23	7.11	1.76	3.81	1.43	2.18
4104	1140			2.96	14.9	2.27	7.36	1.79	3.94	1.45	2.26
4176	1160			3.01	15.5	2.31	7.62	1.82	4.08	1.48	2.34
4248	1180					2.35	7.89	1.85	4.22	1.50	2.42
4320	1200					2.39	8.16	1.89	4.37	1.53	2.50
4392	1220					2.43	8.43	1.92	4.52	1.55	2.58

Q		DN (mm)					
		800		900		1000	
m³/h	L/s	v	1000i	v	1000i	v	1000i
4464	1240	2.47	8.71	1.95	4.66	1.58	2.67
4536	1260	2.51	8.99	1.98	4.82	1.60	2.76
4608	1280	2.55	9.28	2.01	4.97	1.63	2.84
4680	1300	2.59	9.57	2.04	5.13	1.66	2.93
4752	1320	2.63	9.87	2.07	5.29	1.68	3.02
4824	1340	2.67	10.2	2.11	5.45	1.71	3.12
4896	1360	2.71	10.5	2.14	5.61	1.73	3.21
4968	1380	2.75	10.8	2.17	5.78	1.76	3.31
5040	1400	2.79	11.1	2.20	5.95	1.78	3.40
5112	1420	2.82	11.4	2.23	6.12	1.81	3.50
5184	1440	2.86	11.7	2.26	6.29	1.83	3.60
5256	1460	2.90	12.1	2.29	6.47	1.86	3.70
5328	1480	2.94	12.4	2.33	6.65	1.88	3.80
5400	1500	2.98	12.7	2.36	6.83	1.91	3.91
5472	1520	3.02	13.1	2.39	7.01	1.94	4.01
5544	1540			2.42	7.20	1.96	4.12
5616	1560			2.45	7.38	1.99	4.22
5688	1580			2.48	7.57	2.01	4.33
5760	1600			2.52	7.77	2.04	4.44
5832	1620			2.55	7.96	2.06	4.56
5904	1640			2.58	8.16	2.09	4.67
5976	1660			2.61	8.36	2.11	4.78
6048	1680			2.64	8.56	2.14	4.90
6120	1700			2.67	8.77	2.16	5.02
6192	1720			2.70	8.98	2.19	5.14
6264	1740			2.74	9.19	2.22	5.26
6336	1760			2.77	9.40	2.24	5.38
6408	1780			2.80	9.61	2.27	5.50
6480	1800			2.83	9.83	2.29	5.62
6552	1820			2.86	10.0	2.32	5.75

Q		DN (mm)					
		800		900		1000	
m³/h	L/s	v	1000i	v	1000i	v	1000i
6624	1840			2.89	10.3	2.34	5.88
6696	1860			2.92	10.5	2.37	6.01
6768	1880			2.96	10.7	2.39	6.14
6840	1900			2.99	10.9	2.42	6.27
6912	1920			3.02	11.2	2.44	6.40
6984	1940					2.47	6.53
7056	1960					2.50	6.67
7128	1980					2.52	6.81
7200	2000					2.55	6.94
7272	2020					2.57	7.08
7344	2040					2.60	7.22
7416	2060					2.62	7.37
7488	2080					2.65	7.51
7560	2100					2.67	7.66
7632	2120					2.70	7.80
7704	2140					2.72	7.95
7776	2160					2.75	8.10
7848	2180					2.78	8.25
7920	2200					2.80	8.40
7992	2220					2.83	8.56
8064	2240					2.85	8.71
8136	2260					2.88	8.87
8208	2280					2.90	9.02
8280	2300					2.93	9.18
8352	2320					2.95	9.34

Q		DN (mm)					
		800		900		1000	
m³/h	L/s	v	1000i	v	1000i	v	1000i
8424	2340					2.98	9.51
8496	2360					3.00	9.67
8568	2380						
8640	2400						
8712	2420						
8784	2440						
8856	2460						
8928	2480						
9000	2500						
9072	2520						
9144	2540						
9216	2560						
9288	2580						
9360	2600						
9432	2620						
9504	2640						
9576	2660						
9648	2680						
9720	2700						
9792	2720						
9864	2740						
9936	2760						
10008	2780						
10080	2800						
10152	2820						

注: v 为平均水流速度（m/s）。

表 5-10

钢管 DN=1100~2600mm 的 1000i 和 v值

Q (m³/h)	Q (L/s)	DN=1100 v	DN=1100 1000i	DN=1200 v	DN=1200 1000i	DN=1300 v	DN=1300 1000i	DN=1400 v	DN=1400 1000i	DN=1500 v	DN=1500 1000i	DN=1600 v	DN=1600 1000i
1166	324	0.341	0.137	0.286	0.090	0.244	0.061	0.210	0.043	—	—	—	—
1181	328	0.345	0.140	0.290	0.092	0.247	0.062	0.213	0.044	—	—	—	—
1195	332	0.349	0.143	0.294	0.094	0.250	0.064	0.216	0.044	—	—	—	—
1210	336	0.354	0.146	0.297	0.096	0.253	0.065	0.218	0.045	—	—	—	—
1224	340	0.358	0.149	0.301	0.098	0.256	0.066	0.221	0.046	—	—	—	—
1238	344	0.362	0.152	0.304	0.100	0.259	0.068	0.223	0.047	—	—	—	—
1253	348	0.366	0.155	0.308	0.102	0.262	0.069	0.226	0.048	—	—	—	—
1267	352	0.370	0.158	0.311	0.104	0.265	0.070	0.227	0.049	—	—	—	—
1282	356	0.375	0.162	0.315	0.106	0.268	0.072	0.231	0.050	0.201	0.036	—	—
1296	360	0.379	0.165	0.318	0.108	0.271	0.073	0.234	0.051	0.204	0.037	—	—
1310	364	0.383	0.169	0.322	0.110	0.274	0.075	0.236	0.052	0.206	0.037	—	—
1325	368	0.387	0.172	0.325	0.112	0.277	0.076	0.239	0.053	0.208	0.038	—	—
1339	372	0.391	0.175	0.329	0.115	0.280	0.078	0.242	0.054	0.211	0.039	—	—
1354	376	0.396	0.179	0.332	0.117	0.283	0.079	0.244	0.055	0.213	0.040	—	—
1368	380	0.400	0.182	0.336	0.119	0.286	0.081	0.247	0.056	0.215	0.040	—	—
1382	384	0.404	0.185	0.340	0.121	0.289	0.082	0.249	0.057	0.217	0.041	—	—
1397	388	0.408	0.189	0.343	0.124	0.292	0.084	0.252	0.058	0.220	0.042	—	—
1411	392	0.412	0.192	0.347	0.126	0.295	0.085	0.255	0.060	0.222	0.043	—	—
1426	396	0.417	0.196	0.350	0.128	0.298	0.087	0.257	0.061	0.224	0.043	—	—
1440	400	0.421	0.200	0.354	0.131	0.301	0.088	0.260	0.062	0.226	0.044	—	—
1458	405	0.426	0.204	0.358	0.133	0.305	0.090	0.263	0.063	0.229	0.045	0.201	0.033
1476	410	0.431	0.208	0.363	0.136	0.309	0.092	0.266	0.065	0.232	0.046	0.204	0.034
1494	415	0.437	0.214	0.367	0.139	0.313	0.094	0.270	0.066	0.235	0.047	0.206	0.035
1512	420	0.442	0.218	0.371	0.142	0.316	0.096	0.273	0.067	0.238	0.048	0.209	0.035
1550	425	0.447	0.222	0.376	0.145	0.320	0.098	0.276	0.069	0.241	0.049	0.211	0.036
1548	430	0.452	0.227	0.380	0.149	0.324	0.101	0.279	0.070	0.243	0.050	0.214	0.037
1566	435	0.458	0.232	0.385	0.152	0.328	0.103	0.283	0.072	0.246	0.051	0.216	0.038
1584	440	0.463	0.237	0.389	0.155	0.331	0.105	0.286	0.073	0.249	0.052	0.219	0.038
1602	445	0.468	0.242	0.395	0.158	0.335	0.107	0.289	0.075	0.252	0.053	0.221	0.039
1620	450	0.474	0.247	0.398	0.161	0.339	0.109	0.292	0.076	0.255	0.054	0.224	0.040
1638	455	0.479	0.252	0.402	0.164	0.343	0.111	0.296	0.078	0.257	0.056	0.226	0.041
1656	460	0.484	0.257	0.407	0.168	0.347	0.113	0.299	0.079	0.260	0.057	0.229	0.041
1674	465	0.489	0.262	0.411	0.170	0.350	0.116	0.302	0.081	0.263	0.058	0.231	0.042
1692	470	0.495	0.267	0.416	0.174	0.354	0.118	0.305	0.082	0.266	0.059	0.234	0.043
1710	475	0.500	0.272	0.420	0.178	0.358	0.120	0.309	0.084	0.269	0.060	0.236	0.044

| Q | | DN（mm） | | | | | | | | | | | | | | | |
| m³/h | L/s | 1100 | | 1200 | | 1300 | | 1400 | | 1500 | | 1600 | | 1800 | | 2000 | |
		v	1000i	v	1000i	v	1000i	v	1000i	v	1000i	v	1000i	v	1000i	v	1000i
1728	480	0.505	0.277	0.424	0.181	0.362	0.122	0.312	0.085	0.272	0.061	0.239	0.045	—	—	—	—
1746	485	0.510	0.282	0.429	0.184	0.365	0.125	0.315	0.087	0.274	0.062	0.241	0.046	—	—	—	—
1764	490	0.516	0.288	0.433	0.188	0.369	0.127	0.318	0.089	0.277	0.063	0.244	0.046	—	—	—	—
1782	495	0.521	0.293	0.438	0.191	0.373	0.129	0.322	0.090	0.280	0.064	0.246	0.047	—	—	—	—
1800	500	0.526	0.299	0.442	0.195	0.377	0.132	0.325	0.092	0.283	0.066	0.249	0.048	—	—	—	—
1836	510	0.537	0.310	0.451	0.202	0.384	0.136	0.331	0.095	0.289	0.067	0.254	0.049	0.200	0.028	—	—
1872	520	0.547	0.321	0.460	0.209	0.392	0.141	0.338	0.098	0.294	0.070	0.259	0.051	0.204	0.029	—	—
1908	530	0.558	0.332	0.469	0.216	0.399	0.146	0.344	0.102	0.300	0.073	0.264	0.053	0.208	0.030	—	—
1944	540	0.568	0.343	0.477	0.224	0.407	0.151	0.351	0.105	0.306	0.075	0.269	0.055	0.212	0.031	—	—
1980	550	0.579	0.355	0.486	0.231	0.414	0.156	0.357	0.109	0.311	0.078	0.274	0.057	0.216	0.032	—	—
2016	560	0.589	0.367	0.495	0.239	0.422	0.161	0.364	0.112	0.317	0.080	0.279	0.059	0.220	0.033	—	—
2052	570	0.600	0.379	0.504	0.247	0.429	0.167	0.370	0.116	0.323	0.083	0.283	0.061	0.224	0.034	—	—
2088	580	0.610	0.391	0.513	0.255	0.437	0.172	0.377	0.120	0.328	0.085	0.288	0.062	0.228	0.035	—	—
2124	590	0.621	0.404	0.522	0.263	0.445	0.177	0.383	0.123	0.333	0.088	0.293	0.064	0.232	0.036	—	—
2160	600	0.631	0.416	0.531	0.271	0.452	0.183	0.390	0.127	0.340	0.091	0.298	0.066	0.236	0.038	—	—
2196	610	0.642	0.429	0.539	0.279	0.460	0.188	0.396	0.131	0.345	0.094	0.303	0.068	0.240	0.039	—	—
2232	620	0.652	0.441	0.548	0.287	0.467	0.194	0.403	0.135	0.351	0.096	0.308	0.070	0.244	0.040	—	—
2268	630	0.663	0.455	0.557	0.296	0.475	0.200	0.409	0.139	0.357	0.099	0.313	0.072	0.248	0.041	0.201	0.025
2304	640	0.673	0.468	0.566	0.304	0.482	0.205	0.416	0.143	0.362	0.102	0.318	0.074	0.252	0.042	0.204	0.025
2340	650	0.684	0.482	0.575	0.313	0.490	0.211	0.422	0.147	0.368	0.105	0.323	0.076	0.255	0.043	0.207	0.026
2376	660	0.695	0.496	0.584	0.322	0.497	0.217	0.429	0.151	0.373	0.108	0.328	0.078	0.259	0.044	0.210	0.027
2412	670	0.705	0.509	0.592	0.331	0.505	0.223	0.435	0.155	0.379	0.110	0.333	0.080	0.263	0.046	0.213	0.027
2448	680	0.716	0.524	0.601	0.340	0.512	0.229	0.442	0.159	0.385	0.114	0.338	0.083	0.267	0.047	0.216	0.028
2484	690	0.726	0.538	0.610	0.349	0.520	0.235	0.448	0.163	0.390	0.117	0.343	0.085	0.271	0.048	0.220	0.029
2520	700	0.737	0.553	0.619	0.358	0.527	0.241	0.455	0.168	0.396	0.120	0.348	0.087	0.275	0.049	0.223	0.030

Q		DN (mm)														
		1100		1200		1300		1400		1500		1600		1800		2000	
m³/h	L/s	v	1000i	v	1000i	v	1000i	v	1000i	v	1000i	v	1000i	v	1000i	v	1000i
2556	710	0.747	0.566	0.628	0.368	0.535	0.248	0.461	0.172	0.402	0.123	0.353	0.089	0.279	0.051	0.226	0.030
2592	720	0.758	0.582	0.637	0.377	0.542	0.254	0.468	0.176	0.407	0.126	0.358	0.092	0.283	0.052	0.229	0.031
2628	730	0.768	0.596	0.645	0.387	0.550	0.261	0.474	0.181	0.413	0.129	0.363	0.094	0.287	0.053	0.232	0.032
2664	740	0.779	0.612	0.654	0.397	0.558	0.267	0.481	0.185	0.419	0.132	0.368	0.096	0.291	0.054	0.236	0.033
2700	750	0.789	0.627	0.663	0.407	0.565	0.274	0.487	0.190	0.424	0.135	0.373	0.099	0.295	0.056	0.239	0.033
2736	760	0.800	0.643	0.672	0.417	0.573	0.280	0.494	0.195	0.430	0.139	0.378	0.101	0.299	0.057	0.242	0.034
2772	770	0.810	0.658	0.681	0.427	0.580	0.287	0.500	0.199	0.436	0.142	0.383	0.104	0.303	0.058	0.245	0.035
2808	780	0.821	0.674	0.690	0.437	0.588	0.294	0.507	0.204	0.441	0.145	0.388	0.106	0.307	0.060	0.248	0.036
2844	790	0.831	0.689	0.699	0.447	0.595	0.301	0.513	0.209	0.447	0.149	0.393	0.108	0.310	0.061	0.251	0.037
2880	800	0.842	0.706	0.707	0.458	0.603	0.308	0.520	0.213	0.452	0.152	0.398	0.111	0.314	0.062	0.255	0.037
2916	810	0.852	0.724	0.716	0.468	0.610	0.315	0.526	0.218	0.458	0.156	0.403	0.113	0.318	0.064	0.258	0.038
2952	820	0.863	0.739	0.725	0.749	0.618	0.322	0.533	0.223	0.464	0.159	0.408	0.116	0.322	0.065	0.261	0.039
2988	830	0.873	0.755	0.734	0.490	0.625	0.329	0.539	0.228	0.470	0.163	0.413	0.118	0.326	0.067	0.264	0.040
3024	840	0.884	0.773	0.743	0.501	0.633	0.336	0.546	0.233	0.475	0.166	0.418	0.121	0.330	0.068	0.267	0.041
3060	850	0.894	0.789	0.752	0.512	0.640	0.344	0.552	0.238	0.481	0.170	0.423	0.124	0.334	0.070	0.271	0.042
3096	860	0.905	0.807	0.760	0.523	0.648	0.351	0.559	0.243	0.487	0.173	0.428	0.126	0.338	0.071	0.274	0.043
3132	870	0.916	0.826	0.769	0.534	0.655	0.369	0.565	0.249	0.492	0.177	0.433	0.129	0.342	0.072	0.277	0.043
3168	880	0.926	0.842	0.778	0.545	0.663	0.366	0.572	0.254	0.498	0.181	0.438	0.132	0.346	0.074	0.280	0.044
3204	890	0.937	0.861	0.787	0.557	0.671	0.374	0.578	0.259	0.504	0.184	0.443	0.135	0.350	0.076	0.283	0.045
3240	900	0.947	0.878	0.796	0.568	0.678	0.382	0.585	0.264	0.509	0.188	0.448	0.137	0.354	0.077	0.286	0.046
3276	910	0.958	0.897	0.805	0.580	0.686	0.389	0.591	0.270	0.515	0.192	0.453	0.140	0.358	0.079	0.290	0.047
3312	920	0.968	0.915	0.813	0.592	0.693	0.397	0.598	0.275	0.521	0.196	0.458	0.143	0.362	0.080	0.293	0.048
3348	930	0.979	0.934	0.822	0.604	0.701	0.405	0.604	0.281	0.526	0.200	0.463	0.145	0.365	0.082	0.296	0.049
3384	940	0.989	0.952	0.831	0.616	0.708	0.413	0.611	0.286	0.532	0.204	0.468	0.140	0.369	0.083	0.299	0.050
3420	950	1.000	0.972	0.840	0.628	0.716	0.421	0.617	0.292	0.536	0.208	0.472	0.151	0.373	0.084	0.302	0.051

Q (m³/h)	Q (L/s)	DN 1100 v	DN 1100 1000i	DN 1200 v	DN 1200 1000i	DN 1300 v	DN 1300 1000i	DN 1400 v	DN 1400 1000i	DN 1500 v	DN 1500 1000i	DN 1600 v	DN 1600 1000i	DN 1800 v	DN 1800 1000i	DN 2000 v	DN 2000 1000i
3456	960	1.010	0.990	0.849	0.640	0.723	0.430	0.624	0.297	0.543	0.212	0.477	0.154	0.377	0.086	0.306	0.052
3492	970	1.021	1.010	0.858	0.653	0.731	0.438	0.630	0.303	0.549	0.216	0.482	0.157	0.381	0.088	0.309	0.053
3528	980	1.031	1.029	0.867	0.665	0.738	0.446	0.637	0.309	0.555	0.220	0.487	0.160	0.385	0.090	0.312	0.054
3564	990	1.042	1.049	0.875	0.678	0.746	0.455	0.643	0.315	0.560	0.224	0.492	0.163	0.389	0.091	0.315	0.055
3600	1000	1.052	1.068	0.884	0.691	0.753	0.463	0.650	0.320	0.566	0.228	0.497	0.166	0.393	0.093	0.318	0.056
3672	1020	1.073	1.108	0.902	0.716	0.768	0.483	0.663	0.332	0.577	0.236	0.507	0.172	0.401	0.096	0.325	0.058
3744	1040	1.094	1.149	0.920	0.723	0.784	0.498	0.676	0.344	0.589	0.245	0.517	0.178	0.409	0.010	0.331	0.060
3816	1060	1.115	1.190	0.937	0.769	0.799	0.516	0.689	0.367	0.600	0.253	0.527	0.184	0.417	0.103	0.337	0.062
3888	1080	1.136	1.233	0.955	0.796	0.814	0.534	0.702	0.369	0.611	0.262	0.537	0.191	0.424	0.107	0.344	0.064
3960	1100	1.158	1.278	0.973	0.804	0.829	0.552	0.715	0.382	0.622	0.271	0.547	0.197	0.432	0.110	0.350	0.066
4032	1120	1.179	1.321	0.990	0.852	0.844	0.571	0.728	0.394	0.634	0.280	0.557	0.204	0.442	0.114	0.357	0.068
4104	1140	1.200	1.361	1.008	0.881	0.859	0.590	0.741	0.408	0.645	0.289	0.567	0.210	0.448	0.118	0.363	0.070
4176	1160	1.221	1.409	1.026	0.910	0.874	0.609	0.754	0.421	0.656	0.299	0.577	0.217	0.456	0.122	0.369	0.073
4248	1180	1.242	1.458	1.043	0.939	0.889	0.629	0.767	0.434	0.668	0.308	0.587	0.224	0.464	0.125	0.376	0.075
4320	1200	1.263	1.508	1.061	0.969	0.904	0.648	0.780	0.448	0.679	0.318	0.597	0.231	0.472	0.129	0.382	0.077
4392	1220	1.284	1.558	1.079	0.999	0.919	0.667	0.793	0.462	0.696	0.328	0.607	0.239	0.479	0.133	0.388	0.079
4464	1240	1.305	1.610	1.096	1.030	0.934	0.689	0.806	0.476	0.702	0.337	0.617	0.245	0.487	0.137	0.395	0.082
4536	1260	1.326	1.662	1.114	1.061	0.949	0.710	0.819	0.490	0.713	0.347	0.627	0.252	0.495	0.141	0.401	0.084
4608	1280	1.347	1.715	1.132	1.093	0.964	0.731	0.832	0.504	0.724	0.358	0.637	0.260	0.503	0.145	0.407	0.087
4680	1300	1.368	1.769	1.149	1.125	0.979	0.752	0.845	0.519	0.736	0.368	0.647	0.267	0.511	0.149	0.414	0.089
4752	1320	1.389	1.824	1.167	1.158	0.994	0.774	0.857	0.534	0.747	0.378	0.657	0.275	0.519	0.153	0.420	0.091
4824	1340	1.410	1.879	1.185	1.191	1.010	0.796	0.870	0.549	0.758	0.389	0.666	0.282	0.527	0.158	0.427	0.094
4896	1360	1.431	1.936	1.203	1.221	1.025	0.818	0.883	0.564	0.770	0.400	0.676	0.290	0.534	0.162	0.433	0.097
4968	1380	1.452	1.993	1.220	1.257	1.040	0.841	0.896	0.580	0.781	0.411	0.686	0.298	0.542	0.166	0.439	0.099
5040	1400	1.473	2.051	1.238	1.294	1.055	0.864	0.909	0.595	0.792	0.422	0.696	0.306	0.550	0.171	0.446	0.102

Q (m³/h)	Q (L/s)	DN (mm) 1100		1200		1300		1400		1500		1600		1800		2000	
		v	1000i	v	1000i	v	1000i	v	1000i	v	1000i	v	1000i	v	1000i	v	1000i
5112	1420	1.494	2.110	1.256	1.331	1.070	0.887	0.922	0.611	0.804	0.433	0.706	0.314	0.558	0.175	0.452	0.104
5184	1440	1.515	2.170	1.273	1.369	1.085	0.910	0.935	0.627	0.815	0.444	0.716	0.322	0.566	0.180	0.458	0.107
5256	1460	1.536	2.230	1.291	1.407	1.100	0.934	0.948	0.644	0.826	0.456	0.726	0.330	0.574	0.184	0.468	0.110
5328	1480	1.557	2.292	1.309	1.446	1.115	0.958	0.961	0.660	0.838	0.467	0.736	0.339	0.582	0.189	0.471	0.112
5400	1500	1.578	2.354	1.320	1.485	1.130	0.982	0.974	0.677	0.849	0.479	0.746	0.347	0.589	0.194	0.477	0.115
5472	1520	1.599	2.417	1.344	1.525	1.145	1.007	0.987	0.694	0.860	0.491	0.756	0.356	0.597	0.198	0.484	0.118
5544	1540	1.621	2.484	1.362	1.565	1.160	1.032	1.000	0.711	0.871	0.503	0.766	0.364	0.605	0.203	0.490	0.121
5616	1560	1.642	2.549	1.379	1.606	1.175	1.057	1.013	0.728	0.883	0.515	0.776	0.373	0.613	0.208	0.497	0.124
5688	1580	1.663	2.614	1.397	1.648	1.190	1.083	1.026	0.745	0.894	0.527	0.786	0.382	0.621	0.213	0.503	0.127
5760	1600	1.684	2.681	1.415	1.690	1.205	1.105	1.039	0.763	0.905	0.540	0.796	0.391	0.629	0.218	0.509	0.129
5832	1620	1.705	2.748	1.432	1.732	1.221	1.133	1.052	0.781	0.917	0.552	0.806	0.400	0.637	0.223	0.516	0.132
5904	1640	1.726	2.816	1.450	1.775	1.236	1.161	1.065	0.799	0.928	0.565	0.816	0.409	0.644	0.228	0.522	0.135
5976	1660	1.747	2.885	1.468	1.819	1.251	1.190	1.078	0.817	0.939	0.578	0.826	0.419	0.652	0.233	0.528	0.138
6048	1680	1.768	2.955	1.485	1.863	1.266	1.219	1.091	0.836	0.951	0.591	0.836	0.428	0.660	0.238	0.535	0.141
6120	1700	1.789	3.025	1.503	1.907	1.281	1.248	1.104	0.855	0.962	0.604	0.846	0.437	0.668	0.243	0.541	0.144
6192	1720	1.810	3.097	1.521	1.963	1.296	1.277	1.117	0.873	0.973	0.617	0.855	0.447	0.676	0.249	0.547	0.148
6264	1740	1.831	3.169	1.539	1.998	1.311	1.307	1.130	0.893	0.985	0.631	0.865	0.457	0.684	0.254	0.554	0.151
6336	1760	1.852	3.242	1.556	2.044	1.326	1.326	1.143	0.912	0.996	0.644	0.875	0.466	0.692	0.259	0.560	0.154
6408	1780	1.873	3.316	1.574	2.091	1.340	1.368	1.156	0.931	1.007	0.658	0.885	0.476	0.700	0.265	0.567	0.157
6480	1800	1.894	3.391	1.592	2.138	1.356	1.399	1.169	0.951	1.019	0.672	0.895	0.486	0.707	0.270	0.573	0.160
6552	1820	1.915	3.467	1.609	2.186	1.371	1.430	1.182	0.971	1.030	0.686	0.905	0.496	0.715	0.276	0.579	0.164
6624	1840	1.936	3.543	1.627	2.234	1.386	1.462	1.195	0.991	1.041	0.700	0.915	0.506	0.723	0.281	0.586	0.167
6696	1860	1.957	3.620	1.645	2.283	1.401	1.494	1.208	1.009	1.052	0.714	0.925	0.517	0.731	0.287	0.592	0.170
6768	1880	1.978	3.698	1.662	2.333	1.416	1.526	1.221	1.030	1.064	0.729	0.935	0.527	0.739	0.293	0.598	0.174
6840	1900	1.999	3.777	1.680	2.383	1.431	1.559	1.234	1.053	1.075	0.743	0.945	0.537	0.747	0.298	0.605	0.177

Q		DN (mm)															
		1100		1200		1300		1400		1500		1600		1800		2000	
m³/h	L/s	v	1000i	v	1000i	v	1000i	v	1000i	v	1000i	v	1000i	v	1000i	v	1000i
6912	1920	2.202	3.857	1.698	2.433	1.447	1.592	1.247	1.075	1.087	0.758	0.955	0.548	0.755	0.304	0.611	0.180
6984	1940	2.041	3.938	1.715	2.484	1.462	1.625	1.260	1.097	1.098	0.773	0.965	0.559	0.762	0.310	0.618	0.184
7056	1960	2.063	4.023	1.733	2.535	1.477	1.659	1.273	1.120	1.109	0.788	0.975	0.569	0.770	0.316	0.624	0.187
7128	1980	2.084	4.106	1.751	2.587	1.492	1.693	1.286	1.143	1.120	0.803	0.985	0.580	0.778	0.322	0.630	0.191
7200	2000	2.105	4.189	1.768	2.640	1.507	1.727	1.299	1.166	1.132	0.818	0.995	0.591	0.786	0.328	0.637	0.194
7272	2020	2.126	4.273	1.786	2.693	1.522	1.762	1.312	1.190	1.143	0.833	1.005	0.602	0.794	0.334	0.643	0.198
7344	2040	2.147	4.357	1.804	2.747	1.537	1.797	1.325	1.213	1.154	0.849	1.015	0.613	0.802	0.340	0.649	0.201
7416	2060	2.168	4.443	1.821	2.801	1.552	1.832	1.338	1.237	1.166	0.864	1.025	0.625	0.810	0.346	0.656	0.205
7488	2080	2.189	4.530	1.839	2.855	1.567	1.868	1.351	1.261	1.177	0.880	1.035	0.636	0.817	0.353	0.662	0.209
7560	2100	2.210	4.617	1.857	2.911	1.582	1.904	1.364	1.286	1.188	0.896	1.044	0.647	0.825	0.359	0.668	0.212
7632	2120	2.231	4.705	1.875	2.966	1.597	1.941	1.377	1.310	1.200	0.912	1.054	0.659	0.833	0.365	0.675	0.216
7704	2140	2.252	4.794	1.892	3.022	1.622	1.978	1.390	1.335	1.211	0.926	1.064	0.671	0.841	0.372	0.681	0.220
7776	2160	2.273	4.884	1.910	3.079	1.627	2.015	1.403	1.360	1.222	0.944	1.074	0.682	0.849	0.378	0.688	0.224
7848	2180	2.294	4.975	1.928	3.137	1.642	2.052	1.416	1.386	1.234	0.961	1.084	0.694	0.857	0.384	0.694	0.227
7920	2200	2.315	5.066	1.945	3.194	1.657	2.090	1.429	1.411	1.245	0.979	1.094	0.706	0.866	0.391	0.700	0.231
7992	2220	2.336	5.158	1.963	3.253	1.673	2.128	1.442	1.437	1.256	0.997	1.104	0.718	0.872	0.398	0.707	0.235
8064	2240	2.357	5.252	1.981	3.312	1.688	2.167	1.455	1.463	1.268	1.015	1.114	0.730	0.880	0.404	0.713	0.239
8136	2260	2.378	5.346	1.998	3.371	1.703	2.206	1.468	1.489	1.279	1.033	1.124	0.742	0.888	0.411	0.719	0.243
8208	2280	2.399	5.440	2.016	3.431	1.728	2.245	1.481	1.516	1.290	1.051	1.134	0.755	0.896	0.418	0.726	0.247
8280	2300	2.420	5.536	2.034	3.491	1.733	2.284	1.494	1.542	1.301	1.069	1.144	0.767	0.904	0.425	0.732	0.251
8352	2320	2.441	5.633	2.051	3.552	1.748	2.324	1.501	1.569	1.313	1.089	1.154	0.780	0.912	0.431	0.738	0.255
8424	2340	2.462	5.730	2.069	3.614	1.763	2.364	1.520	1.596	1.324	1.108	1.164	0.792	0.920	0.438	0.745	0.259
8496	2360	2.483	5.828	2.087	3.676	1.778	2.405	1.533	1.623	1.335	1.127	1.174	0.805	0.927	0.445	0.751	0.263
8568	2380	2.504	5.927	2.104	3.738	1.793	2.446	1.546	1.651	1.347	1.156	1.184	0.818	0.935	0.452	0.758	0.267
8640	2400	2.526	6.032	2.122	3.802	1.808	2.487	1.560	1.679	1.358	1.165	1.194	0.831	0.943	0.459	0.764	0.271

续表

Q (m³/h)	Q (L/s)	DN1100 v	DN1100 1000i	DN1200 v	DN1200 1000i	DN1300 v	DN1300 1000i	DN1400 v	DN1400 1000i	DN1500 v	DN1500 1000i	DN1600 v	DN1600 1000i	DN1800 v	DN1800 1000i	DN2000 v	DN2000 1000i
8712	2420	2.547	6.132	2.140	3.865	1.823	2.529	1.572	1.707	1.370	1.185	1.204	0.841	0.951	0.467	0.770	0.276
8784	2440	2.568	6.234	2.157	3.929	1.838	2.571	1.585	1.735	1.381	1.204	1.214	0.855	0.959	0.474	0.777	0.280
8856	2460	2.589	6.326	2.175	3.994	1.853	2.613	1.598	1.764	1.392	1.224	1.224	0.869	0.967	0.481	0.783	0.284
8928	2480	2.610	6.440	2.193	4.059	1.868	2.656	1.611	1.793	1.403	1.244	1.233	0.884	0.975	0.488	0.789	0.288
9000	2500	2.631	6.550	2.211	4.125	1.884	2.699	1.624	1.822	1.415	1.264	1.243	0.898	0.982	0.496	0.796	0.293
9072	2520	2.652	6.648	2.228	4.191	1.899	2.742	1.637	1.851	1.426	1.284	1.253	0.912	0.990	0.503	0.802	0.297
9144	2540	2.673	6.754	2.246	4.258	1.914	2.786	1.650	1.881	1.437	1.305	1.263	0.927	0.998	0.511	0.809	0.301
9216	2560	2.694	6.861	2.264	4.325	1.929	2.830	1.663	1.911	1.449	1.326	1.273	0.942	1.006	0.518	0.815	0.306
9288	2580	2.715	6.968	2.281	4.393	1.944	2.874	1.676	1.941	1.460	1.346	1.283	0.956	1.014	0.526	0.821	0.310
9360	2600	2.736	7.076	2.299	4.462	1.959	2.919	1.689	1.971	1.471	1.367	1.293	0.971	1.022	0.533	0.828	0.315
9432	2620	2.757	7.185	2.317	4.530	1.974	2.964	1.702	2.001	1.483	1.388	1.303	0.986	1.030	0.541	0.834	0.319
9504	2640	2.778	7.295	2.334	4.600	1.989	3.010	1.715	2.032	1.494	1.410	1.313	1.001	1.037	0.549	0.840	0.324
9576	2660	2.799	7.406	2.352	4.670	2.004	3.055	1.728	2.063	1.505	1.431	1.323	1.017	1.045	0.556	0.847	0.328
9648	2680	2.820	7.517	2.370	4.740	2.019	3.101	1.741	2.094	1.517	1.453	1.333	1.032	1.053	0.564	0.853	0.333
9720	2700	2.841	7.630	2.387	4.811	2.034	3.148	1.754	2.125	1.528	1.474	1.343	1.047	1.061	0.572	0.859	0.337
9792	2720	2.862	7.743	2.405	4.883	2.049	3.195	1.767	2.157	1.539	1.496	1.353	1.063	1.069	0.580	0.866	0.342
9864	2740	2.883	7.857	2.423	4.955	2.064	3.242	1.780	2.189	1.551	1.519	1.363	1.079	1.077	0.588	0.872	0.347
9936	2760	2.904	7.972	2.440	5.208	2.079	3.289	1.793	2.221	1.562	1.541	1.373	1.094	1.085	0.596	0.879	0.351
10008	2780	2.925	8.088	2.458	5.101	2.094	3.337	1.806	2.253	1.573	1.563	1.383	1.110	1.092	0.604	0.885	0.356
10080	2800	2.946	8.204	2.476	5.174	2.110	3.385	1.819	2.286	1.584	1.586	1.393	1.126	1.100	0.612	0.891	0.361
10152	2820	2.967	8.322	2.493	5.249	2.125	3.434	1.832	2.319	1.596	1.608	1.403	1.143	1.108	0.620	0.898	0.366
10224	2840	2.989	8.445	2.511	5.323	2.140	3.483	1.845	2.352	1.607	1.631	1.413	1.159	1.116	0.629	0.904	0.370
10296	2860	3.010	8.565	2.529	5.398	2.155	3.532	1.858	2.385	1.618	1.654	1.422	1.175	1.124	0.637	0.910	0.375
10368	2880	3.031	8.684	2.547	5.474	2.170	3.582	1.871	2.418	1.630	1.678	1.432	1.192	1.132	0.645	0.917	0.380
10440	2900	3.052	8.805	2.564	5.551	2.185	3.632	1.884	2.452	1.641	1.701	1.442	1.208	1.140	0.654	0.923	0.385

Q		DN (mm)															
		1100		1200		1300		1400		1500		1600		1800		2000	
m³/h	L/s	v	1000i	v	1000i	v	1000i	v	1000i	v	1000i	v	1000i	v	1000i	v	1000i
10512	2920	3.073	8.927	2.582	5.627	2.200	3.682	1.897	2.486	1.652	1.725	1.452	1.225	1.147	0.662	0.929	0.390
10584	2940	3.094	9.049	2.600	5.705	2.215	3.732	1.910	2.520	1.664	1.748	1.462	1.242	1.155	0.671	0.936	0.395
10656	2960	3.115	9.173	2.617	5.783	2.230	3.783	1.923	2.554	1.675	1.772	1.472	1.259	1.163	0.679	0.942	0.400
10728	2980	3.136	9.297	2.645	5.861	2.245	3.835	1.936	2.589	1.686	1.796	1.482	1.276	1.171	0.688	0.949	0.405
10800	3000	3.157	9.422	2.653	5.940	2.260	3.886	1.949	2.624	1.698	1.820	1.492	1.293	1.179	0.697	0.955	0.410
10872	3020	3.178	9.547	2.670	6.019	2.275	3.938	1.962	2.659	1.709	1.845	1.502	1.310	1.187	0.705	0.961	0.415
10944	3040	3.199	9.674	2.688	6.099	2.290	3.991	1.975	2.694	1.720	1.869	1.512	1.328	1.195	0.714	0.968	0.420
11016	3060	3.220	9.801	2.706	6.180	2.305	4.043	1.988	2.730	1.732	1.894	1.522	1.345	1.205	0.721	0.974	0.425
11088	3080	3.241	9.930	2.723	6.261	2.320	4.096	2.001	2.766	1.743	1.919	1.532	1.363	1.210	0.730	0.980	0.430
11160	3100	3.262	10.059	2.741	6.343	2.336	4.150	2.014	2.802	1.754	1.944	1.542	1.381	1.218	0.740	0.987	0.436
11232	3120	3.283	10.189	2.759	6.425	2.351	4.203	2.027	2.838	1.766	1.969	1.552	1.396	1.226	0.749	0.993	0.441
11304	3140	3.304	10.319	2.776	6.507	2.366	4.258	2.040	2.875	1.777	1.994	1.562	1.417	1.234	0.759	1.000	0.446
11376	3160	3.325	10.451	2.794	6.590	2.381	4.312	2.053	2.911	1.788	2.020	1.572	1.435	1.242	0.768	1.006	0.452
11448	3180	3.346	10.583	2.812	6.674	2.396	4.367	2.066	2.948	1.800	2.045	1.582	1.453	1.250	0.778	1.012	0.457
11520	3200	3.367	10.717	2.829	6.758	2.411	4.422	2.079	2.986	1.811	2.071	1.592	1.471	1.258	0.788	1.019	0.462
11592	3220	3.388	10.851	2.847	6.843	2.426	4.477	2.092	3.023	1.822	2.097	1.602	1.490	1.265	0.798	1.025	0.468
11664	3240	3.409	10.986	2.865	6.928	2.441	4.533	2.105	3.061	1.833	2.123	1.611	1.508	1.273	0.808	1.031	0.473
11736	3260	3.430	11.121	2.882	7.014	2.456	4.589	2.118	3.099	1.845	2.150	1.621	1.527	1.281	0.818	1.038	0.479
11808	3280	3.452	11.265	2.900	7.100	2.471	4.646	2.131	3.137	1.856	2.176	1.631	1.546	1.289	0.828	1.044	0.484
11880	3300	3.473	11.402	2.918	7.187	2.486	4.702	2.144	3.175	1.867	2.203	1.641	1.565	1.297	0.838	1.050	0.490
11952	3320	3.494	11.540	2.936	7.275	2.501	4.760	2.157	3.214	1.879	2.229	1.651	1.584	1.305	0.848	1.057	0.495
12024	3340	3.515	11.679	2.953	7.363	2.516	4.817	2.170	3.252	1.890	2.256	1.661	1.603	1.313	0.859	1.063	0.501
12096	3360	—	—	2.971	7.451	2.531	4.875	2.183	3.292	1.901	2.283	1.671	1.622	1.320	0.869	1.070	0.506
12168	3380	—	—	2.989	7.540	2.546	4.933	2.196	3.331	1.913	2.311	1.681	1.641	1.328	0.879	1.076	0.512
12240	3400	—	—	3.006	7.630	2.562	4.991	2.209	3.370	1.924	2.338	1.691	1.661	1.336	0.890	1.082	0.518

m³/h	L/s	DN=1200 v	DN=1200 1000i	DN=1300 v	DN=1300 1000i	DN=1400 v	DN=1400 1000i	DN=1500 v	DN=1500 1000i	DN=1600 v	DN=1600 1000i	DN=1800 v	DN=1800 1000i	DN=2000 v	DN=2000 1000i	DN=2200 v	DN=2200 1000i
12312	3420	3.024	7.720	2.577	5.051	2.222	3.410	1.935	2.366	1.701	1.680	1.344	0.900	1.089	0.523	0.90	0.324
12384	3440	3.042	7.810	2.592	5.110	2.235	3.450	1.947	2.393	1.711	1.700	1.352	0.911	1.095	0.529	0.905	0.328
12456	3460	3.059	7.901	2.607	5.170	2.248	3.490	1.958	2.421	1.721	1.720	1.360	0.921	1.101	0.535	0.91	0.331
12528	3480	3.077	7.993	2.622	5.229	2.261	3.531	1.969	2.449	1.731	1.740	1.368	0.932	1.108	0.541	0.915	0.334
12600	3500	3.095	8.085	2.637	5.290	2.274	3.572	1.981	2.478	1.741	1.760	1.375	0.943	1.114	0.546	0.92	0.338
12672	3520	3.112	8.178	2.652	5.350	2.287	3.612	1.992	2.506	1.751	1.780	1.383	0.954	1.120	0.552	0.926	0.341
12744	3540	3.130	8.271	2.667	5.411	2.300	3.654	2.003	2.535	1.761	1.800	1.391	0.964	1.127	0.558	0.931	0.345
12816	3560	3.148	8.364	2.682	5.473	2.313	3.695	2.015	2.563	1.771	1.821	1.399	0.975	1.133	0.564	0.936	0.348
12888	3580	3.165	8.459	2.698	5.534	2.326	3.737	2.026	2.592	1.781	1.841	1.407	0.986	1.140	0.570	0.942	0.352
12960	3600	3.183	8.553	2.712	5.596	2.339	3.779	2.037	2.621	1.791	1.861	1.415	0.997	1.146	0.576	0.947	0.356
13032	3620	—	—	2.727	5.659	2.352	3.821	2.049	2.651	1.800	1.883	1.423	1.008	1.152	0.582	0.952	0.36
13320	3700	—	—	2.788	5.911	2.404	3.991	2.094	2.769	1.840	1.967	1.454	1.054	1.178	0.606	0.973	0.375
13680	3800	—	—	2.863	6.235	2.469	4.210	2.150	2.921	1.890	2.075	1.493	1.111	1.210	0.636	1.00	0.395
14040	3900	—	—	2.938	6.568	2.534	4.435	2.207	3.076	1.940	2.185	1.533	1.171	1.241	0.670	1.026	0.415
14400	4000	—	—	3.014	6.909	2.598	4.665	2.264	3.236	1.989	2.299	1.572	1.231	1.273	0.704	1.052	0.435
14760	4100	—	—	3.089	7.259	2.663	4.901	2.320	3.400	2.039	2.415	1.611	1.294	1.305	0.740	1.078	0.455
15120	4200	—	—	3.164	7.617	2.728	5.143	2.377	3.568	2.089	2.534	1.651	1.358	1.337	0.777	1.105	0.475
15480	4300	—	—	3.240	7.984	2.793	5.391	2.433	3.740	2.139	2.656	1.690	1.423	1.369	0.814	1.131	0.496
15840	4400	—	—	3.315	8.360	2.858	5.645	2.490	3.916	2.188	2.781	1.729	1.490	1.401	0.852	1.157	0.519
16200	4500	—	—	3.390	8.744	2.923	5.904	2.546	4.096	2.238	2.909	1.768	1.558	1.432	0.892	1.184	0.541
16560	4600	—	—	3.466	9.137	2.988	6.169	2.603	4.280	2.288	3.040	1.808	1.628	1.464	0.932	1.21	0.562
16920	4700	—	—	—	—	3.053	6.440	2.660	4.478	2.338	3.174	1.847	1.700	1.496	0.973	1.236	0.586
17280	4800	—	—	—	—	3.118	6.717	2.716	4.660	2.387	3.310	1.886	1.773	1.528	1.014	1.263	0.612
17640	4900	—	—	—	—	3.183	7.000	2.773	4.856	2.437	3.452	1.926	1.848	1.560	1.057	1.289	0.638
18000	5000	—	—	—	—	3.248	7.289	2.829	5.057	2.487	3.592	1.965	1.924	1.592	1.101	1.315	0.664
18360	5100	—	—	—	—	3.313	7.583	2.886	5.261	2.537	3.737	2.004	2.002	1.623	1.145	1.342	0.691
18720	5200	—	—	—	—	3.378	7.884	2.943	5.469	2.586	3.885	2.043	2.081	1.655	1.191	1.368	0.718
19080	5300	—	—	—	—	3.443	8.190	2.999	5.682	2.636	4.036	2.083	2.162	1.687	1.237	1.394	0.746
19440	5400	—	—	—	—	—	—	3.056	5.898	2.686	4.189	2.122	2.244	1.719	1.284	1.42	0.774
19800	5500	—	—	—	—	—	—	3.112	6.118	2.735	4.346	2.161	2.328	1.751	1.332	1.447	0.804
20160	5600	—	—	—	—	—	—	3.169	6.343	2.785	4.505	2.201	2.413	1.783	1.381	1.473	0.833
20520	5700	—	—	—	—	—	—	3.226	6.572	2.835	4.668	2.240	2.500	1.814	1.431	1.499	0.863
20880	5800	—	—	—	—	—	—	3.282	6.804	2.885	4.833	2.279	2.589	1.846	1.481	1.526	0.894
21240	5900	—	—	—	—	—	—	3.339	7.041	2.934	5.001	2.319	2.679	1.878	1.533	1.552	0.925
21600	6000	—	—	—	—	—	—	3.395	7.281	2.984	5.172	2.358	2.771	1.910	1.595	1.578	0.956

Q		DN (mm)													
		1500		1600		1800		2000		2200		2400		2600	
m³/h	L/s	v	1000i	v	1000i	v	1000i	v	1000i	v	1000i	v	1000i	v	1000i
21960	6100	3.452	7.526	3.034	5.346	2.397	2.864	1.942	1.638	1.605	0.99	1.348	0.623	1.149	0.411
22320	6200	—	—	3.084	5.523	2.436	2.958	1.974	1.692	1.631	1.021	1.37	0.643	1.168	0.424
22680	6300	—	—	3.133	5.702	2.476	3.054	2.005	1.748	1.657	1.054	1.392	0.664	1.186	0.437
23040	6400	—	—	3.183	5.882	2.515	3.152	2.037	1.803	1.684	1.089	1.415	0.686	1.205	0.448
23400	6500	—	—	3.233	6.070	2.554	3.252	2.069	1.860	1.710	1.123	1.437	0.708	1.224	0.463
23760	6600	—	—	3.283	6.258	2.594	3.352	2.101	1.918	1.736	1.157	1.459	0.73	1.243	0.477
24120	6700	—	—	3.332	6.449	2.633	3.455	2.133	1.976	1.763	1.193	1.481	0.752	1.262	0.492
24480	6800	—	—	3.382	6.643	2.672	3.559	2.165	2.036	1.789	1.229	1.503	0.775	1.281	0.507
24849	6900	—	—	3.432	6.840	2.712	3.664	2.196	2.096	1.815	1.265	1.525	2.797	1.299	0.522
25200	7000	—	—	3.482	7.040	2.751	3.771	2.228	2.157	1.842	1.303	1.547	0.821	1.318	0.537
25560	7100	—	—	—	—	2.790	3.879	2.260	2.219	1.868	1.34	1.569	0.844	1.337	0.552
25920	7200	—	—	—	—	2.829	3.990	2.292	2.282	1.894	1.377	1.591	0.868	1.356	0.568
26280	7300	—	—	—	—	2.869	4.101	2.324	2.346	1.920	1.415	1.614	0.893	1.375	0.584
26640	7400	—	—	—	—	2.908	4.214	2.356	2.411	1.947	1.456	1.636	0.918	1.394	0.60
27000	7500	—	—	—	—	2.947	4.329	2.387	2.477	1.973	1.495	1.658	0.943	1.412	0.616
27360	7600	—	—	—	—	2.987	4.445	2.419	2.543	1.999	1.534	1.68	0.968	1.431	0.633
27720	7700	—	—	—	—	3.026	4.563	2.451	2.610	2.026	1.576	1.702	0.993	1.45	0.65
28080	7800	—	—	—	—	3.065	4.682	2.483	2.679	2.052	1.617	1.724	1.019	1.469	0.667
28440	7900	—	—	—	—	3.105	4.803	2.515	2.748	2.078	1.658	1.746	1.046	1.488	0.684
28800	8000	—	—	—	—	3.144	4.925	2.546	2.818	2.105	1.701	1.768	1.072	1.507	0.702
29160	8100	—	—	—	—	3.183	5.049	2.578	2.889	2.131	1.743	1.79	1.098	1.525	0.719
29520	8200	—	—	—	—	3.222	5.175	2.610	2.961	2.157	1.787	1.812	1.126	1.544	0.737
29880	8300	—	—	—	—	3.262	5.302	2.642	3.033	2.184	1.831	1.834	1.153	1.563	0.755
30240	8400	—	—	—	—	3.301	5.430	2.674	3.107	2.21	1.875	1.857	1.182	1.582	0.773
30600	8500	—	—	—	—	3.340	5.560	2.706	3.181	2.236	1.92	1.879	1.211	1.601	0.792
30960	8600	—	—	—	—	3.380	5.692	2.737	3.256	2.262	1.964	1.901	1.239	1.62	0.811
31320	8700	—	—	—	—	3.419	5.825	2.769	3.333	2.289	2.012	1.923	1.268	1.638	0.829
31680	8800	—	—	—	—	3.458	5.960	2.801	3.410	2.315	2.058	1.945	1.297	1.657	0.848
32040	8900	—	—	—	—	3.498	6.096	2.833	3.488	2.341	2.104	1.967	1.327	1.676	0.868
32400	9000	—	—	—	—	—	—	2.865	3.566	2.368	2.153	1.989	1.356	1.695	0.888

Q		DN (mm)												
		1500		1600		1800		2000		2200		2400		2600	
m³/h	L/s	v	1000i	v	1000i	v	1000i	v	1000i	v	1000i	v	1000i	v	1000i
32760	9100	—	—	—	—	—	—	2.897	3.646	2.394	2.201	2.011	1.387	1.714	0.908
33120	9200	—	—	—	—	—	—	2.928	3.727	2.420	2.249	2.033	1.417	1.733	0.928
33480	9300	—	—	—	—	—	—	2.960	3.808	2.447	2.299	2.056	1.449	1.751	0.947
33840	9400	—	—	—	—	—	—	2.992	3.890	2.473	2.348	2.078	1.481	1.77	0.968
34200	9500	—	—	—	—	—	—	3.024	3.974	2.499	2.398	2.10	1.512	1.789	0.989
34560	9600	—	—	—	—	—	—	3.056	4.058	2.525	2.448	2.122	1.544	1.808	1.01
34920	9700	—	—	—	—	—	—	3.088	4.143	2.552	2.501	2.144	1.577	1.827	1.031
35280	9800	—	—	—	—	—	—	3.119	4.229	2.578	2.552	2.166	1.609	1.846	1.053
35640	9900	—	—	—	—	—	—	3.151	4.315	2.604	2.604	2.188	1.641	1.864	1.074
36000	10000	—	—	—	—	—	—	3.183	4.403	2.631	2.658	2.210	1.675	1.883	1.096
36720	10200	—	—	—	—	—	—	3.247	4.581	2.683	2.764	2.254	1.742	1.921	1.140
37440	10400	—	—	—	—	—	—	3.310	4.762	2.736	2.874	2.299	1.812	1.958	1.185
38160	10600	—	—	—	—	—	—	3.374	4.947	2.789	2.987	2.343	1.882	1.996	1.231
38880	10800	—	—	—	—	—	—	3.348	5.136	2.841	3.099	2.387	1.954	2.034	1.278
39600	11000	—	—	—	—	—	—	3.501	5.328	2.894	3.216	2.431	2.026	2.071	1.325
40320	11200	—	—	—	—	—	—	3.565	5.523	2.946	3.332	2.476	2.102	2.109	1.374
41040	11400	—	—	—	—	—	—	3.629	5.722	2.999	3.454	2.52	2.177	2.147	1.424
41760	11600	—	—	—	—	—	—	3.692	5.925	3.052	3.577	2.564	2.254	2.185	1.475
42480	11800	—	—	—	—	—	—	3.756	6.131	3.104	3.70	2.608	2.332	2.222	1.526
43200	12000	—	—	—	—	—	—	3.820	6.340	3.157	3.827	2.652	2.412	2.26	1.578
43920	12200	—	—	—	—	—	—	3.883	6.553	3.21	3.957	2.697	2.494	2.297	1.630
44640	12400	—	—	—	—	—	—	3.947	6.770	3.262	4.086	2.741	2.576	2.335	1.685
45360	12600	—	—	—	—	—	—	4.011	6.997	3.315	4.22	2.785	2.66	2.373	1.740
46080	12800	—	—	—	—	—	—	4.074	7.22	3.367	4.353	2.829	2.744	2.41	1.795
46800	13000	—	—	—	—	—	—	4.138	7.448	3.42	4.491	2.873	2.83	2.448	1.852

注：v 为平均水流速度（m/s）。

5.1.4　铸铁管水力计算

铸铁管水力计算见表5-11、表5-12。

表 5-11

铸铁管 $DN=50\sim1000\text{mm}$ 的 $1000i$ 和 v 值

Q		DN 50 (mm)		DN 75 (mm)		DN 100 (mm)		DN 125 (mm)		DN 150 (mm)	
m³/h	L/s	v	$1000i$	v	$1000i$	v	$1000i$	v	$1000i$	v	$1000i$
1.80	0.50	0.26	4.99								
2.16	0.60	0.32	6.90								
2.52	0.70	0.37	9.09								
2.88	0.80	0.42	11.6								
3.24	0.90	0.48	14.3	0.21	1.92						
3.60	1.0	0.53	17.3	0.23	2.31						
3.96	1.1	0.58	20.6	0.26	2.75						
4.32	1.2	0.64	24.1	0.28	3.20						
4.68	1.3	0.69	27.9	0.30	3.69						
5.04	1.4	0.74	32.0	0.33	4.22						
5.40	1.5	0.79	36.3	0.35	4.77	0.20	1.17				
5.76	1.6	0.85	40.9	0.37	5.34	0.21	1.31				
6.12	1.7	0.90	45.7	0.39	5.95	0.22	1.45				
6.48	1.8	0.95	50.8	0.42	6.59	0.23	1.61				
6.84	1.9	1.01	56.2	0.44	7.28	0.25	1.77				
7.20	2.0	1.06	61.9	0.46	7.98	0.26	1.94				
7.56	2.1	1.11	67.9	0.49	8.71	0.27	2.11				
7.92	2.2	1.17	74.0	0.51	9.47	0.29	2.29				
8.28	2.3	1.22	80.3	0.53	10.3	0.30	2.48				
8.64	2.4	1.27	87.5	0.56	11.1	0.31	2.66	0.20	0.902		

| Q | | DN (mm) | | | | | | | | | |
m³/h	L/s	50 v	50 1000i	75 v	75 1000i	100 v	100 1000i	125 v	125 1000i	150 v	150 1000i
9.00	2.5	1.33	94.9	0.58	11.9	0.32	2.88	0.21	0.966		
9.36	2.6	1.38	103	0.60	12.8	0.34	3.08	0.215	1.03		
9.72	2.7	1.43	111	0.63	13.8	0.35	3.30	0.22	1.11		
10.08	2.8	1.48	119	0.65	14.7	0.36	3.52	0.23	1.18		
10.44	2.9	1.54	128	0.67	15.7	0.38	3.75	0.24	1.25		
10.80	3.0	1.59	137	0.70	16.7	0.39	3.98	0.25	1.33		
11.16	3.1	1.64	146	0.72	17.7	0.40	4.23	0.26	1.41		
11.52	3.2	1.70	155	0.74	18.8	0.42	4.47	0.265	1.49		
11.88	3.3	1.75	165	0.77	19.9	0.43	4.73	0.27	1.57		
12.24	3.4	1.80	176	0.79	21.0	0.44	4.99	0.28	1.66		
12.60	3.5	1.86	186	0.81	22.2	0.45	5.26	0.29	1.75	0.20	0.723
12.96	3.6	1.91	197	0.84	23.2	0.47	5.53	0.30	1.84	0.21	0.755
13.32	3.7	1.96	208	0.86	24.5	0.48	5.81	0.31	1.93	0.212	0.794
13.68	3.8	2.02	219	0.88	25.8	0.49	6.10	0.315	2.03	0.22	0.834
14.04	3.9	2.07	231	0.91	27.1	0.51	6.39	0.32	2.12	0.224	0.874
14.40	4.0	2.12	243	0.93	28.4	0.52	6.69	0.33	2.22	0.23	0.909
14.76	4.1	2.17	255	0.95	29.7	0.53	7.00	0.34	2.31	0.235	0.952
15.12	4.2	2.23	268	0.98	31.1	0.55	7.31	0.35	2.42	0.24	0.995
15.48	4.3	2.28	281	1.00	32.5	0.56	7.63	0.36	2.53	0.25	1.04
15.84	4.4	2.33	294	1.02	33.9	0.57	7.96	0.364	2.63	0.252	1.08

Q		DN (mm)											
		50		75		100		125		150		200	
m³/h	L/s	v	1000i	v	1000i	v	1000i	v	1000i	v	1000i	v	1000i
16.20	4.5	2.39	308	1.05	35.3	0.58	8.29	0.37	2.74	0.26	1.12		
16.56	4.6	2.44	321	1.07	36.8	0.60	8.63	0.38	2.85	0.264	1.17		
16.92	4.7	2.49	335	1.09	38.3	0.61	8.97	0.39	2.96	0.27	1.22		
17.28	4.8	2.55	350	1.12	39.8	0.62	9.33	0.40	3.07	0.275	1.26		
17.64	4.9	2.60	365	1.14	41.4	0.64	9.68	0.41	3.20	0.28	1.31		
18.00	5.0	2.65	380	1.16	43.0	0.65	10.0	0.414	3.31	0.286	1.35		
18.36	5.1	2.70	395	1.19	44.6	0.66	10.4	0.42	3.43	0.29	1.40		
18.72	5.2	2.76	411	1.21	46.2	0.68	10.8	0.43	3.56	0.30	1.45		
19.08	5.3	2.81	427	1.23	48.0	0.69	11.2	0.44	3.68	0.304	1.50		
19.44	5.4	2.86	443	1.26	49.8	0.70	11.6	0.45	3.80	0.31	1.55		
19.80	5.5	2.92	459	1.28	51.7	0.72	12.0	0.455	3.92	0.315	1.60		
20.16	5.6	2.97	476	1.30	53.6	0.73	12.3	0.46	4.07	0.32	1.65		
20.52	5.7	3.02	493	1.33	55.3	0.74	12.7	0.47	4.19	0.33	1.71		
20.88	5.8			1.35	57.3	0.75	13.2	0.48	4.32	0.333	1.77		
21.24	5.9			1.37	59.3	0.77	13.6	0.49	4.47	0.34	1.81		
21.60	6.0			1.39	61.5	0.78	14.0	0.50	4.60	0.344	1.87		
21.96	6.1			1.42	63.6	0.79	14.4	0.505	4.74	0.35	1.93		
22.32	6.2			1.44	65.7	0.80	14.9	0.51	4.87	0.356	1.99		
22.68	6.3			1.46	67.8	0.82	15.3	0.52	5.03	0.36	2.08	0.20	0.505
23.04	6.4			1.49	70.0	0.83	15.8	0.53	5.17	0.37	2.10	0.206	0.518

Q		DN (mm)											
		50		75		100		125		150		200	
m³/h	L/s	v	1000i	v	1000i	v	1000i	v	1000i	v	1000i	v	1000i
23.40	6.5			1.51	72.2	0.84	16.2	0.54	5.31	0.373	2.16	0.21	0.531
23.76	6.6			1.53	74.4	0.86	16.7	0.55	5.46	0.38	2.22	0.212	0.545
24.12	6.7			1.56	76.7	0.87	17.2	0.555	5.62	0.384	2.28	0.215	0.559
24.48	6.8			1.58	79.0	0.88	17.7	0.56	5.77	0.39	2.34	0.22	0.577
24.84	6.9			1.60	81.3	0.90	18.1	0.57	5.92	0.396	2.41	0.222	0.591
25.20	7.0			1.63	83.7	0.91	18.6	0.58	6.09	0.40	2.46	0.225	0.605
25.56	7.1			1.65	86.1	0.92	19.1	0.59	6.24	0.41	2.53	0.228	0.619
25.92	7.2			1.67	88.6	0.93	19.6	0.60	6.40	0.413	2.60	0.23	0.634
26.28	7.3			1.70	91.1	0.95	20.1	0.604	6.56	0.42	2.66	0.235	0.653
26.64	7.4			1.72	93.6	0.96	20.7	0.61	6.74	0.424	2.72	0.238	0.668
27.00	7.5			1.74	96.1	0.97	21.2	0.62	6.90	0.43	2.79	0.24	0.683
27.36	7.6			1.77	98.7	0.99	21.7	0.63	7.06	0.436	2.86	0.244	0.698
27.72	7.7			1.79	101	1.00	22.2	0.64	7.25	0.44	2.93	0.248	0.718
28.08	7.8			1.81	104	1.01	22.8	0.65	7.41	0.45	2.99	0.25	0.734
28.44	7.9			1.84	107	1.03	23.3	0.654	7.58	0.453	3.07	0.254	0.749
28.80	8.0			1.86	109	1.04	23.9	0.66	7.75	0.46	3.14	0.257	0.765
29.16	8.1			1.88	112	1.05	24.4	0.67	7.95	0.465	3.21	0.26	0.781
29.52	8.2			1.91	115	1.06	25.0	0.68	8.12	0.47	3.28	0.264	0.802
29.88	8.3			1.93	118	1.08	25.6	0.69	8.30	0.476	3.35	0.267	0.819
30.24	8.4			1.95	121	1.09	26.2	0.70	8.50	0.48	3.43	0.27	0.835

Q		DN (mm)													
		75		100		125		150		200		250		300	
m³/h	L/s	v	1000i	v	1000i	v	1000i	v	1000i	v	1000i	v	1000i	v	1000i
30.60	8.5	1.98	123	1.10	26.7	0.704	8.68	0.49	3.49	0.273	0.851				
30.96	8.6	2.00	126	1.12	27.3	0.71	8.86	0.493	3.57	0.277	0.874				
31.32	8.7	2.02	129	1.13	27.9	0.72	9.04	0.50	3.65	0.28	0.891				
31.68	8.8	2.05	132	1.14	28.5	0.73	9.25	0.505	3.73	0.283	0.908				
32.04	8.9	2.07	135	1.16	29.2	0.74	9.44	0.51	3.80	0.287	0.930				
32.40	9.0	2.09	138	1.17	29.9	0.745	9.63	0.52	3.91	0.29	0.942				
33.30	9.25	2.15	146	1.20	31.3	0.77	10.1	0.53	4.07	0.30	0.989				
34.20	9.5	2.21	154	1.23	33.0	0.79	10.6	0.54	4.28	0.305	1.04				
35.10	9.75	2.27	162	1.27	34.7	0.81	11.2	0.56	4.49	0.31	1.09				
36.00	10.0	2.33	171	1.30	36.5	0.83	11.7	0.57	4.69	0.32	1.13	0.20	0.384		
36.90	10.25	2.38	180	1.33	38.4	0.85	12.2	0.59	4.92	0.33	1.19	0.21	0.400		
37.80	10.5	2.44	188	1.36	40.3	0.87	12.8	0.60	5.13	0.34	1.24	0.216	0.421		
38.70	10.75	2.50	197	1.40	42.2	0.89	13.4	0.62	5.37	0.35	1.30	0.22	0.438		
39.60	11.0	2.56	207	1.43	44.2	0.91	14.0	0.63	5.59	0.354	1.35	0.226	0.456		
40.50	11.25	2.62	216	1.46	46.2	0.93	14.6	0.64	5.82	0.36	1.41	0.23	0.474		
41.40	11.5	2.67	226	1.49	48.3	0.95	15.1	0.66	6.07	0.37	1.46	0.236	0.492		
42.30	11.75	2.73	236	1.53	50.4	0.97	15.8	0.67	6.31	0.38	1.52	0.24	0.510		
43.20	12.0	2.79	246	1.56	52.6	0.99	16.4	0.69	6.55	0.39	1.58	0.246	0.529		
44.10	12.25	2.85	256	1.59	54.8	1.01	17.0	0.70	6.82	0.394	1.64	0.25	0.552		
45.00	12.5	2.91	267	1.62	57.1	1.03	17.7	0.72	7.07	0.40	1.70	0.26	0.572		

| Q | | DN (mm) | | | | | | | | | | | | |
| m³/h | L/s | 75 | | 100 | | 125 | | 150 | | 200 | | 250 | | 300 | |
		v	$1000i$	v	$1000i$	v	$1000i$	v	$1000i$	v	$1000i$	v	$1000i$	v	$1000i$
45.90	12.75	2.96	278	1.66	59.4	1.06	18.4	0.73	7.32	0.41	1.76	0.262	0.592		
46.80	13.0	3.02	289	1.69	61.7	1.08	19.0	0.75	7.60	0.42	1.82	0.27	0.612		
47.70	13.25			1.72	64.1	1.10	19.7	0.76	7.87	0.43	1.88	0.272	0.632		
48.60	13.5			1.75	66.6	1.12	20.4	0.77	8.14	0.434	1.95	0.28	0.653		
49.50	13.75			1.79	69.1	1.14	21.2	0.79	8.43	0.44	2.01	0.282	0.674		
50.40	14.0			1.82	71.6	1.16	21.9	0.80	8.71	0.45	2.08	0.29	0.695		
51.30	14.25			1.85	74.2	1.18	22.6	0.82	8.99	0.46	2.15	0.293	0.721		
52.20	14.5			1.88	76.8	1.20	23.3	0.83	9.30	0.47	2.21	0.30	0.743	0.20	0.301
53.10	14.75			1.92	79.5	1.22	24.1	0.85	9.59	0.474	2.28	0.303	0.766	0.21	0.312
54.00	15.0			1.95	82.2	1.24	24.9	0.86	9.88	0.48	2.35	0.31	0.788	0.212	0.320
55.80	15.5			2.01	87.8	1.28	26.6	0.89	10.5	0.50	2.50	0.32	0.834	0.22	0.338
57.60	16.0			2.08	93.5	1.32	28.4	0.92	11.1	0.51	2.64	0.33	0.886	0.23	0.358
59.40	16.5			2.14	99.5	1.37	30.2	0.95	11.8	0.53	2.79	0.34	0.935	0.233	0.377
61.20	17.0			2.21	106	1.41	32.0	0.97	12.5	0.55	2.96	0.35	0.985	0.24	0.398
63.00	17.5			2.27	112	1.45	33.9	1.00	13.2	0.56	3.12	0.36	1.04	0.25	0.421
64.80	18.0			2.34	118	1.49	35.9	1.03	13.9	0.58	3.28	0.37	1.09	0.255	0.443
66.60	18.5			2.40	125	1.53	37.9	1.06	14.6	0.59	3.45	0.38	1.15	0.26	0.464
68.40	19.0			2.47	132	1.57	40.0	1.09	15.3	0.61	3.62	0.39	1.20	0.27	0.486
70.20	19.5			2.53	139	1.61	42.1	1.12	16.1	0.63	3.80	0.40	1.26	0.28	0.509
72.00	20.0			2.60	146	1.66	44.3	1.15	16.9	0.64	3.97	0.41	1.32	0.283	0.532

Q		DN (mm)																		
		100		125		150		200		250		300		350		400		450	
m³/h	L/s	v	1000i	v	1000i	v	1000i	v	1000i	v	1000i	v	1000i	v	1000i	v	1000i	v	1000i
73.80	20.5	2.66	154	1.70	46.5	1.18	17.7	0.66	4.16	0.42	1.38	0.29	0.556	0.213	0.264				
75.60	21.0	2.73	161	1.74	48.8	1.20	18.4	0.67	4.34	0.43	1.44	0.30	0.580	0.22	0.275				
77.40	21.5	2.79	169	1.78	51.2	1.23	19.3	0.69	4.53	0.44	1.50	0.304	0.604	0.223	0.286				
79.20	22.0	2.86	177	1.82	53.6	1.26	20.2	0.71	4.73	0.45	1.57	0.31	0.629	0.23	0.300				
81.00	22.5	2.92	185	1.86	56.1	1.29	21.2	0.72	4.93	0.46	1.63	0.32	0.655	0.234	0.311				
82.80	23.0	2.99	193	1.90	58.6	1.32	22.1	0.74	5.13	0.47	1.69	0.325	0.681	0.24	0.323				
84.60	23.5			1.95	61.2	1.35	23.1	0.76	5.35	0.48	1.77	0.33	0.707	0.244	0.335				
86.40	24.0			1.99	63.8	1.38	24.1	0.77	5.56	0.49	1.83	0.34	0.734	0.25	0.347				
88.20	24.5			2.03	66.5	1.41	25.1	0.79	5.77	0.50	1.90	0.35	0.765	0.255	0.362				
90.00	25.0			2.07	69.2	1.43	26.1	0.80	5.98	0.51	1.97	0.354	0.793	0.26	0.375				
91.80	25.5			2.11	72.0	1.46	27.2	0.82	6.21	0.52	2.05	0.36	0.821	0.265	0.388	0.20	0.204		
93.60	26.0			2.15	74.9	1.49	28.3	0.84	6.44	0.53	2.12	0.37	0.850	0.27	0.401	0.207	0.211		
95.40	26.5			2.19	77.8	1.52	29.4	0.85	6.67	0.54	2.19	0.375	0.879	0.275	0.414	0.21	0.218		
97.20	27.0			2.24	80.7	1.55	30.5	0.87	6.90	0.55	2.26	0.38	0.910	0.28	0.430	0.215	0.225		
99.00	27.5			2.28	83.8	1.58	31.6	0.88	7.14	0.56	2.35	0.39	0.939	0.286	0.444	0.22	0.233		
100.8	28.0			2.32	86.8	1.61	32.8	0.90	7.38	0.57	2.42	0.40	0.969	0.29	0.458	0.223	0.240		
102.6	28.5			2.36	90.0	1.63	34.0	0.92	7.62	0.58	2.50	0.403	1.00	0.296	0.472	0.227	0.248		
104.4	29.0			2.40	93.2	1.66	35.2	0.93	7.87	0.59	2.58	0.41	1.03	0.30	0.486	0.23	0.256		
106.2	29.5			2.44	96.4	1.69	36.4	0.95	8.13	0.61	2.66	0.42	1.06	0.31	0.503	0.235	0.264		
108.0	30.0			2.48	99.6	1.72	37.7	0.96	8.40	0.62	2.75	0.424	1.10	0.312	0.518	0.24	0.271		

Q		DN (mm)																
		100		125		150		200		250		300		350		400		450	
m³/h	L/s	v	1000i	v	1000i	v	1000i	v	1000i	v	1000i	v	1000i	v	1000i	v	1000i	v	1000i
109.8	30.5			2.53	103	1.75	38.9	0.98	8.66	0.63	2.83	0.43	1.13	0.32	0.533	0.243	0.280		
111.6	31.0			2.57	106	1.78	40.2	1.00	8.92	0.64	2.92	0.44	1.17	0.322	0.548	0.247	0.288		
113.4	31.5			2.61	110	1.81	41.5	1.01	9.19	0.65	3.00	0.45	1.20	0.33	0.563	0.25	0.296		
115.2	32.0			2.65	113	1.84	42.8	1.03	9.46	0.66	3.09	0.453	1.23	0.333	0.582	0.255	0.304	0.20	0.172
117.0	32.5			2.69	117	1.86	44.2	1.04	9.74	0.67	3.18	0.46	1.27	0.34	0.597	0.26	0.313	0.204	0.176
118.8	33.0			2.73	121	1.89	45.6	1.06	10.0	0.68	3.27	0.47	1.30	0.343	0.613	0.263	0.322	0.207	0.181
120.6	33.5			2.77	124	1.92	47.0	1.08	10.3	0.69	3.36	0.474	1.34	0.35	0.629	0.267	0.330	0.21	0.187
122.4	34.0			2.82	128	1.95	48.4	1.09	10.6	0.70	3.45	0.48	1.37	0.353	0.646	0.27	0.339	0.214	0.192
124.2	34.5			2.86	132	1.98	49.8	1.11	10.9	0.71	3.54	0.49	1.41	0.36	0.665	0.274	0.346	0.217	0.196
126.0	35.0			2.90	136	2.01	51.3	1.12	11.2	0.72	3.64	0.495	1.45	0.364	0.682	0.28	0.355	0.22	0.201
127.8	35.5			2.94	140	2.04	52.7	1.14	11.5	0.73	3.74	0.50	1.49	0.37	0.699	0.282	0.364	0.223	0.206
129.6	36.0			2.98	144	2.06	54.2	1.16	11.8	0.74	3.83	0.51	1.52	0.374	0.716	0.286	0.373	0.226	0.211
131.4	36.5			3.02	148	2.09	55.7	1.17	12.1	0.75	3.93	0.52	1.56	0.38	0.733	0.29	0.382	0.23	0.216
133.2	37.0					2.12	57.3	1.19	12.4	0.76	4.03	0.523	1.60	0.385	0.754	0.294	0.392	0.233	0.223
135.0	37.5					2.15	58.8	1.21	12.7	0.77	4.13	0.53	1.64	0.39	0.772	0.30	0.401	0.236	0.228
136.8	38.0					2.18	60.4	1.22	13.0	0.78	4.23	0.54	1.68	0.395	0.789	0.302	0.411	0.24	0.233
138.6	38.5					2.21	62.0	1.24	13.4	0.79	4.33	0.545	1.72	0.40	0.808	0.306	0.420	0.242	0.238
140.4	39.0					2.24	63.6	1.25	13.7	0.80	4.44	0.55	1.76	0.405	0.826	0.31	0.430	0.245	0.243
142.2	39.5					2.27	65.3	1.27	14.1	0.81	4.54	0.56	1.81	0.41	0.848	0.314	0.440	0.248	0.249
144.0	40.0					2.29	66.9	1.29	14.4	0.82	4.63	0.57	1.85	0.42	0.866	0.32	0.450	0.25	0.254

Q		DN (mm)																	
		150		200		250		300		350		400		450		500		600	
m³/h	L/s	v	1000i	v	1000i	v	1000i	v	1000i	v	1000i	v	1000i	v	1000i	v	1000i	v	1000i
147.6	41	2.35	70.3	1.32	15.2	0.84	4.87	0.58	1.93	0.43	0.904	0.33	0.471	0.26	0.267	0.21	0.160		
151.2	42	2.41	73.8	1.35	15.9	0.86	5.09	0.59	2.02	0.44	0.943	0.334	0.492	0.264	0.278	0.214	0.167		
154.8	43	2.47	77.4	1.38	16.7	0.88	5.32	0.61	2.10	0.45	0.986	0.34	0.513	0.27	0.289	0.22	0.174		
158.4	44	2.52	81.0	1.41	17.5	0.90	5.56	0.62	2.19	0.46	1.03	0.35	0.534	0.28	0.302	0.224	0.181		
162.0	45	2.58	84.7	1.45	18.3	0.92	5.79	0.64	2.29	0.47	1.07	0.36	0.557	0.283	0.314	0.23	0.188		
165.6	46	2.64	88.5	1.48	19.1	0.94	6.04	0.65	2.38	0.48	1.11	0.37	0.579	0.29	0.326	0.234	0.196		
169.2	47	2.70	92.4	1.51	19.9	0.96	6.27	0.66	2.48	0.49	1.15	0.374	0.602	0.295	0.338	0.24	0.203		
172.8	48	2.75	96.4	1.54	20.8	0.99	6.53	0.68	2.57	0.50	1.20	0.38	0.625	0.30	0.353	0.244	0.211		
176.4	49	2.81	100	1.58	21.7	1.01	6.78	0.69	2.67	0.51	1.25	0.39	0.649	0.31	0.365	0.25	0.218		
180.0	50	2.87	105	1.61	22.6	1.03	7.05	0.71	2.77	0.52	1.30	0.40	0.673	0.314	0.378	0.255	0.228		
183.6	51	2.92	109	1.64	23.5	1.05	7.30	0.72	2.87	0.53	1.34	0.41	0.697	0.32	0.393	0.26	0.236		
187.2	52	2.98	113	1.67	24.4	1.07	7.58	0.74	2.99	0.54	1.39	0.414	0.722	0.33	0.406	0.265	0.244		
190.8	53	3.04	118	1.70	25.4	1.09	7.85	0.75	3.09	0.55	1.44	0.42	0.747	0.333	0.420	0.27	0.252		
194.4	54			1.74	26.3	1.11	8.13	0.76	3.20	0.56	1.49	0.43	0.773	0.34	0.433	0.275	0.260		
198.0	55			1.77	27.3	1.13	8.41	0.78	3.31	0.57	1.54	0.44	0.799	0.35	0.449	0.28	0.269		
201.6	56			1.80	28.3	1.15	8.70	0.79	3.42	0.58	1.59	0.45	0.826	0.352	0.463	0.285	0.277		
205.2	57			1.83	29.3	1.17	8.99	0.81	3.53	0.59	1.64	0.454	0.853	0.36	0.477	0.29	0.286		
208.8	58			1.86	30.4	1.19	9.29	0.82	3.64	0.60	1.70	0.46	0.876	0.365	0.494	0.295	0.295	0.20	0.122
212.4	59			1.90	31.4	1.21	9.58	0.83	3.77	0.61	1.75	0.47	0.905	0.37	0.509	0.30	0.304	0.21	0.127
216.0	60			1.93	32.5	1.23	9.91	0.85	3.88	0.62	1.81	0.48	0.932	0.38	0.524	0.306	0.315	0.212	0.130

Q (m³/h)	Q (L/s)	DN 150 v	DN 150 1000i	DN 200 v	DN 200 1000i	DN 250 v	DN 250 1000i	DN 300 v	DN 300 1000i	DN 350 v	DN 350 1000i	DN 400 v	DN 400 1000i	DN 450 v	DN 450 1000i	DN 500 v	DN 500 1000i	DN 600 v	DN 600 1000i
219.6	61			1.96	33.6	1.25	10.2	0.86	4.00	0.63	1.86	0.485	0.960	0.383	0.539	0.31	0.324	0.216	0.134
223.2	62			1.99	34.7	1.27	10.6	0.88	4.12	0.64	1.91	0.49	0.989	0.39	0.557	0.316	0.333	0.22	0.137
226.8	63			2.03	35.8	1.29	10.9	0.89	4.25	0.65	1.97	0.50	1.02	0.40	0.572	0.32	0.343	0.223	0.142
230.4	64			2.06	37.0	1.31	11.3	0.91	4.37	0.67	2.03	0.51	1.05	0.402	0.588	0.326	0.352	0.226	0.145
234.0	65			2.09	38.1	1.33	11.7	0.92	4.50	0.68	2.09	0.52	1.08	0.41	0.606	0.33	0.362	0.23	0.150
237.6	66			2.12	39.3	1.36	12.0	0.93	4.64	0.69	2.15	0.525	1.11	0.415	0.622	0.336	0.372	0.233	0.153
241.2	67			2.15	40.5	1.38	12.4	0.95	4.76	0.70	2.20	0.53	1.14	0.42	0.639	0.34	0.382	0.237	0.158
244.8	68			2.19	41.7	1.40	12.7	0.96	4.90	0.71	2.27	0.54	1.17	0.43	0.658	0.346	0.392	0.24	0.161
248.4	69			2.22	43.0	1.42	13.1	0.98	5.03	0.72	2.33	0.55	1.20	0.434	0.674	0.35	0.402	0.244	0.166
252.0	70			2.25	44.2	1.44	13.5	0.99	5.17	0.73	2.39	0.56	1.23	0.44	0.691	0.356	0.412	0.248	0.171
255.6	71			2.28	45.5	1.46	13.9	1.00	5.30	0.74	2.46	0.565	1.27	0.45	0.708	0.36	0.425	0.25	0.175
259.2	72			2.31	46.8	1.48	14.3	1.02	5.45	0.75	2.52	0.57	1.30	0.453	0.729	0.367	0.435	0.255	0.180
262.8	73			2.35	48.1	1.50	14.7	1.03	5.59	0.76	2.59	0.58	1.33	0.46	0.746	0.37	0.446	0.26	0.183
266.4	74			2.38	49.4	1.52	15.1	1.05	5.74	0.77	2.65	0.59	1.37	0.465	0.764	0.377	0.457	0.262	0.189
270.0	75			2.41	50.8	1.54	15.5	1.06	5.88	0.78	2.71	0.60	1.40	0.47	0.785	0.38	0.468	0.265	0.192
273.6	76			2.44	52.1	1.56	15.9	1.07	6.02	0.79	2.78	0.605	1.43	0.48	0.803	0.387	0.479	0.27	0.198
277.2	77			2.48	53.5	1.58	16.3	1.09	6.17	0.80	2.85	0.61	1.46	0.484	0.821	0.39	0.490	0.272	0.201
280.8	78			2.51	54.9	1.60	16.7	1.10	6.32	0.81	2.92	0.62	1.50	0.49	0.840	0.397	0.501	0.276	0.207
284.4	79			2.54	56.3	1.62	17.2	1.12	6.48	0.82	2.99	0.63	1.54	0.50	0.858	0.40	0.513	0.28	0.211
288.0	80			2.57	57.8	1.64	17.6	1.13	6.63	0.83	3.06	0.64	1.58	0.503	0.880	0.407	0.524	0.283	0.216

Q		DN (mm)																			
		200		250		300		350		400		450		500		600		700		800	
m^3/h	L/s	v	$1000i$	v	$1000i$	v	$1000i$	v	$1000i$	v	$1000i$	v	$1000i$	v	$1000i$	v	$1000i$	v	$1000i$	v	$1000i$
291.6	81	2.60	59.2	1.66	18.1	1.15	6.79	0.84	3.13	0.645	1.61	0.51	0.899	0.41	0.536	0.286	0.220	0.21	0.104		
295.2	82	2.64	60.7	1.68	18.5	1.16	6.94	0.85	3.20	0.65	1.64	0.516	0.922	0.42	0.550	0.29	0.226	0.213	0.107		
298.8	83	2.67	62.2	1.70	19.0	1.17	7.10	0.86	3.28	0.66	1.68	0.52	0.941	0.423	0.562	0.293	0.230	0.216	0.110		
302.4	84	2.70	63.7	1.73	19.4	1.19	7.26	0.87	3.35	0.67	1.72	0.53	0.961	0.43	0.574	0.297	0.235	0.218	0.112		
306.0	85	2.73	65.2	1.75	19.9	1.20	7.41	0.88	3.42	0.68	1.76	0.534	0.981	0.433	0.586	0.30	0.241	0.22	0.114		
309.6	86	2.77	66.8	1.77	20.4	1.22	7.58	0.89	3.50	0.684	1.80	0.54	1.00	0.44	0.598	0.304	0.245	0.223	0.116		
313.2	87	2.80	68.3	1.79	20.8	1.23	7.76	0.90	3.57	0.69	1.83	0.55	1.02	0.443	0.610	0.308	0.251	0.226	0.119		
316.8	88	2.83	69.9	1.81	21.3	1.24	7.94	0.91	3.65	0.70	1.87	0.553	1.04	0.45	0.623	0.31	0.256	0.228	0.121		
320.4	89	2.86	71.5	1.83	21.8	1.26	8.12	0.93	3.73	0.71	1.91	0.56	1.07	0.453	0.635	0.315	0.261	0.23	0.123		
324.0	90	2.89	73.1	1.85	22.3	1.27	8.30	0.94	3.80	0.72	1.95	0.57	1.09	0.46	0.648	0.32	0.266	0.234	0.126		
327.6	91	2.93	74.8	1.87	22.8	1.29	8.49	0.95	3.88	0.724	1.98	0.572	1.11	0.463	0.661	0.322	0.272	0.236	0.128		
331.2	92	2.96	76.4	1.89	23.3	1.30	8.68	0.96	3.96	0.73	2.03	0.58	1.13	0.47	0.674	0.325	0.276	0.24	0.131		
334.8	93	2.99	78.1	1.91	23.8	1.32	8.87	0.97	4.05	0.74	2.07	0.585	1.16	0.474	0.690	0.33	0.282	0.242	0.134		
338.4	94	3.02	79.8	1.93	24.3	1.33	9.06	0.98	4.12	0.75	2.12	0.59	1.18	0.48	0.703	0.332	0.287	0.244	0.136		
342.0	95			1.95	24.8	1.34	9.25	0.99	4.20	0.76	2.16	0.60	1.20	0.484	0.716	0.336	0.291	0.247	0.139		
345.6	96			1.97	25.4	1.36	9.45	1.00	4.29	0.764	2.20	0.604	1.23	0.49	0.730	0.34	0.298	0.25	0.141		
349.2	97			1.99	25.9	1.37	9.65	1.01	4.37	0.77	2.24	0.61	1.25	0.494	0.743	0.343	0.304	0.252	0.144		
352.8	98			2.01	26.4	1.39	9.85	1.02	4.46	0.78	2.29	0.62	1.27	0.50	0.757	0.347	0.311	0.255	0.147		
356.4	99			2.03	27.0	1.40	10.0	1.03	4.54	0.79	2.33	0.622	1.29	0.504	0.771	0.35	0.315	0.257	0.149		
360.0	100			2.05	27.5	1.41	10.2	1.04	4.62	0.80	2.37	0.63	1.32	0.51	0.784	0.354	0.322	0.26	0.152	0.20	0.080

Q		DN (mm)																			
		200		250		300		350		400		450		500		600		700		800	
m³/h	L/s	v	1000i	v	1000i	v	1000i	v	1000i	v	1000i	v	1000i	v	1000i	v	1000i	v	1000i	v	1000i
367.2	102			2.09	28.6	1.44	10.7	1.06	4.80	0.81	2.46	0.64	1.37	0.52	0.813	0.36	0.333	0.265	0.157	0.203	0.0827
374.4	104			2.14	29.8	1.47	11.1	1.08	4.98	0.83	2.55	0.65	1.42	0.53	0.844	0.37	0.345	0.27	0.163	0.207	0.0856
381.6	106			2.18	30.9	1.50	11.5	1.10	5.16	0.84	2.64	0.67	1.47	0.54	0.873	0.375	0.357	0.275	0.168	0.21	0.0885
388.8	108			2.22	32.1	1.53	12.0	1.12	5.34	0.86	2.73	0.68	1.52	0.55	0.903	0.38	0.369	0.28	0.175	0.215	0.0915
396.0	110			2.26	33.3	1.56	12.4	1.14	5.53	0.88	2.83	0.69	1.57	0.56	0.933	0.39	0.381	0.286	0.180	0.22	0.0945
403.2	112			2.30	34.5	1.58	12.9	1.16	5.72	0.89	2.92	0.70	1.62	0.57	0.963	0.40	0.394	0.29	0.186	0.223	0.0976
410.4	114			2.34	35.8	1.61	13.3	1.18	5.91	0.91	3.02	0.72	1.68	0.58	0.997	0.403	0.406	0.296	0.192	0.227	0.101
417.6	116			2.38	37.0	1.64	13.8	1.21	6.09	0.92	3.12	0.73	1.73	0.59	1.03	0.41	0.419	0.30	0.197	0.23	0.104
424.8	118			2.42	38.3	1.67	14.3	1.23	6.31	0.94	3.22	0.74	1.79	0.60	1.06	0.42	0.432	0.307	0.204	0.235	0.107
432.0	120			2.46	39.6	1.70	14.8	1.25	6.52	0.95	3.32	0.75	1.84	0.61	1.09	0.424	0.445	0.31	0.210	0.24	0.110
439.2	122			2.51	41.0	1.73	15.3	1.27	6.74	0.97	3.43	0.77	1.90	0.62	1.13	0.43	0.458	0.32	0.216	0.243	0.114
446.4	124			2.55	42.3	1.75	15.8	1.29	6.96	0.99	3.53	0.78	1.96	0.63	1.16	0.44	0.474	0.322	0.222	0.247	0.117
453.6	126			2.59	43.7	1.78	16.3	1.31	7.19	1.00	3.64	0.79	2.02	0.64	1.20	0.45	0.487	0.33	0.229	0.25	0.120
460.8	128			2.63	45.1	1.81	16.8	1.33	7.42	1.02	3.75	0.80	2.09	0.65	1.23	0.453	0.501	0.333	0.236	0.255	0.124
468.0	130			2.67	46.5	1.84	17.3	1.35	7.65	1.03	3.85	0.82	2.15	0.66	1.27	0.46	0.515	0.34	0.242	0.26	0.127
475.2	132			2.71	48.0	1.87	17.9	1.37	7.89	1.05	3.96	0.83	2.21	0.67	1.30	0.47	0.530	0.343	0.249	0.263	0.131
482.4	134			2.75	49.4	1.90	18.4	1.39	8.13	1.07	4.08	0.84	2.27	0.68	1.34	0.474	0.544	0.35	0.256	0.267	0.134
489.6	136			2.79	50.9	1.92	19.0	1.41	8.38	1.08	4.19	0.85	2.34	0.69	1.38	0.48	0.559	0.353	0.262	0.27	0.138
496.8	138			2.83	52.4	1.95	19.5	1.43	8.62	1.10	4.31	0.87	2.40	0.70	1.41	0.49	0.573	0.36	0.270	0.274	0.140
504.0	140			2.88	53.9	1.98	20.1	1.46	8.88	1.11	4.43	0.88	2.46	0.71	1.45	0.495	0.588	0.364	0.277	0.28	0.144

Q		DN (mm)																			
		300		350		400		450		500		600		700		800		900		1000	
m³/h	L/s	v	1000i	v	1000i	v	1000i	v	1000i	v	1000i	v	1000i	v	1000i	v	1000i	v	1000i	v	1000i
511.2	142	2.01	20.7	1.48	9.13	1.13	4.55	0.89	2.53	0.72	1.49	0.50	0.603	0.37	0.284	0.282	0.148	0.22	0.837		
518.4	144	2.04	21.3	1.50	9.39	1.15	4.67	0.91	2.59	0.73	1.53	0.51	0.619	0.374	0.291	0.286	0.152	0.226	0.0857		
525.6	146	2.07	21.8	1.52	9.65	1.16	4.79	0.92	2.66	0.74	1.57	0.52	0.634	0.38	0.298	0.29	0.155	0.23	0.0877		
532.8	148	2.09	22.5	1.54	9.92	1.18	4.92	0.93	2.73	0.75	1.61	0.523	0.650	0.385	0.306	0.294	0.159	0.233	0.0905		
540.0	150	2.12	23.1	1.56	10.2	1.19	5.04	0.94	2.80	0.76	1.65	0.53	0.666	0.39	0.313	0.30	0.163	0.236	0.0925		
547.2	152	2.15	23.7	1.58	10.5	1.21	5.16	0.96	2.87	0.77	1.69	0.54	0.684	0.395	0.321	0.302	0.167	0.24	0.0946		
554.4	154	2.18	24.3	1.60	10.7	1.23	5.29	0.97	2.94	0.78	1.73	0.545	0.700	0.40	0.328	0.306	0.171	0.242	0.0967		
561.6	156	2.21	24.0	1.62	11.0	1.24	5.43	0.98	3.01	0.79	1.77	0.55	0.718	0.405	0.335	0.31	0.175	0.245	0.0989		
568.8	158	2.24	25.6	1.64	11.3	1.26	5.57	0.99	3.08	0.80	1.81	0.56	0.733	0.41	0.343	0.314	0.179	0.248	0.101		
576.0	160	2.26	26.2	1.66	11.6	1.27	5.71	1.01	3.14	0.81	1.85	0.57	0.750	0.416	0.352	0.32	0.183	0.25	0.103	0.20	0.0624
583.2	162	2.29	26.9	1.68	11.9	1.29	5.86	1.02	3.22	0.83	1.90	0.573	0.767	0.42	0.360	0.322	0.187	0.255	0.106	0.206	0.0635
590.4	164	2.32	27.6	1.70	12.2	1.31	6.00	1.03	3.29	0.84	1.94	0.58	0.784	0.426	0.367	0.326	0.191	0.258	0.108	0.209	0.0651
597.6	166	2.35	28.2	1.73	12.5	1.32	6.15	1.04	3.37	0.85	1.98	0.59	0.802	0.43	0.375	0.33	0.195	0.26	0.111	0.21	0.0662
604.8	168	2.38	28.9	1.75	12.8	1.34	6.30	1.06	3.44	0.86	2.03	0.594	0.819	0.436	0.383	0.334	0.200	0.264	0.113	0.214	0.0679
612.0	170	2.40	29.6	1.77	13.1	1.35	6.45	1.07	3.52	0.87	2.07	0.60	0.837	0.44	0.392	0.34	0.204	0.267	0.115	0.216	0.0690
619.2	172	2.43	30.3	1.79	13.4	1.37	6.30	1.08	3.59	0.88	2.12	0.61	0.855	0.447	0.400	0.342	0.208	0.27	0.117	0.219	0.0707
626.4	174	2.46	31.0	1.81	13.7	1.38	6.76	1.09	3.67	0.89	2.16	0.615	0.873	0.45	0.409	0.346	0.213	0.273	0.120	0.22	0.0719
633.6	176	2.49	31.8	1.83	14.0	1.40	6.91	1.11	3.75	0.90	2.21	0.62	0.891	0.457	0.417	0.35	0.217	0.277	0.123	0.224	0.0736
640.8	178	2.52	32.5	1.85	14.3	1.42	7.07	1.12	3.83	0.91	2.26	0.63	0.909	0.46	0.425	0.354	0.222	0.28	0.125	0.227	0.0753
648.0	180	2.55	33.2	1.87	14.7	1.43	7.23	1.13	3.91	0.92	2.31	0.64	0.931	0.47	0.435	0.36	0.226	0.283	0.128	0.23	0.0765

DN （mm）

Q		300		350		400		450		500		600		700		800		900		1000	
m³/h	L/s	v	1000i	v	1000i	v	1000i	v	1000i	v	1000i	v	1000i	v	1000i	v	1000i	v	1000i	v	1000i
655.2	182	2.57	34.0	1.89	15.0	1.45	7.39	1.14	3.99	0.93	2.35	0.64	0.95	0.47	0.443	0.36	0.231	0.286	0.130	0.232	0.078
662.4	184	2.60	34.7	1.91	15.3	1.46	7.56	1.16	4.08	0.94	2.40	0.65	0.97	0.48	0.452	0.36	0.235	0.29	0.132	0.234	0.080
669.6	186	2.63	35.5	1.93	15.7	1.48	7.72	1.17	4.16	0.95	2.45	0.66	0.99	0.48	0.461	0.37	0.240	0.292	0.135	0.237	0.081
676.8	188	2.66	36.2	1.95	16.0	1.50	7.89	1.18	4.24	0.96	2.50	0.66	1.01	0.49	0.469	0.37	0.244	0.295	0.137	0.24	0.083
684.0	190	2.69	37.0	1.97	16.3	1.51	8.06	1.19	4.33	0.97	2.55	0.67	1.03	0.49	0.480	0.38	0.249	0.30	0.141	0.242	0.084
691.2	192	2.72	37.8	2.00	16.7	1.53	8.23	1.21	4.41	0.98	2.60	0.68	1.05	0.50	0.488	0.38	0.254	0.302	0.143	0.244	0.086
698.4	194	2.74	38.6	2.02	17.0	1.54	8.40	1.22	4.50	0.99	2.65	0.69	1.07	0.50	0.497	0.38	0.259	0.305	0.146	0.247	0.087
705.6	196	2.77	39.4	2.04	17.4	1.56	8.57	1.23	4.59	1.00	2.70	0.69	1.09	0.51	0.506	0.39	0.263	0.308	0.148	0.25	0.089
712.8	198	2.80	40.2	2.06	17.7	1.58	8.75	1.24	4.69	1.01	2.75	0.70	1.11	0.51	0.515	0.39	0.268	0.31	0.151	0.252	0.091
720.0	200	2.83	41.0	2.08	18.1	1.59	8.93	1.26	4.78	1.02	2.81	0.71	1.13	0.52	0.526	0.40	0.273	0.314	0.153	0.255	0.093
730.8	203	2.87	42.2	2.11	18.7	1.62	9.20	1.28	4.93	1.03	2.88	0.72	1.16	0.53	0.539	0.40	0.281	0.32	0.158	0.26	0.095
741.6	206	2.91	43.5	2.14	19.2	1.64	9.47	1.30	5.07	1.05	2.96	0.73	1.19	0.53	0.554	0.41	0.288	0.324	0.162	0.262	0.097
752.4	209	2.96	44.8	2.17	19.8	1.66	9.75	1.31	5.22	1.06	3.04	0.74	1.22	0.54	0.569	0.42	0.296	0.33	0.166	0.266	0.100
763.2	212	3.00	46.1	2.20	20.3	1.67	10.0	1.33	5.37	1.08	3.13	0.75	1.25	0.55	0.585	0.42	0.303	0.333	0.170	0.27	0.102
774.0	215			2.23	20.9	1.71	10.3	1.35	5.53	1.09	3.21	0.76	1.29	0.56	0.600	0.43	0.311	0.34	0.175	0.274	0.105
784.8	218			2.27	21.5	1.73	10.6	1.37	5.68	1.11	3.29	0.77	1.32	0.57	0.614	0.43	0.319	0.343	0.180	0.278	0.108
795.6	221			2.30	22.1	1.76	10.9	1.39	5.84	1.13	3.37	0.78	1.36	0.57	0.630	0.44	0.327	0.35	0.183	0.28	0.110
806.4	224			2.33	22.7	1.78	11.2	1.41	6.00	1.14	3.47	0.79	1.39	0.58	0.646	0.45	0.335	0.352	0.188	0.285	0.113
817.2	227			2.36	23.3	1.81	11.5	1.43	6.16	1.16	3.55	0.80	1.42	0.59	0.662	0.45	0.343	0.357	0.193	0.29	0.115
828.0	230			2.39	24.0	1.83	11.8	1.45	6.32	1.17	3.64	0.81	1.46	0.60	0.679	0.46	0.352	0.36	0.197	0.293	0.118

Q		DN (mm)																	
		350		400		450		500		600		700		800		900		1000	
m³/h	L/s	v	1000i	v	1000i	v	1000i	v	1000i	v	1000i	v	1000i	v	1000i	v	1000i	v	1000i
838.8	233	2.42	24.6	1.85	12.1	1.47	6.49	1.19	3.73	0.82	1.49	0.605	0.693	0.463	0.359	0.366	0.202	0.297	0.121
849.6	236	2.45	25.2	1.88	12.4	1.48	6.66	1.20	3.81	0.83	1.53	0.61	0.710	0.47	0.367	0.37	0.207	0.30	0.123
860.4	239	2.48	25.9	1.90	12.7	1.50	6.83	1.22	3.91	0.85	1.56	0.62	0.727	0.475	0.376	0.376	0.212	0.304	0.126
871.2	242	2.52	26.5	1.93	13.1	1.52	7.00	1.23	4.00	0.86	1.60	0.63	0.744	0.48	0.384	0.38	0.216	0.31	0.129
882.0	245	2.55	27.2	1.95	13.4	1.54	7.17	1.25	4.10	0.87	1.64	0.64	0.762	0.49	0.393	0.385	0.221	0.312	0.132
892.8	248	2.58	27.8	1.97	13.7	1.56	7.35	1.26	4.21	0.88	1.67	0.644	0.777	0.493	0.402	0.39	0.226	0.316	0.135
903.6	251	2.61	28.5	2.00	14.1	1.58	7.53	1.28	4.31	0.89	1.72	0.65	0.795	0.50	0.411	0.394	0.230	0.32	0.138
914.4	254	2.64	29.2	2.02	14.4	1.60	7.71	1.29	4.41	0.90	1.75	0.66	0.813	0.505	0.420	0.40	0.235	0.323	0.141
925.2	257	2.67	29.9	2.05	14.7	1.62	7.89	1.31	4.52	0.91	1.79	0.67	0.831	0.51	0.429	0.404	0.241	0.327	0.144
936.0	260	2.70	30.6	2.07	15.1	1.63	8.08	1.32	4.62	0.92	1.83	0.68	0.849	0.52	0.438	0.41	0.246	0.33	0.147
946.8	263	2.73	31.3	2.09	15.4	1.65	8.27	1.34	4.73	0.93	1.87	0.683	0.865	0.523	0.447	0.413	0.250	0.335	0.150
957.6	266	2.76	32.0	2.12	15.8	1.67	8.46	1.35	4.84	0.94	1.91	0.69	0.884	0.53	0.456	0.42	0.256	0.34	0.153
968.4	269	2.80	32.8	2.14	16.1	1.69	8.65	1.37	4.95	0.95	1.95	0.70	0.903	0.535	0.466	0.423	0.262	0.342	0.156
979.2	272	2.83	33.5	2.16	16.5	1.71	8.84	1.39	5.06	0.96	1.99	0.71	0.922	0.54	0.475	0.43	0.267	0.346	0.159
990.0	275	2.86	34.2	2.19	16.9	1.73	9.04	1.40	5.17	0.97	2.03	0.715	0.942	0.55	0.485	0.432	0.272	0.35	0.162
1000.8	278	2.89	35.0	2.21	17.2	1.75	9.24	1.42	5.29	0.98	2.07	0.72	0.958	0.553	0.495	0.44	0.277	0.354	0.166
1011.6	281	2.92	35.8	2.24	17.6	1.77	9.44	1.43	5.40	0.99	2.11	0.73	0.978	0.56	0.505	0.442	0.283	0.36	0.169
1022.4	284	2.95	36.5	2.26	18.0	1.79	9.64	1.45	5.52	1.00	2.15	0.74	0.997	0.565	0.514	0.446	0.288	0.362	0.172
1033.2	287	2.98	37.3	2.28	18.4	1.80	9.85	1.46	5.63	1.02	2.20	0.75	1.02	0.57	0.524	0.45	0.294	0.365	0.175
1044.0	290	3.01	38.1	2.31	18.8	1.82	10.0	1.48	5.75	1.03	2.24	0.753	1.03	0.58	0.534	0.456	0.299	0.37	0.178

Q m³/h	Q L/s	DN 350 v	350 1000i	400 v	400 1000i	450 v	450 1000i	500 v	500 1000i	600 v	600 1000i	700 v	700 1000i	800 v	800 1000i	900 v	900 1000i	1000 v	1000 1000i
1054.8	293			2.33	19.2	1.84	10.3	1.49	5.87	1.04	2.28	0.76	1.05	0.583	0.545	0.46	0.305	0.373	0.182
1065.6	296			2.36	19.5	1.86	10.5	1.51	5.99	1.05	2.33	0.77	1.08	0.59	0.555	0.465	0.310	0.377	0.185
1076.4	299			2.38	19.9	1.88	10.7	1.52	6.11	1.06	2.37	0.78	1.10	0.595	0.565	0.47	0.316	0.38	0.189
1087.2	302			2.40	20.3	1.90	10.9	1.54	6.24	1.07	2.42	0.785	1.12	0.60	0.576	0.475	0.322	0.384	0.192
1098.0	305			2.43	20.8	1.92	11.1	1.55	6.36	1.08	2.46	0.79	1.14	0.61	0.586	0.48	0.327	0.39	0.195
1108.8	308			2.45	21.2	1.94	11.3	1.57	6.49	1.09	2.51	0.80	1.16	0.613	0.597	0.484	0.333	0.392	0.199
1119.6	311			2.47	21.6	1.96	11.6	1.58	6.61	1.10	2.55	0.81	1.18	0.62	0.608	0.49	0.340	0.396	0.203
1130.4	314			2.50	22.0	1.97	11.8	1.60	6.74	1.11	2.60	0.82	1.20	0.625	0.618	0.494	0.346	0.40	0.206
1141.2	317			2.52	22.4	1.99	12.0	1.61	6.87	1.12	2.64	0.824	1.22	0.63	0.629	0.50	0.351	0.404	0.210
1152.0	320			2.55	22.8	2.01	12.2	1.63	7.00	1.13	2.69	0.83	1.24	0.64	0.640	0.503	0.357	0.41	0.213
1166.4	324			2.58	23.4	2.04	12.5	1.65	7.18	1.15	2.76	0.84	1.27	0.645	0.655	0.51	0.365	0.412	0.217
1180.8	328			2.61	24.0	2.06	12.9	1.67	7.36	1.16	2.82	0.85	1.30	0.65	0.668	0.52	0.374	0.42	0.223
1195.2	332			2.64	24.6	2.09	13.2	1.69	7.54	1.17	2.88	0.86	1.33	0.66	0.683	0.522	0.382	0.423	0.228
1209.6	336			2.67	25.2	2.11	13.5	1.71	7.72	1.19	2.95	0.87	1.36	0.67	0.698	0.53	0.390	0.43	0.233
1224.0	340			2.71	25.8	2.14	13.8	1.73	7.91	1.20	3.01	0.88	1.39	0.68	0.714	0.534	0.398	0.433	0.238
1238.4	344			2.74	26.4	2.16	14.1	1.75	8.09	1.22	3.08	0.89	1.42	0.684	0.729	0.54	0.408	0.44	0.243
1252.8	348			2.77	27.0	2.19	14.5	1.77	8.28	1.23	3.15	0.90	1.45	0.69	0.745	0.55	0.416	0.443	0.248
1267.2	352			2.80	27.6	2.21	14.8	1.79	8.47	1.24	3.22	0.91	1.48	0.70	0.761	0.553	0.425	0.45	0.253
1281.6	356			2.83	28.3	2.24	15.1	1.81	8.67	1.26	3.30	0.93	1.51	0.71	0.777	0.56	0.434	0.453	0.258
1296.0	360			2.86	28.9	2.26	15.5	1.83	8.86	1.27	3.37	0.94	1.54	0.72	0.793	0.57	0.443	0.46	0.263

Q		DN (mm)															
		400		450		500		600		700		800		900		1000	
m³/h	L/s	v	1000i	v	1000i	v	1000i	v	1000i	v	1000i	v	1000i	v	1000i	v	1000i
1310.4	364	2.90	29.6	2.29	15.8	1.85	9.06	1.29	3.45	0.95	1.58	0.724	0.809	0.572	0.451	0.463	0.268
1324.8	368	2.93	30.2	2.31	16.2	1.87	9.26	1.30	3.52	0.96	1.61	0.73	0.826	0.58	0.460	0.47	0.274
1339.2	372	2.96	30.9	2.34	16.5	1.89	9.46	1.32	3.60	0.97	1.64	0.74	0.843	0.585	0.470	0.474	0.280
1353.6	376	2.99	31.5	2.36	16.9	1.91	9.67	1.33	3.68	0.98	1.67	0.75	0.859	0.59	0.479	0.48	0.285
1368.0	380	3.02	32.2	2.39	17.3	1.94	9.88	1.34	3.76	0.99	1.71	0.76	0.876	0.60	0.488	0.484	0.291
1382.4	384			2.41	17.6	1.96	10.1	1.36	3.84	1.00	1.74	0.764	0.893	0.604	0.498	0.49	0.296
1396.8	388			2.44	18.0	1.98	10.3	1.37	3.92	1.01	1.77	0.77	0.911	0.61	0.508	0.494	0.302
1411.2	392			2.46	18.4	2.00	10.5	1.39	4.00	1.02	1.81	0.78	0.928	0.62	0.517	0.50	0.307
1425.6	396			2.49	18.7	2.02	10.7	1.40	4.08	1.03	1.84	0.79	0.946	0.622	0.526	0.504	0.313
1440.0	400			2.52	19.1	2.04	10.9	1.41	4.16	1.04	1.88	0.80	0.964	0.63	0.537	0.51	0.319
1458.0	405			2.55	19.6	2.06	11.2	1.43	4.27	1.05	1.92	0.81	0.986	0.64	0.549	0.52	0.326
1476.0	410			2.58	20.1	2.09	11.5	1.45	4.37	1.07	1.97	0.82	1.01	0.644	0.560	0.522	0.333
1494.0	415			2.61	20.6	2.11	11.8	1.47	4.48	1.08	2.01	0.83	1.03	0.65	0.573	0.53	0.340
1512.0	420			2.64	21.1	2.14	12.1	1.49	4.59	1.09	2.06	0.84	1.05	0.66	0.586	0.535	0.349
1530.0	425			2.67	21.6	2.16	12.3	1.50	4.70	1.10	2.10	0.85	1.08	0.67	0.599	0.54	0.356
1548.0	430			2.70	22.1	2.19	12.6	1.52	4.81	1.12	2.15	0.86	1.10	0.68	0.612	0.55	0.363
1566.0	435			2.74	22.6	2.22	12.9	1.54	4.92	1.13	2.20	0.87	1.12	0.684	0.626	0.554	0.371
1584.0	440			2.77	23.1	2.24	13.2	1.56	5.04	1.14	2.24	0.88	1.15	0.69	0.639	0.56	0.379
1602.0	445			2.80	23.7	2.27	13.5	1.57	5.15	1.16	2.29	0.89	1.17	0.70	0.651	0.57	0.387
1620.0	450			2.83	24.2	2.29	13.8	1.59	5.27	1.17	2.34	0.90	1.20	0.71	0.665	0.573	0.395

Q		DN (mm)															
m³/h	L/s	400		450		500		600		700		800		900		1000	
		v	1000i	v	1000i	v	1000i	v	1000i	v	1000i	v	1000i	v	1000i	v	1000i
1638.0	455			2.86	24.7	2.32	14.2	1.61	5.39	1.18	2.39	0.91	1.22	0.715	0.679	0.58	0.402
1656.0	460			2.89	25.3	2.34	14.5	1.63	5.51	1.19	2.44	0.92	1.25	0.72	0.693	0.59	0.411
1674.0	465			2.92	25.8	2.37	14.8	1.64	5.63	1.21	2.49	0.93	1.27	0.73	0.707	0.592	0.419
1692.0	470			2.96	26.4	2.39	15.1	1.66	5.75	1.22	2.54	0.935	1.30	0.74	0.721	0.60	0.427
1710.0	475			2.99	27.0	2.42	15.4	1.68	5.87	1.23	2.59	0.94	1.32	0.75	0.736	0.605	0.436
1728.0	480			3.02	27.5	2.44	15.8	1.70	5.99	1.25	2.65	0.95	1.35	0.754	0.748	0.61	0.444
1746.0	485					2.47	16.1	1.72	6.12	1.26	2.70	0.96	1.38	0.76	0.763	0.62	0.452
1764.0	490					2.50	16.4	1.73	6.25	1.27	2.76	0.97	1.40	0.77	0.778	0.624	0.461
1782.0	495					2.52	16.8	1.75	6.38	1.29	2.82	0.98	1.43	0.78	0.793	0.63	0.469
1800.0	500					2.55	17.1	1.77	6.50	1.30	2.87	0.99	1.46	0.79	0.808	0.64	0.479
1836.0	510					2.60	17.8	1.80	6.77	1.33	2.99	1.01	1.51	0.80	0.838	0.65	0.496
1872.0	520					2.65	18.5	1.84	7.04	1.35	3.11	1.03	1.56	0.82	0.867	0.66	0.514
1908.0	530					2.70	19.2	1.87	7.31	1.38	3.23	1.05	1.62	0.83	0.899	0.67	0.532
1944.0	540					2.75	19.9	1.91	7.59	1.40	3.35	1.07	1.68	0.85	0.931	0.69	0.550
1980.0	550					2.80	20.7	1.95	7.87	1.43	3.48	1.09	1.74	0.86	0.962	0.70	0.569
2016.0	560					2.85	21.4	1.98	8.16	1.46	3.60	1.11	1.80	0.88	0.995	0.71	0.589
2052.0	570					2.90	22.2	2.02	8.45	1.48	3.73	1.13	1.86	0.90	1.03	0.73	0.609
2088.0	580					2.95	23.0	2.05	8.75	1.51	3.87	1.15	1.92	0.91	1.06	0.74	0.627
2124.0	590					3.00	23.8	2.09	9.06	1.53	4.00	1.17	1.98	0.93	1.10	0.75	0.648
2160.0	600							2.12	9.37	1.56	4.14	1.19	2.05	0.94	1.13	0.76	0.669

Q		DN (mm)									
		600		700		800		900		1000	
m³/h	L/s	v	1000i	v	1000i	v	1000i	v	1000i	v	1000i
2196	610	2.16	9.68	1.59	4.28	1.21	2.11	0.96	1.17	0.78	0.690
2232	620	2.19	10.0	1.61	4.42	1.23	2.18	0.97	1.20	0.79	0.709
2268	630	2.23	10.3	1.64	4.56	1.25	2.25	0.99	1.24	0.80	0.731
2304	640	2.26	10.7	1.66	4.71	1.27	2.32	1.01	1.28	0.81	0.753
2340	650	2.30	11.0	1.69	4.86	1.29	2.39	1.02	1.31	0.83	0.775
2376	660	2.33	11.3	1.71	5.01	1.31	2.47	1.04	1.35	0.84	0.796
2412	670	2.37	11.7	1.74	5.16	1.33	2.54	1.05	1.39	0.85	0.819
2448	680	2.41	12.0	1.77	5.32	1.35	2.62	1.07	1.43	0.87	0.842
2484	690	2.44	12.4	1.79	5.47	1.37	2.70	1.08	1.47	0.88	0.864
2520	700	2.48	12.7	1.82	5.63	1.39	2.78	1.10	1.51	0.89	0.888
2556	710	2.51	13.1	1.84	5.79	1.41	2.86	1.12	1.55	0.90	0.912
2592	720	2.55	13.5	1.87	5.96	1.43	2.94	1.13	1.59	0.92	0.937
2628	730	2.58	13.9	1.90	6.13	1.45	3.02	1.15	1.63	0.93	0.959
2664	740	2.62	14.2	1.92	6.29	1.47	3.10	1.16	1.67	0.94	0.985
2700	750	2.65	14.6	1.95	6.47	1.49	3.19	1.18	1.72	0.95	1.01
2736	760	2.69	15.0	1.97	6.64	1.51	3.27	1.19	1.76	0.97	1.04
2772	770	2.72	15.4	2.00	6.82	1.53	3.36	1.21	1.80	0.98	1.06
2808	780	2.76	15.8	2.03	6.99	1.55	3.45	1.23	1.85	0.99	1.09
2844	790	2.79	16.2	2.05	7.17	1.57	3.53	1.24	1.89	1.01	1.11
2880	800	2.83	16.6	2.08	7.36	1.59	3.62	1.26	1.94	1.02	1.14

Q (m³/h)	Q (L/s)	DN (mm) 600		700		800		900		1000	
		v	1000i	v	1000i	v	1000i	v	1000i	v	1000i
2916	810	2.86	17.1	2.10	7.54	1.61	3.72	1.27	1.99	1.03	1.16
2952	820	2.90	17.5	2.13	7.73	1.63	3.81	1.29	2.04	1.04	1.19
2988	830	2.94	17.9	2.16	7.92	1.65	3.90	1.30	2.09	1.06	1.22
3024	840	2.97	18.4	2.18	8.11	1.67	4.00	1.32	2.14	1.07	1.24
3060	850	3.01	18.8	2.21	8.31	1.69	4.09	1.34	2.19	1.08	1.27
3096	860			2.23	8.50	1.71	4.19	1.35	2.24	1.09	1.30
3132	870			2.26	8.70	1.73	4.29	1.37	2.30	1.11	1.33
3168	880			2.29	8.90	1.75	4.39	1.38	2.35	1.12	1.36
3204	890			2.31	9.11	1.77	4.49	1.40	2.40	1.13	1.39
3240	900			2.34	9.31	1.79	4.59	1.41	2.46	1.15	1.42
3276	910			2.36	9.52	1.81	4.69	1.43	2.51	1.16	1.45
3312	920			2.39	9.73	1.83	4.79	1.45	2.57	1.17	1.48
3348	930			2.42	9.94	1.85	4.90	1.46	2.62	1.18	1.51
3384	940			2.44	10.2	1.87	5.00	1.48	2.68	1.20	1.53
3420	950			2.47	10.4	1.89	5.11	1.49	2.74	1.21	1.57
3456	960			2.49	10.6	1.91	5.22	1.51	2.80	1.22	1.60
3492	970			2.52	10.8	1.93	5.33	1.52	2.85	1.24	1.63
3528	980			2.55	11.0	1.95	5.44	1.54	2.91	1.25	1.67
3564	990			2.57	11.3	1.97	5.55	1.56	2.97	1.26	1.70
3600	1000			2.60	11.5	1.99	5.66	1.57	3.03	1.27	1.74

| Q | | DN (mm) | | | | | | | |
| m³/h | L/s | 700 | | 800 | | 900 | | 1000 | |
		v	1000i	v	1000i	v	1000i	v	1000i
3672	1020	2.65	12.0	2.03	5.89	1.60	3.16	1.30	1.81
3744	1040	2.70	12.4	2.07	6.13	1.63	3.28	1.32	1.88
3816	1060	2.75	12.9	2.11	6.31	1.67	3.41	1.35	1.95
3888	1080	2.81	13.4	2.15	6.61	1.70	3.54	1.38	2.02
3960	1100	2.86	13.9	2.19	6.85	1.73	3.67	1.40	2.10
4032	1120	2.91	14.4	2.23	7.11	1.76	3.81	1.43	2.18
4104	1140	2.96	14.9	2.27	7.36	1.79	3.94	1.45	2.26
4176	1160	3.01	15.5	2.31	7.62	1.82	4.08	1.48	2.34
4248	1180			2.35	7.89	1.85	4.22	1.50	2.42
4320	1200			2.39	8.16	1.89	4.37	1.53	2.50
4392	1220			2.43	8.43	1.92	4.52	1.55	2.58
4464	1240			2.47	8.71	1.95	4.66	1.58	2.67
4536	1260			2.51	8.99	1.98	4.82	1.60	2.76
4608	1280			2.55	9.28	2.01	4.97	1.63	2.84
4680	1300			2.59	9.57	2.04	5.13	1.66	2.93
4752	1320			2.63	9.87	2.07	5.29	1.68	3.02
4824	1340			2.67	10.2	2.11	5.45	1.71	3.12
4896	1360			2.71	10.5	2.14	5.61	1.73	3.21
4968	1380			2.75	10.8	2.17	5.78	1.76	3.31
5040	1400			2.79	11.1	2.20	5.95	1.78	3.40

Q		DN (mm)							
m³/h	L/s	700		800		900		1000	
		v	1000i	v	1000i	v	1000i	v	1000i
5112	1420			2.82	11.4	2.23	6.12	1.81	3.50
5184	1440			2.86	11.7	2.26	6.29	1.83	3.60
5256	1460			2.90	12.1	2.29	6.47	1.86	3.70
5328	1480			2.94	12.4	2.33	6.65	1.88	3.80
5400	1500			2.98	12.7	2.36	6.83	1.91	3.91
5472	1520			3.02	13.1	2.39	7.01	1.94	4.01
5544	1540					2.42	7.20	1.96	4.12
5616	1560					2.45	7.38	1.99	4.22
5688	1580					2.48	7.57	2.01	4.33
5760	1600					2.52	7.77	2.04	4.44
5832	1620					2.55	7.96	2.06	4.56
5904	1640					2.58	8.16	2.09	4.67
5976	1660					2.61	8.36	2.11	4.78
6048	1680					2.64	8.56	2.14	4.90
6120	1700					2.67	8.77	2.16	5.02
6192	1720					2.70	8.98	2.19	5.14
6264	1740					2.74	9.19	2.22	5.26
6336	1760					2.77	9.40	2.24	5.38
6408	1780					2.80	9.61	2.27	5.50
6480	1800					2.83	9.83	2.29	5.62
6552	1820					2.86	10.0	2.32	5.75
6624	1840					2.89	10.3	2.34	5.88
6696	1860					2.92	10.5	2.37	6.01
6768	1880					2.96	10.7	2.39	6.14
6840	1900					2.99	10.9	2.42	6.27

Q		DN (mm)							
m³/h	L/s	700		800		900		1000	
		v	$1000i$	v	$1000i$	v	$1000i$	v	$1000i$
6912	1920					3.02	11.2	2.44	6.40
6984	1940							2.47	6.53
7056	1960							2.50	6.67
7128	1980							2.52	6.81
7200	2000							2.55	6.94
7272	2020							2.57	7.08
7344	2040							2.60	7.22
7416	2060							2.62	7.37
7488	2080							2.65	7.51
7560	2100							2.67	7.66
7632	2120							2.70	7.80
7704	2140							2.72	7.95
7776	2160							2.75	8.10
7848	2180							2.78	8.25
7920	2200							2.80	8.40
7992	2220							2.83	8.56
8064	2240							2.85	8.71
8136	2260							2.88	8.87
8208	2280							2.90	9.02
8280	2300							2.93	9.18
8352	2320							2.95	9.34
8424	2340							2.98	9.51
8496	2360							3.00	9.67

注: v 为平均水流速度 (m/s)。

铸铁管 DN=1100~1500mm 的 1000i 和 v 值

表 5-12

Q		DN (mm)									
		1100		1200		1300		1400		1500	
m³/h	L/s	v	1000i	v	1000i	v	1000i	v	1000i	v	1000i
1166	324	0.341	0.137	0.286	0.090	0.244	0.061	0.210	0.043	—	—
1181	328	0.345	0.140	0.290	0.092	0.247	0.062	0.213	0.044	—	—
1195	332	0.349	0.143	0.294	0.094	0.250	0.064	0.216	0.044	—	—
1210	336	0.354	0.146	0.297	0.096	0.253	0.065	0.218	0.045	—	—
1224	340	0.358	0.149	0.301	0.098	0.256	0.066	0.221	0.046	—	—
1238	344	0.362	0.152	0.304	0.100	0.259	0.068	0.223	0.047	—	—
1253	348	0.366	0.155	0.308	0.102	0.262	0.069	0.226	0.048	—	—
1267	352	0.370	0.158	0.311	0.104	0.265	0.070	0.227	0.049	—	—
1282	356	0.375	0.162	0.315	0.106	0.268	0.072	0.231	0.050	0.201	0.036
1296	360	0.379	0.165	0.318	0.108	0.271	0.073	0.234	0.051	0.204	0.037
1310	364	0.383	0.169	0.322	0.110	0.274	0.075	0.236	0.052	0.206	0.037
1325	368	0.387	0.172	0.325	0.112	0.277	0.076	0.239	0.053	0.208	0.038
1339	372	0.391	0.175	0.329	0.115	0.280	0.078	0.242	0.054	0.211	0.039
1354	376	0.396	0.179	0.332	0.117	0.283	0.079	0.244	0.055	0.213	0.040
1368	380	0.400	0.182	0.336	0.119	0.286	0.081	0.247	0.056	0.215	0.040
1382	384	0.404	0.185	0.340	0.121	0.289	0.082	0.249	0.057	0.217	0.041
1397	388	0.408	0.189	0.343	0.124	0.292	0.084	0.252	0.058	0.220	0.042
1411	392	0.412	0.192	0.347	0.126	0.295	0.085	0.255	0.060	0.222	0.043
1426	396	0.417	0.196	0.350	0.128	0.298	0.087	0.257	0.061	0.224	0.043
1440	400	0.421	0.200	0.354	0.131	0.301	0.088	0.260	0.062	0.226	0.044
1458	405	0.426	0.204	0.358	0.133	0.305	0.090	0.263	0.063	0.229	0.045
1476	410	0.431	0.208	0.363	0.136	0.309	0.092	0.266	0.065	0.232	0.046
1494	415	0.437	0.214	0.367	0.139	0.313	0.094	0.270	0.066	0.235	0.047
1512	420	0.442	0.218	0.371	0.142	0.316	0.096	0.273	0.067	0.238	0.048
1530	425	0.447	0.222	0.376	0.145	0.320	0.098	0.276	0.069	0.241	0.049

Q		DN (mm)									
m³/h	L/s	1100		1200		1300		1400		1500	
		v	1000i	v	1000i	v	1000i	v	1000i	v	1000i
1548	430	0.452	0.227	0.380	0.149	0.324	0.101	0.279	0.070	0.243	0.050
1566	435	0.458	0.232	0.385	0.152	0.328	0.103	0.283	0.072	0.246	0.051
1584	440	0.463	0.237	0.389	0.155	0.331	0.105	0.286	0.073	0.249	0.052
1602	445	0.468	0.242	0.393	0.158	0.335	0.107	0.289	0.075	0.252	0.053
1620	450	0.474	0.247	0.398	0.161	0.339	0.109	0.292	0.076	0.255	0.054
1638	455	0.479	0.252	0.402	0.164	0.343	0.111	0.296	0.078	0.257	0.056
1656	460	0.484	0.257	0.407	0.168	0.347	0.113	0.299	0.079	0.260	0.057
1674	465	0.489	0.262	0.411	0.170	0.350	0.116	0.302	0.081	0.263	0.058
1692	470	0.495	0.267	0.416	0.174	0.354	0.118	0.305	0.082	0.266	0.059
1710	475	0.500	0.272	0.420	0.178	0.358	0.120	0.309	0.084	0.269	0.060
1728	480	0.505	0.277	0.424	0.181	0.362	0.122	0.312	0.085	0.272	0.061
1746	485	0.510	0.282	0.429	0.184	0.365	0.125	0.315	0.087	0.724	0.062
1764	490	0.516	0.288	0.433	0.188	0.369	0.127	0.318	0.089	0.277	0.063
1782	495	0.521	0.293	0.438	0.191	0.373	0.129	0.322	0.090	0.280	0.064
1800	500	0.526	0.299	0.442	0.195	0.377	0.132	0.325	0.092	0.283	0.066
1836	510	0.537	0.310	0.451	0.202	0.384	0.136	0.331	0.095	0.289	0.067
1872	520	0.547	0.321	0.460	0.209	0.392	0.141	0.338	0.098	0.294	0.070
1908	530	0.558	0.332	0.469	0.216	0.399	0.146	0.344	0.102	0.300	0.073
1944	540	0.568	0.343	0.477	0.224	0.407	0.151	0.351	0.105	0.306	0.075
1980	550	0.579	0.355	0.486	0.231	0.414	0.156	0.357	0.109	0.311	0.078
2016	560	0.589	0.367	0.495	0.239	0.422	0.161	0.364	0.112	0.317	0.080
2052	570	0.600	0.379	0.504	0.247	0.429	0.167	0.370	0.116	0.323	0.083
2088	580	0.610	0.391	0.513	0.255	0.437	0.172	0.377	0.120	0.328	0.085
2124	590	0.621	0.404	0.522	0.263	0.445	0.177	0.383	0.123	0.333	0.088
2160	600	0.631	0.416	0.531	0.271	0.452	0.183	0.390	0.127	0.340	0.091

Q		DN (mm)									
		1100		1200		1300		1400		1500	
m³/h	L/s	v	$1000i$	v	$1000i$	v	$1000i$	v	$1000i$	v	$1000i$
2196	610	0.642	0.429	0.539	0.279	0.460	0.188	0.396	0.131	0.345	0.094
2232	620	0.652	0.441	0.548	0.287	0.467	0.194	0.403	0.135	0.351	0.096
2268	630	0.663	0.455	0.557	0.296	0.475	0.200	0.409	0.139	0.357	0.099
2304	640	0.673	0.468	0.566	0.304	0.482	0.205	0.416	0.143	0.362	0.102
2340	650	0.684	0.482	0.575	0.313	0.490	0.211	0.422	0.147	0.368	0.105
2376	660	0.695	0.496	0.584	0.322	0.497	0.217	0.429	0.151	0.373	0.108
2412	670	0.705	0.509	0.592	0.331	0.505	0.223	0.435	0.155	0.379	0.110
2448	680	0.716	0.524	0.601	0.340	0.512	0.229	0.442	0.159	0.385	0.114
2484	690	0.726	0.538	0.610	0.349	0.520	0.235	0.448	0.163	0.390	0.117
2520	700	0.737	0.553	0.619	0.358	0.527	0.241	0.455	0.168	0.396	0.120
2556	710	0.747	0.566	0.628	0.368	0.535	0.248	0.461	0.172	0.402	0.123
2592	720	0.758	0.582	0.637	0.377	0.542	0.254	0.468	0.176	0.407	0.126
2628	730	0.768	0.596	0.645	0.387	0.550	0.261	0.474	0.181	0.413	0.129
2664	740	0.779	0.612	0.654	0.397	0.558	0.267	0.481	0.185	0.419	0.132
2700	750	0.789	0.627	0.663	0.407	0.565	0.274	0.487	0.190	0.424	0.135
2736	760	0.800	0.643	0.672	0.417	0.573	0.280	0.494	0.195	0.430	0.139
2772	770	0.810	0.658	0.681	0.427	0.580	0.287	0.500	0.199	0.436	0.142
2808	780	0.821	0.674	0.690	0.437	0.588	0.294	0.507	0.204	0.441	0.145
2844	790	0.831	0.689	0.699	0.447	0.595	0.301	0.513	0.209	0.447	0.149
2880	800	0.842	0.706	0.707	0.458	0.603	0.308	0.520	0.213	0.452	0.152
2916	810	0.852	0.724	0.716	0.468	0.610	0.315	0.526	0.218	0.458	0.156
2952	820	0.863	0.739	0.725	0.479	0.618	0.322	0.533	0.223	0.464	0.159
2988	830	0.873	0.755	0.734	0.490	0.625	0.329	0.539	0.228	0.470	0.163
3024	840	0.884	0.773	0.743	0.501	0.633	0.336	0.546	0.233	0.475	0.166
3060	850	0.894	0.789	0.752	0.512	0.640	0.344	0.552	0.238	0.481	0.170

Q		DN (mm)									
m³/h	L/s	1100		1200		1300		1400		1500	
		v	$1000i$	v	$1000i$	v	$1000i$	v	$1000i$	v	$1000i$
3096	860	0.905	0.807	0.760	0.523	0.648	0.351	0.559	0.243	0.487	0.173
3132	870	0.916	0.826	0.769	0.534	0.655	0.359	0.565	0.249	0.492	0.177
3168	880	0.926	0.842	0.778	0.545	0.663	0.366	0.572	0.254	0.498	0.181
3204	890	0.937	0.861	0.787	0.557	0.671	0.374	0.578	0.259	0.504	0.184
3240	900	0.947	0.878	0.796	0.568	0.678	0.382	0.585	0.264	0.509	0.188
3276	910	0.958	0.897	0.805	0.580	0.686	0.389	0.591	0.270	0.515	0.192
3312	920	0.968	0.915	0.813	0.592	0.693	0.397	0.598	0.275	0.521	0.196
3348	930	0.979	0.934	0.822	0.604	0.701	0.405	0.604	0.281	0.526	0.200
3384	940	0.989	0.952	0.831	0.616	0.708	0.413	0.611	0.286	0.532	0.204
3420	950	1.000	0.972	0.840	0.628	0.716	0.421	0.617	0.292	0.538	0.208
3456	960	1.010	0.990	0.849	0.640	0.723	0.430	0.624	0.297	0.543	0.212
3492	970	1.021	1.010	0.858	0.653	0.731	0.438	0.630	0.303	0.549	0.216
3528	980	1.031	1.029	0.867	0.665	0.738	0.446	0.637	0.309	0.555	0.220
3564	990	1.042	1.049	0.875	0.678	0.746	0.455	0.643	0.315	0.560	0.224
3600	1000	1.052	1.068	0.884	0.697	0.753	0.463	0.650	0.320	0.566	0.228
3672	1020	1.073	1.108	0.902	0.716	0.768	0.483	0.663	0.332	0.577	0.236
3744	1040	1.094	1.149	0.920	0.723	0.784	0.498	0.676	0.344	0.589	0.245
3816	1060	1.115	1.190	0.937	0.769	0.799	0.516	0.689	0.357	0.600	0.253
3888	1080	1.136	1.233	0.955	0.796	0.814	0.534	0.702	0.369	0.611	0.262
3960	1100	1.158	1.278	0.973	0.804	0.829	0.552	0.715	0.382	0.622	0.271
4032	1120	1.179	1.321	0.990	0.852	0.844	0.571	0.728	0.394	0.634	0.280
4104	1140	1.200	1.361	1.008	0.881	0.859	0.590	0.741	0.408	0.645	0.289
4176	1160	1.221	1.409	1.026	0.910	0.874	0.609	0.754	0.421	0.656	0.299
4248	1180	1.242	1.458	1.043	0.939	0.889	0.629	0.767	0.434	0.668	0.308
4320	1200	1.263	1.508	1.061	0.969	0.904	0.648	0.780	0.448	0.679	0.318

Q		DN (mm)									
		1100		1200		1300		1400		1500	
m³/h	L/s	v	1000i	v	1000i	v	1000i	v	1000i	v	1000i
4392	1220	1.284	1.558	1.079	0.999	0.919	0.667	0.793	0.462	0.691	0.328
4464	1240	1.305	1.610	1.096	1.030	0.934	0.689	0.806	0.476	0.702	0.337
4536	1260	1.326	1.662	1.114	1.061	0.949	0.710	0.819	0.490	0.713	0.347
4608	1280	1.347	1.715	1.132	1.093	0.964	0.731	0.832	0.504	0.724	0.358
4680	1300	1.368	1.769	1.149	1.125	0.979	0.752	0.845	0.519	0.736	0.368
4752	1320	1.389	1.824	1.167	1.158	0.994	0.774	0.857	0.534	0.747	0.378
4824	1340	1.410	1.879	1.185	1.191	1.010	0.796	0.870	0.549	0.758	0.389
4896	1360	1.431	1.936	1.203	1.221	1.025	0.818	0.883	0.564	0.770	0.400
4968	1380	1.452	1.993	1.220	1.257	1.040	0.841	0.896	0.580	0.781	0.411
5040	1400	1.473	2.051	1.238	1.294	1.055	0.864	0.909	0.595	0.792	0.422
5112	1420	1.494	2.110	1.256	1.331	1.070	0.887	0.922	0.611	0.804	0.433
5184	1440	1.515	2.170	1.273	1.369	1.085	0.910	0.935	0.627	0.815	0.444
5256	1460	1.536	2.230	1.291	1.407	1.100	0.934	0.948	0.644	0.826	0.456
5328	1480	1.557	2.292	1.309	1.446	1.115	0.958	0.961	0.660	0.838	0.467
5400	1500	1.578	2.354	1.320	1.485	1.130	0.982	0.974	0.677	0.849	0.479
5472	1520	1.599	2.417	1.344	1.525	1.145	1.007	0.987	0.694	0.860	0.491
5544	1540	1.621	2.484	1.362	1.565	1.160	1.032	1.000	0.711	0.871	0.503
5616	1560	1.642	2.549	1.379	1.606	1.175	1.057	1.013	0.728	0.883	0.515
5688	1580	1.663	2.614	1.397	1.648	1.190	1.083	1.026	0.745	0.894	0.527
5760	1600	1.684	2.681	1.415	1.690	1.025	1.105	1.039	0.763	0.905	0.540
5832	1620	1.705	2.748	1.432	1.732	1.221	1.133	1.052	0.781	0.917	0.552
5904	1640	1.726	2.816	1.450	1.775	1.236	1.161	1.065	0.799	0.928	0.565
5976	1660	1.747	2.885	1.468	1.819	1.251	1.190	1.078	0.817	0.939	0.578
6048	1680	1.768	2.955	1.485	1.863	1.266	1.219	1.091	0.836	0.951	0.591
6120	1700	1.789	3.025	1.503	1.907	1.281	1.248	1.104	0.855	0.962	0.604

Q		DN (mm)									
		1100		1200		1300		1400		1500	
m³/h	L/s	v	1000i	v	1000i	v	1000i	v	1000i	v	1000i
6192	1720	1.810	3.097	1.521	1.953	1.296	1.277	1.117	0.873	0.973	0.617
6264	1740	1.831	3.169	1.539	1.998	1.311	1.307	1.130	0.893	0.985	0.631
6336	1760	1.852	3.242	1.556	2.044	1.326	1.326	1.143	0.912	0.996	0.644
6408	1780	1.873	3.316	1.574	2.091	1.340	1.368	1.156	0.931	1.007	0.658
6480	1800	1.894	3.391	1.592	2.138	1.356	1.399	1.169	0.951	1.019	0.672
6552	1820	1.915	3.467	1.609	2.186	1.371	1.430	1.182	0.971	1.030	0.686
6624	1840	1.936	3.543	1.627	2.234	1.386	1.462	1.195	0.991	1.041	0.700
6696	1860	1.957	3.620	1.645	2.283	1.401	1.494	1.208	1.009	1.052	0.714
6768	1880	1.978	3.698	1.662	2.333	1.416	1.526	1.221	1.030	1.064	0.729
6840	1900	1.999	3.777	1.680	2.383	1.431	1.559	1.234	1.053	1.075	0.743
6912	1920	2.202	3.857	1.698	2.433	1.447	1.592	1.247	1.075	1.087	0.758
6984	1940	2.041	3.938	1.715	2.484	1.462	1.625	1.260	1.097	1.098	0.773
7056	1960	2.063	4.023	1.733	2.535	1.477	1.659	1.273	1.120	1.109	0.788
7128	1980	2.084	4.106	1.715	2.587	1.492	1.693	1.286	1.143	1.120	0.803
7200	2000	2.105	4.189	1.768	2.640	1.507	1.727	1.299	1.166	1.132	0.818
7272	2020	2.126	4.273	1.786	2.693	1.522	1.762	1.312	1.190	1.143	0.833
7344	2040	2.147	4.357	1.804	2.747	1.537	1.797	1.325	1.213	1.154	0.849
7416	2060	2.168	4.443	1.821	2.801	1.552	1.832	1.338	1.237	1.166	0.864
7488	2080	2.189	4.530	1.839	2.855	1.567	1.868	1.351	1.261	1.177	0.880
7560	2100	2.210	4.617	1.857	2.911	1.582	1.904	1.364	1.286	1.188	0.896
7632	2120	2.231	4.705	1.875	2.966	1.597	1.941	1.377	1.310	1.200	0.912
7704	2140	2.252	4.794	1.892	3.022	1.622	1.978	1.390	1.335	1.211	0.926
7776	2160	2.273	4.884	1.910	3.079	1.627	2.015	1.403	1.360	1.222	0.944
7848	2180	2.294	4.975	1.928	3.137	1.642	2.052	1.416	1.386	1.234	0.961
7920	2200	2.315	5.066	1.945	3.194	1.657	2.090	1.429	1.411	1.245	0.979

Q		DN (mm)									
		1100		1200		1300		1400		1500	
m³/h	L/s	v	1000i	v	1000i	v	1000i	v	1000i	v	1000i
7992	2220	2.336	5.158	1.963	3.253	1.673	2.128	1.442	1.437	1.256	0.997
8064	2240	2.357	5.252	1.981	3.312	1.688	2.167	1.455	1.463	1.268	1.015
8136	2260	2.378	5.346	1.998	3.371	1.703	2.206	1.468	1.489	1.279	1.033
8208	2280	2.399	5.440	2.016	3.431	1.728	2.245	1.481	1.516	1.290	1.051
8280	2300	2.420	5.536	2.034	3.491	1.733	2.284	1.494	1.542	1.301	1.069
8352	2320	2.441	5.633	2.051	3.552	1.748	2.324	1.501	1.569	1.313	1.089
8424	2340	2.462	5.730	2.069	3.614	1.763	2.364	1.520	1.596	1.324	1.108
8496	2360	2.483	5.828	2.087	3.676	1.778	2.405	1.533	1.623	1.335	1.127
8568	2380	2.504	5.927	2.104	3.738	1.793	2.446	1.546	1.651	1.347	1.156
8640	2400	2.526	6.032	2.122	3.802	1.808	2.487	1.560	1.679	1.358	1.165
8712	2420	2.547	6.132	2.140	3.865	1.823	2.529	1.572	1.707	1.370	1.185
8784	2440	2.568	6.234	2.157	3.929	1.838	2.571	1.585	1.735	1.381	1.204
8856	2460	2.589	6.336	2.175	3.994	1.853	2.613	1.598	1.764	1.392	1.224
8928	2480	2.610	6.440	2.193	4.059	1.868	2.656	1.611	1.793	1.403	1.244
9000	2500	2.631	6.554	2.211	4.125	1.884	2.699	1.624	1.822	1.415	1.264
9072	2520	2.652	6.648	2.228	4.191	1.899	2.742	1.637	1.851	1.426	1.284
9144	2540	2.673	6.754	2.246	4.258	1.914	2.786	1.650	1.881	1.437	1.305
9216	2560	2.694	6.861	2.264	4.325	1.929	2.830	1.663	1.911	1.449	1.326
9288	2580	2.715	6.968	2.281	4.393	1.944	2.874	1.676	1.941	1.460	1.346
9360	2600	2.736	7.076	2.299	4.462	1.959	2.919	1.689	1.971	1.471	1.367
9432	2620	2.757	7.185	2.317	4.530	1.974	2.964	1.702	2.001	1.483	1.388
9504	2640	2.778	7.295	2.334	4.600	1.989	3.010	1.715	2.032	1.494	1.410
9576	2660	2.799	7.406	2.352	4.670	2.004	3.055	1.728	2.063	1.505	1.431
9648	2680	2.820	7.517	2.370	4.740	2.019	3.101	1.741	2.094	1.517	1.453
9720	2700	2.841	7.630	2.387	4.811	2.034	3.148	1.754	2.125	1.528	1.474
9792	2720	2.862	7.743	2.405	4.883	2.049	3.195	1.767	2.157	1.539	1.496
9864	2740	2.883	7.857	2.423	4.955	2.064	3.242	1.780	2.189	1.551	1.519
9936	2760	2.904	7.972	2.440	5.208	2.079	3.289	1.793	2.221	1.562	1.541
10008	2780	2.925	8.088	2.458	5.101	2.094	3.337	1.806	2.253	1.573	1.563
10080	2800	2.946	8.204	2.476	5.174	2.110	3.385	1.819	2.286	1.584	1.586

Q (m³/h)	Q (L/s)	DN (mm) 1100 v	1100 1000i	1200 v	1200 1000i	1300 v	1300 1000i	1400 v	1400 1000i	1500 v	1500 1000i
10152	2820	2.967	8.322	2.493	5.249	2.125	3.434	1.832	2.391	1.596	1.608
10224	2840	2.989	8.445	2.511	5.323	2.140	3.483	1.845	2.352	1.607	1.631
10296	2860	3.010	3.565	2.529	5.398	2.155	3.532	1.858	2.385	1.618	1.654
10368	2880	3.031	3.684	2.547	5.474	2.170	3.582	1.871	2.418	1.630	1.678
10440	2900	3.052	8.805	2.564	5.551	2.185	3.632	1.884	2.452	1.641	1.701
10512	2920	3.073	8.927	2.582	5.627	2.200	3.682	1.897	2.486	1.652	1.725
10584	2940	3.094	9.049	2.600	5.705	2.215	3.732	1.910	2.520	1.664	1.748
10656	2960	3.115	9.173	2.617	5.783	2.230	3.783	1.923	2.554	1.675	1.772
10728	2980	3.136	9.297	2.645	5.861	2.245	3.835	1.936	2.589	1.686	1.796
10800	3000	3.157	9.422	2.653	5.940	2.260	3.886	1.949	2.624	1.698	1.820
10872	3020	3.178	9.547	2.670	6.019	2.275	3.938	1.962	2.659	1.709	1.845
10944	3040	3.199	9.674	2.688	6.099	2.290	3.991	1.975	2.694	1.720	1.869
11016	3060	3.220	9.801	2.706	6.180	2.305	4.043	1.988	2.730	1.732	1.894
11088	3080	3.241	9.930	2.723	6.261	2.320	4.096	2.001	2.766	1.743	1.919
11160	3100	3.262	10.059	2.741	6.343	2.336	4.150	2.014	2.802	1.754	1.944
11232	3120	3.283	10.189	2.759	6.425	2.351	4.203	2.027	2.838	1.766	1.969
11304	3140	3.304	10.319	2.776	6.507	2.366	4.258	2.040	2.875	1.777	1.994
11376	3160	3.325	10.451	2.794	6.590	2.381	4.312	2.053	2.911	1.788	2.020
11448	3180	3.346	10.583	2.812	6.674	2.396	4.367	2.066	2.948	1.800	2.045
11520	3200	3.367	10.717	2.829	6.758	2.411	4.422	2.079	2.986	1.811	2.071
11592	3220	3.388	10.851	2.847	6.843	2.426	4.477	2.092	3.023	1.822	2.097
11664	3240	3.409	10.986	2.865	6.928	2.441	4.533	2.105	3.061	1.833	2.123
11736	3260	3.430	11.121	2.882	7.014	2.456	4.589	2.118	3.099	1.845	2.150
11808	3280	3.452	11.265	2.900	7.100	2.471	4.646	2.131	3.137	1.856	2.176
11880	3300	3.473	11.402	2.918	7.187	2.486	4.702	2.144	3.175	1.867	2.203
11952	3320	3.494	11.540	2.936	7.275	2.501	4.760	2.157	3.214	1.879	2.229
12024	3340	3.515	11.679	2.953	7.363	2.516	4.817	2.170	3.252	1.890	2.256
12096	3360	—	—	2.971	7.451	2.531	4.875	2.183	3.292	1.901	2.283
12168	3380	—	—	2.989	7.540	2.546	4.933	2.196	3.331	1.913	2.311
12240	3400	—	—	3.006	7.630	2.562	4.991	2.209	3.370	1.924	2.338

Q		DN (mm)							
		1200		1300		1400		1500	
m³/h	L/s	v	1000i	v	1000i	v	1000i	v	1000i
12312	3420	3.024	7.720	2.577	5.051	2.222	3.410	1.935	2.366
12384	3440	3.042	7.810	2.592	5.110	2.235	3.450	1.947	2.393
12456	3460	3.059	7.901	2.607	5.170	2.248	3.490	1.958	2.421
12528	3480	3.077	7.993	2.622	5.229	2.261	3.531	1.969	2.449
12600	3500	3.095	8.085	2.637	5.290	2.274	3.572	1.981	2.478
12672	3520	3.112	8.178	2.652	5.350	2.287	3.612	1.992	2.506
12744	3540	3.130	8.271	2.667	5.411	2.300	3.654	2.003	2.535
12816	3560	3.148	8.364	2.682	5.473	2.313	3.695	2.015	2.563
12888	3580	3.165	8.459	2.698	5.534	2.326	3.737	2.026	2.592
12960	3600	3.183	8.553	2.712	5.596	2.339	3.779	2.037	2.621
13032	3620	—	—	2.727	5.659	2.352	3.821	2.049	2.651
13320	3700	—	—	2.788	5.911	2.404	3.991	2.094	2.769
13680	3800	—	—	2.863	6.235	2.469	4.210	2.150	2.921
14040	3900	—	—	2.938	6.568	2.534	4.435	2.207	3.076
14400	4000	—	—	3.014	6.909	2.598	4.665	2.264	3.236
14760	4100	—	—	3.089	7.259	2.663	4.901	2.320	3.400
15120	4200	—	—	3.164	7.617	2.728	5.143	2.377	3.568
15480	4300	—	—	3.240	7.984	2.793	5.391	2.433	3.740
15840	4400	—	—	3.315	8.360	2.858	5.645	2.490	3.916
16200	4500	—	—	3.390	8.744	2.923	5.904	2.546	4.096
16560	4600	—	—	3.466	9.137	2.988	6.169	2.603	4.280
16920	4700	—	—	—	—	3.053	6.440	2.660	4.478
17280	4800	—	—	—	—	3.118	6.717	2.716	4.660
17640	4900	—	—	—	—	3.183	7.000	2.773	4.856
18000	5000	—	—	—	—	3.248	7.289	2.829	5.057
18360	5100	—	—	—	—	3.313	7.583	2.886	5.261
18720	5200	—	—	—	—	3.378	7.884	2.943	5.469
19080	5300	—	—	—	—	3.443	8.190	2.999	5.682
19440	5400	—	—	—	—	—	—	3.056	5.898
19800	5500	—	—	—	—	—	—	3.112	6.118
20160	5600	—	—	—	—	—	—	3.169	6.343
20520	5700	—	—	—	—	—	—	3.226	6.572
20880	5800	—	—	—	—	—	—	3.282	6.804
21240	5900	—	—	—	—	—	—	3.339	7.041
21600	6000	—	—	—	—	—	—	3.395	7.281

注：v 为平均水流速度（m/s）。

5.2 钢筋混凝土圆管（满流，$n = 0.013$）水力计算

5.2.1 计算公式

水力计算，见式（5-11）～式（5-15）。

$$v = \frac{1}{n}R^{2/3}i^{1/2} \tag{5-11}$$

$$Q = vA \tag{5-12}$$

$$A = \frac{\pi}{4}D^2 \tag{5-13}$$

$$P = \pi D \tag{5-14}$$

$$R = \frac{D}{4} \tag{5-15}$$

式中　D——管径（m）；

v——流速（m/s）；

n——粗糙系数；

Q——流量（m³/s）；

i——水力坡降；

A——水流断面面积（m²）；

P——湿周（m）；

R——水力半径（m）。

5.2.2 水力计算

钢筋混凝土圆管 $D = 200 \sim 3000\text{mm}$（满流，$n = 0.013$）水力计算，见表5-13。

钢筋混凝土圆管 D=200～3000mm（满流，n=0.013）水力计算

表 5-13

D=200mm

i (‰)	v (m/s)	Q (L/s)	i (‰)	v (m/s)	Q (L/s)	i (‰)	v (m/s)	Q (L/s)	i (‰)	v (m/s)	Q (L/s)	i (‰)	v (m/s)	Q (L/s)
0.6	0.256	8.04	3.6	0.626	19.67	6.6	0.848	26.64	9.6	1.023	32.14	60	2.557	80.34
0.7	0.276	8.67	3.7	0.635	19.95	6.7	0.855	26.86	9.7	1.028	32.30	65	2.662	83.64
0.8	0.295	9.27	3.8	0.644	20.23	6.8	0.861	27.05	9.8	1.034	32.49	70	2.762	86.78
0.9	0.313	9.83	3.9	0.652	20.49	6.9	0.867	27.24	9.9	1.039	32.65	75	2.859	89.83
1.0	0.330	10.37	4.0	0.660	20.74	7.0	0.873	27.43	10.0	1.044	32.80	80	2.953	92.78
1.1	0.346	10.87	4.1	0.668	20.99	7.1	0.880	27.65	11	1.095	34.40	85	3.044	95.64
1.2	0.362	11.37	4.2	0.677	21.27	7.2	0.886	27.84	12	1.144	35.94	90	3.132	98.41
1.3	0.376	11.81	4.3	0.685	21.52	7.3	0.892	28.03	13	1.190	37.39	95	3.218	101.11
1.4	0.391	12.29	4.4	0.693	21.77	7.4	0.898	28.22	14	1.235	38.80	100	3.301	103.72
1.5	0.404	12.69	4.5	0.700	21.99	7.5	0.904	28.40	15	1.279	40.19			
1.6	0.418	13.13	4.6	0.708	22.25	7.6	0.910	28.59	16	1.321	41.51			
1.7	0.430	13.51	4.7	0.716	22.50	7.7	0.916	28.78	17	1.361	42.76			
1.8	0.443	13.92	4.8	0.723	22.72	7.8	0.922	28.97	18	1.401	44.02			
1.9	0.455	14.30	4.9	0.731	22.97	7.9	0.928	29.16	19	1.439	45.21			
2.0	0.467	14.67	5.0	0.738	23.19	8.0	0.934	29.35	20	1.476	46.38			
2.1	0.478	15.02	5.1	0.746	23.44	8.1	0.940	29.53	21	1.513	47.54			
2.2	0.490	15.40	5.2	0.753	23.66	8.2	0.945	29.69	22	1.549	48.67			
2.3	0.501	15.74	5.3	0.760	23.88	8.3	0.951	29.88	23	1.583	49.74			
2.4	0.511	16.06	5.4	0.767	24.10	8.4	0.957	30.07	24	1.617	50.81			
2.5	0.522	16.40	5.5	0.774	24.32	8.5	0.963	30.26	25	1.651	51.87			
2.6	0.532	16.72	5.6	0.781	24.54	8.6	0.968	30.41	26	1.683	52.88			
2.7	0.542	17.03	5.7	0.788	24.76	8.7	0.974	30.60	27	1.715	53.89			
2.8	0.552	17.34	5.8	0.795	24.98	8.8	0.979	30.76	28	1.747	54.89			
2.9	0.562	17.66	5.9	0.802	25.20	8.9	0.985	30.95	29	1.778	55.86			
3.0	0.572	17.97	6.0	0.809	25.42	9.0	0.990	31.11	30	1.808	56.81			
3.1	0.581	18.26	6.1	0.815	25.61	9.1	0.996	31.29	35	1.953	61.36			
3.2	0.591	18.57	6.2	0.822	25.83	9.2	1.001	31.45	40	2.088	65.60			
3.3	0.600	18.85	6.3	0.829	26.05	9.3	1.007	31.64	45	2.215	69.60			
3.4	0.609	19.13	6.4	0.835	26.24	9.4	1.012	31.80	50	2.334	73.33			
3.5	0.618	19.42	6.5	0.842	26.46	9.5	1.018	31.99	55	2.448	76.92			

续表

$D = 250\text{mm}$

i (‰)	v (m/s)	Q (L/s)	i (‰)	v (m/s)	Q (L/s)	i (‰)	v (m/s)	Q (L/s)	i (‰)	v (m/s)	Q (L/s)	i (‰)	v (m/s)	Q (L/s)
0.6	0.297	14.58	3.6	0.727	35.69	6.6	0.984	48.30	9.6	1.187	58.27	60	2.967	145.65
0.7	0.321	15.76	3.7	0.737	36.18	6.7	0.992	48.70	9.7	1.193	58.56	65	3.089	151.64
0.8	0.343	16.84	3.8	0.747	36.67	6.8	0.999	49.04	9.8	1.199	58.86	70	3.205	157.33
0.9	0.363	17.82	3.9	0.757	37.16	6.9	1.006	49.38	9.9	1.205	59.15	75	3.318	162.88
1.0	0.383	18.80	4.0	0.766	37.60	7.0	1.014	49.78	10.0	1.211	59.45	80	3.427	168.23
1.1	0.402	19.73	4.1	0.776	38.09	7.1	1.021	50.12	11	1.271	62.39	85	3.532	173.39
1.2	0.420	20.62	4.2	0.785	38.54	7.2	1.028	50.46	12	1.327	65.14	90	3.634	178.39
1.3	0.437	21.45	4.3	0.794	38.98	7.3	1.035	50.81	13	1.381	67.79	95	3.734	183.30
1.4	0.453	22.24	4.4	0.804	39.47	7.4	1.042	51.15	14	1.433	70.35	100	3.831	188.06
1.5	0.469	23.02	4.5	0.813	39.91	7.5	1.049	51.50	15	1.484	72.85			
1.6	0.485	23.81	4.6	0.822	40.35	7.6	1.056	51.84	16	1.532	75.21			
1.7	0.499	24.50	4.7	0.831	40.79	7.7	1.063	52.18	17	1.580	77.56			
1.8	0.514	25.23	4.8	0.839	41.19	7.8	1.070	52.58	18	1.625	79.79			
1.9	0.528	25.92	4.9	0.848	41.63	7.9	1.077	52.87	19	1.670	81.98			
2.0	0.542	26.61	5.0	0.857	42.07	8.0	1.084	53.21	20	1.713	84.09			
2.1	0.555	27.24	5.1	0.865	42.46	8.1	1.090	53.51	21	1.756	86.20			
2.2	0.568	27.88	5.2	0.874	42.90	8.2	1.097	53.85	22	1.797	88.21			
2.3	0.581	28.52	5.3	0.882	43.30	8.3	1.104	54.20	23	1.837	90.18			
2.4	0.593	29.11	5.4	0.890	43.69	8.4	1.110	54.49	24	1.877	92.14			
2.5	0.606	29.75	5.5	0.898	44.08	8.5	1.117	54.83	25	1.915	94.01			
2.6	0.618	30.33	5.6	0.907	44.52	8.6	1.123	55.13	26	1.953	95.87			
2.7	0.629	30.88	5.7	0.915	44.92	8.7	1.130	55.47	27	1.991	97.74			
2.8	0.641	31.47	5.8	0.923	45.31	8.8	1.136	55.77	28	2.027	99.51			
2.9	0.652	32.01	5.9	0.931	45.70	8.9	1.143	56.11	29	2.063	101.27			
3.0	0.664	32.60	6.0	0.938	46.05	9.0	1.149	56.40	30	2.098	103.01			
3.1	0.675	33.14	6.1	0.946	46.44	9.1	1.156	56.75	35	2.266	111.24			
3.2	0.685	33.63	6.2	0.954	46.83	9.2	1.162	57.04	40	2.423	118.95			
3.3	0.696	34.17	6.3	0.962	47.22	9.3	1.168	57.34	45	2.570	126.16			
3.4	0.706	34.66	6.4	0.969	47.57	9.4	1.175	57.68	50	2.709	132.98			
3.5	0.717	35.20	6.5	0.977	47.96	9.5	1.181	57.88	55	2.841	139.46			

$D=300\text{mm}$

i (‰)	v (m/s)	Q (L/s)	i (‰)	v (m/s)	Q (L/s)	i (‰)	v (m/s)	Q (L/s)	i (‰)	v (m/s)	Q (L/s)	i (‰)	v (m/s)	Q (L/s)
0.6	0.335	23.68	3.6	0.821	58.04	6.6	1.111	78.54	9.6	1.340	94.12	60	3.351	236.88
0.7	0.362	25.59	3.7	0.832	58.81	6.7	1.120	79.17	9.7	1.347	95.22	65	3.488	246.57
0.8	0.387	27.36	3.8	0.843	59.59	6.8	1.128	79.74	9.8	1.354	95.71	70	3.619	255.83
0.9	0.410	28.98	3.9	0.854	60.37	6.9	1.136	80.30	9.9	1.361	96.21	75	3.747	264.88
1.0	0.433	30.61	4.0	0.865	61.15	7.0	1.145	80.94	10.0	1.368	96.70	80	3.869	273.50
1.1	0.454	32.09	4.1	0.876	61.92	7.1	1.153	81.51	11	1.435	101.44	85	3.988	281.91
1.2	0.474	33.51	4.2	0.887	62.70	7.2	1.161	82.07	12	1.499	105.96	90	4.104	290.11
1.3	0.493	34.85	4.3	0.897	63.41	7.3	1.169	82.64	13	1.560	110.28	95	4.217	298.10
1.4	0.512	36.19	4.4	0.907	64.12	7.4	1.177	83.20	14	1.619	114.45	100	4.326	305.80
1.5	0.530	37.47	4.5	0.918	64.89	7.5	1.185	83.77	15	1.675	118.41			
1.6	0.547	38.67	4.6	0.928	65.60	7.6	1.193	84.33	16	1.730	122.29			
1.7	0.564	39.87	4.7	0.938	66.31	7.7	1.206	84.83	17	1.784	126.11			
1.8	0.580	41.00	4.8	0.948	67.01	7.8	1.208	85.39	18	1.835	129.72			
1.9	0.596	42.13	4.9	0.958	67.72	7.9	1.216	85.96	19	1.886	133.32			
2.0	0.612	43.26	5.0	0.967	68.36	8.0	1.224	86.52	20	1.935	136.79			
2.1	0.627	44.32	5.1	0.977	69.06	8.1	1.231	87.02	21	1.982	140.11			
2.2	0.642	45.38	5.2	0.981	69.77	8.2	1.239	87.58	22	2.029	143.43			
2.3	0.656	46.37	5.3	0.996	70.41	8.3	1.246	88.08	23	2.075	146.68			
2.4	0.670	47.36	5.4	1.005	71.04	8.4	1.254	88.65	24	2.119	149.79			
2.5	0.684	48.35	5.5	1.015	71.75	8.5	1.261	89.14	25	2.163	152.90			
2.6	0.698	49.34	5.6	1.024	72.39	8.6	1.269	89.71	26	2.206	155.94			
2.7	0.711	50.26	5.7	1.033	73.02	8.7	1.276	90.20	27	2.248	158.91			
2.8	0.724	51.18	5.8	1.042	73.66	8.8	1.283	90.70	28	2.289	161.81			
2.9	0.737	52.10	5.9	1.051	74.30	8.9	1.291	91.26	29	2.330	164.71			
3.0	0.749	52.95	6.0	1.060	74.93	9.0	1.298	91.76	30	2.370	167.54			
3.1	0.762	53.87	6.1	1.068	75.50	9.1	1.305	92.25	35	2.559	180.90			
3.2	0.774	54.71	6.2	1.077	76.13	9.2	1.312	92.75	40	2.736	193.41			
3.3	0.786	55.56	6.3	1.086	76.77	9.3	1.319	93.24	45	2.902	205.14			
3.4	0.798	56.41	6.4	1.094	77.33	9.4	1.326	93.73	50	3.059	216.24			
3.5	0.809	57.19	6.5	1.103	77.97	9.5	1.333	94.23	55	3.208	226.77			

$D=350\text{mm}$

i(‰)	v(m/s)	Q(L/s)	i(‰)	v(m/s)	Q(L/s)	i(‰)	v(m/s)	Q(L/s)	i(‰)	v(m/s)	Q(L/s)	i(‰)	v(m/s)	Q(L/s)
0.6	0.371	35.69	3.6	0.910	87.55	6.6	1.232	118.53	9.6	1.485	142.87	60	3.714	357.32
0.7	0.401	38.58	3.7	0.922	88.71	6.7	1.241	119.40	9.7	1.493	143.64	65	3.865	371.85
0.8	0.429	41.27	3.8	0.935	89.96	6.8	1.250	120.28	9.8	1.501	144.41	70	4.011	385.90
0.9	0.455	43.78	3.9	0.947	91.11	6.9	1.259	121.13	9.9	1.509	145.18	75	4.152	399.46
1.0	0.479	46.08	4.0	0.959	92.27	7.0	1.268	121.99	10.0	1.516	145.85	80	4.288	412.55
1.1	0.503	48.39	4.1	0.971	93.42	7.1	1.277	122.86	11	1.590	152.97	85	4.420	425.25
1.2	0.525	50.51	4.2	0.983	94.57	7.2	1.286	123.73	12	1.661	159.80	90	4.548	437.56
1.3	0.547	52.63	4.3	0.994	95.63	7.3	1.295	124.59	13	1.729	166.35	95	4.673	449.59
1.4	0.567	54.55	4.4	1.006	96.79	7.4	1.304	125.47	14	1.794	172.60	100	4.794	461.23
1.5	0.587	56.48	4.5	1.017	97.85	7.5	1.313	126.32	15	1.857	178.66			
1.6	0.606	58.35	4.6	1.028	98.90	7.6	1.322	127.19	16	1.918	184.53			
1.7	0.625	60.13	4.7	1.039	99.96	7.7	1.330	127.98	17	1.977	190.21			
1.8	0.643	61.86	4.8	1.050	101.02	7.8	1.339	128.83	18	2.034	195.69			
1.9	0.661	63.59	4.9	1.061	102.08	7.9	1.348	129.69	19	2.090	201.08			
2.0	0.678	65.23	5.0	1.072	103.14	8.0	1.356	130.46	20	2.144	206.27			
2.1	0.695	66.87	5.1	1.083	104.20	8.1	1.364	131.23	21	2.197	211.37			
2.2	0.711	68.41	5.2	1.093	105.16	8.2	1.373	132.10	22	2.249	216.38			
2.3	0.727	69.95	5.3	1.104	106.22	8.3	1.381	132.87	23	2.299	221.19			
2.4	0.743	71.48	5.4	1.114	107.18	8.4	1.390	133.73	24	2.349	226.00			
2.5	0.758	72.97	5.5	1.124	108.14	8.5	1.398	134.50	25	2.397	230.62			
2.6	0.773	74.37	5.6	1.135	109.20	8.6	1.406	135.27	26	2.445	235.23			
2.7	0.788	75.81	5.7	1.145	110.16	8.7	1.414	136.04	27	2.491	239.66			
2.8	0.802	77.16	5.8	1.155	111.12	8.8	1.422	136.81	28	2.537	244.08			
2.9	0.816	78.51	5.9	1.165	112.08	8.9	1.430	137.58	29	2.582	248.41			
3.0	0.830	79.85	6.0	1.174	112.95	9.0	1.438	138.35	30	2.626	252.65			
3.1	0.844	81.20	6.1	1.184	113.91	9.1	1.446	139.12	35	2.836	272.85			
3.2	0.858	82.55	6.2	1.194	114.87	9.2	1.454	139.89	40	3.032	291.71			
3.3	0.871	83.80	6.3	1.204	115.84	9.3	1.462	140.66	45	3.216	309.41			
3.4	0.884	85.05	6.4	1.213	116.70	9.4	1.470	141.43	50	3.390	326.15			
3.5	0.897	86.30	6.5	1.222	117.57	9.5	1.478	142.20	55	3.556	342.12			

$D = 400\text{mm}$

i (‰)	v (m/s)	Q (L/s)	i (‰)	v (m/s)	Q (L/s)	i (‰)	v (m/s)	Q (L/s)	i (‰)	v (m/s)	Q (L/s)	i (‰)	v (m/s)	Q (L/s)
0.6	0.406	51.02	3.6	0.994	124.91	6.6	1.346	169.14	9.6	1.624	204.07	60	4.059	510.05
0.7	0.438	55.04	3.7	1.008	126.67	6.7	1.357	170.52	9.7	1.632	205.08	65	4.225	530.91
0.8	0.469	58.93	3.8	1.022	128.42	6.8	1.367	171.78	9.8	1.641	206.21	70	4.385	551.02
0.9	0.497	62.45	3.9	1.035	130.06	6.9	1.377	173.03	9.9	1.649	207.21	75	4.539	570.37
1.0	0.524	65.85	4.0	1.048	131.69	7.0	1.387	174.29	10.0	1.657	208.22	80	4.687	588.97
1.1	0.550	69.11	4.1	1.061	133.33	7.1	1.396	175.42	11	1.735	218.40	85	4.832	607.19
1.2	0.574	72.13	4.2	1.074	134.96	7.2	1.406	176.68	12	1.815	228.07	90	4.972	624.78
1.3	0.598	75.14	4.3	1.0B7	136.59	7.3	1.416	177.93	13	1.890	237.50	95	5.108	641.87
1.4	0.620	77.91	4.4	1.099	138.10	7.4	1.426	179.19	14	1.961	246.42	100	5.241	658.58
1.5	0.642	80.67	4.5	1.112	139.73	7.5	1.435	180.32	15	2.030	255.09			
1.6	0.663	83.31	4.6	1.124	141.24	7.6	1.445	181.58	16	2.096	263.38			
1.7	0.683	85.83	4.7	1.136	142.75	7.7	1.454	182.71	17	2.161	271.55			
1.8	0.703	88.34	4.8	1.148	144.26	7.8	1.464	183.97	18	2.223	279.34			
1.9	0.722	90.73	4.9	1.160	145.77	7.9	1.473	185.10	19	2.284	287.01			
2.0	0.741	93.11	5.0	1.172	147.27	8.0	1.482	186.23	20	2.344	294.55			
2.1	0.759	95.38	5.1	1.184	148.78	8.1	1.492	187.48	21	2.402	301.84			
2.2	0.777	97.64	5.2	1.195	150.16	8.2	1.501	188.62	22	2.458	308.87			
2.3	0.795	99.90	5.3	1.207	151.67	8.3	1.510	189.75	23	2.513	315.78			
2.4	0.812	102.04	5.4	1.218	153.05	8.4	1.519	190.88	24	2.567	322.57			
2.5	0.829	104.17	5.5	1.229	154.44	8.5	1.528	192.01	25	2.620	329.23			
2.6	0.845	106.18	5.6	1.240	155.82	8.6	1.537	193.14	26	2.672	335.76			
2.7	0.861	108.19	5.7	1.251	157.20	8.7	1.546	194.27	27	2.723	342.17			
2.8	0.877	110.20	5.8	1.262	158.58	8.8	1.555	195.40	28	2.773	348.46			
2.9	0.892	112.09	5.9	1.273	159.97	8.9	1.563	196.41	29	2.822	354.61			
3.0	0.908	114.10	6.0	1.284	161.35	9.0	1.572	197.54	30	2.870	360.64			
3.1	0.923	115.98	6.1	1.294	162.60	9.1	1.581	198.67	35	3.100	389.55			
3.2	0.937	117.74	6.2	1.305	163.99	9.2	1.590	199.80	40	3.315	416.56			
3.3	0.952	119.63	6.3	1.315	165.24	9.3	1.598	200.80	45	3.516	441.82			
3.4	0.966	121.39	6.4	1.326	166.63	9.4	1.607	201.94	50	3.706	465.70			
3.5	0.980	123.15	6.5	1.336	167.88	9.5	1.615	202.94	55	3.887	488.44			

$D=450\text{mm}$

i (‰)	v (m/s)	Q (L/s)	i (‰)	v (m/s)	Q (L/s)	i (‰)	v (m/s)	Q (L/s)	i (‰)	v (m/s)	Q (L/s)	i (‰)	v (m/s)	Q (L/s)
0.6	0.439	69.32	3.6	1.076	171.13	6.6	1.456	231.56	9.6	1.756	279.27	60	4.391	698.34
0.7	0.474	75.38	3.7	1.090	173.35	6.7	1.467	233.31	9.7	1.766	280.86	65	4.570	726.81
0.8	0.507	80.63	3.8	1.105	175.74	6.8	1.478	235.06	9.8	1.775	282.30	70	4.743	754.33
0.9	0.538	85.56	3.9	1.119	177.97	6.9	1.489	236.81	9.9	1.784	283.73	75	4.909	780.73
1.0	0.567	90.18	4.0	1.134	180.35	7.0	1.500	238.56	10.0	1.793	285.16	80	5.070	806.33
1.1	0.595	94.63	4.1	1.148	182.58	7.1	1.510	240.15	11	1.880	299.00	85	5.226	831.14
1.2	0.621	98.76	4.2	1.162	184.80	7.2	1.521	241.90	12	1.964	312.35	90	5.378	855.32
1.3	0.646	102.74	4.3	1.175	186.87	7.3	1.532	243.65	13	2.044	325.08	95	5.525	878.70
1.4	0.671	106.72	4.4	1.189	189.10	7.4	1.542	245.24	14	2.121	337.32	100	5.669	901.60
1.5	0.694	110.37	4.5	1.203	191.33	7.5	1.552	246.83	15	2.196	349.25			
1.6	0.717	114.03	4.6	1.216	193.39	7.6	1.563	248.58	16	2.268	360.70			
1.7	0.739	117.53	4.7	1.229	195.46	7.7	1.573	250.17	17	2.337	371.68			
1.8	0.761	121.03	4.8	1.242	197.53	7.8	1.583	251.76	18	2.405	382.49			
1.9	0.781	124.21	4.9	1.255	199.60	7.9	1.593	253.35	19	2.471	392.99			
2.0	0.802	127.55	5.0	1.268	201.66	8.0	1.603	254.94	20	2.535	403.17			
2.1	0.821	130.57	5.1	1.280	203.57	8.1	1.613	256.53	21	2.598	413.19			
2.2	0.841	133.75	5.2	1.293	205.64	8.2	1.623	258.12	22	2.659	422.89			
2.3	0.860	136.77	5.3	1.305	207.55	8.3	1.633	259.71	23	2.719	432.43			
2.4	0.878	139.64	5.4	1.317	209.46	8.4	1.643	261.30	24	2.777	441.65			
2.5	0.896	142.50	5.5	1.329	211.36	8.5	1.653	262.89	25	2.834	450.72			
2.6	0.914	145.36	5.6	1.341	213.27	8.6	1.662	264.32	26	2.891	459.78			
2.7	0.931	148.07	5.7	1.353	215.18	8.7	1.672	265.91	27	2.946	468.53			
2.8	0.949	150.93	5.8	1.365	217.09	8.8	1.682	267.50	28	3.000	477.12			
2.9	0.965	153.47	5.9	1.377	219.00	8.9	1.691	268.54	29	3.053	485.55			
3.0	0.982	156.18	6.0	1.389	220.91	9.0	1.700	270.37	30	3.105	493.82			
3.1	0.998	158.72	6.1	1.400	222.66	9.1	1.710	271.96	35	3.354	533.42			
3.2	1.014	161.27	6.2	1.412	224.56	9.2	1.719	273.39	40	3.585	570.16			
3.3	1.030	163.81	6.3	1.423	226.31	9.3	1.729	274.98	45	3.807	605.47			
3.4	1.045	166.20	6.4	1.434	228.06	9.4	1.738	276.41	50	4.008	637.43			
3.5	1.061	168.74	6.5	1.445	229.81	9.5	1.747	277.84	55	4.204	668.60			

$D=500\text{mm}$

i(‰)	v(m/s)	Q(L/s)	i(‰)	v(m/s)	Q(L/s)	i(‰)	v(m/s)	Q(L/s)	i(‰)	v(m/s)	Q(L/s)	i(‰)	v(m/s)	Q(L/s)
0.6	0.471	92.48	3.6	1.154	226.59	6.6	1.562	306.70	9.6	1.884	369.92	60	4.711	925.00
0.7	0.500	99.94	3.7	1.170	229.73	6.7	1.574	309.05	9.7	1.894	371.89	65	4.903	962.70
0.8	0.544	106.81	3.8	1.185	232.67	6.8	1.586	311.41	9.8	1.904	373.85	70	5.088	999.03
0.9	0.577	113.29	3.9	1.201	235.82	6.9	1.597	313.57	9.9	1.913	375.62	75	5.267	1034.18
1.0	0.608	119.38	4.0	1.216	238.76	7.0	1.609	315.93	10.0	1.923	377.58	80	5.439	1067.95
1.1	0.638	125.27	4.1	1.231	241.71	7.1	1.620	318.09	11	2.017	396.04	85	5.607	1100.93
1.2	0.666	130.77	4.2	1.246	244.65	7.2	1.632	320.44	12	2.107	413.71	90	5.769	1132.74
1.3	0.693	136.07	4.3	1.261	247.60	7.3	1.643	322.60	13	2.193	430.60	95	5.927	1163.77
1.4	0.720	141.37	4.4	1.276	250.54	7.4	1.654	324.76	14	2.275	446.70	100	6.081	1194.00
1.5	0.745	146.28	4.5	1.290	253.29	7.5	1.665	326.92	15	2.355	462.40			
1.6	0.769	150.99	4.6	1.304	256.04	7.6	1.677	329.28	16	2.433	477.72			
1.7	0.793	155.71	4.7	1.318	258.79	7.7	1.688	331.44	17	2.507	492.25			
1.8	0.816	160.22	4.8	1.332	261.54	7.8	1.698	333.40	18	2.580	506.58			
1.9	0.838	164.54	4.9	1.346	264.29	7.9	1.709	335.56	19	2.651	520.52			
2.0	0.860	168.86	5.0	1.360	267.04	8.0	1.720	337.72	20	2.720	534.07			
2.1	0.881	172.98	5.1	1.373	269.59	8.1	1.731	339.88	21	2.787	547.23			
2.2	0.902	177.11	5.2	1.387	272.34	8.2	1.741	341.85	22	2.852	559.99			
2.3	0.922	181.03	5.3	1.400	274.89	8.3	1.752	344.01	23	2.917	572.75			
2.4	0.942	184.96	5.4	1.413	277.44	8.4	1.763	346.17	24	2.979	584.93			
2.5	0.962	188.89	5.5	1.426	280.00	8.5	1.773	348.13	25	3.041	597.10			
2.6	0.981	192.62	5.6	1.439	282.55	8.6	1.783	350.09	26	3.101	608.88			
2.7	0.999	196.15	5.7	1.452	285.10	8.7	1.794	352.25	27	3.160	620.47			
2.8	1.018	199.88	5.8	1.465	287.65	8.8	1.804	354.22	28	3.218	631.85			
2.9	1.036	203.42	5.9	1.477	290.01	8.9	1.814	356.18	29	3.275	643.05			
3.0	1.053	206.76	6.0	1.490	292.56	9.0	1.824	358.14	30	3.331	654.04			
3.1	1.071	210.29	6.1	1.502	294.92	9.1	1.835	360.30	35	3.598	706.47			
3.2	1.088	213.63	6.2	1.514	297.27	9.2	1.845	362.27	40	3.846	755.16			
3.3	1.105	216.97	6.3	1.526	299.63	9.3	1.855	364.23	45	4.079	800.91			
3.4	1.121	220.11	6.4	1.538	301.99	9.4	1.865	366.19	50	4.300	844.31			
3.5	1.138	223.45	6.5	1.550	304.34	9.5	1.874	367.06	55	4.510	885.54			

$D=600\text{mm}$

i (‰)	v (m/s)	Q (L/s)	i (‰)	v (m/s)	Q (L/s)	i (‰)	v (m/s)	Q (L/s)	i (‰)	v (m/s)	Q (L/s)	i (‰)	v (m/s)	Q (L/s)
0.6	0.532	150.42	3.6	1.303	368.41	6.6	1.764	498.75	9.6	2.128	601.67	60	5.319	1503.89
0.7	0.575	162.58	3.7	1.321	373.50	6.7	1.778	502.71	9.7	2.139	604.78	65	5.537	1565.53
0.8	0.614	173.60	3.8	1.339	378.59	6.8	1.791	506.39	9.8	2.150	607.89	70	5.746	1624.62
0.9	0.651	184.06	3.9	1.356	383.40	6.9	1.804	510.06	9.9	2.161	611.00	75	5.947	1681.45
1.0	0.687	194.24	4.0	1.373	388.20	7.0	1.817	513.74	10.0	2.172	614.11	80	6.142	1736.59
1.1	0.720	203.57	4.1	1.391	393.29	7.1	1.830	517.41	11	2.278	644.08	85	6.331	1790.03
1.2	0.752	212.62	4.2	1.407	397.82	7.2	1.843	521.09	12	2.379	672.64	90	6.515	1842.05
1.3	0.783	221.39	4.3	1.424	402.62	7.3	1.855	524.48	13	2.476	700.06	95	6.693	1892.38
1.4	0.813	229.87	4.4	1.440	407.15	7.4	1.868	528.16	14	2.570	726.64	100	6.867	1941.58
1.5	0.841	237.78	4.5	1.457	411.95	7.5	1.881	531.83	15	2.660	752.09			
1.6	0.869	245.70	4.6	1.473	416.48	7.6	1.893	535.23	16	2.747	776.69			
1.7	0.895	253.05	4.7	1.489	421.00	7.7	1.906	538.90	17	2.831	800.44			
1.8	0.921	260.40	4.8	1.505	425.52	7.8	1.918	542.30	18	2.914	823.90			
1.9	0.947	267.75	4.9	1.520	429.76	7.9	1.930	546.69	19	2.993	846.24			
2.0	0.971	274.54	5.0	1.536	434.29	8.0	1.942	549.08	20	3.071	868.29			
2.1	0.995	281.33	5.1	1.551	438.53	8.1	1.954	552.47	21	3.147	889.78			
2.2	1.019	288.11	5.2	1.566	442.77	8.2	1.966	555.87	22	3.221	910.71			
2.3	1.041	294.33	5.3	1.581	447.01	8.3	1.978	559.26	23	3.293	931.06			
2.4	1.064	300.84	5.4	1.596	451.25	8.4	1.990	562.65	24	3.364	951.14			
2.5	1.086	307.06	5.5	1.611	455.49	8.5	2.002	566.05	25	3.434	970.93			
2.6	1.107	312.99	5.6	1.625	459.45	8.6	2.014	569.44	26	3.502	990.16			
2.7	1.128	318.93	5.7	1.640	463.69	8.7	2.026	572.83	27	3.568	1008.82			
2.8	1.149	324.87	5.8	1.654	467.65	8.8	2.037	575.94	28	3.634	1027.48			
2.9	1.169	330.52	5.9	1.668	471.61	8.9	2.049	579.33	29	3.698	1045.57			
3.0	1.189	336.18	6.0	1.682	475.57	9.0	2.060	582.44	30	3.761	1063.39			
3.1	1.209	341.83	6.1	1.696	479.53	9.1	2.072	585.84	35	4.063	1148.77			
3.2	1.228	347.20	6.2	1.710	483.49	9.2	2.083	588.95	40	4.343	1227.94			
3.3	1.248	352.86	6.3	1.724	487.44	9.3	2.094	592.06	45	4.607	1302.40			
3.4	1.266	357.95	6.4	1.737	491.12	9.4	2.105	595.17	50	4.856	1372.99			
3.5	1.285	363.32	6.5	1.751	495.08	9.5	2.117	598.56	55	5.093	1439.99			

D = 700mm

i (‰)	v (m/s)	Q (L/s)	i (‰)	v (m/s)	Q (L/s)	i (‰)	v (m/s)	Q (L/s)	i (‰)	v (m/s)	Q (L/s)	i (‰)	v (m/s)	Q (L/s)
0.6	0.590	227.06	3.6	1.444	555.71	6.6	1.955	752.36	9.6	2.358	907.45	60	5.895	2268.63
0.7	0.637	245.14	3.7	1.464	563.11	6.7	1.970	758.13	9.7	2.370	912.07	65	6.136	2361.38
0.8	0.681	262.08	3.8	1.484	571.10	6.8	1.985	763.91	9.8	2.382	916.69	70	6.367	2450.28
0.9	0.722	277.85	3.9	1.503	578.41	6.9	1.999	769.30	9.9	2.395	921.69	75	6.591	2536.48
1.0	0.761	292.86	4.0	1.522	585.73	7.0	2.014	775.07	10.0	2.407	926.31	80	6.807	2619.61
1.1	0.798	307.10	4.1	1.541	593.04	7.1	2.028	780.46	11	2.524	971.34	85	7.017	2700.42
1.2	0.834	320.96	4.2	1.560	600.35	7.2	2.042	785.84	12	2.636	1014.44	90	7.220	2778.54
1.3	0.868	334.04	4.3	1.578	607.28	7.3	2.056	791.23	13	2.744	1056.00	95	7.418	2854.74
1.4	0.900	346.36	4.4	1.596	614.20	7.4	2.070	796.62	14	2.848	1096.02	100	7.611	2929.02
1.5	0.932	358.67	4.5	1.614	621.13	7.5	2.084	802.01	15	2.948	1134.51			
1.6	0.963	370.60	4.6	1.632	628.06	7.6	2.098	807.39	16	3.044	1171.45			
1.7	0.992	381.76	4.7	1.650	634.99	7.7	2.112	812.78	17	3.138	1207.63			
1.8	1.021	392.92	4.8	1.667	641.53	7.8	2.126	818.17	18	3.229	1242.65			
1.9	1.049	403.70	4.9	1.685	648.46	7.9	2.139	823.17	19	3.317	1276.51			
2.0	1.076	414.09	5.0	1.702	655.00	8.0	2.153	828.56	20	3.404	1310.00			
2.1	1.103	424.49	5.1	1.719	661.54	8.1	2.166	833.56	21	3.488	1342.32			
2.2	1.129	434.48	5.2	1.735	667.70	8.2	2.179	838.57	22	3.570	1373.88			
2.3	1.154	444.11	5.3	1.752	674.24	8.3	2.193	843.95	23	3.650	1404.67			
2.4	1.179	453.73	5.4	1.769	680.78	8.4	2.206	848.96	24	3.728	1434.68			
2.5	1.203	462.96	5.5	1.785	686.94	8.5	2.219	853.96	25	3.805	1464.32			
2.6	1.227	472.20	5.6	1.801	693.10	8.6	2.232	858.96	26	3.881	1493.56			
2.7	1.251	481.43	5.7	1.817	699.25	8.7	2.245	863.97	27	3.955	1522.04			
2.8	1.273	489.90	5.8	1.833	705.41	8.8	2.258	868.97	28	4.027	1549.75			
2.9	1.296	498.75	5.9	1.849	711.57	8.9	2.270	873.59	29	4.098	1577.07			
3.0	1.318	507.22	6.0	1.864	717.34	9.0	2.283	878.59	30	4.168	1604.01			
3.1	1.340	515.69	6.1	1.880	723.50	9.1	2.296	883.59	35	4.502	1732.55			
3.2	1.361	523.77	6.2	1.895	729.27	9.2	2.308	888.21	40	4.813	1852.23			
3.3	1.383	532.23	6.3	1.910	735.04	9.3	2.321	893.21	45	5.105	1964.61			
3.4	1.403	539.93	6.4	1.925	740.82	9.4	2.333	897.83	50	5.381	2070.82			
3.5	1.424	548.01	6.5	1.940	746.59	9.5	2.346	902.83	55	5.644	2172.04			

D = 800mm

i (‰)	v (m/s)	Q (L/s)	i (‰)	v (m/s)	Q (L/s)	i (‰)	v (m/s)	Q (L/s)	i (‰)	v (m/s)	Q (L/s)	i (‰)	v (m/s)	Q (L/s)
0.6	0.644	323.71	3.6	1.578	793.18	6.6	2.137	1074.16	9.6	2.578	1295.83	60	6.444	3239.08
0.7	0.696	349.84	3.7	1.600	804.24	6.7	2.153	1082.21	9.7	2.591	1302.37	65	6.707	3371.27
0.8	0.744	373.97	3.8	1.622	815.30	6.8	2.169	1090.25	9.8	2.604	1308.90	70	6.960	3498.44
0.9	0.789	396.59	3.9	1.643	825.85	6.9	2.185	1098.29	9.9	2.618	1315.94	75	7.205	3621.59
1.0	0.832	418.20	4.0	1.664	836.41	7.0	2.201	1106.33	10.0	2.631	1322.47	80	7.441	3740.22
1.1	0.873	438.81	4.1	1.684	846.46	7.1	2.217	1114.38	11	2.759	1386.81	85	7.670	3855.33
1.2	0.911	457.91	4.2	1.705	857.02	7.2	2.232	1121.91	12	2.882	1448.64	90	7.892	3966.91
1.3	0.949	477.01	4.3	1.725	867.07	7.3	2.248	1129.96	13	3.000	1507.95	95	8.108	4075.49
1.4	0.984	494.61	4.4	1.745	877.12	7.4	2.263	1137.50	14	3.112	1564.25	100	8.319	4181.55
1.5	1.019	512.20	4.5	1.765	887.18	7.5	2.278	1145.04	15	3.222	1619.54			
1.6	1.052	528.79	4.6	1.784	896.73	7.6	2.293	1152.58	16	3.328	1672.82			
1.7	1.085	545.38	4.7	1.804	906.78	7.7	2.308	1160.12	17	3.430	1724.09			
1.8	1.116	560.96	4.8	1.823	916.33	7.8	2.323	1167.66	18	3.529	1773.85			
1.9	1.147	576.54	4.9	1.842	925.88	7.9	2.338	1175.20	19	3.626	1822.61			
2.0	1.176	591.12	5.0	1.860	934.93	8.0	2.353	1182.74	20	3.720	1869.86			
2.1	1.206	606.20	5.1	1.879	944.48	8.1	2.368	1190.28	21	3.812	1916.10			
2.2	1.234	620.27	5.2	1.897	953.53	8.2	2.382	1197.31	22	3.902	1961.34			
2.3	1.262	634.34	5.3	1.915	962.57	8.3	2.397	1204.85	23	3.990	2005.57			
2.4	1.289	647.92	5.4	1.933	971.62	8.4	2.411	1211.89	24	4.076	2048.80			
2.5	1.315	660.98	5.5	1.951	980.67	8.5	2.425	1218.93	25	4.160	2091.02			
2.6	1.341	674.05	5.6	1.969	989.72	8.6	2.440	1226.47	26	4.242	2132.24			
2.7	1.367	687.12	5.7	1.986	998.26	8.7	2.454	1233.50	27	4.323	2172.96			
2.8	1.392	699.69	5.8	2.004	1007.31	8.8	2.468	1240.54	28	4.402	2212.67			
2.9	1.417	712.26	5.9	2.021	1015.86	8.9	2.482	1247.58	29	4.480	2251.87			
3.0	1.441	724.32	6.0	2.038	1024.40	9.0	2.496	1254.61	30	4.557	2290.58			
3.1	1.465	736.38	6.1	2.055	1032.95	9.1	2.510	1261.65	35	4.922	2474.04			
3.2	1.488	747.94	6.2	2.071	1040.99	9.2	2.523	1268.19	40	5.261	2644.44			
3.3	1.511	759.50	6.3	2.088	1049.53	9.3	2.537	1275.22	45	5.581	2805.29			
3.4	1.534	771.07	6.4	2.105	1058.08	9.4	2.551	1282.26	50	5.882	2956.59			
3.5	1.556	782.12	6.5	2.121	1066.12	9.5	2.564	1288.79	55	6.170	3101.35			

$D = 900\text{mm}$

i (‰)	v (m/s)	Q (L/s)	i (‰)	v (m/s)	Q (L/s)	i (‰)	v (m/s)	Q (L/s)	i (‰)	v (m/s)	Q (L/s)	i (‰)	v (m/s)	Q (L/s)
0.6	0.697	443.41	3.6	1.707	1085.94	6.6	2.312	1470.83	9.6	2.788	1773.64	60	6.970	4434.10
0.7	0.753	479.04	3.7	1.731	1101.21	6.7	2.329	1481.64	9.7	2.803	1783.18	65	7.255	4615.41
0.8	0.805	512.12	3.8	1.754	1115.84	6.8	2.347	1493.09	9.8	2.817	1792.09	70	7.529	4789.72
0.9	0.854	543.29	3.9	1.777	1130.47	6.9	2.364	1503.91	9.9	2.831	1801.00	75	7.793	4957.67
1.0	0.900	572.55	4.0	1.800	1145.11	7.0	2.381	1514.72	10.0	2.846	1810.54	80	8.049	5120.53
1.1	0.944	600.54	4.1	1.822	1159.10	7.1	2.398	1525.54	11	2.985	1898.97	85	8.296	5277.67
1.2	0.986	627.26	4.2	1.844	1173.10	7.2	2.415	1536.35	12	3.117	1982.94	90	8.537	5430.98
1.3	1.026	652.71	4.3	1.866	1187.09	7.3	2.431	1546.53	13	3.245	2064.37	95	8.771	5579.85
1.4	1.065	677.52	4.4	1.888	1201.09	7.4	2.448	1557.34	14	3.367	2141.98	100	8.999	5724.89
1.5	1.102	701.06	4.5	1.909	1214.45	7.5	2.464	1567.52	15	3.485	2217.05			
1.6	1.138	723.96	4.6	1.930	1227.81	7.6	2.481	1578.34	16	3.599	2289.58			
1.7	1.173	746.23	4.7	1.951	1241.17	7.7	2.497	1588.52	17	3.710	2360.19			
1.8	1.207	767.86	4.8	1.972	1254.53	7.8	2.513	1598.70	18	3.818	2428.90			
1.9	1.240	788.85	4.9	1.992	1267.25	7.9	2.529	1608.87	19	3.922	2495.06			
2.0	1.273	809.84	5.0	2.012	1279.97	8.0	2.545	1619.05	20	4.024	2559.95			
2.1	1.304	829.57	5.1	2.032	1292.70	8.1	2.561	1629.23	21	4.124	2623.57			
2.2	1.335	849.29	5.2	2.052	1305.42	8.2	2.577	1639.41	22	4.221	2685.27			
2.3	1.365	868.37	5.3	2.072	1318.14	8.3	2.592	1648.95	23	4.316	2745.71			
2.4	1.394	886.82	5.4	2.091	1330.23	8.4	2.608	1659.13	24	4.408	2804.24			
2.5	1.423	905.27	5.5	2.110	1342.32	8.5	2.624	1669.31	25	4.499	2862.13			
2.6	1.451	923.08	5.6	2.129	1354.41	8.6	2.639	1678.85	26	4.588	2918.75			
2.7	1.479	940.90	5.7	2.148	1366.49	8.7	2.654	1688.40	27	4.676	2974.73			
2.8	1.506	958.07	5.8	2.167	1378.58	8.8	2.669	1697.94	28	4.762	3029.44			
2.9	1.532	974.61	5.9	2.186	1390.67	8.9	2.685	1708.12	29	4.846	3082.88			
3.0	1.559	991.79	6.0	2.204	1402.12	9.0	2.700	1717.66	30	4.929	3135.68			
3.1	1.584	1007.69	6.1	2.222	1413.57	9.1	2.715	1727.20	35	5.324	3386.97			
3.2	1.610	1024.23	6.2	2.241	1425.66	9.2	2.729	1736.11	40	5.691	3620.44			
3.3	1.635	1040.14	6.3	2.259	1437.11	9.3	2.744	1745.65	45	6.036	3839.92			
3.4	1.659	1055.41	6.4	2.277	1448.56	9.4	2.759	1755.19	50	6.363	4047.95			
3.5	1.684	1071.31	6.5	2.294	1459.37	9.5	2.774	1764.74	55	6.674	4245.80			

D = 1000mm

i (‰)	v (m/s)	Q (L/s)	i (‰)	v (m/s)	Q (L/s)	i (‰)	v (m/s)	Q (L/s)	i (‰)	v (m/s)	Q (L/s)	i (‰)	v (m/s)	Q (L/s)
0.6	0.748	587.48	3.6	1.832	1438.85	6.6	2.480	1947.79	9.6	2.991	2349.13	60	7.478	5873.22
0.7	0.808	634.60	3.7	1.857	1458.49	6.7	2.499	1962.71	9.7	3.007	2361.70	65	7.783	6112.77
0.8	0.863	677.80	3.8	1.882	1478.12	6.8	2.517	1976.85	9.8	3.022	2373.48	70	8.077	6343.68
0.9	0.916	719.43	3.9	1.906	1496.97	6.9	2.536	1991.77	9.9	3.037	2385.26	75	8.360	6565.94
1.0	0.965	757.91	4.0	1.931	1516.61	7.0	2.554	2005.91	10.0	3.053	2397.83	80	8.634	6781.14
1.1	1.012	794.82	4.1	1.955	1535.46	7.1	2.572	2020.05	11	3.202	2514.85	85	8.900	6990.06
1.2	1.057	830.17	4.2	1.978	1553.52	7.2	2.590	2034.19	12	3.344	2626.38	90	9.158	7192.69
1.3	1.101	864.73	4.3	2.002	1572.37	7.3	2.608	2048.32	13	3.481	2733.98	95	9.409	7389.83
1.4	1.142	896.93	4.4	2.025	1590.44	7.4	2.626	2062.46	14	3.612	2836.86	100	9.653	7581.47
1.5	1.182	928.34	4.5	2.048	1608.50	7.5	2.644	2076.60	15	3.739	2936.61			
1.6	1.221	958.97	4.6	2.070	1625.78	7.6	2.661	2089.95	16	3.861	3032.43			
1.7	1.259	988.82	4.7	2.093	1643.84	7.7	2.679	2104.09	17	3.980	3125.89			
1.8	1.295	1017.09	4.8	2.115	1661.12	7.8	2.696	2117.44	18	4.096	3217.00			
1.9	1.331	1045.37	4.9	2.137	1678.40	7.9	2.713	2130.79	19	4.208	3304.96			
2.0	1.365	1072.07	5.0	2.159	1695.68	8.0	2.730	2144.14	20	4.317	3390.57			
2.1	1.399	1098.77	5.1	2.180	1712.17	8.1	2.747	2157.49	21	4.424	3474.61			
2.2	1.432	1124.69	5.2	2.201	1728.67	8.2	2.764	2170.85	22	4.528	3556.29			
2.3	1.464	1149.83	5.3	2.222	1745.16	8.3	2.781	2184.20	23	4.630	3636.40			
2.4	1.496	1174.96	5.4	2.243	1761.65	8.4	2.798	2197.55	24	4.729	3714.16			
2.5	1.526	1198.52	5.5	2.264	1778.15	8.5	2.814	2210.12	25	4.827	3791.13			
2.6	1.557	1222.87	5.6	2.284	1793.85	8.6	2.831	2223.47	26	4.922	3865.74			
2.7	1.586	1245.64	5.7	2.305	1810.35	8.7	2.847	2236.03	27	5.016	3939.57			
2.8	1.615	1268.42	5.8	2.325	1826.06	8.8	2.864	2249.39	28	5.108	4011.82			
2.9	1.644	1291.20	5.9	2.345	1841.76	8.9	2.880	2261.95	29	5.199	4083.29			
3.0	1.672	1313.19	6.0	2.365	1857.47	9.0	2.896	2274.52	30	5.287	4152.41			
3.1	1.700	1335.18	6.1	2.384	1872.39	9.1	2.912	2287.08	35	5.711	4485.42			
3.2	1.727	1356.39	6.2	2.404	1888.10	9.2	2.928	2299.65	40	6.105	4794.87			
3.3	1.754	1377.59	6.3	2.423	1903.02	9.3	2.944	2312.22	45	6.476	5086.25			
3.4	1.780	1398.01	6.4	2.442	1917.95	9.4	2.960	2324.78	50	6.826	5361.14			
3.5	1.806	1418.43	6.5	2.461	1932.87	9.5	2.975	2336.57	55	7.159	5622.68			

$D=1100\text{mm}$

i (‰)	v (m/s)	Q (L/s)	i (‰)	v (m/s)	Q (L/s)	i (‰)	v (m/s)	Q (L/s)	i (‰)	v (m/s)	Q (L/s)	i (‰)	v (m/s)	Q (L/s)
0.6	0.797	757.41	3.6	1.952	1855.04	6.6	2.643	2511.72	9.6	3.187	3028.70	60	7.968	7572.23
0.7	0.861	818.23	3.7	1.979	1880.70	6.7	2.663	2530.73	9.7	3.204	3044.86	65	8.293	7881.09
0.8	0.920	874.30	3.8	2.005	1905.41	6.8	2.682	2548.79	9.8	3.220	3060.06	70	8.607	8179.49
0.9	0.976	927.52	3.9	2.031	1930.12	6.9	2.702	2567.79	9.9	3.237	3076.22	75	8.909	8466.49
1.0	1.029	977.89	4.0	2.057	1954.83	7.0	2.722	2586.80	10.0	3.253	3091.42	80	9.201	8743.99
1.1	1.079	1025.41	4.1	2.083	1979.54	7.1	2.741	2604.85	11	3.412	3242.53	85	9.484	9012.93
1.2	1.127	1071.02	4.2	2.108	2003.30	7.2	2.760	2622.91	12	3.563	3386.03	90	9.759	9274.27
1.3	1.173	1114.74	4.3	2.133	2027.05	7.3	2.770	2640.97	13	3.709	3524.77	95	10.026	9528.01
1.4	1.217	1156.55	4.4	2.158	2050.81	7.4	2.798	2659.02	14	3.849	3657.82	100	10.287	9776.04
1.5	1.260	1197.42	4.5	2.182	2073.62	7.5	2.817	2677.08	15	3.984	3786.11			
1.6	1.301	1236.38	4.6	2.206	2096.43	7.6	2.836	2695.14	16	4.115	3910.61			
1.7	1.341	1274.39	4.7	2.230	2119.24	7.7	2.854	2712.24	17	4.241	4030.35			
1.8	1.380	1311.46	4.8	2.254	2142.04	7.8	2.873	2730.30	18	4.364	4147.24			
1.9	1.418	1347.57	4.9	2.277	2163.90	7.9	2.891	2747.40	19	4.484	4261.28			
2.0	1.455	1382.73	5.0	2.300	2185.76	8.0	2.910	2765.46	20	4.600	4371.52			
2.1	1.491	1416.94	5.1	2.323	2207.62	8.1	2.928	2782.57	21	4.714	4479.86			
2.2	1.526	1450.20	5.2	2.346	2229.47	8.2	2.946	2799.67	22	4.825	4585.34			
2.3	1.560	1482.51	5.3	2.368	2250.38	8.3	2.964	2816.78	23	4.933	4687.98			
2.4	1.594	1514.83	5.4	2.390	2271.29	8.4	2.981	2832.93	24	5.039	4788.71			
2.5	1.626	1545.24	5.5	2.412	2292.20	8.5	2.999	2850.04	25	5.143	4887.55			
2.6	1.659	1576.60	5.6	2.434	2313.10	8.6	3.017	2867.15	26	5.245	4984.48			
2.7	1.690	1606.06	5.7	2.456	2334.01	8.7	3.034	2883.30	27	5.345	5079.51			
2.8	1.721	1635.52	5.8	2.477	2353.97	8.8	3.052	2900.41	28	5.443	5172.65			
2.9	1.752	1664.98	5.9	2.499	2374.87	8.9	3.069	2916.56	29	5.540	5264.83			
3.0	1.782	1693.49	6.0	2.520	2394.83	9.0	3.086	2932.72	30	5.634	5354.15			
3.1	1.811	1721.05	6.1	2.541	2414.79	9.1	3.103	2948.87	35	6.086	5783.71			
3.2	1.840	1748.61	6.2	2.561	2433.80	9.2	3.120	2965.03	40	6.506	6182.85			
3.3	1.869	1776.17	6.3	2.582	2453.75	9.3	3.137	2981.19	45	6.901	6558.23			
3.4	1.897	1802.78	6.4	2.602	2472.76	9.4	3.154	2997.34	50	7.274	6912.70			
3.5	1.924	1828.43	6.5	2.623	2492.72	9.5	3.171	3013.50	55	7.629	7250.07			

续表

$D = 1200\text{mm}$

i (‰)	v (m/s)	Q (L/s)	i (‰)	v (m/s)	Q (L/s)	i (‰)	v (m/s)	Q (L/s)	i (‰)	v (m/s)	Q (L/s)	i (‰)	v (m/s)	Q (L/s)
0.6	0.844	954.54	3.6	2.068	2338.85	6.6	2.801	3167.85	9.6	3.378	3820.42	60	8.444	9549.91
0.7	0.912	1031.44	3.7	2.097	2371.64	6.7	2.822	3191.60	9.7	3.395	3839.64	65	8.789	9940.10
0.8	0.975	1102.70	3.8	2.125	2403.31	6.8	2.843	3215.35	9.8	3.413	3860.00	70	9.121	10315.58
0.9	1.034	1169.42	3.9	2.153	2434.98	6.9	2.863	3237.97	9.9	3.430	3879.23	75	9.441	10677.49
1.0	1.090	1232.76	4.0	2.180	2465.51	7.0	2.884	3261.72	10.0	3.447	3898.45	80	9.750	11026.96
1.1	1.143	1292.70	4.1	2.207	2496.05	7.1	2.905	3285.47	11	3.615	4088.46	85	10.050	11366.25
1.2	1.194	1350.38	4.2	2.234	2526.59	7.2	2.925	3308.09	12	3.776	4270.54	90	10.342	11696.49
1.3	1.243	1405.80	4.3	2.260	2555.99	7.3	2.945	3330.71	13	3.930	4444.71	95	10.625	12016.56
1.4	1.290	1458.95	4.4	2.287	2586.53	7.4	2.965	3353.33	14	4.079	4613.22	100	10.901	12328.70
1.5	1.335	1509.84	4.5	2.312	2615.80	7.5	2.985	3375.95	15	4.222	4774.96			
1.6	1.379	1559.61	4.6	2.338	2644.21	7.6	3.005	3398.66	16	4.360	4931.03			
1.7	1.421	1607.11	4.7	2.363	2672.48	7.7	3.025	3421.18	17	4.495	5083.71			
1.8	1.463	1654.61	4.8	2.388	2700.76	7.8	3.045	3443.80	18	4.625	5230.74			
1.9	1.503	1699.85	4.9	2.413	2729.03	7.9	3.064	3465.29	19	4.752	5374.36			
2.0	1.542	1743.96	5.0	2.438	2757.30	8.0	3.083	3486.78	20	4.875	5513.48			
2.1	1.580	1786.93	5.1	2.462	2784.44	8.1	3.103	3509.40	21	4.996	5650.33			
2.2	1.617	1828.78	5.2	2.486	2811.59	8.2	3.122	3530.89	22	5.113	5782.65			
2.3	1.653	1869.49	5.3	2.510	2838.73	8.3	3.141	3552.38	23	5.228	5912.71			
2.4	1.689	1910.21	5.4	2.533	2864.75	8.4	3.159	3572.73	24	5.340	6039.38			
2.5	1.724	1949.79	5.5	2.557	2891.89	8.5	3.178	3594.22	25	5.451	6164.92			
2.6	1.758	1988.25	5.6	2.580	2917.90	8.6	3.197	3615.71	26	5.558	6285.93			
2.7	1.791	2025.57	5.7	2.603	2943.91	8.7	3.215	3636.07	27	5.664	6405.81			
2.8	1.824	2062.89	5.8	2.625	2968.80	8.8	3.234	3657.56	28	5.768	6523.43			
2.9	1.856	2099.08	5.9	2.648	2994.81	8.9	3.252	3677.91	29	5.870	6638.79			
3.0	1.888	2135.27	6.0	2.670	3019.69	9.0	3.270	3698.27	30	5.971	6753.02			
3.1	1.919	2170.33	6.1	2.692	3044.57	9.1	3.288	3718.63	35	6.449	7293.63			
3.2	1.950	2205.39	6.2	2.714	3069.45	9.2	3.306	3738.99	40	6.894	7796.91			
3.3	1.980	2239.32	6.3	2.736	3094.33	9.3	3.324	3759.34	45	7.313	8270.78			
3.4	2.010	2273.25	6.4	2.758	3119.22	9.4	3.342	3779.70	50	7.708	8717.52			
3.5	2.039	2306.05	6.5	2.779	3142.97	9.5	3.360	3800.05	55	8.084	9142.76			

$D = 1250\text{mm}$

i(‰)	v(m/s)	Q(L/s)	i(‰)	v(m/s)	Q(L/s)	i(‰)	v(m/s)	Q(L/s)	i(‰)	v(m/s)	Q(L/s)	i(‰)	v(m/s)	Q(L/s)
0.6	0.868	1065.19	3.6	2.125	2607.76	6.6	2.878	3531.82	9.6	3.471	4259.54	60	8.677	10648.24
0.7	0.937	1149.87	3.7	2.155	2644.57	6.7	2.900	3558.82	9.7	3.489	4281.63	65	9.031	11082.66
0.8	1.002	1229.63	3.8	2.184	2680.16	6.8	2.921	3584.59	9.8	3.507	4303.72	70	9.372	11501.13
0.9	1.063	1304.49	3.9	2.212	2714.52	6.9	2.942	3610.36	9.9	3.525	4325.81	75	9.701	11904.87
1.0	1.120	1374.44	4.0	2.240	2748.88	7.0	2.964	3637.36	10.0	3.542	4346.67	80	10.019	12295.12
1.1	1.175	1441.94	4.1	2.268	2783.24	7.1	2.985	3663.13	11	3.715	4558.97	85	10.328	12674.32
1.2	1.227	1505.75	4.2	2.296	2817.61	7.2	3.006	3688.90	12	3.880	4761.46	90	10.627	13041.24
1.3	1.277	1567.11	4.3	2.323	2850.74	7.3	3.027	3714.67	13	4.039	4956.58	95	10.918	13398.35
1.4	1.325	1626.01	4.4	2.350	2883.87	7.4	3.047	3739.22	14	4.191	5143.11	100	11.202	13746.87
1.5	1.372	1683.69	4.5	2.376	2915.78	7.5	3.068	3764.99	15	4.338	5323.51			
1.6	1.417	1738.91	4.6	2.403	2948.91	7.6	3.088	3789.53	16	4.481	5498.99			
1.7	1.461	1792.91	4.7	2.429	2980.82	7.7	3.108	3814.08	17	4.619	5668.34			
1.8	1.503	1844.45	4.8	2.454	3011.50	7.8	3.129	3839.85	18	4.753	5832.79			
1.9	1.544	1894.77	4.9	2.480	3043.41	7.9	3.148	3863.16	19	4.883	5992.32			
2.0	1.584	1943.85	5.0	2.505	3074.09	8.0	3.168	3887.71	20	5.010	6148.17			
2.1	1.623	1991.71	5.1	2.530	3104.77	8.1	3.188	3912.25	21	5.133	6299.11			
2.2	1.661	2038.35	5.2	2.554	3134.22	8.2	3.208	3936.79	22	5.254	6447.60			
2.3	1.699	2084.98	5.3	2.579	3164.90	8.3	3.227	3960.11	23	5.372	6592.41			
2.4	1.735	2129.16	5.4	2.603	3194.35	8.4	3.247	3984.65	24	5.488	6734.76			
2.5	1.771	2173.34	5.5	2.627	3223.80	8.5	3.266	4007.97	25	5.601	6873.44			
2.6	1.806	2216.29	5.6	2.651	3253.25	8.6	3.285	4031.29	26	5.712	7009.65			
2.7	1.841	2259.24	5.7	2.674	3281.48	8.7	3.304	4054.60	27	5.821	7143.41			
2.8	1.874	2299.74	5.8	2.698	3310.93	8.8	3.323	4077.92	28	5.927	7273.50			
2.9	1.908	2341.46	5.9	2.721	3339.16	8.9	3.342	4101.24	29	6.032	7402.35			
3.0	1.940	2380.73	6.0	2.744	3367.38	9.0	3.361	4124.55	30	6.135	7528.75			
3.1	1.972	2420.00	6.1	2.767	3395.61	9.1	3.379	4146.64	35	6.627	8132.52			
3.2	2.004	2459.27	6.2	2.789	3422.61	9.2	3.398	4169.96	40	7.085	8694.57			
3.3	2.035	2497.31	6.3	2.812	3450.83	9.3	3.416	4192.05	45	7.514	9221.03			
3.4	2.066	2535.35	6.4	2.834	3477.83	9.4	3.434	4214.14	50	7.921	9720.49			
3.5	2.096	2572.17	6.5	2.856	3504.83	9.5	3.453	4237.45	55	8.308	10195.41			

$D = 1300\text{mm}$

i (‰)	v (m/s)	Q (L/s)	i (‰)	v (m/s)	Q (L/s)	i (‰)	v (m/s)	Q (L/s)	i (‰)	v (m/s)	Q (L/s)	i (‰)	v (m/s)	Q (L/s)
0.6	0.891	1182.64	3.6	2.182	2896.21	6.6	2.954	3920.90	9.6	3.563	4729.24	80	8.907	11822.44
0.7	0.962	1276.88	3.7	2.212	2936.03	6.7	2.976	3950.10	9.7	3.581	4753.13	65	9.270	12304.26
0.8	1.028	1364.48	3.8	2.241	2974.52	6.8	2.998	3979.31	9.8	3.600	4778.35	70	9.620	12768.82
0.9	1.091	1448.11	3.9	2.271	3014.34	6.9	3.020	4008.51	9.9	3.618	4802.24	75	9.958	13217.45
1.0	1.150	1526.42	4.0	2.300	3052.84	7.0	3.042	4037.71	10.0	3.636	4826.13	80	10.285	13651.48
1.1	1.206	1600.75	4.1	2.328	3090.00	7.1	3.064	4066.91	11	3.814	5062.40	85	10.601	14070.92
1.2	1.260	1672.42	4.2	2.356	3127.17	7.2	3.085	4094.78	12	3.983	5286.72	90	10.909	14479.73
1.3	1.311	1740.12	4.3	2.384	3164.33	7.3	3.107	4123.98	13	4.146	5503.07	95	11.207	14875.28
1.4	1.361	1806.48	4.4	2.412	3201.50	7.4	3.128	4151.86	14	4.302	5692.41	100	11.499	15262.85
1.5	1.408	1868.87	4.5	2.439	3237.33	7.5	3.149	4179.73	15	4.453	5910.56			
1.6	1.454	1929.92	4.6	2.466	3273.17	7.6	3.170	4207.60	16	4.599	6104.34			
1.7	1.499	1989.65	4.7	2.493	3309.01	7.7	3.191	4235.48	17	4.741	6292.82			
1.8	1.543	2048.05	4.8	2.519	3343.52	7.8	3.211	4262.02	18	4.878	6474.67			
1.9	1.585	2103.80	4.9	2.545	3378.03	7.9	3.232	4289.90	19	5.012	6652.53			
2.0	1.626	2158.22	5.0	2.571	3412.54	8.0	3.252	4316.44	20	5.142	6825.08			
2.1	1.666	2211.32	5.1	2.597	3447.05	8.1	3.273	4344.32	21	5.269	6993.65			
2.2	1.706	2264.41	5.2	2.622	3480.23	8.2	3.293	4370.86	22	5.393	7158.24			
2.3	1.744	2314.85	5.3	2.647	3513.42	8.3	3.313	4397.41	23	5.515	7320.17			
2.4	1.781	2363.96	5.4	2.672	3546.60	8.4	3.333	4423.96	24	5.633	7476.79			
2.5	1.818	2413.07	5.5	2.697	3579.78	8.5	3.352	4449.18	25	5.749	7630.76			
2.6	1.854	2460.85	5.6	2.721	3611.64	8.6	3.372	4475.72	26	5.863	7782.08			
2.7	1.889	2507.31	5.7	2.745	3643.49	8.7	3.392	4502.27	27	5.975	7930.74			
2.8	1.924	2553.76	5.8	2.769	3675.35	8.8	3.411	4527.49	28	6.084	8075.41			
2.9	1.958	2598.89	5.9	2.793	3707.20	8.9	3.430	4552.71	29	6.192	8218.77			
3.0	1.992	2644.02	6.0	2.817	3739.06	9.0	3.450	4579.25	30	6.298	8359.46			
3.1	2.025	2687.82	6.1	2.840	3769.59	9.1	3.469	4604.47	35	6.803	9029.76			
3.2	2.057	2730.30	6.2	2.863	3800.12	9.2	3.488	4629.89	40	7.272	9652.27			
3.3	2.089	2772.77	6.3	2.886	3830.65	9.3	3.507	4654.91	45	7.714	10238.94			
3.4	2.120	2813.92	6.4	2.909	3861.17	9.4	3.525	4678.80	50	8.131	10792.43			
3.5	2.151	2855.07	6.5	2.932	3891.70	9.5	3.544	4704.02	55	8.528	11319.38			

$D=1350\text{mm}$

i (‰)	v (m/s)	Q (L/s)	i (‰)	v (m/s)	Q (L/s)	i (‰)	v (m/s)	Q (L/s)	i (‰)	v (m/s)	Q (L/s)	i (‰)	v (m/s)	Q (L/s)
0.6	0.913	1306.88	3.6	2.237	3202.02	6.6	3.029	4335.68	9.6	3.653	5228.87	60	9.134	13074.32
0.7	0.987	1412.78	3.7	2.268	3246.39	6.7	3.052	4368.60	9.7	3.672	5256.06	65	9.507	13608.22
0.8	1.055	1510.12	3.8	2.299	3290.77	6.8	3.075	4401.52	9.8	3.691	5283.26	70	9.866	14122.09
0.9	1.119	1601.73	3.9	2.329	3333.71	6.9	3.097	4433.01	9.9	3.710	5310.46	75	10.212	14617.35
1.0	1.179	1687.61	4.0	2.358	3375.22	7.0	3.120	4465.94	10.0	3.729	5337.65	80	10.547	15096.87
1.1	1.237	1770.63	4.1	2.388	3418.16	7.1	3.142	4497.43	11	3.911	5598.17	85	10.871	15560.64
1.2	1.292	1849.36	4.2	2.417	3459.67	7.2	3.164	4528.92	12	4.085	5847.23	90	11.186	16011.53
1.3	1.344	1923.79	4.3	2.445	3499.75	7.3	3.186	4560.41	13	4.252	6086.27	95	11.493	16450.97
1.4	1.395	1996.79	4.4	2.473	3539.83	7.4	3.208	4591.90	14	4.412	6315.29	100	11.792	16878.95
1.5	1.444	2066.93	4.5	2.501	3579.91	7.5	3.229	4621.96	15	4.567	6537.16			
1.6	1.492	2135.63	4.6	2.529	3619.99	7.6	3.251	4653.45	16	4.717	6751.87			
1.7	1.537	2200.05	4.7	2.556	3658.63	7.7	3.272	4683.51	17	4.862	6959.42			
1.8	1.582	2264.46	4.8	2.583	3697.28	7.8	3.293	4713.57	18	5.003	7161.24			
1.9	1.625	2326.01	4.9	2.610	3735.93	7.9	3.314	4743.63	19	5.140	7357.34			
2.0	1.668	2387.56	5.0	2.637	3774.58	8.0	3.335	4773.69	20	5.273	7547.72			
2.1	1.709	2446.25	5.1	2.663	3811.79	8.1	3.356	4803.74	21	5.404	7735.23			
2.2	1.749	2503.50	5.2	2.689	3849.01	8.2	3.377	4833.80	22	5.531	7917.02			
2.3	1.788	2559.33	5.3	2.715	3886.22	8.3	3.397	4862.43	23	5.655	8094.51			
2.4	1.827	2615.15	5.4	2.740	3922.01	8.4	3.418	4892.49	24	5.777	8269.14			
2.5	1.864	2668.11	5.5	2.765	3957.79	8.5	3.438	4921.12	25	5.896	8439.48			
2.6	1.901	2721.07	5.6	2.790	3993.58	8.6	3.458	4949.75	26	6.013	8606.95			
2.7	1.938	2774.03	5.7	2.815	4029.36	8.7	3.478	4978.37	27	6.127	8770.13			
2.8	1.973	2824.13	5.8	2.840	4065.15	8.8	3.498	5007.00	28	6.240	8931.87			
2.9	2.008	2874.23	5.9	2.864	4099.50	8.9	3.518	5035.63	29	6.350	9089.33			
3.0	2.042	2922.90	6.0	2.888	4133.85	9.0	3.537	5062.83	30	6.459	9245.35			
3.1	2.076	2971.57	6.1	2.912	4168.21	9.1	3.557	5091.45	35	6.976	9985.38			
3.2	2.109	3018.80	6.2	2.936	4202.56	9.2	3.577	5120.08	40	7.458	10675.31			
3.3	2.142	3066.04	6.3	2.960	4236.91	9.3	3.596	5147.28	45	7.910	11322.29			
3.4	2.174	3111.84	6.4	2.983	4269.84	9.4	3.615	5174.47	50	8.338	11934.93			
3.5	2.206	3157.65	6.5	3.006	4302.76	9.5	3.634	5201.67	55	8.745	12517.51			

$D = 1400\text{mm}$

i (‰)	v (m/s)	Q (L/s)	i (‰)	v (m/s)	Q (L/s)	i (‰)	v (m/s)	Q (L/s)	i (‰)	v (m/s)	Q (L/s)	i (‰)	v (m/s)	Q (L/s)
0.6	0.936	1440.86	3.6	2.292	3528.26	6.6	3.104	4778.24	9.6	3.743	5761.90	60	9.358	14405.52
0.7	1.011	1556.31	3.7	2.324	3577.52	6.7	3.127	4813.64	9.7	3.763	5792.67	65	9.740	14993.56
0.8	1.081	1664.07	3.8	2.355	3625.24	6.8	3.150	4849.05	9.8	3.782	5821.94	70	10.108	15560.05
0.9	1.146	1764.13	3.9	2.386	3672.96	6.9	3.173	4884.45	9.9	3.801	5851.18	75	10.462	16104.99
1.0	1.208	1859.57	4.0	2.416	3719.14	7.0	3.196	4919.86	10.0	3.820	5880.43	80	10.806	16634.54
1.1	1.267	1950.39	4.1	2.446	3765.32	7.1	3.219	4955.26	11	4.007	6168.30	85	11.138	17145.61
1.2	1.323	2036.60	4.2	2.476	3811.50	7.2	3.242	4990.67	12	4.185	6442.31	90	11.461	17642.83
1.3	1.377	2119.73	4.3	2.505	3856.15	7.3	3.264	5024.54	13	4.356	6705.54	95	11.775	18126.20
1.4	1.429	2199.77	4.4	2.534	3900.79	7.4	3.286	5058.40	14	4.520	6958.00	100	12.081	18597.25
1.5	1.480	2278.28	4.5	2.563	3945.43	7.5	3.309	5093.81	15	4.679	7202.76			
1.6	1.528	2352.17	4.6	2.591	3988.53	7.6	3.330	5126.14	16	4.832	7438.28			
1.7	1.575	2424.52	4.7	2.619	4031.64	7.7	3.352	5160.00	17	4.981	7667.65			
1.8	1.621	2495.33	4.8	2.647	4074.74	7.8	3.374	5193.87	18	5.126	7890.86			
1.9	1.665	2563.07	4.9	2.674	4116.30	7.9	3.396	5227.73	19	5.266	8106.38			
2.0	1.708	2629.26	5.0	2.701	4157.87	8.0	3.417	5260.06	20	5.403	8317.27			
2.1	1.751	2695.45	5.1	2.728	4199.43	8.1	3.438	5292.39	21	5.536	8522.01			
2.2	1.792	2758.57	5.2	2.755	4240.99	8.2	3.459	5324.72	22	5.666	8722.13			
2.3	1.832	2820.14	5.3	2.781	4281.02	8.3	3.480	5357.04	23	5.794	8919.17			
2.4	1.872	2881.72	5.4	2.807	4321.04	8.4	3.501	5389.37	24	5.918	9110.05			
2.5	1.910	2940.22	5.5	2.833	4361.06	8.5	3.522	5421.70	25	6.040	9297.86			
2.6	1.948	2998.71	5.6	2.859	4401.09	8.6	3.543	5454.02	26	6.160	9482.58			
2.7	1.985	3055.66	5.7	2.884	4439.57	8.7	3.563	5484.81	27	6.277	9662.69			
2.8	2.022	3112.63	5.8	2.909	4478.06	8.8	3.584	5517.14	28	6393	9841.26			
2.9	2.057	3166.50	5.9	2.934	4516.54	8.9	3.604	5547.93	29	6.506	10015.21			
3.0	2.092	3220.38	6.0	2.959	4555.03	9.0	3.624	5578.71	30	6.617	10186.08			
3.1	2.127	3274.26	6.1	2.984	4593.51	9.1	3.644	5609.50	35	7.147	11001.95			
3.2	2.161	3326.80	6.2	3.008	4630.46	9.2	3.664	5640.29	40	7.641	11762.40			
3.3	2.195	3378.94	6.3	3.032	4667.40	9.3	3.684	5671.08	45	8.104	12475.14			
3.4	2.228	3429.74	6.4	3.056	4704.35	9.4	3.704	5701.86	50	8.543	13150.92			
3.5	2.260	3479.00	6.5	3.080	4741.29	9.5	3.724	5732.65	55	8.959	13791.31			

$D = 1500\text{mm}$

i (‰)	v (m/s)	Q (L/s)	i (‰)	v (m/s)	Q (L/s)	i (‰)	v (m/s)	Q (L/s)	i (‰)	v (m/s)	Q (L/s)	i (‰)	v (m/s)	Q (L/s)
0.6	0.980	1731.80	3.6	2.400	4241.14	6.6	3.250	5743.21	9.6	3.919	6925.42	60	9.798	17314.44
0.7	1.058	1869.63	3.7	2.433	4299.45	6.7	3.274	5785.62	9.7	3.940	6962.53	65	10.198	18021.29
0.8	1.131	1998.64	3.8	2.466	4357.77	6.8	3.299	5829.79	9.8	3.960	6997.87	70	10.583	18701.64
0.9	1.200	2120.57	3.9	2.498	4414.32	6.9	3.323	5872.21	9.9	3.980	7033.22	75	10.955	19359.02
1.0	1.265	2235.43	4.0	2.530	4470.86	7.0	3.347	5914.62	10.0	4.000	7068.56	80	11.314	19993.42
1.1	1.327	2344.99	4.1	2.561	4525.65	7.1	3.371	5957.03	11	4.195	7413.15	85	11.662	20608.39
1.2	1.386	2449.26	4.2	2.592	4580.43	7.2	3.394	5997.67	12	4.382	7743.61	90	12.000	21205.68
1.3	1.442	2548.22	4.3	2.623	4635.21	7.3	3.418	6040.08	13	4.561	8059.93	95	12.329	21787.07
1.4	1.497	2645.41	4.4	2.653	4688.22	7.4	3.441	6080.73	14	4.733	8363.87	100	12.650	22354.32
1.5	1.549	2737.30	4.5	2.683	4741.24	7.5	3.464	6121.37	15	4.899	8657.22			
1.6	1.600	2827.42	4.6	2.713	4794.25	7.6	3.487	6162.02	16	5.060	8941.73			
1.7	1.649	2914.01	4.7	2.742	4845.50	7.7	3.510	6202.66	17	5.216	9217.40			
1.8	1.697	2998.84	4.8	2.771	4896.74	7.8	3.533	6243.31	18	5.367	9484.24			
1.9	1.744	3081.89	4.9	2.800	4947.99	7.9	3.555	6282.18	19	5.514	9744.01			
2.0	1.789	3161.41	5.0	2.829	4999.24	8.0	3.578	6322.83	20	5.657	9996.71			
2.1	1.833	3239.17	5.1	2.857	5048.72	8.1	3.600	6361.70	21	5.797	10244.11			
2.2	1.876	3315.15	5.2	2.885	5098.20	8.2	3.622	6400.58	22	5.933	10484.44			
2.3	1.918	3389.37	5.3	2.912	5145.91	8.3	3.644	6439.46	23	6.067	10721.24			
2.4	1.960	3463.59	5.4	2.940	5195.39	8.4	3.666	6478.34	24	6.197	10950.97			
2.5	2.000	3534.28	5.5	2.967	5243.10	8.5	3.688	6517.21	25	6.325	11177.16			
2.6	2.040	3604.97	5.6	2.993	5289.05	8.6	3.710	6556.09	26	6.450	11398.05			
2.7	2.079	3673.88	5.7	3.020	5336.76	8.7	3.731	6593.20	27	6.573	11615.41			
2.8	2.117	3741.04	5.8	3.046	5382.71	8.8	3.752	6630.31	28	6.694	11829.24			
2.9	2.154	3806.42	5.9	3.073	5430.42	8.9	3.774	6669.19	29	6.812	12037.76			
3.0	2.191	3871.80	6.0	3.099	5476.37	9.0	3.795	6706.30	30	6.928	12242.75			
3.1	2.227	3935.42	6.1	3.124	5520.55	9.1	3.816	6743.41	35	7.484	13225.28			
3.2	2.263	3999.04	6.2	3.150	5566.49	9.2	3.837	6780.52	40	8.000	14137.12			
3.3	2.298	4060.89	6.3	3.175	5610.67	9.3	3.858	6817.63	45	8.486	14995.95			
3.4	2.332	4120.97	6.4	3.200	5654.85	9.4	3.878	6852.97	50	8.945	15807.07			
3.5	2.367	4182.82	6.5	3.225	5699.03	9.5	3.899	6890.08	55	9.381	16577.54			

$D=1600\text{mm}$

i (‰)	v (m/s)	Q (L/s)	i (‰)	v (m/s)	Q (L/s)	i (‰)	v (m/s)	Q (L/s)	i (‰)	v (m/s)	Q (L/s)	i (‰)	v (m/s)	Q (L/s)
0.6	1.023	2056.69	3.6	2.506	5037.84	6.6	3.393	6821.27	9.6	4.092	8226.76	60	10.229	20566.90
0.7	1.105	2221.48	3.7	2.540	5107.33	6.7	3.418	6872.75	9.7	4.113	8269.50	65	10.647	21406.71
0.8	1.181	2374.86	3.8	2.574	5175.89	6.8	3.444	6923.85	9.8	4.134	8312.01	70	11.049	22214.79
0.9	1.253	2518.92	3.9	2.608	5243.55	6.9	3.469	6974.57	9.9	4.155	8354.31	75	11.437	22994.49
1.0	1.321	2655.17	4.0	2.641	5310.35	7.0	3.494	7024.93	10.0	4.176	8396.40	80	11.812	23748.61
1.1	1.385	2784.77	4.1	2.674	5376.32	7.1	3.519	7074.93	11	4.380	8806.22	85	12.175	24479.50
1.2	1.447	2908.60	4.2	2.706	5441.49	7.2	3.543	7124.58	12	4.575	9197.80	90	12.528	25189.20
1.3	1.506	3027.37	4.3	2.738	5505.89	7.3	3.568	7173.89	13	4.761	9573.37	95	12.871	25879.44
1.4	1.563	3141.65	4.4	2.770	5569.54	7.4	3.592	7222.86	14	4.941	9934.76	100	13.206	26551.75
1.5	1.617	3251.91	4.5	2.801	5632.48	7.5	3.617	7271.50	15	5.115	10283.45			
1.6	1.670	3358.56	4.6	2.832	5694.72	7.6	3.641	7319.81	16	5.282	10620.70			
1.7	1.722	3461.92	4.7	2.863	5756.28	7.7	3.664	7367.81	17	5.445	10947.57			
1.8	1.772	3562.29	4.8	2.893	5817.20	7.8	3.688	7415.50	18	5.603	11264.95			
1.9	1.820	3659.91	4.9	2.923	5877.48	7.9	3.712	7462.88	19	5.756	11573.64			
2.0	1.868	3754.98	5.0	2.953	5937.15	8.0	3.735	7509.97	20	5.906	11874.30			
2.1	1.914	3847.71	5.1	2.982	5996.23	8.1	3.758	7556.76	21	6.052	12167.54			
2.2	1.959	3938.26	5.2	3.011	6054.73	8.2	3.782	7603.26	22	6.194	12453.87			
2.3	2.003	4026.77	5.3	3.040	6112.67	8.3	3.805	7649.48	23	6.333	12733.77			
2.4	2.046	4113.38	5.4	3.069	6170.07	8.4	3.827	7695.43	24	6.469	13007.65			
2.5	2.088	4198.20	5.5	3.097	6226.94	8.5	3.850	7741.10	25	6.603	13275.87			
2.6	2.129	4281.34	5.6	3.125	6283.29	8.6	3.873	7786.50	26	6.734	13538.79			
2.7	2.170	4362.90	5.7	3.153	6339.14	8.7	3.895	7831.64	27	6.862	13796.69			
2.8	2.210	4442.96	5.8	3.180	6394.51	8.8	3.917	7876.52	28	6.988	14049.87			
2.9	2.249	4521.60	5.9	3.208	6449.40	8.9	3.940	7921.15	29	7.112	14298.55			
3.0	2.287	4598.90	6.0	3.235	6503.82	9.0	3.962	7965.52	30	7.233	14542.99			
3.1	2.325	4674.92	6.1	3.262	6557.80	9.1	3.984	8009.66	35	7.813	15708.23			
3.2	2.362	4749.72	6.2	3.288	6611.33	9.2	4.006	8053.54	40	8.352	16792.80			
3.3	2.399	4823.36	6.3	3.315	6664.44	9.3	4.027	8097.20	45	8.858	17811.46			
3.4	2.435	4895.90	6.4	3.341	6717.12	9.4	4.049	8140.61	50	9.338	18774.92			
3.5	2.471	4967.38	6.5	3.367	6769.39	9.5	4.070	8183.80	55	9.794	19691.30			

$D = 1640\text{mm}$

i (‰)	v (m/s)	Q (L/s)	i (‰)	v (m/s)	Q (L/s)	i (‰)	v (m/s)	Q (L/s)	i (‰)	v (m/s)	Q (L/s)
0.6	1.040	2196.91	6.6	3.449	5380.31	9.6	4.160	8787.63	60	10.399	21966.95
0.7	1.123	2372.24	6.7	3.475	5454.24	9.7	4.181	8831.99	65	10.824	22864.73
0.8	1.201	2537.00	6.8	3.501	5528.18	9.8	4.203	8878.46	70	11.232	23726.59
0.9	1.274	2691.21	6.9	3.526	5600.00	9.9	4.224	8922.82	75	11.626	24558.88
1.0	1.343	2836.97	7.0	3.552	5671.82	10.0	4.245	8967.18	80	12.008	25365.82
1.1	1.408	2974.27	7.1	3.577	5741.53	11	4.453	9406.56	85	12.377	26145.30
1.2	1.471	3107.36	7.2	3.602	5811.24	12	4.651	9824.82	90	12.736	26903.65
1.3	1.531	3234.10	7.3	3.627	5880.95	13	4.840	10224.06	95	13.085	27640.88
1.4	1.588	3354.51	7.4	3.652	5948.55	14	5.023	10610.64	100	13.425	28359.10
1.5	1.644	3472.80	7.5	3.677	6016.14	15	5.199	10982.42			
1.6	1.698	3586.87	7.6	3.701	6081.63	16	5.370	11343.64			
1.7	1.750	3696.72	7.7	3.725	6147.11	17	5.535	11692.19			
1.8	1.801	3804.45	7.8	3.749	6212.60	18	5.696	12032.29			
1.9	1.851	3910.07	7.9	3.773	6278.08	19	5.852	12361.82			
2.0	1.899	4011.47	8.0	3.797	6341.45	20	6.004	12682.91			
2.1	1.945	4108.64	8.1	3.821	6404.83	21	6.152	12995.55			
2.2	1.991	4205.81	8.2	3.844	6466.09	22	6.297	13301.85			
2.3	2.036	4300.87	8.3	3.868	6529.46	23	6.438	13599.70			
2.4	2.080	4393.81	8.4	3.891	6590.72	24	6.577	13893.32			
2.5	2.123	4484.55	8.5	3.914	6649.87	25	6.712	14178.50			
2.6	2.165	4573.37	8.6	3.937	6711.13	26	6.845	14459.45			
2.7	2.206	4659.98	8.7	3.960	6770.27	27	6.976	14736.17			
2.8	2.246	4744.47	8.8	3.982	6829.42	28	7.104	15006.56			
2.9	2.286	4828.97	8.9	4.005	6888.57	29	7.230	15272.72			
3.0	2.325	4911.35	9.0	4.027	6945.60	30	7.353	15532.55			
3.1	2.364	4993.74	9.1	4.059	7004.75	35	7.942	16776.76			
3.2	2.402	5074.01	9.2	4.072	7061.79	40	8.491	17936.47			
3.3	2.439	5152.17	9.3	4.094	7118.82	45	9.006	19024.36			
3.4	2.475	5228.21	9.4	4.116	7173.74	50	9.493	20053.11			
3.5	2.512	5306.37	9.5	4.138	7230.78	55	9.956	21031.15			

$D = 1800\text{mm}$

i (‰)	v (m/s)	Q (L/s)	i (‰)	v (m/s)	Q (L/s)	i (‰)	v (m/s)	Q (L/s)	i (‰)	v (m/s)	Q (L/s)	i (‰)	v (m/s)	Q (L/s)
0.6	1.106	2814.43	3.6	2.710	6896.11	6.6	3.670	9339.01	9.6	4.426	11262.80	60	11.065	28156.99
0.7	1.195	3040.90	3.7	2.748	6992.81	6.7	3.697	9407.72	9.7	4.449	11321.33	65	11.517	29307.19
0.8	1.278	3252.11	3.8	2.785	7086.96	6.8	3.725	9478.97	9.8	4.472	11379.85	70	11.951	30411.59
0.9	1.355	3448.05	3.9	2.821	7178.57	6.9	3.752	9547.58	9.9	4.495	11438.38	75	12.371	31480.36
1.0	1.428	3633.82	4.0	2.857	7270.18	7.0	3.779	9616.38	10.0	4.517	11494.36	80	12.776	32510.96
1.1	1.498	3811.95	4.1	2.892	7359.24	7.1	3.806	9685.09	11	4.738	12056.74	85	13.170	33513.57
1.2	1.565	3982.44	4.2	2.927	7448.31	7.2	3.833	9753.80	12	4.948	12591.13	90	13.551	34483.09
1.3	1.629	4145.30	4.3	2.962	7537.37	7.3	3.859	9819.96	13	5.150	13105.15	95	13.923	35429.72
1.4	1.690	4300.53	4.4	2.996	7623.89	7.4	3.886	9888.67	14	5.345	13601.37	100	14.284	36348.35
1.5	1.749	4450.66	4.5	3.030	7710.41	7.5	3.912	9954.83	15	5.532	14077.23			
1.6	1.807	4598.25	4.6	3.064	7796.93	7.6	3.938	10020.99	16	5.714	14540.36			
1.7	1.862	4738.21	4.7	3.097	7880.90	7.7	3.964	10087.15	17	5.890	14988.22			
1.8	1.916	4875.63	4.8	3.130	7964.88	7.8	3.989	10150.77	18	6.060	15420.82			
1.9	1.969	5010.49	4.9	3.162	8046.31	7.9	4.015	10216.93	19	6.226	15843.24			
2.0	2.020	5140.27	5.0	3.194	8127.74	8.0	4.040	10280.55	20	6.388	16255.48			
2.1	2.070	5267.51	5.1	3.226	8209.17	8.1	4.065	10344.16	21	6.546	16657.54			
2.2	2.119	5392.20	5.2	3.257	8288.06	8.2	4.090	10407.78	22	6.700	17049.42			
2.3	2.166	5511.80	5.3	3.289	8369.49	8.3	4.115	10471.40	23	6.851	17433.67			
2.4	2.213	5631.40	5.4	3.319	8445.83	8.4	4.140	10535.02	24	6.998	17807.74			
2.5	2.259	5748.45	5.5	3.350	8524.71	8.5	4.165	10598.63	25	7.142	18174.18			
2.6	2.303	5860.42	5.6	3.380	8601.05	8.6	4.189	10659.71	26	7.284	18535.52			
2.7	2.347	5972.39	5.7	3.410	8677.39	8.7	4.213	10720.78	27	7.422	18886.69			
2.8	2.390	6081.81	5.8	3.440	8753.73	8.8	4.237	10781.85	28	7.559	19235.31			
2.9	2.433	6191.23	5.9	3.470	8830.07	8.9	4.261	10842.92	29	7.692	19573.76			
3.0	2.474	6295.56	6.0	3.499	8903.87	9.0	4.285	10904.00	30	7.824	19909.65			
3.1	2.515	6399.90	6.1	3.528	8977.67	9.1	4.309	10965.07	35	8.451	21505.18			
3.2	2.555	6501.68	6.2	3.557	9051.46	9.2	4.333	11026.14	40	9.034	22988.73			
3.3	2.595	6603.47	6.3	3.585	9122.71	9.3	4.356	11084.67	45	9.582	24383.22			
3.4	2.634	6702.71	6.4	3.614	9196.51	9.4	4.380	11145.74	50	10.101	25703.91			
3.5	2.672	6799.41	6.5	3.642	9267.76	9.5	4.403	11204.27	55	10.594	26958.45			

$D = 2000\text{mm}$

i (‰)	v (m/s)	Q (L/s)	i (‰)	v (m/s)	Q (L/s)	i (‰)	v (m/s)	Q (L/s)	i (‰)	v (m/s)	Q (L/s)	i (‰)	v (m/s)	Q (L/s)
0.6	1.187	3729.07	3.6	2.908	9135.74	6.6	3.937	12368.44	9.6	4.748	14916.27	60	11.870	37290.67
0.7	1.282	4027.52	3.7	2.948	9261.48	6.7	3.967	12462.69	9.7	4.773	14994.81	65	12.355	38814.34
0.8	1.371	4307.12	3.8	2.987	9383.93	6.8	3.996	12553.79	9.8	4.797	15070.21	70	12.821	40278.33
0.9	1.454	4567.87	3.9	3.026	9506.45	6.9	4.025	12644.90	9.9	4.822	15148.75	75	13.271	41692.04
1.0	1.532	4812.92	4.0	3.065	9628.97	7.0	4.054	12736.01	10.0	4.846	15224.15	80	13.706	43058.63
1.1	1.607	5048.54	4.1	3.103	9748.35	7.1	4.083	12827.11	11	5.082	15965.56	85	14.128	44384.38
1.2	1.679	5274.73	4.2	3.140	9864.59	7.2	4.112	12918.22	12	5.308	16675.56	90	14.538	45672.44
1.3	1.747	5488.36	4.3	3.178	9983.97	7.3	4.140	13006.18	13	5.525	17357.28	95	14.936	46922.79
1.4	1.813	5695.70	4.4	3.214	10097.07	7.4	4.169	13097.29	14	5.734	18013.88	100	15.324	48141.73
1.5	1.877	5896.76	4.5	3.251	10213.31	7.5	4.197	13185.25	15	5.935	18645.34			
1.6	1.938	6088.40	4.6	3.287	10326.41	7.6	4.225	13273.22	16	6.130	19257.95			
1.7	1.998	6276.90	4.7	3.322	10436.36	7.7	4.252	13358.04	17	6.318	19848.57			
1.8	2.056	6459.11	4.8	3.357	10546.32	7.8	4.280	13446.01	18	6.501	20423.48			
1.9	2.112	6635.04	4.9	3.392	10656.27	7.9	4.307	13530.83	19	6.680	20985.82			
2.0	2.167	6807.83	5.0	3.427	10766.23	8.0	4.334	13615.65	20	6.853	21529.32			
2.1	2.221	6977.47	5.1	3.461	10873.04	8.1	4.361	13700.47	21	7.022	22060.24			
2.2	2.273	7140.83	5.2	3.494	10976.72	8.2	4.388	13785.30	22	7.188	22581.75			
2.3	2.324	7301.06	5.3	3.528	11083.53	8.3	4.415	13870.12	23	7.349	23087.54			
2.4	2.374	7458.13	5.4	3.561	11187.20	8.4	4.441	13951.80	24	7.507	23583.92			
2.5	2.423	7612.07	5.5	3.594	11290.87	8.5	4.468	14036.62	25	7.662	24070.86			
2.6	2.471	7762.87	5.6	3.626	11391.41	8.6	4.494	14118.31	26	7.814	24548.38			
2.7	2.518	7910.52	5.7	3.659	11495.08	8.7	4.520	14199.99	27	7.963	25016.48			
2.8	2.564	8055.04	5.8	3.691	11595.61	8.8	4.546	14281.67	28	8.109	25475.15			
2.9	2.610	8199.55	5.9	3.722	11693.00	8.9	4.572	14363.35	29	8.252	25924.40			
3.0	2.654	8337.78	6.0	3.754	11793.53	9.0	4.597	14441.89	30	8.393	26367.36			
3.1	2.698	8476.01	6.1	3.785	11890.92	9.1	4.623	14523.57	35	9.066	28481.65			
3.2	2.741	8611.10	6.2	3.816	11988.31	9.2	4.648	14602.11	40	9.692	30448.29			
3.3	2.784	8746.19	6.3	3.846	12082.56	9.3	4.673	14680.65	45	10.280	32295.55			
3.4	2.826	8878.13	6.4	3.877	12179.94	9.4	4.698	14759.19	50	10.836	34042.27			
3.5	2.867	9006.94	6.5	3.907	12274.19	9.5	4.723	14837.73	55	11.365	35704.17			

$D = 2100\text{mm}$

i (‰)	v (m/s)	Q (L/s)	i (‰)	v (m/s)	Q (L/s)	i (‰)	v (m/s)	Q (L/s)	i (‰)	v (m/s)	Q (L/s)
0.6	1.226	4247.17	3.1	2.787	9653.95	14.0	5.923	20515.79	75.0	13.710	47484.83
0.7	1.324	4587.47	3.2	2.832	9808.43	15.0	6.131	21235.86	80.0	14.159	49042.13
0.8	1.416	4904.21	3.3	2.876	9960.50	16.0	6.332	21932.31	85.0	14.595	50551.47
0.9	1.502	5201.70	3.4	2.919	10110.29	17.0	6.527	22607.30	90.0	15.018	52017.03
1.0	1.583	5483.08	3.5	2.962	10257.90	18.0	6.716	23262.72	95.0	15.430	53442.42
1.1	1.660	5750.70	3.6	3.004	10403.41	19.0	6.900	23900.18	100.0	15.831	54830.76
1.2	1.734	6006.41	3.7	3.045	10546.91	20.0	7.080	24521.06			
1.3	1.805	6251.67	3.8	3.086	10688.48	21.0	7.254	25126.61			
1.4	1.873	6487.66	3.9	3.126	10828.21	22.0	7.425	25717.91			
1.5	1.939	6715.37	4.0	3.166	10966.15	23.0	7.592	26295.91			
1.6	2.002	6935.60	4.5	3.358	11631.36	24.0	7.755	26861.48			
1.7	2.064	7149.06	5.0	3.540	12260.53	25.0	7.915	27415.38			
1.8	2.124	7356.32	5.5	3.713	12858.95	26.0	8.072	27958.31			
1.9	2.182	7557.90	6.0	3.878	13430.74	27.0	8.226	28490.90			
2.0	2.239	7754.24	6.5	4.036	13979.16	28.0	8.377	29013.71			
2.1	2.294	7945.73	7.0	4.188	14506.86	29.0	8.525	29527.27			
2.2	2.348	8132.72	7.5	4.335	15016.02	30.0	8.671	30032.05			
2.3	2.401	8315.50	8.0	4.478	15508.48	35.0	9.365	32438.32			
2.4	2.452	8494.35	8.5	4.615	15985.78	40.0	10.012	34678.02			
2.5	2.503	8669.50	9.0	4.749	16449.23	45.0	10.619	36781.59			
2.6	2.553	8841.19	9.5	4.879	16899.98	50.0	11.194	38771.20			
2.7	2.601	9009.61	10.0	5.006	17339.01	55.0	11.740	40663.58			
2.8	2.649	9174.94	11.0	5.250	18185.31	60.0	12.262	42471.73			
2.9	2.696	9337.34	12.0	5.484	18993.93	65.0	12.763	44205.97			
3.0	2.742	9496.97	13.0	5.708	19769.51	70.0	13.245	45874.71			

$D = 2200\text{mm}$

i (‰)	v (m/s)	Q (L/s)	i (‰)	v (m/s)	Q (L/s)	i (‰)	v (m/s)	Q (L/s)	i (‰)	v (m/s)	Q (L/s)
0.6	1.265	4808.12	3.1	2.875	10929.01	14.0	6.110	23225.44	75.0	14.142	53756.45
0.7	1.366	5193.37	3.2	2.921	11103.89	15.0	6.324	24040.62	80.0	14.605	55519.43
0.8	1.461	5551.94	3.3	2.966	11276.05	16.0	6.532	24829.04	85.0	15.055	57228.12
0.9	1.549	5888.72	3.4	3.011	11445.62	17.0	6.733	25593.19	90.0	15.491	58887.25
1.0	1.633	6207.26	3.5	3.055	11612.72	18.0	6.928	26335.18	95.0	15.916	60500.82
1.1	1.713	6510.23	3.6	3.098	11777.45	19.0	7.118	27056.82	100.0	16.329	62072.61
1.2	1.789	6799.71	3.7	3.141	11939.90	20.0	7.303	27759.71			
1.3	1.862	7077.37	3.8	3.183	12100.18	21.0	7.483	28445.24			
1.4	1.932	7344.53	3.9	3.225	12258.36	22.0	7.659	29114.63			
1.5	2.000	7602.31	4.0	3.266	12414.52	23.0	7.831	29768.98			
1.6	2.065	7851.63	4.5	3.464	13167.59	24.0	8.000	30409.24			
1.7	2.129	8093.28	5.0	3.651	13879.86	25.0	8.165	31036.30			
1.8	2.191	8327.91	5.5	3.830	14557.32	26.0	8.326	31650.94			
1.9	2.251	8556.12	6.0	4.000	15204.62	27.0	8.485	32253.87			
2.0	2.309	8778.39	6.5	4.163	15825.47	28.0	8.641	32845.74			
2.1	2.366	8995.18	7.0	4.320	16422.87	29.0	8.794	33427.12			
2.2	2.422	9206.86	7.5	4.472	16999.28	30.0	8.944	33998.57			
2.3	2.476	9413.28	8.0	4.619	17556.78	35.0	9.660	36722.65			
2.4	2.530	9616.25	8.5	4.761	18097.12	40.0	10.327	39258.16			
2.5	2.582	9814.54	9.0	4.899	18621.78	45.0	10.954	41639.57			
2.6	2.633	10008.91	9.5	5.033	19132.06	50.0	11.546	43891.96			
2.7	2.683	10199.57	10.0	5.164	19629.08	55.0	12.110	46034.28			
2.8	2.732	10386.73	11.0	5.416	20587.15	60.0	12.649	48081.23			
2.9	2.781	10570.58	12.0	5.657	21502.58	65.0	13.165	50044.54			
3.0	2.828	10751.29	13.0	5.888	22380.60	70.0	13.662	51933.67			

$D = 2300\text{mm}$

i (‰)	v (m/s)	Q (L/s)	i (‰)	v (m/s)	Q (L/s)	i (‰)	v (m/s)	Q (L/s)	i (‰)	v (m/s)	Q (L/s)
0.6	1.303	5413.22	3.1	2.962	12304.42	14.0	6.294	26148.36	75.0	14.567	60521.69
0.7	1.407	5846.95	3.2	3.009	12501.31	15.0	6.514	27066.12	80.0	15.045	62506.53
0.8	1.504	6250.65	3.3	3.056	12695.14	16.0	6.728	27953.77	85.0	15.508	64430.26
0.9	1.596	6629.82	3.4	3.102	12886.05	17.0	6.935	28814.09	90.0	15.957	66298.19
1.0	1.682	6988.44	3.5	3.147	13074.18	18.0	7.136	29649.45	95.0	16.394	68114.91
1.1	1.764	7329.54	3.6	3.191	13259.64	19.0	7.332	30461.91	100.0	16.820	69884.43
1.2	1.843	7655.46	3.7	3.235	13442.54	20.0	7.522	31253.27			
1.3	1.918	7968.05	3.8	3.279	13622.98	21.0	7.708	32025.07			
1.4	1.990	8268.84	3.9	3.322	13801.07	22.0	7.889	32778.70			
1.5	2.060	8559.06	4.0	3.364	13976.89	23.0	8.067	33515.39			
1.6	2.128	8839.76	4.5	3.568	14824.73	24.0	8.240	34236.24			
1.7	2.193	9111.81	5.0	3.761	15626.65	25.0	8.410	34942.21			
1.8	2.257	9375.98	5.5	3.945	16389.35	26.0	8.577	35634.20			
1.9	2.319	9632.90	6.0	4.120	17118.12	27.0	8.740	36313.01			
2.0	2.379	9883.15	6.5	4.288	17817.10	28.0	8.900	36979.36			
2.1	2.438	10127.22	7.0	4.450	18489.68	29.0	9.058	37633.91			
2.2	2.495	10365.54	7.5	4.606	19138.64	30.0	9.213	38277.28			
2.3	2.551	10598.50	8.0	4.758	19766.30	35.0	9.951	41344.18			
2.4	2.606	10826.45	8.5	4.904	20374.64	40.0	10.638	44198.79			
2.5	2.660	11049.70	9.0	5.046	20965.33	45.0	11.283	46879.90			
2.6	2.712	11268.52	9.5	5.184	21539.83	50.0	11.894	49415.75			
2.7	2.764	11483.18	10.0	5.319	22099.40	55.0	12.474	51827.68			
2.8	2.815	11693.90	11.0	5.579	23178.04	60.0	13.029	54132.24			
2.9	2.864	11900.89	12.0	5.827	24208.68	65.0	13.561	56342.62			
3.0	2.913	12104.34	13.0	6.065	25197.19	70.0	14.073	58469.51			

$D = 2400\text{mm}$

i (‰)	v (m/s)	Q (L/s)	i (‰)	v (m/s)	Q (L/s)	i (‰)	v (m/s)	Q (L/s)	i (‰)	v (m/s)	Q (L/s)
0.6	1.340	6063.80	3.1	3.047	13783.21	14.0	6.475	29290.95	75.0	14.986	67795.38
0.7	1.448	6549.66	3.2	3.096	14003.75	15.0	6.702	30319.02	80.0	15.478	70018.77
0.8	1.548	7001.88	3.3	3.144	14220.88	16.0	6.922	31313.35	85.0	15.954	72173.70
0.9	1.642	7426.61	3.4	3.191	14434.74	17.0	7.135	32277.06	90.0	16.416	74266.12
1.0	1.730	7828.34	3.5	3.237	14645.48	18.0	7.342	33212.82	95.0	16.866	76301.18
1.1	1.815	8210.43	3.6	3.283	14853.22	19.0	7.543	34122.93	100.0	17.304	78283.36
1.2	1.896	8575.51	3.7	3.329	15058.11	20.0	7.739	35009.38			
1.3	1.973	8925.68	3.8	3.373	15260.24	21.0	7.930	35873.94			
1.4	2.047	9262.61	3.9	3.417	15459.73	22.0	8.117	36718.15			
1.5	2.119	9587.71	4.0	3.461	15656.67	23.0	8.299	37543.38			
1.6	2.189	9902.15	4.5	3.671	16606.41	24.0	8.477	38350.86			
1.7	2.256	10206.90	5.0	3.869	17504.69	25.0	8.652	39141.68			
1.8	2.322	10502.82	5.5	4.058	18359.08	26.0	8.824	39916.84			
1.9	2.385	10790.62	6.0	4.239	19175.43	27.0	8.992	40677.23			
2.0	2.447	11070.94	6.5	4.412	19958.42	28.0	9.157	41423.66			
2.1	2.508	11344.34	7.0	4.578	20711.83	29.0	9.319	42156.88			
2.2	2.567	11611.30	7.5	4.739	21438.78	30.0	9.478	42877.56			
2.3	2.624	11872.26	8.0	4.894	22141.88	35.0	10.237	46313.06			
2.4	2.681	12127.61	8.5	5.045	22823.33	40.0	10.944	49510.75			
2.5	2.736	12377.69	9.0	5.191	23485.01	45.0	11.608	52514.08			
2.6	2.790	12622.81	9.5	5.334	24128.55	50.0	12.236	55354.70			
2.7	2.843	12863.27	10.0	5.472	24755.37	55.0	12.833	58056.50			
2.8	2.896	13099.31	11.0	5.739	25963.65	60.0	13.404	60638.03			
2.9	2.947	13331.18	12.0	5.994	27118.15	65.0	13.951	63114.07			
3.0	2.997	13559.08	13.0	6.239	28225.47	70.0	14.478	65496.56			

$D = 2500\text{mm}$

i (‰)	v (m/s)	Q (L/s)	i (‰)	v (m/s)	Q (L/s)	i (‰)	v (m/s)	Q (L/s)	i (‰)	v (m/s)	Q (L/s)
0.6	1.377	6761.17	3.1	3.131	15368.34	14.0	6.653	32659.55	75.0	15.400	75592.17
0.7	1.488	7302.90	3.2	3.181	15614.25	15.0	6.887	33805.85	80.0	15.905	78071.26
0.8	1.590	7807.13	3.3	3.230	15856.35	16.0	7.113	34914.53	85.0	16.394	80474.01
0.9	1.687	8280.71	3.4	3.279	16094.80	17.0	7.332	35989.07	90.0	16.869	82807.08
1.0	1.778	8728.63	3.5	3.327	16329.78	18.0	7.544	37032.45	95.0	17.332	85076.18
1.1	1.865	9154.67	3.6	3.374	16561.42	19.0	7.751	38047.23	100.0	17.782	87286.32
1.2	1.948	9561.74	3.7	3.420	16789.86	20.0	7.952	39035.63			
1.3	2.027	9952.17	3.8	3.466	17015.24	21.0	8.149	39999.62			
1.4	2.140	10327.86	3.9	3.512	17237.67	22.0	8.340	40940.91			
1.5	2.178	10690.35	4.0	3.556	17457.26	23.0	8.528	41861.05			
1.6	2.249	11040.94	4.5	3.772	18516.22	24.0	8.711	42761.39			
1.7	2.318	11380.74	5.0	3.976	19517.81	25.0	8.891	43643.16			
1.8	2.386	11710.69	5.5	4.170	20470.46	26.0	9.067	44507.47			
1.9	2.451	12031.59	6.0	4.356	21380.69	27.0	9.240	45355.30			
2.0	2.515	12344.15	6.5	4.533	22253.73	28.0	9.409	46187.58			
2.1	2.577	12648.99	7.0	4.705	23093.79	29.0	9.576	47005.12			
2.2	2.637	12946.65	7.5	4.870	23904.34	30.0	9.740	47808.69			
2.3	2.697	13237.63	8.0	5.029	24688.30	35.0	10.520	51639.28			
2.4	2.755	13522.34	8.5	5.184	25448.12	40.0	11.246	55204.72			
2.5	2.812	13801.18	9.0	5.335	26185.90	45.0	11.928	58553.44			
2.6	2.867	14074.50	9.5	5.481	26903.45	50.0	12.574	61720.75			
2.7	2.922	14342.61	10.0	5.623	27602.36	55.0	13.187	64733.27			
2.8	2.975	14605.90	11.0	5.898	28949.60	60.0	13.774	67611.69			
2.9	3.028	14864.32	12.0	6.160	30236.87	65.0	14.336	70372.48			
3.0	3.080	15118.43	13.0	6.411	31471.53	70.0	14.877	73028.98			

$D = 2600\text{mm}$

i (‰)	v (m/s)	Q (L/s)	i (‰)	v (m/s)	Q (L/s)	i (‰)	v (m/s)	Q (L/s)	i (‰)	v (m/s)	Q (L/s)
0.6	1.414	7506.61	3.1	3.214	17062.76	14.0	6.830	36260.39	75.0	15.807	83926.49
0.7	1.527	8108.07	3.2	3.265	17335.78	15.0	7.069	37533.07	80.0	16.326	86678.91
0.8	1.633	8667.89	3.3	3.316	17604.57	16.0	7.301	38763.99	85.0	16.828	89346.57
0.9	1.732	9193.69	3.4	3.366	17869.31	17.0	7.526	39957.00	90.0	17.316	91936.86
1.0	1.825	9691.00	3.5	3.415	18130.19	18.0	7.744	41115.42	95.0	17.791	94456.15
1.1	1.914	10164.00	3.6	3.463	18387.37	19.0	7.956	42242.07	100.0	18.253	96909.96
1.2	2.000	10615.95	3.7	3.511	18641.00	20.0	8.163	43339.45			
1.3	2.081	11049.44	3.8	3.558	18891.23	21.0	8.365	44409.72			
1.4	2.160	11466.54	3.9	3.605	19138.18	22.0	8.561	45454.80			
1.5	2.236	11869.00	4.0	3.651	19381.99	23.0	8.754	46476.39			
1.6	2.309	12258.25	4.5	3.872	20557.71	24.0	8.942	47475.99			
1.7	2.380	12635.51	5.0	4.081	21669.73	25.0	9.126	48454.98			
1.8	2.449	13001.84	5.5	4.281	22727.40	26.0	9.307	49414.58			
1.9	2.516	13358.12	6.0	4.471	23738.00	27.0	9.484	50355.89			
2.0	2.581	13705.14	6.5	4.654	24707.29	28.0	9.659	51279.93			
2.1	2.645	14043.59	7.0	4.829	25639.97	29.0	9.829	52187.61			
2.2	2.707	14374.07	7.5	4.999	26539.89	30.0	9.998	53079.77			
2.3	2.768	14697.12	8.0	5.163	27410.28	35.0	10.799	57332.71			
2.4	2.828	15013.23	8.5	5.322	28253.87	40.0	11.544	61291.24			
2.5	2.886	15322.81	9.0	5.476	29072.99	45.0	12.244	65009.18			
2.6	2.943	15626.26	9.5	5.626	29869.66	50.0	12.907	68525.69			
2.7	2.999	15923.93	10.0	5.772	30645.62	55.0	13.537	71870.35			
2.8	3.054	16216.14	11.0	6.054	32141.40	60.0	14.139	75066.13			
2.9	3.108	16503.17	12.0	6.323	33570.60	65.0	14.716	78131.31			
3.0	3.161	16785.30	13.0	6.581	34941.38	70.0	15.271	81080.69			

D = 2700mm

i (‰)	v (m/s)	Q (L/s)	i (‰)	v (m/s)	Q (L/s)	i (‰)	v (m/s)	Q (L/s)	i (‰)	v (m/s)	Q (L/s)
0.6	1.450	8301.41	3.1	3.296	18869.35	14.0	7.004	40099.62	75.0	16.210	92812.58
0.7	1.566	8966.55	3.2	3.348	19171.28	15.0	7.249	41507.05	80.0	16.742	95856.42
0.8	1.674	9585.64	3.3	3.400	19468.53	16.0	7.487	42868.29	85.0	17.257	98806.53
0.9	1.776	10167.11	3.4	3.51	19761.31	17.0	7.718	44187.63	90.0	17.757	101671.09
1.0	1.872	10717.07	3.5	3.502	20049.81	18.0	7.941	45468.69	95.0	18.244	104457.11
1.1	1.963	11240.16	3.6	3.551	20334.22	19.0	8.195	46714.64	100.0	18.718	107170.73
1.2	2.050	11739.97	3.7	3.600	20614.70	20.0	8.371	47928.21			
1.3	2.134	12219.34	3.8	3.649	20891.42	21.0	8.578	49111.80			
1.4	2.215	12680.61	3.9	3.697	21164.52	22.0	8.780	50267.53			
1.5	2.292	13125.68	4.0	3.744	21434.15	23.0	8.977	51397.28			
1.6	2.368	13556.14	4.5	3.971	22734.35	24.0	9.170	52502.72			
1.7	2.441	13973.35	5.0	4.185	23964.10	25.0	9.359	53585.37			
1.8	2.511	14378.46	5.5	4.390	25133.77	26.0	9.544	54646.57			
1.9	2.580	14772.47	6.0	4.585	26251.36	27.0	9.726	55687.55			
2.0	2.647	15156.23	6.5	4.772	27323.28	28.0	9.905	56709.42			
2.1	2.712	15530.51	7.0	4.952	28354.71	29.0	10.080	57713.21			
2.2	2.776	15895.99	7.5	5.126	29349.91	30.0	10.252	58699.83			
2.3	2.839	16253.25	8.0	5.294	30312.46	35.0	11.074	63403.06			
2.4	2.900	16602.82	8.5	5.457	31245.37	40.0	11.838	67780.72			
2.5	2.960	16945.18	9.0	5.615	32151.22	45.0	12.556	71892.31			
2.6	3.018	17280.76	9.5	5.769	33032.24	50.0	13.236	75781.15			
2.7	3.076	17609.95	10.0	5.919	33890.36	55.0	13.882	79479.94			
2.8	3.132	17933.09	11.0	6.208	35544.51	60.0	14.499	83014.09			
2.9	3.188	18250.52	12.0	6.484	37125.03	65.0	15.091	86403.81			
3.0	3.242	18562.52	13.0	6.749	38640.96	70.0	15.661	89665.47			

$D = 2800\text{mm}$

i (‰)	v (m/s)	Q (L/s)	i (‰)	v (m/s)	Q (L/s)	i (‰)	v (m/s)	Q (L/s)	i (‰)	v (m/s)	Q (L/s)
0.6	1.485	9146.81	3.1	3.377	20790.99	14.0	7.176	44183.31	75.0	16.608	102264.50
0.7	1.604	9879.69	3.2	3.431	21123.66	15.0	7.427	45734.07	80.0	17.153	105618.32
0.8	1.715	10561.83	3.3	3.484	21451.18	16.0	7.671	47233.95	85.0	17.681	108868.87
0.9	1.819	11202.51	3.4	3.536	21773.77	17.0	7.907	48687.64	90.0	18.193	112025.14
1.0	1.918	11808.49	3.5	3.588	22091.66	18.0	8.136	50099.17	95.0	18.692	115094.89
1.1	2.011	12384.85	3.6	3.639	22405.03	19.0	8.359	51472.00	100.0	19.177	118084.87
1.2	2.101	12935.55	3.7	3.689	22714.08	20.0	8.576	52809.16			
1.3	2.187	13463.75	3.8	3.738	23018.98	21.0	8.788	54113.28			
1.4	2.269	13971.99	3.9	3.787	23319.89	22.0	8.995	55386.71			
1.5	2.349	14462.38	4.0	3.835	23616.97	23.0	9.197	56631.51			
1.6	2.426	14936.69	4.5	4.068	25049.58	24.0	9.395	57849.54			
1.7	2.500	15396.38	5.0	4.288	26404.58	25.0	9.589	59042.43			
1.8	2.573	15842.72	5.5	4.497	27693.36	26.0	9.779	60211.71			
1.9	2.643	16276.88	6.0	4.697	28924.77	27.0	9.965	61358.70			
2.0	2.712	16699.72	6.5	4.889	30105.85	28.0	10.148	62484.64			
2.1	2.779	17112.12	7.0	5.074	31242.32	29.0	10.327	63590.65			
2.2	2.844	17514.82	7.5	5.525	32338.87	30.0	10.504	64677.75			
2.3	2.908	17908.46	8.0	5.424	33399.44	35.0	11.345	69859.95			
2.4	2.971	18293.63	8.5	5.591	34427.36	40.0	12.129	74683.43			
2.5	3.032	18670.86	9.0	5.753	35425.46	45.0	12.865	79213.74			
2.6	3.092	19040.61	9.5	5.911	36396.20	50.0	13.560	83498.61			
2.7	3.151	19403.32	10.0	6.064	37341.71	55.0	14.222	87574.08			
2.8	3.209	19759.38	11.0	6.360	39164.32	60.0	14.855	91468.15			
2.9	3.266	20109.13	12.0	6.640	40905.80	65.0	15.461	95203.06			
3.0	3.322	20452.90	13.0	6.914	42576.10	70.0	16.045	98796.89			

$D = 2900\text{mm}$

i (‰)	v (m/s)	Q (L/s)	i (‰)	v (m/s)	Q (L/s)	i (‰)	v (m/s)	Q (L/s)	i (‰)	v (m/s)	Q (L/s)
0.6	1.521	10044.07	3.1	3.456	22830.48	14.0	7.345	48517.47	75.0	17.001	112296.13
0.7	1.642	10848.84	3.2	3.512	23195.79	15.0	7.603	50220.36	80.0	17.559	115978.95
0.8	1.756	11597.87	3.3	3.566	23555.44	16.0	7.853	51867.36	85.0	18.099	119548.36
0.9	1.862	12301.42	3.4	3.620	23909.67	17.0	8.094	53463.65	90.0	18.624	123014.25
1.0	1.963	12966.84	3.5	3.673	24258.74	18.0	8.329	55013.64	95.0	19.134	126385.13
1.1	2.059	13599.74	3.6	3.725	24602.85	19.0	8.557	56521.15	100.0	19.631	129668.40
1.2	2.150	14204.46	3.7	3.776	24942.22	20.0	8.779	57989.47			
1.3	2.238	14784.47	3.8	3.827	25277.03	21.0	8.996	59421.53			
1.4	2.323	15342.57	3.9	3.877	25607.46	22.0	9.208	60819.87			
1.5	2.404	15881.07	4.0	3.926	25933.68	23.0	9.415	62186.78			
1.6	2.483	16401.90	4.5	4.164	27506.82	24.0	9.617	63524.28			
1.7	2.560	16906.69	5.0	4.390	28994.74	25.0	9.816	64834.20			
1.8	2.634	17396.84	5.5	4.604	30409.94	26.0	10.010	66118.17			
1.9	2.706	17873.56	6.0	4.809	31762.14	27.0	10.201	67377.68			
2.0	2.776	18337.88	6.5	5.005	33059.09	28.0	10.388	68614.07			
2.1	2.845	18790.74	7.0	5.194	34307.03	29.0	10.572	69828.57			
2.2	2.912	19232.93	7.5	5.376	35511.15	30.0	10.752	71022.31			
2.3	2.977	19665.19	8.0	5.553	36675.76	35.0	11.614	76712.86			
2.4	3.041	20088.14	8.5	5.723	37804.51	40.0	12.416	82009.50			
2.5	3.104	20502.37	9.0	5.889	38900.52	45.0	13.169	86984.21			
2.6	3.165	20908.40	9.5	6.051	39966.49	50.0	13.881	91689.41			
2.7	3.226	21306.69	10.0	6.208	41004.75	55.0	14.559	96164.66			
2.8	3.285	21697.67	11.0	6.511	43006.14	60.0	15.206	100440.71			
2.9	3.343	22081.73	12.0	6.800	44918.45	65.0	15.827	104542.01			
3.0	3.400	22459.23	13.0	7.078	46752.61	70.0	16.425	108488.37			

D=3000mm

i (‰)	v (m/s)	Q (L/s)	i (‰)	v (m/s)	Q (L/s)	i (‰)	v (m/s)	Q (L/s)	i (‰)	v (m/s)	Q (L/s)
0.6	1.555	10994.41	3.1	3.535	24990.62	14.0	7.513	53108.03	75.0	17.390	122921.21
0.7	1.680	11875.32	3.2	3.592	25390.50	15.0	7.777	54972.03	80.0	17.960	126952.48
0.8	1.796	12695.25	3.3	3.648	25784.17	16.0	8.032	56774.87	85.0	18.513	130859.62
0.9	1.905	13465.34	3.4	3.703	26171.92	17.0	8.279	58522.20	90.0	19.050	134653.43
1.0	2.008	14193.72	3.5	3.757	26554.02	18.0	8.519	60218.85	95.0	19.572	138343.25
1.1	2.106	14886.50	3.6	3.810	26930.69	19.0	8.753	61828.98	100.0	20.080	141937.18
1.2	2.200	15548.44	3.7	3.862	27302.16	20.0	8.980	63476.24			
1.3	2.289	16183.33	3.8	3.914	27668.65	21.0	9.202	65043.79			
1.4	2.376	16794.23	3.9	3.965	28030.35	22.0	9.418	55574.44			
1.5	2.459	17383.68	4.0	4.016	28387.44	23.0	9.630	68070.68			
1.6	2.540	17953.79	4.5	4.260	30109.42	24.0	9.837	69534.73			
1.7	2.618	18506.34	5.0	4.490	31738.12	25.0	10.040	70968.59			
1.8	2.694	19042.87	5.5	4.709	33287.22	26.0	10.239	72374.05			
1.9	2.768	19564.69	6.0	4.919	34767.37	27.0	10.434	73752.75			
2.0	2.840	20072.95	6.5	5.119	36187.02	28.0	10.625	75106.10			
2.1	2.910	20568.65	7.0	5.313	37553.05	29.0	10.813	76435.51			
2.2	2.978	21052.69	7.5	5.499	38871.10	30.0	10.998	77742.20			
2.3	3.045	21525.84	8.0	5.679	40145.90	35.0	11.880	83971.17			
2.4	3.111	21988.81	8.5	5.854	41381.44	40.0	12.700	89768.96			
2.5	3.175	22442.24	9.0	6.024	42581.15	45.0	13.470	95214.36			
2.6	3.238	22886.68	9.5	6.189	43747.98	50.0	14.199	100364.74			
2.7	3.299	23322.66	10.0	6.350	44884.48	55.0	14.892	105263.43			
2.8	3.360	23750.63	11.0	6.660	47075.24	60.0	15.554	109944.07			
2.9	3.420	24171.03	12.0	6.956	49168.48	65.0	16.189	114433.43			
3.0	3.478	24584.24	13.0	7.240	51176.18	70.0	16.800	118753.17			

5.3　钢筋混凝土圆管（非满流，$n = 0.014$）水力计算

5.3.1　计算公式

（1）流量及流速分别按式（5-16）、式（5-17）计算：

$$Q = vA \tag{5-16}$$

$$v = \frac{1}{n}R^{2/3}i^{1/2} \tag{5-17}$$

式中　Q——流量（m^3/s）；

　　　v——流速（m/s）；

　　　n——粗糙系数；

　　　R——水力半径（m），$R = \frac{A}{\rho}$；

　　　i——水力坡降；

　　　A——水流断面面积（m^2）。

（2）水流断面及水力半径按式（5-18）~式（5-21）计算：

当 $h < \frac{D}{2}$ 时，

$$A = (\theta - \sin\theta\cos\theta)\, r^2 \tag{5-18}$$

$$\rho = 2\theta r$$

式中　ρ——湿周（m）；

　　　θ——以弧度计，等于角度×0.01745。

$$R = \frac{\theta - \sin\theta\cos\theta}{2\theta}r \tag{5-19}$$

当 $h > \frac{D}{2}$ 时，

$$A = (\pi - \theta + \sin\theta\cos\theta)\, r^2 \tag{5-20}$$

$$\rho = 2(\pi - \theta)\, r$$

式中　ρ——湿周（m）。

$$R = \frac{\pi - \theta + \sin\theta\cos\theta}{2(\pi - \theta)}r \tag{5-21}$$

（3）充满度按式（5-22）计算：

$$充满度 = \frac{h}{D} \tag{5-22}$$

式中　D——圆管内径（mm）；

　　　h——管内水深（m），当 $h < \frac{D}{2}$ 时，见图5-1；当 $h > \frac{D}{2}$ 时，见图5-2。

上述水力半径 R 的两个算式来源，可参阅弓形面积的计算。当不同充满度时，R 值的大小，随管径而定（表5-14）。

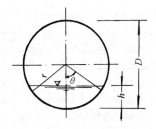

图 5-1　$h < \dfrac{D}{2}$

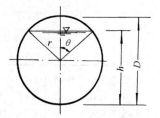

图 5-2　$h > \dfrac{D}{2}$

不同充满度时 R、θ 值　　　　　　表 5-14

h/D	0.1	0.2	0.3	0.4	0.5	0.6	0.7	0.8	0.9	1.0
θ	36°50′	53°	66°30′	78°30′	90°	78°30′	66°30′	53°	36°50′	0
R	0.123r	0.24r	0.34r	0.43r	0.5r	0.555r	0.59r	0.608r	0.596r	0.5r

【例3】　　钢筋混凝土圆管 $D = 1000\text{mm}$，充满度 $h/D = 0.8$，水力坡降 $i = 3.3‰$，求管内流速及流量。

【解】　　$R = 0.608r = 0.608 \times 0.5 = 0.304$

$$v = \frac{1}{n}R^{2/3}i^{1/2} = \frac{1}{0.014} \times 0.304^{2/3} \times 0.0033^{1/2} = 1.86\text{m/s}$$

$$\begin{aligned}
Q &= Av \\
&= (\pi - \theta + \sin\theta\cos\theta)\, r^2 v \\
&= (3.14 - 53 \times 0.01745 + 0.8 \times 0.6) \times 0.5^2 \times 1.86 = 1250\text{L/s}
\end{aligned}$$

所以，钢筋混凝土圆管内流速为 $v = 1.86\text{m/s}$，流量为 $Q = 1250\text{L/s}$。

5.3.2　水力计算

钢筋混凝土圆管 $D = 150 \sim 3000\text{mm}$（非满流，$n = 0.014$）水力计算见表 5-15。表 5-15 中 Q 为流量（L/s）；v 为流速（m/s）。

钢筋混凝土圆管 D = 150 ~ 3000mm（非满流，n = 0.014）水力计算　　　表 5-15

D = 150mm													
h/D	i（‰）												
	3.0		3.5		4.0		4.5		5.0		5.1		5.2	
	Q	v	Q	v	Q	v	Q	v	Q	v	Q	v	Q	v
0.10	0.16	0.18	0.17	0.19	0.19	0.20	0.20	0.22	0.21	0.23	0.21	0.23	0.21	0.23
0.15	0.38	0.23	0.41	0.24	0.43	0.26	0.46	0.28	0.49	0.29	0.49	0.30	0.50	0.30
0.20	0.68	0.27	0.73	0.29	0.78	0.31	0.83	0.33	0.88	0.35	0.88	0.35	0.89	0.35
0.25	1.06	0.31	1.15	0.33	1.23	0.35	1.30	0.38	1.37	0.40	1.38	0.40	1.40	0.40
0.30	1.52	0.34	1.64	0.37	1.75	0.39	1.86	0.42	1.96	0.44	1.98	0.44	2.00	0.45
0.35	2.04	0.37	2.20	0.40	2.35	0.43	2.49	0.45	2.63	0.48	2.66	0.48	2.68	0.49
0.40	2.61	0.40	2.82	0.43	3.01	0.46	3.20	0.48	3.37	0.51	3.40	0.52	3.44	0.52

												$D=150\text{mm}$		
	i（‰）												
h/D	3.0		3.5		4.0		4.5		5.0		5.1		5.2	
	Q	v	Q	v	Q	v	Q	v	Q	v	Q	v	Q	v
0.45	3.23	0.42	3.48	0.45	3.73	0.48	3.95	0.51	4.17	0.54	4.21	0.55	4.25	0.55
0.50	3.87	0.44	4.18	0.47	4.47	0.51	4.74	0.54	5.00	0.57	5.05	0.57	5.10	0.58
0.55	4.54	0.46	4.90	0.49	5.24	0.53	5.56	0.56	5.86	0.59	5.92	0.59	5.97	0.60
0.60	5.20	0.47	5.62	0.51	6.01	0.54	6.37	0.58	6.72	0.61	6.78	0.61	6.85	0.62
0.65	5.86	0.48	6.33	0.52	6.77	0.56	7.18	0.59	7.56	0.62	7.64	0.63	7.71	0.63
0.70	6.48	0.49	7.00	0.53	7.49	0.57	7.94	0.60	8.37	0.63	8.46	0.64	8.54	0.65
0.75	7.06	0.50	7.63	0.54	8.16	0.57	8.65	0.61	9.12	0.64	9.21	0.65	9.30	0.65
0.80	7.57	0.50	8.18	0.54	8.74	0.58	9.27	0.61	9.77	0.64	9.87	0.65	9.97	0.66
0.85	7.98	0.50	8.62	0.54	9.22	0.58	9.78	0.61	10.30	0.64	10.41	0.65	10.51	0.66
0.90	8.26	0.49	8.92	0.53	9.53	0.57	10.11	0.60	10.66	0.64	10.76	0.64	10.87	0.65
0.95	8.32	0.48	8.99	0.52	9.61	0.55	10.19	0.59	10.74	0.62	10.85	0.63	10.96	0.63
1.00	7.75	0.44	8.37	0.47	8.94	0.51	9.49	0.54	10.00	0.57	10.10	0.57	10.20	0.58

												$D=150\text{mm}$		
	i（‰）												
h/D	5.3		5.4		5.5		5.6		5.7		5.8		5.9	
	Q	v	Q	v	Q	v	Q	v	Q	v	Q	v	Q	v
0.10	0.21	0.23	0.22	0.24	0.22	0.24	0.22	0.24	0.22	0.24	0.22	0.24	0.23	0.25
0.15	0.50	0.30	0.51	0.30	0.51	0.31	0.51	0.31	0.52	0.31	0.52	0.31	0.53	0.32
0.20	0.90	0.36	0.91	0.36	0.92	0.37	0.93	0.37	0.93	0.37	0.94	0.37	0.95	0.38
0.25	1.41	0.41	1.42	0.41	1.44	0.42	1.45	0.42	1.46	0.42	1.48	0.43	1.49	0.43
0.30	2.02	0.45	2.04	0.46	2.05	0.46	2.07	0.46	2.09	0.47	2.11	0.47	2.13	0.48
0.35	2.71	0.49	2.73	0.50	2.76	0.50	2.78	0.50	2.81	0.51	2.83	0.51	2.86	0.52
0.40	3.47	0.53	3.50	0.53	3.53	0.54	3.57	0.54	3.60	0.55	3.63	0.55	3.66	0.55
0.45	4.29	0.56	4.33	0.56	4.37	0.57	4.41	0.57	4.45	0.58	4.49	0.58	4.52	0.59
0.50	5.15	0.58	5.20	0.59	5.24	0.59	5.29	0.60	5.34	0.60	5.38	0.61	5.43	0.61
0.55	6.03	0.61	6.09	0.61	6.14	0.62	6.20	0.62	6.25	0.63	6.31	0.63	6.36	0.64
0.60	6.92	0.62	6.98	0.63	7.05	0.64	7.11	0.64	7.17	0.65	7.24	0.65	7.30	0.66
0.65	7.79	0.64	7.86	0.65	7.93	0.65	8.00	0.66	8.08	0.66	8.15	0.67	8.22	0.68
0.70	8.62	0.65	8.70	0.66	8.78	0.66	8.86	0.67	8.94	0.68	9.02	0.68	9.09	0.69
0.75	9.39	0.66	9.48	0.67	9.56	0.67	9.65	0.68	9.74	0.68	9.82	0.69	9.91	0.70
0.80	10.06	0.66	10.16	0.67	10.25	0.68	10.34	0.68	10.44	0.69	10.53	0.69	10.62	0.70
0.85	10.61	0.66	10.71	0.67	10.81	0.68	10.90	0.68	11.00	0.69	11.10	0.69	11.19	0.70
0.90	10.97	0.66	11.08	0.66	11.18	0.67	11.28	0.67	11.38	0.68	11.48	0.69	11.58	0.69
0.95	11.06	0.64	11.17	0.64	11.27	0.65	11.37	0.66	11.47	0.66	11.57	0.67	11.67	0.67
1.00	10.30	0.58	10.39	0.59	10.49	0.59	10.58	0.60	10.68	0.60	10.77	0.61	10.86	0.61

												$D=150\text{mm}$		
	i（‰）												
h/D	6.0		6.1		6.2		6.3		6.4		6.5		6.6	
	Q	v	Q	v	Q	v	Q	v	Q	v	Q	v	Q	v
0.10	0.23	0.25	0.23	0.25	0.23	0.25	0.23	0.25	0.24	0.26	0.24	0.26	0.24	0.26
0.15	0.53	0.32	0.54	0.32	0.54	0.33	0.55	0.33	0.55	0.33	0.55	0.33	0.56	0.34

D = 150mm

h/D	6.0		6.1		6.2		6.3		6.4		6.5		6.6	
	Q	v	Q	v	Q	v	Q	v	Q	v	Q	v	Q	v
0.20	0.96	0.38	0.97	0.38	0.98	0.39	0.98	0.39	0.99	0.39	1.00	0.40	1.01	0.40
0.25	1.50	0.43	1.51	0.44	1.53	0.44	1.54	0.45	1.55	0.45	1.56	0.45	1.57	0.46
0.30	2.15	0.48	2.16	0.49	2.18	0.49	2.20	0.49	2.22	0.50	2.23	0.50	2.25	0.50
0.35	2.88	0.52	2.90	0.53	2.93	0.53	2.95	0.54	2.97	0.54	3.00	0.54	3.02	0.55
0.40	3.69	0.56	3.72	0.56	3.75	0.57	3.78	0.57	3.81	0.58	3.84	0.58	3.87	0.59
0.45	4.56	0.59	4.60	0.60	4.64	0.60	4.68	0.61	4.71	0.61	4.75	0.62	4.79	0.62
0.50	5.48	0.62	5.52	0.63	5.57	0.63	5.61	0.64	5.66	0.64	5.70	0.65	5.74	0.65
0.55	6.42	0.64	6.47	0.65	6.52	0.65	6.57	0.66	6.63	0.67	6.68	0.67	6.73	0.68
0.60	7.36	0.66	7.42	0.67	7.48	0.68	7.54	0.68	7.60	0.69	7.66	0.69	7.72	0.70
0.65	8.29	0.68	8.35	0.69	8.42	0.69	8.49	0.70	8.56	0.70	8.62	0.71	8.69	0.71
0.70	9.17	0.69	9.25	0.70	9.32	0.71	9.40	0.71	9.47	0.72	9.55	0.72	9.62	0.73
0.75	9.99	0.70	10.07	0.71	10.15	0.71	10.24	0.72	10.32	0.73	10.40	0.73	10.48	0.74
0.80	10.71	0.71	10.80	0.71	10.88	0.72	10.97	0.72	11.06	0.73	11.14	0.74	11.23	0.74
0.85	11.29	0.71	11.38	0.71	11.47	0.72	11.57	0.72	11.66	0.73	11.75	0.73	11.84	0.74
0.90	11.67	0.70	11.77	0.70	11.87	0.71	11.96	0.71	12.06	0.72	12.15	0.73	12.24	0.73
0.95	11.77	0.68	11.87	0.68	11.98	0.69	12.06	0.70	12.16	0.70	12.25	0.71	12.34	0.71
1.00	10.95	0.62	11.04	0.63	11.14	0.63	11.22	0.64	11.31	0.64	11.40	0.65	11.49	0.65

D = 150mm

h/D	6.7		6.8		6.9		7.0		7.1		7.2		7.3	
	Q	v	Q	v	Q	v	Q	v	Q	v	Q	v	Q	v
0.10	0.24	0.26	0.24	0.26	0.25	0.27	0.25	0.27	0.25	0.27	0.25	0.27	0.25	0.27
0.15	0.56	0.34	0.57	0.34	0.57	0.34	0.58	0.35	0.58	0.35	0.58	0.35	0.59	0.35
0.20	1.01	0.40	1.02	0.41	1.03	0.41	1.04	0.41	1.04	0.41	1.05	0.42	1.06	0.42
0.25	1.59	0.46	1.60	0.46	1.61	0.47	1.62	0.47	1.63	0.47	1.64	0.48	1.66	0.48
0.30	2.27	0.51	2.28	0.51	2.30	0.52	2.32	0.52	2.33	0.52	2.35	0.53	2.37	0.53
0.35	3.04	0.55	3.07	0.56	3.09	0.56	3.11	0.56	3.13	0.57	3.16	0.57	3.18	0.58
0.40	3.90	0.59	3.93	0.60	3.96	0.60	3.99	0.60	4.02	0.61	4.04	0.61	4.07	0.62
0.45	4.82	0.63	4.86	0.63	4.89	0.63	4.92	0.64	4.96	0.64	5.00	0.65	5.03	0.65
0.50	5.79	0.66	5.83	0.66	5.87	0.66	5.92	0.67	5.96	0.67	6.00	0.68	6.04	0.68
0.55	6.78	0.68	6.83	0.69	6.88	0.69	6.93	0.70	6.98	0.70	7.03	0.71	7.08	0.71
0.60	7.78	0.70	7.83	0.71	7.89	0.71	7.95	0.72	8.01	0.72	8.06	0.73	8.12	0.73
0.65	8.76	0.72	8.82	0.73	8.89	0.73	8.95	0.74	9.01	0.74	9.08	0.75	9.14	0.75
0.70	9.69	0.73	9.76	0.74	9.83	0.74	9.91	0.75	9.98	0.76	10.05	0.76	10.12	0.77
0.75	10.56	0.74	10.63	0.75	10.71	0.75	10.79	0.76	10.87	0.76	10.94	0.77	11.02	0.77
0.80	11.31	0.75	11.40	0.75	11.48	0.76	11.57	0.76	11.65	0.77	11.73	0.77	11.81	0.78
0.85	11.93	0.75	12.02	0.75	12.10	0.76	12.19	0.76	12.28	0.77	12.36	0.77	12.45	0.78
0.90	12.34	0.74	12.43	0.74	12.52	0.75	12.61	0.75	12.70	0.76	12.79	0.76	12.88	0.77
0.95	12.44	0.72	12.53	0.72	12.62	0.73	12.71	0.73	12.80	0.74	12.89	0.74	12.98	0.75
1.00	11.58	0.66	11.66	0.66	11.75	0.66	11.83	0.67	11.92	0.67	12.00	0.68	12.08	0.68

D = 150mm

h/D	i (‰)												
	7.4		7.5		7.6		7.7		7.8		7.9		8.0	
	Q	v	Q	v	Q	v	Q	v	Q	v	Q	v	Q	v
0.10	0.25	0.28	0.26	0.28	0.26	0.28	0.26	0.28	0.26	0.28	0.26	0.29	0.26	0.29
0.15	0.59	0.36	0.60	0.36	0.60	0.36	0.60	0.36	0.61	0.37	0.61	0.37	0.61	0.37
0.20	1.07	0.42	1.07	0.43	1.08	0.43	1.09	0.43	1.09	0.43	1.10	0.44	1.11	0.44
0.25	1.67	0.48	1.68	0.49	1.69	0.49	1.70	0.49	1.71	0.50	1.72	0.50	1.73	0.50
0.30	2.38	0.53	2.40	0.54	2.41	0.54	2.43	0.55	2.45	0.55	2.46	0.55	2.48	0.56
0.35	3.20	0.58	3.22	0.58	3.24	0.59	3.26	0.59	3.28	0.60	3.30	0.60	3.33	0.60
0.40	4.10	0.62	4.13	0.63	4.15	0.63	4.18	0.63	4.21	0.64	4.24	0.64	4.26	0.65
0.45	5.07	0.66	5.10	0.66	5.14	0.67	5.17	0.67	5.20	0.67	5.24	0.68	5.27	0.68
0.50	6.08	0.69	6.12	0.69	6.16	0.70	6.20	0.70	6.24	0.71	6.28	0.71	6.32	0.72
0.55	7.13	0.72	7.17	0.72	7.22	0.73	7.27	0.73	7.32	0.73	7.36	0.74	7.41	0.74
0.60	8.17	0.74	8.23	0.74	8.28	0.75	8.34	0.75	8.39	0.76	8.44	0.76	8.50	0.77
0.65	9.20	0.76	9.26	0.76	9.33	0.77	9.39	0.77	9.45	0.78	9.51	0.78	9.57	0.79
0.70	10.19	0.77	10.25	0.78	10.32	0.78	10.39	0.79	10.46	0.79	10.52	0.80	10.59	0.80
0.75	11.09	0.78	11.17	0.79	11.24	0.79	11.32	0.80	11.39	0.80	11.46	0.81	11.53	0.81
0.80	11.89	0.78	11.97	0.79	12.05	0.80	12.13	0.80	12.21	0.81	12.29	0.81	12.36	0.82
0.85	12.54	0.78	12.62	0.79	12.70	0.79	12.79	0.80	12.87	0.80	12.95	0.81	13.03	0.81
0.90	12.97	0.77	13.05	0.78	13.14	0.78	13.23	0.79	13.31	0.79	13.40	0.80	13.48	0.80
0.95	13.07	0.75	13.16	0.76	13.25	0.76	13.33	0.77	13.42	0.77	13.51	0.78	13.59	0.78
1.00	12.17	0.69	12.25	0.69	12.33	0.70	12.41	0.70	12.49	0.71	12.57	0.71	12.65	0.72

D = 150mm

h/D	i (‰)												
	8.1		8.2		8.3		8.4		8.5		8.6		8.7	
	Q	v	Q	v	Q	v	Q	v	Q	v	Q	v	Q	v
0.10	0.27	0.29	0.27	0.29	0.27	0.29	0.27	0.29	0.27	0.30	0.27	0.30	0.28	0.30
0.15	0.62	0.37	0.62	0.37	0.63	0.38	0.63	0.38	0.63	0.38	0.64	0.38	0.64	0.39
0.20	1.11	0.44	1.12	0.45	1.13	0.45	1.13	0.45	1.14	0.45	1.15	0.46	1.16	0.46
0.25	1.74	0.50	1.75	0.51	1.76	0.51	1.78	0.51	1.79	0.52	1.80	0.52	1.81	0.52
0.30	2.49	0.56	2.51	0.56	2.52	0.57	2.54	0.57	2.55	0.57	2.57	0.58	2.58	0.58
0.35	3.35	0.61	3.37	0.61	3.39	0.61	3.41	0.62	3.43	0.62	3.45	0.63	3.47	0.63
0.40	4.29	0.65	4.32	0.65	4.34	0.66	4.37	0.66	4.39	0.67	4.42	0.67	4.45	0.67
0.45	5.30	0.69	5.33	0.69	5.37	0.70	5.40	0.70	5.43	0.70	5.46	0.71	5.48	0.71
0.50	6.36	0.72	6.40	0.72	6.44	0.73	6.48	0.73	6.52	0.74	6.56	0.74	6.60	0.75
0.55	7.45	0.75	7.50	0.75	7.55	0.76	7.59	0.76	7.64	0.77	7.68	0.77	7.73	0.78
0.60	8.55	0.77	8.60	0.78	8.66	0.78	8.71	0.79	8.76	0.79	8.81	0.80	8.86	0.80
0.65	9.63	0.79	9.69	0.80	9.75	0.80	9.80	0.81	9.86	0.81	9.92	0.82	9.98	0.82
0.70	10.66	0.81	10.72	0.81	10.79	0.82	10.85	0.82	10.92	0.83	10.98	0.83	11.04	0.84
0.75	11.61	0.82	11.68	0.82	11.75	0.83	11.82	0.83	11.89	0.84	11.96	0.84	12.03	0.85
0.80	12.44	0.82	12.52	0.83	12.59	0.83	12.67	0.84	12.74	0.84	12.82	0.85	12.89	0.85
0.85	13.11	0.82	13.20	0.82	13.28	0.83	13.36	0.83	13.43	0.84	13.51	0.84	13.59	0.85
0.90	13.56	0.81	13.65	0.81	13.73	0.82	13.81	0.82	13.90	0.83	13.98	0.83	14.06	0.84
0.95	13.68	0.79	13.76	0.79	13.84	0.80	13.93	0.80	14.01	0.81	14.09	0.81	14.17	0.82
1.00	12.73	0.72	12.81	0.72	12.88	0.73	12.96	0.73	13.04	0.74	13.11	0.74	13.19	0.75

D = 150mm														
h/D	i (‰)													
	8.8		8.9		9.0		9.1		9.2		9.3		9.4	
	Q	v	Q	v	Q	v	Q	v	Q	v	Q	v	Q	v
0.10	0.28	0.30	0.28	0.30	0.28	0.30	0.28	0.31	0.28	0.31	0.28	0.31	0.29	0.31
0.15	0.64	0.39	0.65	0.39	0.65	0.39	0.66	0.39	0.66	0.40	0.66	0.40	0.67	0.40
0.20	1.16	0.46	1.17	0.46	1.17	0.47	1.18	0.47	1.19	0.47	1.19	0.47	1.20	0.48
0.25	1.82	0.53	1.83	0.53	1.84	0.53	1.85	0.53	1.86	0.54	1.87	0.54	1.88	0.54
0.30	2.60	0.58	2.61	0.59	2.63	0.59	2.64	0.59	2.66	0.60	2.67	0.60	2.69	0.60
0.35	3.49	0.63	3.51	0.64	3.53	0.64	3.55	0.64	3.57	0.65	3.59	0.65	3.61	0.65
0.40	4.47	0.68	4.50	0.68	4.52	0.68	4.55	0.69	4.57	0.69	4.60	0.70	4.62	0.70
0.45	5.53	0.72	5.56	0.72	5.59	0.72	5.62	0.73	5.65	0.73	5.68	0.74	5.71	0.74
0.50	6.63	0.75	6.67	0.75	6.71	0.76	6.75	0.76	6.78	0.77	6.82	0.77	6.86	0.78
0.55	7.77	0.78	7.81	0.78	7.86	0.79	7.90	0.79	7.94	0.80	7.99	0.80	8.03	0.81
0.60	8.91	0.81	8.96	0.81	9.01	0.81	9.06	0.82	9.11	0.82	9.16	0.83	9.21	0.83
0.65	10.03	0.83	10.09	0.83	10.15	0.83	10.20	0.84	10.26	0.84	10.32	0.85	10.37	0.85
0.70	11.11	0.84	11.17	0.85	11.23	0.85	11.29	0.85	11.36	0.86	11.42	0.86	11.48	0.87
0.75	12.10	0.85	12.17	0.86	12.23	0.86	12.30	0.87	12.37	0.87	12.44	0.87	12.50	0.88
0.80	12.97	0.86	13.04	0.86	13.11	0.87	13.19	0.87	13.26	0.87	13.33	0.88	13.40	0.88
0.85	13.67	0.85	13.75	0.86	13.82	0.86	13.90	0.87	13.98	0.87	14.05	0.88	14.13	0.88
0.90	14.14	0.84	14.22	0.85	14.30	0.85	14.38	0.86	14.46	0.86	14.53	0.87	14.61	0.87
0.95	14.25	0.82	14.34	0.83	14.42	0.83	14.50	0.84	14.57	0.84	14.65	0.85	14.73	0.85
1.00	13.27	0.75	13.34	0.75	13.42	0.76	13.49	0.76	13.56	0.77	13.64	0.77	13.71	0.78

D = 150mm														
h/D	i (‰)													
	9.5		9.6		9.7		9.8		9.9		10		11	
	Q	v	Q	v	Q	v	Q	v	Q	v	Q	v	Q	v
0.10	0.29	0.31	0.29	0.31	0.29	0.32	0.29	0.32	0.29	0.32	0.30	0.32	0.31	0.34
0.15	0.67	0.40	0.67	0.41	0.68	0.41	0.68	0.41	0.68	0.41	0.69	0.41	0.72	0.43
0.20	1.21	0.48	1.21	0.48	1.22	0.48	1.23	0.49	1.23	0.49	1.24	0.49	1.30	0.52
0.25	1.89	0.55	1.90	0.55	1.91	0.55	1.92	0.56	1.93	0.56	1.94	0.56	2.03	0.59
0.30	2.70	0.61	2.71	0.61	2.73	0.61	2.74	0.61	2.76	0.62	2.77	0.62	2.90	0.65
0.35	3.62	0.66	3.64	0.66	3.66	0.66	3.68	0.67	3.70	0.67	3.72	0.67	3.90	0.71
0.40	4.64	0.70	4.67	0.71	4.69	0.71	4.72	0.71	4.74	0.72	4.77	0.72	5.00	0.76
0.45	5.74	0.74	5.77	0.75	5.80	0.75	5.83	0.76	5.86	0.76	5.89	0.76	6.18	0.80
0.50	6.89	0.78	6.93	0.78	6.96	0.79	7.00	0.79	7.04	0.80	7.07	0.80	7.42	0.84
0.55	8.17	0.81	8.12	0.81	8.16	0.82	8.20	0.82	8.24	0.83	8.28	0.83	8.69	0.87
0.60	9.26	0.84	9.31	0.84	9.36	0.85	9.41	0.85	9.45	0.85	9.50	0.86	9.96	0.90
0.65	10.43	0.86	10.48	0.86	10.54	0.87	10.59	0.87	10.64	0.88	10.70	0.88	11.22	0.92
0.70	11.54	0.87	11.60	0.88	11.66	0.88	11.72	0.89	11.78	0.89	11.84	0.90	12.42	0.94
0.75	12.57	0.88	12.63	0.89	12.70	0.89	12.77	0.90	12.83	0.90	12.90	0.91	13.52	0.95
0.80	13.47	0.89	13.54	0.89	13.61	0.90	13.68	0.90	13.75	0.91	13.82	0.91	14.50	0.96
0.85	14.20	0.89	14.28	0.89	14.35	0.90	14.46	0.90	14.50	0.91	14.57	0.91	15.28	0.95
0.90	14.69	0.88	14.77	0.88	14.84	0.89	14.92	0.89	15.00	0.90	15.07	0.90	15.81	0.94
0.95	14.81	0.85	14.89	0.86	14.97	0.86	15.04	0.87	15.12	0.87	15.20	0.88	15.94	0.92
1.00	13.78	0.78	13.86	0.78	13.93	0.79	14.00	0.79	14.07	0.80	14.14	0.80	14.83	0.84

	$D = 150$mm												
	i（‰）												
h/D	12		13		14		15		16		17		18	
	Q	v	Q	v	Q	v	Q	v	Q	v	Q	v	Q	v
0.10	0.32	0.35	0.34	0.37	0.35	0.38	0.36	0.39	0.37	0.41	0.38	0.42	0.40	0.43
0.15	0.75	0.45	0.78	0.47	0.81	0.49	0.84	0.51	0.87	0.52	0.90	0.54	0.92	0.55
0.20	1.36	0.54	1.41	0.56	1.47	0.58	1.52	0.60	1.57	0.62	1.61	0.64	1.66	0.66
0.25	2.12	0.61	2.21	0.64	2.29	0.66	2.37	0.69	2.45	0.71	2.53	0.73	2.60	0.75
0.30	3.03	0.68	3.16	0.71	3.28	0.73	3.39	0.76	3.50	0.79	3.61	0.81	3.72	0.83
0.35	4.07	0.74	4.24	0.77	4.40	0.80	4.55	0.83	4.70	0.85	4.85	0.88	4.99	0.91
0.40	5.22	0.79	5.43	0.82	5.64	0.85	5.84	0.88	6.03	0.91	6.21	0.94	6.39	0.97
0.45	6.45	0.84	6.72	0.87	6.97	0.90	7.21	0.94	7.45	0.97	7.68	1.00	7.90	1.02
0.50	7.75	0.88	8.06	0.91	8.37	0.95	8.66	0.98	8.94	1.01	9.22	1.04	9.49	1.07
0.55	9.07	0.91	9.44	0.95	9.80	0.98	10.14	1.02	10.48	1.05	10.80	1.08	11.11	1.12
0.60	10.41	0.94	10.83	0.98	11.24	1.02	11.64	1.05	12.02	1.09	12.39	1.12	12.75	1.15
0.65	11.72	0.96	12.20	1.00	12.66	1.04	13.10	1.08	13.53	1.11	13.95	1.15	14.35	1.18
0.70	12.97	0.98	13.50	1.02	14.01	1.06	14.50	1.10	14.98	1.13	15.44	1.17	15.88	1.20
0.75	14.13	0.99	14.70	1.03	15.26	1.07	15.79	1.11	16.31	1.15	16.81	1.18	17.30	1.22
0.80	15.14	1.00	15.76	1.04	16.36	1.08	16.93	1.12	17.48	1.15	18.02	1.19	18.55	1.22
0.85	15.96	1.00	16.61	1.04	17.24	1.08	17.85	1.11	18.43	1.15	19.00	1.19	19.55	1.22
0.90	16.51	0.99	17.18	1.03	17.83	1.06	18.46	1.10	19.06	1.14	19.65	1.17	20.22	1.21
0.95	16.65	0.96	17.33	1.00	17.98	1.04	18.61	1.07	19.22	1.11	19.81	1.14	20.39	1.18
1.00	15.49	0.88	16.12	0.91	16.73	0.95	17.32	0.98	17.89	1.01	18.44	1.04	18.97	1.07

	$D = 150$mm												
	i（‰）												
h/D	19		20		25		30		40		50		60	
	Q	v	Q	v	Q	v	Q	v	Q	v	Q	v	Q	v
0.10	0.41	0.44	0.42	0.45	0.47	0.51	0.51	0.56	0.59	0.64	0.66	0.72	0.72	0.79
0.15	0.95	0.57	0.97	0.58	1.09	0.65	1.19	0.72	1.37	0.83	1.54	0.92	1.68	1.01
0.20	1.71	0.68	1.75	0.70	1.96	0.78	2.14	0.85	2.48	0.98	2.77	1.10	3.03	1.21
0.25	2.67	0.77	2.74	0.79	3.06	0.89	3.36	0.97	3.87	1.12	4.33	1.25	4.74	1.37
0.30	3.82	0.86	3.92	0.88	4.38	0.98	4.80	1.08	5.54	1.24	6.19	1.39	6.78	1.52
0.35	5.13	0.93	5.26	0.95	5.88	1.07	6.44	1.17	7.44	1.35	8.31	1.51	9.18	1.65
0.40	6.57	1.00	6.74	1.02	7.54	1.14	8.25	1.25	9.53	1.44	10.66	1.61	11.67	1.77
0.45	8.12	1.05	8.33	1.08	9.31	1.21	10.20	1.32	11.78	1.53	13.17	1.71	14.43	1.87
0.50	9.75	1.10	10.00	1.13	11.18	1.27	12.25	1.39	14.14	1.60	15.81	1.79	17.32	1.96
0.55	11.42	1.15	11.71	1.18	13.10	1.32	14.35	1.44	16.57	1.66	18.52	1.86	20.29	2.04
0.60	13.10	1.18	13.44	1.21	15.02	1.36	16.46	1.49	19.00	1.72	21.24	1.92	23.27	2.10
0.65	14.74	1.21	15.13	1.24	16.91	1.39	18.53	1.52	21.39	1.76	23.92	1.97	26.20	2.15
0.70	16.32	1.24	16.74	1.27	18.72	1.42	20.51	1.55	23.68	1.79	26.47	2.00	29.00	2.19
0.75	17.78	1.25	18.24	1.28	20.39	1.43	22.34	1.57	25.79	1.81	28.83	2.03	31.59	2.22
0.80	19.05	1.26	19.55	1.29	21.86	1.44	23.94	1.58	27.65	1.82	30.91	2.04	33.86	2.23
0.85	20.09	1.25	20.61	1.29	23.04	1.44	25.24	1.58	29.14	1.82	32.58	2.04	35.69	2.23
0.90	20.78	1.24	21.32	1.27	23.83	1.42	26.11	1.56	30.14	1.80	33.70	2.01	36.92	2.20
0.95	20.95	1.21	21.49	1.24	24.03	1.39	26.32	1.52	30.39	1.75	33.98	1.96	37.22	2.15
1.00	19.49	1.10	20.00	1.13	22.36	1.27	24.49	1.39	28.28	1.60	31.62	1.79	34.64	1.96

	D = 150mm													
	i (‰)													
h/D	70		80		90		100		120		140		160	
	Q	v	Q	v	Q	v	Q	v	Q	v	Q	v	Q	v
0.10	0.78	0.85	0.84	0.91	0.89	0.96	0.93	1.02	1.02	1.11	1.10	1.20	1.18	1.28
0.15	1.82	1.09	1.94	1.16	2.06	1.24	2.17	1.31	2.38	1.43	2.57	1.55	2.75	1.65
0.20	3.28	1.30	3.50	1.39	3.72	1.48	3.92	1.56	4.29	1.71	4.63	1.84	4.95	1.97
0.25	5.13	1.48	5.48	1.59	5.81	1.68	6.13	1.77	6.71	1.94	7.25	2.10	7.75	2.24
0.30	7.33	1.64	7.83	1.76	8.31	1.86	8.76	1.97	9.59	2.15	10.36	2.32	11.08	2.48
0.35	9.84	1.78	10.52	1.91	11.16	2.02	11.76	2.13	12.88	2.34	13.91	2.52	14.87	2.70
0.40	12.61	1.91	13.48	2.04	14.30	2.17	15.07	2.28	16.51	2.50	17.83	2.70	19.06	2.89
0.45	15.58	2.02	16.66	2.16	17.67	2.29	18.63	2.42	20.40	2.65	22.04	2.86	23.65	3.05
0.50	18.71	2.13	20.00	2.26	21.21	2.40	22.36	2.53	24.49	2.77	26.46	2.99	28.28	3.20
0.55	21.91	2.20	23.43	2.35	24.85	2.50	26.19	2.63	28.69	2.88	30.99	3.11	33.13	3.33
0.60	25.14	2.27	26.87	2.43	28.50	2.57	30.04	2.71	32.91	2.97	35.55	3.21	38.00	3.43
0.65	28.30	2.33	30.25	2.49	32.09	2.64	33.83	2.78	37.05	3.05	40.02	3.29	42.76	3.52
0.70	31.33	2.37	33.49	2.53	35.52	2.69	37.44	2.83	41.01	3.10	44.30	3.35	47.36	3.58
0.75	34.12	2.40	36.47	2.56	38.69	2.72	40.78	2.87	44.67	3.14	48.25	3.39	51.58	3.63
0.80	36.57	2.41	39.10	2.58	41.47	2.74	43.71	2.88	47.88	3.16	51.72	3.41	55.29	3.65
0.85	38.56	2.41	41.22	2.57	43.72	2.73	46.08	2.88	50.48	3.15	54.52	3.41	58.29	3.64
0.90	39.88	2.38	42.63	2.54	45.22	2.70	47.66	2.84	52.21	3.12	56.39	3.37	60.29	3.60
0.95	40.20	2.32	42.98	2.48	45.59	2.63	48.05	2.77	52.64	3.04	56.86	3.28	60.78	3.51
1.00	37.41	2.12	40.00	2.26	42.42	2.40	44.72	2.53	48.99	2.77	52.91	2.99	56.57	3.20

	D = 200mm													
	i (‰)													
h/D	1.0		1.5		2.0		2.5		3.0		3.1		3.2	
	Q	v	Q	v	Q	v	Q	v	Q	v	Q	v	Q	v
0.10	0.20	0.12	0.25	0.15	0.28	0.17	0.32	0.19	0.35	0.21	0.35	0.22	0.36	0.22
0.15	0.47	0.16	0.57	0.19	0.66	0.22	0.74	0.25	0.81	0.27	0.82	0.28	0.84	0.28
0.20	0.84	0.19	1.03	0.23	1.19	0.27	1.33	0.30	1.46	0.33	1.48	0.33	1.51	0.34
0.25	1.32	0.21	1.62	0.26	1.87	0.30	2.09	0.34	2.28	0.37	2.32	0.38	2.36	0.38
0.30	1.89	0.24	2.31	0.29	2.67	0.34	2.98	0.38	3.27	0.41	3.32	0.42	3.37	0.43
0.35	2.53	0.26	3.10	0.32	3.58	0.37	4.00	0.41	4.39	0.45	4.46	0.46	4.53	0.46
0.40	3.25	0.28	3.97	0.34	4.59	0.39	5.13	0.44	5.62	0.48	5.71	0.49	5.81	0.49
0.45	4.01	0.29	4.91	0.36	5.67	0.41	6.34	0.46	6.95	0.51	7.06	0.52	7.18	0.52
0.50	4.82	0.31	5.90	0.38	6.81	0.43	7.61	0.48	8.34	0.53	8.48	0.54	8.61	0.55
0.55	5.64	0.32	6.91	0.39	7.98	0.45	8.92	0.50	9.77	0.55	9.93	0.56	10.09	0.57
0.60	6.47	0.33	7.92	0.40	9.15	0.46	10.23	0.52	11.21	0.57	11.39	0.58	11.57	0.59
0.65	7.28	0.34	8.92	0.41	10.30	0.48	11.52	0.53	12.62	0.58	12.83	0.59	13.03	0.60
0.70	8.06	0.34	9.88	0.42	11.40	0.49	12.75	0.54	13.97	0.59	14.20	0.60	14.42	0.61
0.75	8.78	0.35	10.76	0.43	12.42	0.49	13.89	0.55	15.21	0.60	15.46	0.61	15.71	0.62
0.80	9.41	0.35	11.53	0.43	13.31	0.49	14.88	0.55	16.31	0.61	16.57	0.62	16.84	0.63
0.85	9.92	0.35	12.15	0.43	14.03	0.49	15.69	0.55	17.19	0.60	17.47	0.61	17.75	0.62
0.90	10.26	0.34	12.57	0.42	14.52	0.49	16.23	0.54	17.78	0.60	18.07	0.61	18.36	0.62
0.95	10.35	0.34	12.67	0.41	14.64	0.47	16.36	0.53	17.92	0.58	18.22	0.59	18.51	0.60
1.00	9.63	0.31	11.80	0.38	13.62	0.43	15.23	0.48	16.68	0.53	16.96	0.54	17.23	0.55

D = 200mm

h/D	i (‰)													
	3.3		3.4		3.5		3.6		3.7		3.8		3.9	
	Q	v	Q	v	Q	v	Q	v	Q	v	Q	v	Q	v
0.10	0.37	0.22	0.37	0.23	0.38	0.23	0.38	0.23	0.39	0.24	0.39	0.24	0.40	0.24
0.15	0.85	0.29	0.86	0.29	0.88	0.30	0.89	0.30	0.90	0.30	0.91	0.31	0.92	0.31
0.20	1.53	0.34	1.56	0.35	1.58	0.35	1.60	0.36	1.62	0.36	1.64	0.37	1.67	0.37
0.25	2.40	0.39	2.43	0.40	2.47	0.40	2.50	0.41	2.54	0.41	2.57	0.42	2.61	0.42
0.30	3.43	0.43	3.48	0.44	3.53	0.45	3.58	0.45	3.63	0.46	3.68	0.46	3.72	0.47
0.35	4.60	0.47	4.67	0.48	4.74	0.48	4.80	0.49	4.87	0.50	4.94	0.50	5.00	0.51
0.40	5.90	0.50	5.98	0.51	6.07	0.52	6.16	0.52	6.24	0.53	6.33	0.54	6.41	0.55
0.45	7.29	0.53	7.40	0.54	7.50	0.55	7.61	0.56	7.72	0.56	7.82	0.57	7.92	0.58
0.50	8.75	0.56	8.88	0.57	9.01	0.57	9.14	0.58	9.26	0.59	9.39	0.60	9.51	0.61
0.55	10.25	0.58	10.40	0.59	10.55	0.60	10.70	0.60	10.85	0.61	11.00	0.62	11.14	0.63
0.60	11.75	0.60	11.93	0.61	12.11	0.62	12.28	0.62	12.45	0.63	12.61	0.64	12.78	0.65
0.65	13.23	0.61	13.43	0.62	13.63	0.63	13.82	0.64	14.01	0.65	14.20	0.66	14.39	0.67
0.70	14.65	0.62	14.87	0.63	15.09	0.64	15.30	0.65	15.51	0.66	15.72	0.67	15.92	0.68
0.75	15.95	0.63	16.19	0.64	16.43	0.65	16.66	0.66	16.89	0.67	17.12	0.68	17.34	0.69
0.80	17.10	0.63	17.36	0.64	17.61	0.65	17.86	0.66	18.11	0.67	18.35	0.68	18.59	0.69
0.85	18.03	0.63	18.30	0.64	18.57	0.65	18.83	0.66	19.09	0.67	19.35	0.68	19.60	0.69
0.90	18.65	0.63	18.93	0.64	19.20	0.64	19.48	0.65	19.74	0.66	20.01	0.67	20.27	0.68
0.95	18.80	0.61	19.08	0.62	19.36	0.63	19.64	0.64	19.91	0.65	20.17	0.65	20.44	0.66
1.00	17.50	0.56	17.76	0.57	18.02	0.57	18.27	0.58	18.53	0.59	18.77	0.60	19.02	0.61

D = 200mm

h/D	i (‰)													
	4.0		4.1		4.2		4.3		4.4		4.5		4.6	
	Q	v	Q	v	Q	v	Q	v	Q	v	Q	v	Q	v
0.10	0.40	0.25	0.41	0.25	0.41	0.25	0.42	0.26	0.42	0.26	0.43	0.26	0.43	0.26
0.15	0.94	0.32	0.95	0.32	0.96	0.32	0.97	0.33	0.98	0.33	0.99	0.34	1.00	0.34
0.20	1.69	0.38	1.71	0.38	1.73	0.39	1.75	0.39	1.77	0.40	1.79	0.40	1.81	0.40
0.25	2.64	0.43	2.67	0.43	2.70	0.44	2.74	0.45	2.77	0.45	2.80	0.46	2.83	0.46
0.30	3.77	0.48	3.82	0.48	3.87	0.49	3.91	0.49	3.96	0.50	4.00	0.50	4.05	0.51
0.35	5.06	0.52	5.13	0.52	5.19	0.53	5.25	0.54	5.31	0.54	5.37	0.55	5.43	0.55
0.40	6.49	0.56	6.57	0.56	6.65	0.57	6.73	0.57	6.81	0.58	6.88	0.59	6.96	0.59
0.45	8.02	0.59	8.12	0.59	8.22	0.60	8.32	0.61	8.41	0.61	8.51	0.62	8.60	0.63
0.50	9.63	0.61	9.75	0.62	9.87	0.63	9.99	0.64	10.10	0.64	10.22	0.65	10.33	0.66
0.55	11.28	0.64	11.42	0.65	11.56	0.65	11.70	0.66	11.83	0.67	11.97	0.68	12.10	0.68
0.60	12.94	0.66	13.10	0.67	13.26	0.67	13.42	0.68	13.57	0.69	13.73	0.70	13.88	0.71
0.65	14.57	0.67	14.75	0.68	14.93	0.69	15.11	0.70	15.28	0.71	15.45	0.71	15.62	0.72
0.70	16.13	0.69	16.33	0.70	16.52	0.70	16.72	0.71	16.91	0.72	17.10	0.73	17.29	0.74
0.75	17.56	0.69	17.78	0.70	18.00	0.71	18.21	0.72	18.42	0.73	18.63	0.74	18.84	0.75
0.80	18.83	0.70	19.06	0.71	19.29	0.72	19.52	0.72	19.75	0.73	19.97	0.74	20.19	0.75
0.85	19.85	0.70	20.09	0.71	20.34	0.71	20.58	0.72	20.82	0.73	21.05	0.74	21.28	0.75
0.90	20.53	0.69	20.78	0.70	21.04	0.71	21.29	0.71	21.53	0.72	21.77	0.73	22.02	0.74
0.95	20.70	0.67	20.95	0.68	21.21	0.69	21.46	0.70	21.71	0.70	21.95	0.71	22.20	0.72
1.00	19.26	0.61	19.50	0.62	19.74	0.63	19.97	0.64	20.20	0.64	20.43	0.65	20.66	0.66

							$D = 200\text{mm}$							
							i（‰）							
h/D	4.7		4.8		4.9		5.0		5.1		5.2		5.3	
	Q	v	Q	v	Q	v	Q	v	Q	v	Q	v	Q	v
0.10	0.44	0.27	0.44	0.27	0.45	0.27	0.45	0.27	0.45	0.28	0.46	0.26	0.46	0.28
0.15	1.01	0.34	1.03	0.35	1.04	0.35	1.05	0.35	1.06	0.36	1.07	0.36	1.08	0.36
0.20	1.83	0.41	1.85	0.41	1.87	0.42	1.89	0.42	1.90	0.43	1.92	0.43	1.94	0.43
0.25	2.86	0.47	2.89	0.47	2.92	0.48	2.95	0.48	2.98	0.49	3.01	0.49	3.04	0.49
0.30	4.09	0.52	4.13	0.52	4.17	0.53	4.22	0.53	4.26	0.54	4.30	0.54	4.34	0.55
0.35	5.49	0.56	5.55	0.57	5.61	0.57	5.66	0.58	5.72	0.58	5.77	0.59	5.83	0.59
0.40	7.04	0.60	7.11	0.61	7.18	0.61	7.26	0.62	7.33	0.62	7.40	0.63	7.47	0.64
0.45	8.70	0.63	8.79	0.64	8.38	0.65	8.97	0.65	9.06	0.66	9.15	0.67	9.24	0.67
0.50	10.44	0.66	10.55	0.67	10.66	0.68	10.77	0.69	10.87	0.69	10.98	0.70	11.09	0.71
0.55	12.23	0.69	12.36	0.70	12.49	0.71	12.61	0.71	12.74	0.72	12.86	0.73	12.99	0.73
0.60	14.03	0.71	14.18	0.72	14.32	0.73	14.47	0.74	14.61	0.74	14.75	0.75	14.90	0.76
0.65	15.79	0.73	15.96	0.74	16.13	0.75	16.29	0.75	16.45	0.76	16.61	0.77	16.77	0.78
0.70	17.48	0.74	17.67	0.75	17.85	0.76	18.03	0.77	18.21	0.78	18.39	0.78	18.56	0.79
0.75	19.04	0.75	19.24	0.76	19.44	0.77	19.64	0.78	19.83	0.78	20.03	0.79	20.22	0.80
0.80	20.41	0.76	20.62	0.77	20.84	0.77	21.05	0.78	21.26	0.79	21.47	0.80	21.67	0.80
0.85	21.51	0.76	21.74	0.76	21.97	0.77	22.19	0.78	22.41	0.79	22.63	0.80	22.85	0.80
0.90	22.25	0.75	22.49	0.76	22.72	0.76	22.95	0.77	23.18	0.78	23.41	0.79	23.63	0.79
0.95	22.44	0.73	22.67	0.74	22.91	0.74	23.14	0.75	23.37	0.76	23.60	0.77	23.82	0.77
1.00	20.88	0.66	21.10	0.67	21.32	0.68	21.54	0.69	21.75	0.69	21.96	0.70	22.17	0.71

							$D = 200\text{mm}$							
							i（‰）							
h/D	5.4		5.5		5.6		5.7		5.8		5.9		6.0	
	Q	v	Q	v	Q	v	Q	v	Q	v	Q	v	Q	v
0.10	0.47	0.29	0.47	0.29	0.48	0.29	0.48	0.29	0.48	0.30	0.49	0.30	0.49	0.30
0.15	1.09	0.37	1.10	0.37	1.11	0.37	1.12	0.38	1.13	0.38	1.14	0.38	1.15	0.39
0.20	1.96	0.44	1.98	0.44	2.00	0.45	2.01	0.45	2.03	0.45	2.05	0.46	2.07	0.46
0.25	3.07	0.50	3.09	0.50	3.12	0.51	3.15	0.51	3.18	0.52	3.20	0.52	3.23	0.53
0.30	4.38	0.55	4.42	0.56	4.46	0.56	4.50	0.57	4.54	0.57	4.58	0.58	4.62	0.58
0.35	5.88	0.60	5.94	0.61	5.99	0.61	6.05	0.62	6.10	0.62	6.15	0.63	6.20	0.63
0.40	7.54	0.64	7.61	0.65	7.68	0.65	7.75	0.66	7.82	0.67	7.88	0.67	7.95	0.68
0.45	9.32	0.68	9.41	0.69	9.49	0.69	9.58	0.70	9.66	0.70	9.74	0.71	9.83	0.72
0.50	11.19	0.71	11.29	0.72	11.40	0.73	11.50	0.73	11.60	0.74	11.70	0.74	11.80	0.75
0.55	13.11	0.74	13.23	0.75	13.35	0.75	13.47	0.76	13.59	0.77	13.70	0.77	13.82	0.78
0.60	15.04	0.76	15.17	0.77	15.31	0.78	15.45	0.78	15.58	0.79	15.72	0.80	15.85	0.81
0.65	16.93	0.78	17.08	0.79	17.24	0.80	17.39	0.80	17.54	0.81	17.69	0.82	17.84	0.83
0.70	18.74	0.80	18.91	0.81	19.08	0.81	19.25	0.82	19.42	0.83	19.59	0.83	19.75	0.84
0.75	20.41	0.81	20.60	0.81	20.78	0.82	20.97	0.83	21.15	0.84	21.33	0.84	21.51	0.85
0.80	21.88	0.81	22.08	0.82	22.28	0.83	22.48	0.83	22.67	0.84	22.87	0.85	23.06	0.86
0.85	23.06	0.81	23.27	0.82	23.48	0.83	23.69	0.83	23.90	0.84	24.11	0.85	24.31	0.85
0.90	23.85	0.80	24.07	0.81	24.29	0.82	24.51	0.82	24.72	0.83	24.93	0.84	25.14	0.84
0.95	24.05	0.78	24.27	0.79	24.49	0.79	24.71	0.80	24.92	0.81	25.14	0.82	25.35	0.82
1.00	22.38	0.71	22.59	0.72	22.79	0.73	22.99	0.73	23.19	0.74	23.39	0.74	23.59	0.75

$D = 200\text{mm}$

| h/D | \multicolumn{14}{c}{i （‰）} |
| | \multicolumn{2}{c}{6.1} | \multicolumn{2}{c}{6.2} | \multicolumn{2}{c}{6.3} | \multicolumn{2}{c}{6.4} | \multicolumn{2}{c}{6.5} | \multicolumn{2}{c}{6.6} | \multicolumn{2}{c}{6.7} |
	Q	v	Q	v	Q	v	Q	v	Q	v	Q	v	Q	v
0.10	0.50	0.30	0.50	0.31	0.50	0.31	0.51	0.31	0.51	0.31	0.52	0.32	0.52	0.32
0.15	1.16	0.39	1.17	0.39	1.18	0.40	1.18	0.40	1.19	0.40	1.20	0.41	1.21	0.41
0.20	2.08	0.47	2.10	0.47	2.12	0.47	2.13	0.48	2.15	0.48	2.17	0.48	2.18	0.49
0.25	3.26	0.53	3.28	0.53	3.31	0.54	3.34	0.54	3.36	0.55	3.39	0.55	3.41	0.56
0.30	4.66	0.59	4.70	0.59	4.73	0.60	4.77	0.60	4.81	0.61	4.85	0.61	4.88	0.62
0.35	6.25	0.64	6.31	0.64	6.36	0.65	6.41	0.65	6.46	0.66	6.51	0.66	6.55	0.67
0.40	8.02	0.68	8.08	0.69	8.15	0.69	8.21	0.70	8.27	0.71	8.34	0.71	8.40	0.72
0.45	9.91	0.72	9.99	0.73	10.07	0.73	10.15	0.74	10.23	0.75	10.31	0.75	10.38	0.76
0.50	11.89	0.76	11.99	0.76	12.09	0.77	12.18	0.78	12.23	0.78	12.37	0.79	12.46	0.79
0.55	13.93	0.79	14.05	0.79	14.16	0.80	14.27	0.81	14.33	0.81	14.49	0.82	14.60	0.82
0.60	15.98	0.81	16.11	0.82	16.24	0.83	16.37	0.83	16.50	0.84	16.62	0.84	16.75	0.85
0.65	17.99	0.83	18.14	0.84	18.28	0.85	18.43	0.85	18.57	0.86	18.72	0.87	18.86	0.87
0.70	19.92	0.85	20.08	0.85	20.24	0.86	20.40	0.87	20.50	0.88	20.72	0.88	20.87	0.89
0.75	21.69	0.86	21.87	0.87	22.04	0.87	22.22	0.88	22.31	0.89	22.56	0.89	22.73	0.90
0.80	23.25	0.86	23.44	0.87	23.63	0.88	23.82	0.88	24.00	0.89	24.18	0.90	24.37	0.90
0.85	24.51	0.86	24.71	0.87	24.91	0.88	25.11	0.88	25.30	0.89	25.50	0.90	25.69	0.90
0.90	25.35	0.85	25.56	0.86	25.76	0.87	25.97	0.87	26.17	0.88	26.37	0.89	26.57	0.89
0.95	25.56	0.83	25.77	0.84	25.97	0.84	26.18	0.85	26.38	0.86	26.59	0.86	26.79	0.87
1.00	23.79	0.76	23.98	0.76	24.17	0.77	24.36	0.78	24.55	0.78	24.74	0.79	24.93	0.79

$D = 200\text{mm}$

| h/D | \multicolumn{14}{c}{i （‰）} |
| | \multicolumn{2}{c}{6.8} | \multicolumn{2}{c}{6.9} | \multicolumn{2}{c}{7.0} | \multicolumn{2}{c}{7.1} | \multicolumn{2}{c}{7.2} | \multicolumn{2}{c}{7.3} | \multicolumn{2}{c}{7.4} |
	Q	v	Q	v	Q	v	Q	v	Q	v	Q	v	Q	v
0.10	0.52	0.32	0.53	0.32	0.53	0.33	0.54	0.33	0.54	0.33	0.54	0.33	0.55	0.33
0.15	1.22	0.41	1.23	0.42	1.24	0.42	1.25	0.42	1.26	0.43	1.26	0.43	1.27	0.43
0.20	2.20	0.49	2.22	0.50	2.23	0.50	2.25	0.50	2.26	0.51	2.28	0.51	2.29	0.51
0.25	3.44	0.56	3.47	0.56	3.49	0.57	3.52	0.57	3.54	0.58	3.56	0.58	3.59	0.58
0.30	4.92	0.62	4.95	0.63	4.99	0.63	5.03	0.63	5.06	0.64	5.10	0.64	5.13	0.65
0.35	6.60	0.67	6.65	0.68	6.70	0.68	6.75	0.69	6.79	0.69	6.84	0.70	6.89	0.70
0.40	8.46	0.72	8.53	0.73	8.59	0.73	8.65	0.74	8.71	0.74	8.77	0.75	8.83	0.75
0.45	10.46	0.76	10.54	0.77	10.61	0.77	10.69	0.78	10.76	0.79	10.84	0.79	10.91	0.80
0.50	12.56	0.80	12.65	0.81	12.74	0.81	12.83	0.82	12.92	0.82	13.01	0.83	13.10	0.83
0.55	14.71	0.83	14.82	0.84	14.92	0.84	15.03	0.85	15.14	0.85	15.24	0.86	15.34	0.87
0.60	16.87	0.86	17.00	0.86	17.12	0.87	17.24	0.88	17.36	0.88	17.48	0.89	17.60	0.89
0.65	19.00	0.88	19.14	0.89	19.27	0.89	19.41	0.90	19.55	0.90	19.68	0.91	19.82	0.92
0.70	21.03	0.90	21.18	0.90	21.33	0.91	21.49	0.91	21.64	0.92	21.79	0.93	21.93	0.93
0.75	22.90	0.91	23.07	0.91	23.24	0.92	23.40	0.93	23.57	0.93	23.73	0.94	23.89	0.95
0.80	24.55	0.91	24.73	0.92	24.91	0.92	25.08	0.93	25.26	0.94	25.44	0.94	25.61	0.95
0.85	25.88	0.91	26.07	0.92	26.26	0.92	26.44	0.93	26.63	0.94	26.81	0.94	27.00	0.95
0.90	26.77	0.90	26.96	0.91	27.16	0.91	27.33	0.92	27.54	0.92	27.73	0.93	27.92	0.94
0.95	26.99	0.88	27.18	0.88	27.38	0.89	27.57	0.89	27.77	0.90	27.96	0.91	28.15	0.91
1.00	25.11	0.80	25.30	0.81	25.48	0.81	25.66	0.82	25.84	0.82	26.02	0.83	26.20	0.83

| | \multicolumn{14}{c}{$D = 200$mm} | | | | | | | | | | | | |

| | \multicolumn{14}{c}{i (‰)} |

| h/D | \multicolumn{2}{c}{7.5} | \multicolumn{2}{c}{7.6} | \multicolumn{2}{c}{7.7} | \multicolumn{2}{c}{7.8} | \multicolumn{2}{c}{7.9} | \multicolumn{2}{c}{8.0} | \multicolumn{2}{c}{8.5} |
	Q	v	Q	v	Q	v	Q	v	Q	v	Q	v	Q	v
0.10	0.55	0.34	0.55	0.34	0.56	0.34	0.56	0.34	0.57	0.35	0.57	0.35	0.59	0.36
0.15	1.28	0.43	1.29	0.44	1.30	0.44	1.31	0.44	1.32	0.45	1.32	0.45	1.36	0.46
0.20	2.31	0.52	2.33	0.52	2.34	0.52	2.36	0.53	2.37	0.53	2.39	0.53	2.46	0.55
0.25	3.61	0.59	3.64	0.59	3.66	0.60	3.68	0.60	3.71	0.60	3.73	0.61	3.85	0.63
0.30	5.17	0.65	5.20	0.66	5.23	0.66	5.27	0.66	5.30	0.67	5.33	0.67	5.50	0.69
0.35	6.94	0.71	6.98	0.71	7.03	0.72	7.07	0.72	7.12	0.73	7.16	0.73	7.38	0.75
0.40	8.89	0.76	8.95	0.76	9.01	0.77	9.06	0.77	9.12	0.78	9.18	0.78	9.46	0.81
0.45	10.99	0.80	11.06	0.81	11.13	0.81	11.20	0.82	11.28	0.82	11.35	0.83	11.70	0.85
0.50	13.19	0.84	13.28	0.85	13.36	0.85	13.45	0.86	13.53	0.86	13.62	0.87	14.04	0.89
0.55	15.45	0.87	15.55	0.88	15.65	0.88	15.75	0.89	15.85	0.90	15.95	0.90	16.45	0.93
0.60	17.72	0.90	17.84	0.91	17.95	0.91	18.07	0.92	18.19	0.92	18.30	0.93	18.86	0.95
0.65	19.95	0.92	20.08	0.93	20.21	0.94	20.35	0.94	20.48	0.95	20.60	0.95	21.24	0.98
0.70	22.08	0.94	22.23	0.95	22.37	0.95	22.52	0.96	22.66	0.96	22.81	0.97	23.51	1.00
0.75	24.05	0.95	24.21	0.96	24.37	0.96	24.53	0.97	24.68	0.98	24.84	0.98	25.60	1.01
0.80	25.78	0.96	25.95	0.96	26.12	0.97	26.29	0.98	26.46	0.98	26.63	0.99	27.45	1.02
0.85	27.18	0.95	27.36	0.96	27.54	0.97	27.72	0.97	27.89	0.98	28.07	0.99	28.93	1.02
0.90	28.11	0.94	28.30	0.95	28.48	0.96	28.67	0.96	28.85	0.97	29.03	0.97	29.93	1.00
0.95	28.34	0.92	28.53	0.93	28.72	0.93	28.90	0.94	29.09	0.94	29.27	0.95	30.17	0.98
1.00	26.38	0.84	26.55	0.85	26.72	0.85	26.90	0.86	27.07	0.86	27.24	0.87	28.08	0.89

| | \multicolumn{14}{c}{$D = 200$mm} | | | | | | | | | | | | |

| | \multicolumn{14}{c}{i (‰)} |

| h/D | \multicolumn{2}{c}{9.0} | \multicolumn{2}{c}{9.5} | \multicolumn{2}{c}{10} | \multicolumn{2}{c}{11} | \multicolumn{2}{c}{12} | \multicolumn{2}{c}{13} | \multicolumn{2}{c}{14} |
	Q	v	Q	v	Q	v	Q	v	Q	v	Q	v	Q	v
0.10	0.60	0.37	0.62	0.38	0.64	0.39	0.67	0.41	0.70	0.43	0.72	0.44	0.75	0.46
0.15	1.40	0.48	1.44	0.49	1.48	0.50	1.55	0.53	1.62	0.55	1.69	0.57	1.75	0.59
0.20	2.53	0.57	2.60	0.58	2.67	0.60	2.80	0.63	2.92	0.65	3.04	0.68	3.16	0.71
0.25	3.96	0.64	4.07	0.66	4.17	0.68	4.38	0.71	4.57	0.74	4.76	0.77	4.94	0.80
0.30	5.66	0.71	5.81	0.73	5.96	0.75	6.26	0.79	6.53	0.82	6.80	0.86	7.06	0.89
0.35	7.60	0.78	7.81	0.80	8.01	0.82	8.40	0.86	8.77	0.90	9.13	0.93	9.48	0.97
0.40	9.74	0.83	10.00	0.85	10.26	0.87	10.76	0.92	11.24	0.96	11.70	1.00	12.14	1.03
0.45	12.03	0.88	12.36	0.90	12.69	0.93	13.30	0.97	13.90	1.01	14.46	1.05	15.01	1.09
0.50	14.45	0.92	14.84	0.94	15.23	0.97	15.97	1.02	16.68	1.06	17.36	1.11	18.02	1.15
0.55	16.92	0.96	17.39	0.98	17.84	1.01	18.71	1.06	19.54	1.10	20.34	1.15	21.11	1.19
0.60	19.41	0.99	19.94	1.01	20.46	1.04	21.46	1.09	22.41	1.14	23.33	1.19	24.21	1.23
0.65	21.85	1.01	22.45	1.04	23.04	1.07	24.16	1.12	25.24	1.17	26.27	1.22	27.26	1.26
0.70	24.19	1.03	24.85	1.06	25.50	1.09	26.74	1.14	27.93	1.19	29.07	1.24	30.17	1.28
0.75	26.35	1.04	27.07	1.07	27.77	1.10	29.13	1.15	30.42	1.20	31.66	1.25	32.86	1.30
0.80	28.24	1.05	29.02	1.08	29.77	1.10	31.22	1.16	32.61	1.21	33.94	1.26	35.22	1.31
0.85	29.77	1.05	30.59	1.07	31.38	1.10	32.91	1.16	34.38	1.21	35.78	1.26	37.13	1.30
0.90	30.79	1.03	31.64	1.06	32.46	1.09	34.04	1.14	35.56	1.19	37.01	1.24	38.41	1.29
0.95	31.05	1.01	31.90	1.03	32.73	1.06	34.32	1.11	35.85	1.16	37.31	1.21	38.72	1.26
1.00	28.89	0.92	29.68	0.94	30.46	0.97	31.94	1.02	33.36	1.06	34.72	1.11	36.04	1.15

	$D = 200$mm													
	i（‰）													
h/D	15		16		17		18		19		20		25	
	Q	v	Q	v	Q	v	Q	v	Q	v	Q	v	Q	v
0.10	0.78	0.48	0.80	0.49	0.83	0.51	0.85	0.52	0.88	0.54	0.90	0.55	1.01	0.61
0.15	1.81	0.61	1.87	0.63	1.93	0.65	1.99	0.67	2.04	0.69	2.09	0.71	2.34	0.79
0.20	3.27	0.73	3.37	0.75	3.48	0.78	3.58	0.80	3.68	0.82	3.77	0.84	4.22	0.94
0.25	5.11	0.83	5.28	0.86	5.44	0.89	5.60	0.91	5.75	0.94	5.90	0.96	6.60	1.07
0.30	7.30	0.92	7.54	0.95	7.78	0.98	8.00	1.01	8.22	1.04	8.43	1.06	9.43	1.19
0.35	9.81	1.00	10.13	1.03	10.44	1.07	10.74	1.10	11.04	1.13	11.32	1.16	12.66	1.29
0.40	12.57	1.07	12.98	1.11	13.38	1.14	13.77	1.17	14.15	1.21	14.51	1.24	16.23	1.38
0.45	15.54	1.13	16.05	1.17	16.54	1.21	17.02	1.24	17.49	1.28	17.94	1.31	20.06	1.46
0.50	18.65	1.19	19.26	1.23	19.85	1.26	20.43	1.30	20.99	1.34	21.54	1.37	24.08	1.53
0.55	21.85	1.23	22.56	1.27	23.26	1.31	23.93	1.35	24.59	1.39	25.23	1.42	28.20	1.59
0.60	25.06	1.27	25.88	1.32	26.68	1.36	27.45	1.39	28.20	1.43	28.94	1.47	32.35	1.64
0.65	28.21	1.31	29.14	1.35	30.04	1.39	30.91	1.43	31.75	1.47	32.58	1.51	36.42	1.69
0.70	31.23	1.33	32.25	1.37	33.25	1.42	34.21	1.46	35.15	1.50	36.06	1.54	40.32	1.72
0.75	34.01	1.35	35.13	1.39	36.21	1.43	37.26	1.47	38.28	1.51	39.28	1.55	43.91	1.74
0.80	36.46	1.35	37.66	1.40	38.81	1.44	39.94	1.48	41.03	1.52	42.10	1.56	47.07	1.75
0.85	38.44	1.35	39.70	1.39	40.92	1.44	42.10	1.48	43.26	1.52	44.38	1.56	49.62	1.74
0.90	39.75	1.33	41.06	1.38	42.32	1.42	43.55	1.46	44.74	1.50	45.90	1.54	51.32	1.72
0.95	40.08	1.30	41.39	1.34	42.67	1.38	43.91	1.42	45.11	1.46	46.28	1.50	51.74	1.68
1.00	37.30	1.19	38.52	1.23	39.71	1.26	40.86	1.30	41.98	1.34	43.07	1.37	48.15	1.53

	$D = 200$mm													
	i（‰）													
h/D	30		40		50		60		70		80		100	
	Q	v	Q	v	Q	v	Q	v	Q	v	Q	v	Q	v
0.10	1.10	0.67	1.27	0.78	1.42	0.87	1.56	0.95	1.68	1.03	1.80	1.10	2.01	1.23
0.15	2.56	0.87	2.96	1.00	3.10	1.05	3.63	1.23	3.92	1.33	4.19	1.42	4.68	1.58
0.20	4.62	1.03	5.33	1.19	5.96	1.33	6.53	1.46	7.06	1.58	7.54	1.69	8.43	1.89
0.25	7.23	1.18	8.34	1.35	9.33	1.52	10.22	1.66	11.04	1.80	11.80	1.92	13.19	2.15
0.30	10.33	1.30	11.93	1.50	13.34	1.68	14.61	1.84	15.78	1.99	16.87	2.13	18.86	2.38
0.35	13.87	1.42	16.02	1.63	17.91	1.83	19.62	2.00	21.19	2.16	22.65	2.31	25.32	2.58
0.40	17.78	1.51	20.53	1.75	22.95	1.95	25.14	2.14	27.15	2.31	29.03	2.47	32.45	2.77
0.45	21.97	1.60	25.37	1.85	28.37	2.07	31.07	2.27	33.56	2.45	35.88	2.62	40.12	2.93
0.50	26.38	1.68	30.46	1.94	34.05	2.18	37.30	2.37	40.29	2.56	43.07	2.74	48.15	3.07
0.55	30.90	1.75	35.68	2.05	39.89	2.25	43.69	2.47	47.20	2.67	50.45	2.85	56.41	3.19
0.60	35.44	1.80	40.92	2.08	45.75	2.32	50.12	2.55	54.14	2.75	57.87	2.94	64.70	3.29
0.65	39.90	1.84	46.07	2.13	51.51	2.38	56.43	2.61	60.95	2.82	65.16	3.01	72.85	3.37
0.70	44.17	1.88	51.00	2.17	57.02	2.43	62.46	2.66	67.46	2.87	72.12	3.07	80.63	3.43
0.75	48.10	1.90	55.54	2.20	62.10	2.46	68.03	2.69	73.48	2.91	78.55	3.11	87.82	3.47
0.80	51.56	1.91	59.54	2.21	66.57	2.47	72.92	2.71	78.76	2.92	84.20	3.13	94.14	3.49
0.85	54.36	1.91	62.76	2.21	70.17	2.47	76.87	2.70	83.03	2.92	88.76	3.12	99.24	3.49
0.90	56.22	1.89	64.92	2.18	72.58	2.44	79.51	2.67	85.88	2.88	91.81	3.08	102.65	3.45
0.95	56.68	1.84	65.45	2.12	73.17	2.37	80.16	2.60	86.58	2.81	92.56	3.00	103.48	3.36
1.00	52.75	1.68	60.91	1.94	68.10	2.17	74.60	2.37	80.58	2.56	86.14	2.74	96.31	3.07

D = 250mm

h/D	i (‰)												
	3.0		3.1		3.2		3.3		3.4		3.5		3.6	
	Q	v	Q	v	Q	v	Q	v	Q	v	Q	v	Q	v
0.10	0.63	0.25	0.64	0.25	0.65	0.26	0.66	0.26	0.67	0.26	0.68	0.27	0.69	0.27
0.15	1.47	0.32	1.49	0.32	1.52	0.33	1.54	0.33	1.57	0.34	1.59	0.34	1.61	0.35
0.20	2.65	0.38	2.69	0.39	2.74	0.39	2.78	0.40	2.82	0.40	2.86	0.41	2.90	0.42
0.25	4.14	0.43	4.21	0.44	4.28	0.45	4.35	0.45	4.41	0.46	4.47	0.47	4.54	0.47
0.30	5.92	0.48	6.02	0.49	6.12	0.49	6.21	0.50	6.31	0.51	6.40	0.52	6.49	0.52
0.35	7.95	0.52	8.08	0.53	8.21	0.54	8.34	0.54	8.47	0.55	8.59	0.56	8.71	0.57
0.40	10.19	0.56	10.36	0.57	10.53	0.57	10.69	0.58	10.85	0.59	11.01	0.60	11.17	0.61
0.45	12.60	0.59	12.81	0.60	13.01	0.61	13.21	0.62	13.41	0.63	13.61	0.64	13.80	0.64
0.50	15.12	0.62	15.37	0.63	15.62	0.64	15.86	0.65	16.10	0.66	16.33	0.67	16.57	0.67
0.55	17.71	0.64	18.01	0.65	18.30	0.66	18.58	0.67	18.86	0.68	19.13	0.69	19.41	0.70
0.60	20.32	0.66	20.66	0.67	20.99	0.68	21.31	0.69	21.63	0.70	21.95	0.71	22.26	0.72
0.65	22.88	0.68	23.26	0.69	23.63	0.70	23.99	0.71	24.35	0.72	24.71	0.73	25.08	0.74
0.70	25.32	0.69	25.74	0.70	26.15	0.71	26.56	0.72	26.96	0.73	27.35	0.75	27.74	0.76
0.75	27.58	0.70	28.04	0.71	28.48	0.72	28.93	0.73	29.36	0.74	29.79	0.75	30.21	0.77
0.80	29.56	0.70	30.05	0.71	30.53	0.73	31.01	0.74	31.47	0.75	31.93	0.76	32.39	0.77
0.85	31.17	0.70	31.68	0.71	32.19	0.72	32.69	0.74	33.18	0.75	33.66	0.76	34.14	0.77
0.90	32.24	0.69	32.77	0.70	33.29	0.72	33.81	0.73	34.32	0.74	34.82	0.75	35.31	0.76
0.95	32.50	0.67	33.04	0.69	33.56	0.70	34.09	0.71	34.60	0.72	35.10	0.73	35.60	0.74
1.00	30.25	0.62	30.75	0.63	31.24	0.64	31.72	0.65	32.20	0.66	32.67	0.67	33.13	0.67

D = 250mm

h/D	i (‰)												
	3.7		3.8		3.9		4.0		4.1		4.2		4.3	
	Q	v	Q	v	Q	v	Q	v	Q	v	Q	v	Q	v
0.10	0.70	0.27	0.71	0.28	0.72	0.28	0.73	0.29	0.74	0.29	0.75	0.29	0.76	0.30
0.15	1.63	0.35	1.65	0.36	1.68	0.36	1.70	0.37	1.72	0.37	1.74	0.38	1.76	0.38
0.20	2.94	0.42	2.98	0.43	3.02	0.43	3.06	0.44	3.10	0.44	3.13	0.45	3.17	0.45
0.25	4.60	0.48	4.68	0.49	4.72	0.49	4.78	0.50	4.84	0.50	4.90	0.51	4.96	0.52
0.30	6.58	0.53	6.67	0.54	6.75	0.55	6.84	0.55	6.92	0.56	7.01	0.57	7.09	0.57
0.35	8.83	0.58	8.98	0.58	9.07	0.59	9.18	0.60	9.30	0.61	9.41	0.61	9.52	0.62
0.40	11.32	0.62	11.47	0.63	11.62	0.63	11.77	0.64	11.92	0.65	12.06	0.66	12.20	0.67
0.45	13.99	0.65	14.18	0.66	14.36	0.67	14.55	0.68	14.73	0.69	14.91	0.70	15.08	0.70
0.50	16.79	0.68	17.02	0.69	17.24	0.70	17.46	0.71	17.68	0.72	17.89	0.73	18.10	0.74
0.55	19.67	0.71	19.94	0.72	20.20	0.73	20.46	0.74	20.71	0.75	20.96	0.76	21.21	0.77
0.60	22.57	0.73	22.87	0.74	23.17	0.75	23.46	0.76	23.75	0.77	24.04	0.78	24.33	0.79
0.65	25.41	0.75	25.75	0.76	26.08	0.77	26.42	0.78	26.74	0.79	27.07	0.80	27.39	0.81
0.70	28.12	0.77	28.50	0.78	28.87	0.79	29.24	0.80	29.60	0.81	29.96	0.82	30.32	0.83
0.75	30.63	0.78	31.04	0.79	31.45	0.80	31.85	0.81	32.24	0.82	32.63	0.83	33.02	0.84
0.80	32.83	0.78	33.27	0.79	33.71	0.80	34.14	0.81	34.56	0.82	34.98	0.83	35.39	0.84
0.85	34.61	0.78	35.08	0.79	35.53	0.80	35.99	0.81	36.43	0.82	36.88	0.83	37.31	0.84
0.90	35.80	0.77	36.28	0.78	36.75	0.79	37.22	0.80	37.68	0.81	38.14	0.82	38.59	0.83
0.95	36.09	0.75	36.58	0.76	37.05	0.77	37.53	0.78	37.99	0.79	38.45	0.80	38.91	0.81
1.00	33.59	0.68	34.04	0.69	34.48	0.70	34.92	0.71	35.36	0.72	35.79	0.73	36.21	0.74

	\multicolumn{14}{c}{$D = 250\text{mm}$}

	\multicolumn{14}{c}{i（‰）}												
h/D	\multicolumn{2}{c}{4.4}	\multicolumn{2}{c}{4.5}	\multicolumn{2}{c}{4.6}	\multicolumn{2}{c}{4.7}	\multicolumn{2}{c}{4.8}	\multicolumn{2}{c}{4.9}	\multicolumn{2}{c}{5.0}
	Q	v	Q	v	Q	v	Q	v	Q	v	Q	v	Q	v
0.10	0.76	0.30	0.77	0.30	0.78	0.31	0.79	0.31	0.80	0.31	0.81	0.32	0.82	0.32
0.15	1.78	0.39	1.80	0.39	1.82	0.39	1.84	0.40	1.86	0.40	1.88	0.41	1.90	0.41
0.20	3.21	0.46	3.24	0.46	3.28	0.47	3.32	0.47	3.35	0.48	3.38	0.48	3.42	0.49
0.25	5.02	0.52	5.07	0.53	5.13	0.53	5.19	0.54	6.24	0.55	5.29	0.55	5.35	0.56
0.30	7.17	0.58	7.25	0.59	7.33	0.59	7.41	0.60	7.49	0.60	7.57	0.61	7.65	0.62
0.35	9.63	0.63	9.74	0.64	9.85	0.64	9.95	0.65	10.06	0.66	10.16	0.66	10.27	0.67
0.40	12.34	0.67	12.48	0.68	12.62	0.69	12.76	0.70	12.89	0.70	13.03	0.71	13.16	0.72
0.45	15.26	0.71	15.43	0.72	15.60	0.73	15.77	0.74	15.94	0.74	16.10	0.75	16.26	0.76
0.50	18.31	0.75	18.52	0.75	18.73	0.76	18.93	0.77	19.13	0.78	19.33	0.79	19.52	0.80
0.55	21.45	0.78	21.70	0.78	21.94	0.79	22.17	0.80	22.41	0.81	22.64	0.82	22.87	0.83
0.60	24.61	0.80	24.89	0.81	25.16	0.82	25.43	0.83	25.70	0.84	25.97	0.84	26.23	0.85
0.65	27.71	0.82	28.02	0.83	28.33	0.84	28.63	0.85	28.94	0.86	29.24	0.87	29.53	0.87
0.70	30.67	0.84	31.01	0.85	31.36	0.85	31.70	0.86	32.03	0.87	32.36	0.88	32.69	0.89
0.75	33.40	0.85	33.78	0.86	34.15	0.86	34.52	0.87	34.89	0.88	35.25	0.89	35.61	0.90
0.80	35.80	0.85	36.21	0.86	36.61	0.87	37.00	0.88	37.40	0.89	37.78	0.90	38.17	0.91
0.85	37.74	0.85	38.17	0.85	38.59	0.87	39.01	0.88	39.42	0.89	39.83	0.90	40.23	0.90
0.90	39.04	0.84	39.48	0.85	39.92	0.86	40.35	0.87	40.77	0.88	41.20	0.89	41.62	0.89
0.95	39.36	0.82	39.80	0.83	40.24	0.84	40.68	0.84	41.11	0.85	41.53	0.86	41.96	0.87
1.00	36.63	0.75	37.04	0.75	37.45	0.76	37.86	0.77	38.26	0.78	38.65	0.79	39.05	0.80

	\multicolumn{14}{c}{$D = 250\text{mm}$}

	\multicolumn{14}{c}{i（‰）}												
h/D	\multicolumn{2}{c}{5.1}	\multicolumn{2}{c}{5.2}	\multicolumn{2}{c}{5.3}	\multicolumn{2}{c}{5.4}	\multicolumn{2}{c}{5.5}	\multicolumn{2}{c}{5.6}	\multicolumn{2}{c}{5.7}
	Q	v	Q	v	Q	v	Q	v	Q	v	Q	v	Q	v
0.10	0.82	0.32	0.83	0.33	0.84	0.33	0.85	0.33	0.85	0.33	0.86	0.34	0.87	0.34
0.15	1.92	0.42	1.94	0.42	1.95	0.42	1.97	0.43	1.99	0.43	2.01	0.44	2.03	0.44
0.20	3.45	0.49	3.49	0.50	3.52	0.50	3.55	0.51	3.59	0.51	3.62	0.52	3.65	0.52
0.25	5.40	0.56	5.45	0.57	5.51	0.57	5.56	0.58	5.61	0.58	5.66	0.59	5.71	0.60
0.30	7.72	0.62	7.80	0.63	7.87	0.64	7.95	0.64	8.02	0.65	8.09	0.65	8.16	0.66
0.35	10.37	0.68	10.47	0.68	10.57	0.69	10.67	0.70	10.77	0.70	10.87	0.71	10.96	0.72
0.40	13.29	0.72	13.42	0.73	13.55	0.74	13.67	0.75	13.80	0.75	13.93	0.76	14.05	0.77
0.45	16.43	0.77	16.59	0.77	16.74	0.78	16.90	0.79	17.06	0.80	17.21	0.80	17.37	0.81
0.50	19.72	0.80	19.91	0.81	20.10	0.82	20.29	0.83	20.48	0.83	20.66	0.84	20.84	0.85
0.55	23.10	0.83	23.32	0.84	23.55	0.85	23.77	0.86	23.99	0.87	24.20	0.87	24.42	0.88
0.60	26.49	0.86	26.75	0.87	27.01	0.88	27.26	0.89	27.51	0.89	27.76	0.90	28.01	0.91
0.65	29.83	0.88	30.12	0.89	30.41	0.90	30.69	0.91	30.98	0.92	31.26	0.93	31.53	0.93
0.70	33.02	0.90	33.34	0.91	33.66	0.92	33.97	0.93	34.29	0.93	34.60	0.94	34.90	0.95
0.75	35.96	0.91	36.31	0.92	36.66	0.93	37.00	0.94	37.34	0.95	37.68	0.95	38.02	0.96
0.80	38.55	0.92	38.92	0.92	39.29	0.93	39.66	0.94	40.03	0.95	40.39	0.96	40.75	0.97
0.85	40.64	0.91	41.03	0.92	41.42	0.93	41.81	0.94	42.20	0.95	42.58	0.96	42.96	0.97
0.90	42.03	0.90	42.44	0.91	42.85	0.92	43.25	0.93	43.65	0.94	44.04	0.95	44.43	0.95
0.95	42.37	0.88	42.79	0.89	43.20	0.90	43.60	0.91	44.00	0.91	44.40	0.92	44.80	0.93
1.00	39.43	0.80	39.82	0.81	40.20	0.82	40.58	0.83	40.95	0.83	41.32	0.84	41.69	0.85

D = 250mm

h/D	i (‰)												
	5.8		5.9		6.0		6.1		6.2		6.3		6.4	
	Q	v	Q	v	Q	v	Q	v	Q	v	Q	v	Q	v
0.10	0.88	0.34	0.89	0.35	0.89	0.35	0.90	0.35	0.91	0.36	0.92	0.36	0.92	0.36
0.15	2.04	0.44	2.06	0.45	2.08	0.45	2.10	0.45	2.11	0.46	2.13	0.46	2.15	0.47
0.20	3.68	0.53	3.71	0.53	3.75	0.54	3.78	0.54	3.81	0.54	3.84	0.55	3.87	0.55
0.25	5.76	0.60	5.81	0.61	5.86	0.61	5.91	0.62	5.96	0.62	6.00	0.63	6.05	0.63
0.30	8.24	0.66	8.31	0.67	8.38	0.68	8.45	0.68	8.51	0.69	8.58	0.69	8.65	0.70
0.35	11.06	0.72	11.15	0.73	11.25	0.73	11.34	0.74	11.43	0.75	11.52	0.75	11.62	0.76
0.40	14.17	0.77	14.29	0.78	14.41	0.79	14.53	0.79	14.65	0.80	14.77	0.81	14.89	0.81
0.45	17.52	0.82	17.67	0.82	17.82	0.83	17.96	0.84	18.11	0.85	18.26	0.85	18.40	0.86
0.50	21.03	0.86	21.21	0.86	21.39	0.87	21.56	0.88	21.74	0.89	21.91	0.89	22.09	0.90
0.55	24.63	0.89	24.84	0.90	25.05	0.91	25.26	0.91	25.47	0.92	25.67	0.93	25.87	0.94
0.60	28.25	0.92	28.50	0.93	28.74	0.93	28.93	0.94	29.21	0.95	29.45	0.96	29.68	0.97
0.65	31.81	0.94	32.08	0.95	32.35	0.96	32.62	0.97	32.89	0.97	33.15	0.98	33.41	0.99
0.70	35.21	0.96	35.51	0.97	35.81	0.98	36.11	0.98	36.40	0.99	36.70	1.00	36.99	1.01
0.75	38.35	0.97	38.68	0.98	39.00	0.99	39.33	1.00	39.65	1.00	39.97	1.01	40.28	1.02
0.80	41.11	0.98	41.46	0.98	41.81	0.99	42.16	1.00	42.50	1.01	42.84	1.02	43.18	1.03
0.85	43.33	0.97	43.71	0.98	44.08	0.99	44.44	1.00	44.80	1.01	45.16	1.02	45.52	1.02
0.90	44.82	0.96	45.21	0.97	45.59	0.93	45.97	0.99	46.34	1.00	46.71	1.00	47.08	1.01
0.95	45.19	0.94	45.58	0.95	45.96	0.95	46.34	0.96	46.72	0.97	47.10	0.98	47.47	0.99
1.00	42.05	0.86	42.42	0.86	42.77	0.87	43.13	0.88	43.48	0.89	43.83	0.89	44.18	0.90

D = 250mm

h/D	i (‰)												
	6.5		6.6		6.7		6.8		6.9		7.0		7.5	
	Q	v	Q	v	Q	v	Q	v	Q	v	Q	v	Q	v
0.10	0.93	0.36	0.94	0.37	0.94	0.37	0.95	0.37	0.96	0.37	0.96	0.38	1.00	0.39
0.15	2.16	0.47	2.18	0.47	2.20	0.48	2.21	0.48	2.23	0.48	2.25	0.49	2.32	0.50
0.20	3.90	0.56	3.93	0.56	3.96	0.57	3.99	0.57	4.02	0.57	4.05	0.58	4.19	0.60
0.25	6.10	0.64	6.14	0.64	6.19	0.65	6.24	0.65	6.28	0.65	6.33	0.66	6.55	0.68
0.30	8.72	0.70	8.79	0.71	8.85	0.71	8.92	0.72	8.98	0.73	9.05	0.73	9.37	0.76
0.35	11.71	0.76	11.80	0.77	11.88	0.78	11.97	0.78	12.06	0.79	12.15	0.79	12.57	0.82
0.40	15.00	0.82	15.12	0.82	15.23	0.83	15.34	0.84	15.46	0.84	15.57	0.85	16.12	0.88
0.45	18.54	0.87	18.69	0.87	18.83	0.88	18.97	0.88	19.11	0.89	19.24	0.90	19.92	0.93
0.50	22.26	0.91	22.43	0.91	22.60	0.92	22.77	0.93	22.93	0.93	23.10	0.94	23.91	0.97
0.55	26.08	0.94	26.28	0.95	26.47	0.96	26.67	0.96	26.87	0.97	27.06	0.98	28.01	1.01
0.60	29.91	0.97	30.14	0.98	30.37	0.99	30.59	0.99	30.82	1.00	31.04	1.01	32.13	1.04
0.65	33.67	1.00	33.93	1.00	34.19	1.01	34.44	1.02	34.70	1.03	34.95	1.03	36.17	1.07
0.70	37.27	1.02	37.56	1.02	37.84	1.03	38.12	1.04	38.40	1.05	38.68	1.05	40.04	1.09
0.75	40.60	1.03	40.91	1.04	41.22	1.04	41.52	1.05	41.83	1.06	42.13	1.07	43.61	1.10
0.80	43.52	1.03	43.85	1.04	44.18	1.05	44.51	1.06	44.84	1.07	45.16	1.07	46.74	1.11
0.85	45.87	1.03	46.23	1.04	46.58	1.05	46.92	1.06	47.27	1.06	4.61	1.07	49.28	1.11
0.90	47.45	1.02	47.81	1.03	48.17	1.04	48.53	1.04	48.89	1.05	49.24	1.06	50.97	1.10
0.95	47.84	0.99	48.20	1.00	48.57	1.01	48.93	1.02	49.29	1.02	49.64	1.03	51.39	1.07
1.00	44.52	0.91	44.86	0.91	45.20	0.92	45.54	0.93	45.87	0.93	46.20	0.94	47.82	0.97

h/D	D = 250mm												
	i (‰)												
	8.0		8.5		9.0		9.5		10		11		12	
	Q	v	Q	v	Q	v	Q	v	Q	v	Q	v	Q	v
0.10	1.03	0.40	1.06	0.42	1.09	0.43	1.12	0.44	1.15	0.46	1.21	0.47	1.26	0.49
0.15	2.40	0.52	2.47	0.54	2.55	0.55	2.62	0.57	2.68	0.58	2.82	0.61	2.94	0.64
0.20	4.33	0.62	4.46	0.64	4.59	0.66	4.71	0.67	4.84	0.69	5.07	0.73	5.30	0.76
0.25	6.77	0.70	6.97	0.73	7.18	0.75	7.37	0.77	7.56	0.79	7.93	0.83	8.29	0.86
0.30	9.67	0.78	9.97	0.80	10.26	0.83	10.54	0.85	10.81	0.87	11.34	0.92	11.85	0.96
0.35	12.99	0.85	13.39	0.87	13.77	0.90	14.15	0.92	14.52	0.95	15.23	0.99	15.91	1.04
0.40	16.64	0.91	17.16	0.94	17.65	0.96	18.14	0.99	18.61	1.01	19.52	1.06	20.38	1.11
0.45	20.57	0.96	21.21	0.99	21.82	1.02	22.42	1.05	23.00	1.07	24.12	1.13	25.20	1.18
0.50	24.69	1.01	25.45	1.04	26.19	1.07	26.91	1.10	27.61	1.12	28.96	1.18	30.24	1.23
0.55	28.93	1.05	29.82	1.08	30.68	1.11	31.52	1.14	32.34	1.17	33.92	1.23	35.43	1.28
0.60	33.18	1.08	34.20	1.11	35.19	1.14	36.16	1.18	37.10	1.21	38.91	1.27	40.64	1.32
0.65	37.36	1.11	38.51	1.14	39.62	1.17	40.71	1.21	41.77	1.24	43.81	1.30	45.75	1.35
0.70	41.35	1.13	42.62	1.16	43.86	1.20	45.06	1.23	46.23	1.26	48.49	1.32	50.64	1.38
0.75	45.04	1.14	46.42	1.18	47.77	1.21	49.08	1.24	50.35	1.28	52.81	1.34	55.16	1.40
0.80	48.28	1.15	49.76	1.18	51.21	1.22	52.61	1.25	53.98	1.28	56.61	1.34	59.13	1.40
0.85	50.89	1.14	52.46	1.18	53.98	1.21	55.46	1.25	56.90	1.28	59.68	1.34	62.33	1.40
0.90	52.64	1.13	54.26	1.17	55.83	1.20	57.36	1.23	58.85	1.26	61.73	1.33	64.47	1.39
0.95	53.07	1.10	54.70	1.14	56.29	1.17	57.83	1.20	59.33	1.23	62.23	1.29	65.00	1.35
1.00	49.39	1.01	50.91	1.04	52.39	1.07	53.82	1.10	55.22	1.12	57.92	1.18	60.49	1.23

h/D	D = 250mm												
	i (‰)												
	13		14		15		16		17		18		19	
	Q	v	Q	v	Q	v	Q	v	Q	v	Q	v	Q	v
0.10	1.31	0.51	1.36	0.53	1.41	0.55	1.46	0.57	1.50	0.59	1.55	0.61	1.59	0.62
0.15	3.06	0.66	3.18	0.69	3.29	0.71	3.40	0.74	3.50	0.76	3.60	0.78	3.70	0.80
0.20	5.51	0.79	5.72	0.82	5.92	0.85	6.12	0.88	6.30	0.90	6.49	0.93	6.67	0.95
0.25	8.62	0.90	8.95	0.93	9.26	0.97	9.57	1.00	9.86	1.03	10.15	1.06	10.43	1.09
0.30	12.33	1.00	12.80	1.03	13.24	1.07	13.68	1.10	14.10	1.14	14.51	1.17	14.91	1.20
0.35	16.55	1.08	17.18	1.12	17.78	1.16	18.37	1.20	18.93	1.24	19.48	1.27	20.01	1.31
0.40	21.22	1.16	22.02	1.20	22.79	1.24	23.54	1.28	24.26	1.32	24.97	1.36	25.65	1.40
0.45	26.22	1.22	27.21	1.27	28.17	1.31	29.09	1.36	29.99	1.40	30.86	1.44	31.70	1.48
0.50	31.48	1.28	32.67	1.33	33.81	1.38	34.92	1.42	36.00	1.47	37.04	1.51	38.06	1.55
0.55	36.88	1.33	38.27	1.38	39.61	1.43	40.91	1.48	42.17	1.52	43.39	1.57	44.58	1.61
0.60	42.30	1.38	43.90	1.43	45.44	1.48	46.93	1.53	48.37	1.57	49.77	1.62	51.14	1.66
0.65	47.62	1.41	49.42	1.46	51.16	1.51	52.83	1.56	54.46	1.61	56.04	1.66	57.57	1.70
0.70	52.71	1.44	54.70	1.49	56.62	1.54	58.48	1.59	60.28	1.64	62.03	1.69	63.73	1.74
0.75	57.41	1.45	59.58	1.51	61.67	1.56	63.69	1.61	65.65	1.66	67.56	1.71	69.41	1.76
0.80	61.54	1.46	63.86	1.52	66.11	1.57	68.27	1.62	70.38	1.67	72.42	1.72	74.40	1.77
0.85	64.88	1.46	67.33	1.51	69.69	1.57	71.97	1.62	74.19	1.67	76.34	1.72	78.43	1.76
0.90	67.10	1.44	69.64	1.50	72.08	1.55	74.44	1.60	76.74	1.65	78.96	1.70	81.12	1.74
0.95	67.65	1.40	70.21	1.46	72.67	1.51	75.05	1.56	77.36	1.61	79.61	1.65	81.79	1.70
1.00	62.96	1.28	65.34	1.33	67.63	1.38	69.85	1.42	72.00	1.47	74.09	1.51	76.12	1.55

D = 250mm

h/D	i（‰）												
	20		25		30		40		50		60		70	
	Q	v	Q	v	Q	v	Q	v	Q	v	Q	v	Q	v
0.10	1.63	0.64	1.82	0.71	2.00	0.78	2.31	0.90	2.58	1.01	2.82	1.11	3.05	1.19
0.15	3.80	0.82	4.24	0.92	4.65	1.01	5.37	1.16	6.00	1.30	6.57	1.42	7.05	1.54
0.20	6.84	0.98	7.65	1.09	8.38	1.20	9.67	1.38	10.81	1.55	11.84	1.69	12.79	1.83
0.25	10.70	1.11	11.96	1.25	13.10	1.37	15.13	1.58	16.91	1.76	18.53	1.93	20.01	2.09
0.30	15.29	1.23	17.10	1.38	18.73	1.51	21.63	1.75	24.18	1.95	26.49	2.14	28.61	2.31
0.35	20.53	1.34	22.96	1.50	25.15	1.64	29.04	1.90	32.47	2.12	35.56	2.32	38.41	2.51
0.40	26.32	1.44	29.42	1.60	32.23	1.76	37.22	2.03	41.61	2.27	45.58	2.49	49.23	2.69
0.45	32.53	1.52	36.37	1.70	39.84	1.86	46.00	2.15	51.43	2.40	56.34	2.63	60.85	2.84
0.50	39.05	1.59	43.65	1.78	47.82	1.94	55.22	2.25	61.74	2.52	67.63	2.76	73.05	2.98
0.55	45.74	1.65	51.14	1.85	56.02	2.03	64.69	2.34	72.32	2.61	79.22	2.86	85.57	3.09
0.60	52.47	1.71	58.66	1.91	64.26	2.09	74.20	2.41	82.95	2.69	90.87	2.96	98.15	3.19
0.65	59.07	1.75	66.04	1.96	72.34	2.14	83.54	2.47	93.40	2.77	102.31	3.03	110.51	3.27
0.70	65.38	1.78	73.10	1.99	80.08	2.18	92.46	2.52	103.38	2.82	113.24	3.09	122.32	3.33
0.75	71.21	1.80	79.62	2.02	87.21	2.21	100.71	2.55	112.59	2.85	123.34	3.12	133.72	3.37
0.80	76.33	1.81	85.34	2.03	93.49	2.22	107.95	2.56	120.19	2.86	132.21	3.14	142.50	3.39
0.85	80.47	1.81	89.97	2.02	98.55	2.22	113.80	2.56	126.23	2.86	139.38	3.13	150.27	3.39
0.90	83.23	1.79	93.06	2.00	101.94	2.19	117.71	2.52	131.60	2.82	144.16	3.10	155.71	3.34
0.95	83.91	1.74	93.82	1.95	102.77	2.13	118.67	2.46	132.67	2.75	145.34	3.02	156.98	3.26
1.00	78.09	1.59	87.31	1.78	95.64	1.95	110.44	2.25	123.47	2.52	135.26	2.76	146.10	2.98

D = 300mm

h/D	i（‰）												
	2.0		2.1		2.2		2.3		2.4		2.5		2.6	
	Q	v	Q	v	Q	v	Q	v	Q	v	Q	v	Q	v
0.10	0.84	0.23	0.86	0.23	0.88	0.24	0.90	0.24	0.92	0.25	0.94	0.25	0.96	0.26
0.15	1.95	0.29	2.00	0.30	2.05	0.31	2.09	0.31	2.14	0.32	2.18	0.33	2.23	0.33
0.20	3.52	0.35	3.60	0.36	3.69	0.37	3.77	0.37	3.85	0.38	3.93	0.39	4.01	0.40
0.25	5.50	0.40	5.64	0.41	5.77	0.42	5.90	0.43	6.03	0.44	6.15	0.45	6.27	0.45
0.30	7.86	0.44	8.06	0.45	8.25	0.46	8.43	0.47	8.61	0.48	8.79	0.49	8.97	0.50
0.35	10.56	0.48	10.82	0.49	11.07	0.50	11.32	0.51	11.57	0.52	11.81	0.54	12.04	0.55
0.40	13.53	0.51	13.87	0.53	14.19	0.54	14.51	0.55	14.82	0.56	15.13	0.57	15.43	0.58
0.45	16.73	0.54	17.14	0.56	17.54	0.57	17.94	0.58	18.32	0.59	18.70	0.61	19.07	0.62
0.50	20.08	0.57	20.57	0.58	21.06	0.60	21.53	0.61	21.99	0.62	22.45	0.64	22.89	0.65
0.55	23.52	0.59	24.10	0.61	24.67	0.62	25.22	0.63	25.77	0.65	26.30	0.66	26.82	0.67
0.60	26.98	0.61	27.65	0.62	28.30	0.64	28.93	0.65	29.55	0.67	30.16	0.68	30.76	0.69
0.65	30.37	0.62	31.12	0.64	31.86	0.65	32.57	0.67	33.27	0.68	33.96	0.70	34.63	0.71
0.70	33.62	0.64	34.45	0.65	35.26	0.67	36.05	0.68	36.83	0.70	37.59	0.71	38.33	0.73
0.75	36.62	0.64	37.52	0.66	38.41	0.68	39.27	0.69	40.11	0.71	40.94	0.72	41.75	0.73
0.80	39.25	0.65	40.22	0.66	41.17	0.68	42.09	0.69	43.00	0.71	43.89	0.72	44.75	0.74
0.85	41.38	0.65	42.40	0.66	43.40	0.68	44.37	0.69	45.33	0.71	46.26	0.72	47.18	0.74
0.90	42.80	0.64	43.86	0.65	44.89	0.67	45.90	0.68	46.88	0.70	47.85	0.71	48.80	0.73
0.95	43.15	0.62	44.21	0.64	45.26	0.65	46.27	0.67	47.27	0.68	48.24	0.70	49.20	0.71
1.00	40.16	0.57	41.15	0.58	42.12	0.60	43.06	0.61	43.99	0.62	44.90	0.64	45.79	0.65

							$D=300\mathrm{mm}$							

	i（‰）													
h/D	2.7		2.8		2.9		3.0		3.1		3.2		3.3	
	Q	v	Q	v	Q	v	Q	v	Q	v	Q	v	Q	v
0.10	0.97	0.26	0.99	0.27	1.01	0.27	1.03	0.28	1.04	0.28	1.06	0.29	1.08	0.29
0.15	2.27	0.34	2.31	0.35	2.35	0.35	2.39	0.36	2.43	0.37	2.47	0.37	2.51	0.38
0.20	4.09	0.41	4.16	0.41	4.23	0.42	4.31	0.43	4.38	0.44	4.45	0.44	4.52	0.45
0.25	6.39	0.46	6.51	0.47	6.62	0.48	6.74	0.49	6.85	0.50	6.96	0.50	7.07	0.51
0.30	9.14	0.51	9.30	0.52	9.47	0.53	9.63	0.54	9.79	0.55	9.95	0.56	10.10	0.57
0.35	12.27	0.56	12.49	0.57	12.71	0.58	12.93	0.59	13.15	0.60	13.36	0.61	13.56	0.62
0.40	15.72	0.60	16.01	0.61	16.30	0.62	16.57	0.63	16.85	0.64	17.12	0.65	17.38	0.66
0.45	19.43	0.63	19.79	0.64	20.14	0.65	20.49	0.66	20.82	0.68	21.16	0.69	21.49	0.70
0.50	23.33	0.66	23.76	0.67	24.18	0.68	24.59	0.70	25.00	0.71	25.40	0.72	25.79	0.73
0.55	27.33	0.69	27.83	0.70	28.32	0.71	28.81	0.72	29.28	0.74	29.75	0.75	30.21	0.76
0.60	31.35	0.71	31.92	0.72	32.49	0.73	33.04	0.75	33.59	0.76	34.13	0.77	34.65	0.78
0.65	35.29	0.73	35.94	0.74	36.58	0.75	37.20	0.76	37.82	0.78	38.42	0.79	39.02	0.80
0.70	39.06	0.74	39.78	0.75	40.48	0.77	41.18	0.78	41.86	0.79	42.53	0.80	43.19	0.82
0.75	42.55	0.75	43.33	0.76	44.09	0.78	44.85	0.79	45.59	0.80	46.32	0.81	47.04	0.83
0.80	45.61	0.75	46.44	0.77	47.27	0.78	48.07	0.79	48.87	0.81	49.65	0.82	50.42	0.83
0.85	48.08	0.75	48.96	0.76	49.83	0.78	50.68	0.79	51.52	0.80	52.34	0.82	53.15	0.83
0.90	49.73	0.74	50.64	0.76	51.54	0.77	52.42	0.78	53.28	0.80	54.14	0.81	54.98	0.82
0.95	50.13	0.72	51.05	0.74	51.96	0.75	52.85	0.76	53.72	0.77	54.58	0.79	55.43	0.80
1.00	46.66	0.66	47.51	0.67	48.36	0.68	49.18	0.70	49.99	0.71	50.79	0.72	51.58	0.73

							$D=300\mathrm{mm}$							

	i（‰）													
h/D	3.4		3.5		3.6		3.7		3.8		3.9		4.0	
	Q	v	Q	v	Q	v	Q	v	Q	v	Q	v	Q	v
0.10	1.09	0.30	1.11	0.30	1.12	0.31	1.14	0.31	1.16	0.31	1.17	0.32	1.19	0.32
0.15	2.55	0.38	2.58	0.39	2.62	0.39	2.66	0.40	2.69	0.40	2.73	0.41	2.76	0.42
0.20	4.58	0.46	4.65	0.46	4.72	0.47	4.78	0.48	4.85	0.48	4.91	0.49	4.97	0.49
0.25	7.17	0.52	7.28	0.53	7.38	0.53	7.48	0.54	7.58	0.55	7.68	0.56	7.78	0.56
0.30	10.25	0.57	10.40	0.58	10.55	0.59	10.70	0.60	10.84	0.61	10.98	0.62	11.12	0.62
0.35	13.77	0.62	13.97	0.63	14.17	0.64	14.36	0.65	14.55	0.66	14.74	0.67	14.93	0.68
0.40	17.64	0.67	17.90	0.68	18.16	0.69	18.41	0.70	18.65	0.71	18.90	0.72	19.14	0.72
0.45	21.81	0.71	22.13	0.72	22.44	0.73	22.75	0.74	23.06	0.75	23.36	0.76	23.65	0.77
0.50	26.18	0.74	26.56	0.75	26.94	0.76	27.31	0.77	27.68	0.78	28.04	0.79	28.39	0.80
0.55	30.67	0.77	31.11	0.78	31.56	0.79	31.99	0.80	32.42	0.81	32.84	0.82	33.26	0.84
0.60	35.18	0.79	35.69	0.81	36.20	0.82	36.70	0.83	37.19	0.84	37.67	0.85	38.15	0.86
0.65	39.60	0.81	40.18	0.83	40.75	0.84	41.31	0.85	41.87	0.86	42.42	0.87	42.96	0.88
0.70	43.84	0.83	44.48	0.84	45.11	0.85	45.73	0.87	46.34	0.88	46.95	0.89	47.55	0.90
0.75	47.74	0.84	48.44	0.85	49.13	0.86	49.81	0.88	50.47	0.89	51.13	0.90	51.79	0.91
0.80	51.18	0.84	51.93	0.86	52.66	0.87	53.39	0.88	54.11	0.89	54.81	0.90	55.51	0.92
0.85	53.95	0.84	54.74	0.85	55.52	0.87	56.28	0.88	57.04	0.89	57.78	0.90	58.52	0.91
0.90	55.80	0.83	56.62	0.84	57.42	0.86	58.21	0.87	58.99	0.88	59.77	0.89	60.53	0.90
0.95	56.26	0.81	57.08	0.82	57.89	0.83	58.69	0.85	59.48	0.86	60.25	0.87	61.02	0.88
1.00	52.36	0.74	53.12	0.75	53.88	0.76	54.62	0.77	55.35	0.78	56.08	0.79	56.79	0.80

D = 300mm

h/D	i (‰)													
	4.1		4.2		4.3		4.4		4.5		4.6		4.7	
	Q	v	Q	v	Q	v	Q	v	Q	v	Q	v	Q	v
0.10	1.20	0.33	1.21	0.33	1.23	0.33	1.24	0.34	1.26	0.34	1.27	0.35	1.29	0.35
0.15	2.79	0.42	2.83	0.43	2.86	0.43	2.90	0.44	2.93	0.44	2.96	0.45	2.99	0.45
0.20	5.03	0.50	5.10	0.51	5.16	0.51	5.22	0.52	5.27	0.52	5.33	0.53	5.39	0.54
0.25	7.88	0.57	7.97	0.58	8.07	0.58	8.16	0.59	8.25	0.60	8.34	0.60	8.43	0.61
0.30	11.26	0.63	11.40	0.64	11.53	0.65	11.66	0.65	11.80	0.66	11.93	0.67	12.06	0.68
0.35	15.12	0.69	15.30	0.69	15.48	0.70	15.66	0.71	15.84	0.72	16.01	0.73	16.19	0.73
0.40	19.38	0.73	19.61	0.74	19.84	0.75	20.07	0.76	20.30	0.77	20.52	0.78	20.74	0.79
0.45	23.95	0.78	24.24	0.79	24.53	0.79	24.81	0.80	25.09	0.81	25.37	0.82	25.64	0.83
0.50	28.75	0.81	29.10	0.82	29.44	0.83	29.78	0.84	30.12	0.85	30.45	0.86	30.78	0.87
0.55	33.68	0.85	34.08	0.86	34.49	0.87	34.89	0.88	35.28	0.89	35.67	0.90	36.06	0.91
0.60	38.63	0.87	39.10	0.88	39.56	0.89	40.02	0.90	40.47	0.91	40.92	0.92	41.36	0.93
0.65	43.49	0.89	44.02	0.91	44.54	0.92	45.05	0.93	45.56	0.94	46.07	0.95	46.56	0.96
0.70	48.14	0.91	48.72	0.92	49.30	0.93	49.87	0.94	50.43	0.95	50.99	0.96	51.54	0.98
0.75	52.43	0.92	53.06	0.93	53.69	0.94	54.31	0.96	54.93	0.97	55.53	0.98	56.13	0.99
0.80	56.20	0.93	56.88	0.94	57.55	0.95	58.22	0.96	58.88	0.97	59.53	0.98	60.17	0.99
0.85	59.25	0.93	59.96	0.94	60.67	0.95	61.38	0.96	62.07	0.97	62.75	0.98	63.43	0.99
0.90	61.28	0.91	62.02	0.93	62.76	0.94	63.48	0.95	64.20	0.96	64.91	0.97	65.61	0.98
0.95	61.78	0.89	62.53	0.90	63.27	0.91	64.00	0.92	64.72	0.93	65.44	0.94	66.15	0.95
1.00	57.50	0.81	58.19	0.82	58.88	0.83	59.56	0.84	60.24	0.85	60.90	0.86	61.56	0.87

D = 300mm

h/D	i (‰)													
	4.8		4.9		5.0		5.1		5.2		5.3		5.4	
	Q	v	Q	v	Q	v	Q	v	Q	v	Q	v	Q	v
0.10	1.30	0.35	1.31	0.36	1.33	0.36	1.34	0.36	1.35	0.37	1.36	0.37	1.38	0.37
0.15	3.02	0.45	3.06	0.46	3.09	0.46	3.12	0.47	3.15	0.47	3.18	0.48	3.21	0.48
0.20	5.45	0.54	5.50	0.55	5.56	0.55	5.62	0.56	5.67	0.56	5.72	0.57	5.78	0.57
0.25	8.52	0.62	8.61	0.62	8.70	0.63	8.78	0.64	8.87	0.64	8.95	0.65	9.04	0.65
0.30	12.18	0.68	12.31	0.69	12.43	0.70	12.56	0.70	12.68	0.71	12.80	0.72	12.92	0.72
0.35	16.36	0.74	16.53	0.75	16.69	0.75	16.86	0.76	17.03	0.77	17.19	0.78	17.35	0.79
0.40	20.96	0.79	21.18	0.80	21.40	0.81	21.61	0.82	21.82	0.83	22.03	0.83	22.24	0.84
0.45	25.91	0.84	26.18	0.85	26.45	0.86	26.71	0.87	26.97	0.87	27.23	0.88	27.48	0.89
0.50	31.11	0.88	31.43	0.89	31.75	0.90	32.06	0.91	32.38	0.92	32.68	0.92	32.99	0.93
0.55	36.44	0.91	36.81	0.92	37.19	0.93	37.56	0.94	37.93	0.95	38.29	0.96	38.65	0.97
0.60	41.80	0.94	42.23	0.95	42.66	0.96	43.08	0.97	43.50	0.98	43.92	0.99	44.33	1.00
0.65	47.06	0.97	47.54	0.98	48.03	0.99	48.50	1.00	48.98	1.01	49.45	1.02	49.91	1.03
0.70	52.09	0.99	52.62	1.00	53.16	1.01	53.69	1.02	54.21	1.03	54.73	1.04	55.24	1.05
0.75	56.73	1.00	57.32	1.01	57.90	1.02	58.47	1.03	59.04	1.04	59.61	1.05	60.17	1.06
0.80	60.81	1.00	61.44	1.01	62.06	1.02	62.68	1.03	63.29	1.04	63.90	1.05	64.50	1.06
0.85	64.10	1.00	64.77	1.01	65.43	1.02	66.08	1.03	66.72	1.04	67.36	1.05	67.99	1.06
0.90	66.30	0.99	66.99	1.00	67.67	1.01	68.34	1.02	69.01	1.03	69.67	1.04	70.33	1.05
0.95	66.85	0.96	67.54	0.97	68.22	0.98	68.90	0.99	69.58	1.00	70.24	1.01	70.90	1.02
1.00	62.21	0.88	62.86	0.89	63.49	0.90	64.13	0.91	64.75	0.92	65.37	0.92	65.98	0.93

$$D = 300\text{mm}$$

h/D	i (‰)												
	5. 5		5. 6		5. 7		5. 8		5. 9		6. 0		6. 5	
	Q	v	Q	v	Q	v	Q	v	Q	v	Q	v	Q	v
0. 10	1. 39	0. 38	1. 40	0. 38	1. 42	0. 38	1. 43	0. 39	1. 44	0. 39	1. 45	0. 39	1. 51	0. 41
0. 15	3. 24	0. 49	3. 27	0. 49	3. 30	0. 50	3. 32	0. 50	3. 35	0. 50	3. 38	0. 51	3. 52	0. 53
0. 20	5. 83	0. 58	5. 88	0. 58	5. 94	0. 59	5. 99	0. 60	6. 04	0. 60	6. 09	0. 61	6. 34	0. 63
0. 25	9. 12	0. 66	9. 20	0. 67	9. 29	0. 67	9. 37	0. 68	9. 45	0. 68	9. 53	0. 69	9. 92	0. 72
0. 30	13. 04	0. 73	13. 16	0. 74	13. 28	0. 74	13. 39	0. 75	13. 51	0. 76	13. 62	0. 76	14. 18	0. 79
0. 35	17. 51	0. 79	17. 67	0. 80	17. 83	0. 81	17. 98	0. 82	18. 14	0. 82	18. 29	0. 83	19. 04	0. 86
0. 40	23. 44	0. 85	22. 64	0. 86	22. 85	0. 87	23. 04	0. 87	23. 24	0. 88	23. 44	0. 89	24. 40	0. 92
0. 45	27. 74	0. 90	27. 99	0. 91	28. 24	0. 92	28. 48	0. 92	28. 73	0. 93	28. 97	0. 94	30. 15	0. 98
0. 50	33. 30	0. 94	33. 60	0. 95	33. 90	0. 96	34. 19	0. 97	34. 49	0. 98	34. 78	0. 98	36. 20	1. 02
0. 55	39. 00	0. 98	39. 36	0. 99	39. 71	1. 00	40. 05	1. 01	40. 40	1. 01	40. 74	1. 02	42. 40	1. 06
0. 60	44. 74	1. 01	45. 14	1. 02	45. 55	1. 03	45. 94	1. 04	46. 34	1. 05	46. 73	1. 06	48. 64	1. 10
0. 65	50. 37	1. 04	50. 83	1. 05	51. 28	1. 05	51. 73	1. 06	52. 17	1. 07	52. 61	1. 08	54. 76	1. 13
0. 70	55. 75	1. 05	56. 26	1. 06	56. 76	1. 07	57. 25	1. 08	57. 75	1. 09	58. 23	1. 10	60. 61	1. 15
0. 75	60. 72	1. 07	61. 27	1. 08	61. 82	1. 09	62. 36	1. 10	62. 89	1. 11	63. 42	1. 12	66. 01	1. 16
0. 80	65. 09	1. 07	65. 68	1. 08	66. 27	1. 09	66. 84	1. 10	67. 42	1. 11	67. 99	1. 12	70. 76	1. 17
0. 85	68. 62	1. 07	69. 24	1. 08	69. 86	1. 09	70. 47	1. 10	71. 07	1. 11	71. 67	1. 12	74. 60	1. 16
0. 90	70. 97	1. 06	71. 62	1. 07	72. 25	1. 08	72. 88	1. 09	73. 51	1. 10	74. 13	1. 11	77. 16	1. 15
0. 95	71. 55	1. 03	72. 20	1. 04	72. 84	1. 05	73. 48	1. 06	74. 11	1. 07	74. 74	1. 08	77. 79	1. 12
1. 00	66. 59	0. 94	67. 20	0. 95	67. 79	0. 96	68. 38	0. 97	68. 97	0. 98	69. 55	0. 98	72. 39	1. 02

$$D = 300\text{mm}$$

h/D	i (‰)												
	7. 0		7. 5		8. 0		8. 5		9. 0		9. 5		10	
	Q	v	Q	v	Q	v	Q	v	Q	v	Q	v	Q	v
0. 10	1. 57	0. 43	1. 62	0. 44	1. 68	0. 46	1. 73	0. 47	1. 78	0. 48	1. 83	0. 50	1. 87	0. 51
0. 15	3. 65	0. 55	3. 78	0. 57	3. 90	0. 59	4. 02	0. 61	4. 14	0. 62	4. 25	0. 64	4. 36	0. 66
0. 20	6. 58	0. 65	6. 81	0. 68	7. 03	0. 70	7. 25	0. 72	7. 46	0. 74	7. 66	0. 76	7. 86	0. 78
0. 25	10. 29	0. 74	10. 65	0. 77	11. 00	0. 80	11. 34	0. 82	11. 67	0. 84	11. 99	0. 87	12. 30	0. 89
0. 30	14. 71	0. 82	15. 23	0. 85	15. 73	0. 88	16. 21	0. 91	16. 68	0. 94	17. 14	0. 96	17. 58	0. 99
0. 35	19. 75	0. 90	20. 45	0. 93	21. 12	0. 96	21. 77	0. 99	22. 40	1. 02	23. 01	1. 04	23. 61	1. 07
0. 40	25. 32	0. 96	26. 21	0. 99	27. 06	1. 03	27. 90	1. 06	28. 71	1. 09	29. 49	1. 12	30. 26	1. 15
0. 45	31. 29	1. 01	32. 39	1. 05	33. 45	1. 08	34. 48	1. 12	35. 48	1. 15	36. 45	1. 18	37. 40	1. 21
0. 50	37. 56	1. 06	38. 88	1. 10	40. 16	1. 14	41. 39	1. 17	42. 59	1. 21	43. 76	1. 24	44. 90	1. 27
0. 55	44. 00	1. 10	45. 55	1. 14	47. 04	1. 18	48. 49	1. 22	49. 89	1. 25	51. 26	1. 29	52. 59	1. 32
0. 60	50. 47	1. 14	52. 24	1. 18	53. 96	1. 22	55. 62	1. 26	57. 23	1. 29	58. 80	1. 33	60. 33	1. 36
0. 65	56. 83	1. 17	58. 82	1. 21	60. 75	1. 25	62. 62	1. 29	64. 43	1. 32	66. 20	1. 36	67. 92	1. 40
0. 70	62. 90	1. 19	65. 11	1. 23	67. 24	1. 27	69. 31	1. 31	71. 32	1. 35	73. 27	1. 39	75. 18	1. 42
0. 75	68. 51	1. 20	70. 91	1. 25	73. 24	1. 29	75. 49	1. 33	77. 68	1. 37	79. 81	1. 40	81. 88	1. 44
0. 80	73. 43	1. 21	76. 01	1. 25	78. 50	1. 29	80. 92	1. 33	83. 27	1. 37	85. 55	1. 41	87. 77	1. 45
0. 85	77. 41	1. 21	80. 13	1. 25	82. 76	1. 29	85. 31	1. 33	87. 78	1. 37	90. 18	1. 41	92. 53	1. 44
0. 90	80. 07	1. 19	82. 88	1. 24	85. 60	1. 28	88. 23	1. 32	90. 79	1. 35	93. 28	1. 39	95. 70	1. 43
0. 95	80. 72	1. 16	83. 56	1. 20	86. 30	1. 24	88. 95	1. 28	91. 53	1. 32	94. 04	1. 36	96. 48	1. 39
1. 00	75. 13	1. 06	77. 76	1. 10	80. 31	1. 14	82. 79	1. 17	85. 19	1. 21	87. 52	1. 24	89. 79	1. 27

							$D=300$mm								
							i (‰)								
h/D	11		12		13		14		15		16		17	
	Q	v	Q	v	Q	v	Q	v	Q	v	Q	v	Q	v
0.10	1.97	0.53	2.05	0.56	2.14	0.58	2.22	0.60	2.30	0.62	2.37	0.64	2.44	0.66
0.15	4.58	0.69	4.78	0.72	4.98	0.75	5.16	0.78	5.35	0.80	5.52	0.83	5.69	0.86
0.20	8.25	0.82	8.61	0.86	8.97	0.89	9.30	0.92	9.63	0.96	9.95	0.99	10.25	1.02
0.25	12.90	0.93	13.47	0.98	14.02	1.01	14.55	1.05	15.06	1.09	15.56	1.13	16.04	1.16
0.30	18.44	1.03	19.26	1.08	20.05	1.12	20.81	1.17	21.54	1.21	22.24	1.25	22.93	1.29
0.35	24.76	1.12	25.86	1.17	26.92	1.22	27.94	1.27	28.92	1.31	29.86	1.35	30.78	1.40
0.40	31.74	1.20	33.15	1.26	34.50	1.31	35.80	1.36	37.06	1.40	38.28	1.45	39.45	1.49
0.45	39.23	1.27	40.97	1.33	42.64	1.38	44.25	1.43	45.81	1.48	47.31	1.53	48.77	1.58
0.50	47.09	1.33	49.18	1.39	51.19	1.45	53.12	1.50	54.99	1.56	56.79	1.61	58.54	1.66
0.55	55.16	1.38	57.61	1.45	59.96	1.51	62.23	1.56	64.41	1.62	66.53	1.67	68.57	1.72
0.60	63.27	1.43	66.08	1.49	68.78	1.55	71.38	1.61	73.88	1.67	76.31	1.72	78.66	1.78
0.65	71.24	1.46	74.40	1.53	77.44	1.59	80.36	1.65	83.18	1.71	85.91	1.77	88.56	1.82
0.70	78.85	1.49	82.35	1.56	85.72	1.62	88.95	1.68	92.07	1.74	95.09	1.80	98.02	1.85
0.75	85.88	1.51	89.70	1.58	93.36	1.64	96.88	1.70	100.28	1.76	103.57	1.82	106.76	1.88
0.80	92.05	1.52	96.15	1.59	100.07	1.65	103.85	1.71	107.50	1.77	111.02	1.83	114.44	1.89
0.85	97.04	1.52	101.36	1.58	105.50	1.65	109.48	1.71	113.32	1.77	117.04	1.83	120.64	1.88
0.90	100.37	1.50	104.84	1.56	109.12	1.63	113.24	1.69	117.21	1.75	121.05	1.81	124.78	1.86
0.95	101.19	1.46	105.69	1.52	110.01	1.59	114.16	1.65	118.17	1.70	122.04	1.76	125.80	1.81
1.00	94.18	1.33	98.36	1.39	102.38	1.45	106.85	1.50	109.97	1.56	113.58	1.61	117.08	1.66

							$D=300$mm								
							i (‰)								
h/D	18		19		20		25		30		40		50	
	Q	v	Q	v	Q	v	Q	v	Q	v	Q	v	Q	v
0.10	2.52	0.68	2.58	0.70	2.65	0.72	2.96	0.81	3.25	0.88	3.75	1.02	4.19	1.14
0.15	5.86	0.88	6.02	0.90	6.17	0.93	6.90	1.04	7.36	1.14	8.53	1.31	9.56	1.47
0.20	10.55	1.05	10.84	1.08	11.12	1.10	12.43	1.24	13.62	1.35	15.73	1.56	17.58	1.75
0.25	16.50	1.19	16.95	1.23	17.39	1.26	19.45	1.41	21.30	1.54	24.60	1.78	27.50	1.99
0.30	23.59	1.32	24.24	1.36	24.87	1.39	27.80	1.56	30.46	1.71	35.17	1.97	39.32	2.20
0.35	31.68	1.44	32.54	1.48	33.39	1.51	37.33	1.69	40.80	1.85	47.22	2.14	52.69	2.39
0.40	40.60	1.54	41.71	1.58	42.79	1.62	47.84	1.81	52.37	1.98	60.52	2.29	67.66	2.56
0.45	50.18	1.63	51.55	1.67	52.89	1.71	59.14	1.92	64.78	2.10	74.60	2.42	83.63	2.71
0.50	60.23	1.70	61.89	1.75	63.49	1.80	70.99	2.01	77.76	2.20	89.77	2.54	100.39	2.84
0.55	70.56	1.77	72.49	1.82	74.38	1.87	83.16	2.09	91.09	2.29	105.09	2.64	117.60	2.95
0.60	80.94	1.83	83.15	1.88	85.31	1.93	95.38	2.15	104.49	2.36	120.65	2.72	134.89	3.05
0.65	91.12	1.87	93.62	1.92	96.05	1.97	107.39	2.21	117.64	2.42	135.64	2.79	151.87	3.12
0.70	100.86	1.91	103.63	1.96	106.32	2.01	118.87	2.25	130.21	2.46	150.26	2.84	168.10	3.18
0.75	109.85	1.93	112.86	1.98	115.80	2.04	129.46	2.28	141.82	2.49	163.76	2.88	183.09	3.22
0.80	117.76	1.94	120.98	2.00	124.13	2.05	138.78	2.29	152.02	2.51	175.34	2.90	196.26	3.24
0.85	124.14	1.94	127.54	1.99	130.85	2.04	146.30	2.28	160.06	2.50	184.05	2.89	206.82	3.23
0.90	128.40	1.92	131.92	1.97	135.34	2.02	151.32	2.26	165.56	2.47	190.95	2.86	213.91	3.19
0.95	129.45	1.87	132.99	1.92	136.45	1.97	152.56	2.20	167.25	2.41	192.97	2.78	215.74	3.11
1.00	120.47	1.70	123.77	1.75	126.99	1.80	141.98	2.01	155.53	2.20	179.59	2.54	200.79	2.84

D = 350mm

h/D	i (‰)												
	2.0		2.1		2.2		2.3		2.4		2.5		2.6
	Q	v	Q	v	Q	v	Q	v	Q	v	Q	v	Q	v
0.10	1.26	0.25	1.30	0.26	1.33	0.26	1.36	0.27	1.39	0.28	1.41	0.28	1.44	0.29
0.15	2.94	0.33	3.02	0.33	3.09	0.34	3.16	0.35	3.23	0.36	3.29	0.36	3.36	0.37
0.20	5.30	0.39	5.44	0.40	5.56	0.41	5.69	0.42	5.81	0.42	5.93	0.43	6.05	0.44
0.25	8.30	0.44	8.50	0.45	8.70	0.46	8.90	0.47	9.09	0.48	9.28	0.49	9.46	0.50
0.30	11.86	0.49	12.16	0.50	12.44	0.51	12.72	0.52	12.99	0.54	13.26	0.55	13.53	0.56
0.35	15.93	0.53	16.32	0.54	16.70	0.56	17.08	0.57	17.45	0.58	17.81	0.59	18.16	0.61
0.40	20.41	0.57	20.92	0.58	21.41	0.60	21.89	0.61	22.36	0.62	22.82	0.64	23.27	0.65
0.45	25.23	0.60	25.85	0.62	26.46	0.63	27.06	0.64	27.64	0.66	28.21	0.67	28.77	0.69
0.50	30.29	0.63	31.03	0.65	31.76	0.66	32.48	0.68	33.18	0.69	33.86	0.70	34.53	0.72
0.55	35.48	0.65	36.35	0.67	37.21	0.69	38.05	0.70	38.86	0.72	39.67	0.73	40.45	0.75
0.60	40.70	0.68	41.70	0.69	42.68	0.71	43.64	0.72	44.58	0.74	45.50	0.75	46.40	0.77
0.65	45.82	0.69	46.95	0.71	48.05	0.73	49.13	0.74	50.19	0.76	51.23	0.77	52.24	0.79
0.70	50.71	0.71	51.97	0.72	53.19	0.74	54.39	0.76	55.56	0.77	56.70	0.79	57.82	0.80
0.75	55.24	0.71	56.60	0.73	57.93	0.75	59.23	0.77	60.51	0.78	61.76	0.80	62.98	0.81
0.80	59.21	0.72	60.67	0.74	62.10	0.75	63.49	0.77	64.86	0.79	66.20	0.80	67.51	0.82
0.85	62.42	0.72	63.96	0.73	65.46	0.75	66.94	0.77	68.38	0.78	69.79	0.80	71.17	0.82
0.90	64.50	0.71	66.15	0.73	67.71	0.74	69.23	0.76	70.72	0.78	72.18	0.79	73.61	0.81
0.95	65.09	0.69	66.69	0.71	68.26	0.72	69.80	0.74	71.30	0.76	72.77	0.77	74.21	0.79
1.00	60.57	0.63	62.07	0.65	63.53	0.66	64.96	0.68	66.36	0.69	67.72	0.70	69.06	0.72

D = 350mm

h/D	i (‰)												
	2.7		2.8		2.9		3.0		3.1		3.2		3.3	
	Q	v	Q	v	Q	v	Q	v	Q	v	Q	v	Q	v
0.10	1.47	0.29	1.50	0.30	1.52	0.30	1.55	0.31	1.57	0.31	1.60	0.32	1.62	0.32
0.15	3.42	0.38	3.48	0.38	3.55	0.39	3.61	0.40	3.67	0.41	3.72	0.41	3.78	0.42
0.20	6.16	0.45	6.28	0.46	6.39	0.47	6.50	0.47	6.60	0.48	6.71	0.49	6.81	0.50
0.25	9.64	0.51	9.82	0.52	9.99	0.53	10.16	0.54	10.33	0.55	10.50	0.56	10.66	0.57
0.30	13.78	0.57	14.04	0.58	14.28	0.59	14.53	0.60	14.77	0.61	15.00	0.62	15.24	0.63
0.35	18.51	0.62	18.85	0.63	19.18	0.64	19.51	0.65	19.83	0.66	20.15	0.67	20.46	0.68
0.40	23.72	0.66	24.15	0.67	24.58	0.68	25.00	0.70	25.41	0.71	25.82	0.72	26.22	0.73
0.45	29.32	0.70	29.85	0.71	30.38	0.72	30.90	0.74	31.41	0.75	31.91	0.76	32.41	0.77
0.50	35.19	0.70	35.84	0.74	36.47	0.76	37.09	0.77	37.71	0.78	38.31	0.80	38.90	0.81
0.55	41.22	0.76	41.98	0.77	42.72	0.79	43.45	0.80	44.17	0.81	44.88	0.83	45.57	0.84
0.60	47.28	0.78	48.15	0.80	49.00	0.81	49.84	0.83	50.67	0.84	51.48	0.85	52.27	0.87
0.65	53.24	0.80	54.21	0.82	55.17	0.83	56.12	0.85	57.04	0.86	57.96	0.88	58.85	0.89
0.70	58.92	0.82	60.01	0.83	61.07	0.85	62.11	0.86	63.14	0.88	64.15	0.89	65.14	0.91
0.75	64.18	0.83	65.36	0.84	66.51	0.86	67.65	0.87	68.77	0.89	69.87	0.90	71.95	0.92
0.80	68.79	0.83	70.06	0.85	71.30	0.86	72.52	0.88	73.71	0.89	74.89	0.91	76.06	0.92
0.85	72.52	0.83	73.85	0.85	75.16	0.86	76.45	0.88	77.71	0.89	78.95	0.91	80.18	0.92
0.90	75.01	0.82	76.39	0.84	77.74	0.85	79.07	0.87	80.38	0.88	81.66	0.90	82.93	0.91
0.95	75.62	0.80	77.01	0.82	78.38	0.83	79.72	0.84	81.03	0.86	82.33	0.87	83.61	0.89
1.00	70.38	0.73	71.67	0.74	72.94	0.76	73.19	0.77	75.41	0.78	76.62	0.80	77.81	0.81

D = 350mm

h/D	i (‰)												
	3.4		3.5		3.6		3.7		3.8		3.9		4.0	
	Q	v	Q	v	Q	v	Q	v	Q	v	Q	v	Q	v
0.10	1.65	0.33	1.67	0.33	1.70	0.34	1.72	0.34	1.74	0.35	1.77	0.35	1.79	0.36
0.15	3.84	0.42	3.90	0.43	3.95	0.44	4.00	0.44	4.06	0.45	4.11	0.45	4.16	0.46
0.20	6.92	0.50	7.02	0.51	7.12	0.52	7.21	0.53	7.31	0.53	7.41	0.54	7.50	0.55
0.25	10.82	0.58	10.98	0.58	11.13	0.59	11.29	0.60	11.44	0.61	11.59	0.62	11.73	0.62
0.30	15.47	0.64	15.69	0.65	15.91	0.66	16.13	0.66	16.35	0.67	16.56	0.68	16.78	0.69
0.35	20.77	0.69	21.07	0.70	21.37	0.71	21.66	0.72	21.95	0.73	22.24	0.74	22.52	0.75
0.40	26.61	0.74	27.00	0.75	27.39	0.76	27.76	0.77	28.14	0.78	28.50	0.79	28.87	0.80
0.45	32.90	0.78	33.38	0.79	33.85	0.81	34.32	0.82	34.78	0.83	35.23	0.84	35.68	0.85
0.50	39.49	0.82	40.07	0.83	40.63	0.84	41.19	0.86	41.75	0.87	42.29	0.88	42.83	0.89
0.55	46.26	0.85	46.93	0.87	47.60	0.88	48.26	0.89	48.90	0.90	49.54	0.91	50.17	0.93
0.60	53.06	0.88	53.84	0.89	54.60	0.91	55.35	0.92	56.10	0.93	56.83	0.94	57.55	0.95
0.65	59.74	0.90	60.61	0.92	61.47	0.93	62.32	0.94	63.16	0.95	63.98	0.97	64.80	0.98
0.70	66.12	0.92	67.09	0.93	68.04	0.95	68.98	0.96	69.91	0.97	70.82	0.98	71.72	1.00
0.75	72.02	0.93	73.07	0.94	74.11	0.96	75.13	0.97	76.14	0.98	77.13	1.00	78.12	1.01
0.80	77.20	0.94	78.33	0.95	79.44	0.96	80.53	0.98	81.61	0.99	82.68	1.00	83.73	1.01
0.85	81.38	0.93	82.57	0.95	83.74	0.96	84.90	0.97	85.04	0.99	87.16	1.00	88.27	1.01
0.90	84.18	0.92	85.40	0.94	86.62	0.95	87.81	0.96	88.99	0.98	90.15	0.99	91.30	1.00
0.95	84.86	0.90	86.10	0.91	87.32	0.92	88.53	0.94	89.72	0.95	90.89	0.96	92.05	0.97
1.00	78.98	0.82	80.13	0.83	81.27	0.84	82.39	0.86	83.50	0.87	84.59	0.88	85.66	0.89

D = 350mm

h/D	i (‰)												
	4.1		4.2		4.3		4.4		4.5		4.6		4.7	
	Q	v	Q	v	Q	v	Q	v	Q	v	Q	v	Q	v
0.10	1.81	0.36	1.83	0.37	1.85	0.37	1.88	0.37	1.90	0.38	1.92	0.38	1.94	0.39
0.15	4.22	0.47	4.27	0.47	4.32	0.48	4.37	0.48	4.42	0.49	4.47	0.49	4.51	0.50
0.20	7.59	0.55	7.69	0.56	7.78	0.57	7.87	0.57	7.96	0.58	8.04	0.59	8.13	0.59
0.25	11.88	0.63	12.02	0.64	12.17	0.65	12.31	0.65	12.45	0.66	12.58	0.67	12.72	0.68
0.30	16.98	0.70	17.19	0.71	17.39	0.72	17.59	0.72	17.79	0.73	17.99	0.74	18.18	0.75
0.35	22.80	0.76	23.08	0.77	23.35	0.78	23.62	0.79	23.89	0.80	24.15	0.80	24.42	0.81
0.40	29.23	0.81	29.58	0.82	29.93	0.83	30.28	0.84	30.62	0.85	30.96	0.86	31.29	0.87
0.45	36.13	0.86	36.56	0.87	37.00	0.88	37.42	0.89	37.85	0.90	38.26	0.91	38.68	0.92
0.50	43.36	0.90	43.89	0.91	44.41	0.92	44.92	0.93	45.43	0.94	45.93	0.95	46.43	0.97
0.55	50.80	0.94	51.41	0.95	52.02	0.96	52.62	0.97	53.22	0.98	53.81	0.99	54.39	1.00
0.60	58.27	0.97	58.97	0.98	59.67	0.99	60.36	1.00	61.04	1.01	61.72	1.02	62.39	1.04
0.65	65.60	0.99	66.40	1.00	67.18	1.01	67.96	1.03	68.73	1.04	69.49	1.05	70.24	1.06
0.70	72.61	1.01	73.49	1.02	74.36	1.03	75.22	1.05	76.07	1.06	76.91	1.07	77.74	1.08
0.75	79.09	1.02	80.04	1.03	80.99	1.05	81.93	1.06	82.85	1.07	83.77	1.08	84.57	1.09
0.80	84.77	1.03	85.80	1.04	86.82	1.05	87.82	1.06	88.81	1.08	89.79	1.09	90.77	1.10
0.85	89.37	1.03	90.45	1.04	91.52	1.05	92.58	1.06	93.63	1.07	94.66	1.09	95.68	1.10
0.90	92.43	1.01	93.56	1.03	94.66	1.04	95.76	1.05	96.84	1.06	97.91	1.07	98.97	1.09
0.95	93.19	0.99	94.32	1.00	95.44	1.01	96.54	1.02	97.63	1.03	98.71	1.05	99.78	1.06
1.00	86.73	0.90	87.78	0.91	88.82	0.92	89.85	0.93	90.86	0.94	91.86	0.95	92.86	0.97

D = 350mm

h/D	i (‰)												
	4.8		4.9		5.0		5.1		5.2		5.3		5.4	
	Q	v	Q	v	Q	v	Q	v	Q	v	Q	v	Q	v
0.10	1.96	0.39	1.98	0.40	2.00	0.40	2.02	0.40	2.04	0.41	2.06	0.41	2.08	0.42
0.15	4.56	0.50	4.61	0.51	4.66	0.51	4.70	0.52	4.75	0.52	4.79	0.53	4.84	0.53
0.20	8.22	0.60	8.30	0.61	8.39	0.61	8.47	0.62	8.55	0.62	8.63	0.63	8.72	0.64
0.25	12.85	0.68	12.99	0.69	13.12	0.70	13.25	0.70	13.38	0.71	13.51	0.72	13.63	0.72
0.30	18.38	0.76	18.57	0.76	18.76	0.77	18.94	0.78	19.13	0.79	19.31	0.80	19.49	0.80
0.35	24.67	0.82	24.93	0.83	25.18	0.84	25.43	0.85	25.68	0.86	25.93	0.86	26.17	0.87
0.40	31.62	0.88	31.95	0.89	32.28	0.90	32.60	0.91	32.91	0.92	33.23	0.92	33.54	0.93
0.45	39.09	0.93	39.49	0.94	39.89	0.95	40.29	0.96	40.68	0.97	41.07	0.98	41.46	0.99
0.50	46.92	0.98	47.41	0.99	47.89	1.00	48.36	1.01	48.84	1.02	49.30	1.02	49.77	1.03
0.55	54.96	1.01	55.53	1.02	56.10	1.03	56.65	1.04	57.21	1.06	57.75	1.07	58.30	1.08
0.60	63.05	1.05	63.70	1.06	64.35	1.07	64.99	1.08	65.62	1.09	66.25	1.10	66.87	1.11
0.65	70.98	1.07	71.72	1.08	72.44	1.09	73.17	1.11	73.88	1.12	74.59	1.13	75.29	1.14
0.70	78.57	1.09	79.38	1.10	80.19	1.11	80.98	1.13	81.77	1.14	82.56	1.15	83.33	1.16
0.75	85.57	1.11	86.46	1.12	87.34	1.13	88.20	1.14	89.06	1.15	89.92	1.16	90.76	1.17
0.80	91.73	1.11	92.68	1.12	93.62	1.13	94.55	1.15	95.47	1.16	96.39	1.17	97.29	1.18
0.85	96.70	1.11	97.70	1.12	98.69	1.13	99.67	1.14	100.65	1.15	101.61	1.17	102.56	1.18
0.90	100.01	1.10	101.05	1.11	102.08	1.12	103.09	1.13	104.10	1.14	105.10	1.15	106.08	1.16
0.95	100.83	1.07	101.88	1.08	102.91	1.09	103.94	1.10	104.95	1.11	105.95	1.12	106.95	1.13
1.00	93.84	0.98	94.81	0.99	95.78	1.00	96.73	1.01	97.67	1.02	98.61	1.02	99.53	1.03

D = 350mm

h/D	i (‰)												
	5.5		5.6		5.7		5.8		5.9		6.0		6.5	
	Q	v	Q	v	Q	v	Q	v	Q	v	Q	v	Q	v
0.10	2.10	0.42	2.12	0.42	2.13	0.43	2.15	0.43	2.17	0.43	2.19	0.44	2.28	0.46
0.15	4.88	0.54	4.93	0.54	4.97	0.55	5.01	0.55	5.06	0.56	5.10	0.56	5.31	0.59
0.20	8.80	0.64	8.88	0.65	8.95	0.65	9.03	0.66	9.11	0.67	9.19	0.67	9.56	0.70
0.25	13.76	0.73	13.88	0.74	14.01	0.74	14.13	0.75	14.25	0.76	14.37	0.76	14.96	0.80
0.30	19.67	0.81	19.85	0.82	20.03	0.82	20.20	0.83	20.37	0.84	20.55	0.85	21.38	0.88
0.35	26.41	0.88	26.65	0.89	26.89	0.90	27.12	0.90	27.36	0.91	27.59	0.92	28.71	0.96
0.40	33.85	0.94	34.16	0.95	34.46	0.96	34.76	0.97	35.06	0.98	35.36	0.98	36.80	1.02
0.45	41.84	1.00	42.22	1.01	42.59	1.01	42.97	1.02	43.34	1.03	43.70	1.04	45.49	1.08
0.50	50.22	1.04	50.68	1.05	51.13	1.06	51.58	1.07	52.02	1.08	52.46	1.09	54.60	1.14
0.55	58.83	1.09	59.37	1.09	59.89	1.10	60.42	1.11	60.94	1.12	61.45	1.13	63.96	1.18
0.60	67.49	1.12	68.10	1.13	68.70	1.14	69.30	1.15	69.90	1.16	70.49	1.17	73.37	1.22
0.65	75.98	1.15	76.67	1.16	77.35	1.17	78.03	1.18	78.70	1.19	79.36	1.20	82.60	1.25
0.70	84.10	1.17	84.86	1.18	85.62	1.19	86.36	1.20	87.11	1.21	87.84	1.22	91.43	1.27
0.75	91.60	1.18	92.43	1.19	93.25	1.20	94.06	1.22	94.87	1.23	95.67	1.24	99.58	1.29
0.80	98.19	1.19	99.08	1.20	99.96	1.21	100.83	1.22	101.69	1.23	102.55	1.24	106.74	1.29
0.85	103.51	1.19	104.44	1.20	105.37	1.21	106.29	1.22	107.21	1.23	108.11	1.24	112.52	1.29
0.90	107.06	1.17	108.03	1.18	108.99	1.20	109.94	1.21	110.88	1.22	111.82	1.23	116.39	1.28
0.95	107.94	1.12	108.91	1.15	109.88	1.16	110.84	1.17	111.79	1.18	112.73	1.19	117.34	1.24
1.00	100.45	1.04	101.36	1.05	102.26	1.06	103.15	1.07	104.04	1.08	104.92	1.09	109.20	1.14

D = 350mm

h/D	7.0		7.5		8.0		8.5		9.0		9.5		10	
	Q	v	Q	v	Q	v	Q	v	Q	v	Q	v	Q	v
0.10	2.37	0.47	2.45	0.49	2.53	0.51	2.61	0.52	2.68	0.54	2.76	0.55	2.83	0.56
0.15	5.51	0.61	5.70	0.63	5.89	0.65	6.07	0.67	6.25	0.69	6.42	0.71	6.58	0.73
0.20	9.92	0.72	10.27	0.75	10.61	0.77	10.94	0.89	11.25	0.82	11.56	0.84	11.86	0.87
0.25	15.52	0.83	16.07	0.85	16.59	0.88	17.11	0.91	17.60	0.94	18.08	0.96	18.55	0.99
0.30	22.19	0.91	22.97	0.95	23.72	0.98	24.45	1.01	25.16	1.04	25.85	1.06	26.52	1.09
0.35	29.80	0.99	30.84	1.03	31.85	1.06	32.83	1.09	33.79	1.13	34.71	1.16	35.61	1.19
0.40	38.19	1.06	39.53	1.10	40.83	1.14	42.08	1.17	43.30	1.20	44.49	1.24	45.64	1.27
0.45	47.20	1.12	48.86	1.16	50.46	1.20	52.01	1.23	53.52	1.27	54.99	1.31	56.42	1.34
0.50	56.66	1.18	58.65	1.22	60.57	1.26	62.44	1.30	64.25	1.34	66.01	1.37	67.72	1.41
0.55	66.37	1.22	68.70	1.27	70.96	1.31	73.14	1.35	75.26	1.39	77.32	1.43	79.33	1.46
0.60	76.13	1.26	78.81	1.31	81.39	1.35	83.90	1.39	86.33	1.43	88.69	1.47	91.00	1.51
0.65	85.72	1.29	88.73	1.34	91.64	1.38	94.46	1.43	97.19	1.47	99.86	1.51	102.45	1.55
0.70	94.88	1.32	98.21	1.37	101.43	1.41	104.55	1.45	107.58	1.50	110.53	1.54	113.40	1.58
0.75	103.34	1.34	106.96	1.38	110.47	1.43	113.87	1.47	117.17	1.51	120.38	1.56	123.51	1.60
0.80	110.77	1.34	114.66	1.39	118.42	1.44	122.06	1.48	125.50	1.52	129.04	1.56	132.40	1.60
0.85	116.77	1.34	120.87	1.39	124.84	1.43	128.68	1.48	132.41	1.52	136.04	1.56	139.57	1.60
0.90	120.78	1.32	125.02	1.37	129.12	1.42	133.09	1.46	136.95	1.50	140.70	1.54	144.36	1.58
0.95	121.77	1.29	126.04	1.34	130.17	1.38	134.18	1.42	138.07	1.46	141.85	1.50	145.54	1.54
1.00	113.32	1.18	117.30	1.22	121.15	1.26	124.88	1.30	128.50	1.34	132.02	1.37	135.45	1.41

D = 350mm

h/D	11		12		13		14		15		16		17	
	Q	v	Q	v	Q	v	Q	v	Q	v	Q	v	Q	v
0.10	2.97	0.59	3.10	0.62	3.22	0.64	3.35	0.67	3.46	0.69	3.58	0.71	3.69	0.74
0.15	6.91	0.76	7.21	0.80	7.51	0.83	7.79	0.86	8.06	0.89	8.33	0.92	8.58	0.95
0.20	12.44	0.91	12.99	0.95	13.52	0.99	14.03	1.02	14.53	1.06	15.00	1.10	15.46	1.13
0.25	19.46	1.03	20.32	1.08	21.15	1.12	21.95	1.17	22.72	1.21	23.47	1.25	24.19	1.29
0.30	27.82	1.15	29.06	1.20	30.24	1.25	31.38	1.29	32.49	1.34	33.55	1.38	34.58	1.42
0.35	37.35	1.24	39.01	1.30	40.61	1.35	42.14	1.40	43.62	1.45	45.05	1.50	46.44	1.55
0.40	47.87	1.33	50.00	1.39	52.04	1.45	54.01	1.50	56.90	1.56	57.74	1.61	59.51	1.66
0.45	59.17	1.41	61.80	1.47	64.33	1.53	66.75	1.59	69.10	1.65	71.36	1.70	73.56	1.75
0.50	71.03	1.48	74.19	1.54	77.22	1.61	80.13	1.67	82.94	1.72	85.66	1.78	88.30	1.84
0.55	83.20	1.53	86.90	1.60	90.45	1.67	93.87	1.73	97.16	1.79	100.35	1.85	103.44	1.91
0.60	95.44	1.58	99.68	1.65	103.75	1.72	107.67	1.79	111.45	1.85	115.10	1.91	118.65	1.97
0.65	107.45	1.62	112.23	1.70	116.81	1.76	121.22	1.83	125.48	1.90	129.59	1.96	133.58	2.02
0.70	118.94	1.65	124.22	1.73	129.30	1.80	134.18	1.87	138.89	1.93	143.44	1.99	147.86	2.06
0.75	129.54	1.67	135.30	1.75	140.82	1.82	146.14	1.89	151.27	1.95	156.23	2.02	161.04	2.08
0.80	138.86	1.68	145.03	1.76	150.95	1.83	156.65	1.90	162.15	1.97	167.47	2.03	172.62	2.09
0.85	146.38	1.68	152.89	1.75	159.13	1.83	165.14	1.89	170.94	1.96	176.54	2.03	181.98	2.09
0.90	151.41	1.66	158.14	1.73	164.59	1.80	170.81	1.87	176.80	1.94	182.60	2.00	188.22	2.06
0.95	152.64	1.62	159.43	1.69	165.94	1.76	172.21	1.82	178.25	1.89	184.10	1.95	189.76	2.01
1.00	142.06	1.48	148.38	1.54	154.43	1.61	160.26	1.67	165.89	1.72	171.33	1.78	176.60	1.84

$D = 350\text{mm}$

h/D	18		19		20		25		30		40		50	
	Q	v	Q	v	Q	v	Q	v	Q	v	Q	v	Q	v
0.10	3.79	0.76	3.90	0.78	4.00	0.80	4.47	0.89	4.90	0.98	5.66	1.13	6.32	1.26
0.15	8.83	0.98	9.08	1.00	9.31	1.03	10.41	1.15	11.40	1.26	13.17	1.46	14.72	1.63
0.20	15.91	1.16	16.35	1.19	16.77	1.22	18.75	1.37	20.54	1.50	23.72	1.73	26.52	1.94
0.25	24.89	1.32	25.57	1.36	26.24	1.39	29.34	1.56	32.25	1.75	37.11	1.97	41.49	2.21
0.30	35.59	1.47	36.56	1.51	37.51	1.55	41.94	1.73	45.94	1.89	53.05	2.19	59.31	2.44
0.35	47.78	1.59	49.09	1.64	50.37	1.68	56.31	1.88	59.14	1.97	71.23	2.37	79.64	2.65
0.40	61.24	1.70	62.92	1.75	64.55	1.80	72.17	2.01	79.06	2.20	91.29	2.54	102.06	2.84
0.45	75.69	1.80	77.77	1.85	79.79	1.90	89.20	2.12	97.72	2.33	112.83	2.69	125.15	3.00
0.50	90.86	1.89	93.35	1.94	95.77	1.99	107.08	2.23	117.30	2.44	135.45	2.82	151.43	3.15
0.55	106.44	1.96	109.35	2.02	112.19	2.07	125.44	2.31	137.21	2.53	158.66	2.93	177.39	3.27
0.60	122.09	2.03	125.43	2.08	128.69	2.14	143.88	2.39	157.32	2.61	182.00	3.02	203.48	3.38
0.65	137.45	2.08	141.22	2.13	144.89	2.19	161.99	2.45	177.45	2.68	204.94	3.10	229.09	3.46
0.70	152.14	2.12	156.31	2.17	160.37	2.23	179.30	2.49	196.32	2.73	226.80	3.15	253.57	3.52
0.75	165.71	2.14	170.25	2.20	174.67	2.26	195.29	2.52	213.63	2.76	247.02	3.19	275.18	3.57
0.80	177.63	2.15	182.49	2.21	187.24	2.27	209.34	2.54	229.37	2.78	264.79	3.21	296.04	3.59
0.85	187.25	2.15	192.38	2.21	197.38	2.26	220.68	2.53	241.74	2.77	278.14	3.20	311.09	3.58
0.90	193.68	2.12	198.99	2.18	204.15	2.24	228.25	2.50	250.04	2.74	287.72	3.17	322.79	3.54
0.95	195.26	2.07	200.61	2.12	205.82	2.18	230.12	2.44	252.08	2.67	291.08	3.08	324.43	3.45
1.00	181.72	1.89	186.70	1.94	191.55	1.99	214.16	2.23	234.60	2.44	270.89	2.81	302.87	3.15

$D = 400\text{mm}$

h/D	1.5		1.6		1.7		1.8		1.9		2.0		2.1	
	Q	v	Q	v	Q	v	Q	v	Q	v	Q	v	Q	v
0.10	1.56	0.24	1.61	0.25	1.66	0.25	1.71	0.26	1.76	0.27	1.81	0.28	1.85	0.28
0.15	3.64	0.31	3.76	0.32	3.88	0.33	3.99	0.34	4.10	0.35	4.20	0.36	4.31	0.36
0.20	6.56	0.37	6.77	0.38	6.98	0.39	7.18	0.40	7.38	0.41	7.57	0.42	7.76	0.43
0.25	10.26	0.42	10.60	0.43	10.92	0.44	11.24	0.46	11.55	0.47	11.85	0.48	12.14	0.49
0.30	14.67	0.46	15.15	0.48	15.61	0.49	16.07	0.51	16.51	0.52	16.94	0.53	17.35	0.55
0.35	19.69	0.50	20.34	0.52	20.96	0.53	21.57	0.55	22.16	0.57	22.74	0.58	23.30	0.59
0.40	25.24	0.54	26.07	0.56	26.87	0.57	27.65	0.59	28.41	0.61	29.14	0.62	29.86	0.64
0.45	31.20	0.57	32.22	0.59	33.21	0.61	34.17	0.62	35.11	0.64	46.02	0.66	36.91	0.67
0.50	37.45	0.60	38.68	0.62	39.87	0.63	41.02	0.65	42.15	0.67	43.24	0.69	44.31	0.71
0.55	43.87	0.62	45.31	0.64	46.70	0.66	48.05	0.68	49.37	0.70	50.65	0.72	51.90	0.73
0.60	50.32	0.64	51.97	0.66	53.57	0.68	55.12	0.70	56.63	0.72	58.10	0.74	59.54	0.76
0.65	56.65	0.66	58.51	0.68	60.31	0.70	62.06	0.72	63.76	0.74	65.42	0.76	67.03	0.78
0.70	62.71	0.67	64.76	0.69	66.76	0.71	68.69	0.73	70.57	0.75	72.41	0.77	74.19	0.79
0.75	68.30	0.68	70.54	0.70	72.71	0.72	74.81	0.74	76.86	0.76	78.86	0.78	80.81	0.80
0.80	73.21	0.68	75.61	0.70	77.94	0.72	80.20	0.74	82.39	0.76	84.53	0.78	86.62	0.80
0.85	77.18	0.68	79.71	0.70	82.16	0.72	84.54	0.74	86.85	0.76	89.12	0.78	91.32	0.80
0.90	79.82	0.67	82.44	0.69	84.98	0.71	87.44	0.73	89.84	0.75	92.17	0.77	94.45	0.79
0.95	80.48	0.65	83.12	0.67	85.67	0.69	88.16	0.71	90.57	0.73	92.93	0.75	95.22	0.77
1.00	74.90	0.60	77.35	0.62	79.73	0.63	82.04	0.65	84.29	0.67	86.48	0.69	88.62	0.71

D = 400mm

h/D	2.2		2.3		2.4		2.5		2.6		2.7		2.8	
	Q	v	Q	v	Q	v	Q	v	Q	v	Q	v	Q	v
0.10	1.89	0.29	1.94	0.30	1.98	0.30	2.02	0.31	2.06	0.31	2.10	0.32	2.14	0.33
0.15	4.41	0.37	4.51	0.38	4.61	0.39	4.70	0.40	4.79	0.41	4.88	0.41	4.97	0.42
0.20	7.94	0.44	8.12	0.45	8.30	0.46	8.47	0.47	8.63	0.48	8.80	0.49	8.96	0.50
0.25	12.42	0.51	12.70	0.52	12.98	0.53	13.24	0.54	13.51	0.55	13.76	0.56	14.02	0.57
0.30	17.76	0.56	18.16	0.57	18.55	0.59	18.94	0.60	19.31	0.61	19.68	0.62	20.04	0.63
0.35	23.85	0.61	24.39	0.62	24.91	0.64	25.42	0.65	25.93	0.66	26.42	0.67	26.91	0.69
0.40	30.57	0.65	31.25	0.67	31.93	0.68	32.58	0.69	33.23	0.71	33.86	0.72	34.48	0.73
0.45	37.78	0.69	38.63	0.70	39.46	0.72	40.27	0.73	41.07	0.75	41.85	0.76	42.62	0.78
0.50	45.35	0.72	46.37	0.74	47.37	0.75	48.34	0.77	49.30	0.78	50.24	0.80	51.16	0.81
0.55	53.13	0.75	54.32	0.77	55.49	0.78	56.63	0.80	57.75	0.82	58.85	0.83	59.93	0.85
0.60	60.94	0.77	62.31	0.79	63.65	0.81	64.96	0.83	66.25	0.84	67.51	0.86	68.75	0.87
0.65	68.61	0.79	70.15	0.81	71.66	0.83	73.14	0.85	74.59	0.86	76.01	0.88	77.40	0.90
0.70	75.94	0.81	77.65	0.83	79.32	0.84	80.95	0.86	82.56	0.88	84.13	0.90	85.67	0.91
0.75	82.71	0.82	84.57	0.84	86.39	0.85	88.17	0.87	89.92	0.89	91.63	0.91	93.31	0.92
0.80	88.66	0.82	90.65	0.84	92.60	0.86	94.51	0.88	96.38	0.89	98.22	0.91	100.02	0.93
0.85	93.46	0.82	95.57	0.84	97.62	0.86	99.63	0.88	101.61	0.89	103.54	0.91	105.44	0.93
0.90	96.67	0.81	98.84	0.83	100.97	0.85	103.05	0.87	105.09	0.88	107.10	0.90	109.06	0.92
0.95	97.46	0.79	99.65	0.81	101.80	0.83	103.90	0.84	105.95	0.86	107.97	0.88	109.95	0.89
1.00	90.70	0.72	92.74	0.74	94.74	0.75	96.69	0.77	98.61	0.78	100.48	0.80	102.33	0.81

D = 400mm

h/D	2.9		3.0		3.1		3.2		3.3		3.4		3.5	
	Q	v	Q	v	Q	v	Q	v	Q	v	Q	v	Q	v
0.10	2.17	0.33	2.21	0.34	2.25	0.34	2.28	0.35	2.32	0.35	2.35	0.36	2.39	0.37
0.15	5.06	0.43	5.15	0.44	5.23	0.44	5.32	0.45	5.40	0.46	5.48	0.46	5.56	0.47
0.20	9.12	0.51	9.28	0.52	9.43	0.53	9.58	0.54	9.73	0.54	9.87	0.55	10.02	0.56
0.25	14.26	0.58	14.51	0.59	14.75	0.60	14.98	0.61	15.22	0.62	15.45	0.63	15.67	0.64
0.30	20.39	0.64	20.74	0.65	21.09	0.67	21.42	0.68	21.75	0.69	22.08	0.70	22.40	0.71
0.35	27.38	0.70	27.85	0.71	28.31	0.72	28.76	0.73	29.21	0.75	29.65	0.76	30.08	0.77
0.40	35.09	0.75	35.69	0.76	36.28	0.77	36.86	0.79	37.44	0.80	38.00	0.81	38.55	0.82
0.45	43.38	0.79	44.12	0.80	44.85	0.82	45.57	0.83	46.27	0.84	46.97	0.86	47.65	0.87
0.50	52.07	0.83	52.96	0.84	53.83	0.85	54.70	0.87	55.54	0.88	56.38	0.90	57.20	0.91
0.55	61.00	0.86	62.04	0.88	63.06	0.89	64.07	0.90	65.07	0.92	66.04	0.93	67.01	0.95
0.60	69.96	0.89	71.16	0.90	72.34	0.92	73.49	0.93	74.63	0.95	75.76	0.96	76.86	0.98
0.65	78.77	0.91	80.12	0.93	81.44	0.94	82.75	0.96	84.03	0.97	85.29	0.99	86.54	1.00
0.70	87.19	0.93	88.68	0.94	90.15	0.96	91.59	0.97	93.01	0.99	94.41	1.00	95.78	1.02
0.75	94.96	0.94	96.59	0.96	98.18	0.97	99.75	0.99	101.30	1.00	102.82	1.02	104.32	1.03
0.80	101.79	0.94	103.53	0.96	105.24	0.98	106.93	0.99	108.59	1.01	110.22	1.02	111.83	1.04
0.85	107.31	0.94	109.14	0.96	110.95	0.97	112.72	0.99	114.47	1.01	116.19	1.02	117.89	1.04
0.90	110.99	0.93	112.89	0.95	114.75	0.96	116.59	0.98	118.40	0.99	120.18	1.01	121.93	1.02
0.95	111.90	0.91	113.81	0.92	115.69	0.94	117.54	0.95	119.37	0.97	121.16	0.98	122.93	1.00
1.00	104.14	0.83	105.92	0.84	107.67	0.86	109.39	0.87	111.09	0.88	112.76	0.90	114.41	0.91

	$D=400\text{mm}$												
	i（‰）												
h/D	3.6		3.7		3.8		3.9		4.0		4.1		4.2	
	Q	v	Q	v	Q	v	Q	v	Q	v	Q	v	Q	v
0.10	2.42	0.37	2.46	0.38	2.49	0.38	2.52	0.39	2.55	0.39	2.59	0.40	2.62	0.40
0.15	5.64	0.48	5.72	0.48	5.79	0.49	5.87	0.50	5.95	0.50	6.02	0.51	6.09	0.52
0.20	10.16	0.57	10.30	0.58	10.44	0.58	10.58	0.59	10.71	0.60	10.84	0.61	10.97	0.61
0.25	15.89	0.65	16.11	0.66	16.33	0.66	16.54	0.67	16.75	0.68	16.96	0.69	17.17	0.70
0.30	22.72	0.72	23.04	0.73	23.34	0.74	23.65	0.75	23.95	0.76	24.25	0.76	24.54	0.77
0.35	30.51	0.78	30.93	0.79	31.34	0.80	31.75	0.81	32.16	0.82	32.56	0.83	32.95	0.84
0.40	39.10	0.83	39.64	0.84	40.17	0.86	40.70	0.87	41.22	0.88	41.73	0.89	42.23	0.90
0.45	48.33	0.88	49.00	0.89	49.65	0.91	50.30	0.92	50.94	0.93	51.58	0.94	52.20	0.95
0.50	58.01	0.92	58.81	0.94	59.60	0.95	60.38	0.96	61.15	0.97	61.91	0.99	62.66	1.00
0.55	67.96	0.96	68.90	0.97	69.82	0.99	70.73	1.00	71.64	1.01	72.53	1.02	73.40	1.04
0.60	77.95	0.99	79.03	1.00	80.09	1.02	81.14	1.03	82.17	1.04	83.19	1.06	84.20	1.07
0.65	87.76	1.02	88.98	1.03	90.17	1.04	91.35	1.06	92.51	1.07	93.66	1.08	94.80	1.10
0.70	97.14	1.03	98.48	1.05	99.81	1.06	101.11	1.08	102.40	1.09	103.67	1.10	104.93	1.12
0.75	105.80	1.05	107.26	1.06	108.70	1.08	110.12	1.09	111.53	1.10	112.91	1.12	114.28	1.13
0.80	113.41	1.05	114.98	1.07	116.52	1.08	118.05	1.10	119.55	1.11	121.03	1.12	122.50	1.14
0.85	119.56	1.05	121.21	1.06	122.84	1.08	124.44	1.09	126.03	1.11	127.59	1.12	129.14	1.13
0.90	123.66	1.04	125.37	1.05	127.05	1.07	128.74	1.08	130.35	1.09	131.97	1.11	133.57	1.12
0.95	124.67	1.01	126.39	1.02	128.09	1.04	129.77	1.05	131.42	1.07	133.05	1.08	134.66	1.09
1.00	116.03	0.92	117.63	0.94	119.21	0.95	120.77	0.96	122.31	0.97	123.82	0.99	125.33	1.00

	$D=400\text{mm}$												
	i（‰）												
h/D	4.3		4.4		4.5		4.6		4.7		4.8		4.9	
	Q	v	Q	v	Q	v	Q	v	Q	v	Q	v	Q	v
0.10	2.65	0.40	2.68	0.41	2.71	0.41	2.74	0.42	2.77	0.42	2.80	0.43	2.83	0.43
0.15	6.16	0.52	6.24	0.53	6.31	0.53	6.38	0.54	6.44	0.55	6.51	0.55	6.58	0.56
0.20	11.10	0.62	11.23	0.63	11.36	0.63	11.49	0.64	11.61	0.65	11.73	0.66	11.85	0.66
0.25	17.37	0.71	17.57	0.72	17.77	0.72	17.97	0.73	18.16	0.74	18.35	0.75	18.54	0.75
0.30	24.83	0.78	25.12	0.79	25.40	0.80	25.68	0.81	25.96	0.82	26.24	0.83	26.51	0.84
0.35	33.34	0.85	33.73	0.86	34.11	0.87	34.49	0.88	34.86	0.89	35.23	0.90	35.59	0.91
0.40	42.73	0.91	43.23	0.92	43.72	0.93	44.20	0.94	44.68	0.95	45.15	0.96	45.62	0.97
0.45	52.82	0.96	53.43	0.97	54.03	0.99	54.63	1.00	55.22	1.01	55.81	1.02	56.38	1.03
0.50	63.40	1.01	64.14	1.02	64.86	1.03	65.58	1.04	66.29	1.06	66.99	1.07	67.68	1.08
0.55	74.27	1.05	75.13	1.06	75.98	1.07	76.82	1.08	77.65	1.10	78.47	1.11	79.29	1.12
0.60	85.19	1.08	86.18	1.09	87.15	1.11	88.12	1.12	89.07	1.13	90.01	1.14	90.94	1.16
0.65	95.92	1.11	97.03	1.12	98.12	1.13	99.21	1.15	100.28	1.16	101.34	1.17	102.39	1.18
0.70	106.17	1.13	107.40	1.14	108.61	1.16	109.81	1.17	111.00	1.18	112.17	1.19	113.33	1.21
0.75	115.63	1.14	116.97	1.16	118.29	1.17	119.60	1.18	120.89	1.20	122.17	1.21	123.44	1.22
0.80	123.95	1.15	125.38	1.16	126.80	1.18	128.20	1.19	129.59	1.20	130.96	1.22	132.32	1.23
0.85	130.67	1.15	132.18	1.16	133.67	1.17	135.15	1.19	136.61	1.20	138.06	1.21	139.49	1.23
0.90	135.15	1.13	136.71	1.15	138.26	1.16	139.79	1.17	141.30	1.19	142.79	1.20	144.27	1.21
0.95	136.26	1.10	137.83	1.12	139.39	1.13	140.93	1.14	142.45	1.16	143.96	1.17	145.45	1.18
1.00	126.81	1.01	128.27	1.02	129.72	1.03	131.16	1.04	132.58	1.06	133.98	1.07	135.37	1.08

$D=400\text{mm}$

h/D	i (‰)													
	5.0		5.2		5.4		5.6		5.8		6.0		6.5	
	Q	v	Q	v	Q	v	Q	v	Q	v	Q	v	Q	v
0.10	2.85	0.44	2.91	0.45	2.97	0.45	3.02	0.46	3.07	0.47	3.13	0.48	3.26	0.50
0.15	6.65	0.56	6.78	0.57	6.91	0.58	7.03	0.60	7.16	0.61	7.28	0.62	7.58	0.64
0.20	11.97	0.67	12.21	0.68	12.44	0.70	12.67	0.71	12.90	0.72	13.12	0.73	13.65	0.76
0.25	18.73	0.76	19.10	0.78	19.47	0.79	19.82	0.81	20.17	0.82	20.52	0.84	21.36	0.87
0.30	26.78	0.84	27.31	0.86	27.83	0.88	28.34	0.89	28.84	0.91	29.33	0.93	30.53	0.96
0.35	35.95	0.92	36.67	0.94	37.36	0.95	38.05	0.97	38.72	0.99	39.39	1.00	40.99	1.05
0.40	46.08	0.98	46.99	1.00	47.89	1.02	48.77	1.04	49.63	1.06	50.48	1.08	52.54	1.12
0.45	56.96	1.04	58.08	1.06	59.19	1.08	60.28	1.10	61.34	1.12	62.39	1.14	64.94	1.18
0.50	68.37	1.09	69.72	1.11	71.05	1.13	72.36	1.15	73.64	1.17	74.90	1.19	77.95	1.24
0.55	80.09	1.13	81.68	1.15	83.23	1.18	84.76	1.20	86.26	1.22	87.73	1.24	91.32	1.29
0.60	91.87	1.17	93.69	1.19	95.47	1.21	97.22	1.23	98.94	1.26	100.64	1.28	104.75	1.33
0.65	103.43	1.20	105.48	1.22	107.49	1.24	109.46	1.27	111.40	1.29	113.30	1.31	117.93	1.36
0.70	114.48	1.22	116.75	1.24	118.98	1.27	121.16	1.29	123.30	1.31	125.41	1.33	130.53	1.39
0.75	124.69	1.23	127.16	1.26	129.58	1.28	131.96	1.31	134.30	1.33	136.59	1.35	142.17	1.41
0.80	133.66	1.24	136.31	1.26	138.90	1.29	141.45	1.31	143.96	1.34	146.42	1.36	152.40	1.41
0.85	140.90	1.24	143.69	1.26	146.43	1.29	149.12	1.31	151.76	1.33	154.35	1.36	160.65	1.41
0.90	145.74	1.22	148.62	1.25	151.46	1.27	154.24	1.29	156.97	1.32	159.65	1.34	166.17	1.39
0.95	146.93	1.19	149.84	1.22	152.69	1.24	155.50	1.26	158.25	1.28	160.95	1.31	167.53	1.36
1.00	136.74	1.09	139.45	1.11	142.11	1.13	144.71	1.15	147.28	1.17	149.79	1.19	155.91	1.24

$D=400\text{mm}$

h/D	i (‰)													
	7.0		7.5		8.0		8.5		9.0		9.5		10	
	Q	v	Q	v	Q	v	Q	v	Q	v	Q	v	Q	v
0.10	3.38	0.52	3.50	0.53	3.61	0.55	3.72	0.57	3.83	0.59	3.94	0.60	4.04	0.62
0.15	7.86	0.67	8.14	0.69	8.41	0.71	8.67	0.73	8.92	0.75	9.16	0.78	9.40	0.80
0.20	14.17	0.79	14.67	0.82	15.15	0.85	15.61	0.87	16.07	0.90	16.51	0.92	16.93	0.95
0.25	22.16	0.90	22.94	0.93	23.69	0.96	24.42	0.99	25.13	1.02	25.82	1.05	26.49	1.08
0.30	31.68	1.00	32.80	1.03	33.87	1.07	34.91	1.10	35.93	1.13	36.91	1.16	37.87	1.19
0.35	42.54	1.09	44.04	1.12	45.48	1.16	46.88	1.20	48.24	1.23	49.56	1.26	50.85	1.30
0.40	54.52	1.10	56.44	1.20	58.29	1.24	60.08	1.28	61.82	1.32	63.52	1.35	65.17	1.39
0.45	67.39	1.23	69.76	1.27	72.05	1.31	74.26	1.35	76.42	1.39	78.51	1.43	80.55	1.47
0.50	80.90	1.29	83.74	1.33	86.48	1.38	89.14	1.42	91.73	1.46	94.24	1.50	96.69	1.54
0.55	94.76	1.34	98.09	1.39	101.31	1.43	104.43	1.47	107.45	1.52	110.40	1.56	113.27	1.60
0.60	108.70	1.38	112.51	1.43	116.20	1.48	119.78	1.52	123.25	1.57	126.63	1.61	129.92	1.65
0.65	122.38	1.42	126.68	1.47	130.83	1.51	134.86	1.56	138.77	1.60	142.57	1.65	146.27	1.69
0.70	135.46	1.44	140.21	1.49	144.81	1.54	149.27	1.59	153.60	1.63	157.81	1.68	161.91	1.72
0.75	147.54	1.46	152.71	1.51	157.72	1.56	162.58	1.61	167.29	1.65	171.87	1.70	176.34	1.74
0.80	158.15	1.47	163.70	1.52	169.07	1.57	174.27	1.62	179.32	1.66	184.24	1.71	189.02	1.75
0.85	166.72	1.46	172.57	1.52	178.23	1.57	183.72	1.61	189.04	1.66	194.22	1.71	199.27	1.75
0.90	172.44	1.45	178.49	1.50	184.35	1.55	190.02	1.60	195.53	1.64	200.89	1.69	206.11	1.73
0.95	173.85	1.41	179.95	1.46	185.85	1.51	191.57	1.55	197.13	1.60	202.53	1.64	207.79	1.69
1.00	161.79	1.29	167.47	1.33	172.97	1.38	178.29	1.42	183.46	1.46	188.49	1.50	193.38	1.54

$D=400\text{mm}$

	i（‰）													
h/D	11		12		13		14		15		16		17	
	Q	v	Q	v	Q	v	Q	v	Q	v	Q	v	Q	v
0.10	4.23	0.65	4.42	0.68	4.60	0.70	4.78	0.73	4.94	0.76	5.11	0.78	5.26	0.80
0.15	9.86	0.83	10.30	0.87	10.72	0.91	11.12	0.94	11.51	0.97	11.89	1.01	12.26	1.04
0.20	17.76	0.99	18.55	1.04	19.31	1.08	20.04	1.12	20.74	1.16	21.42	1.20	22.08	1.23
0.25	27.78	1.13	29.02	1.18	30.20	1.23	31.34	1.28	32.44	1.32	33.51	1.36	34.54	1.41
0.30	39.72	1.25	41.48	1.31	43.18	1.36	44.81	1.41	46.38	1.46	47.90	1.51	49.38	1.56
0.35	53.33	1.36	55.70	1.42	57.97	1.48	60.16	1.53	62.27	1.59	64.32	1.64	66.30	1.69
0.40	68.35	1.46	71.39	1.52	74.30	1.58	77.11	1.64	79.81	1.70	82.43	1.76	84.97	1.81
0.45	84.48	1.54	88.24	1.61	91.84	1.67	95.31	1.74	98.65	1.80	101.89	1.86	105.02	1.91
0.50	101.41	1.61	105.92	1.69	110.24	1.75	114.40	1.82	118.42	1.88	122.30	1.95	126.07	2.01
0.55	118.79	1.68	124.08	1.75	129.14	1.82	134.02	1.89	138.72	1.96	143.27	2.02	147.68	2.09
0.60	136.26	1.73	142.32	1.81	148.13	1.88	153.72	1.95	159.12	2.02	164.34	2.09	169.40	2.15
0.65	153.41	1.77	160.24	1.85	166.78	1.93	173.07	2.00	179.15	2.07	185.02	2.14	190.72	2.21
0.70	169.81	1.81	177.36	1.89	184.60	1.96	191.57	2.04	198.29	2.11	204.80	2.18	211.10	2.25
0.75	184.95	1.83	193.17	1.91	201.06	1.99	208.65	2.06	215.97	2.14	223.15	2.21	229.92	2.27
0.80	198.25	1.84	207.07	1.92	215.52	2.00	223.66	2.08	231.51	2.15	239.10	2.22	246.46	2.29
0.85	208.99	1.84	218.29	1.92	227.20	2.00	235.78	2.07	244.05	2.14	252.06	2.21	259.81	2.28
0.90	216.17	1.81	225.78	1.90	235.00	1.97	243.87	2.05	252.43	2.12	260.71	2.19	268.73	2.26
0.95	217.93	1.77	227.62	1.85	236.92	1.92	245.86	1.99	254.49	2.06	262.84	2.13	270.93	2.20
1.00	202.82	1.61	211.84	1.69	220.49	1.75	228.81	1.82	236.84	1.88	244.61	1.95	252.14	2.01

$D=400\text{mm}$

	i（‰）													
h/D	18		19		20		25		30		40		50	
	Q	v	Q	v	Q	v	Q	v	Q	v	Q	v	Q	v
0.10	5.42	0.83	5.57	0.85	5.71	0.87	6.38	0.98	7.00	1.07	8.07	1.23	9.03	1.38
0.15	12.61	1.07	12.96	1.10	13.29	1.12	14.86	1.26	16.28	1.38	18.80	1.59	21.02	1.78
0.20	22.72	1.27	23.34	1.30	23.95	1.34	26.78	1.50	29.33	1.64	33.87	1.89	37.87	2.16
0.25	35.54	1.45	36.51	1.49	37.46	1.52	41.88	1.70	45.88	1.87	52.98	2.16	59.23	2.41
0.30	50.81	1.60	52.20	1.65	53.56	1.69	59.88	1.89	65.59	2.07	75.74	2.39	84.68	2.67
0.35	68.22	1.74	70.09	1.79	71.91	1.83	80.40	2.05	88.07	2.25	101.69	2.59	113.70	2.90
0.40	87.43	1.86	89.83	1.91	92.16	1.96	103.04	2.20	112.87	2.40	130.33	2.78	145.72	3.10
0.45	108.07	1.97	111.03	2.02	113.91	2.08	127.36	2.32	139.51	2.54	161.10	2.94	180.11	3.28
0.50	129.72	2.06	133.28	2.12	136.74	2.18	152.88	2.43	167.47	2.67	193.38	3.08	216.20	3.44
0.55	151.96	2.15	156.13	2.20	160.18	2.26	179.09	2.53	196.18	2.71	226.53	3.20	253.27	3.58
0.60	174.31	2.21	179.08	2.27	183.74	2.33	205.42	2.61	225.03	2.86	259.84	3.30	290.51	3.69
0.65	196.25	2.27	201.62	2.33	206.86	2.39	231.28	2.67	253.35	2.93	292.55	3.38	327.08	3.78
0.70	217.22	2.31	223.17	2.38	228.97	2.44	256.00	2.72	280.43	2.98	323.81	3.45	362.03	3.85
0.75	236.58	2.34	243.07	2.40	249.38	2.47	278.82	2.76	305.43	3.02	352.68	3.49	394.31	3.90
0.80	253.60	2.35	260.55	2.42	267.32	2.48	298.87	2.77	327.40	3.04	378.05	3.51	422.67	3.92
0.85	267.35	2.35	274.67	2.41	281.81	2.48	315.07	2.77	345.14	3.03	398.53	3.50	445.57	3.91
0.90	276.52	2.32	284.10	2.38	291.48	2.45	325.88	2.74	356.98	3.00	412.20	3.46	460.86	3.87
0.95	278.78	2.26	286.42	2.32	293.86	2.38	328.55	2.66	359.90	2.92	415.58	3.37	464.63	3.77
1.00	259.45	2.06	266.56	2.12	273.48	2.18	305.76	2.43	334.94	2.67	386.76	3.08	432.41	3.44

								$D=450\text{mm}$						
	i (‰)													
h/D	1.2		1.3		1.4		1.5		1.6		1.7		1.8	
	Q	v	Q	v	Q	v	Q	v	Q	v	Q	v	Q	v
0.10	1.91	0.23	1.99	0.24	2.07	0.25	2.14	0.26	2.21	0.27	2.28	0.28	2.34	0.28
0.15	4.46	0.30	4.64	0.31	4.82	0.32	4.98	0.33	5.15	0.34	5.31	0.35	5.46	0.36
0.20	8.03	0.35	8.36	0.37	8.67	0.38	8.98	0.40	9.27	0.41	9.56	0.42	9.84	0.43
0.25	12.56	0.40	13.08	0.42	13.57	0.44	14.04	0.45	14.51	0.47	14.95	0.48	15.39	0.49
0.30	17.96	0.45	18.69	0.47	19.40	0.48	20.08	0.50	20.74	0.52	21.18	0.53	22.00	0.55
0.35	24.11	0.49	25.10	0.51	26.05	0.53	26.96	0.54	27.84	0.56	28.70	0.58	29.53	0.60
0.40	30.90	0.52	32.17	0.54	33.38	0.56	34.55	0.58	35.69	0.60	36.78	0.62	37.85	0.64
0.45	38.20	0.55	39.76	0.57	41.25	0.59	42.71	0.62	44.11	0.64	45.47	0.66	46.78	0.67
0.50	45.85	0.58	47.73	0.60	49.53	0.62	51.27	0.64	52.95	0.67	54.58	0.69	56.16	0.71
0.55	53.71	0.60	55.91	0.62	58.02	0.65	60.05	0.67	62.02	0.69	63.93	0.71	65.79	0.73
0.60	61.61	0.62	64.13	0.64	66.55	0.67	68.89	0.69	71.15	0.71	73.33	0.74	75.46	0.76
0.65	69.37	0.63	72.20	0.66	74.13	0.68	77.56	0.71	80.10	0.73	82.57	0.75	84.96	0.78
0.70	76.78	0.65	79.92	0.67	82.93	0.70	85.85	0.72	88.66	0.75	91.39	0.77	94.04	0.79
0.75	83.63	0.65	87.04	0.68	90.33	0.71	93.50	0.73	96.56	0.75	99.54	0.78	102.42	0.80
0.80	89.64	0.66	93.30	0.68	96.83	0.71	100.22	0.73	103.51	0.76	106.70	0.78	109.79	0.80
0.85	94.50	0.66	98.36	0.68	102.07	0.71	105.65	0.73	109.12	0.76	112.48	0.78	115.74	0.80
0.90	97.74	0.65	101.73	0.67	105.57	0.70	109.28	0.72	112.86	0.75	116.34	0.77	119.71	0.79
0.95	98.54	0.63	102.57	0.66	106.44	0.68	110.17	0.71	113.79	0.73	117.29	0.75	120.69	0.77
1.00	91.71	0.58	95.45	0.60	99.06	0.62	102.53	0.64	105.90	0.67	109.16	0.69	112.32	0.71

								$D=450\text{mm}$						
	i (‰)													
h/D	1.9		2.0		2.1		2.2		2.3		2.4		2.5	
	Q	v	Q	v	Q	v	Q	v	Q	v	Q	v	Q	v
0.10	2.41	0.29	2.47	0.30	2.53	0.31	2.59	0.31	2.65	0.32	2.71	0.33	2.76	0.33
0.15	5.61	0.37	5.76	0.38	5.90	0.39	6.04	0.40	6.17	0.41	6.30	0.42	6.43	0.42
0.20	10.11	0.45	10.37	0.46	10.62	0.47	10.87	0.48	11.12	0.49	11.36	0.50	11.59	0.51
0.25	15.81	0.51	16.22	0.52	16.62	0.53	17.01	0.55	17.39	0.56	17.77	0.57	18.13	0.58
0.30	22.60	0.56	23.19	0.58	23.76	0.59	24.32	0.61	24.86	0.62	25.40	0.63	25.92	0.65
0.35	30.34	0.61	31.13	0.63	31.90	0.64	32.65	0.66	33.38	0.67	34.10	0.69	34.81	0.70
0.40	38.89	0.65	39.90	0.67	40.88	0.69	41.85	0.70	42.79	0.72	43.71	0.74	44.61	0.75
0.45	48.07	0.69	49.32	0.71	50.53	0.73	51.72	0.75	52.89	0.76	54.02	0.78	55.14	0.79
0.50	57.70	0.73	59.20	0.74	60.66	0.76	62.09	0.78	63.48	0.80	64.85	0.82	66.18	0.83
0.55	67.59	0.75	69.35	0.77	71.06	0.79	72.73	0.81	74.36	0.83	75.96	0.85	77.53	0.87
0.60	77.53	0.78	79.54	0.80	81.51	0.82	83.43	0.84	85.30	0.86	87.13	0.87	88.93	0.89
0.65	87.29	0.80	89.55	0.82	91.77	0.84	93.93	0.86	96.04	0.88	98.10	0.90	100.13	0.91
0.70	96.62	0.81	99.13	0.83	101.57	0.85	103.96	0.87	105.30	0.89	108.59	0.91	110.83	0.93
0.75	105.23	0.82	107.96	0.84	110.63	0.86	113.23	0.88	115.78	0.90	118.27	0.92	120.71	0.94
0.80	112.80	0.83	115.73	0.85	118.59	0.87	121.38	0.89	124.10	0.91	126.77	0.93	129.39	0.95
0.85	118.91	0.83	122.00	0.85	125.01	0.87	127.95	0.89	130.83	0.91	133.64	0.93	136.40	0.95
0.90	122.99	0.82	126.19	0.84	129.30	0.86	132.35	0.88	135.32	0.90	138.23	0.92	141.08	0.94
0.95	124.00	0.79	127.22	0.82	130.36	0.84	133.43	0.85	136.43	0.87	139.36	0.89	142.23	0.91
1.00	115.40	0.73	118.40	0.74	121.32	0.76	124.17	0.78	126.97	0.80	129.70	0.82	132.37	0.83

	D = 450mm												
	i (‰)												
h/D	2.6		2.7		2.8		2.9		3.0		3.1		3.2	
	Q	v	Q	v	Q	v	Q	v	Q	v	Q	v	Q	v
0.10	2.82	0.34	2.87	0.35	2.92	0.35	2.98	0.36	3.03	0.37	3.08	0.37	3.13	0.38
0.15	6.56	0.44	6.69	0.45	6.81	0.46	6.93	0.46	7.05	0.47	7.17	0.48	7.28	0.49
0.20	11.82	0.52	12.05	0.53	12.27	0.54	12.48	0.55	12.70	0.56	12.91	0.57	13.11	0.58
0.25	18.49	0.59	18.84	0.61	19.19	0.62	19.53	0.63	19.86	0.64	20.19	0.65	20.51	0.66
0.30	26.44	0.66	26.94	0.67	27.43	0.68	27.92	0.70	28.40	0.71	28.87	0.72	29.33	0.73
0.35	35.49	0.72	36.17	0.73	36.83	0.74	37.49	0.76	38.13	0.77	38.76	0.78	39.38	0.79
0.40	45.49	0.77	46.36	0.78	47.21	0.79	48.04	0.81	48.87	0.82	49.67	0.84	50.47	0.85
0.45	56.23	0.81	57.30	0.83	58.35	0.84	59.38	0.86	60.40	0.87	61.40	0.88	62.38	0.90
0.50	67.50	0.85	68.78	0.86	70.04	0.88	71.28	0.90	72.50	0.91	73.70	0.93	74.88	0.94
0.55	79.07	0.88	80.57	0.90	82.05	0.92	83.50	0.93	84.93	0.95	86.33	0.96	87.72	0.98
0.60	90.69	0.91	92.42	0.93	94.12	0.94	95.78	0.96	97.42	0.98	99.03	0.99	100.61	1.01
0.65	102.11	0.93	104.05	0.95	105.96	0.97	107.84	0.99	109.68	1.00	111.49	1.02	113.28	1.04
0.70	113.02	0.95	115.17	0.97	117.29	0.99	119.36	1.00	121.40	1.02	123.41	1.04	125.38	1.05
0.75	123.10	0.96	125.44	0.98	127.74	1.00	130.00	1.02	132.23	1.03	134.41	1.05	136.56	1.07
0.80	131.95	0.97	134.46	0.99	136.93	1.00	139.36	1.02	141.74	1.04	144.08	1.06	146.39	1.07
0.85	138.10	0.97	141.75	0.98	144.35	1.00	146.91	1.02	149.42	1.04	151.89	1.05	154.32	1.07
0.90	143.87	0.95	146.61	0.97	149.31	0.99	151.95	1.01	154.55	1.03	157.10	1.04	159.61	1.06
0.95	145.05	0.93	147.81	0.95	150.53	0.96	153.19	0.98	155.81	1.00	158.39	1.01	160.92	1.03
1.00	134.99	0.85	137.56	0.86	140.09	0.88	142.57	0.90	145.00	0.91	147.40	0.93	149.76	0.94

	D = 450mm												
	i (‰)												
h/D	3.3		3.4		3.5		3.6		3.7		3.8		3.9	
	Q	v	Q	v	Q	v	Q	v	Q	v	Q	v	Q	v
0.10	3.18	0.38	3.22	0.39	3.27	0.40	3.32	0.40	3.36	0.41	3.41	0.41	3.45	0.42
0.15	7.39	0.49	7.50	0.50	7.61	0.51	7.72	0.52	7.83	0.52	7.93	0.53	8.04	0.54
0.20	13.32	0.59	13.52	0.60	13.72	0.61	13.91	0.61	14.10	0.62	14.29	0.63	14.48	0.64
0.25	20.83	0.67	21.15	0.68	21.45	0.69	21.76	0.70	22.06	0.71	22.35	0.72	22.65	0.73
0.30	29.78	0.74	30.23	0.75	30.67	0.76	31.11	0.78	31.54	0.79	31.96	0.80	32.38	0.81
0.35	39.99	0.81	40.59	0.82	41.18	0.83	41.77	0.84	42.34	0.85	42.91	0.86	43.47	0.88
0.40	51.25	0.86	52.02	0.88	52.78	0.89	53.53	0.90	54.27	0.91	55.00	0.93	55.71	0.94
0.45	63.35	0.91	64.30	0.93	65.24	0.94	66.16	0.95	67.08	0.97	67.98	0.98	68.87	0.99
0.50	76.04	0.96	77.18	0.97	78.31	0.98	79.42	1.00	80.52	1.01	81.60	1.03	82.66	1.04
0.55	89.08	0.99	90.42	1.01	91.74	1.02	93.04	1.04	94.32	1.05	95.59	1.07	96.84	1.08
0.60	102.17	1.03	103.71	1.04	105.23	1.06	106.72	1.07	108.19	1.09	109.64	1.10	111.08	1.11
0.65	115.04	1.05	116.77	1.07	118.47	1.08	120.15	1.10	121.81	1.11	123.44	1.13	125.06	1.14
0.70	127.33	1.07	129.24	1.09	131.13	1.10	132.99	1.12	134.82	1.13	136.63	1.15	138.42	1.16
0.75	138.68	1.08	140.77	1.10	142.82	1.12	144.85	1.13	146.84	1.15	148.82	1.16	150.76	1.18
0.80	148.66	1.09	150.89	1.11	153.09	1.12	155.27	1.14	157.41	1.15	159.52	1.17	161.61	1.18
0.85	156.71	1.09	159.07	1.10	161.39	1.12	163.68	1.14	165.94	1.15	168.17	1.17	170.36	1.18
0.90	162.09	1.08	164.53	1.09	166.93	1.11	169.30	1.12	171.63	1.14	173.94	1.15	176.21	1.17
0.95	163.41	1.05	165.87	1.06	168.29	1.08	170.68	1.09	173.04	1.11	175.36	1.12	177.65	1.14
1.00	152.08	0.96	154.37	0.97	156.62	0.98	158.84	1.00	161.04	1.01	163.20	1.03	165.33	1.04

D = 450mm

h/D	4.0 Q	4.0 v	4.1 Q	4.1 v	4.2 Q	4.2 v	4.3 Q	4.3 v	4.4 Q	4.4 v	4.5 Q	4.5 v	4.6 Q	4.6 v
0.10	3.50	0.42	3.54	0.43	3.58	0.43	3.62	0.44	3.67	0.44	3.71	0.45	3.75	0.45
0.15	8.14	0.54	8.24	0.55	8.34	0.56	8.44	0.56	8.54	0.57	8.63	0.58	8.73	0.58
0.20	14.66	0.65	14.84	0.66	15.02	0.66	15.20	0.67	15.38	0.68	15.55	0.69	15.72	0.69
0.25	22.94	0.74	23.22	0.75	23.50	0.76	23.78	0.76	24.05	0.77	24.33	0.78	24.60	0.79
0.30	32.79	0.82	33.20	0.83	33.60	0.84	34.00	0.85	34.39	0.86	34.78	0.87	35.16	0.88
0.35	44.03	0.89	44.57	0.90	45.11	0.91	45.65	0.92	46.17	0.93	46.70	0.94	47.21	0.95
0.40	56.42	0.95	57.13	0.96	57.82	0.97	58.50	0.98	59.18	1.00	59.85	1.01	60.51	1.02
0.45	69.74	1.00	70.61	1.02	71.46	1.03	72.31	1.04	73.15	1.05	73.97	1.07	74.79	1.08
0.50	83.72	1.05	84.76	1.07	85.79	1.08	86.80	1.09	87.80	1.10	88.80	1.12	89.78	1.13
0.55	98.07	1.09	99.29	1.11	100.49	1.12	101.68	1.13	102.86	1.15	104.02	1.16	105.17	1.17
0.60	112.49	1.13	113.89	1.14	115.27	1.16	116.63	1.17	117.98	1.18	119.31	1.20	120.63	1.21
0.65	126.65	1.16	128.22	1.17	129.78	1.19	131.31	1.20	132.83	1.21	134.33	1.23	135.82	1.24
0.70	140.18	1.18	141.93	1.19	143.65	1.21	145.35	1.22	147.03	1.24	148.69	1.25	150.33	1.26
0.75	152.68	1.19	154.58	1.21	156.45	1.22	158.30	1.24	160.13	1.25	161.94	1.27	163.73	1.28
0.80	163.66	1.20	165.70	1.21	167.71	1.23	169.69	1.24	171.65	1.26	173.59	1.27	175.51	1.29
0.85	172.53	1.20	174.68	1.21	176.79	1.23	178.89	1.24	180.96	1.26	183.00	1.27	185.02	1.28
0.90	178.45	1.18	180.67	1.20	182.86	1.21	185.03	1.23	187.16	1.24	189.28	1.26	191.37	1.27
0.95	179.91	1.15	182.15	1.17	184.36	1.18	186.54	1.20	188.70	1.21	190.83	1.22	192.94	1.24
1.00	167.44	1.05	169.52	1.07	171.57	1.08	173.60	1.09	175.61	1.10	177.59	1.12	179.56	1.13

D = 450mm

h/D	4.7 Q	4.7 v	4.8 Q	4.8 v	4.9 Q	4.9 v	5.0 Q	5.0 v	5.5 Q	5.5 v	6.0 Q	6.0 v	6.5 Q	6.5 v
0.10	3.79	0.46	3.83	0.46	3.87	0.47	3.91	0.47	4.10	0.50	4.28	0.52	4.46	0.54
0.15	8.82	0.59	8.92	0.60	9.01	0.60	9.10	0.61	9.54	0.64	9.97	0.67	10.38	0.69
0.20	15.89	0.70	16.06	0.71	16.23	0.72	16.39	0.72	17.19	0.76	17.96	0.79	18.69	0.83
0.25	24.86	0.80	25.12	0.81	25.38	0.82	25.64	0.82	26.89	0.86	28.09	0.90	29.24	0.94
0.30	35.54	0.89	35.92	0.90	36.29	0.90	36.66	0.91	38.45	0.96	40.16	1.00	41.80	1.04
0.35	47.72	0.96	48.23	0.97	48.73	0.98	49.22	0.99	51.62	1.04	53.92	1.09	56.12	1.13
0.40	61.16	1.03	61.81	1.04	62.45	1.05	63.08	1.06	66.16	1.11	69.11	1.16	71.93	1.21
0.45	75.60	1.09	76.40	1.10	77.19	1.11	77.97	1.12	81.78	1.18	85.42	1.23	88.90	1.28
0.50	90.75	1.14	91.71	1.15	92.66	1.17	93.60	1.18	98.17	1.23	102.53	1.29	106.72	1.34
0.55	106.30	1.19	107.43	1.20	108.54	1.21	109.64	1.22	115.00	1.28	120.11	1.34	125.01	1.39
0.60	121.94	1.22	123.23	1.24	124.50	1.25	125.77	1.26	131.91	1.32	137.77	1.38	143.40	1.44
0.65	137.28	1.25	138.74	1.27	140.18	1.28	141.60	1.29	148.51	1.36	155.11	1.42	161.45	1.48
0.70	151.96	1.28	153.56	1.29	155.16	1.30	156.73	1.32	164.38	1.38	171.69	1.44	178.70	1.50
0.75	165.50	1.29	167.25	1.31	168.99	1.32	170.70	1.33	179.04	1.40	187.00	1.46	194.63	1.52
0.80	177.21	1.30	179.29	1.31	181.14	1.33	182.98	1.34	191.91	1.41	200.45	1.47	208.63	1.53
0.85	187.02	1.30	189.00	1.31	190.96	1.33	192.90	1.34	202.31	1.40	211.31	1.47	219.94	1.53
0.90	193.44	1.28	195.49	1.30	197.51	1.31	199.52	1.32	209.26	1.39	218.56	1.45	227.49	1.51
0.95	195.12	1.25	197.09	1.26	199.13	1.28	201.15	1.29	210.97	1.35	220.35	1.41	229.35	1.47
1.00	181.10	1.14	183.42	1.15	185.32	1.17	187.20	1.18	196.34	1.23	205.07	1.29	213.44	1.34

													D = 450mm		

	i（‰）														
h/D	7.0		7.5		8.0		8.5		9.0		9.5		10	
	Q	v	Q	v	Q	v	Q	v	Q	v	Q	v	Q	v
0.10	4.62	0.56	4.79	0.58	4.94	0.60	5.10	0.62	5.24	0.63	5.39	0.65	5.53	0.67
0.15	10.77	0.72	11.14	0.74	11.51	0.77	11.86	0.79	12.21	0.82	12.54	0.84	12.87	0.86
0.20	19.40	0.86	20.08	0.89	20.74	0.92	21.37	0.94	21.99	0.97	22.60	1.00	23.18	1.02
0.25	30.34	0.98	31.41	1.01	32.44	1.04	33.43	1.08	34.40	1.11	35.35	1.14	36.26	1.17
0.30	43.38	1.08	44.90	1.12	46.37	1.16	47.80	1.19	49.18	1.23	50.53	1.26	51.84	1.29
0.35	58.24	1.17	60.28	1.22	62.26	1.26	64.18	1.29	65.04	1.33	67.85	1.37	69.61	1.40
0.40	74.64	1.26	77.26	1.30	79.80	1.34	82.25	1.38	84.64	1.42	86.96	1.46	89.21	1.50
0.45	92.26	1.33	95.50	1.38	98.63	1.42	101.67	1.46	104.61	1.51	107.48	1.55	110.27	1.59
0.50	110.75	1.39	114.64	1.44	118.39	1.49	122.04	1.53	125.58	1.58	129.02	1.62	132.37	1.66
0.55	129.73	1.45	134.29	1.50	138.69	1.55	142.96	1.60	147.10	1.64	151.13	1.69	155.06	1.73
0.60	148.81	1.49	154.03	1.55	159.09	1.60	163.98	1.65	168.74	1.69	173.36	1.74	177.86	1.79
0.65	167.54	1.53	173.42	1.58	179.11	1.64	184.62	1.69	189.97	1.74	195.18	1.78	200.25	1.83
0.70	185.45	1.56	191.96	1.61	198.25	1.67	204.35	1.72	210.28	1.77	216.04	1.82	221.65	1.86
0.75	201.98	1.58	209.07	1.63	215.92	1.69	222.57	1.74	229.02	1.79	235.30	1.84	241.41	1.89
0.80	216.51	1.59	224.11	1.64	231.46	1.70	238.58	1.75	245.50	1.80	252.22	1.85	258.78	1.90
0.85	228.24	1.58	236.25	1.64	244.00	1.69	251.51	1.75	258.80	1.80	265.89	1.85	272.80	1.89
0.90	236.07	1.57	244.36	1.62	252.37	1.67	260.14	1.73	267.68	1.78	275.02	1.82	282.16	1.87
0.95	238.00	1.52	246.36	1.58	254.44	1.63	262.27	1.68	269.87	1.73	277.27	1.78	284.47	1.82
1.00	221.50	1.39	229.27	1.44	236.79	1.49	244.08	1.53	251.16	1.58	258.04	1.62	264.74	1.66

														D = 450mm		

	i（‰）														
h/D	11		12		13		14		15		16		17	
	Q	v	Q	v	Q	v	Q	v	Q	v	Q	v	Q	v
0.10	5.80	0.70	6.05	0.73	6.30	0.76	6.54	0.79	6.77	0.82	6.99	0.84	7.21	0.87
0.15	13.50	0.90	14.10	0.94	14.67	0.98	15.23	1.02	15.76	1.05	16.28	1.09	16.78	1.12
0.20	24.31	1.07	25.40	1.12	26.43	1.17	27.43	1.21	28.39	1.25	29.32	1.30	30.23	1.33
0.25	38.03	1.22	39.73	1.28	41.35	1.33	42.91	1.38	44.41	1.43	45.87	1.48	47.28	1.52
0.30	54.38	1.36	56.79	1.42	59.11	1.47	61.34	1.53	63.50	1.58	65.58	1.63	67.60	1.68
0.35	73.01	1.47	76.25	1.54	79.37	1.60	82.36	1.66	85.25	1.72	88.05	1.77	90.76	1.83
0.40	93.57	1.58	97.73	1.65	101.72	1.71	105.56	1.78	109.27	1.84	112.85	1.90	116.32	1.96
0.45	115.66	1.67	120.80	1.74	125.73	1.81	130.48	1.88	135.06	1.95	139.49	2.01	143.78	2.07
0.50	138.83	1.75	145.00	1.82	150.92	1.90	156.62	1.97	162.12	2.04	167.44	2.11	172.59	2.17
0.55	162.63	1.81	169.86	1.90	176.80	1.97	183.47	2.05	189.91	2.12	196.14	2.19	202.17	2.26
0.60	186.54	1.87	194.84	1.96	202.80	2.04	210.45	2.11	217.84	2.19	224.98	2.26	231.90	2.33
0.65	210.02	1.92	219.36	2.00	228.32	2.09	236.94	2.17	245.26	2.24	253.30	2.31	261.10	2.39
0.70	232.47	1.95	242.81	2.04	252.72	2.13	262.26	2.21	271.47	2.28	280.37	2.36	289.00	2.43
0.75	253.19	1.98	264.45	2.07	275.25	2.15	285.64	2.23	295.67	2.31	305.36	2.39	314.76	2.46
0.80	271.41	1.99	283.48	2.08	295.05	2.16	306.19	2.24	316.93	2.32	327.33	2.40	337.40	2.47
0.85	286.11	1.99	298.84	2.07	311.04	2.16	322.78	2.24	334.11	2.32	345.07	2.39	355.69	2.47
0.90	295.93	1.96	309.09	2.05	321.71	2.13	333.86	2.21	345.57	2.29	356.91	2.37	367.89	2.44
0.95	298.35	1.91	311.62	2.00	324.34	2.08	336.59	2.16	348.40	2.23	359.83	2.31	370.90	2.38
1.00	277.66	1.75	290.01	1.82	301.85	1.90	313.25	1.97	324.24	2.04	334.87	2.11	345.18	2.17

							$D=450\text{mm}$							

h/D	\multicolumn{14}{c|}{i（‰）}

h/D	18		19		20		25		30		40		50	
	Q	v	Q	v	Q	v	Q	v	Q	v	Q	v	Q	v
0.10	7.42	0.90	7.62	0.92	7.82	0.94	8.74	1.06	9.57	1.16	11.05	1.34	12.36	1.49
0.15	17.27	1.15	17.74	1.19	18.20	1.22	20.35	1.36	22.29	1.49	25.74	1.72	28.78	1.92
0.20	31.10	1.37	31.96	1.41	32.79	1.45	36.66	1.62	40.15	1.77	46.37	2.05	51.84	2.29
0.25	48.65	1.56	49.99	1.61	51.28	1.65	57.34	1.84	62.81	2.02	72.53	2.33	81.09	2.61
0.30	69.56	1.73	71.46	1.78	73.32	1.83	81.97	2.04	89.80	2.24	103.69	2.58	115.93	2.89
0.35	93.39	1.88	95.95	1.93	98.44	1.98	110.06	2.22	120.57	2.43	139.22	2.81	155.65	3.14
0.40	119.69	2.01	122.97	2.07	126.17	2.12	141.06	2.37	154.52	2.60	178.43	3.00	199.49	3.36
0.45	147.95	2.13	152.00	2.19	155.95	2.25	174.36	2.51	191.00	2.75	220.54	3.18	246.58	3.56
0.50	177.59	2.23	182.46	2.29	187.20	2.35	209.29	2.63	229.27	2.88	264.74	3.33	295.99	3.72
0.55	208.04	2.32	213.74	2.38	219.29	2.45	245.17	2.74	268.58	3.00	310.12	3.46	346.73	3.87
0.60	238.63	2.40	245.17	2.46	251.54	2.52	281.23	2.82	308.07	3.09	355.72	3.57	397.71	3.99
0.65	268.66	2.46	276.03	2.52	283.20	2.59	316.62	2.89	346.84	3.17	400.50	3.66	447.77	4.09
0.70	297.38	2.50	305.52	2.57	313.46	2.64	350.46	2.95	383.97	3.23	443.30	3.73	495.63	4.17
0.75	323.89	2.53	332.76	2.60	341.41	2.67	381.70	2.98	418.14	3.27	482.82	3.77	539.81	4.22
0.80	347.18	2.55	356.70	2.62	365.96	2.68	409.16	3.00	448.21	3.29	517.55	3.79	578.64	4.24
0.85	366.00	2.54	376.03	2.61	385.80	2.68	431.33	2.99	472.50	3.28	545.60	3.79	610.00	4.23
0.90	378.56	2.51	388.93	2.58	399.04	2.65	446.14	2.96	488.71	3.24	564.32	3.74	630.93	4.18
0.95	381.65	2.45	392.11	2.51	402.30	2.58	449.78	2.88	492.71	3.16	568.93	3.65	636.09	4.08
1.00	355.19	2.23	364.92	2.29	374.40	2.35	418.59	2.63	458.54	2.88	529.48	3.33	591.98	3.72

							$D=500\text{mm}$							

h/D	\multicolumn{14}{c|}{i（‰）}

h/D	1.0		1.1		1.2		1.3		1.4		1.5		1.6	
	Q	v	Q	v	Q	v	Q	v	Q	v	Q	v	Q	v
0.10	2.31	0.23	2.43	0.24	2.54	0.25	2.64	0.26	2.74	0.27	2.84	0.28	2.93	0.29
0.15	5.39	0.29	5.65	0.31	5.90	0.32	6.15	0.33	6.38	0.35	6.60	0.36	6.82	0.37
0.20	9.71	0.35	10.18	0.36	10.64	0.38	11.07	0.40	11.49	0.41	11.89	0.43	12.28	0.44
0.25	15.19	0.40	15.93	0.41	16.64	0.43	17.32	0.45	17.97	0.47	18.60	0.48	19.21	0.50
0.30	21.71	0.44	22.77	0.46	23.79	0.48	24.76	0.50	25.69	0.52	26.59	0.54	27.47	0.55
0.35	29.15	0.48	30.58	0.50	31.94	0.52	33.24	0.54	34.50	0.56	35.71	0.58	36.88	0.60
0.40	37.36	0.51	39.19	0.53	40.93	0.56	42.60	0.58	44.21	0.60	45.76	0.62	47.26	0.64
0.45	46.18	0.54	48.44	0.57	50.59	0.59	52.66	0.61	54.65	0.64	56.56	0.66	58.42	0.68
0.50	55.44	0.56	58.14	0.59	60.73	0.62	63.21	0.64	65.60	0.67	67.90	0.69	70.12	0.71
0.55	64.94	0.59	68.11	0.62	71.14	0.64	74.04	0.67	76.84	0.69	79.54	0.72	82.15	0.74
0.60	74.49	0.61	78.13	0.64	81.60	0.66	84.93	0.69	88.14	0.72	91.23	0.74	94.22	0.77
0.65	83.87	0.62	87.96	0.65	91.87	0.68	95.62	0.71	99.23	0.73	102.72	0.76	106.09	0.79
0.70	92.83	0.63	97.36	0.66	101.69	0.69	105.84	0.72	109.84	0.75	113.69	0.77	117.42	0.80
0.75	101.11	0.64	106.04	0.67	110.76	0.70	115.28	0.73	119.63	0.76	123.83	0.78	127.89	0.81
0.80	108.38	0.64	113.67	0.68	118.72	0.71	123.57	0.73	128.24	0.76	132.74	0.79	137.09	0.81
0.85	114.25	0.64	119.83	0.67	125.16	0.70	130.27	0.73	135.18	0.76	139.93	0.79	144.52	0.81
0.90	118.17	0.63	123.94	0.67	129.45	0.70	134.74	0.72	139.82	0.75	144.73	0.78	149.48	0.80
0.95	119.14	0.62	124.95	0.65	130.51	0.68	135.84	0.71	140.97	0.73	145.91	0.76	150.70	0.78
1.00	110.88	0.56	116.29	0.59	121.46	0.62	126.42	0.64	131.19	0.67	135.80	0.69	140.25	0.71

							$D=500\text{mm}$								
							i（‰）								
h/D	1.7		1.8		1.9		2.0		2.1		2.2		2.3	
	Q	v	Q	v	Q	v	Q	v	Q	v	Q	v	Q	v
0.10	3.02	0.30	3.11	0.30	3.19	0.31	3.27	0.32	3.35	0.33	3.43	0.34	3.51	0.34
0.15	7.03	0.38	7.23	0.39	7.43	0.40	7.62	0.41	7.81	0.42	7.99	0.43	8.17	0.44
0.20	12.66	0.45	13.03	0.47	13.38	0.48	13.73	0.49	14.07	0.50	14.40	0.52	14.73	0.53
0.25	19.80	0.52	20.38	0.53	20.93	0.55	21.48	0.56	22.01	0.57	22.53	0.59	23.03	0.60
0.30	28.31	0.57	29.13	0.59	29.93	0.60	30.71	0.62	31.47	0.64	32.21	0.65	32.93	0.66
0.35	38.01	0.62	39.11	0.64	40.19	0.66	41.23	0.67	42.25	0.69	43.24	0.71	44.21	0.72
0.40	48.72	0.66	50.13	0.68	51.50	0.70	52.84	0.72	54.15	0.74	55.42	0.76	56.67	0.77
0.45	60.22	0.70	61.96	0.72	63.66	0.74	65.31	0.76	66.93	0.78	68.50	0.80	70.04	0.82
0.50	72.28	0.74	74.38	0.76	76.42	0.78	78.40	0.80	80.34	0.82	82.23	0.84	84.08	0.86
0.55	84.67	0.77	87.13	0.79	89.52	0.81	91.84	0.83	94.11	0.85	96.32	0.87	98.49	0.89
0.60	97.12	0.79	99.94	0.81	102.68	0.83	105.35	0.86	107.95	0.88	110.49	0.90	112.97	0.92
0.65	109.35	0.81	112.52	0.83	115.60	0.86	118.61	0.88	121.54	0.90	124.40	0.92	127.19	0.94
0.70	121.04	0.82	124.54	0.85	127.96	0.87	131.28	0.89	134.52	0.92	137.69	0.94	140.78	0.96
0.75	131.83	0.83	135.65	0.86	139.37	0.88	142.99	0.91	146.52	0.93	149.96	0.95	153.33	0.97
0.80	141.31	0.84	145.41	0.86	149.39	0.89	153.27	0.91	157.06	0.93	160.75	0.95	164.36	0.98
0.85	148.97	0.84	153.29	0.86	157.49	0.89	161.58	0.91	165.57	0.93	169.46	0.95	173.27	0.97
0.90	154.08	0.83	158.55	0.85	162.89	0.88	167.12	0.90	171.25	0.92	175.28	0.94	179.22	0.96
0.95	155.34	0.81	159.84	0.83	164.22	0.85	168.49	0.87	172.65	0.90	176.71	0.92	180.68	0.94
1.00	144.57	0.74	148.76	0.76	152.83	0.78	156.80	0.80	160.68	0.82	164.46	0.84	168.15	0.86

							$D=500\text{mm}$								
							i（‰）								
h/D	2.4		2.5		2.6		2.7		2.8		2.9		3.0	
	Q	v	Q	v	Q	v	Q	v	Q	v	Q	v	Q	v
0.10	3.59	0.35	3.66	0.36	3.73	0.37	3.80	0.37	3.87	0.38	3.94	0.39	4.01	0.39
0.15	8.35	0.45	8.52	0.46	8.69	0.47	8.86	0.48	9.02	0.49	9.18	0.50	9.34	0.51
0.20	15.04	0.54	15.35	0.55	15.66	0.56	15.95	0.57	16.25	0.58	16.53	0.59	16.82	0.60
0.25	23.53	0.61	24.01	0.63	24.49	0.64	24.96	0.65	25.41	0.66	25.86	0.67	26.31	0.69
0.30	33.64	0.68	34.33	0.69	35.01	0.71	35.68	0.72	36.33	0.73	36.98	0.75	37.61	0.76
0.35	45.16	0.74	46.10	0.75	47.01	0.77	47.90	0.78	48.78	0.80	49.65	0.81	50.50	0.82
0.40	57.88	0.79	59.08	0.81	60.25	0.82	61.40	0.84	62.52	0.85	63.63	0.87	64.72	0.88
0.45	71.55	0.83	73.02	0.85	74.47	0.87	75.89	0.89	77.28	0.90	78.65	0.92	79.99	0.93
0.50	85.88	0.87	87.66	0.89	89.39	0.91	91.09	0.93	92.77	0.94	94.41	0.96	96.02	0.98
0.55	100.61	0.91	102.68	0.93	104.72	0.95	106.71	0.96	108.67	0.98	110.59	1.00	112.48	1.02
0.60	115.40	0.94	117.78	0.96	120.11	0.98	122.40	1.00	124.65	1.01	126.85	1.03	129.02	1.05
0.65	129.93	0.96	132.61	0.98	135.23	1.00	137.81	1.02	140.34	1.04	142.82	1.06	145.26	1.08
0.70	143.81	0.98	146.78	1.00	149.68	1.02	152.54	1.04	155.33	1.06	158.08	1.08	160.79	1.10
0.75	156.63	0.99	159.86	1.01	163.03	1.03	166.13	1.05	169.18	1.07	172.18	1.09	175.12	1.11
0.80	167.90	1.00	171.36	1.02	174.76	1.04	178.08	1.06	181.35	1.08	184.56	1.10	187.72	1.11
0.85	177.00	1.00	180.65	1.02	184.23	1.04	187.74	1.06	191.18	1.07	194.56	1.09	197.89	1.11
0.90	183.07	0.98	186.85	1.00	190.55	1.02	194.18	1.04	197.74	1.06	201.24	1.08	204.68	1.10
0.95	184.57	0.96	188.38	0.98	192.11	1.00	195.77	1.02	199.36	1.03	202.89	1.05	206.35	1.07
1.00	171.77	0.87	175.31	0.89	178.78	0.91	182.19	0.93	185.53	0.94	188.82	0.96	192.04	0.98

段段

D = 500mm

h/D	i (‰) 3.1 Q	v	3.2 Q	v	3.3 Q	v	3.4 Q	v	3.5 Q	v	3.6 Q	v	3.7 Q	v
0.10	4.08	0.40	4.14	0.41	4.21	0.41	4.27	0.42	4.33	0.42	4.39	0.43	4.45	0.44
0.15	9.49	0.51	9.64	0.52	9.79	0.53	9.94	0.54	10.08	0.55	10.23	0.55	10.37	0.56
0.20	17.10	0.61	17.37	0.62	17.64	0.63	17.90	0.64	18.16	0.65	18.42	0.66	18.68	0.67
0.25	26.74	0.70	27.17	0.71	27.59	0.72	28.00	0.73	28.41	0.74	28.82	0.75	29.21	0.76
0.30	38.23	0.77	38.84	0.78	39.44	0.80	40.04	0.81	40.62	0.82	41.20	0.83	41.77	0.84
0.35	51.33	0.84	52.15	0.85	52.96	0.86	53.76	0.88	54.54	0.89	55.32	0.90	56.08	0.92
0.40	65.79	0.90	66.84	0.91	67.88	0.93	68.90	0.94	69.90	0.95	70.89	0.97	71.87	0.98
0:45	81.31	0.95	82.62	0.96	83.90	0.98	85.16	0.99	86.40	1.01	87.63	1.02	88.84	1.04
0.50	97.61	0.99	99.17	1.01	100.71	1.03	102.22	1.04	103.71	1.06	105.19	1.07	106.64	1.09
0.55	114.34	1.03	116.17	1.05	117.97	1.07	119.75	1.08	121.49	1.10	123.22	1.11	124.92	1.13
0.60	131.16	1.07	133.25	1.08	135.32	1.10	137.36	1.12	139.36	1.13	141.34	1.15	143.29	1.16
0.65	147.66	1.09	150.03	1.11	152.35	1.13	154.64	1.14	156.90	1.16	159.13	1.18	161.32	1.19
0.70	163.44	1.11	166.06	1.13	168.63	1.15	171.17	1.17	173.67	1.18	176.13	1.20	178.56	1.22
0.75	178.02	1.13	180.86	1.14	183.67	1.16	186.43	1.18	189.15	1.20	191.84	1.21	194.48	1.23
0.80	190.82	1.13	193.87	1.15	196.88	1.17	199.84	1.19	202.76	1.20	205.63	1.22	208.47	1.24
0.85	201.16	1.13	204.38	1.15	207.55	1.17	210.67	1.18	213.75	1.20	216.78	1.22	219.77	1.24
0.90	208.06	1.12	211.39	1.14	214.67	1.15	217.90	1.17	221.08	1.19	224.22	1.20	227.31	1.22
0.95	209.77	1.09	213.12	1.11	216.43	1.12	219.68	1.14	222.89	1.16	226.05	1.17	229.17	1.19
1.00	195.22	0.99	198.34	1.01	201.42	1.03	204.45	1.04	207.43	1.06	210.37	1.07	213.28	1.09

D = 500mm

h/D	i (‰) 3.8 Q	v	3.9 Q	v	4.0 Q	v	4.1 Q	v	4.2 Q	v	4.3 Q	v	4.4 Q	v
0.10	4.51	0.44	4.57	0.45	4.63	0.45	4.69	0.46	4.74	0.46	4.80	0.47	4.86	0.48
0.15	10.51	0.57	10.64	0.58	10.78	0.58	10.91	0.59	11.05	0.60	11.18	0.61	11.31	0.61
0.20	18.93	0.68	19.17	0.69	19.42	0.69	19.66	0.70	19.90	0.71	20.13	0.72	20.37	0.73
0.25	29.61	0.77	29.99	0.78	30.38	0.79	30.75	0.80	31.13	0.81	31.49	0.82	31.86	0.83
0.30	42.33	0.85	42.88	0.87	43.43	0.88	43.97	0.89	44.50	0.90	45.03	0.91	45.55	0.92
0.35	56.83	0.93	57.57	0.94	58.31	0.95	59.03	0.96	59.75	0.98	60.45	0.99	61.15	1.00
0.40	72.84	0.99	73.79	1.01	74.73	1.02	75.66	1.03	76.57	1.04	77.48	1.06	78.38	1.07
0.45	90.03	1.05	91.21	1.06	92.37	1.08	93.51	1.09	94.65	1.10	95.77	1.12	96.88	1.13
0.50	108.07	1.10	109.48	1.12	110.88	1.13	112.25	1.14	113.61	1.16	114.96	1.17	116.29	1.18
0.55	126.59	1.14	128.25	1.16	129.88	1.17	131.50	1.19	133.09	1.20	134.67	1.22	136.22	1.23
0.60	145.21	1.18	147.11	1.20	148.98	1.21	150.83	1.23	152.66	1.24	154.47	1.26	156.25	1.27
0.65	163.49	1.21	165.63	1.23	167.74	1.24	169.82	1.26	171.88	1.27	173.91	1.29	175.92	1.30
0.70	180.96	1.23	183.33	1.25	185.66	1.26	187.97	1.28	190.25	1.30	192.50	1.31	194.72	1.33
0.75	197.09	1.25	199.67	1.26	202.21	1.28	204.72	1.30	207.21	1.31	209.66	1.33	212.08	1.34
0.80	211.27	1.25	214.03	1.27	216.76	1.29	219.45	1.30	222.11	1.32	224.74	1.33	227.34	1.35
0.85	222.72	1.25	225.63	1.27	228.50	1.28	231.34	1.30	234.15	1.32	236.92	1.33	239.66	1.35
0.90	230.36	1.24	233.37	1.25	236.34	1.27	239.28	1.29	242.18	1.30	245.05	1.32	247.88	1.33
0.95	232.24	1.21	235.28	1.22	238.28	1.24	241.24	1.25	244.16	1.27	247.05	1.28	249.91	1.30
1.00	216.14	1.10	218.96	1.12	221.75	1.13	224.51	1.14	227.23	1.16	229.92	1.17	232.58	1.18

D = 500mm

h/D	i (‰)												
	4.5		4.6		4.7		4.8		4.9		5.0		5.5	
	Q	v	Q	v	Q	v	Q	v	Q	v	Q	v	Q	v
0.10	4.91	0.48	4.96	0.49	5.02	0.49	5.07	0.50	5.12	0.50	5.18	0.51	5.43	0.53
0.15	11.43	0.62	11.56	0.63	11.68	0.63	11.81	0.64	11.93	0.65	12.05	0.65	12.64	0.68
0.20	20.60	0.74	20.82	0.74	21.05	0.75	21.27	0.76	21.49	0.77	21.71	0.78	22.77	0.81
0.25	32.22	0.84	32.57	0.85	32.93	0.86	33.27	0.87	33.62	0.88	33.96	0.88	35.62	0.93
0.30	46.06	0.93	46.57	0.94	47.07	0.95	47.57	0.96	48.06	0.97	48.55	0.98	50.92	1.03
0.35	61.84	1.01	62.53	1.02	63.20	1.03	63.87	1.04	64.53	1.05	65.19	1.06	68.37	1.12
0.40	79.26	1.08	80.14	1.09	81.00	1.10	81.86	1.12	82.71	1.13	83.55	1.14	87.63	1.19
0.45	97.97	1.14	99.05	1.16	100.12	1.17	101.18	1.18	102.23	1.19	103.27	1.21	108.31	1.26
0.50	117.60	1.20	118.90	1.21	120.19	1.22	121.46	1.24	122.72	1.25	123.96	1.26	130.01	1.32
0.55	137.76	1.24	139.28	1.26	140.79	1.27	142.28	1.29	143.75	1.30	145.21	1.31	152.30	1.38
0.60	158.02	1.28	159.77	1.30	161.49	1.31	163.20	1.33	164.89	1.34	166.57	1.35	174.70	1.42
0.65	177.91	1.32	179.88	1.33	181.82	1.35	183.74	1.36	185.65	1.37	187.53	1.39	196.69	1.46
0.70	196.92	1.34	199.10	1.36	201.25	1.37	203.38	1.39	205.49	1.40	207.57	1.41	217.71	1.48
0.75	214.48	1.36	216.85	1.37	219.19	1.39	221.51	1.40	223.81	1.42	226.08	1.43	237.11	1.50
0.80	229.91	1.37	232.45	1.38	234.96	1.40	237.45	1.41	239.91	1.42	242.34	1.44	254.17	1.51
0.85	242.37	1.36	245.04	1.38	247.69	1.39	250.31	1.41	252.91	1.42	255.48	1.44	267.94	1.51
0.90	250.68	1.35	253.45	1.36	256.19	1.38	258.90	1.39	261.59	1.41	264.24	1.42	277.14	1.49
0.95	252.73	1.31	255.52	1.33	258.29	1.34	261.02	1.35	263.73	1.37	266.40	1.38	279.41	1.45
1.00	235.21	1.20	237.81	1.21	240.38	1.22	242.92	1.24	245.44	1.25	247.93	1.26	260.03	1.32

D = 500mm

h/D	i (‰)												
	6.0		6.5		7.0		7.5		8.0		8.5		9.0	
	Q	v	Q	v	Q	v	Q	v	Q	v	Q	v	Q	v
0.10	5.67	0.55	5.90	0.58	6.12	0.60	6.34	0.62	6.55	0.64	6.75	0.66	6.94	0.68
0.15	13.20	0.71	13.74	0.74	14.26	0.77	14.76	0.80	15.24	0.83	15.71	0.85	16.17	0.88
0.20	23.78	0.85	24.75	0.89	25.69	0.92	26.59	0.95	27.46	0.98	28.31	1.01	29.13	1.04
0.25	37.20	0.97	38.72	1.01	40.18	1.05	41.59	1.08	42.96	1.12	44.28	1.15	45.56	1.19
0.30	53.19	1.07	55.36	1.12	57.45	1.16	59.46	1.20	61.41	1.24	63.30	1.28	65.14	1.31
0.35	71.41	1.17	74.33	1.21	77.13	1.26	79.84	1.30	82.46	1.35	85.00	1.39	87.46	1.43
0.40	91.52	1.25	95.26	1.30	98.86	1.35	102.33	1.40	105.68	1.44	108.93	1.49	112.09	1.53
0.45	113.13	1.32	117.75	1.37	122.19	1.43	126.48	1.48	130.63	1.52	134.65	1.57	138.55	1.62
0.50	135.79	1.38	141.34	1.44	146.68	1.49	151.82	1.55	156.80	1.60	161.63	1.65	166.31	1.69
0.55	159.07	1.44	165.57	1.50	171.82	1.55	177.85	1.61	183.68	1.66	189.34	1.71	194.82	1.76
0.60	182.47	1.48	189.92	1.54	197.09	1.60	204.00	1.66	210.69	1.71	217.18	1.77	223.47	1.82
0.65	205.43	1.52	213.82	1.58	221.89	1.64	229.68	1.70	237.21	1.76	244.51	1.81	251.60	1.86
0.70	227.39	1.55	236.67	1.61	245.61	1.67	254.23	1.73	262.56	1.79	270.64	1.84	278.49	1.90
0.75	247.66	1.57	257.77	1.63	267.50	1.69	276.89	1.75	285.97	1.81	294.77	1.87	303.32	1.92
0.80	265.47	1.58	276.31	1.64	286.74	1.70	296.81	1.76	306.54	1.82	315.98	1.88	325.14	1.93
0.85	279.86	1.57	291.29	1.64	302.28	1.70	312.89	1.76	323.15	1.82	333.10	1.87	342.76	1.93
0.90	289.46	1.56	301.28	1.62	312.66	1.68	323.63	1.74	334.24	1.80	344.53	1.85	354.52	1.90
0.95	291.83	1.51	303.75	1.58	315.21	1.64	326.28	1.69	336.98	1.75	347.35	1.80	357.42	1.85
1.00	271.59	1.38	282.68	1.44	293.35	1.49	303.65	1.55	313.61	1.60	323.26	1.65	332.63	1.69

	$D=500\text{mm}$													
	i（‰)													
h/D	9.5		10		11		12		13		14		15	
	Q	v	Q	v	Q	v	Q	v	Q	v	Q	v	Q	v
0.10	7.13	0.70	7.32	0.72	7.68	0.75	8.02	0.78	8.35	0.82	8.66	0.85	8.97	0.88
0.15	16.61	0.90	17.04	0.92	17.88	0.97	18.67	1.01	19.43	1.05	20.17	1.09	20.87	1.13
0.20	29.93	1.07	30.70	1.10	32.20	1.15	33.63	1.20	35.01	1.25	36.33	1.30	37.60	1.35
0.25	46.81	1.22	48.03	1.25	50.37	1.31	52.61	1.37	54.76	1.43	56.83	1.48	58.82	1.53
0.30	66.92	1.35	68.66	1.39	72.01	1.45	75.22	1.52	78.29	1.58	81.24	1.64	84.09	1.70
0.35	89.86	1.47	92.19	1.51	96.69	1.58	100.99	1.65	105.12	1.72	109.08	1.78	112.91	1.84
0.40	115.16	1.57	118.16	1.61	123.92	1.69	129.43	1.76	134.72	1.84	139.80	1.91	144.71	1.97
0.45	142.35	1.66	146.05	1.70	153.17	1.79	159.99	1.87	166.52	1.94	172.80	2.02	178.87	2.09
0.50	170.87	1.74	175.31	1.79	183.87	1.87	192.04	1.96	199.88	2.04	207.43	2.11	214.71	2.19
0.55	200.16	1.81	205.36	1.86	215.39	1.95	224.96	2.03	234.15	2.12	242.99	2.02	251.52	2.27
0.60	229.60	1.87	235.56	1.92	247.06	2.01	258.05	2.10	268.58	2.18	278.72	2.27	288.50	2.35
0.65	258.50	1.91	265.21	1.96	278.16	2.06	290.53	2.15	302.39	2.24	313.80	2.32	324.82	2.40
0.70	286.12	1.95	293.55	2.00	307.88	2.10	321.57	2.19	334.70	2.28	347.34	2.37	359.53	2.45
0.75	311.63	1.97	319.73	2.02	335.33	2.12	350.24	2.22	364.54	2.31	378.30	2.39	391.58	2.48
0.80	334.05	1.98	342.72	2.04	359.45	2.13	375.44	2.23	390.77	2.32	405.52	2.41	419.75	2.49
0.85	352.15	1.98	361.30	2.03	378.93	2.13	395.78	2.22	411.94	2.32	427.49	2.40	442.50	2.49
0.90	364.23	1.96	373.69	2.01	391.93	2.11	409.36	2.20	426.08	2.29	442.16	2.38	457.68	2.46
0.95	367.21	1.91	376.75	1.96	395.14	2.05	412.71	2.14	429.56	2.23	445.78	2.31	461.42	2.39
1.00	341.75	1.74	350.62	1.79	367.74	1.87	384.09	1.96	399.77	2.04	414.86	2.11	429.43	2.19

	$D=500\text{mm}$													
	i（‰)													
h/D	16		17		18		19		20		25		30	
	Q	v	Q	v	Q	v	Q	v	Q	v	Q	v	Q	v
0.10	9.26	0.91	9.54	0.93	9.82	0.96	10.09	0.99	10.35	1.01	11.57	1.13	12.68	1.24
0.15	21.56	1.17	22.22	1.20	22.87	1.24	23.49	1.27	24.10	1.31	26.95	1.46	29.52	1.60
0.20	38.84	1.39	40.03	1.43	41.19	1.47	42.32	1.51	43.42	1.55	48.55	1.74	53.18	1.90
0.25	60.75	1.58	62.62	1.63	64.44	1.68	66.20	1.72	67.92	1.77	75.94	1.98	83.19	2.17
0.30	86.85	1.75	89.53	1.81	92.12	1.86	94.65	1.91	97.10	1.96	108.57	2.19	118.93	2.40
0.35	116.61	1.90	120.20	1.96	123.69	2.02	127.08	2.07	130.38	2.13	145.77	2.38	159.69	2.61
0.40	149.46	2.04	154.06	2.10	158.52	2.16	162.87	2.22	167.10	2.28	186.82	2.55	204.65	2.79
0.45	184.73	2.16	190.42	2.22	195.94	2.29	201.31	2.35	206.54	2.41	230.92	2.69	252.96	2.95
0.50	221.75	2.26	228.58	2.33	235.20	2.40	241.65	2.46	247.93	2.53	277.19	2.82	303.65	3.09
0.55	259.77	2.35	267.76	2.42	275.52	2.49	283.07	2.56	290.43	2.62	324.71	2.93	355.70	3.21
0.60	297.97	2.42	307.14	2.50	316.04	2.57	324.70	2.64	333.14	2.71	372.46	3.03	408.00	3.32
0.65	335.47	2.48	345.79	2.56	355.82	2.63	365.57	2.71	375.07	2.78	419.34	3.10	459.36	3.40
0.70	371.32	2.53	382.75	2.61	393.85	2.68	404.64	2.76	415.15	2.83	464.15	3.16	508.45	3.46
0.75	404.42	2.56	416.87	2.64	428.96	2.72	440.71	2.79	452.16	2.86	505.53	3.20	553.78	3.51
0.80	433.52	2.57	446.86	2.65	459.81	2.73	472.41	2.81	484.68	2.88	541.89	3.22	593.61	3.53
0.85	457.01	2.57	471.07	2.65	484.73	2.73	498.01	2.80	510.95	2.87	571.26	3.21	625.78	3.52
0.90	472.69	2.54	487.24	2.62	501.36	2.69	515.10	2.77	528.48	2.84	590.86	3.17	647.25	3.48
0.95	476.56	2.47	491.22	2.55	505.46	2.62	519.32	2.70	532.81	2.77	595.70	3.09	652.55	3.39
1.00	443.51	2.26	457.16	2.33	470.41	2.40	483.30	2.46	495.86	2.53	554.39	2.82	607.29	3.09

$D = 550\text{mm}$

h/D	i (‰) 0.9		1.0		1.1		1.2		1.3		1.4		1.5	
	Q	v	Q	v	Q	v	Q	v	Q	v	Q	v	Q	v
0.10	2.83	0.23	2.98	0.24	3.13	0.25	3.27	0.26	3.40	0.28	3.53	0.29	3.66	0.30
0.15	6.59	0.30	6.95	0.31	7.29	0.33	7.61	0.34	7.92	0.35	8.22	0.37	8.51	0.38
0.20	11.88	0.35	12.52	0.37	13.13	0.39	13.71	0.41	14.27	0.42	14.81	0.44	15.33	0.45
0.25	18.58	0.40	19.58	0.42	20.54	0.44	21.45	0.46	22.33	0.48	23.17	0.50	23.98	0.52
0.30	26.56	0.44	28.00	0.47	29.36	0.49	30.67	0.51	31.52	0.53	33.13	0.55	34.29	0.57
0.35	35.66	0.48	37.59	0.51	39.42	0.53	41.18	0.56	42.86	0.58	44.48	0.60	46.04	0.62
0.40	45.70	0.52	48.18	0.54	50.53	0.57	52.78	0.59	54.93	0.62	57.00	0.64	59.00	0.66
0.45	56.49	0.54	59.55	0.57	62.45	0.60	65.23	0.63	67.90	0.65	70.46	0.68	72.93	0.70
0.50	67.81	0.57	71.48	0.60	74.97	0.63	78.30	0.66	81.50	0.69	84.58	0.71	87.55	0.74
0.55	79.44	0.59	83.73	0.63	87.82	0.66	91.73	0.69	95.47	0.71	99.08	0.74	102.55	0.77
0.60	91.12	0.61	96.05	0.65	100.74	0.68	105.21	0.71	109.51	0.74	113.64	0.76	117.63	0.79
0.65	102.59	0.63	108.14	0.66	113.42	0.69	118.46	0.72	123.30	0.75	127.95	0.78	132.44	0.81
0.70	113.55	0.64	119.69	0.67	125.54	0.71	131.12	0.74	136.47	0.77	141.62	0.80	146.59	0.83
0.75	123.67	0.65	130.36	0.68	136.73	0.72	142.81	0.75	148.64	0.78	154.25	0.81	159.66	0.84
0.80	132.57	0.65	139.74	0.69	146.56	0.72	153.08	0.75	159.33	0.78	165.34	0.81	171.15	0.84
0.85	139.75	0.65	147.31	0.68	154.50	0.72	161.37	0.75	167.96	0.78	174.30	0.81	180.42	0.84
0.90	144.55	0.64	152.37	0.68	159.81	0.71	166.91	0.74	173.73	0.77	180.29	0.80	186.61	0.83
0.95	145.73	0.63	153.62	0.66	161.11	0.69	168.28	0.72	175.15	0.75	181.76	0.78	188.14	0.81
1.00	135.63	0.57	142.96	0.60	149.94	0.63	156.61	0.66	163.00	0.69	169.16	0.71	175.09	0.74

$D = 550\text{mm}$

h/D	i (‰) 1.6		1.7		1.8		1.9		2.0		2.1		2.2	
	Q	v	Q	v	Q	v	Q	v	Q	v	Q	v	Q	v
0.10	3.78	0.31	3.89	0.31	4.00	0.32	4.11	0.33	4.22	0.34	4.33	0.35	4.43	0.36
0.15	8.79	0.39	9.06	0.41	9.32	0.42	9.58	0.43	9.83	0.44	10.07	0.45	10.31	0.46
0.20	15.84	0.47	16.32	0.48	16.80	0.50	17.26	0.51	17.70	0.52	18.14	0.54	18.57	0.55
0.25	24.77	0.53	25.53	0.55	26.27	0.57	26.99	0.58	27.69	0.60	28.38	0.61	29.05	0.63
0.30	35.41	0.59	36.50	0.61	37.56	0.63	38.59	0.64	39.59	0.66	40.57	0.68	41.53	0.69
0.35	47.55	0.64	49.01	0.66	50.43	0.68	51.81	0.70	53.16	0.72	54.47	0.74	55.76	0.75
0.40	60.94	0.69	62.81	0.71	64.64	0.73	66.41	0.75	68.13	0.77	69.81	0.79	71.46	0.81
0.45	75.32	0.73	77.64	0.75	79.89	0.77	82.08	0.79	84.21	0.81	86.29	0.83	88.32	0.85
0.50	90.42	0.76	93.20	0.78	95.90	0.81	98.53	0.83	101.09	0.85	103.59	0.87	106.02	0.89
0.55	105.92	0.79	109.18	0.82	112.34	0.84	115.42	0.86	118.42	0.88	121.34	0.91	124.20	0.93
0.60	121.49	0.82	125.23	0.84	128.86	0.87	132.39	0.89	135.83	0.91	139.19	0.94	142.46	0.96
0.65	136.78	0.84	140.99	0.86	145.08	0.89	149.06	0.91	152.93	0.94	156.71	0.96	160.39	0.98
0.70	151.40	0.85	156.06	0.88	160.59	0.90	164.99	0.93	169.27	0.95	173.45	0.98	177.53	1.00
0.75	164.90	0.86	169.97	0.89	174.90	0.92	179.69	0.94	184.36	0.96	188.92	0.99	193.36	1.01
0.80	176.76	0.87	182.20	0.89	187.48	0.92	192.62	0.95	197.62	0.97	202.50	0.99	207.27	1.02
0.85	186.34	0.87	192.07	0.89	197.64	0.92	203.06	0.94	208.33	0.97	213.48	0.99	218.50	1.02
0.90	192.73	0.86	198.66	0.88	204.42	0.91	210.03	0.93	215.48	0.96	220.80	0.98	226.00	1.00
0.95	194.31	0.83	200.29	0.88	206.10	0.88	211.74	0.91	217.24	0.93	222.61	0.95	227.85	0.98
1.00	180.84	0.76	186.40	0.78	191.80	0.81	197.06	0.83	202.18	0.85	207.17	0.87	212.05	0.89

D = 550mm

h/D	2.3		2.4		2.5		2.6		2.7		2.8		2.9	
	Q	v	Q	v	Q	v	Q	v	Q	v	Q	v	Q	v
0.10	4.53	0.37	4.62	0.37	4.72	0.38	4.81	0.39	4.90	0.40	4.99	0.40	5.08	0.41
0.15	10.54	0.47	10.77	0.48	10.99	0.49	11.21	0.50	11.42	0.51	11.63	0.52	11.83	0.53
0.20	18.99	0.56	19.39	0.57	19.79	0.59	20.19	0.60	20.57	0.61	20.96	0.62	21.32	0.63
0.25	29.70	0.64	30.34	0.65	30.96	0.67	31.58	0.68	32.18	0.69	32.77	0.71	33.35	0.72
0.30	42.46	0.71	43.37	0.72	44.27	0.74	45.14	0.75	46.00	0.77	46.85	0.78	47.68	0.80
0.35	57.01	0.77	58.23	0.79	59.44	0.80	60.61	0.82	61.77	0.83	62.90	0.85	64.01	0.86
0.40	73.06	0.82	74.64	0.84	76.17	0.86	77.68	0.88	79.16	0.89	80.62	0.91	82.04	0.92
0.45	90.31	0.87	92.25	0.89	94.15	0.91	96.02	0.93	97.85	0.94	99.64	0.96	101.41	0.98
0.50	108.41	0.91	110.74	0.93	113.02	0.95	115.26	0.97	117.45	0.99	119.61	1.01	121.73	1.02
0.55	126.99	0.95	129.72	0.97	132.40	0.99	135.02	1.01	137.59	1.03	140.11	1.05	142.59	1.07
0.60	145.66	0.98	148.80	1.00	151.86	1.02	154.87	1.04	157.82	1.06	160.72	1.08	163.56	1.10
0.65	164.00	1.00	167.53	1.02	170.98	1.05	174.37	1.07	177.69	1.09	180.95	1.11	184.15	1.13
0.70	181.52	1.02	185.43	1.04	189.25	1.07	193.00	1.08	196.68	1.11	200.29	1.13	203.83	1.15
0.75	197.71	1.03	201.96	1.06	206.12	1.08	210.21	1.10	214.21	1.12	218.14	1.14	222.00	1.16
0.80	211.93	1.04	216.49	1.06	220.95	1.08	225.33	1.11	229.62	1.13	233.83	1.15	237.97	1.17
0.85	223.41	1.04	228.22	1.06	232.92	1.08	237.54	1.10	242.06	1.12	246.50	1.15	250.87	1.17
0.90	231.08	1.03	236.05	1.05	240.92	1.07	245.69	1.09	250.37	1.11	254.96	1.13	259.48	1.15
0.95	232.97	1.00	237.98	1.02	242.89	1.04	247.70	1.06	252.42	1.08	257.05	1.10	261.60	1.12
1.00	216.81	0.91	221.48	0.93	226.04	0.95	230.52	0.97	234.91	0.99	239.22	1.01	243.46	1.02

D = 550mm

h/D	3.0		3.1		3.2		3.3		3.4		3.5		3.6	
	Q	v	Q	v	Q	v	Q	v	Q	v	Q	v	Q	v
0.10	5.17	0.42	5.26	0.43	5.34	0.43	5.42	0.44	5.50	0.45	5.58	0.45	5.66	0.46
0.15	12.04	0.54	12.24	0.55	12.43	0.56	12.62	0.56	12.81	0.57	13.00	0.58	13.19	0.59
0.20	21.68	0.64	22.04	0.65	22.39	0.66	22.74	0.67	23.08	0.68	23.42	0.69	23.75	0.70
0.25	33.92	0.73	34.48	0.74	35.03	0.75	35.57	0.77	36.11	0.78	36.64	0.78	37.16	0.80
0.30	48.49	0.81	49.29	0.82	50.08	0.84	50.86	0.85	51.62	0.86	52.38	0.87	53.12	0.89
0.35	65.11	0.88	66.18	0.89	67.24	0.91	68.29	0.92	69.31	0.94	70.32	0.95	71.32	0.96
0.40	83.44	0.94	84.82	0.96	86.18	0.97	87.52	0.99	88.83	1.00	90.13	1.02	91.41	1.03
0.45	103.14	0.99	104.85	1.01	106.52	1.03	108.17	1.04	109.80	1.06	111.40	1.07	112.98	1.09
0.50	123.81	1.04	125.85	1.06	127.87	1.08	129.85	1.09	131.80	1.11	133.73	1.13	135.62	1.14
0.55	145.03	1.08	147.43	1.10	149.79	1.12	152.11	1.14	154.40	1.15	156.65	1.17	158.87	1.19
0.60	166.36	1.12	169.11	1.14	171.81	1.15	174.48	1.17	177.10	1.19	179.69	1.21	182.24	1.22
0.65	187.30	1.15	190.39	1.16	193.44	1.18	196.44	1.20	199.39	1.22	202.31	1.24	205.18	1.26
0.70	207.31	1.17	210.74	1.19	214.11	1.21	217.43	1.22	220.70	1.24	223.93	1.26	227.10	1.28
0.75	225.80	1.18	229.53	1.20	233.20	1.22	236.82	1.24	240.38	1.26	243.89	1.28	247.35	1.29
0.80	242.04	1.19	246.04	1.21	249.98	1.23	253.85	1.25	257.67	1.26	261.43	1.28	265.14	1.30
0.85	255.16	1.19	259.37	1.21	263.52	1.22	267.61	1.24	271.63	1.26	275.60	1.28	279.51	1.30
0.90	263.91	1.17	268.27	1.19	272.57	1.21	276.79	1.23	280.95	1.25	285.06	1.27	289.10	1.28
0.95	266.07	1.14	270.47	1.16	274.80	1.18	279.06	1.20	283.25	1.21	287.39	1.23	291.46	1.25
1.00	247.62	1.04	251.71	1.06	255.74	1.08	259.70	1.09	263.61	1.11	267.46	1.13	271.25	1.14

D = 550mm

h/D	3.7 Q	3.7 v	3.8 Q	3.8 v	3.9 Q	3.9 v	4.0 Q	4.0 v	4.1 Q	4.1 v	4.2 Q	4.2 v	4.3 Q	4.3 v
0.10	5.74	0.46	5.82	0.47	5.89	0.48	5.97	0.48	6.04	0.49	6.12	0.49	6.19	0.50
0.15	13.37	0.60	13.55	0.61	13.72	0.61	13.90	0.62	14.07	0.63	14.24	0.64	14.41	0.64
0.20	24.08	0.71	24.40	0.72	24.72	0.73	25.04	0.74	25.35	0.75	25.66	0.76	25.96	0.77
0.25	37.67	0.81	38.17	0.82	38.67	0.83	39.17	0.84	39.65	0.85	40.13	0.86	40.61	0.87
0.30	53.85	0.90	54.58	0.91	55.29	0.92	55.99	0.93	56.69	0.95	57.38	0.96	58.05	0.97
0.35	72.31	0.98	73.28	0.99	74.23	1.00	75.18	1.01	76.11	1.03	77.04	1.04	77.95	1.05
0.40	92.67	1.04	93.91	1.06	95.14	1.07	96.35	1.09	97.55	1.10	98.73	1.11	99.90	1.13
0.45	114.54	1.10	116.08	1.12	117.60	1.13	119.10	1.15	120.58	1.16	122.04	1.18	123.48	1.19
0.50	137.50	1.16	139.34	1.17	141.16	1.19	142.96	1.20	144.74	1.22	146.49	1.23	148.23	1.25
0.55	161.07	1.20	163.23	1.22	165.36	1.24	167.47	1.25	169.55	1.27	171.60	1.28	173.64	1.30
0.60	184.75	1.24	187.23	1.26	189.68	1.27	192.09	1.29	194.48	1.31	196.84	1.32	199.17	1.34
0.65	208.01	1.27	210.80	1.29	213.55	1.31	216.27	1.32	218.96	1.34	221.62	1.36	224.24	1.37
0.70	230.23	1.30	233.33	1.31	236.38	1.33	239.39	1.35	242.36	1.36	245.30	1.38	248.20	1.40
0.75	250.76	1.31	254.13	1.33	257.45	1.35	260.73	1.36	263.97	1.38	267.17	1.40	270.33	1.41
0.80	268.80	1.32	272.41	1.34	275.97	1.35	279.48	1.37	282.95	1.39	286.38	1.41	289.77	1.42
0.85	283.36	1.32	287.17	1.33	290.92	1.35	294.63	1.37	298.29	1.39	301.90	1.40	305.48	1.42
0.90	293.09	1.30	297.02	1.32	300.90	1.34	304.74	1.35	308.52	1.37	312.26	1.39	315.96	1.40
0.95	295.49	1.27	299.45	1.28	303.37	1.30	307.23	1.32	311.05	1.33	314.82	1.35	318.54	1.37
1.00	274.99	1.16	278.69	1.17	282.33	1.19	285.93	1.20	289.48	1.22	292.99	1.23	296.45	1.25

D = 550mm

h/D	4.4 Q	4.4 v	4.5 Q	4.5 v	4.6 Q	4.6 v	4.7 Q	4.7 v	4.8 Q	4.8 v	4.9 Q	4.9 v	5.0 Q	5.0 v
0.10	6.26	0.51	6.33	0.51	6.40	0.52	6.47	0.52	6.54	0.53	6.61	0.53	6.67	0.54
0.15	14.58	0.65	14.74	0.66	14.90	0.67	15.07	0.67	15.23	0.68	15.38	0.69	15.54	0.70
0.20	26.26	0.78	26.56	0.79	26.85	0.79	27.14	0.80	27.43	0.81	27.71	0.82	27.99	0.83
0.25	41.08	0.88	41.54	0.89	42.00	0.90	42.45	0.91	42.90	0.92	43.35	0.93	43.79	0.94
0.30	58.73	0.98	59.39	0.99	60.05	1.00	60.70	1.01	61.34	1.02	61.97	1.03	62.60	1.04
0.35	78.85	1.06	79.74	1.08	80.62	1.09	81.49	1.10	82.36	1.11	83.21	1.12	84.05	1.13
0.40	101.06	1.14	102.20	1.15	103.33	1.16	104.44	1.18	105.55	1.19	106.64	1.20	107.73	1.21
0.45	124.91	1.20	126.32	1.22	127.72	1.23	129.10	1.25	130.46	1.26	131.82	1.27	133.15	1.28
0.50	149.94	1.26	151.63	1.28	153.31	1.29	154.97	1.30	156.61	1.32	158.23	1.33	159.84	1.35
0.55	175.64	1.31	177.63	1.33	179.59	1.34	181.53	1.36	183.45	1.37	185.35	1.38	187.24	1.40
0.60	201.47	1.35	203.75	1.37	206.00	1.38	208.23	1.40	210.43	1.41	212.61	1.43	214.77	1.44
0.65	226.83	1.39	229.39	1.40	231.93	1.42	234.44	1.43	236.92	1.45	239.37	1.46	241.80	1.48
0.70	251.07	1.41	253.91	1.43	256.71	1.45	259.49	1.46	262.23	1.48	264.95	1.49	267.64	1.51
0.75	273.45	1.43	276.54	1.45	279.60	1.46	282.62	1.48	285.61	1.49	288.57	1.51	291.50	1.53
0.80	293.12	1.44	296.44	1.45	299.71	1.47	302.95	1.49	306.16	1.50	309.33	1.52	312.47	1.53
0.85	309.01	1.44	312.50	1.45	315.95	1.47	319.37	1.48	322.75	1.50	326.09	1.52	329.40	1.53
0.90	319.61	1.42	323.22	1.44	326.80	1.45	330.33	1.47	333.82	1.48	337.28	1.50	340.71	1.51
0.95	322.23	1.38	325.87	1.40	329.47	1.41	333.03	1.43	336.55	1.44	340.04	1.46	343.49	1.47
1.00	299.88	1.26	303.27	1.28	306.62	1.29	309.94	1.30	313.22	1.32	316.46	1.33	319.67	1.35

$D = 550\text{mm}$

h/D	5.5		6.0		6.5		7.0		7.5		8.0		8.5	
	Q	v	Q	v	Q	v	Q	v	Q	v	Q	v	Q	v
0.10	7.00	0.57	7.31	0.59	7.61	0.62	7.90	0.64	8.17	0.66	8.44	0.68	8.70	0.70
0.15	16.30	0.73	17.02	0.76	17.72	0.78	18.39	0.82	19.03	0.85	19.66	0.88	20.26	0.91
0.20	29.36	0.87	30.67	0.91	31.92	0.94	33.12	0.98	34.29	1.01	35.41	1.05	36.50	1.08
0.25	45.93	0.99	47.97	1.03	49.93	1.07	51.81	1.12	53.63	1.15	55.39	1.19	57.09	1.23
0.30	65.66	1.10	68.58	1.14	71.38	1.19	74.07	1.24	76.67	1.28	79.19	1.32	81.62	1.36
0.35	88.16	1.19	92.08	1.24	95.84	1.29	99.45	1.34	102.95	1.39	106.32	1.43	109.59	1.48
0.40	112.98	1.27	118.01	1.33	122.83	1.38	127.46	1.44	131.94	1.49	136.26	1.54	140.46	1.58
0.45	139.65	1.35	145.86	1.41	151.82	1.46	157.55	1.52	163.08	1.57	168.43	1.62	173.61	1.67
0.50	167.64	1.41	175.09	1.47	182.24	1.53	189.12	1.59	195.76	1.65	202.18	1.70	208.40	1.75
0.55	196.37	1.47	205.11	1.53	213.48	1.59	221.54	1.65	229.32	1.71	236.84	1.77	244.13	1.82
0.60	225.25	1.51	235.27	1.58	244.87	1.65	254.12	1.71	263.04	1.77	271.66	1.83	280.02	1.88
0.65	253.60	1.55	264.88	1.62	275.70	1.69	286.10	1.75	296.15	1.81	305.86	1.87	315.27	1.93
0.70	280.71	1.58	293.19	1.65	305.16	1.72	316.68	1.78	327.79	1.85	338.54	1.91	348.96	1.96
0.75	305.73	1.60	319.33	1.67	332.36	1.74	344.91	1.80	357.02	1.87	368.72	1.93	380.07	1.99
0.80	327.72	1.61	342.30	1.68	356.27	1.75	369.72	1.81	382.70	1.88	395.25	1.94	407.41	2.00
0.85	345.48	1.61	360.84	1.68	375.58	1.74	389.76	1.81	403.44	1.87	416.67	1.94	429.49	2.00
0.90	357.34	1.59	373.23	1.66	388.47	1.72	403.13	1.79	417.28	1.85	430.96	1.91	444.23	1.97
0.95	360.26	1.55	376.28	1.61	391.64	1.68	406.43	1.74	420.69	1.80	434.49	1.86	447.86	1.92
1.00	335.28	1.41	350.19	1.47	364.48	1.53	378.24	1.59	391.52	1.65	404.36	1.70	416.80	1.75

$D = 550\text{mm}$

h/D	9.0		9.5		10		11		12		13		14	
	Q	v	Q	v	Q	v	Q	v	Q	v	Q	v	Q	v
0.10	8.95	0.72	9.20	0.74	9.44	0.76	9.90	0.80	10.34	0.84	10.76	0.87	11.17	0.90
0.15	20.85	0.93	21.42	0.96	21.98	0.98	23.05	1.03	24.07	1.08	25.06	1.12	26.00	1.16
0.20	37.56	1.11	38.59	1.14	39.59	1.17	41.52	1.23	43.37	1.28	45.14	1.33	46.84	1.38
0.25	58.75	1.26	60.36	1.30	61.93	1.33	64.95	1.40	67.84	1.46	70.61	1.52	73.27	1.58
0.30	83.99	1.40	86.29	1.44	88.53	1.48	92.85	1.55	96.98	1.62	100.94	1.68	104.75	1.75
0.35	112.77	1.52	115.86	1.56	118.87	1.60	124.67	1.68	130.22	1.76	135.53	1.83	140.65	1.90
0.40	144.53	1.63	148.49	1.67	152.35	1.72	159.78	1.80	166.89	1.88	173.70	1.96	180.26	2.03
0.45	178.64	1.72	183.54	1.77	188.31	1.82	197.50	1.90	206.28	1.99	214.70	2.07	222.81	2.15
0.50	214.44	1.81	220.32	1.85	226.04	1.90	237.07	2.00	247.62	2.08	257.73	2.17	267.46	2.25
0.55	251.20	1.88	258.09	1.93	264.79	1.98	277.72	2.07	290.06	2.17	301.91	2.25	313.30	2.34
0.60	288.14	1.94	296.04	1.99	303.73	2.04	318.55	2.14	332.72	2.24	346.30	2.33	359.38	2.41
0.65	324.41	1.98	333.30	2.04	341.96	2.09	358.65	2.19	374.60	2.29	389.89	2.39	404.61	2.48
0.70	359.08	2.02	368.92	2.08	378.50	2.13	396.98	2.23	414.63	2.33	431.56	2.43	447.85	2.52
0.75	391.09	2.05	401.81	2.10	412.25	2.16	432.37	2.26	451.59	2.36	470.03	2.46	487.78	2.55
0.80	419.22	2.06	430.71	2.11	441.90	2.17	463.47	2.27	484.08	2.38	503.84	2.47	522.86	2.57
0.85	441.94	2.05	454.05	2.11	465.85	2.16	488.59	2.27	510.31	2.37	531.15	2.47	551.20	2.56
0.90	457.11	2.03	469.63	2.09	481.83	2.14	505.35	2.24	527.82	2.34	549.37	2.44	570.11	2.53
0.95	460.85	1.98	473.47	2.03	485.77	2.08	509.48	2.19	532.14	2.28	553.87	2.38	574.78	2.47
1.00	428.89	1.81	440.64	1.85	452.09	1.90	474.15	2.00	495.24	2.08	515.46	2.17	534.92	2.25

D = 550mm

h/D	15		16		17		18		19		20		25	
	Q	v	Q	v	Q	v	Q	v	Q	v	Q	v	Q	v
0.10	11.56	0.93	11.94	0.97	12.31	1.00	12.66	1.02	13.01	1.05	13.35	1.08	14.92	1.21
0.15	26.91	1.20	27.80	1.24	28.65	1.28	29.48	1.32	30.29	1.36	31.08	1.39	34.75	1.55
0.20	48.49	1.43	50.08	1.48	51.62	1.53	53.11	1.57	54.57	1.61	55.99	1.66	62.60	1.85
0.25	75.84	1.63	78.33	1.69	80.74	1.74	83.08	1.79	85.36	1.84	87.58	1.89	97.91	2.11
0.30	108.43	1.81	111.99	1.87	115.43	1.93	118.78	1.98	122.03	2.04	125.20	2.09	139.98	2.34
0.35	145.59	1.96	150.36	2.03	154.99	2.09	159.48	2.15	163.85	2.21	168.11	2.27	187.95	2.54
0.40	186.59	2.10	192.71	2.17	198.64	2.24	204.40	2.30	210.00	2.37	215.45	2.43	240.88	2.71
0.45	230.63	2.22	238.19	2.30	245.52	2.37	252.64	2.44	259.56	2.50	266.31	2.57	297.74	2.87
0.50	276.84	2.33	285.92	2.41	294.72	2.48	303.27	2.55	311.58	2.62	319.67	2.69	357.40	3.01
0.55	324.30	2.42	334.94	2.50	345.25	2.58	355.25	2.65	364.99	2.73	374.47	2.80	418.67	3.13
0.60	371.99	2.50	384.19	2.58	396.01	2.66	407.50	2.74	418.66	2.81	429.54	2.89	480.24	3.23
0.65	418.81	2.56	432.55	2.65	445.86	2.73	458.79	2.81	471.36	2.88	483.60	2.96	540.69	3.31
0.70	463.57	2.61	478.77	2.70	493.51	2.78	507.82	2.86	521.73	2.94	535.28	3.01	598.47	3.37
0.75	504.90	2.64	521.46	2.73	537.50	2.81	553.09	2.89	568.24	2.97	583.01	3.05	651.82	3.41
0.80	541.22	2.66	558.97	2.74	576.17	2.83	592.87	2.91	609.12	2.99	624.94	3.07	698.71	3.43
0.85	570.55	2.65	589.26	2.74	607.39	2.82	625.00	2.90	642.13	2.98	658.81	3.06	736.57	3.42
0.90	590.12	2.62	609.48	2.71	628.23	2.79	646.45	2.87	664.16	2.95	681.42	3.03	761.85	3.38
0.95	594.95	2.55	614.46	2.64	633.37	2.72	651.73	2.80	669.59	2.87	686.99	2.95	768.08	3.29
1.00	553.69	2.33	571.85	2.41	589.45	2.48	606.54	2.55	623.16	2.62	639.35	2.69	714.81	3.01

D = 600mm

h/D	0.8		0.9		1.0		1.1		1.2		1.3		1.4	
	Q	v	Q	v	Q	v	Q	v	Q	v	Q	v	Q	v
0.10	3.37	0.23	3.57	0.24	3.76	0.26	3.95	0.27	4.21	0.28	4.29	0.29	4.45	0.30
0.15	7.84	0.29	8.31	0.31	8.76	0.33	9.19	0.35	9.60	0.36	9.99	0.38	10.37	0.39
0.20	14.12	0.35	14.98	0.37	15.79	0.39	16.56	0.41	17.30	0.43	18.00	0.45	18.68	0.46
0.25	22.09	0.40	23.43	0.42	24.70	0.45	25.90	0.47	27.05	0.49	28.16	0.51	29.22	0.53
0.30	31.58	0.44	33.50	0.47	35.31	0.49	37.03	0.52	38.68	0.54	40.26	0.56	41.78	0.59
0.35	42.40	0.48	44.97	0.51	47.41	0.54	49.72	0.56	51.93	0.59	54.05	0.61	56.09	0.64
0.40	54.34	0.51	57.64	0.55	60.76	0.58	63.72	0.60	66.56	0.63	69.28	0.66	71.89	0.68
0.45	67.17	0.54	71.25	0.58	75.10	0.61	78.77	0.64	82.27	0.67	85.63	0.69	88.86	0.72
0.50	80.63	0.57	85.52	0.60	90.15	0.64	94.55	0.67	98.75	0.70	102.78	0.73	106.66	0.75
0.55	94.45	0.59	100.18	0.63	105.60	0.66	110.76	0.70	115.68	0.73	120.40	0.76	124.95	0.78
0.60	108.34	0.61	114.92	0.65	121.13	0.68	127.04	0.72	132.69	0.75	138.11	0.78	143.32	0.81
0.65	121.98	0.63	129.38	0.67	136.38	0.70	143.03	0.74	149.39	0.77	155.49	0.80	161.36	0.83
0.70	135.02	0.64	143.21	0.68	150.95	0.71	158.32	0.75	165.36	0.78	172.11	0.81	178.61	0.84
0.75	147.05	0.65	155.97	0.69	164.41	0.72	172.43	0.76	180.10	0.79	187.46	0.82	194.53	0.86
0.80	157.63	0.65	167.19	0.69	176.24	0.73	184.84	0.76	193.06	0.80	200.94	0.83	208.53	0.86
0.85	166.17	0.65	176.25	0.69	185.79	0.73	194.85	0.76	203.52	0.79	211.83	0.83	219.83	0.86
0.90	171.87	0.64	182.30	0.68	192.16	0.72	201.54	0.75	210.50	0.79	219.10	0.82	227.37	0.85
0.95	173.28	0.62	183.79	0.66	193.73	0.70	203.19	0.73	212.22	0.76	220.89	0.80	229.23	0.83
1.00	161.26	0.57	171.05	0.60	180.30	0.64	189.10	0.67	197.51	0.70	205.57	0.73	213.33	0.75

$D = 600\text{mm}$

h/D	i (‰)												
	1.5		1.6		1.7		1.8		1.9		2.0		2.1	
	Q	v	Q	v	Q	v	Q	v	Q	v	Q	v	Q	v
0.10	4.61	0.31	4.76	0.32	4.91	0.33	5.05	0.34	5.19	0.35	5.32	0.36	5.45	0.37
0.15	10.73	0.40	11.09	0.42	11.43	0.43	11.76	0.44	12.08	0.45	12.39	0.47	12.70	0.48
0.20	19.34	0.48	19.97	0.50	20.59	0.51	21.18	0.53	21.76	0.54	22.33	0.55	22.88	0.57
0.25	30.25	0.55	31.24	0.57	32.20	0.58	33.13	0.60	34.04	0.62	34.93	0.63	35.79	0.65
0.30	43.24	0.61	44.66	0.63	46.04	0.65	47.37	0.66	48.67	0.68	49.93	0.70	51.17	0.72
0.35	58.06	0.66	59.97	0.68	61.81	0.70	63.60	0.72	65.35	0.74	67.04	0.76	68.70	0.78
0.40	74.41	0.70	76.85	0.73	79.22	0.75	81.52	0.77	83.75	0.79	85.93	0.81	88.05	0.83
0.45	91.98	0.75	94.99	0.77	97.92	0.79	100.76	0.82	103.52	0.84	106.21	0.86	108.83	0.88
0.50	110.41	0.78	114.03	0.81	117.54	0.83	120.95	0.86	124.26	0.88	127.49	0.90	130.64	0.92
0.55	129.34	0.81	133.58	0.84	137.69	0.86	141.68	0.89	145.56	0.91	149.34	0.94	153.03	0.96
0.60	148.35	0.84	153.22	0.87	157.94	0.89	162.51	0.92	166.97	0.94	171.31	0.97	175.54	0.99
0.65	167.03	0.86	172.51	0.89	177.82	0.91	182.97	0.94	187.98	0.97	192.87	0.99	197.63	1.02
0.70	184.88	0.87	190.94	0.90	196.82	0.93	202.52	0.96	208.07	0.98	213.48	1.01	218.75	1.03
0.75	201.36	0.89	207.96	0.91	214.36	0.94	220.58	0.97	226.62	1.00	232.51	1.02	238.25	1.05
0.80	215.84	0.89	222.92	0.92	229.78	0.95	236.45	0.98	242.92	1.00	249.24	1.03	255.39	1.05
0.85	227.54	0.89	235.00	0.92	242.24	0.95	249.26	0.97	256.09	1.00	262.74	1.03	269.23	1.05
0.90	235.35	0.88	243.07	0.91	250.55	0.93	257.81	0.96	264.88	0.99	271.76	1.01	278.47	1.04
0.95	237.27	0.86	245.06	0.88	252.60	0.91	259.92	0.94	267.04	0.96	273.98	0.99	280.75	1.01
1.00	220.82	0.78	228.06	0.81	235.08	0.83	241.90	0.86	248.52	0.88	254.98	0.90	261.28	0.92

$D = 600\text{mm}$

h/D	i (‰)												
	2.2		2.3		2.4		2.5		2.6		2.7		2.8	
	Q	v	Q	v	Q	v	Q	v	Q	v	Q	v	Q	v
0.10	5.58	0.38	5.71	0.39	5.83	0.40	5.95	0.40	6.07	0.41	6.19	0.42	6.30	0.43
0.15	13.00	0.49	13.29	0.50	13.58	0.51	13.86	0.52	14.13	0.53	14.40	0.54	14.67	0.55
0.20	23.42	0.58	23.94	0.59	24.46	0.61	24.96	0.62	25.46	0.63	25.94	0.64	26.42	0.66
0.25	36.63	0.66	37.45	0.68	38.26	0.69	39.05	0.71	39.82	0.72	40.58	0.73	41.33	0.75
0.30	52.37	0.73	53.55	0.75	54.70	0.77	55.83	0.78	56.93	0.80	58.02	0.81	59.08	0.83
0.35	70.32	0.80	71.90	0.82	73.44	0.83	74.96	0.85	76.44	0.87	77.90	0.88	79.33	0.90
0.40	90.12	0.85	92.14	0.87	94.13	0.89	96.07	0.91	97.97	0.93	99.84	0.95	101.67	0.96
0.45	111.39	0.90	113.89	0.92	116.34	0.94	118.74	0.96	121.09	0.98	123.40	1.00	125.67	1.02
0.50	133.71	0.95	136.72	0.97	139.66	0.99	142.54	1.01	145.36	1.03	148.13	1.05	150.85	1.07
0.55	156.63	0.98	160.15	1.01	163.60	1.03	166.97	1.05	170.28	1.07	173.52	1.09	176.71	1.11
0.60	179.67	1.01	183.70	1.04	187.66	1.06	191.53	1.08	195.32	1.10	199.04	1.12	202.69	1.14
0.65	202.28	1.04	206.83	1.06	211.28	1.09	215.63	1.11	219.90	1.13	224.09	1.15	228.20	1.17
0.70	223.90	1.06	228.93	1.08	233.85	1.11	238.68	1.13	243.40	1.15	248.04	1.17	252.59	1.19
0.75	243.86	1.07	249.34	1.10	254.70	1.12	259.95	1.14	265.10	1.17	270.15	1.19	275.11	1.21
0.80	261.40	1.08	267.28	1.10	273.02	1.13	278.65	1.15	284.17	1.17	289.59	1.19	294.90	1.22
0.85	275.57	1.08	281.76	1.10	287.82	1.12	293.75	1.15	299.57	1.17	305.28	1.19	310.88	1.21
0.90	285.02	1.06	291.43	1.09	297.70	1.11	303.83	1.13	309.85	1.16	315.75	1.18	321.55	1.20
0.95	287.35	1.04	293.81	1.06	300.13	1.08	306.32	1.10	312.39	1.13	318.34	1.15	324.18	1.17
1.00	267.43	0.95	273.44	0.97	279.32	0.99	285.08	1.01	290.72	1.03	296.26	1.05	301.70	1.07

$D=600\text{mm}$

h/D	i (‰)													
	2.9		3.0		3.1		3.2		3.3		3.4		3.5	
	Q	v	Q	v	Q	v	Q	v	Q	v	Q	v	Q	v
0.10	6.41	0.44	6.52	0.44	6.63	0.45	6.73	0.46	6.84	0.46	6.94	0.47	7.04	0.48
0.15	14.92	0.56	15.18	0.57	15.43	0.58	15.68	0.59	15.92	0.60	16.16	0.61	16.40	0.62
0.20	26.89	0.67	27.35	0.68	27.80	0.69	28.24	0.70	28.68	0.71	29.11	0.72	29.54	0.73
0.25	42.06	0.76	42.78	0.77	43.48	0.79	44.18	0.80	44.86	0.81	45.54	0.82	46.20	0.84
0.30	60.13	0.84	61.16	0.86	62.17	0.87	63.16	0.88	64.14	0.90	65.10	0.91	66.06	0.93
0.35	80.73	0.92	82.11	0.93	83.47	0.95	84.80	0.96	86.12	0.98	87.41	0.99	88.69	1.01
0.40	103.47	0.98	105.24	1.00	106.98	1.01	108.69	1.03	110.37	1.05	112.03	1.06	113.67	1.08
0.45	127.89	1.04	130.08	1.05	132.23	1.07	134.34	1.09	136.43	1.11	138.48	1.12	140.50	1.14
0.50	153.52	1.09	156.14	1.10	158.72	1.12	161.26	1.14	163.76	1.16	166.23	1.18	168.65	1.19
0.55	179.83	1.13	182.91	1.15	185.93	1.17	188.91	1.19	191.84	1.20	194.72	1.22	197.56	1.24
0.60	206.28	1.16	209.81	1.18	213.27	1.20	216.69	1.22	220.05	1.24	223.35	1.26	226.62	1.28
0.65	232.24	1.18	236.21	1.21	240.12	1.23	243.96	1.25	247.74	1.27	251.47	1.29	255.14	1.31
0.70	257.06	1.22	261.46	1.24	265.78	1.26	270.03	1.28	274.22	1.30	278.34	1.32	282.41	1.34
0.75	279.98	1.23	284.77	1.25	289.47	1.27	294.10	1.29	298.66	1.31	303.16	1.33	307.58	1.35
0.80	300.12	1.24	305.25	1.26	310.30	1.28	315.26	1.30	320.15	1.32	324.96	1.34	329.71	1.36
0.85	316.38	1.24	321.79	1.26	327.11	1.28	332.35	1.30	337.50	1.32	342.57	1.34	347.57	1.36
0.90	327.24	1.22	332.83	1.24	338.34	1.26	343.75	1.28	349.08	1.30	354.33	1.32	359.50	1.34
0.95	329.92	1.19	335.56	1.21	341.10	1.23	346.56	1.25	351.93	1.27	357.23	1.29	362.44	1.31
1.00	307.04	1.09	312.29	1.10	317.45	1.12	322.53	1.14	327.53	1.16	332.45	1.18	337.31	1.19

$D=600\text{mm}$

h/D	i (‰)													
	3.6		3.7		3.8		3.9		4.0		4.1		4.2	
	Q	v	Q	v	Q	v	Q	v	Q	v	Q	v	Q	v
0.10	7.14	0.49	7.24	0.49	7.34	0.50	7.43	0.51	7.53	0.51	7.62	0.52	7.71	0.52
0.15	16.63	0.63	16.86	0.63	17.08	0.64	17.31	0.65	17.53	0.66	17.75	0.67	17.96	0.68
0.20	29.96	0.74	30.37	0.75	30.78	0.76	31.18	0.77	31.58	0.78	31.97	0.79	32.36	0.80
0.25	46.86	0.85	47.51	0.86	48.14	0.87	48.77	0.88	49.39	0.89	50.01	0.90	50.61	0.92
0.30	66.99	0.94	67.92	0.95	68.93	0.96	69.73	0.98	70.62	0.99	71.49	1.00	72.36	1.01
0.35	89.95	1.02	91.19	1.03	92.41	1.05	93.62	1.06	94.81	1.08	95.99	1.09	97.16	1.10
0.40	115.28	1.09	116.87	1.11	118.44	1.12	119.99	1.14	121.52	1.15	123.03	1.16	124.52	1.18
0.45	142.49	1.15	144.46	1.17	146.40	1.19	148.31	1.20	150.20	1.22	152.07	1.23	153.91	1.25
0.50	171.04	1.21	173.40	1.23	175.73	1.24	178.03	1.26	180.30	1.28	182.54	1.29	184.75	1.31
0.55	200.37	1.26	203.13	1.27	205.86	1.29	208.55	1.31	211.20	1.33	213.83	1.34	216.42	1.36
0.60	229.83	1.30	233.00	1.32	236.13	1.33	239.21	1.35	242.26	1.37	245.27	1.38	248.24	1.40
0.65	258.76	1.33	262.33	1.35	265.85	1.37	269.32	1.38	272.76	1.40	276.14	1.42	279.49	1.44
0.70	286.41	1.35	290.36	1.37	294.26	1.39	298.11	1.41	301.90	1.43	305.65	1.45	309.36	1.46
0.75	311.95	1.37	316.25	1.39	320.49	1.41	324.68	1.43	328.82	1.45	332.90	1.46	336.94	1.48
0.80	334.38	1.38	339.00	1.40	343.55	1.42	348.04	1.44	352.47	1.45	356.85	1.47	361.18	1.49
0.85	352.51	1.38	357.37	1.40	362.16	1.41	366.90	1.43	371.57	1.45	376.19	1.47	380.75	1.49
0.90	364.60	1.36	369.63	1.38	374.59	1.40	379.49	1.42	384.32	1.43	389.10	1.45	393.81	1.47
0.95	367.58	1.32	372.65	1.34	377.66	1.36	382.59	1.38	387.47	1.40	392.28	1.41	397.04	1.43
1.00	342.09	1.21	346.81	1.23	351.47	1.24	356.06	1.26	360.60	1.28	365.08	1.29	369.50	1.31

$D = 600\text{mm}$

h/D	4.3		4.4		4.5		4.6		4.7		4.8		4.9	
	Q	v	Q	v	Q	v	Q	v	Q	v	Q	v	Q	v
0.10	7.81	0.53	7.90	0.54	7.99	0.54	8.07	0.55	8.16	0.55	8.25	0.56	8.33	0.57
0.15	18.17	0.68	18.38	0.69	18.59	0.70	18.80	0.71	19.00	0.71	19.20	0.72	19.40	0.73
0.20	32.74	0.81	33.12	0.82	33.49	0.83	33.86	0.84	34.23	0.85	34.59	0.86	34.95	0.87
0.25	51.21	0.93	51.80	0.94	52.39	0.95	52.97	0.96	53.54	0.97	54.11	0.98	54.67	0.99
0.30	73.22	1.03	74.06	1.04	74.90	1.05	75.73	1.06	76.55	1.07	77.36	1.08	78.16	1.10
0.35	98.31	1.11	99.44	1.13	100.57	1.14	101.68	1.15	102.78	1.17	103.86	1.18	104.94	1.19
0.40	125.99	1.19	127.45	1.21	128.89	1.22	130.31	1.23	131.72	1.25	133.12	1.26	134.49	1.27
0.45	155.73	1.26	157.53	1.28	159.31	1.29	161.07	1.31	162.81	1.32	164.54	1.33	166.24	1.35
0.50	186.94	1.32	189.10	1.34	191.23	1.35	193.35	1.37	195.44	1.38	197.50	1.40	199.55	1.41
0.55	218.98	1.37	221.51	1.39	224.02	1.41	226.49	1.42	228.94	1.44	231.36	1.45	233.76	1.47
0.60	251.18	1.42	254.09	1.43	256.96	1.45	259.80	1.47	262.61	1.48	265.38	1.50	268.14	1.51
0.65	282.80	1.45	286.07	1.47	289.30	1.49	292.50	1.50	295.66	1.52	298.79	1.54	301.89	1.55
0.70	313.02	1.48	316.64	1.50	320.22	1.51	323.76	1.53	327.26	1.55	330.72	1.56	334.15	1.58
0.75	340.93	1.50	344.87	1.52	348.77	1.53	352.62	1.55	356.43	1.57	360.20	1.58	363.94	1.60
0.80	365.45	1.51	369.68	1.52	373.85	1.54	377.98	1.56	382.07	1.58	386.11	1.59	390.11	1.61
0.85	385.26	1.50	389.71	1.52	394.11	1.54	398.47	1.56	402.78	1.57	407.04	1.59	411.26	1.61
0.90	398.47	1.49	403.08	1.50	407.64	1.52	412.14	1.54	416.60	1.55	421.00	1.57	425.37	1.59
0.95	401.73	1.45	406.38	1.46	410.97	1.48	415.51	1.50	420.00	1.51	424.45	1.53	428.85	1.55
1.00	373.87	1.32	378.20	1.34	382.47	1.35	386.70	1.37	390.88	1.38	395.01	1.40	399.11	1.41

$D = 600\text{mm}$

h/D	5.0		5.5		6.0		6.5		7.0		7.5		8.0	
	Q	v	Q	v	Q	v	Q	v	Q	v	Q	v	Q	v
0.10	8.42	0.57	8.83	0.60	9.22	0.63	9.60	0.65	9.96	0.68	10.31	0.70	10.65	0.72
0.15	19.60	0.74	20.55	0.77	21.47	0.81	22.34	0.84	23.19	0.87	24.00	0.90	24.79	0.93
0.20	35.30	0.88	37.03	0.92	38.67	0.96	40.25	1.00	41.77	1.04	43.24	1.07	44.66	1.11
0.25	55.22	1.00	57.92	1.05	60.49	1.09	62.97	1.14	65.34	1.18	67.64	1.22	69.85	1.26
0.30	78.95	1.11	82.80	1.16	86.49	1.21	90.02	1.26	93.42	1.31	96.70	1.36	99.87	1.40
0.35	106.01	1.20	111.18	1.26	116.12	1.32	120.87	1.37	125.43	1.42	129.83	1.47	134.09	1.52
0.40	135.86	1.28	142.49	1.35	148.83	1.41	154.90	1.47	160.75	1.52	166.39	1.58	171.85	1.63
0.45	167.93	1.36	176.12	1.43	183.96	1.49	191.47	1.55	198.70	1.61	205.67	1.67	212.41	1.72
0.50	201.58	1.43	211.42	1.50	220.82	1.56	229.83	1.63	238.51	1.69	246.88	1.75	254.98	1.80
0.55	236.13	1.48	247.66	1.55	258.67	1.62	269.23	1.69	279.40	1.75	289.20	1.81	298.69	1.87
0.60	270.86	1.53	284.08	1.60	296.71	1.68	308.82	1.74	320.48	1.81	331.73	1.87	342.61	1.93
0.65	304.95	1.57	319.83	1.64	334.06	1.72	347.70	1.79	360.82	1.85	373.49	1.92	385.74	1.98
0.70	337.54	1.60	354.01	1.67	369.76	1.75	384.85	1.82	399.38	1.89	413.40	1.96	426.96	2.02
0.75	367.63	1.62	385.57	1.70	402.72	1.77	419.16	1.84	434.99	1.91	450.25	1.98	465.02	2.04
0.80	394.08	1.63	413.31	1.70	431.69	1.78	449.32	1.85	466.28	1.92	482.64	1.99	498.47	2.06
0.85	415.43	1.62	435.71	1.70	455.08	1.78	473.66	1.85	491.54	1.92	508.80	1.99	525.48	2.05
0.90	429.69	1.60	450.66	1.68	470.70	1.76	489.92	1.83	508.41	1.90	526.26	1.96	543.51	2.03
0.95	433.20	1.56	454.34	1.64	474.55	1.71	493.92	1.78	512.57	1.85	530.56	1.91	547.96	1.97
1.00	403.16	1.43	422.84	1.50	441.64	1.56	459.67	1.63	477.02	1.69	493.77	1.75	509.96	1.80

D = 600mm

h/D	8.5		9.0		9.5		10		11		12		13	
	Q	v	Q	v	Q	v	Q	v	Q	v	Q	v	Q	v
0.10	10.97	0.75	11.29	0.77	11.60	0.79	11.90	0.81	12.48	0.85	13.04	0.89	13.57	0.92
0.15	25.55	0.96	26.29	0.99	27.01	1.02	27.71	1.04	29.07	1.09	30.36	1.14	31.60	1.19
0.20	46.03	1.14	47.37	1.18	48.66	1.21	49.93	1.24	52.36	1.30	54.69	1.36	56.93	1.41
0.25	72.00	1.30	74.09	1.34	76.12	1.38	78.10	1.41	81.91	1.48	85.55	1.55	89.05	1.61
0.30	102.94	1.44	105.92	1.48	108.83	1.53	111.65	1.57	117.10	1.64	122.31	1.71	127.31	1.78
0.35	138.21	1.57	142.22	1.61	146.12	1.66	149.91	1.70	157.23	1.78	164.22	1.86	170.93	1.94
0.40	177.14	1.68	182.28	1.73	187.27	1.77	192.14	1.82	201.51	1.91	210.47	1.99	219.07	2.07
0.45	218.95	1.77	225.30	1.83	231.47	1.88	237.49	1.92	249.08	2.02	260.15	2.11	270.78	2.19
0.50	262.82	1.86	270.44	1.91	277.86	1.97	285.07	2.02	298.99	2.11	312.28	2.21	325.03	2.30
0.55	307.88	1.93	316.81	1.99	325.49	2.04	333.94	2.10	350.24	2.20	365.82	2.30	380.75	2.39
0.60	353.15	1.99	363.39	2.05	373.35	2.11	383.05	2.16	401.75	2.27	419.61	2.37	436.74	2.47
0.65	397.61	2.04	409.13	2.10	420.35	2.16	431.26	2.22	452.31	2.32	472.43	2.43	491.72	2.53
0.70	440.10	2.08	452.86	2.14	465.27	2.20	477.35	2.26	500.65	2.37	522.91	2.47	544.27	2.57
0.75	479.33	2.11	493.23	2.17	506.74	2.23	519.91	2.29	545.28	2.40	569.53	2.50	592.79	2.61
0.80	513.81	2.12	528.71	2.18	543.20	2.24	557.31	2.30	584.51	2.41	610.50	2.52	635.43	2.62
0.85	541.66	2.11	557.36	2.18	572.63	2.24	587.51	2.29	616.18	2.41	643.58	2.51	669.86	2.62
0.90	560.24	2.09	576.48	2.15	592.28	2.21	607.67	2.27	637.33	2.38	665.67	2.48	692.85	2.58
0.95	564.82	2.04	581.20	2.09	597.13	2.15	612.64	2.21	642.54	2.32	671.11	2.42	698.52	2.52
1.00	525.66	1.86	540.90	1.91	555.72	1.97	570.15	2.02	597.98	2.11	624.57	2.21	650.08	2.30

D = 600mm

h/D	14		15		16		17		18		19		20	
	Q	v	Q	v	Q	v	Q	v	Q	v	Q	v	Q	v
0.10	14.08	0.96	14.58	0.99	15.06	1.02	15.52	1.05	15.97	1.09	16.41	1.12	16.83	1.14
0.15	32.79	1.23	33.94	1.28	35.06	1.32	36.14	1.36	37.18	1.40	38.20	1.44	39.19	1.47
0.20	59.08	1.47	61.15	1.52	63.15	1.57	65.10	1.62	66.99	1.66	68.82	1.71	70.61	1.75
0.25	92.41	1.67	95.65	1.73	98.79	1.79	101.83	1.84	104.78	1.90	107.65	1.95	110.45	2.00
0.30	132.11	1.85	136.75	1.92	141.23	1.98	145.58	2.04	149.80	2.10	153.90	2.16	157.90	2.21
0.35	177.38	2.01	183.61	2.08	189.63	2.15	195.46	2.22	201.13	2.28	206.64	2.34	212.01	2.40
0.40	227.34	2.15	235.32	2.23	243.03	2.30	250.51	2.37	257.78	2.44	264.84	2.51	271.72	2.57
0.45	281.00	2.28	290.86	2.36	300.40	2.43	309.64	2.51	318.62	2.58	327.35	2.65	335.86	2.72
0.50	337.30	2.39	349.14	2.47	360.59	2.55	371.69	2.63	382.47	2.71	392.95	2.78	403.16	2.85
0.55	395.13	2.48	409.00	2.57	422.41	2.65	435.41	2.73	448.03	2.81	460.31	2.89	472.27	2.96
0.60	453.23	2.56	469.14	2.65	484.52	2.74	499.44	2.82	513.92	2.90	528.00	2.98	541.71	3.06
0.65	510.28	2.62	528.19	2.71	545.51	2.80	562.30	2.89	578.60	2.97	594.46	3.06	609.90	3.13
0.70	564.81	2.67	584.64	2.77	603.81	2.86	622.39	2.94	640.44	3.03	657.99	3.11	675.08	3.19
0.75	615.16	2.70	636.76	2.80	657.64	2.89	677.88	2.98	697.53	3.07	716.64	3.15	735.26	3.23
0.80	659.41	2.72	682.56	2.81	704.94	2.91	726.64	3.00	747.71	3.08	768.19	3.17	788.15	3.25
0.85	695.15	2.71	719.55	2.81	743.15	2.90	766.02	2.99	788.23	3.08	809.82	3.16	830.86	3.24
0.90	719.00	2.68	744.24	2.78	768.65	2.87	792.30	2.96	815.27	3.04	837.61	3.13	859.37	3.21
0.95	724.88	2.61	750.33	2.70	774.93	2.79	798.78	2.88	821.94	2.96	844.46	3.04	866.40	3.12
1.00	674.62	2.39	698.29	2.47	721.19	2.55	743.39	2.63	764.94	2.71	785.90	2.78	806.32	2.85

D = 650mm

h/D	i (‰)												
	0.9		1.0		1.1		1.2		1.3		1.4		1.5	
	Q	v	Q	v	Q	v	Q	v	Q	v	Q	v	Q	v
0.10	4.42	0.26	4.66	0.27	4.89	0.28	5.10	0.30	5.31	0.31	5.51	0.32	5.71	0.33
0.15	10.29	0.33	10.85	0.35	11.38	0.36	11.89	0.38	12.37	0.40	12.84	0.41	13.29	0.43
0.20	18.54	0.39	19.55	0.41	20.50	0.43	21.41	0.45	22.29	0.47	23.13	0.49	23.94	0.51
0.25	29.00	0.45	30.57	0.47	32.07	0.49	33.49	0.52	34.86	0.54	36.17	0.56	37.44	0.58
0.30	41.47	0.50	43.71	0.52	45.84	0.55	47.88	0.57	49.84	0.60	51.72	0.62	53.53	0.64
0.35	55.68	0.54	58.69	0.57	61.55	0.59	64.29	0.62	66.91	0.65	69.44	0.67	71.88	0.69
0.40	71.36	0.58	75.22	0.61	78.89	0.64	82.39	0.66	85.76	0.69	89.00	0.72	92.12	0.74
0.45	88.20	0.61	92.97	0.64	97.51	0.67	101.84	0.70	106.00	0.73	110.00	0.76	113.86	0.79
0.50	105.87	0.64	111.60	0.67	117.04	0.71	122.25	0.74	127.24	0.77	132.04	0.80	136.68	0.82
0.55	124.02	0.66	130.73	0.70	137.11	0.73	143.21	0.77	149.05	0.80	154.68	0.83	160.11	0.86
0.60	142.26	0.68	149.95	0.72	157.27	0.76	164.27	0.79	170.97	0.82	177.43	0.85	183.65	0.88
0.65	160.16	0.70	168.83	0.74	177.07	0.78	184.94	0.81	192.49	0.84	199.76	0.87	206.77	0.91
0.70	177.28	0.71	186.87	0.75	195.99	0.79	204.71	0.83	213.06	0.86	221.11	0.89	228.87	0.92
0.75	193.08	0.72	203.53	0.76	213.46	0.80	222.95	0.84	232.06	0.87	240.82	0.90	249.27	0.93
0.80	206.97	0.73	218.17	0.77	228.82	0.80	238.99	0.84	248.75	0.87	258.14	0.91	267.20	0.94
0.85	218.19	0.73	229.99	0.77	241.22	0.80	251.94	0.84	262.23	0.87	272.13	0.91	281.68	0.94
0.90	225.68	0.72	237.88	0.76	249.49	0.79	260.59	0.83	271.23	0.86	281.47	0.89	291.35	0.93
0.95	227.52	0.70	239.83	0.74	251.54	0.77	262.72	0.81	273.45	0.84	283.77	0.87	293.73	0.90
1.00	211.74	0.64	223.20	0.67	234.09	0.71	244.50	0.74	254.49	0.77	264.09	0.80	273.36	0.82

D = 650mm

h/D	i (‰)												
	1.6		1.7		1.8		1.9		2.0		2.1		2.2	
	Q	v	Q	v	Q	v	Q	v	Q	v	Q	v	Q	v
0.10	5.89	0.34	6.08	0.35	6.25	0.36	6.42	0.37	6.59	0.38	6.75	0.39	6.91	0.40
0.15	13.72	0.44	14.15	0.45	14.56	0.47	14.96	0.48	15.34	0.49	15.72	0.50	16.09	0.52
0.20	24.72	0.52	25.48	0.54	26.22	0.56	26.94	0.57	27.64	0.59	28.32	0.60	28.99	0.61
0.25	38.67	0.60	39.86	0.61	41.02	0.63	42.14	0.65	43.24	0.67	44.30	0.68	45.35	0.70
0.30	55.29	0.66	56.99	0.68	58.64	0.70	60.25	0.72	61.81	0.74	63.34	0.76	64.83	0.77
0.35	74.23	0.72	76.52	0.74	78.74	0.76	80.89	0.78	83.00	0.80	85.05	0.82	87.05	0.84
0.40	95.14	0.77	98.07	0.79	100.91	0.81	103.68	0.84	106.37	0.86	109.00	0.88	111.56	0.90
0.45	117.60	0.81	121.22	0.84	124.73	0.86	128.15	0.88	131.48	0.91	134.72	0.93	137.90	0.95
0.50	141.16	0.85	145.51	0.88	149.72	0.90	153.83	0.93	157.82	0.95	161.72	0.97	165.53	1.00
0.55	165.36	0.88	170.45	0.91	175.39	0.94	180.20	0.96	184.88	0.99	189.44	1.01	193.90	1.04
0.60	189.68	0.91	195.51	0.94	201.18	0.97	206.70	0.99	212.07	1.02	217.30	1.05	222.42	1.07
0.65	213.55	0.94	220.12	0.96	226.51	0.99	232.71	1.02	238.76	1.05	244.65	1.07	250.41	1.10
0.70	236.37	0.95	243.65	0.98	250.71	1.01	257.58	1.04	264.27	1.07	270.80	1.09	277.17	1.12
0.75	257.45	0.96	265.37	0.99	273.06	1.02	280.55	1.05	287.83	1.08	294.94	1.10	301.88	1.13
0.80	275.96	0.97	284.46	1.00	292.70	1.03	300.73	1.06	308.54	1.08	316.16	1.11	323.60	1.14
0.85	290.92	0.97	299.87	1.00	308.57	1.03	317.02	1.05	325.26	1.08	333.29	1.11	341.13	1.13
0.90	300.90	0.96	310.16	0.99	319.15	1.01	327.90	1.04	336.42	1.07	344.73	1.10	352.84	1.12
0.95	303.36	0.93	312.70	0.96	321.77	0.99	330.58	1.02	339.17	1.04	347.55	1.07	355.73	1.09
1.00	282.33	0.85	291.02	0.88	299.45	0.90	307.66	0.93	315.65	0.95	323.45	0.97	331.06	1.00

| | \(D = 650\text{mm} \) | | | | | | | | | | | | |

	\(i \) (‰)												
\(h/D \)	2.3		2.4		2.5		2.6		2.7		2.8		2.9	
	\(Q \)	\(v \)	\(Q \)	\(v \)	\(Q \)	\(v \)	\(Q \)	\(v \)	\(Q \)	\(v \)	\(Q \)	\(v \)	\(Q \)	\(v \)
0.10	7.07	0.41	7.22	0.42	7.37	0.43	7.51	0.44	7.66	0.44	7.80	0.45	7.94	0.46
0.15	16.45	0.53	16.81	0.54	17.15	0.55	17.49	0.56	17.83	0.57	18.15	0.58	18.48	0.59
0.20	29.64	0.63	30.28	0.64	30.90	0.65	31.52	0.67	32.12	0.68	32.71	0.69	33.28	0.70
0.25	46.37	0.71	47.36	0.73	48.34	0.75	49.30	0.76	50.24	0.77	51.16	0.79	52.06	0.80
0.30	66.29	0.79	67.71	0.81	69.11	0.83	70.48	0.84	71.82	0.86	73.14	0.87	74.43	0.89
0.35	89.00	0.86	90.92	0.88	92.79	0.90	94.63	0.91	96.43	0.93	98.20	0.95	99.94	0.97
0.40	114.07	0.92	116.52	0.94	118.93	0.96	121.28	0.98	123.59	1.00	125.86	1.02	128.09	1.03
0.45	140.99	0.97	144.03	0.99	147.00	1.01	149.91	1.04	152.76	1.05	155.57	1.07	158.32	1.09
0.50	169.25	1.02	172.89	1.04	176.45	1.06	179.95	1.08	183.37	1.11	186.74	1.13	190.04	1.15
0.55	198.26	1.06	202.52	1.08	206.70	1.11	210.79	1.13	214.81	1.15	218.75	1.17	222.62	1.19
0.60	227.41	1.09	232.31	1.12	237.10	1.14	241.79	1.16	246.40	1.19	250.92	1.21	255.36	1.23
0.65	256.04	1.12	261.55	1.15	266.94	1.17	272.23	1.19	277.41	1.21	282.50	1.24	287.50	1.26
0.70	283.40	1.14	289.50	1.17	295.47	1.19	301.32	1.21	307.06	1.24	312.69	1.26	318.23	1.28
0.75	308.67	1.16	315.31	1.18	321.81	1.21	328.18	1.23	334.43	1.25	340.57	1.28	346.60	1.30
0.80	330.87	1.16	337.99	1.19	344.96	1.21	351.79	1.24	358.49	1.26	365.07	1.28	371.53	1.31
0.85	348.80	1.16	356.30	1.19	363.65	1.21	370.85	1.23	377.92	1.26	384.85	1.28	391.66	1.30
0.90	360.77	1.15	368.53	1.17	376.13	1.20	383.58	1.22	390.88	1.24	398.06	1.27	405.10	1.29
0.95	363.72	1.12	371.54	1.14	379.20	1.16	386.71	1.19	394.08	1.21	401.31	1.23	408.42	1.25
1.00	338.50	1.02	345.78	1.04	352.91	1.06	359.90	1.08	366.75	1.11	373.48	1.13	380.09	1.15

| | \(D = 650\text{mm} \) | | | | | | | | | | | | |

	\(i \) (‰)												
\(h/D \)	3.0		3.1		3.2		3.3		3.4		3.5		3.6	
	\(Q \)	\(v \)	\(Q \)	\(v \)	\(Q \)	\(v \)	\(Q \)	\(v \)	\(Q \)	\(v \)	\(Q \)	\(v \)	\(Q \)	\(v \)
0.10	8.07	0.47	8.20	0.48	8.34	0.48	8.47	0.49	8.59	0.50	8.72	0.50	8.84	0.51
0.15	18.79	0.60	19.10	0.61	19.41	0.62	19.71	0.63	20.01	0.64	20.30	0.65	20.59	0.66
0.20	33.85	0.72	34.41	0.73	34.96	0.74	35.51	0.75	36.04	0.76	36.57	0.77	37.08	0.78
0.25	52.95	0.82	53.83	0.83	54.69	0.84	55.54	0.86	56.37	0.87	57.20	0.88	58.01	0.89
0.30	75.71	0.90	76.96	0.92	78.19	0.93	79.40	0.95	80.60	0.96	81.77	0.98	82.93	0.99
0.35	101.65	0.98	103.33	1.00	104.98	1.01	106.61	1.03	108.21	1.05	109.79	1.06	111.35	1.08
0.40	130.28	1.05	132.43	1.07	134.55	1.09	136.64	1.10	138.69	1.12	140.72	1.14	142.71	1.15
0.45	161.03	1.11	163.69	1.13	166.31	1.15	168.89	1.17	171.43	1.18	173.93	1.20	176.40	1.22
0.50	193.29	1.17	196.49	1.18	199.63	1.20	202.73	1.22	205.78	1.24	208.78	1.26	211.74	1.28
0.55	226.43	1.21	230.17	1.23	233.86	1.25	237.48	1.27	241.05	1.29	244.57	1.31	248.04	1.33
0.60	259.73	1.25	264.02	1.27	268.24	1.29	272.40	1.31	276.50	1.33	280.54	1.35	284.52	1.37
0.65	292.42	1.28	297.25	1.30	302.01	1.32	306.69	1.34	311.30	1.36	315.85	1.38	320.33	1.40
0.70	323.67	1.30	329.02	1.33	334.28	1.35	339.47	1.37	344.57	1.39	349.60	1.41	354.56	1.43
0.75	352.52	1.32	358.35	1.34	364.08	1.36	369.73	1.38	375.29	1.41	380.77	1.43	386.17	1.45
0.80	377.88	1.33	384.13	1.35	390.27	1.37	396.32	1.39	402.28	1.41	408.16	1.43	413.95	1.45
0.85	398.36	1.33	404.94	1.35	411.42	1.37	417.80	1.39	424.08	1.41	430.28	1.43	436.38	1.45
0.90	412.03	1.31	418.84	1.33	425.54	1.35	432.14	1.37	438.64	1.39	445.04	1.41	451.35	1.43
0.95	415.40	1.28	422.26	1.30	429.02	1.32	435.67	1.34	442.22	1.36	448.68	1.38	455.05	1.40
1.00	386.59	1.17	392.98	1.18	399.27	1.20	405.46	1.22	411.56	1.24	417.57	1.26	423.49	1.28

						$D = 650\text{mm}$								
						i（‰）								
h/D	3.7		3.8		3.9		4.0		4.1		4.2		4.3	
	Q	v	Q	v	Q	v	Q	v	Q	v	Q	v	Q	v
0.10	8.96	0.52	9.08	0.53	9.20	0.53	9.32	0.54	9.44	0.55	9.55	0.55	9.66	0.56
0.15	20.87	0.67	21.15	0.68	21.43	0.69	21.70	0.70	21.97	0.70	22.24	0.71	22.50	0.72
0.20	37.60	0.80	38.10	0.81	38.60	0.82	39.09	0.83	39.58	0.84	40.06	0.85	40.53	0.86
0.25	58.81	0.91	59.60	0.92	60.38	0.93	61.15	0.94	61.91	0.95	62.66	0.97	63.40	0.98
0.30	84.08	1.00	85.21	1.02	86.32	1.03	87.42	1.04	88.50	1.06	89.58	1.07	90.64	1.08
0.35	112.89	1.09	114.40	1.11	115.90	1.12	117.37	1.13	118.83	1.15	120.27	1.16	121.70	1.18
0.40	144.68	1.17	146.62	1.18	148.54	1.20	150.43	1.21	152.30	1.23	154.15	1.24	155.97	1.26
0.45	178.83	1.23	181.23	1.25	183.60	1.27	185.94	1.28	188.25	1.30	190.53	1.32	192.78	1.33
0.50	214.66	1.29	217.54	1.31	220.39	1.33	223.20	1.35	225.97	1.36	228.71	1.38	231.41	1.39
0.55	251.46	1.34	254.84	1.36	258.17	1.38	261.46	1.40	264.71	1.42	267.91	1.43	271.09	1.45
0.60	288.44	1.39	292.31	1.41	296.13	1.42	299.91	1.44	303.63	1.46	307.31	1.48	310.95	1.50
0.65	324.75	1.42	329.11	1.44	333.41	1.46	337.65	1.48	341.85	1.50	345.99	1.52	350.09	1.53
0.70	359.45	1.45	364.28	1.47	369.04	1.49	373.74	1.51	378.38	1.53	382.97	1.54	387.50	1.56
0.75	391.50	1.47	396.75	1.49	401.94	1.51	407.06	1.52	412.11	1.54	417.11	1.56	422.05	1.58
0.80	419.66	1.47	425.29	1.49	430.85	1.51	436.34	1.53	441.76	1.55	447.11	1.57	452.41	1.59
0.85	442.40	1.47	448.34	1.49	454.20	1.51	459.98	1.53	465.70	1.55	471.34	1.57	476.92	1.59
0.90	457.58	1.45	463.72	1.47	469.78	1.49	475.77	1.51	481.68	1.53	487.52	1.55	493.29	1.57
0.95	461.32	1.42	467.51	1.44	473.63	1.45	479.66	1.47	485.62	1.49	491.50	1.51	497.32	1.53
1.00	429.33	1.29	435.09	1.31	440.78	1.33	446.40	1.35	451.94	1.36	457.42	1.38	462.83	1.39

						$D = 650\text{mm}$								
						i（‰）								
h/D	4.4		4.5		4.6		4.7		4.8		4.9		5.0	
	Q	v	Q	v	Q	v	Q	v	Q	v	Q	v	Q	v
0.10	9.77	0.57	9.89	0.57	9.99	0.58	10.10	0.58	10.21	0.59	10.32	0.60	10.42	0.60
0.15	22.76	0.73	23.02	0.74	23.27	0.75	23.52	0.75	23.77	0.76	24.02	0.77	24.26	0.78
0.20	41.00	0.87	41.46	0.88	41.92	0.89	42.37	0.90	42.82	0.91	43.27	0.92	43.70	0.93
0.25	64.13	0.99	64.86	1.00	65.57	1.01	66.28	1.02	66.98	1.03	67.68	1.04	68.38	1.05
0.30	91.69	1.10	92.72	1.11	93.75	1.12	94.76	1.13	95.76	1.14	96.75	1.16	97.74	1.17
0.35	123.10	1.19	124.49	1.20	125.87	1.22	127.23	1.23	128.58	1.24	129.91	1.26	131.23	1.27
0.40	157.77	1.27	159.56	1.29	161.32	1.30	163.06	1.32	164.79	1.33	166.50	1.34	168.19	1.36
0.45	195.01	1.35	197.22	1.36	199.40	1.38	201.55	1.39	203.68	1.41	205.80	1.42	207.88	1.44
0.50	234.09	1.41	236.73	1.43	239.35	1.44	241.94	1.46	244.50	1.47	247.03	1.49	249.54	1.50
0.55	274.22	1.47	277.32	1.48	280.38	1.50	283.41	1.52	286.41	1.53	289.38	1.55	292.32	1.56
0.60	314.54	1.51	318.10	1.53	321.61	1.55	325.09	1.56	328.53	1.58	331.93	1.60	335.30	1.61
0.65	354.14	1.55	358.14	1.57	362.09	1.59	366.01	1.60	369.88	1.62	373.72	1.64	377.51	1.65
0.70	391.98	1.58	396.41	1.60	400.79	1.62	405.12	1.63	409.41	1.65	413.65	1.67	417.85	1.68
0.75	426.93	1.60	431.75	1.62	436.52	1.64	441.24	1.65	445.91	1.67	450.53	1.69	455.10	1.70
0.80	457.64	1.61	462.81	1.63	467.92	1.64	472.98	1.66	477.98	1.68	482.94	1.70	487.84	1.71
0.85	482.44	1.60	487.89	1.62	493.28	1.64	498.61	1.66	503.89	1.68	509.11	1.69	514.28	1.71
0.90	498.99	1.59	504.63	1.60	510.20	1.62	515.72	1.64	521.18	1.66	526.58	1.67	531.92	1.69
0.95	503.07	1.54	508.76	1.56	514.38	1.58	519.94	1.60	525.44	1.61	530.89	1.63	536.28	1.65
1.00	468.18	1.41	473.48	1.43	478.71	1.44	483.88	1.46	489.00	1.47	494.07	1.49	499.09	1.50

	$D=650\text{mm}$													
	i（‰）													
h/D	5.5		6.0		6.5		7.0		7.5		8.0		8.5	
	Q	v	Q	v	Q	v	Q	v	Q	v	Q	v	Q	v
0.10	10.93	0.63	11.41	0.66	11.88	0.69	12.33	0.71	12.76	0.74	13.18	0.76	13.59	0.79
0.15	25.44	0.82	26.58	0.85	27.66	0.89	28.71	0.92	29.71	0.95	30.69	0.98	31.63	1.01
0.20	45.84	0.97	47.88	1.01	49.83	1.05	51.71	1.09	53.53	1.13	55.28	1.17	56.98	1.21
0.25	71.70	1.11	74.89	1.15	77.95	1.20	80.89	1.25	83.73	1.29	86.47	1.33	89.14	1.37
0.30	102.51	1.22	107.07	1.28	111.44	1.33	115.64	1.38	119.70	1.43	123.63	1.48	127.43	1.52
0.35	137.63	1.33	143.75	1.39	149.62	1.45	155.27	1.50	160.72	1.55	165.99	1.60	171.10	1.65
0.40	176.40	1.42	184.24	1.49	191.76	1.55	199.00	1.61	205.99	1.66	212.74	1.72	219.29	1.77
0.45	218.03	1.51	227.73	1.57	237.03	1.64	245.97	1.70	254.61	1.76	262.96	1.82	271.05	1.87
0.50	261.72	1.58	273.36	1.65	284.52	1.71	295.26	1.78	305.62	1.84	315.65	1.90	325.36	1.96
0.55	306.59	1.64	320.22	1.71	333.29	1.78	345.88	1.85	358.02	1.91	369.76	1.98	381.14	2.04
0.60	351.67	1.69	367.31	1.77	382.31	1.84	396.74	1.91	410.66	1.98	424.13	2.04	437.18	2.10
0.65	395.94	1.73	413.54	1.81	430.43	1.89	446.68	1.96	462.35	2.02	477.52	2.09	492.21	2.16
0.70	438.25	1.77	457.73	1.84	476.43	1.92	494.41	1.99	511.76	2.06	528.55	2.13	544.81	2.20
0.75	477.32	1.79	498.54	1.87	518.90	1.94	538.49	2.02	557.39	2.09	575.67	2.16	593.38	2.22
0.80	511.65	1.80	534.40	1.88	556.22	1.95	577.22	2.03	597.48	2.10	617.08	2.17	636.07	2.24
0.85	539.38	1.79	563.36	1.87	586.37	1.95	608.50	2.02	629.86	2.10	650.52	2.16	670.54	2.23
0.90	557.89	1.77	582.69	1.85	606.49	1.93	629.38	2.00	651.47	2.07	672.84	2.14	693.55	2.20
0.95	562.45	1.73	587.46	1.80	611.45	1.88	634.53	1.95	656.80	2.02	678.34	2.08	699.22	2.15
1.00	523.45	1.58	546.72	1.65	569.05	1.71	590.53	1.78	611.25	1.84	631.30	1.90	650.73	1.96

	$D=650\text{mm}$													
	i（‰）													
h/D	9.0		9.5		10		11		12		13		14	
	Q	v	Q	v	Q	v	Q	v	Q	v	Q	v	Q	v
0.10	13.98	0.81	14.36	0.83	14.74	0.85	15.46	0.89	16.14	0.93	16.80	0.97	17.44	1.01
0.15	32.55	1.04	33.44	1.07	34.31	1.10	35.98	1.15	37.58	1.20	39.12	1.25	40.60	1.30
0.20	58.64	1.24	60.24	1.28	61.81	1.31	64.82	1.37	67.71	1.43	70.47	1.49	73.13	1.55
0.25	91.72	1.41	94.23	1.45	96.68	1.49	101.40	1.56	105.91	1.63	110.23	1.70	114.39	1.76
0.30	131.13	1.57	134.72	1.61	138.22	1.65	144.97	1.73	151.41	1.81	157.60	1.88	163.55	1.95
0.35	176.06	1.70	180.89	1.75	185.59	1.79	194.64	1.88	203.30	1.96	211.60	2.04	219.59	2.12
0.40	225.65	1.82	231.83	1.87	237.85	1.92	249.46	2.01	260.55	2.10	271.19	2.19	281.43	2.27
0.45	278.91	1.93	286.55	1.98	293.99	2.03	308.34	2.13	322.05	2.22	335.20	2.31	347.86	2.40
0.50	334.79	2.02	343.97	2.07	352.90	2.13	370.13	2.23	386.59	2.33	402.37	2.43	417.56	2.52
0.55	392.19	2.10	402.93	2.15	413.40	2.21	433.58	2.32	452.86	2.42	471.35	2.52	489.14	2.62
0.60	449.86	2.16	462.19	2.22	474.19	2.28	497.34	2.39	519.45	2.50	540.66	2.60	561.07	2.70
0.65	506.48	2.22	520.36	2.28	533.88	2.34	559.94	2.45	584.84	2.56	608.72	2.67	631.69	2.77
0.70	560.61	2.26	575.97	2.32	590.93	2.38	619.78	2.50	647.33	2.61	673.77	2.72	699.20	2.82
0.75	610.59	2.29	627.32	2.35	643.61	2.41	675.03	2.53	705.04	2.64	733.83	2.75	761.54	2.85
0.80	654.51	2.30	672.44	2.36	689.91	2.42	723.59	2.54	755.76	2.66	786.62	2.76	816.31	2.87
0.85	689.98	2.30	708.88	2.36	727.30	2.42	762.80	2.54	796.72	2.65	829.25	2.76	860.55	2.86
0.90	713.65	2.27	733.21	2.33	752.26	2.39	788.97	2.51	824.05	2.62	857.70	2.73	890.08	2.83
0.95	719.49	2.21	739.21	2.27	758.41	2.33	795.43	2.44	830.79	2.55	864.72	2.66	897.36	2.76
1.00	669.60	2.02	687.94	2.07	705.82	2.13	740.27	2.23	773.18	2.33	804.75	2.43	835.13	2.52

$D=650\text{mm}$

h/D	i (‰) 15		16		17		18		19		20		25	
	Q	v	Q	v	Q	v	Q	v	Q	v	Q	v	Q	v
0.10	18.05	1.05	18.64	1.08	19.21	1.11	19.77	1.14	20.31	1.18	20.84	1.21	23.30	1.35
0.15	42.02	1.35	43.40	1.39	44.73	1.43	46.03	1.47	47.29	1.52	48.52	1.55	54.25	1.74
0.20	75.70	1.60	78.18	1.65	80.59	1.71	82.92	1.76	85.20	1.80	87.41	1.85	97.73	2.07
0.25	118.41	1.83	122.29	1.89	126.06	1.94	129.71	2.00	133.27	2.05	136.73	2.11	152.87	2.36
0.30	169.29	2.02	174.84	2.09	180.22	2.15	185.44	2.21	190.52	2.28	195.47	2.33	218.55	2.61
0.35	227.29	2.20	234.75	2.27	241.97	2.34	248.99	2.41	255.81	2.47	262.46	2.54	293.44	2.84
0.40	291.31	2.35	300.86	2.43	310.12	2.50	319.11	2.57	327.86	2.65	336.37	2.71	376.08	3.03
0.45	360.07	2.49	371.88	2.57	383.32	2.65	394.43	2.72	405.24	2.80	415.77	2.87	464.84	3.21
0.50	432.22	2.61	446.39	2.69	460.13	2.77	473.47	2.85	486.44	2.93	499.08	3.01	557.99	3.36
0.55	506.31	2.71	522.92	2.80	539.01	2.88	554.64	2.97	569.83	3.05	584.64	3.13	653.64	3.50
0.60	580.76	2.79	599.81	2.89	618.27	2.97	636.20	3.06	653.63	3.14	670.61	3.23	749.76	3.61
0.65	653.87	2.86	675.31	2.96	696.09	3.05	716.27	3.14	735.90	3.22	755.02	3.31	844.14	3.70
0.70	723.74	2.92	747.48	3.01	770.48	3.11	792.82	3.20	814.55	3.28	835.71	3.37	934.34	3.77
0.75	788.26	2.95	814.12	3.05	839.17	3.14	863.50	3.23	887.16	3.32	910.21	3.41	1017.64	3.81
0.80	844.97	2.97	972.68	3.07	899.53	3.16	925.61	3.25	950.98	3.34	975.68	3.43	1090.85	3.83
0.85	890.76	2.96	919.97	3.06	948.28	3.15	975.77	3.25	1002.51	3.33	1028.56	3.42	1149.96	3.83
0.90	921.32	2.93	951.54	3.02	980.82	3.12	1009.26	3.21	1036.91	3.30	1063.85	3.38	1189.42	3.78
0.95	928.86	2.85	959.32	2.95	988.84	3.04	1017.51	3.12	1045.39	3.21	1072.55	3.29	1199.15	3.68
1.00	864.44	2.61	892.79	2.69	920.27	2.77	946.95	2.85	972.90	2.93	998.17	3.01	1115.99	3.36

$D=700\text{mm}$

h/D	i (‰) 0.6		0.7		0.8		0.9		1.0		1.1		1.2	
	Q	v	Q	v	Q	v	Q	v	Q	v	Q	v	Q	v
0.10	4.40	0.22	4.75	0.24	5.08	0.25	5.39	0.27	5.68	0.28	5.96	0.30	6.22	0.31
0.15	10.24	0.28	11.06	0.31	11.82	0.33	12.54	0.35	13.22	0.37	13.87	0.38	14.48	0.40
0.20	18.45	0.34	19.93	0.36	21.30	0.39	22.59	0.41	23.82	0.43	24.98	0.46	26.09	0.48
0.25	28.86	0.38	31.17	0.41	33.32	0.44	35.34	0.47	37.25	0.50	39.07	0.52	40.81	0.54
0.30	41.25	0.42	44.56	0.46	47.64	0.49	50.53	0.52	53.26	0.55	55.86	0.58	58.34	0.60
0.35	55.39	0.46	59.83	0.50	63.96	0.53	67.84	0.57	71.51	0.60	75.00	0.62	78.34	0.65
0.40	70.99	0.49	76.68	0.53	81.97	0.57	86.95	0.60	91.65	0.64	96.12	0.67	100.40	0.70
0.45	87.75	0.52	94.78	0.56	101.32	0.60	107.47	0.64	113.28	0.67	118.81	0.71	124.09	0.74
0.50	105.33	0.55	113.77	0.59	121.63	0.63	129.00	0.67	135.98	0.71	142.62	0.74	148.96	0.77
0.55	123.39	0.57	133.27	0.61	142.48	0.66	151.12	0.70	159.29	0.73	167.07	0.77	174.50	0.80
0.60	141.53	0.59	152.87	0.63	163.43	0.68	173.34	0.72	182.72	0.76	191.64	0.79	200.16	0.83
0.65	159.35	0.60	172.11	0.65	184.00	0.69	195.16	0.74	205.72	0.78	215.76	0.81	225.35	0.85
0.70	176.38	0.61	190.51	0.66	203.66	0.71	216.02	0.75	227.70	0.79	238.81	0.83	249.43	0.87
0.75	192.10	0.62	207.49	0.67	221.82	0.72	235.27	0.76	248.00	0.80	260.10	0.84	271.67	0.88
0.80	205.92	0.62	222.42	0.67	237.77	0.72	252.20	0.76	265.84	0.81	278.81	0.84	291.21	0.88
0.85	217.08	0.62	234.47	0.67	250.66	0.72	265.86	0.76	280.25	0.80	293.92	0.84	309.99	0.88
0.90	224.53	0.62	242.52	0.66	259.26	0.71	274.99	0.75	289.86	0.79	304.01	0.83	317.53	0.87
0.95	226.36	0.60	244.50	0.65	261.38	0.69	277.24	0.73	292.23	0.77	306.50	0.81	320.13	0.85
1.00	210.67	0.55	227.54	0.59	243.26	0.63	258.01	0.67	271.97	0.71	285.24	0.74	297.93	0.77

D = 700mm

h/D	i (‰)												
	1.3		1.4		1.5		1.6		1.7		1.8		1.9	
	Q	v	Q	v	Q	v	Q	v	Q	v	Q	v	Q	v
0.10	6.47	0.32	6.72	0.34	6.95	0.35	7.18	0.36	7.40	0.37	7.62	0.38	7.83	0.39
0.15	15.07	0.42	15.64	0.43	16.19	0.45	16.72	0.46	17.24	0.48	17.74	0.49	18.22	0.50
0.20	27.15	0.50	28.18	0.51	29.17	0.53	30.13	0.55	31.05	0.57	31.95	0.58	32.83	0.60
0.25	42.48	0.56	44.08	0.59	45.63	0.61	47.12	0.63	48.57	0.65	49.98	0.66	51.35	0.68
0.30	60.73	0.63	63.02	0.65	65.23	0.67	67.37	0.69	69.44	0.72	71.46	0.74	73.41	0.76
0.35	81.53	0.68	83.61	0.70	87.58	0.73	90.45	0.75	93.24	0.78	95.94	0.80	98.57	0.82
0.40	104.50	0.73	108.44	0.75	112.25	0.78	115.93	0.81	119.50	0.83	122.96	0.86	126.33	0.88
0.45	129.16	0.77	134.04	0.80	138.74	0.83	143.29	0.85	147.70	0.88	151.98	0.90	156.15	0.93
0.50	155.04	0.81	160.90	0.84	166.54	0.87	172.01	0.89	177.30	0.92	182.44	0.95	187.44	0.97
0.55	181.62	0.84	188.48	0.87	195.09	0.90	201.49	0.93	207.69	0.96	213.71	0.99	219.57	1.01
0.60	208.33	0.86	216.19	0.90	223.78	0.93	231.12	0.96	238.23	0.99	245.14	1.02	251.86	1.04
0.65	234.55	0.89	243.41	0.92	251.95	0.95	260.21	0.98	268.22	1.01	276.00	1.04	283.56	1.07
0.70	259.62	0.90	269.42	0.94	278.88	0.97	288.02	1.00	296.89	1.03	305.49	1.06	313.86	1.09
0.75	282.76	0.91	293.44	0.95	303.74	0.98	313.70	1.01	323.35	1.04	332.73	1.07	341.84	1.10
0.80	303.10	0.92	314.55	0.95	325.59	0.99	336.26	1.02	346.61	1.05	356.66	1.08	366.43	1.11
0.85	319.53	0.92	331.59	0.95	343.23	0.98	354.49	1.02	365.40	1.05	375.99	1.08	386.29	1.11
0.90	330.49	0.91	342.97	0.94	355.01	0.97	366.65	1.01	377.93	1.04	388.89	1.07	399.55	1.10
0.95	333.20	0.88	345.77	0.92	357.91	0.95	369.65	0.98	381.03	1.01	392.07	1.04	402.82	1.07
1.00	310.09	0.81	321.80	0.84	333.09	0.87	344.01	0.89	354.60	0.92	364.88	0.95	374.88	0.97

D = 700mm

h/D	i (‰)												
	2.0		2.1		2.2		2.3		2.4		2.5		2.6	
	Q	v	Q	v	Q	v	Q	v	Q	v	Q	v	Q	v
0.10	8.03	0.40	8.23	0.41	8.42	0.42	8.61	0.43	8.80	0.44	8.98	0.45	9.16	0.46
0.15	18.70	0.52	19.16	0.53	19.61	0.54	20.05	0.55	20.48	0.57	20.90	0.58	21.32	0.59
0.20	33.68	0.61	34.51	0.63	35.32	0.64	36.12	0.66	36.90	0.67	37.66	0.69	38.40	0.70
0.25	52.68	0.70	53.99	0.72	55.26	0.73	56.50	0.75	57.71	0.77	58.90	0.78	60.07	0.80
0.30	75.32	0.78	77.18	0.79	79.00	0.81	80.77	0.83	82.51	0.85	84.21	0.87	85.88	0.88
0.35	101.13	0.84	103.63	0.86	106.07	0.88	108.45	0.90	110.78	0.92	113.07	0.94	115.31	0.96
0.40	129.61	0.90	132.81	0.92	135.94	0.95	138.99	0.97	141.98	0.99	144.91	1.01	147.78	1.03
0.45	160.21	0.95	164.16	0.98	168.03	1.00	171.80	1.02	175.50	1.04	179.12	1.07	182.66	1.09
0.50	192.31	1.00	197.06	1.02	201.69	1.05	206.23	1.07	210.66	1.09	215.01	1.12	219.26	1.14
0.55	225.27	1.04	230.84	1.06	236.27	1.09	241.58	1.11	246.78	1.14	251.86	1.16	256.85	1.18
0.60	258.40	1.07	264.78	1.10	271.01	1.12	277.10	1.15	283.06	1.17	288.90	1.20	294.62	1.22
0.65	290.93	1.10	298.11	1.13	305.13	1.15	311.98	1.18	318.69	1.20	325.27	1.23	331.71	1.25
0.70	322.02	1.12	329.97	1.15	337.73	1.17	345.33	1.20	352.75	1.23	360.03	1.25	367.16	1.28
0.75	350.73	1.13	359.39	1.16	367.84	1.19	376.11	1.21	384.20	1.24	392.12	1.27	399.89	1.29
0.80	375.95	1.14	385.24	1.17	394.30	1.19	403.17	1.22	411.84	1.25	420.33	1.27	428.65	1.30
0.85	396.33	1.14	406.11	1.16	415.67	1.19	425.01	1.22	434.15	1.25	443.11	1.27	451.88	1.30
0.90	409.93	1.13	420.05	1.15	429.83	1.18	439.60	1.20	449.05	1.23	458.31	1.26	467.39	1.28
0.95	413.28	1.09	423.49	1.12	433.45	1.15	443.19	1.17	452.73	1.20	462.06	1.22	471.21	1.25
1.00	384.62	1.00	394.12	1.02	403.39	1.05	412.46	1.07	421.33	1.09	430.02	1.12	438.53	1.14

$D = 700\text{mm}$

h/D	i (‰)													
	2.7		2.8		2.9		3.0		3.1		3.2		3.3	
	Q	v	Q	v	Q	v	Q	v	Q	v	Q	v	Q	v
0.10	9.33	0.47	9.50	0.47	9.67	0.48	9.83	0.49	10.00	0.50	10.16	0.51	10.31	0.51
0.15	21.72	0.60	22.12	0.61	22.51	0.62	22.90	0.63	23.28	0.64	23.65	0.65	24.02	0.66
0.20	39.13	0.71	39.85	0.73	40.56	0.74	41.25	0.75	41.93	0.77	42.60	0.78	43.26	0.79
0.25	61.21	0.81	62.34	0.83	63.44	0.84	64.53	0.86	65.59	0.87	66.64	0.89	67.67	0.90
0.30	87.51	0.90	89.12	0.92	90.70	0.93	92.25	0.95	93.77	0.97	95.27	0.98	96.75	1.00
0.35	117.50	0.98	119.66	1.00	121.78	1.01	123.86	1.03	125.91	1.05	127.92	1.07	129.91	1.08
0.40	150.60	1.05	153.36	1.07	156.07	1.09	158.74	1.10	161.37	1.12	163.95	1.14	166.49	1.16
0.45	186.14	1.11	189.56	1.13	192.91	1.15	196.21	1.17	199.45	1.19	202.65	1.21	205.79	1.23
0.50	223.44	1.16	227.54	1.18	231.57	1.20	235.53	1.22	239.42	1.24	243.25	1.26	247.02	1.28
0.55	261.75	1.21	266.55	1.23	271.27	1.25	275.90	1.27	280.46	1.29	284.55	1.31	289.37	1.33
0.60	300.24	1.25	305.74	1.27	311.16	1.29	316.48	1.31	321.71	1.33	326.86	1.36	331.92	1.38
0.65	338.03	1.28	344.23	1.30	350.32	1.32	356.31	1.35	362.20	1.37	368.00	1.39	373.70	1.41
0.70	374.15	1.30	381.02	1.32	387.76	1.35	394.39	1.37	400.91	1.39	407.32	1.42	413.64	1.44
0.75	407.51	1.32	414.98	1.34	422.33	1.36	429.55	1.39	436.65	1.41	443.64	1.43	450.51	1.46
0.80	436.82	1.32	444.83	1.35	452.71	1.37	460.45	1.40	468.06	1.42	475.55	1.44	482.92	1.46
0.85	460.49	1.32	468.94	1.35	477.24	1.37	485.40	1.39	493.42	1.42	501.32	1.44	509.09	1.46
0.90	476.29	1.31	485.03	1.33	493.62	1.35	502.06	1.38	510.35	1.40	518.52	1.42	526.56	1.44
0.95	480.19	1.27	489.00	1.29	497.65	1.32	506.16	1.34	514.53	1.36	522.76	1.38	530.87	1.41
1.00	446.89	1.16	455.09	1.18	463.14	1.20	471.06	1.22	478.85	1.24	486.51	1.26	494.05	1.28

$D = 700\text{mm}$

h/D	i (‰)													
	3.4		3.5		3.6		3.7		3.8		3.9		4.0	
	Q	v	Q	v	Q	v	Q	v	Q	v	Q	v	Q	v
0.10	10.47	0.52	10.62	0.53	10.77	0.54	10.92	0.55	11.07	0.55	11.21	0.56	11.36	0.57
0.15	24.38	0.67	24.73	0.68	25.08	0.69	25.43	0.70	25.77	0.71	26.11	0.72	26.44	0.73
0.20	43.91	0.80	44.56	0.81	45.19	0.82	45.81	0.84	46.43	0.85	47.03	0.86	47.63	0.87
0.25	68.69	0.91	69.70	0.93	70.68	0.94	71.66	0.95	72.62	0.97	73.57	0.98	74.51	0.99
0.30	98.21	1.01	99.64	1.03	101.05	1.04	102.45	1.06	103.82	1.07	105.18	1.08	106.52	1.10
0.35	131.86	1.10	133.78	1.11	135.68	1.13	137.55	1.15	139.40	1.16	141.22	1.18	143.02	1.19
0.40	168.99	1.18	171.46	1.19	173.89	1.21	176.29	1.23	178.66	1.24	180.99	1.26	183.30	1.28
0.45	208.88	1.24	211.93	1.26	214.94	1.28	217.90	1.30	220.83	1.31	223.72	1.33	226.57	1.35
0.50	250.74	1.30	254.40	1.32	258.01	1.34	261.57	1.36	265.08	1.38	268.54	1.40	271.96	1.41
0.55	293.72	1.35	298.01	1.37	302.24	1.39	306.41	1.41	310.52	1.43	314.58	1.45	318.59	1.47
0.60	336.91	1.40	341.83	1.42	346.68	1.44	351.46	1.46	356.18	1.48	360.84	1.50	365.44	1.52
0.65	379.32	1.43	384.86	1.45	390.32	1.47	395.70	1.49	401.02	1.51	406.26	1.53	411.43	1.55
0.70	419.86	1.46	425.99	1.48	432.03	1.50	437.99	1.52	443.87	1.54	449.67	1.56	455.40	1.58
0.75	457.29	1.48	463.97	1.50	470.55	1.52	477.04	1.54	483.44	1.56	489.76	1.58	496.00	1.60
0.80	490.18	1.49	497.34	1.51	504.39	1.53	511.35	1.55	518.22	1.57	524.99	1.59	531.68	1.61
0.85	516.75	1.48	524.29	1.50	531.73	1.53	539.06	1.55	546.30	1.57	553.44	1.59	560.49	1.61
0.90	534.48	1.47	542.28	1.49	549.97	1.51	557.56	1.53	565.04	1.55	572.43	1.57	579.72	1.59
0.95	538.85	1.43	546.72	1.45	554.47	1.47	562.12	1.49	569.97	1.51	577.11	1.53	584.47	1.55
1.00	501.48	1.30	508.80	1.32	516.02	1.34	523.14	1.36	530.16	1.38	537.09	1.40	543.93	1.41

h/D	D = 700mm												
	i (‰)												
	4.1		4.2		4.3		4.4		4.6		4.8		5.0	
	Q	v	Q	v	Q	v	Q	v	Q	v	Q	v	Q	v
0.10	11.50	0.57	11.64	0.58	11.77	0.59	11.91	0.59	12.18	0.61	12.44	0.62	12.70	0.63
0.15	26.77	0.74	27.09	0.75	27.41	0.76	27.73	0.77	28.35	0.78	28.96	0.80	29.56	0.82
0.20	48.22	0.88	48.81	0.89	49.39	0.90	49.96	0.91	51.08	0.93	52.18	0.95	53.25	0.97
0.25	75.43	1.00	76.35	1.01	77.25	1.03	78.14	1.04	79.90	1.06	81.62	1.08	83.30	1.11
0.30	107.84	1.11	109.15	1.12	110.44	1.14	111.72	1.15	114.23	1.18	116.69	1.20	119.09	1.23
0.35	144.80	1.21	146.55	1.22	148.29	1.24	150.00	1.25	153.37	1.28	156.67	1.31	159.90	1.33
0.40	185.58	1.29	187.83	1.31	190.05	1.32	192.25	1.34	196.57	1.37	200.80	1.40	204.94	1.43
0.45	229.38	1.37	232.16	1.38	234.91	1.40	237.62	1.41	242.96	1.45	248.19	1.48	253.31	1.51
0.50	275.34	1.43	278.68	1.45	281.98	1.47	285.24	1.48	291.65	1.52	297.92	1.55	304.07	1.58
0.55	322.54	1.49	326.45	1.51	330.32	1.52	334.14	1.54	341.65	1.58	348.99	1.61	356.19	1.64
0.60	369.97	1.53	374.46	1.55	378.89	1.57	383.27	1.59	391.89	1.63	400.31	1.66	408.57	1.69
0.65	416.54	1.57	421.59	1.59	426.58	1.61	431.51	1.63	441.21	1.67	450.70	1.70	460.00	1.74
0.70	461.06	1.60	466.65	1.62	472.17	1.64	477.63	1.66	488.36	1.70	498.87	1.73	509.15	1.77
0.75	502.16	1.62	508.25	1.64	514.26	1.66	520.21	1.68	531.90	1.72	543.34	1.75	554.54	1.79
0.80	538.28	1.63	544.81	1.65	551.26	1.67	557.63	1.69	570.16	1.73	582.42	1.76	594.43	1.80
0.85	567.45	1.63	574.33	1.65	581.13	1.67	587.85	1.69	601.06	1.72	613.99	1.76	626.65	1.80
0.90	586.93	1.61	594.04	1.63	601.07	1.65	608.02	1.67	621.68	1.70	635.06	1.74	648.15	1.78
0.95	591.73	1.57	598.90	1.59	605.99	1.60	612.99	1.62	626.77	1.66	640.25	1.70	653.45	1.73
1.00	550.69	1.43	557.37	1.45	563.96	1.47	570.48	1.48	583.31	1.52	595.85	1.55	608.14	1.58

h/D	D = 700mm												
	i (‰)												
	5.5		6.0		6.5		7.0		7.5		8.0		8.5	
	Q	v	Q	v	Q	v	Q	v	Q	v	Q	v	Q	v
0.10	13.32	0.66	13.91	0.69	14.48	0.72	15.02	0.75	15.55	0.78	16.06	0.80	16.55	0.83
0.15	31.00	0.86	32.38	0.89	33.71	0.93	34.98	0.97	36.21	1.00	37.39	1.03	38.54	1.06
0.20	55.85	1.02	58.34	1.06	60.72	1.11	63.01	1.15	65.22	1.19	67.36	1.23	69.44	1.27
0.25	87.37	1.16	91.25	1.21	94.98	1.26	98.56	1.31	102.02	1.36	105.37	1.40	108.61	1.44
0.30	124.91	1.29	130.46	1.34	135.79	1.40	140.91	1.45	145.86	1.50	150.64	1.55	155.28	1.60
0.35	167.71	1.40	175.16	1.46	182.32	1.52	189.20	1.58	195.84	1.63	202.26	1.68	208.49	1.74
0.40	214.94	1.50	224.50	1.56	233.66	1.63	242.48	1.69	250.99	1.75	259.23	1.80	267.20	1.86
0.45	265.67	1.58	277.48	1.65	288.82	1.72	299.72	1.78	310.24	1.85	320.41	1.91	330.27	1.97
0.50	318.91	1.66	333.09	1.73	346.69	1.80	359.78	1.87	372.40	1.94	384.62	2.00	396.45	2.06
0.55	373.58	1.72	390.19	1.80	406.12	1.87	421.45	1.94	436.24	2.01	450.55	2.08	464.42	2.14
0.60	428.51	1.78	447.56	1.86	465.84	1.93	483.43	2.01	500.39	2.08	516.80	2.14	532.71	2.21
0.65	482.45	1.82	503.90	1.90	524.48	1.98	544.27	2.06	563.38	2.13	581.85	2.20	599.76	2.26
0.70	534.01	1.86	557.75	1.94	580.52	2.02	602.44	2.09	623.58	2.17	644.03	2.24	663.86	2.31
0.75	581.61	1.88	607.47	1.96	632.28	2.04	656.15	2.12	679.18	2.19	701.45	2.27	723.04	2.34
0.80	623.45	1.89	651.17	1.97	677.76	2.05	703.34	2.13	728.03	2.21	751.91	2.28	775.05	2.35
0.85	657.23	1.89	686.46	1.97	714.49	2.05	741.46	2.13	767.48	2.20	792.65	2.27	817.05	2.34
0.90	679.79	1.86	710.01	1.95	739.01	2.03	766.90	2.10	793.82	2.18	819.85	2.25	845.09	2.32
0.95	685.35	1.81	715.82	1.90	745.05	1.97	773.18	2.05	800.31	2.12	826.56	2.19	852.00	2.26
1.00	637.82	1.66	666.18	1.73	693.38	1.80	719.56	1.87	744.81	1.94	769.24	2.00	792.91	2.06

D = 700mm

h/D	9.0 Q	v	9.5 Q	v	10 Q	v	11 Q	v	12 Q	v	13 Q	v	14 Q	v
0.10	17.03	0.85	17.50	0.87	17.96	0.90	18.83	0.94	19.67	0.98	20.47	1.02	21.25	1.06
0.15	39.66	1.10	40.75	1.13	41.81	1.15	43.85	1.21	45.80	1.27	47.67	1.32	49.47	1.37
0.20	71.45	1.30	73.41	1.34	75.31	1.37	78.99	1.44	82.50	1.51	85.87	1.57	89.11	1.63
0.25	111.76	1.49	114.82	1.53	117.81	1.57	123.56	1.64	129.05	1.72	134.32	1.79	139.39	1.85
0.30	159.78	1.65	164.16	1.69	168.42	1.73	176.64	1.82	184.50	1.90	192.03	1.98	199.28	2.05
0.35	214.53	1.79	220.41	1.84	226.14	1.88	237.17	1.98	247.72	2.06	257.83	2.15	267.57	2.23
0.40	274.95	1.91	282.48	1.97	289.82	2.02	303.97	2.11	317.48	2.21	330.45	2.30	342.92	2.39
0.45	339.85	2.02	349.16	2.08	358.23	2.13	375.72	2.24	392.42	2.34	408.45	2.43	423.86	2.52
0.50	407.95	2.12	419.13	2.18	430.01	2.23	451.00	2.34	471.06	2.45	490.29	2.55	508.80	2.64
0.55	477.88	2.20	490.97	2.26	503.73	2.32	528.32	2.44	551.81	2.54	574.34	2.65	596.02	2.75
0.60	548.15	2.27	563.17	2.34	577.80	2.40	606.01	2.51	632.95	2.63	658.80	2.73	683.67	2.84
0.65	617.15	2.33	634.06	2.39	650.53	2.46	682.28	2.58	712.62	2.69	741.72	2.80	769.72	2.91
0.70	683.10	2.37	701.82	2.44	720.05	2.50	755.20	2.62	788.78	2.74	820.99	2.85	851.98	2.96
0.75	744.00	2.40	764.39	2.47	784.24	2.53	822.52	2.66	859.10	2.77	894.18	2.89	927.93	3.00
0.80	797.52	2.42	819.37	2.48	840.66	2.55	881.69	2.67	920.89	2.79	958.50	2.90	994.68	3.01
0.85	840.74	2.41	863.78	2.48	886.21	2.54	929.47	2.67	970.80	2.78	1010.44	2.90	1048.58	3.01
0.90	869.59	2.38	893.41	2.45	916.62	2.51	961.36	2.64	1004.11	2.75	1045.11	2.86	1084.56	2.97
0.95	876.70	2.32	900.72	2.39	924.12	2.45	969.23	2.57	1012.32	2.68	1053.66	2.79	1093.44	2.90
1.00	815.90	2.12	838.26	2.18	860.04	2.23	902.01	2.34	942.12	2.45	980.59	2.55	1017.61	2.64

D = 700mm

h/D	15 Q	v	16 Q	v	17 Q	v	18 Q	v	19 Q	v	20 Q	v	25 Q	v
0.10	21.99	1.10	22.71	1.13	23.41	1.17	24.09	1.20	24.75	1.24	25.39	1.27	28.39	1.42
0.15	51.20	1.41	52.88	1.46	54.51	1.51	56.09	1.55	57.63	1.59	59.12	1.63	66.10	1.83
0.20	92.24	1.68	95.26	1.74	98.20	1.79	101.04	1.84	103.81	1.89	106.51	1.94	119.08	2.17
0.25	144.28	1.92	149.01	1.98	153.60	2.04	158.05	2.10	162.38	2.16	166.60	2.21	186.27	2.48
0.30	206.27	2.12	213.04	2.19	219.60	2.26	225.96	2.33	232.15	2.39	238.18	2.45	266.30	2.74
0.35	276.96	2.31	286.04	2.38	294.84	2.46	303.39	2.53	311.71	2.60	319.80	2.66	357.55	2.98
0.40	354.96	2.47	366.60	2.55	377.88	2.63	388.84	2.70	399.49	2.78	409.87	2.85	458.25	3.19
0.45	438.74	2.61	453.13	2.70	467.08	2.78	480.52	2.86	493.79	2.94	506.62	3.02	566.41	3.37
0.50	526.66	2.74	543.93	2.83	560.67	2.91	576.92	3.00	592.73	3.08	608.13	3.16	679.91	3.53
0.55	616.94	2.84	637.17	2.94	656.78	3.03	675.82	3.12	694.34	3.20	712.38	3.28	796.47	3.67
0.60	707.66	2.94	730.87	3.03	753.36	3.12	775.20	3.22	796.45	3.30	817.14	3.39	913.59	3.79
0.65	796.74	3.01	822.87	3.11	848.19	3.20	872.78	3.30	896.70	3.39	919.99	3.47	1028.58	3.88
0.70	881.88	3.06	910.80	3.17	938.83	3.26	966.05	3.36	992.52	3.45	1018.31	3.54	1138.50	3.96
0.75	960.50	3.10	992.00	3.20	1022.53	3.30	1052.18	3.40	1081.01	3.49	1109.09	3.58	1240.00	4.01
0.80	1029.59	3.12	1063.36	3.22	1096.08	3.32	1127.86	3.42	1158.77	3.51	1188.87	3.60	1329.20	4.03
0.85	1085.39	3.11	1120.98	3.22	1155.48	3.31	1188.98	3.41	1221.56	3.50	1253.30	3.59	1401.23	4.02
0.90	1122.63	3.08	1159.45	3.18	1195.13	3.28	1229.78	3.37	1263.48	3.46	1296.30	3.55	1449.31	3.97
0.95	1131.81	3.00	1168.93	3.10	1204.91	3.19	1239.84	3.28	1273.81	3.37	1306.91	3.46	1461.16	3.87
1.00	1053.33	2.74	1087.87	2.83	1121.35	2.91	1153.86	3.00	1185.48	3.08	1216.28	3.16	1359.84	3.53

$D = 750\text{mm}$

h/D	i (‰)												
	0.6		0.7		0.8		0.9		1.0		1.1		1.2
	Q	v	Q	v	Q	v	Q	v	Q	v	Q	v	Q	v
0.10	5.29	0.23	5.71	0.25	6.10	0.27	6.47	0.28	6.82	0.30	7.16	0.31	7.48	0.33
0.15	12.31	0.30	13.30	0.32	14.21	0.34	15.08	0.36	15.89	0.38	16.67	0.40	17.41	0.42
0.20	22.17	0.35	23.95	0.38	25.60	0.41	27.16	0.43	28.63	0.46	30.02	0.48	31.36	0.50
0.25	34.69	0.40	37.46	0.43	40.05	0.46	42.48	0.49	44.78	0.52	46.96	0.54	49.05	0.57
0.30	49.59	0.44	53.56	0.48	57.26	0.51	60.73	0.54	64.02	0.57	67.14	0.60	70.13	0.63
0.35	66.58	0.48	71.92	0.52	76.88	0.56	81.54	0.59	85.85	0.62	90.15	0.65	94.16	0.68
0.40	85.33	0.52	92.17	0.56	98.53	0.60	104.51	0.63	110.16	0.67	115.54	0.70	120.68	0.73
0.45	105.47	0.55	113.92	0.59	121.79	0.63	129.18	0.67	136.16	0.71	142.81	0.74	149.16	0.77
0.50	126.61	0.57	136.75	0.62	146.19	0.66	155.06	0.70	163.45	0.74	171.43	0.78	179.05	0.81
0.55	148.31	0.60	160.19	0.64	171.26	0.69	181.64	0.73	191.47	0.77	200.81	0.81	209.74	0.84
0.60	170.12	0.61	183.75	0.66	196.44	0.71	208.35	0.75	219.63	0.79	230.34	0.83	240.59	0.87
0.65	191.53	0.63	206.88	0.68	221.16	0.73	234.58	0.77	247.27	0.81	259.34	0.85	270.87	0.89
0.70	212.00	0.64	228.99	0.69	244.80	0.74	259.65	0.79	273.69	0.83	287.05	0.87	299.82	0.91
0.75	230.90	0.65	249.40	0.70	266.62	0.75	282.80	0.80	298.09	0.84	312.64	0.88	326.55	0.92
0.80	247.51	0.65	267.34	0.71	285.80	0.75	303.14	0.80	319.54	0.84	335.13	0.88	350.04	0.92
0.85	260.93	0.65	281.83	0.70	301.29	0.75	319.57	0.80	336.85	0.84	353.29	0.88	369.00	0.92
0.90	269.88	0.64	291.50	0.70	311.63	0.74	330.53	0.79	348.41	0.83	365.42	0.87	381.67	0.91
0.95	272.09	0.63	293.89	0.68	314.18	0.72	333.24	0.77	351.26	0.81	368.41	0.85	384.79	0.89
1.00	253.22	0.57	273.51	0.62	292.39	0.66	310.13	0.70	326.90	0.74	342.86	0.78	358.10	0.81

$D = 750\text{mm}$

h/D	i (‰)												
	1.3		1.4		1.5		1.6		1.7		1.8		1.9
	Q	v	Q	v	Q	v	Q	v	Q	v	Q	v	Q	v
0.10	7.78	0.34	8.08	0.35	8.36	0.36	8.63	0.38	8.90	0.39	9.16	0.40	9.41	0.41
0.15	18.12	0.44	18.80	0.45	19.46	0.47	20.10	0.48	20.72	0.50	21.32	0.51	21.90	0.53
0.20	32.64	0.52	33.87	0.54	35.06	0.56	36.21	0.58	37.32	0.59	38.41	0.61	39.46	0.63
0.25	51.06	0.59	52.98	0.61	54.84	0.63	56.64	0.66	58.38	0.68	60.08	0.70	61.72	0.71
0.30	72.99	0.65	75.75	0.68	78.41	0.70	80.98	0.73	83.47	0.75	85.89	0.77	88.24	0.79
0.35	98.00	0.71	101.70	0.74	105.27	0.76	108.73	0.79	112.07	0.81	115.32	0.84	118.48	0.86
0.40	125.60	0.76	130.35	0.79	134.92	0.82	139.35	0.84	143.63	0.87	147.80	0.90	151.85	0.92
0.45	155.25	0.81	161.11	0.84	166.77	0.86	172.24	0.89	177.54	0.92	182.68	0.95	187.69	0.97
0.50	186.36	0.84	193.40	0.88	200.18	0.91	206.75	0.94	213.11	0.96	219.29	0.99	225.30	1.02
0.55	218.31	0.88	226.55	0.91	234.50	0.94	242.19	0.97	249.65	1.00	256.88	1.03	263.92	1.06
0.60	250.41	0.90	259.86	0.94	268.98	0.97	277.81	1.00	286.36	1.03	294.66	1.06	302.73	1.09
0.65	281.93	0.93	292.57	0.96	302.84	1.00	312.77	1.03	322.40	1.06	331.75	1.09	340.84	1.12
0.70	312.06	0.94	323.84	0.98	335.21	1.01	346.20	1.05	356.85	1.08	367.20	1.11	377.26	1.14
0.75	339.88	0.96	352.71	0.99	365.09	1.03	377.06	1.06	388.67	1.09	399.94	1.13	410.89	1.16
0.80	364.33	0.96	378.08	1.00	391.35	1.03	404.19	1.07	416.63	1.10	428.70	1.13	440.45	1.16
0.85	384.07	0.96	398.57	1.00	412.56	1.03	426.09	1.06	439.20	1.10	451.94	1.13	464.32	1.16
0.90	397.25	0.95	412.25	0.98	426.72	1.02	440.71	1.05	454.27	1.08	467.44	1.12	480.25	1.15
0.95	400.50	0.92	415.62	0.96	430.21	0.99	444.31	1.02	457.99	1.06	471.27	1.09	484.18	1.12
1.00	372.73	0.84	386.80	0.88	400.37	0.91	413.50	0.94	426.23	0.96	438.59	0.99	450.60	1.02

	$D = 750\text{mm}$													
	i（‰）													
h/D	2.0		2.1		2.2		2.3		2.4		2.5		2.6	
	Q	v	Q	v	Q	v	Q	v	Q	v	Q	v	Q	v
0.10	9.65	0.42	9.89	0.43	10.12	0.44	10.35	0.45	10.57	0.46	10.79	0.47	11.00	0.48
0.15	22.47	0.54	23.03	0.55	23.57	0.57	24.10	0.58	24.62	0.59	25.13	0.60	25.62	0.62
0.20	40.48	0.64	41.48	0.66	42.46	0.68	43.41	0.69	44.35	0.71	45.26	0.72	46.16	0.73
0.25	63.33	0.73	64.89	0.75	66.42	0.77	67.91	0.79	69.37	0.80	70.80	0.82	72.20	0.84
0.30	90.53	0.81	92.77	0.83	94.95	0.85	97.09	0.87	99.18	0.89	101.22	0.91	103.23	0.93
0.35	121.56	0.88	124.56	0.90	127.49	0.93	130.36	0.95	133.16	0.97	135.91	0.99	138.60	1.01
0.40	155.79	0.94	159.64	0.97	163.40	0.99	167.07	1.01	170.66	1.03	174.18	1.06	177.63	1.08
0.45	192,57	1.00	197.32	1.02	201.97	1.05	206.50	1.07	210.95	1.09	215.30	1.12	219.56	1.14
0.50	231.15	1.05	236.86	1.07	242.43	1.10	247.88	1.12	253.22	1.15	258.44	1.17	263.55	1.19
0.55	270.78	1.09	277.47	1.11	284.00	1.14	290.38	1.17	296.62	1.19	302.74	1.22	308.74	1.24
0.60	310.60	1.12	318.27	1.15	325.76	1.18	333.08	1.20	340.24	1.23	347.26	1.25	354.14	1.28
0.65	349.69	1.15	358.33	1.18	366.76	1.21	375.00	1.23	383.07	1.26	390.97	1.29	398.71	1.31
0.70	387.06	1.17	396.62	1.20	405.95	1.23	415.08	1.26	424.01	1.28	432.75	1.31	441.32	1.34
0.75	421.57	1.19	431.98	1.22	442.15	1.24	452.08	1.27	461.81	1.30	471.33	1.33	480.66	1.35
0.80	451.89	1.19	463.05	1.22	473.95	1.25	484.60	1.28	495.02	1.31	505.23	1.33	515.24	1.36
0.85	476.38	1.19	488.15	1.22	499.63	1.25	510.86	1.28	521.85	1.30	532.61	1.33	543.16	1.36
0.90	492.73	1.18	504.90	1.21	516.78	1.23	528.39	1.26	539.76	1.29	550.89	1.32	561.80	1.34
0.95	496.76	1.15	509.03	1.17	521.01	1.20	532.71	1.23	544.17	1.26	555.39	1.28	566.39	1.31
1.00	462.31	1.05	473.73	1.07	484.88	1.10	495.77	1.12	506.44	1.15	516.88	1.17	527.12	1.19

	$D = 750\text{mm}$													
	i（‰）													
h/D	2.7		2.8		2.9		3.0		3.1		3.2		3.3	
	Q	v	Q	v	Q	v	Q	v	Q	v	Q	v	Q	v
0.10	11.21	0.49	11.42	0.50	11.62	0.51	11.82	0.51	12.02	0.52	12.21	0.53	12.40	0.54
0.15	26.11	0.63	26.59	0.64	27.06	0.65	27.52	0.66	27.98	0.67	28.43	0.68	28.87	0.69
0.20	47.04	0.75	47.90	0.76	48.75	0.78	49.58	0.79	50.40	0.80	51.21	0.81	52.00	0.83
0.25	73.58	0.85	74.93	0.87	76.26	0.88	77.56	0.90	78.84	0.91	80.10	0.93	81.34	0.94
0.30	105.19	0.94	107.12	0.96	109.02	0.98	110.88	0.99	112.72	1.01	114.52	1.03	116.29	1.04
0.35	141.24	1.02	143.83	1.04	146.38	1.06	148.88	1.08	151.34	1.01	153.76	1.12	156.14	1.13
0.40	181.02	1.10	184.34	1.12	187.60	1.14	190.81	1.16	193.96	1.18	197.06	1.19	200.12	1.21
0.45	223.74	1.16	227.85	1.18	231.88	1.20	235.84	1.22	239.74	1.24	243.58	1.26	247.36	1.28
0.50	268.58	1.22	273.50	1.24	278.34	1.26	283.10	1.28	287.78	1.30	292.39	1.32	296.92	1.34
0.55	314.62	1.26	320.39	1.29	326.06	1.31	331.63	1.33	337.12	1.35	342.51	1.38	347.82	1.40
0.60	360.88	1.30	367.50	1.33	374.01	1.35	380.40	1.37	386.69	1.40	392.88	1.42	398.97	1.44
0.65	406.31	1.34	413.76	1.36	421.09	1.39	428.28	1.41	435.36	1.43	442.33	1.46	449.19	1.48
0.70	449.73	1.36	457.98	1.39	466.09	1.41	474.05	1.44	481.89	1.46	489.60	1.48	497.19	1.51
0.75	489.82	1.38	498.81	1.40	507.64	1.43	516.31	1.45	524.85	1.48	533.25	1.50	541.52	1.52
0.80	525.05	1.39	534.69	1.41	544.15	1.44	553.45	1.46	562.60	1.48	571.61	1.51	580.47	1.53
0.85	553.51	1.38	563.66	1.41	573.64	1.43	583.45	1.46	593.09	1.48	602.58	1.51	611.92	1.53
0.90	572.50	1.37	583.00	1.39	593.32	1.42	603.47	1.44	613.44	1.46	623.26	1.49	632.92	1.51
0.95	577.18	1.33	587.77	1.36	598.18	1.38	608.40	1.40	618.46	1.43	628.36	1.45	638.10	1.47
1.00	537.16	1.22	547.01	1.24	556.70	1.26	566.21	1.28	575.57	1.30	584.78	1.32	593.85	1.34

D = 750mm

h/D	i (‰)													
	3.4		3.5		3.6		3.7		3.8		3.9		4.0	
	Q	v	Q	v	Q	v	Q	v	Q	v	Q	v	Q	v
0.10	12.58	0.55	12.77	0.56	12.95	0.56	13.13	0.57	13.30	0.58	13.48	0.59	13.65	0.59
0.15	29.30	0.71	29.73	0.72	30.15	0.73	30.57	0.74	30.98	0.75	31.38	0.76	31.78	0.76
0.20	52.79	0.84	53.56	0.85	54.32	0.86	55.06	0.88	55.80	0.89	56.53	0.90	57.25	0.91
0.25	82.57	0.96	83.77	0.97	84.96	0.98	86.13	1.00	87.29	1.01	88.43	1.02	89.56	1.04
0.30	118.04	1.06	119.77	1.07	121.47	1.09	123.14	1.10	124.79	1.12	126.43	1.13	128.04	1.15
0.35	158.49	1.15	160.81	1.17	163.09	1.18	165.34	1.20	167.56	1.22	169.75	1.23	171.91	1.25
0.40	203.13	1.23	206.10	1.25	209.02	1.27	211.90	1.28	214.75	1.30	217.55	1.32	220.33	1.34
0.45	251.08	1.30	254.74	1.32	258.35	1.34	261.92	1.36	265.43	1.38	268.90	1.39	272.33	1.41
0.50	301.39	1.36	305.79	1.38	310.12	1.40	314.40	1.42	318.62	1.44	322.79	1.46	326.90	1.48
0.55	353.05	1.42	358.21	1.44	363.29	1.46	368.30	1.48	373.24	1.50	378.12	1.52	382.94	1.54
0.60	404.97	1.46	410.88	1.48	416.71	1.51	422.46	1.53	428.13	1.55	433.73	1.57	439.25	1.59
0.65	455.94	1.50	462.60	1.52	469.16	1.54	475.63	1.56	482.02	1.59	488.32	1.61	494.54	1.63
0.70	504.67	1.53	512.04	1.55	519.30	1.57	526.46	1.59	533.53	1.62	540.50	1.64	547.39	1.66
0.75	549.66	1.55	557.68	1.57	565.59	1.59	573.40	1.61	581.09	1.63	588.69	1.66	596.19	1.68
0.80	589.20	1.56	597.80	1.58	606.28	1.60	614.64	1.62	622.89	1.64	631.04	1.67	639.07	1.69
0.85	621.13	1.55	630.19	1.57	639.13	1.60	647.95	1.62	656.65	1.64	665.23	1.66	673.71	1.68
0.90	642.44	1.53	651.82	1.56	661.07	1.58	670.18	1.60	679.18	1.62	688.06	1.64	696.82	1.66
0.95	647.69	1.49	657.15	1.52	666.47	1.54	675.67	1.56	684.74	1.58	693.69	1.60	702.52	1.62
1.00	602.78	1.36	611.58	1.38	620.25	1.40	628.81	1.42	637.25	1.44	645.58	1.46	653.81	1.48

D = 750mm

h/D	i (‰)													
	4.1		4.2		4.3		4.4		4.6		4.8		5.0	
	Q	v	Q	v	Q	v	Q	v	Q	v	Q	v	Q	v
0.10	13.82	0.60	13.99	0.61	14.15	0.62	14.32	0.62	14.64	0.64	14.95	0.65	15.26	0.66
0.15	32.18	0.77	32.57	0.78	32.95	0.79	33.33	0.80	34.08	0.82	34.81	0.84	35.53	0.86
0.20	57.96	0.92	58.67	0.93	59.36	0.94	60.05	0.95	61.40	0.98	62.72	1.00	64.01	1.02
0.25	90.67	1.05	91.77	1.06	92.85	1.08	93.93	1.09	96.04	1.11	98.10	1.14	100.13	1.16
0.30	129.63	1.16	131.20	1.18	132.75	1.19	134.28	1.20	137.30	1.23	140.26	1.26	143.15	1.28
0.35	174.05	1.26	176.16	1.28	178.24	1.29	180.30	1.31	184.35	1.34	188.32	1.37	192.20	1.39
0.40	223.06	1.35	225.77	1.37	228.44	1.38	231.08	1.40	236.27	1.43	241.35	1.46	246.33	1.49
0.45	275.71	1.43	279.06	1.45	282.36	1.46	285.62	1.48	292.04	1.51	298.32	1.55	304.47	1.58
0.50	330.96	1.50	334.97	1.52	338.94	1.53	342.85	1.55	350.56	1.59	358.10	1.62	365.48	1.65
0.55	387.70	1.56	392.40	1.58	397.04	1.59	401.63	1.61	410.66	1.65	419.49	1.68	428.14	1.72
0.60	444.71	1.61	450.10	1.63	455.42	1.65	460.69	1.66	471.04	1.70	481.17	1.74	491.10	1.77
0.65	500.68	1.65	506.75	1.67	512.75	1.69	518.68	1.71	530.33	1.74	541.74	1.78	552.91	1.82
0.70	554.19	1.68	560.91	1.70	567.55	1.72	574.11	1.74	587.01	1.78	599.63	1.82	612.00	1.85
0.75	603.59	1.70	610.91	1.72	618.14	1.74	625.29	1.76	639.34	1.80	653.09	1.84	666.56	1.88
0.80	647.01	1.71	654.86	1.73	662.61	1.75	670.27	1.77	685.33	1.81	700.07	1.85	714.51	1.89
0.85	682.08	1.70	690.34	1.72	698.51	1.75	706.59	1.77	722.47	1.81	738.01	1.84	753.23	1.88
0.90	705.48	1.68	714.03	1.70	722.48	1.73	730.84	1.75	747.26	1.78	763.33	1.82	779.07	1.86
0.95	711.25	1.64	719.87	1.66	728.39	1.68	736.81	1.70	753.37	1.74	769.58	1.78	785.45	1.81
1.00	661.93	1.50	669.95	1.52	677.88	1.53	685.72	1.55	701.13	1.59	716.21	1.62	730.98	1.65

						$D=750$mm								
						i（‰）								
h/D	5.5		6.0		6.5		7.0		7.5		8.0		8.5	
	Q	v	Q	v	Q	v	Q	v	Q	v	Q	v	Q	v
0.10	16.01	0.70	16.72	0.73	17.40	0.76	18.06	0.79	18.69	0.81	19.30	0.84	19.90	0.87
0.15	37.27	0.90	38.92	0.94	40.51	0.97	42.04	1.01	43.52	1.05	44.95	1.08	46.33	1.11
0.20	67.14	1.07	70.12	1.11	72.98	1.16	75.74	1.20	78.40	1.25	80.97	1.29	83.46	1.33
0.25	105.02	1.22	109.68	1.27	114.16	1.32	118.47	1.37	122.63	1.42	126.65	1.47	130.55	1.51
0.30	150.14	1.35	156.81	1.41	163.21	1.46	169.38	1.52	175.32	1.57	181.07	1.62	186.64	1.67
0.35	201.58	1.46	210.55	1.53	219.14	1.59	227.42	1.65	235.40	1.71	243.12	1.76	250.60	1.82
0.40	258.35	1.57	269.84	1.64	280.86	1.70	291.46	1.77	301.69	1.83	311.59	1.89	321.18	1.95
0.45	319.34	1.66	333.53	1.73	347.15	1.80	360.26	1.87	372.90	1.93	385.13	2.00	396.99	2.06
0.50	383.32	1.74	400.37	1.81	416.72	1.89	432.45	1.96	447.63	2.03	462.31	2.09	476.53	2.16
0.55	449.04	1.80	469.00	1.88	488.15	1.96	506.58	2.03	524.36	2.11	541.56	2.18	558.22	2.24
0.60	515.07	1.86	537.97	1.94	559.94	2.02	581.07	2.10	601.47	2.17	621.19	2.24	640.31	2.31
0.65	579.90	1.91	605.68	1.99	630.42	2.07	654.21	2.15	677.18	2.23	699.38	2.30	720.91	2.37
0.70	641.87	1.94	670.41	2.03	697.79	2.11	724.13	2.19	749.54	2.27	774.13	2.34	797.95	2.42
0.75	699.09	1.97	730.18	2.05	759.99	2.14	788.68	2.22	816.36	2.30	843.14	2.37	869.09	2.45
0.80	749.38	1.98	782.70	2.07	814.66	2.15	845.42	2.23	875.09	2.31	903.79	2.39	931.60	2.46
0.85	789.99	1.79	825.12	2.06	858.81	2.15	891.23	2.23	922.51	2.30	952.77	2.38	982.09	2.45
0.90	817.10	1.95	853.43	2.04	888.28	2.12	921.81	2.20	954.17	2.28	985.46	2.35	1015.79	2.43
0.95	823.78	1.90	860.41	1.98	895.55	2.07	929.35	2.14	961.97	2.22	993.52	2.29	1024.10	2.36
1.00	766.66	1.74	800.75	1.81	833.44	1.89	864.90	1.96	895.26	2.03	924.62	2.09	953.08	2.16

						$D=750$mm								
						i（‰）								
h/D	9.0		9.5		10		11		12		13		14	
	Q	v	Q	v	Q	v	Q	v	Q	v	Q	v	Q	v
0.10	20.47	0.89	21.04	0.91	21.58	0.94	22.64	0.98	23.64	1.03	24.61	1.07	25.54	1.11
0.15	47.67	1.15	49.89	1.18	50.25	1.21	52.70	1.27	55.05	1.32	57.29	1.38	59.46	1.43
0.20	85.88	1.37	88.23	1.40	90.53	1.44	94.94	1.51	99.17	1.58	103.22	1.64	107.11	1.70
0.25	134.34	1.56	138.02	1.60	141.60	1.64	148.51	1.72	155.12	1.80	161.45	1.87	167.55	1.94
0.30	192.05	1.72	197.32	1.77	202.44	1.82	212.32	1.90	221.76	1.99	230.82	2.07	239.53	2.15
0.35	257.86	1.87	264.93	1.92	271.81	1.97	285.08	2.07	297.76	2.16	309.91	2.25	321.61	2.33
0.40	330.49	2.00	339.54	2.06	348.36	2.11	365.37	2.21	381.61	2.31	397.20	2.41	412.19	2.50
0.45	408.49	2.12	419.69	2.18	430.59	2.23	451.61	2.34	471.69	2.45	490.95	2.55	509.48	2.64
0.50	490.35	2.22	503.79	2.28	516.87	2.34	542.10	2.45	566.21	2.56	589.33	2.67	611.57	2.77
0.55	574.41	2.31	590.15	2.37	604.48	2.43	635.03	2.55	663.27	2.66	690.35	2.77	716.41	2.88
0.60	658.88	2.38	676.93	2.45	694.52	2.51	728.41	2.63	760.80	2.75	791.87	2.86	821.76	2.97
0.65	741.81	2.44	762.14	2.51	781.94	2.57	820.10	2.70	856.57	2.82	891.54	2.93	925.20	3.04
0.70	821.08	2.49	843.58	2.55	865.50	2.62	907.74	2.75	948.11	2.87	986.82	2.99	1024.07	3.10
0.75	894.28	2.52	918.79	2.59	942.66	2.65	988.67	2.78	1032.63	2.91	1074.79	3.02	1115.37	3.14
0.80	958.61	2.53	984.88	2.60	1010.46	2.67	1059.78	2.80	1106.91	2.92	1152.11	3.04	1195.60	3.16
0.85	1010.56	2.52	1038.25	2.59	1065.22	2.66	1117.22	2.79	1166.89	2.92	1214.54	3.03	1260.39	3.15
0.90	1045.24	2.50	1073.88	2.56	1101.78	2.63	1155.55	2.76	1206.93	2.88	1256.22	3.00	1303.64	3.11
0.95	1053.79	2.43	1082.66	2.50	1110.79	2.56	1165.00	2.69	1216.81	2.81	1266.49	2.92	1314.30	3.03
1.00	980.71	2.22	1007.58	2.28	1033.76	2.34	1084.21	2.45	1132.42	2.56	1178.67	2.67	1223.16	2.77

$D = 750\text{mm}$

h/D	i (‰)												
	15		16		17		18		19		20		25	
	Q	v	Q	v	Q	v	Q	v	Q	v	Q	v	Q	v
0.10	26.43	1.15	27.30	1.19	28.14	1.22	28.96	1.26	29.75	1.29	30.52	1.33	34.12	1.48
0.15	61.54	1.48	63.56	1.53	65.52	1.58	67.42	1.62	69.27	1.67	71.07	1.71	79.45	1.91
0.20	110.87	1.76	114.51	1.82	118.03	1.88	121.45	1.93	124.78	1.98	128.02	2.04	143.13	2.28
0.25	173.43	2.01	179.11	2.07	184.63	2.14	189.98	2.20	195.19	2.26	200.26	2.32	223.89	2.59
0.30	247.94	2.22	256.07	2.30	263.95	2.37	271.60	2.44	279.05	2.50	286.30	2.57	320.09	2.87
0.35	332.90	2.42	343.82	2.50	354.40	2.57	364.68	2.65	374.67	2.72	384.40	2.79	429.77	3.12
0.40	426.66	2.59	440.65	2.67	454.21	2.75	467.38	2.83	480.19	2.91	492.66	2.99	550.81	3.34
0.45	527.36	2.74	544.66	2.82	561.42	2.91	577.70	3.00	593.53	3.08	608.95	3.16	680.82	3.53
0.50	633.04	2.87	653.80	2.96	673.92	3.05	693.46	3.14	712.46	3.23	730.97	3.31	817.25	3.70
0.55	741.56	2.98	765.88	3.08	789.45	3.17	812.34	3.26	834.60	3.35	856.28	3.44	957.35	3.85
0.60	850.60	3.07	878.50	3.17	905.54	3.27	931.79	3.37	957.32	3.46	982.19	3.55	1098.13	3.97
0.65	957.67	3.15	989.08	3.25	1019.52	3.35	1049.08	3.45	1077.82	3.55	1105.82	3.64	1236.35	4.07
0.70	1060.01	3.21	1094.78	3.31	1128.47	3.42	1161.19	3.52	1193.01	3.61	1224.00	3.71	1368.47	4.14
0.75	1154.51	3.25	1192.38	3.35	1229.07	3.46	1264.71	3.56	1299.36	3.66	1333.12	3.75	1490.47	4.19
0.80	1237.56	3.27	1278.15	3.37	1317.48	3.48	1355.68	3.58	1392.83	3.68	1429.01	3.77	1597.68	4.22
0.85	1304.63	3.26	1347.41	3.37	1388.88	3.47	1429.15	3.57	1468.31	3.67	1506.45	3.76	1684.27	4.21
0.90	1349.39	3.22	1393.65	3.33	1436.54	3.43	1478.19	3.53	1518.69	3.63	1558.15	3.72	1742.06	4.16
0.95	1360.43	3.14	1405.05	3.24	1448.29	3.34	1490.28	3.44	1531.11	3.53	1570.89	3.62	1756.31	4.05
1.00	1266.09	2.87	1307.61	2.96	1347.86	3.05	1386.93	3.14	1424.94	3.23	1461.95	3.31	1634.51	3.70

$D = 800\text{mm}$

h/D	i (‰)												
	0.6		0.7		0.8		0.9		1.0		1.1		1.2	
	Q	v	Q	v	Q	v	Q	v	Q	v	Q	v	Q	v
0.10	6.28	0.24	6.78	0.26	7.25	0.28	7.69	0.29	8.11	0.31	8.50	0.33	8.88	0.34
0.15	14.62	0.31	15.79	0.33	16.88	0.36	17.91	0.38	18.87	0.40	19.80	0.42	20.68	0.44
0.20	26.34	0.37	28.45	0.40	30.41	0.42	32.26	0.45	34.00	0.48	35.66	0.50	37.25	0.52
0.25	41.20	0.42	44.50	0.45	47.57	0.48	50.46	0.51	53.19	0.54	55.78	0.57	58.26	0.59
0.30	58.90	0.46	63.62	0.50	68.01	0.54	72.14	0.57	76.04	0.60	79.75	0.63	83.30	0.66
0.35	79.08	0.50	85.42	0.54	91.32	0.58	96.86	0.62	102.10	0.65	107.08	0.68	111.84	0.71
0.40	101.36	0.54	109.48	0.58	117.04	0.62	124.14	0.66	130.85	0.70	137.24	0.73	143.34	0.76
0.45	125.28	0.57	135.32	0.62	144.66	0.66	153.44	0.70	161.74	0.74	169.63	0.77	177.17	0.81
0.50	150.38	0.60	162.43	0.65	173.65	0.69	184.18	0.73	194.15	0.77	203.62	0.81	212.68	0.85
0.55	176.16	0.62	190.28	0.67	203.42	0.72	215.76	0.76	227.43	0.80	238.53	0.84	249.13	0.88
0.60	202.07	0.64	218.26	0.69	233.33	0.74	247.48	0.79	260.87	0.83	273.60	0.87	285.77	0.91
0.65	227.50	0.66	245.73	0.71	262.70	0.76	278.63	0.81	293.71	0.85	308.04	0.89	321.74	0.93
0.70	251.82	0.67	271.99	0.72	290.77	0.77	308.41	0.82	325.09	0.87	340.96	0.91	356.12	0.95
0.75	274.27	0.68	296.24	0.73	316.70	0.78	335.91	0.83	354.08	0.88	371.36	0.92	387.78	0.96
0.80	294.00	0.68	317.55	0.74	339.48	0.79	360.07	0.84	379.55	0.88	398.07	0.92	415.77	0.96
0.85	309.93	0.68	334.76	0.74	357.87	0.79	379.58	0.83	400.11	0.88	419.64	0.92	438.30	0.96
0.90	320.65	0.67	346.25	0.73	370.15	0.78	392.61	0.82	413.84	0.87	434.04	0.91	453.34	0.95
0.95	323.18	0.66	349.08	0.71	373.18	0.76	395.82	0.80	417.23	0.85	437.59	0.89	457.05	0.93
1.00	300.77	0.60	324.87	0.65	347.30	0.69	368.37	0.73	388.30	0.77	407.25	0.81	425.36	0.85

$D = 800\text{mm}$

h/D	i (‰)												
	1.3		1.4		1.5		1.6		1.7		1.8		1.9	
	Q	v	Q	v	Q	v	Q	v	Q	v	Q	v	Q	v
0.10	9.24	0.35	9.59	0.37	9.93	0.38	10.25	0.39	10.57	0.40	10.88	0.42	11.17	0.43
0.15	21.52	0.46	22.33	0.47	23.12	0.49	23.88	0.50	24.61	0.52	25.32	0.54	26.02	0.55
0.20	38.77	0.54	40.23	0.56	41.64	0.58	43.01	0.60	44.33	0.62	45.62	0.64	46.87	0.65
0.25	60.64	0.62	62.93	0.64	65.14	0.66	67.28	0.68	69.35	0.71	71.36	0.73	73.31	0.75
0.30	86.70	0.68	89.97	0.71	93.13	0.73	96.18	0.76	99.14	0.78	102.02	0.80	104.81	0.83
0.35	116.41	0.74	120.80	0.77	125.04	0.80	129.14	0.82	133.12	0.85	136.98	0.87	140.73	0.90
0.40	149.19	0.79	154.83	0.82	160.26	0.85	165.52	0.88	170.61	0.91	175.56	0.94	180.37	0.96
0.45	184.41	0.84	191.37	0.87	198.09	0.90	204.58	0.93	210.88	0.96	216.99	0.99	222.94	1.02
0.50	221.36	0.88	229.72	0.91	237.78	0.95	245.58	0.98	253.13	1.01	260.47	1.04	267.61	1.06
0.55	259.31	0.92	269.10	0.95	278.54	0.98	287.68	1.02	296.53	1.05	305.13	1.08	313.49	1.11
0.60	297.44	0.94	308.67	0.98	319.50	1.01	329.98	1.05	340.13	1.08	349.99	1.11	359.59	1.14
0.65	334.88	0.97	347.52	1.00	359.72	1.04	371.51	1.07	382.95	1.11	394.05	1.14	404.85	1.17
0.70	370.66	0.99	384.66	1.02	398.16	1.06	411.22	1.09	423.87	1.13	436.16	1.16	448.11	1.19
0.75	403.71	1.00	418.95	1.04	433.65	1.07	447.88	1.11	461.66	1.14	475.04	1.17	488.06	1.21
0.80	432.75	1.00	449.08	1.04	464.85	1.08	480.09	1.11	494.87	1.15	509.21	1.18	523.17	1.21
0.85	456.20	1.00	473.42	1.04	490.04	1.08	506.11	1.11	521.69	1.15	536.81	1.18	551.52	1.21
0.90	471.85	0.99	489.67	1.03	506.85	1.06	523.48	1.10	539.59	1.13	555.23	1.17	570.44	1.20
0.95	475.71	0.96	493.67	1.00	511.00	1.04	527.76	1.07	544.00	1.10	559.77	1.13	575.11	1.17
1.00	442.72	0.88	459.44	0.91	475.56	0.95	491.16	0.98	506.28	1.01	520.95	1.04	535.23	1.06

$D = 800\text{mm}$

h/D	i (‰)												
	2.0		2.1		2.2		2.3		2.4		2.5		2.6	
	Q	v	Q	v	Q	v	Q	v	Q	v	Q	v	Q	v
0.10	11.46	0.44	11.75	0.45	12.02	0.46	12.29	0.47	12.56	0.48	12.82	0.49	13.07	0.50
0.15	26.69	0.56	27.35	0.58	28.00	0.59	28.63	0.61	29.24	0.62	29.84	0.63	30.43	0.64
0.20	48.09	0.67	49.27	0.69	50.43	0.70	51.57	0.72	52.68	0.74	53.76	0.75	54.83	0.77
0.25	75.22	0.77	77.08	0.78	78.89	0.80	80.66	0.82	82.40	0.84	84.10	0.86	85.76	0.87
0.30	107.54	0.85	110.19	0.87	112.79	0.89	115.32	0.91	117.80	0.93	120.23	0.95	122.61	0.97
0.35	144.39	0.92	147.95	0.94	151.43	0.97	154.84	0.99	158.17	1.01	161.43	1.03	164.63	1.05
0.40	185.05	0.99	189.62	1.01	194.08	1.03	198.45	1.06	202.71	1.08	206.89	1.10	210.99	1.12
0.45	228.73	1.04	234.38	1.07	239.89	1.09	245.29	1.12	250.56	1.14	255.73	1.17	260.79	1.19
0.50	274.56	1.09	281.34	1.12	287.96	1.15	294.44	1.17	300.77	1.20	306.97	1.22	313.05	1.25
0.55	321.63	1.14	329.57	1.16	337.33	1.19	344.91	1.22	352.33	1.24	359.59	1.27	366.72	1.29
0.60	368.93	1.17	378.04	1.20	386.93	1.23	395.63	1.26	404.14	1.28	412.47	1.31	420.64	1.34
0.65	415.36	1.20	425.62	1.23	435.64	1.26	445.43	1.29	455.01	1.32	464.39	1.34	473.59	1.37
0.70	459.75	1.22	471.11	1.25	482.19	1.28	493.03	1.31	503.63	1.34	514.02	1.37	524.20	1.39
0.75	500.74	1.24	513.11	1.27	525.18	1.30	536.98	1.33	548.53	1.36	559.84	1.38	570.93	1.41
0.80	536.76	1.25	550.01	1.28	562.96	1.31	575.61	1.34	587.99	1.36	600.11	1.39	612.00	1.42
0.85	565.85	1.24	579.82	1.27	593.47	1.30	606.80	1.33	619.85	1.36	632.64	1.39	645.17	1.42
0.90	585.26	1.23	599.72	1.26	613.83	1.29	627.63	1.32	641.12	1.35	654.34	1.37	667.30	1.40
0.95	590.05	1.20	604.62	1.23	618.85	1.25	632.76	1.28	646.37	1.31	659.70	1.34	672.76	1.36
1.00	549.13	1.09	562.69	1.12	575.93	1.15	588.88	1.17	601.54	1.20	613.95	1.22	626.11	1.25

$D=800\text{mm}$

h/D	i (‰)												
	2.7		2.8		2.9		3.0		3.1		3.2		3.3	
	Q	v	Q	v	Q	v	Q	v	Q	v	Q	v	Q	v
0.10	13.32	0.51	13.57	0.52	13.81	0.53	14.04	0.54	14.27	0.55	14.50	0.55	14.73	0.56
0.15	31.01	0.66	31.58	0.67	32.14	0.68	32.69	0.69	33.23	0.70	33.76	0.71	34.29	0.73
0.20	55.87	0.78	56.90	0.80	57.90	0.81	58.89	0.82	59.87	0.84	60.83	0.85	61.77	0.86
0.25	87.40	0.89	89.00	0.91	90.58	0.92	92.12	0.94	93.65	0.95	95.15	0.97	96.62	0.98
0.30	124.95	0.99	127.24	1.00	129.49	1.02	131.71	1.04	133.88	1.06	136.03	1.07	138.13	1.09
0.35	167.76	1.07	170.84	1.09	173.87	1.11	176.84	1.13	179.76	1.15	182.64	1.16	185.47	1.18
0.40	215.01	1.15	218.96	1.17	222.83	1.19	226.64	1.21	230.39	1.23	234.07	1.25	237.70	1.27
0.45	265.76	1.21	270.64	1.23	275.43	1.26	280.14	1.28	284.77	1.30	289.32	1.32	293.81	1.34
0.50	319.10	1.27	324.87	1.29	330.62	1.32	336.27	1.34	341.83	1.36	347.30	1.38	352.68	1.40
0.55	373.70	1.32	380.56	1.34	387.29	1.37	393.92	1.39	400.43	1.41	406.83	1.44	413.14	1.46
0.60	428.65	1.36	436.52	1.39	444.25	1.41	451.84	1.43	459.31	1.46	466.66	1.48	473.90	1.50
0.65	482.61	1.40	491.47	1.42	500.16	1.45	508.72	1.47	517.12	1.50	525.40	1.52	533.55	1.54
0.70	534.18	1.42	543.99	1.45	553.62	1.47	563.08	1.50	572.39	1.52	581.55	1.55	590.56	1.57
0.75	581.81	1.44	592.48	1.47	602.97	1.49	613.28	1.52	623.42	1.54	633.39	1.57	643.21	1.59
0.80	623.66	1.45	635.10	1.47	646.34	1.50	657.39	1.52	668.26	1.55	678.95	1.57	689.48	1.60
0.85	657.46	1.44	669.52	1.47	681.37	1.50	693.02	1.52	704.47	1.55	715.75	1.57	726.84	1.60
0.90	680.01	1.43	692.49	1.45	704.75	1.48	716.80	1.50	728.65	1.53	740.31	1.55	751.78	1.58
0.95	685.58	1.39	698.16	1.42	710.51	1.44	722.66	1.47	734.61	1.49	746.36	1.51	757.93	1.54
1.00	638.03	1.27	649.74	1.29	661.24	1.32	672.55	1.34	683.66	1.36	694.60	1.38	705.37	1.40

$D=800\text{mm}$

h/D	i (‰)												
	3.4		3.5		3.6		3.7		3.8		3.9		4.0	
	Q	v	Q	v	Q	v	Q	v	Q	v	Q	v	Q	v
0.10	14.95	0.57	15.17	0.58	15.38	0.59	15.59	0.60	15.80	0.60	16.01	0.61	16.21	0.62
0.15	34.80	0.74	35.31	0.75	35.81	0.76	36.31	0.77	36.79	0.78	37.27	0.79	37.75	0.80
0.20	62.70	0.88	63.61	0.89	64.52	0.90	65.41	0.91	66.28	0.93	67.15	0.94	68.01	0.95
0.25	98.07	1.00	99.51	1.01	100.92	1.03	102.31	1.04	103.68	1.06	105.04	1.07	106.38	1.08
0.30	140.21	1.11	142.26	1.12	144.28	1.14	146.27	1.15	148.23	1.17	150.17	1.18	152.08	1.20
0.35	188.26	1.20	191.01	1.22	193.72	1.24	196.39	1.25	199.02	1.27	201.63	1.29	204.19	1.30
0.40	241.28	1.29	244.80	1.30	248.27	1.32	251.70	1.34	255.08	1.36	258.41	1.38	261.70	1.39
0.45	298.23	1.36	302.58	1.38	306.87	1.40	311.11	1.42	135.28	1.44	319.40	1.46	323.47	1.47
0.50	357.99	1.42	363.21	1.45	368.37	1.47	373.45	1.49	378.46	1.51	383.41	1.53	388.29	1.54
0.55	419.36	1.48	425.48	1.50	431.51	1.52	437.47	1.54	443.34	1.57	449.13	1.59	454.85	1.61
0.60	481.02	1.53	488.04	1.55	494.97	1.57	501.80	1.59	508.53	1.61	515.18	1.64	521.74	1.66
0.65	541.57	1.57	549.48	1.59	557.27	1.61	564.96	1.63	572.54	1.66	580.02	1.68	587.41	1.70
0.70	599.44	1.60	608.20	1.62	616.82	1.64	625.33	1.66	633.73	1.69	642.01	1.71	650.19	1.73
0.75	652.88	1.61	662.42	1.64	671.81	1.66	681.08	1.68	690.22	1.71	699.24	1.73	708.15	1.75
0.80	699.85	1.62	710.07	1.65	720.14	1.67	730.07	1.69	739.87	1.72	749.54	1.74	759.09	1.76
0.85	737.77	1.62	748.55	1.64	759.16	1.67	769.64	1.69	779.97	1.71	790.16	1.74	800.23	1.76
0.90	763.09	1.60	774.23	1.62	785.21	1.65	796.04	1.67	806.73	1.69	817.28	1.72	827.69	1.74
0.95	769.33	1.56	780.56	1.58	791.64	1.60	802.56	1.63	813.33	1.65	823.96	1.67	834.46	1.69
1.00	715.98	1.42	726.43	1.45	736.74	1.47	746.90	1.49	756.93	1.51	766.82	1.53	776.59	1.54

$D = 800\text{mm}$

h/D	i（‰）													
	4.1		4.2		4.3		4.4		4.6		4.8		5.0	
	Q	v	Q	v	Q	v	Q	v	Q	v	Q	v	Q	v
0.10	16.41	0.63	16.61	0.64	16.81	0.64	17.00	0.65	17.39	0.66	17.76	0.68	18.13	0.69
0.15	38.22	0.81	38.68	0.82	39.14	0.83	39.59	0.84	40.48	0.86	41.35	0.87	42.21	0.89
0.20	68.85	0.96	69.68	0.97	70.51	0.99	71.32	1.00	72.93	1.02	74.50	1.04	76.03	1.06
0.25	107.70	1.10	109.00	1.11	110.29	1.12	111.57	1.14	114.08	1.16	116.53	1.19	118.93	1.21
0.30	153.97	1.21	155.44	1.23	157.68	1.24	159.50	1.26	163.09	1.29	166.60	1.31	170.03	1.34
0.35	206.73	1.32	209.24	1.33	211.71	1.35	214.16	1.37	218.97	1.40	223.68	1.43	228.30	1.46
0.40	264.95	1.41	268.17	1.43	271.34	1.45	274.48	1.46	280.64	1.49	286.68	1.53	292.59	1.56
0.45	327.49	1.49	331.46	1.51	335.38	1.53	339.26	1.55	346.89	1.58	354.35	1.62	361.65	1.65
0.50	393.11	1.56	397.88	1.58	402.59	1.60	407.24	1.62	416.40	1.66	425.35	1.69	434.12	1.73
0.55	460.51	1.63	466.09	1.65	471.60	1.66	477.06	1.68	487.78	1.72	498.27	1.76	508.54	1.80
0.60	528.22	1.68	534.63	1.70	540.95	1.72	547.21	1.74	559.51	1.78	571.54	1.82	583.32	1.85
0.65	594.71	1.72	601.92	1.74	609.04	1.76	616.08	1.78	629.93	1.82	643.48	1.86	656.75	1.90
0.70	658.27	1.75	666.25	1.77	674.13	1.79	681.92	1.81	697.25	1.86	712.25	1.90	726.93	1.93
0.75	716.95	1.77	725.64	1.79	734.23	1.82	742.72	1.84	759.41	1.88	775.74	1.92	791.74	1.96
0.80	768.52	1.78	777.84	1.80	787.04	1.83	796.14	1.85	814.04	1.89	831.54	1.93	848.69	1.97
0.85	810.17	1.78	819.99	1.80	829.69	1.82	839.29	1.84	858.15	1.88	876.61	1.93	894.68	1.96
0.90	837.97	1.76	848.13	1.78	858.16	1.80	868.09	1.82	887.60	1.86	906.69	1.90	925.38	1.94
0.95	844.82	1.71	855.06	1.73	865.18	1.75	875.19	1.77	894.86	1.81	914.10	1.85	932.95	1.89
1.00	786.24	1.56	795.77	1.58	805.19	1.60	814.49	1.62	832.80	1.66	850.71	1.69	868.25	1.73

$D = 800\text{mm}$

h/D	i（‰）													
	5.5		6.0		6.5		7.0		7.5		8.0		8.5	
	Q	v	Q	v	Q	v	Q	v	Q	v	Q	v	Q	v
0.10	19.01	0.73	19.86	0.76	20.67	0.79	21.45	0.82	22.20	0.85	22.93	0.88	23.63	0.90
0.15	44.27	0.94	46.23	0.98	48.12	1.02	49.94	1.06	51.69	1.09	53.39	1.13	55.03	1.16
0.20	79.74	1.11	83.29	1.16	86.69	1.21	89.96	1.26	93.12	1.30	96.17	1.34	99.13	1.39
0.25	124.74	1.27	130.28	1.33	135.60	1.38	140.72	1.43	145.66	1.48	150.44	1.53	155.07	1.58
0.30	178.33	1.41	186.26	1.47	193.87	1.53	201.18	1.59	208.25	1.64	215.07	1.70	221.69	1.75
0.35	239.44	1.53	250.09	1.60	260.30	1.66	270.12	1.72	279.60	1.78	288.77	1.84	297.66	1.90
0.40	306.87	1.63	320.52	1.71	333.61	1.78	346.20	1.84	358.35	1.91	370.10	1.97	381.49	2.03
0.45	379.31	1.73	396.17	1.81	412.35	1.88	427.92	1.95	442.93	2.02	457.46	2.09	471.54	2.15
0.50	455.31	1.81	475.56	1.89	494.98	1.97	513.66	2.04	531.69	2.12	549.13	2.18	566.03	2.25
0.55	533.36	1.88	557.08	1.97	579.83	2.05	601.72	2.12	622.84	2.20	643.26	2.27	663.06	2.34
0.60	611.80	1.94	639.00	2.03	665.09	2.11	690.20	2.19	714.42	2.27	737.85	2.34	760.56	2.42
0.65	688.80	1.99	719.43	2.08	748.81	2.17	777.08	2.25	804.35	2.33	830.73	2.40	856.30	2.48
0.70	762.41	2.03	796.32	2.12	828.83	2.21	860.12	2.29	890.31	2.37	919.51	2.45	947.80	2.52
0.75	830.38	2.05	867.31	2.14	902.72	2.23	936.80	2.32	969.68	2.40	1001.48	2.48	1032.30	2.55
0.80	890.11	2.06	929.69	2.16	967.66	2.24	1004.18	2.33	1039.43	2.41	1073.52	2.49	1106.56	2.57
0.85	938.35	2.06	980.08	2.15	1020.10	2.24	1058.60	2.32	1095.76	2.41	1131.69	2.49	1166.52	2.56
0.90	970.55	2.04	1013.71	2.13	1055.10	2.21	1094.93	2.30	1133.36	2.38	1170.53	2.46	1206.55	2.53
0.95	978.49	1.98	1022.00	2.07	1063.73	2.16	1103.88	2.24	1142.63	2.32	1180.10	2.39	1216.42	2.47
1.00	910.63	1.81	951.13	1.89	989.96	1.97	1027.33	2.04	1063.39	2.12	1098.26	2.18	1132.07	2.25

D = 800mm

h/D	i (‰)												
	9.0		9.5		10		11		12		13		14	
	Q	v	Q	v	Q	v	Q	v	Q	v	Q	v	Q	v
0.10	24.32	0.93	24.99	0.96	25.64	0.98	26.89	1.03	28.08	1.07	29.23	1.12	30.33	1.16
0.15	56.62	1.20	58.18	1.23	59.69	1.26	62.60	1.32	65.38	1.38	68.05	1.44	70.62	1.49
0.20	102.01	1.43	104.80	1.46	107.53	1.50	112.77	1.58	117.79	1.65	122.60	1.71	127.23	1.78
0.25	159.56	1.62	163.94	1.67	168.20	1.71	176.40	1.80	184.25	1.87	191.77	1.95	199.01	2.03
0.30	228.12	1.80	234.37	1.85	240.46	1.90	252.20	1.99	263.41	2.08	274.17	2.16	284.52	2.24
0.35	306.29	1.95	314.68	2.01	322.86	2.06	338.62	2.16	353.68	2.26	368.12	2.35	382.01	2.44
0.40	392.55	2.09	403.31	2.15	413.79	2.20	433.98	2.31	453.28	2.41	471.79	2.51	489.60	2.61
0.45	485.21	2.21	498.51	2.27	511.46	2.33	536.42	2.45	560.27	2.55	583.15	2.66	605.16	2.76
0.50	582.44	2.32	598.40	2.38	613.94	2.44	643.91	2.56	672.54	2.68	700.00	2.79	726.43	2.89
0.55	682.28	2.41	700.98	2.47	719.19	2.54	754.29	2.66	787.83	2.78	820.00	2.89	850.96	3.00
0.60	782.61	2.49	804.06	2.55	824.95	2.62	865.21	2.75	903.68	2.87	940.58	2.99	976.09	3.10
0.65	881.12	2.55	905.27	2.62	928.78	2.69	974.12	2.82	1017.43	2.94	1058.98	3.06	1098.95	3.18
0.70	975.28	2.60	1002.01	2.67	1028.04	2.74	1078.22	2.87	1126.16	3.00	1172.14	3.12	1216.39	3.24
0.75	1062.23	2.63	1091.34	2.70	1119.69	2.77	1174.34	2.90	1226.56	3.03	1276.64	3.16	1324.83	3.28
0.80	1138.64	2.64	1169.84	2.71	1200.23	2.78	1258.81	2.92	1314.79	3.05	1368.47	3.17	1420.13	3.29
0.85	1200.34	2.64	1233.24	2.71	1265.27	2.78	1327.03	2.91	1386.04	3.04	1442.63	3.17	1497.09	3.29
0.90	1241.53	2.61	1275.55	2.68	1308.69	2.75	1372.56	2.88	1433.60	3.01	1492.13	3.13	1548.46	3.25
0.95	1251.69	2.54	1285.99	2.61	1319.39	2.67	1383.79	2.81	1445.32	2.93	1504.34	3.05	1561.13	3.16
1.00	1164.89	2.32	1196.81	2.38	1227.90	2.44	1287.83	2.56	1345.09	2.68	1400.02	2.79	1452.87	2.89

D = 800mm

h/D	i (‰)												
	15		16		17		18		19		20		25	
	Q	v	Q	v	Q	v	Q	v	Q	v	Q	v	Q	v
0.10	31.40	1.20	32.43	1.24	33.42	1.28	34.39	1.31	35.34	1.35	36.25	1.39	40.53	1.55
0.15	73.10	1.55	75.50	1.60	77.82	1.65	80.08	1.69	82.27	1.74	84.41	1.79	94.37	2.00
0.20	131.69	1.84	136.01	1.90	140.20	1.96	144.26	2.02	148.21	2.07	152.07	2.12	170.01	2.38
0.25	206.00	2.10	212.75	2.17	219.30	2.23	225.66	2.30	231.84	2.36	237.86	2.42	265.94	2.71
0.30	294.50	2.32	304.16	2.40	313.52	2.47	322.61	2.54	331.45	2.61	340.06	2.68	380.20	3.00
0.35	395.42	2.52	408.39	2.60	420.96	2.68	433.16	2.76	445.03	2.84	456.59	2.91	510.49	3.26
0.40	506.78	2.70	523.40	2.79	539.51	2.87	555.15	2.96	570.37	3.04	585.18	3.12	654.26	3.48
0.45	626.40	2.86	646.95	2.95	666.86	3.04	686.19	3.13	704.99	3.21	723.31	3.30	808.68	3.69
0.50	751.92	2.99	776.58	3.09	800.48	3.19	823.69	3.28	846.26	3.37	868.24	3.45	970.73	3.86
0.55	880.82	3.11	909.71	3.21	937.71	3.31	964.89	3.41	991.33	3.50	1017.09	3.59	1137.14	4.01
0.60	1010.35	3.21	1043.48	3.31	1075.60	3.42	1106.78	3.51	1137.11	3.61	1166.65	3.70	1304.35	4.14
0.65	1137.52	3.29	1174.83	3.40	1210.98	3.50	1246.09	3.60	1280.24	3.70	1313.50	3.80	1468.53	4.25
0.70	1259.08	3.35	1300.38	3.46	1340.40	3.57	1379.26	3.67	1417.05	3.77	1453.87	3.87	1624.47	4.33
0.75	1371.33	3.39	1416.31	3.50	1459.89	3.61	1502.22	3.71	1543.38	3.82	1583.48	3.92	1770.38	4.38
0.80	1469.98	3.41	1518.18	3.52	1564.91	3.63	1610.28	3.74	1654.40	3.84	1697.38	3.94	1897.73	4.40
0.85	1549.64	3.40	1600.46	3.51	1649.71	3.62	1697.54	3.73	1744.06	3.83	1789.37	3.93	2000.57	4.39
0.90	1602.81	3.36	1655.37	3.47	1706.32	3.58	1755.79	3.68	1803.90	3.79	1850.77	3.88	2069.22	4.34
0.95	1615.92	3.28	1668.91	3.38	1720.28	3.49	1770.15	3.59	1818.66	3.69	1865.90	3.78	2086.14	4.23
1.00	1503.86	2.99	1553.18	3.09	1600.98	3.19	1647.40	3.28	1692.54	3.37	1736.51	3.45	1941.48	3.86

	D = 850mm												
	i (‰)												
h/D	0.6		0.7		0.8		0.9		1.0		1.1		1.2	
	Q	v	Q	v	Q	v	Q	v	Q	v	Q	v	Q	v
0.10	7.38	0.25	7.97	0.27	8.52	0.29	9.04	0.31	9.53	0.32	9.99	0.34	10.44	0.35
0.15	17.19	0.32	18.56	0.35	19.84	0.37	21.05	0.39	22.19	0.42	23.27	0.44	24.30	0.46
0.20	30.96	0.38	33.44	0.41	35.75	0.44	37.92	0.47	39.97	0.49	41.92	0.52	43.78	0.54
0.25	48.43	0.44	52.31	0.47	55.92	0.50	59.31	0.53	62.52	0.56	65.57	0.59	68.49	0.62
0.30	69.24	0.48	74.78	0.52	79.95	0.56	84.80	0.59	89.38	0.62	93.75	0.65	97.91	0.68
0.35	92.96	0.53	100.41	0.57	107.34	0.61	113.85	0.64	120.01	0.68	125.87	0.71	131.47	0.74
0.40	119.14	0.56	128.69	0.61	137.57	0.65	145.92	0.69	153.81	0.73	161.32	0.76	168.49	0.79
0.45	147.26	0.59	159.06	0.64	170.05	0.69	180.36	0.73	190.12	0.77	199.40	0.81	208.26	0.84
0.50	176.77	0.62	190.94	0.67	204.12	0.72	216.50	0.76	228.21	0.80	239.35	0.84	249.99	0.88
0.55	207.08	0.65	223.67	0.70	239.11	0.75	253.61	0.79	267.33	0.84	280.38	0.88	292.85	0.92
0.60	237.53	0.67	256.56	0.72	274.27	0.77	290.91	0.82	306.65	0.86	321.61	0.90	335.91	0.94
0.65	267.42	0.68	288.85	0.74	308.79	0.79	327.53	0.84	345.24	0.88	362.09	0.93	378.19	0.97
0.70	296.00	0.70	319.72	0.75	341.79	0.81	362.53	0.85	382.14	0.90	400.79	0.94	418.61	0.99
0.75	322.39	0.71	348.22	0.76	372.27	0.82	394.85	0.86	416.21	0.91	436.52	0.96	455.93	1.00
0.80	345.58	0.71	373.27	0.77	399.04	0.82	423.25	0.87	446.14	0.92	467.92	0.96	488.73	1.00
0.85	364.31	0.71	393.50	0.77	420.67	0.82	446.19	0.87	470.32	0.91	493.28	0.96	515.21	1.00
0.90	376.81	0.70	407.00	0.76	435.10	0.81	461.50	0.86	486.46	0.90	510.20	0.95	532.89	0.99
0.95	379.89	0.68	410.33	0.74	438.66	0.79	465.27	0.84	490.44	0.88	514.38	0.92	537.25	0.96
1.00	353.55	0.62	381.88	0.67	408.24	0.72	433.01	0.76	456.43	0.80	478.71	0.84	499.99	0.88

	D = 850mm												
	i (‰)												
h/D	1.3		1.4		1.5		1.6		1.7		1.8		1.9	
	Q	v	Q	v	Q	v	Q	v	Q	v	Q	v	Q	v
0.10	10.86	0.37	11.28	0.38	11.67	0.40	12.05	0.41	12.42	0.42	12.78	0.43	13.14	0.44
0.15	25.30	0.47	26.25	0.49	27.17	0.51	28.06	0.53	28.93	0.54	29.77	0.56	30.58	0.57
0.20	45.57	0.56	47.29	0.59	48.95	0.61	50.56	0.63	52.11	0.65	53.62	0.66	55.09	0.68
0.25	71.28	0.64	73.98	0.67	76.57	0.69	79.08	0.71	81.52	0.73	83.88	0.76	86.18	0.78
0.30	101.91	0.71	105.76	0.74	109.47	0.76	113.06	0.79	116.54	0.81	119.92	0.84	123.21	0.86
0.35	136.83	0.77	142.00	0.80	146.98	0.83	151.80	0.86	156.48	0.88	161.01	0.91	165.43	0.93
0.40	175.37	0.83	181.99	0.86	188.38	0.89	194.56	0.92	200.55	0.95	206.36	0.97	212.01	1.00
0.45	216.77	0.88	224.95	0.91	232.84	0.94	240.48	0.97	247.88	1.00	255.07	1.03	262.06	1.06
0.50	260.20	0.92	270.02	0.95	279.50	0.99	288.67	1.02	297.55	1.05	306.18	1.08	314.57	1.11
0.55	304.81	0.95	316.31	0.99	327.42	1.02	338.15	1.06	348.56	1.09	358.67	1.12	368.49	1.15
0.60	349.63	0.98	362.83	1.02	375.56	1.06	387.88	1.09	399.82	1.12	411.41	1.16	422.68	1.19
0.65	393.64	1.01	408.50	1.05	422.83	1.08	436.70	1.12	450.14	1.15	463.19	1.19	475.88	1.22
0.70	435.70	1.03	452.15	1.07	468.02	1.10	483.37	1.14	498.25	1.17	512.69	1.21	526.74	1.24
0.75	474.55	1.04	492.46	1.08	509.75	1.12	526.46	1.15	542.67	1.19	558.40	1.22	573.70	1.26
0.80	508.68	1.05	527.88	1.08	546.41	1.12	564.33	1.16	581.70	1.20	598.56	1.23	614.97	1.26
0.85	536.25	1.04	556.49	1.08	576.02	1.12	594.91	1.16	613.22	1.19	631.00	1.23	648.29	1.26
0.90	554.65	1.03	575.59	1.07	595.79	1.11	615.33	1.14	634.27	1.18	652.65	1.21	670.54	1.25
0.95	559.19	1.00	580.29	1.04	600.66	1.08	620.36	1.11	639.45	1.15	657.99	1.18	676.02	1.21
1.00	520.41	0.92	540.05	0.95	559.01	0.99	577.34	1.02	595.11	1.05	612.36	1.08	629.14	1.11

$D = 850\text{mm}$

h/D	i (‰) 2.0		2.1		2.2		2.3		2.4		2.5		2.6	
	Q	v	Q	v	Q	v	Q	v	Q	v	Q	v	Q	v
0.10	13.48	0.46	13.81	0.47	14.13	0.48	14.45	0.49	14.76	0.50	15.07	0.51	15.37	0.52
0.15	31.38	0.59	32.15	0.60	32.91	0.62	33.65	0.63	34.37	0.64	35.08	0.66	35.78	0.67
0.20	56.52	0.70	57.92	0.72	59.28	0.73	60.62	0.75	61.92	0.77	63.20	0.78	64.45	0.80
0.25	88.42	0.80	90.60	0.82	92.73	0.84	94.82	0.85	96.86	0.87	98.85	0.89	100.81	0.91
0.30	126.41	0.88	129.53	0.90	132.58	0.93	135.56	0.95	138.47	0.97	141.33	0.99	144.13	1.01
0.35	169.72	0.96	173.91	0.98	178.01	1.01	182.01	1.03	185.92	1.05	189.76	1.07	193.51	1.09
0.40	217.52	1.03	222.89	1.05	228.14	1.08	233.27	1.10	238.28	1.12	243.20	1.15	248.01	1.17
0.45	268.86	1.09	275.50	1.11	281.99	1.14	288.33	1.16	294.53	1.19	300.60	1.21	306.55	1.24
0.50	322.74	1.14	330.71	1.17	338.49	1.19	346.10	1.22	353.54	1.25	360.83	1.27	367.98	1.30
0.55	378.07	1.18	387.40	1.21	396.52	1.24	405.43	1.27	414.15	1.30	422.69	1.32	431.06	1.35
0.60	433.66	1.22	444.37	1.25	454.83	1.28	465.05	1.31	475.05	1.34	484.85	1.36	494.45	1.39
0.65	488.25	1.25	500.30	1.28	512.08	1.31	523.59	1.34	534.85	1.37	545.88	1.40	556.69	1.43
0.70	540.42	1.27	553.77	1.31	566.80	1.34	579.54	1.37	592.01	1.40	604.21	1.42	616.18	1.45
0.75	588.60	1.29	603.14	1.32	617.33	1.35	631.21	1.38	644.78	1.41	658.08	1.44	671.11	1.47
0.80	630.94	1.30	646.52	1.33	661.74	1.36	676.61	1.39	691.16	1.42	705.42	1.45	719.39	1.48
0.85	665.13	1.29	681.56	1.33	697.60	1.36	713.28	1.39	728.62	1.42	743.64	1.45	758.37	1.48
0.90	687.96	1.28	704.95	1.31	721.54	1.34	737.75	1.37	753.62	1.40	769.16	1.43	784.39	1.46
0.95	693.59	1.25	710.71	1.28	727.44	1.31	743.79	1.34	759.78	1.36	775.45	1.39	790.81	1.42
1.00	645.49	1.14	661.43	1.17	676.99	1.19	692.21	1.22	707.10	1.25	721.68	1.27	735.97	1.30

$D = 850\text{mm}$

h/D	i (‰) 2.7		2.8		2.9		3.0		3.1		3.2		3.3	
	Q	v	Q	v	Q	v	Q	v	Q	v	Q	v	Q	v
0.10	15.66	0.53	15.95	0.54	16.23	0.55	16.50	0.56	16.78	0.57	17.05	0.58	17.31	0.59
0.15	36.46	0.68	37.13	0.70	37.78	0.71	38.43	0.72	39.06	0.73	39.69	0.74	40.30	0.76
0.20	65.68	0.81	66.88	0.83	68.07	0.84	69.23	0.86	70.37	0.87	71.50	0.88	72.61	0.90
0.25	102.73	0.93	104.62	0.94	106.47	0.96	108.29	0.98	110.08	0.99	111.84	1.01	113.57	1.02
0.30	146.87	1.03	149.57	1.04	152.21	1.06	154.82	1.08	157.37	1.10	159.89	1.12	162.37	1.13
0.35	197.20	1.11	200.82	1.13	204.37	1.15	207.87	1.17	211.30	1.19	214.68	1.21	218.01	1.23
0.40	252.74	1.19	257.38	1.21	261.93	1.24	266.41	1.26	270.81	1.28	275.15	1.30	279.41	1.32
0.45	312.39	1.26	318.13	1.28	323.78	1.31	329.29	1.33	334.73	1.35	340.09	1.37	345.36	1.39
0.50	374.99	1.32	381.87	1.35	388.63	1.37	395.27	1.39	401.81	1.42	408.24	1.44	414.57	1.46
0.55	439.27	1.37	447.33	1.40	455.25	1.42	463.04	1.45	470.69	1.47	478.22	1.50	485.64	1.52
0.60	503.87	1.42	513.12	1.44	522.20	1.47	531.12	1.49	539.90	1.52	548.54	1.54	557.05	1.57
0.65	567.29	1.45	577.70	1.48	587.93	1.51	597.98	1.53	607.86	1.56	617.59	1.58	627.16	1.61
0.70	627.92	1.48	639.44	1.51	650.76	1.53	661.88	1.56	672.82	1.59	683.59	1.61	694.19	1.64
0.75	683.89	1.50	696.44	1.53	708.77	1.55	720.89	1.58	732.80	1.61	744.53	1.63	756.07	1.66
0.80	733.09	1.51	746.54	1.53	759.76	1.56	772.74	1.59	785.52	1.61	798.09	1.64	810.46	1.67
0.85	772.82	1.50	787.00	1.53	800.93	1.56	814.62	1.58	828.09	1.61	841.34	1.64	854.38	1.66
0.90	799.33	1.49	814.00	1.51	828.41	1.54	842.57	1.57	856.50	1.59	870.21	1.62	883.70	1.64
0.95	805.87	1.45	820.66	1.47	835.19	1.50	849.46	1.53	863.51	1.55	877.32	1.58	890.93	1.60
1.00	749.99	1.32	763.75	1.35	777.27	1.37	790.56	1.39	803.62	1.42	816.48	1.44	829.14	1.46

							$D = 850$mm							

							i（‰）							
h/D	3.4		3.5		3.6		3.7		3.8		3.9		4.0	
	Q	v	Q	v	Q	v	Q	v	Q	v	Q	v	Q	v
0.10	17.57	0.59	17.83	0.60	18.08	0.61	18.33	0.62	18.58	0.63	18.82	0.64	19.06	0.65
0.15	40.91	0.77	41.51	0.78	42.10	0.79	42.68	0.80	43.25	0.81	43.82	0.82	44.37	0.83
0.20	73.70	0.91	74.78	0.93	75.84	0.94	76.88	0.95	77.91	0.96	78.93	0.98	79.94	0.99
0.25	115.28	1.04	116.97	1.05	118.62	1.07	120.26	1.08	121.88	1.10	123.47	1.11	125.04	1.13
0.30	164.81	1.15	167.22	1.17	169.69	1.18	171.93	1.20	174.24	1.22	176.52	1.23	178.77	1.25
0.35	221.29	1.25	224.52	1.27	227.71	1.29	230.85	1.30	233.95	1.32	237.00	1.34	240.02	1.36
0.40	283.61	1.34	287.75	1.36	291.84	1.38	295.86	1.40	299.83	1.41	303.75	1.43	307.62	1.45
0.45	350.56	1.42	355.67	1.44	360.72	1.46	365.70	1.48	370.60	1.50	375.45	1.52	380.23	1.54
0.50	420.80	1.48	426.94	1.50	433.00	1.53	438.97	1.55	444.87	1.57	450.68	1.59	456.42	1.61
0.55	492.94	1.54	500.14	1.56	507.23	1.59	514.23	1.61	521.13	1.63	527.94	1.65	534.67	1.67
0.60	565.43	1.59	573.68	1.61	581.82	1.64	589.84	1.66	597.76	1.68	605.58	1.70	613.29	1.73
0.65	636.60	1.63	645.89	1.65	655.05	1.68	664.09	1.70	673.00	1.72	681.80	1.75	690.49	1.77
0.70	704.63	1.66	714.91	1.69	725.06	1.71	735.06	1.73	744.92	1.76	754.66	1.78	764.28	1.80
0.75	767.44	1.68	778.65	1.71	789.69	1.73	800.59	1.75	811.33	1.78	821.94	1.80	832.41	1.82
0.80	822.65	1.69	834.66	1.72	846.50	1.74	858.17	1.76	869.69	1.79	881.06	1.81	892.29	1.83
0.85	867.23	1.69	879.89	1.71	892.37	1.74	904.68	1.76	916.83	1.78	928.81	1.81	940.64	1.83
0.90	896.99	1.67	910.08	1.69	922.99	1.72	935.72	1.74	948.28	1.76	960.68	1.79	972.92	1.81
0.95	904.32	1.62	917.53	1.65	930.54	1.67	943.38	1.69	956.04	1.72	968.54	1.74	980.88	1.76
1.00	841.61	1.48	853.90	1.50	866.01	1.53	877.96	1.55	889.74	1.57	901.37	1.59	912.86	1.61

							$D = 850$mm							

	i（‰）													
h/D	4.1		4.2		4.3		4.4		4.6		4.8		5.0	
	Q	v	Q	v	Q	v	Q	v	Q	v	Q	v	Q	v
0.10	19.30	0.65	19.53	0.66	19.76	0.67	19.99	0.68	20.44	0.69	20.88	0.71	21.31	0.72
0.15	44.92	0.84	45.47	0.85	46.01	0.86	46.54	0.87	47.59	0.89	48.61	0.91	49.61	0.93
0.20	80.93	1.00	81.91	1.01	82.88	1.03	83.84	1.04	85.72	1.06	87.57	1.08	89.37	1.11
0.25	126.59	1.14	128.13	1.15	129.65	1.17	131.14	1.18	134.09	1.21	136.98	1.23	139.80	1.26
0.30	180.99	1.26	183.18	1.28	185.35	1.29	187.49	1.31	191.71	1.34	195.83	1.37	199.87	1.40
0.35	243.01	1.37	245.95	1.39	248.86	1.41	251.74	1.42	257.40	1.45	262.93	1.49	268.35	1.52
0.40	311.44	1.47	315.22	1.49	318.95	1.50	322.64	1.52	329.89	1.56	336.98	1.59	343.93	1.62
0.45	384.96	1.55	389.62	1.57	394.23	1.59	398.79	1.61	407.75	1.65	416.52	1.68	425.11	1.72
0.50	462.09	1.63	467.69	1.65	473.23	1.67	478.70	1.69	489.46	1.73	499.99	1.76	510.30	1.80
0.55	541.31	1.69	547.87	1.71	554.35	1.73	560.76	1.75	573.37	1.79	585.70	1.83	597.78	1.87
0.60	620.91	1.75	628.44	1.77	635.87	1.79	643.22	1.81	657.68	1.85	671.83	1.89	685.68	1.93
0.65	699.06	1.79	707.54	1.81	715.91	1.83	724.19	1.85	740.46	1.90	756.39	1.94	771.99	1.98
0.70	773.77	1.82	783.15	1.85	792.42	1.87	801.58	1.89	819.59	1.93	837.22	1.97	854.49	2.01
0.75	842.75	1.85	852.97	1.87	863.06	1.89	873.04	1.91	892.66	1.96	911.86	2.00	930.66	2.04
0.80	903.37	1.86	914.32	1.88	925.14	1.90	935.84	1.92	956.87	1.97	977.45	2.01	997.61	2.05
0.85	952.33	1.85	963.87	1.87	975.28	1.90	986.55	1.92	1008.73	1.96	1030.42	2.00	1051.67	2.05
0.90	985.01	1.83	996.95	1.85	1008.74	1.88	1020.41	1.90	1043.34	1.94	1065.78	1.98	1087.76	2.02
0.95	993.06	1.78	1005.10	1.80	1017.00	1.83	1028.75	1.85	1051.87	1.89	1074.50	1.93	1096.65	1.97
1.00	924.20	1.63	935.40	1.65	946.47	1.67	957.41	1.69	978.93	1.73	999.98	1.76	1020.60	1.80

$D = 850mm$

h/D	i (‰)												
	5.5		6.0		6.5		7.0		7.5		8.0		8.5	
	Q	v	Q	v	Q	v	Q	v	Q	v	Q	v	Q	v
0.10	22.35	0.76	23.34	0.79	24.29	0.82	25.21	0.85	26.10	0.88	26.95	0.91	27.78	0.94
0.15	52.03	0.97	54.35	1.02	56.57	1.06	58.70	1.10	60.76	1.14	62.75	1.18	64.69	1.21
0.20	93.74	1.16	97.90	1.21	101.90	1.26	105.75	1.31	109.46	1.35	113.05	1.40	116.53	1.44
0.25	146.62	1.32	153.14	1.38	159.40	1.44	165.41	1.49	171.22	1.54	176.84	1.59	182.28	1.64
0.30	209.62	1.46	218.94	1.53	227.88	1.59	236.49	1.65	244.79	1.71	252.81	1.77	260.59	1.82
0.35	281.45	1.59	293.97	1.66	305.97	1.73	317.52	1.79	328.67	1.86	339.45	1.92	349.89	1.98
0.40	360.72	1.70	376.76	1.78	392.14	1.85	406.95	1.92	421.23	1.99	435.04	2.05	448.43	2.12
0.45	445.86	1.80	465.69	1.88	484.70	1.96	503.00	2.03	520.65	2.10	537.73	2.17	554.28	2.24
0.50	535.20	1.89	559.00	1.97	581.83	2.05	603.79	2.13	624.98	2.20	645.48	2.28	665.35	2.35
0.55	626.95	1.96	654.83	2.05	681.57	2.13	707.30	2.21	732.12	2.29	756.13	2.36	779.40	2.44
0.60	719.15	2.02	751.12	2.11	781.79	2.20	811.31	2.28	839.78	2.36	867.32	2.44	894.02	2.51
0.65	809.67	2.07	845.67	2.17	880.20	2.25	913.43	2.34	945.49	2.42	976.49	2.50	1006.55	2.58
0.70	896.19	2.11	936.04	2.21	974.26	2.30	1011.04	2.38	1046.53	2.47	1080.85	2.55	1114.11	2.63
0.75	976.09	2.14	1019.49	2.23	1061.12	2.32	1101.18	2.41	1139.82	2.50	1177.21	2.58	1213.44	2.66
0.80	1046.30	2.15	1092.82	2.25	1137.45	2.34	1180.39	2.43	1221.82	2.51	1261.89	2.59	1300.72	2.67
0.85	1103.00	2.15	1152.05	2.24	1199.09	2.33	1244.35	2.42	1288.03	2.51	1330.27	2.59	1371.21	2.67
0.90	1140.85	2.12	1191.58	2.22	1240.23	2.31	1287.05	2.39	1332.22	2.48	1375.92	2.56	1418.26	2.64
0.95	1150.18	2.07	1201.32	2.16	1250.38	2.25	1297.58	2.33	1343.12	2.41	1387.17	2.49	1429.86	2.57
1.00	1070.42	1.89	1118.02	1.97	1163.67	2.05	1207.60	2.13	1249.98	2.20	1290.97	2.28	1330.71	2.35

$D = 850mm$

h/D	i (‰)												
	9.0		9.5		10		11		12		13		14	
	Q	v	Q	v	Q	v	Q	v	Q	v	Q	v	Q	v
0.10	28.59	0.97	29.37	0.99	30.13	1.02	31.60	1.07	33.01	1.12	34.36	1.16	35.65	1.21
0.15	66.56	1.25	68.38	1.28	70.16	1.31	73.59	1.38	76.86	1.44	80.00	1.50	83.02	1.56
0.20	119.91	1.48	123.19	1.52	126.39	1.56	132.56	1.64	138.46	1.71	144.11	1.78	149.55	1.85
0.25	187.56	1.69	192.70	1.74	197.71	1.78	207.36	1.87	216.58	1.95	225.42	2.03	233.93	2.11
0.30	268.15	1.87	275.50	1.92	282.65	1.97	296.45	2.07	309.63	2.16	322.27	2.25	334.44	2.34
0.35	360.04	2.03	369.90	2.09	379.51	2.14	398.03	2.25	415.73	2.35	432.71	2.44	449.04	2.54
0.40	461.43	2.18	474.08	2.24	486.39	2.29	510.13	2.41	532.82	2.51	554.57	2.62	575.51	2.72
0.45	570.35	2.30	585.98	2.37	601.20	2.43	630.54	2.55	658.58	2.66	685.47	2.77	711.35	2.87
0.50	684.63	2.41	703.40	2.48	721.67	2.54	756.89	2.67	790.55	2.79	822.83	2.90	853.89	3.01
0.55	802.00	2.51	823.98	2.58	845.38	2.64	886.64	2.77	926.07	2.90	963.88	3.01	1000.27	3.13
0.60	919.94	2.59	945.14	2.66	969.70	2.73	1017.03	2.86	1062.25	2.99	1105.62	3.11	1147.36	3.23
0.65	1035.73	2.65	1064.11	2.73	1091.75	2.80	1145.04	2.93	1195.96	3.06	1244.79	3.19	1291.78	3.31
0.70	1146.41	2.70	1177.83	2.78	1208.43	2.85	1267.41	2.99	1323.76	3.12	1377.82	3.25	1429.83	3.37
0.75	1248.62	2.74	1282.83	2.81	1316.16	2.88	1380.40	3.02	1441.78	3.16	1500.65	3.29	1557.30	3.41
0.80	1338.43	2.75	1375.11	2.83	1410.83	2.90	1479.69	3.04	1545.49	3.18	1608.59	3.31	1669.32	3.43
0.85	1410.96	2.74	1449.63	2.82	1487.29	2.89	1559.88	3.03	1629.24	3.17	1695.77	3.30	1759.78	3.42
0.90	1459.38	2.71	1499.37	2.79	1538.32	2.86	1613.40	3.00	1685.15	3.13	1753.96	3.26	1820.17	3.38
0.95	1471.32	2.64	1511.63	2.71	1550.90	2.79	1626.60	2.92	1698.93	3.05	1768.30	3.18	1835.05	3.30
1.00	1369.28	2.41	1406.81	2.48	1443.35	2.54	1513.80	2.67	1581.11	2.79	1645.68	2.90	1707.80	3.01

D = 850mm

h/D	i (‰)													
	15		16		17		18		19		20		25	
	Q	v	Q	v	Q	v	Q	v	Q	v	Q	v	Q	v
0.10	36.91	1.25	38.12	1.29	39.29	1.33	40.43	1.37	41.54	1.41	42.62	1.44	47.65	1.61
0.15	85.93	1.61	88.75	1.66	91.48	1.71	94.13	1.76	96.71	1.81	99.22	1.86	110.93	2.08
0.20	154.80	1.92	159.88	1.98	164.80	2.04	169.57	2.10	174.22	2.16	178.75	2.21	199.85	2.47
0.25	242.14	2.18	250.08	2.25	257.78	2.32	265.25	2.39	272.52	2.46	279.60	2.52	312.60	2.82
0.30	346.18	2.42	357.53	2.50	368.54	2.57	379.22	2.65	389.61	2.72	399.73	2.79	446.91	3.12
0.35	464.80	2.63	480.05	2.71	494.82	2.80	509.17	2.88	523.12	2.96	536.71	3.03	600.06	3.39
0.40	595.71	2.81	615.24	2.90	634.18	2.99	652.57	3.08	670.45	3.16	687.86	3.25	769.06	3.63
0.45	736.32	2.97	760.46	3.07	783.87	3.17	806.59	3.26	828.70	3.35	850.23	3.43	950.58	3.84
0.50	883.86	3.12	912.85	3.22	940.94	3.32	968.22	3.41	994.75	3.51	1020.59	3.60	1141.06	4.02
0.55	1035.38	3.24	1069.33	3.34	1102.24	3.45	1134.20	3.55	1165.28	3.64	1195.55	3.74	1336.67	4.18
0.60	1187.63	3.34	1226.58	3.45	1264.33	3.56	1300.98	3.66	1336.63	3.76	1371.36	3.86	1533.23	4.31
0.65	1337.12	3.42	1380.97	3.54	1423.47	3.65	1464.74	3.75	1504.88	3.85	1543.97	3.95	1726.21	4.42
0.70	1480.01	3.49	1528.55	3.60	1575.59	3.71	1621.27	3.82	1665.70	3.93	1708.97	4.03	1910.69	4.50
0.75	1611.96	3.53	1664.82	3.65	1716.06	3.76	1765.81	3.87	1814.20	3.97	1861.33	4.08	2081.03	4.56
0.80	1727.91	3.55	1784.58	3.67	1839.50	3.78	1892.83	3.89	1944.70	4.00	1995.22	4.10	2230.72	4.58
0.85	1821.55	3.54	1881.29	3.66	1939.18	3.77	1995.40	3.88	2050.08	3.99	2103.34	4.09	2351.61	4.57
0.90	1884.05	3.50	1945.84	3.62	2005.72	3.73	2063.87	3.84	2120.43	3.94	2175.51	4.04	2432.30	4.52
0.95	1899.46	3.41	1961.75	3.52	2022.13	3.63	2080.76	3.74	2137.77	3.84	2193.31	3.94	2452.19	4.40
1.00	1767.74	3.12	1825.71	3.22	1881.90	3.32	1936.46	3.41	1989.52	3.51	2041.21	3.60	2282.14	4.02

D = 880mm

h/D	i (‰)													
	0.6		0.7		0.8		0.9		1.0		1.1		1.2	
	Q	v	Q	v	Q	v	Q	v	Q	v	Q	v	Q	v
0.10	8.10	0.26	8.75	0.28	9.35	0.30	9.92	0.31	10.45	0.33	10.96	0.35	11.45	0.36
0.15	18.85	0.33	20.36	0.36	21.77	0.38	23.09	0.40	24.34	0.43	25.52	0.45	26.66	0.47
0.20	33.96	0.39	36.68	0.42	39.21	0.45	41.59	0.48	43.84	0.51	45.98	0.53	48.03	0.55
0.25	53.12	0.45	57.38	0.48	61.34	0.52	65.06	0.55	68.58	0.58	71.93	0.60	75.13	0.63
0.30	75.95	0.49	82.03	0.53	87.69	0.57	93.01	0.61	98.04	0.64	102.83	0.67	107.40	0.70
0.35	101.97	0.54	110.14	0.58	117.74	0.62	124.89	0.66	131.64	0.69	138.07	0.73	144.21	0.76
0.40	130.69	0.58	141.16	0.62	150.90	0.66	160.06	0.70	168.72	0.74	176.95	0.78	184.82	0.81
0.45	161.53	0.61	174.48	0.66	186.52	0.70	197.84	0.75	208.54	0.79	218.72	0.82	228.44	0.86
0.50	193.90	0.64	209.44	0.69	223.90	0.74	237.48	0.78	250.33	0.82	262.55	0.86	274.22	0.90
0.55	227.14	0.66	245.34	0.72	262.28	0.77	278.19	0.81	293.24	0.86	307.55	0.90	321.23	0.94
0.60	260.54	0.68	281.42	0.74	300.85	0.79	319.10	0.84	336.36	0.88	352.78	0.93	368.47	0.97
0.65	293.34	0.70	316.84	0.76	338.72	0.81	359.27	0.86	378.70	0.90	397.18	0.95	414.84	0.99
0.70	324.69	0.71	350.70	0.77	374.92	0.82	397.66	0.87	419.17	0.92	439.63	0.97	459.18	1.01
0.75	353.63	0.72	381.97	0.78	48.34	0.83	433.11	0.89	456.54	0.93	478.82	0.98	500.11	1.02
0.80	379.07	0.73	409.44	0.78	437.71	0.84	464.27	0.89	489.38	0.94	513.26	0.98	536.09	1.03
0.85	399.61	0.73	431.63	0.78	461.43	0.84	489.42	0.89	515.90	0.94	541.08	0.98	565.14	1.03
0.90	413.33	0.72	446.44	0.77	477.27	0.83	506.22	0.88	533.60	0.93	559.65	0.97	584.53	1.01
0.95	416.71	0.70	450.09	0.75	481.17	0.81	510.36	0.86	537.97	0.90	564.22	0.95	589.31	0.99
1.00	387.81	0.64	418.88	0.69	447.80	0.74	474.97	0.78	500.66	0.82	525.10	0.86	548.45	0.90

							$D = 880\text{mm}$							
	i（‰）													
h/D	1.3		1.4		1.5		1.6		1.7		1.8		1.9	
	Q	v	Q	v	Q	v	Q	v	Q	v	Q	v	Q	v
0.10	11.92	0.83	12.37	0.39	12.80	0.40	13.22	0.42	13.63	0.43	14.02	0.44	14.41	0.46
0.15	27.75	0.49	28.80	0.50	29.81	0.52	30.78	0.54	31.73	0.55	32.65	0.57	33.55	0.59
0.20	49.99	0.58	51.88	0.60	53.70	0.62	55.46	0.64	57.16	0.66	58.82	0.68	60.43	0.70
0.25	78.19	0.66	81.14	0.68	83.99	0.71	86.75	0.73	89.42	0.75	92.01	0.77	94.53	0.80
0.30	111.79	0.73	116.01	0.76	120.08	0.78	124.02	0.81	127.83	0.83	131.54	0.86	135.15	0.88
0.35	150.10	0.79	155.76	0.82	161.23	0.85	166.52	0.88	171.64	0.90	176.62	0.93	181.46	0.96
0.40	192.37	0.85	199.63	0.88	206.63	0.91	213.41	0.94	219.98	0.97	226.36	1.00	232.56	1.02
0.45	237.77	0.90	246.75	0.93	255.41	0.96	263.78	0.99	271.90	1.02	279.79	1.05	287.45	1.08
0.50	285.42	0.94	296.19	0.97	306.59	1.01	316.64	1.04	326.39	1.07	335.85	1.10	345.05	1.13
0.55	334.35	0.98	346.97	1.01	359.14	1.05	370.92	1.08	382.34	1.12	393.42	1.15	404.20	1.18
0.60	383.51	1.01	397.99	1.04	411.96	1.08	425.47	1.12	438.56	1.15	451.28	1.18	463.64	1.22
0.65	431.78	1.03	448.08	1.07	463.81	1.11	479.02	1.14	493.76	1.18	508.08	1.21	522.00	1.25
0.70	477.93	1.05	495.97	1.09	513.38	1.13	530.21	1.17	546.53	1.20	562.38	1.24	577.79	1.27
0.75	520.53	1.06	540.18	1.10	559.14	1.14	577.48	1.18	595.25	1.22	612.51	1.25	629.29	1.29
0.80	557.98	1.07	579.04	1.11	599.36	1.15	619.02	1.19	638.07	1.22	656.57	1.26	674.56	1.29
0.85	588.22	1.07	610.42	1.11	631.84	1.15	652.57	1.18	672.65	1.22	692.15	1.26	711.12	1.29
0.90	608.40	1.06	631.37	1.10	653.53	1.13	674.96	1.17	695.73	1.21	715.90	1.24	735.52	1.28
0.95	613.38	1.03	636.53	1.07	658.87	1.10	680.48	1.14	701.42	1.18	721.76	1.21	741.53	1.24
1.00	570.84	0.94	592.39	0.97	613.18	1.01	633.29	1.04	652.78	1.07	671.71	1.10	690.11	1.13

							$D = 880\text{mm}$							
	i（‰）													
h/D	2.0		2.1		2.2		2.3		2.4		2.5		2.6	
	Q	v	Q	v	Q	v	Q	v	Q	v	Q	v	Q	v
0.10	14.78	0.47	15.15	0.48	15.50	0.49	15.85	0.50	16.19	0.51	16.53	0.52	16.85	0.53
0.15	34.42	0.60	35.27	0.62	36.10	0.63	36.91	0.65	37.70	0.66	38.48	0.67	39.24	0.69
0.20	62.00	0.72	63.53	0.73	65.03	0.75	66.49	0.77	67.92	0.78	69.32	0.80	70.69	0.82
0.25	96.99	0.82	99.38	0.84	101.72	0.86	104.01	0.87	106.24	0.89	108.43	0.91	110.58	0.93
0.30	138.66	0.90	142.08	0.93	145.42	0.95	148.69	0.97	151.89	0.99	155.02	1.01	158.09	1.03
0.35	186.17	0.98	190.77	1.01	195.26	1.03	199.65	1.05	203.94	1.07	208.14	1.10	212.27	1.12
0.40	238.60	1.05	244.49	1.08	250.25	1.10	255.87	1.13	261.37	1.15	266.76	1.17	272.05	1.20
0.45	294.92	1.11	302.20	1.14	309.31	1.17	316.27	1.19	323.07	1.22	329.73	1.24	336.26	1.27
0.50	354.02	1.16	362.76	1.19	371.29	1.22	379.64	1.25	387.80	1.28	395.80	1.30	403.64	1.33
0.55	414.70	1.21	424.95	1.24	434.95	1.27	444.72	1.30	454.29	1.33	463.65	1.35	472.84	1.38
0.60	475.69	1.25	487.43	1.28	498.90	1.31	510.12	1.34	521.09	1.37	531.83	1.40	542.37	1.42
0.65	535.56	1.28	548.79	1.31	561.70	1.34	574.33	1.37	586.68	1.40	598.78	1.43	610.63	1.46
0.70	592.80	1.30	607.43	1.34	621.73	1.37	635.70	1.40	649.37	1.43	662.77	1.46	675.89	1.49
0.75	645.64	1.32	661.59	1.35	677.16	1.38	692.37	1.42	707.27	1.45	721.85	1.48	736.15	1.50
0.80	692.09	1.33	709.18	1.36	725.87	1.39	742.18	1.42	758.14	1.45	773.78	1.48	789.10	1.51
0.85	729.59	1.32	747.61	1.36	765.20	1.39	782.40	1.42	799.23	1.45	815.71	1.48	831.86	1.51
0.90	754.63	1.31	773.26	1.34	791.46	1.37	809.25	1.40	826.65	1.43	843.70	1.46	860.41	1.49
0.95	760.80	1.27	779.59	1.31	797.93	1.34	815.87	1.37	833.41	1.40	850.60	1.43	867.44	1.45
1.00	708.04	1.16	725.52	1.19	742.60	1.22	759.29	1.25	775.62	1.28	791.61	1.30	807.29	1.33

D=880mm

h/D	2.7		2.8		2.9		3.0		3.1		3.2		3.3	
	Q	v	Q	v	Q	v	Q	v	Q	v	Q	v	Q	v
0.10	17.18	0.54	17.49	0.55	17.80	0.56	18.10	0.57	18.40	0.58	18.70	0.59	18.99	0.60
0.15	39.99	0.70	40.72	0.71	41.44	0.72	42.15	0.74	42.85	0.75	43.54	0.76	44.21	0.77
0.20	72.04	0.83	73.36	0.85	74.66	0.86	75.94	0.88	77.19	0.89	78.43	0.91	79.84	0.92
0.25	112.69	0.95	114.76	0.97	116.79	0.98	118.78	1.00	120.75	1.02	122.68	1.03	124.58	1.05
0.30	161.10	1.05	164.06	1.07	166.96	1.09	169.82	1.11	172.63	1.12	175.39	1.14	178.11	1.16
0.35	216.31	1.14	220.28	1.16	224.18	1.18	228.01	1.20	231.78	1.22	235.49	1.24	239.14	1.26
0.40	277.23	1.22	282.32	1.24	287.31	1.26	292.23	1.29	297.06	1.31	301.81	1.33	306.49	1.35
0.45	342.67	1.29	348.95	1.31	355.13	1.34	361.20	1.36	367.17	1.38	373.05	1.41	378.83	1.43
0.50	411.33	1.35	418.88	1.38	426.29	1.40	433.58	1.43	440.75	1.45	447.80	1.47	454.74	1.50
0.55	481.84	1.41	490.68	1.43	499.37	1.46	507.91	1.48	516.30	1.51	524.56	1.53	532.70	1.55
0.60	552.70	1.45	562.84	1.48	572.80	1.50	582.59	1.53	592.23	1.55	601.70	1.58	611.03	1.60
0.65	622.27	1.49	633.69	1.51	644.90	1.54	655.93	1.57	666.77	1.59	677.44	1.62	687.94	1.64
0.70	688.77	1.51	701.41	1.54	713.82	1.57	726.02	1.60	738.02	1.62	749.83	1.65	761.46	1.67
0.75	750.17	1.53	763.94	1.56	777.46	1.59	790.75	1.62	803.82	1.64	816.68	1.67	829.34	1.69
0.80	804.13	1.54	818.89	1.57	833.38	1.60	847.63	1.63	861.64	1.65	875.43	1.68	889.00	1.70
0.85	847.71	1.54	863.26	1.57	878.54	1.59	893.56	1.62	908.33	1.65	922.87	1.67	937.18	1.70
0.90	876.80	1.52	892.89	1.55	908.69	1.58	924.22	1.60	939.50	1.63	954.53	1.66	969.33	1.68
0.96	883.97	1.48	900.19	1.51	916.12	1.53	931.78	1.56	947.19	1.59	962.34	1.61	977.26	1.64
1.00	822.67	1.35	837.76	1.38	852.59	1.40	867.17	1.43	881.50	1.45	895.61	1.47	909.49	1.50

D=880mm

h/D	3.4		3.5		3.6		3.7		3.8		3.9		4.0	
	Q	v	Q	v	Q	v	Q	v	Q	v	Q	v	Q	v
0.10	19.27	0.61	19.56	0.63	19.83	0.63	20.11	0.64	20.38	0.64	20.64	0.65	20.91	0.66
0.15	44.87	0.78	45.53	0.80	46.18	0.81	46.81	0.82	47.44	0.83	48.06	0.84	48.67	0.85
0.20	80.84	0.93	82.02	0.95	83.19	0.96	84.33	0.97	85.46	0.99	86.58	1.00	87.68	1.01
0.25	126.45	1.06	128.30	1.08	130.12	1.09	131.92	1.11	133.69	1.12	135.43	1.14	137.16	1.15
0.30	180.79	1.18	183.43	1.20	186.03	1.21	188.59	1.23	191.12	1.25	193.62	1.26	196.09	1.28
0.35	242.74	1.28	246.28	1.30	249.77	1.32	253.22	1.33	256.62	1.35	259.97	1.37	263.28	1.39
0.40	311.10	1.37	315.64	1.39	320.12	1.41	324.53	1.43	328.89	1.45	333.19	1.47	337.43	1.49
0.45	384.53	1.45	390.14	1.47	395.68	1.49	401.13	1.51	406.52	1.53	411.83	1.55	417.08	1.57
0.50	461.58	1.52	468.32	1.54	474.96	1.56	481.51	1.58	487.98	1.60	494.36	1.63	500.65	1.65
0.55	540.71	1.58	548.60	1.60	556.38	1.62	564.06	1.65	571.63	1.67	579.10	1.69	586.48	1.71
0.60	620.22	1.63	629.27	1.65	638.20	1.67	647.00	1.70	655.69	1.72	664.26	1.74	672.72	1.77
0.65	698.29	1.67	708.48	1.69	718.53	1.72	728.44	1.74	738.22	1.76	747.87	1.79	757.40	1.81
0.70	772.91	1.70	784.19	1.72	795.32	1.75	806.29	1.77	817.11	1.80	827.79	1.82	838.34	1.84
0.75	841.82	1.72	854.11	1.75	866.22	1.77	878.17	1.79	889.96	1.82	901.59	1.84	913.08	1.87
0.80	902.37	1.73	915.54	1.76	928.53	1.78	941.34	1.80	953.97	1.83	966.45	1.85	978.76	1.88
0.85	951.27	1.73	965.16	1.75	978.85	1.78	992.35	1.80	1005.67	1.83	1018.82	1.85	1031.80	1.87
0.90	983.91	1.71	998.28	1.73	1012.44	1.76	1026.40	1.78	1040.18	1.80	1053.78	1.83	1067.20	1.85
0.95	991.96	1.66	1006.44	1.69	1020.72	1.71	1034.80	1.73	1048.69	1.76	1062.40	1.78	1075.93	1.80
1.00	923.17	1.52	936.65	1.54	949.93	1.56	963.04	1.58	975.97	1.60	988.72	1.63	1001.32	1.65

$D = 880\text{mm}$

h/D	i (‰)													
	4.1		4.2		4.3		4.4		4.6		4.8		5.0	
	Q	v	Q	v	Q	v	Q	v	Q	v	Q	v	Q	v
0.10	21.16	0.67	21.42	0.68	21.67	0.68	21.93	0.69	22.42	0.71	22.90	0.72	23.37	0.74
0.15	49.28	0.86	49.88	0.87	50.47	0.88	51.05	0.89	52.20	0.91	53.32	0.93	54.42	0.95
0.20	88.77	1.03	89.85	1.04	90.91	1.05	91.96	1.06	94.03	1.09	96.05	1.11	98.03	1.13
0.25	138.86	1.17	140.55	1.18	142.21	1.20	143.85	1.21	147.09	1.24	150.25	1.26	153.35	1.29
0.30	198.53	1.29	200.93	1.31	203.31	1.32	205.66	1.34	210.28	1.37	214.81	1.40	219.23	1.43
0.35	266.55	1.41	269.79	1.42	272.98	1.44	276.13	1.46	282.34	1.49	288.41	1.52	294.36	1.55
0.40	341.63	1.50	345.77	1.52	349.86	1.54	353.90	1.56	361.86	1.59	369.64	1.63	377.26	1.66
0.45	422.26	1.59	427.38	1.61	432.44	1.63	437.44	1.65	447.27	1.68	456.89	1.72	466.31	1.76
0.50	506.87	1.67	513.02	1.69	519.09	1.71	525.09	1.73	536.89	1.77	548.44	1.80	559.75	1.84
0.55	593.77	1.73	600.96	1.75	608.08	1.77	615.11	1.79	628.93	1.83	642.46	1.87	655.70	1.91
0.60	681.08	1.79	689.34	1.81	697.49	1.83	715.56	1.85	721.41	1.89	736.93	1.93	752.13	1.97
0.65	766.81	1.83	776.10	1.85	785.29	1.88	794.37	1.90	812.22	1.94	829.69	1.98	846.80	2.02
0.70	848.75	1.87	859.04	1.89	869.21	1.91	879.26	1.93	899.02	1.98	918.35	2.02	937.29	2.06
0.75	924.42	1.89	935.63	1.91	946.70	1.93	957.64	1.96	979.17	2.00	1000.23	2.04	1020.85	2.09
0.80	990.92	1.90	1002.93	1.92	1014.80	1.95	1026.53	1.97	1049.60	2.01	1072.17	2.06	1094.28	2.10
0.85	1044.62	1.90	1057.28	1.92	1069.79	1.94	1082.16	1.96	1106.48	2.01	1130.28	2.05	1153.59	2.09
0.90	1080.46	1.87	1093.56	1.90	1106.50	1.92	1119.29	1.94	1144.45	1.98	1169.06	2.03	1193.17	2.07
0.95	1089.30	1.83	1102.50	1.85	1115.55	1.87	1128.45	1.89	1153.81	1.93	1178.62	1.97	1202.93	2.02
1.00	1013.76	1.67	1026.05	1.69	1038.19	1.71	1050.19	1.73	1073.80	1.77	1096.89	1.80	1119.51	1.84

$D = 880\text{mm}$

h/D	i (‰)													
	5.5		6.0		6.5		7.0		7.5		8.0		8.5	
	Q	v	Q	v	Q	v	Q	v	Q	v	Q	v	Q	v
0.10	24.51	0.77	25.60	0.81	26.65	0.84	27.65	0.87	28.63	0.90	29.56	0.93	30.47	0.96
0.15	57.08	1.00	59.61	1.04	62.05	1.08	64.39	1.13	66.65	1.17	68.84	1.20	70.95	1.24
0.20	102.82	1.19	107.39	1.24	111.78	1.29	116.00	1.34	120.07	1.39	124.01	1.43	127.82	1.48
0.25	160.83	1.35	167.98	1.41	174.84	1.47	181.44	1.53	187.81	1.58	193.97	1.63	199.94	1.68
0.30	229.94	1.50	240.16	1.56	249.97	1.63	259.40	1.69	268.51	1.75	277.31	1.81	285.85	1.86
0.35	308.73	1.63	322.46	1.70	335.62	1.77	348.29	1.84	360.52	1.90	372.34	1.96	383.80	2.02
0.40	395.68	1.74	413.27	1.82	430.14	1.89	446.38	1.96	462.05	2.03	477.20	2.10	491.89	2.17
0.45	489.07	1.84	510.82	1.92	531.67	2.00	551.74	2.08	571.11	2.15	589.84	2.22	607.99	2.29
0.50	587.07	1.93	613.17	2.02	638.21	2.10	662.30	2.18	685.55	2.25	708.03	2.33	729.82	2.40
0.55	687.71	2.01	718.29	2.10	747.62	2.18	775.84	2.26	803.07	2.34	829.41	2.42	854.93	2.49
0.60	788.84	2.07	823.91	2.16	857.56	2.25	889.93	2.34	921.16	2.42	951.37	2.50	980.65	2.57
0.65	888.13	2.12	927.62	2.22	965.50	2.31	1001.94	2.39	1037.11	2.48	1071.12	2.56	1104.09	2.64
0.70	983.04	2.16	1026.75	2.26	1068.68	2.35	1109.02	2.44	1147.94	2.52	1185.59	2.61	1222.08	2.69
0.75	1070.68	2.19	1118.29	2.29	1163.95	2.38	1207.89	2.47	1250.28	2.56	1291.29	2.64	1331.03	2.72
0.80	1147.69	2.20	1198.73	2.30	1247.68	2.39	1294.77	2.48	1340.22	2.57	1384.17	2.65	1426.77	2.74
0.85	1209.89	2.20	1263.69	2.29	1315.29	2.39	1364.94	2.48	1412.85	2.56	1459.18	2.65	1504.09	2.73
0.90	1251.41	2.17	1307.05	2.27	1360.42	2.36	1411.78	2.45	1461.33	2.53	1509.25	2.62	1555.70	2.70
0.95	1261.64	2.11	1317.74	2.21	1371.55	2.30	1423.32	2.38	1473.28	2.47	1521.60	2.55	1568.43	2.63
1.00	1174.15	1.93	1226.36	2.02	1276.44	2.10	1324.62	2.18	1371.11	2.25	1416.08	2.33	1459.66	2.40

$D = 880\text{mm}$

h/D	i (‰)													
	9.0		9.5		10		11		12		13		14	
	Q	v	Q	v	Q	v	Q	v	Q	v	Q	v	Q	v
0.10	31.36	0.99	32.22	1.02	33.05	1.04	34.67	1.10	36.21	1.14	37.69	1.19	39.11	1.24
0.15	73.01	1.28	75.01	1.31	76.96	1.35	80.72	1.41	84.31	1.47	87.75	1.53	91.06	1.59
0.20	131.53	1.52	135.13	1.56	138.64	1.60	145.41	1.68	151.87	1.75	158.08	1.83	164.04	1.89
0.25	205.74	1.73	211.38	1.78	216.87	1.82	227.45	1.91	237.57	2.00	247.27	2.08	256.60	2.16
0.30	294.13	1.92	302.19	1.97	310.05	2.02	325.18	2.12	339.64	2.21	353.51	2.30	366.85	2.39
0.35	394.93	2.08	405.75	2.14	416.29	2.19	436.61	2.30	456.02	2.40	474.64	2.50	492.56	2.60
0.40	506.15	2.23	520.02	2.29	533.53	2.35	559.57	2.46	584.45	2.57	608.32	2.68	631.28	2.78
0.45	625.62	2.36	642.76	2.42	659.46	2.48	691.65	2.61	722.40	2.72	751.90	2.83	780.28	2.94
0.50	750.98	2.47	771.56	2.54	791.60	2.60	830.24	2.73	867.16	2.85	902.57	2.97	936.64	3.08
0.55	879.72	2.57	903.83	2.64	927.31	2.71	972.57	2.84	1015.81	2.96	1057.29	3.08	1097.20	3.20
0.60	1009.08	2.65	1036.74	2.72	1063.67	2.79	1115.58	2.93	1165.19	3.06	1212.77	3.18	1258.55	3.30
0.65	1136.10	2.71	1167.23	2.79	1197.55	2.86	1256.00	3.00	1311.85	3.13	1365.42	3.26	1416.96	3.39
0.70	1257.51	2.77	1291.97	2.84	1325.53	2.91	1390.23	3.06	1452.05	3.19	1511.34	3.32	1568.39	3.45
0.75	1369.62	2.80	1407.15	2.88	1443.70	2.95	1514.17	3.09	1581.50	3.23	1646.07	3.36	1708.21	3.49
0.80	1468.14	2.81	1508.37	2.89	1547.55	2.97	1623.08	3.11	1695.26	3.25	1764.48	3.38	1831.09	3.51
0.85	1547.70	2.81	1590.11	2.89	1631.42	2.96	1711.04	3.11	1787.15	3.24	1860.10	3.38	1930.32	3.50
0.90	1600.80	2.78	1644.67	2.85	1687.40	2.93	1769.76	3.07	1848.45	3.21	1923.93	3.34	1996.55	3.46
0.95	1613.90	2.70	1658.12	2.78	1701.20	2.85	1784.23	2.99	1863.57	3.12	1939.66	3.25	2012.88	3.37
1.00	1501.98	2.47	1543.14	2.54	1583.22	2.60	1660.50	2.73	1734.34	2.85	1805.15	2.97	1873.30	3.08

$D = 880\text{mm}$

h/D	i (‰)													
	15		16		17		18		19		20		25	
	Q	v	Q	v	Q	v	Q	v	Q	v	Q	v	Q	v
0.10	40.48	1.28	41.81	1.32	43.10	1.36	44.35	1.40	45.56	1.44	46.75	1.48	52.26	1.65
0.15	94.26	1.65	97.35	1.70	100.34	1.75	103.25	1.80	106.08	1.85	108.84	1.90	121.68	2.13
0.20	169.80	1.96	175.37	2.03	180.77	2.09	186.01	2.15	191.10	2.21	196.07	2.26	219.21	2.53
0.25	265.61	2.23	274.32	2.31	282.76	2.38	290.96	2.45	298.93	2.51	306.70	2.58	342.90	2.88
0.30	379.73	2.47	392.18	2.56	404.25	2.63	415.97	2.71	427.37	2.78	438.47	2.86	490.22	3.19
0.35	509.85	2.69	526.57	2.78	542.77	2.86	558.51	2.94	573.81	3.02	588.72	3.10	658.21	3.47
0.40	653.44	2.88	674.87	2.97	695.64	3.06	715.80	3.15	735.42	3.24	754.52	3.32	843.58	3.71
0.45	807.67	3.04	834.16	3.14	859.83	3.24	884.76	3.33	909.00	3.42	932.62	3.51	1042.70	3.93
0.50	969.51	3.19	1001.31	3.29	1032.12	3.39	1062.05	3.49	1091.15	3.59	1119.50	3.68	1251.63	4.12
0.55	1135.71	3.31	1172.96	3.42	1209.06	3.53	1244.11	3.63	1278.20	3.73	1311.41	3.83	1466.20	4.28
0.60	1302.72	3.42	1345.45	3.53	1386.85	3.64	1427.06	3.75	1466.16	3.85	1504.25	3.95	1681.81	4.41
0.65	1466.70	3.50	1514.80	3.62	1561.42	3.73	1606.69	3.84	1650.71	3.94	1693.60	4.05	1893.50	4.52
0.70	1623.44	3.57	1676.68	3.69	1728.28	3.80	1778.39	3.91	1827.12	4.02	1874.58	4.12	2095.85	4.61
0.75	1768.17	3.61	1826.15	3.73	1882.36	3.85	1936.93	3.96	1990.01	4.07	2041.70	4.17	2282.69	4.67
0.80	1895.35	3.63	1957.51	3.75	2017.76	3.87	2076.26	3.98	2133.15	4.09	2188.57	4.20	2446.89	4.69
0.85	998.07	3.63	2063.60	3.75	2127.11	3.86	2188.77	3.97	2248.75	4.08	2307.17	4.19	2579.49	4.68
0.90	2066.63	3.58	2134.41	3.70	2200.09	3.82	2263.88	3.93	2325.91	4.03	2386.34	4.14	2668.01	4.63
0.95	2083.53	3.49	2151.86	3.61	2218.09	3.72	2282.40	3.82	2344.94	3.93	2405.86	4.03	2689.83	4.51
1.00	1939.05	3.19	2002.64	3.29	2064.27	3.39	2124.12	3.49	2182.32	3.59	2239.02	3.68	2503.30	4.12

$D=900\mathrm{mm}$

h/D	i (‰)												
	0.6		0.7		0.8		0.9		1.0		1.1		1.2	
	Q	v	Q	v	Q	v	Q	v	Q	v	Q	v	Q	v
0.10	8.60	0.26	9.29	0.28	9.93	0.30	10.53	0.32	11.10	0.34	11.64	0.35	12.16	0.37
0.15	20.02	0.33	21.62	0.36	23.11	0.39	24.51	0.41	25.84	0.43	27.10	0.45	28.31	0.47
0.20	36.06	0.40	38.95	0.43	41.64	0.46	44.16	0.49	46.55	0.51	48.82	0.54	50.99	0.56
0.25	56.40	0.45	60.92	0.49	65.13	0.52	69.08	0.56	72.81	0.59	76.37	0.61	79.76	0.64
0.30	80.64	0.50	87.10	0.54	93.11	0.58	98.76	0.62	104.10	0.65	109.18	0.68	114.04	0.71
0.35	108.27	0.55	116.94	0.59	125.02	0.63	132.60	0.67	139.77	0.70	146.59	0.74	153.11	0.77
0.40	138.76	0.58	149.88	0.63	160.22	0.67	169.94	0.72	179.14	0.75	187.88	0.79	196.23	0.83
0.45	171.51	0.62	185.25	0.67	198.04	0.71	210.06	0.76	221.42	0.80	232.23	0.84	242.55	0.87
0.50	205.88	0.65	222.37	0.70	237.73	0.75	252.15	0.79	265.79	0.84	278.76	0.88	291.16	0.92
0.55	241.17	0.67	260.49	0.73	278.48	0.78	295.37	0.82	311.35	0.87	326.55	0.91	341.07	0.95
0.60	276.64	0.69	298.80	0.75	319.43	0.80	338.81	0.85	357.13	0.90	374.57	0.94	391.22	0.98
0.65	311.46	0.71	336.41	0.77	359.64	0.82	381.45	0.87	402.09	0.92	421.71	0.96	440.47	1.01
0.70	344.74	0.72	372.36	0.78	398.07	0.84	422.22	0.89	445.06	0.94	466.78	0.98	487.54	1.02
0.75	375.47	0.73	405.56	0.79	433.56	0.85	459.86	0.90	484.73	0.95	508.39	0.99	531.00	1.04
0.80	402.48	0.74	434.73	0.80	464.75	0.85	492.94	0.90	519.60	0.95	544.96	1.00	569.20	1.04
0.85	424.29	0.74	458.29	0.80	489.93	0.85	519.65	0.90	547.76	0.95	574.50	1.00	600.04	1.04
0.90	438.85	0.73	474.02	0.79	506.74	0.84	537.48	0.89	566.56	0.94	594.21	0.99	620.63	1.03
0.95	442.44	0.71	477.89	0.77	510.89	0.82	541.88	0.87	571.19	0.91	599.07	0.96	625.71	1.00
1.00	411.76	0.65	444.75	0.70	475.46	0.75	504.30	0.79	531.58	0.84	557.53	0.88	582.32	0.92

$D=900\mathrm{mm}$

h/D	i (‰)												
	1.3		1.4		1.5		1.6		1.7		1.8		1.9	
	Q	v	Q	v	Q	v	Q	v	Q	v	Q	v	Q	v
0.10	12.65	0.38	13.13	0.40	13.59	0.41	14.04	0.42	14.47	0.44	14.89	0.45	15.30	0.46
0.15	29.46	0.49	30.57	0.51	31.65	0.53	32.69	0.55	33.69	0.56	34.67	0.58	35.62	0.60
0.20	53.08	0.59	55.08	0.61	57.01	0.63	58.88	0.65	60.69	0.67	62.45	0.69	64.16	0.71
0.25	83.02	0.67	86.16	0.69	89.18	0.72	92.10	0.74	94.94	0.76	97.69	0.79	100.37	0.81
0.30	118.69	0.74	123.17	0.77	127.50	0.79	131.68	0.82	135.73	0.85	139.66	0.87	143.49	0.89
0.35	159.36	0.80	165.38	0.83	171.19	0.86	176.80	0.89	182.24	0.92	187.52	0.95	192.66	0.97
0.40	204.25	0.86	211.96	0.89	219.40	0.92	226.59	0.95	233.57	0.98	240.34	1.01	246.92	1.04
0.45	252.46	0.91	261.99	0.94	271.18	0.98	280.08	1.01	288.70	1.04	297.07	1.07	305.21	1.10
0.50	303.04	0.95	314.48	0.99	325.52	1.02	336.20	1.06	346.54	1.09	356.59	1.12	366.36	1.15
0.55	354.99	0.99	368.39	1.03	381.32	1.06	393.83	1.10	405.95	1.13	417.72	1.17	429.17	1.20
0.60	407.20	1.02	422.57	1.06	437.40	1.10	451.74	1.13	465.65	1.17	479.15	1.20	492.28	1.24
0.65	458.45	1.05	475.76	1.09	492.45	1.13	508.61	1.16	524.26	1.20	539.46	1.23	554.24	1.27
0.70	507.44	1.07	526.60	1.11	545.08	1.15	562.96	1.18	580.28	1.22	597.11	1.26	613.47	1.29
0.75	552.68	1.08	573.55	1.12	593.68	1.16	613.15	1.20	632.02	1.23	650.34	1.27	668.16	1.31
0.80	592.44	1.09	614.80	1.13	636.38	1.17	657.25	1.20	677.48	1.24	697.12	1.28	716.22	1.31
0.85	624.54	1.08	648.12	1.12	670.87	1.16	692.87	1.20	714.19	1.24	734.90	1.28	755.04	1.31
0.90	645.97	1.07	670.36	1.11	693.89	1.15	716.64	1.19	738.70	1.22	760.12	1.26	780.94	1.29
0.95	651.26	1.04	675.84	1.08	699.56	1.12	722.51	1.16	744.74	1.19	766.33	1.23	787.33	1.26
1.00	606.09	0.95	628.97	0.99	651.05	1.02	672.40	1.06	693.10	1.09	713.19	1.12	732.73	1.15

D = 900mm

h/D	i (‰)													
	2.0		2.1		2.2		2.3		2.4		2.5		2.6	
	Q	v	Q	v	Q	v	Q	v	Q	v	Q	v	Q	v
0.10	15.70	0.47	16.08	0.49	16.46	0.50	16.83	0.51	17.19	0.52	17.55	0.53	17.90	0.54
0.15	36.54	0.61	37.45	0.63	38.33	0.64	39.19	0.65	40.03	0.67	40.86	0.68	41.67	0.70
0.20	65.83	0.73	67.46	0.74	69.05	0.76	70.60	0.78	72.12	0.80	73.60	0.81	75.06	0.83
0.25	102.98	0.83	105.52	0.85	108.00	0.87	110.43	0.89	112.80	0.91	115.13	0.93	117.41	0.94
0.30	147.22	0.92	150.86	0.94	154.41	0.96	157.88	0.98	161.27	1.00	164.60	1.03	167.86	1.05
0.35	197.67	1.00	202.55	1.02	207.32	1.04	211.98	1.07	216.53	1.09	221.00	1.11	225.38	1.14
0.40	253.34	1.07	259.59	1.09	265.70	1.12	271.67	1.14	277.52	1.17	283.24	1.19	288.85	1.22
0.45	313.13	1.13	320.87	1.16	328.42	1.18	335.80	1.21	343.02	1.24	350.09	1.26	357.03	1.29
0.50	375.88	1.18	385.16	1.21	394.23	1.24	403.09	1.27	411.76	1.29	420.25	1.32	428.57	1.35
0.55	440.32	1.23	451.19	1.26	461.81	1.29	472.19	1.32	482.34	1.35	492.29	1.37	502.04	1.40
0.60	505.06	1.27	517.54	1.30	529.72	1.33	541.62	1.36	553.27	1.39	564.68	1.42	575.86	1.44
0.65	568.64	1.30	582.68	1.33	596.39	1.36	609.80	1.39	622.91	1.42	635.76	1.45	648.35	1.48
0.70	629.41	1.32	644.95	1.36	660.13	1.39	674.96	1.42	689.48	1.45	703.70	1.48	717.63	1.51
0.75	685.52	1.34	702.45	1.37	718.98	1.40	735.14	1.44	750.95	1.47	766.43	1.50	781.61	1.53
0.80	734.83	1.35	752.98	1.38	770.69	1.41	788.02	1.44	804.96	1.48	821.56	1.51	837.83	1.54
0.85	774.65	1.34	793.78	1.38	812.46	1.41	830.72	1.44	848.59	1.47	866.09	1.50	883.24	1.53
0.90	801.23	1.33	821.02	1.36	840.34	1.39	859.23	1.42	877.71	1.46	895.80	1.49	913.54	1.51
0.95	807.79	1.29	827.73	1.33	847.21	1.36	866.25	1.39	884.88	1.42	903.13	1.45	921.02	1.48
1.00	751.77	1.18	770.33	1.21	788.46	1.24	806.18	1.27	823.52	1.29	840.50	1.32	857.15	1.35

D = 900mm

h/D	i (‰)													
	2.7		2.8		2.9		3.0		3.1		3.2		3.3	
	Q	v	Q	v	Q	v	Q	v	Q	v	Q	v	Q	v
0.10	18.24	0.55	18.57	0.56	18.90	0.57	19.22	0.58	19.54	0.59	19.85	0.60	20.16	0.61
0.15	42.46	0.71	43.24	0.72	44.00	0.74	44.76	0.75	45.50	0.76	46.22	0.77	46.94	0.78
0.20	76.49	0.84	77.89	0.86	79.27	0.88	80.63	0.89	81.96	0.90	83.27	0.92	84.56	0.93
0.25	119.65	0.96	121.84	0.98	124.00	1.00	126.12	1.01	128.20	1.03	130.26	1.05	132.27	1.06
0.30	171.05	1.07	174.19	1.09	177.28	1.10	180.31	1.12	183.29	1.14	186.22	1.16	189.11	1.18
0.35	229.67	1.16	233.88	1.18	238.02	1.20	242.09	1.22	246.09	1.24	250.03	1.26	253.91	1.28
0.40	294.35	1.24	299.75	1.26	305.06	1.28	310.27	1.31	315.40	1.33	320.45	1.35	325.42	1.37
0.45	363.83	1.31	370.51	1.33	377.06	1.36	383.51	1.38	389.85	1.40	396.09	1.43	402.23	1.45
0.50	436.73	1.37	444.75	1.40	452.62	1.42	460.36	1.45	467.97	1.47	475.45	1.49	482.83	1.52
0.55	511.60	1.43	520.99	1.45	530.21	1.48	539.27	1.50	548.19	1.53	556.96	1.55	565.60	1.58
0.60	586.83	1.47	597.60	1.50	608.18	1.53	618.58	1.55	628.80	1.58	638.86	1.60	648.77	1.63
0.65	660.70	1.51	672.82	1.54	684.73	1.56	696.44	1.59	707.95	1.62	719.28	1.64	730.43	1.67
0.70	731.30	1.54	744.72	1.57	757.91	1.59	770.86	1.62	783.60	1.65	796.14	1.67	808.49	1.70
0.75	796.50	1.56	811.12	1.58	825.47	1.61	839.58	1.64	853.46	1.67	867.12	1.69	880.56	1.72
0.80	853.79	1.56	869.46	1.59	884.85	1.62	899.98	1.65	914.85	1.68	929.49	1.70	943.90	1.73
0.85	900.06	1.56	916.58	1.59	932.80	1.62	948.75	1.65	964.43	1.67	979.86	1.70	995.06	1.73
0.90	930.95	1.54	948.03	1.57	964.81	1.60	981.30	1.63	997.53	1.65	1013.49	1.68	1029.20	1.71
0.95	938.56	1.50	955.78	1.53	972.70	1.56	989.33	1.58	1005.68	1.61	1021.78	1.64	1037.62	1.66
1.00	873.48	1.37	889.50	1.40	905.25	1.42	920.72	1.45	935.94	1.47	950.92	1.49	965.66	1.52

D = 900mm

h/D	3.4		3.5		3.6		3.7		3.8		3.9		4.0	
	Q	v	Q	v	Q	v	Q	v	Q	v	Q	v	Q	v
0.10	20.46	0.62	20.76	0.63	21.06	0.64	21.35	0.64	21.63	0.65	21.92	0.66	22.20	0.67
0.15	47.65	0.80	48.34	0.81	49.03	0.82	49.70	0.83	50.37	0.84	51.03	0.85	51.68	0.86
0.20	85.83	0.95	87.09	0.96	88.32	0.98	89.54	0.99	90.74	1.00	91.93	1.01	93.10	1.03
0.25	134.26	1.08	136.22	1.10	138.16	1.11	140.06	1.13	141.94	1.14	143.80	1.16	145.63	1.17
0.30	191.95	1.20	194.75	1.21	197.52	1.23	200.24	1.25	202.93	1.26	205.58	1.28	208.20	1.30
0.35	257.73	1.30	261.49	1.32	265.20	1.34	268.86	1.35	272.47	1.37	276.03	1.39	279.54	1.41
0.40	330.31	1.39	335.13	1.41	339.89	1.43	344.58	1.45	349.20	1.47	353.77	1.49	358.27	1.51
0.45	408.28	1.47	414.24	1.49	420.11	1.51	425.91	1.53	431.63	1.55	437.27	1.57	442.84	1.59
0.50	490.09	1.54	497.24	1.56	504.30	1.59	511.25	1.61	518.11	1.63	524.89	1.65	531.57	1.67
0.55	574.10	1.60	582.48	1.62	590.75	1.65	598.89	1.67	606.93	1.69	614.87	1.72	622.70	1.74
0.60	658.52	1.65	668.14	1.68	677.62	1.70	686.96	1.72	696.18	1.75	705.28	1.77	714.27	1.79
0.65	741.41	1.69	752.24	1.72	762.91	1.74	773.43	1.77	783.81	1.79	794.06	1.81	804.18	1.84
0.70	820.65	1.73	832.63	1.75	844.44	1.78	856.09	1.80	867.58	1.82	878.92	1.85	890.11	1.87
0.75	893.81	1.75	906.85	1.77	919.72	1.80	932.40	1.82	944.92	1.85	957.27	1.87	969.47	1.89
0.80	958.10	1.76	972.09	1.78	985.88	1.81	999.48	1.83	1012.89	1.86	1026.13	1.88	1039.20	1.90
0.85	1010.02	1.75	1024.77	1.78	1039.30	1.80	1053.64	1.83	1067.78	1.85	1081.74	1.88	1095.52	1.90
0.90	1044.68	1.73	1059.93	1.76	1074.97	1.78	1089.79	1.81	1104.42	1.83	1118.86	1.86	1133.11	1.88
0.95	1053.22	1.69	1068.60	1.71	1083.76	1.74	1098.71	1.76	1113.46	1.78	1128.01	1.81	1142.38	1.83
1.00	980.19	1.54	994.50	1.56	1008.60	1.59	1022.51	1.61	1036.24	1.63	1049.79	1.65	1063.16	1.67

D = 900mm

h/D	4.1		4.2		4.3		4.4		4.6		4.8		5.0	
	Q	v	Q	v	Q	v	Q	v	Q	v	Q	v	Q	v
0.10	22.47	0.68	22.74	0.69	23.01	0.70	23.28	0.70	23.80	0.72	24.31	0.73	24.82	0.75
0.15	52.32	0.87	52.96	0.88	53.58	0.90	54.20	0.91	55.42	0.93	56.61	0.95	57.78	0.97
0.20	94.26	1.04	95.40	1.05	96.53	1.07	97.64	1.08	99.84	1.10	101.99	1.13	104.09	1.15
0.25	147.44	1.19	149.23	1.20	150.99	1.21	152.74	1.23	156.17	1.26	159.53	1.28	162.82	1.31
0.30	210.79	1.31	213.34	1.33	215.87	1.34	218.36	1.36	223.27	1.39	228.07	1.42	232.77	1.45
0.35	283.02	1.43	286.45	1.44	289.84	1.46	293.19	1.48	299.78	1.51	306.23	1.54	312.54	1.58
0.40	362.72	1.53	367.12	1.54	371.47	1.56	375.76	1.58	384.21	1.62	392.47	1.65	400.56	1.69
0.45	448.34	1.61	453.77	1.63	459.14	1.65	464.45	1.67	474.89	1.71	485.11	1.75	495.11	1.78
0.50	538.18	1.69	544.70	1.71	551.15	1.73	557.52	1.75	570.05	1.79	582.31	1.83	594.32	1.87
0.55	630.44	1.76	638.08	1.78	645.63	1.80	653.09	1.82	667.77	1.86	682.13	1.90	696.20	1.94
0.60	723.14	1.81	731.91	1.84	740.57	1.86	749.13	1.88	765.97	1.92	782.44	1.96	798.58	2.00
0.65	814.17	1.86	824.03	1.88	833.79	1.90	843.43	1.93	862.38	1.97	880.93	2.01	899.10	2.05
0.70	901.17	1.89	912.10	1.92	922.89	1.94	933.56	1.96	954.54	2.01	975.07	2.05	995.18	2.09
0.75	981.51	1.92	993.41	1.94	1005.17	1.96	1016.79	1.99	1039.64	2.03	1062.00	2.08	1083.90	2.12
0.80	1052.11	1.93	1064.87	1.95	1077.47	1.97	1089.93	2.00	1114.42	2.04	1138.39	2.09	1161.87	2.13
0.85	1109.13	1.92	1122.58	1.95	1135.86	1.97	1148.99	1.99	1174.82	2.04	1200.08	2.08	1224.83	2.13
0.90	1147.19	1.90	1161.09	1.93	1174.84	1.95	1188.42	1.97	1215.13	2.01	1241.26	2.06	1266.86	2.10
0.95	1156.57	1.85	1170.59	1.88	1184.45	1.90	1198.14	1.92	1225.07	1.96	1251.42	2.00	1277.22	2.05
1.00	1076.37	1.69	1089.42	1.71	1102.31	1.73	1115.05	1.75	1140.11	1.79	1164.63	1.83	1188.65	1.87

$D = 900\text{mm}$

h/D	\multicolumn{14}{c}{i (‰)}

	5.5		6.0		6.5		7.0		7.5		8.0		8.5	
	Q	v	Q	v	Q	v	Q	v	Q	v	Q	v	Q	v
0.10	26.03	0.79	27.18	0.82	28.29	0.85	29.36	0.89	30.39	0.92	31.39	0.95	32.36	0.98
0.15	60.60	1.01	63.29	1.06	65.88	1.10	68.37	1.14	70.77	1.18	73.09	1.22	75.34	1.26
0.20	109.17	1.21	114.02	1.26	118.68	1.31	123.16	1.36	127.48	1.41	131.66	1.45	135.72	1.50
0.25	170.77	1.37	178.36	1.43	185.64	1.49	192.65	1.55	199.41	1.60	205.95	1.66	212.29	1.71
0.30	244.14	1.52	254.99	1.59	265.40	1.65	275.42	1.72	285.09	1.78	294.44	1.83	303.50	1.89
0.35	327.79	1.65	342.37	1.73	356.35	1.80	369.80	1.86	382.78	1.93	395.34	1.99	407.50	2.05
0.40	420.11	1.77	438.79	1.85	456.71	1.92	473.95	1.99	490.59	2.06	506.67	2.13	522.27	2.20
0.45	519.27	1.87	542.36	1.95	564.51	2.03	585.82	2.11	606.38	2.18	626.27	2.26	645.54	2.32
0.50	623.33	1.96	651.04	2.05	677.63	2.13	703.21	2.21	727.89	2.29	751.76	2.36	774.90	2.44
0.55	730.18	2.04	762.65	2.13	793.79	2.21	823.76	2.30	852.67	2.38	880.63	2.46	907.73	2.53
0.60	837.56	2.10	874.80	2.19	910.52	2.28	944.89	2.37	978.05	2.45	1010.13	2.53	1041.22	2.61
0.65	942.98	2.15	984.81	2.25	1025.13	2.34	1063.82	2.43	1101.16	2.52	1137.28	2.60	1172.28	2.68
0.70	1043.75	2.19	1090.16	2.29	1134.68	2.39	1177.51	2.48	1218.84	2.56	1258.81	2.65	1297.55	2.73
0.75	1136.80	2.22	1187.35	2.32	1235.83	2.41	1282.49	2.51	1327.50	2.59	1371.04	2.68	1413.23	2.76
0.80	1218.58	2.23	1272.76	2.33	1324.73	2.43	1374.74	2.52	1422.99	2.61	1469.66	2.69	1514.89	2.78
0.85	1284.61	2.23	1341.73	2.33	1396.52	2.42	1449.24	2.51	1500.10	2.60	1549.30	2.69	1596.98	2.77
0.90	1328.69	2.20	1387.77	2.30	1444.44	2.40	1498.97	2.49	1551.58	2.57	1602.46	2.66	1651.78	2.74
0.95	1339.56	2.15	1399.13	2.24	1456.26	2.33	1511.23	2.42	1564.27	2.51	1615.57	2.59	1665.29	2.67
1.00	1246.67	1.96	1302.10	2.05	1355.27	2.13	1406.43	2.21	1455.79	2.29	1503.54	2.36	1549.81	2.44

$D = 900\text{mm}$

h/D	\multicolumn{14}{c}{i (‰)}

	9.0		9.5		10		11		12		13		14	
	Q	v	Q	v	Q	v	Q	v	Q	v	Q	v	Q	v
0.10	33.29	1.01	34.21	1.03	35.10	1.06	36.81	1.11	38.45	1.16	40.01	1.21	41.53	1.25
0.15	77.52	1.30	79.64	1.33	81.71	1.37	85.70	1.43	89.51	1.50	93.17	1.56	96.68	1.62
0.20	139.65	1.54	143.48	1.58	147.20	1.63	154.39	1.70	161.25	1.78	167.84	1.85	174.17	1.92
0.25	218.44	1.76	224.43	1.80	230.26	1.85	241.50	1.94	252.24	2.03	262.54	2.11	272.45	2.19
0.30	312.30	1.95	320.86	2.00	329.19	2.05	345.26	2.15	360.61	2.25	375.34	2.34	389.51	2.43
0.35	419.32	2.11	430.81	2.17	442.00	2.23	463.57	2.34	484.19	2.44	503.96	2.54	522.98	2.64
0.40	537.41	2.26	552.14	2.32	566.48	2.38	594.13	2.50	620.55	2.61	645.89	2.72	670.27	2.82
0.45	664.26	2.39	682.46	2.46	700.19	2.52	734.36	2.64	767.02	2.76	798.34	2.88	828.47	2.98
0.50	797.36	2.51	819.21	2.58	840.49	2.64	881.52	2.77	920.71	2.89	958.31	3.01	994.48	3.13
0.55	934.05	2.61	959.65	2.68	984.58	2.75	1032.63	2.88	1078.55	3.01	1122.59	3.13	1164.97	3.25
0.60	1071.40	2.69	1100.76	2.76	1129.36	2.83	1184.48	2.97	1237.15	3.10	1287.67	3.23	1336.28	3.35
0.65	1206.26	2.76	1239.32	2.83	1271.51	2.90	1333.57	3.05	1392.87	3.18	1449.75	3.31	1504.47	3.44
0.70	1335.17	2.81	1371.76	2.88	1407.40	2.96	1476.09	3.10	1541.72	3.24	1604.68	3.37	1665.25	3.50
0.75	1454.20	2.84	1494.05	2.92	1532.86	3.00	1607.68	3.14	1679.17	3.28	1747.73	3.41	1813.71	3.54
0.80	1558.81	2.86	1601.52	2.94	1643.13	3.01	1723.33	3.16	1799.96	3.30	1873.45	3.43	1944.17	3.56
0.85	1643.28	2.85	1688.31	2.93	1732.17	3.01	1816.72	3.15	1897.50	3.29	1974.98	3.43	2049.53	3.56
0.90	1699.67	2.82	1746.24	2.90	1791.61	2.97	1879.05	3.12	1962.61	3.25	2042.75	3.39	2119.86	3.52
0.95	1713.57	2.74	1760.53	2.82	1806.26	2.89	1894.42	3.03	1978.66	3.17	2059.46	3.30	2137.20	3.42
1.00	1594.74	2.51	1638.44	2.58	1681.00	2.64	1763.05	2.77	1841.45	2.89	1916.64	3.01	1988.99	3.13

$D = 900\text{mm}$

h/D	\multicolumn{14}{c}{i（‰）}
	\multicolumn{2}{c}{15}	\multicolumn{2}{c}{16}	\multicolumn{2}{c}{17}	\multicolumn{2}{c}{18}	\multicolumn{2}{c}{19}	\multicolumn{2}{c}{20}	\multicolumn{2}{c}{25}
	Q	v	Q	v	Q	v	Q	v	Q	v	Q	v	Q	v
0.10	42.98	1.30	44.39	1.34	45.76	1.38	47.09	1.42	48.38	1.46	49.63	1.50	55.49	1.68
0.15	100.08	1.67	103.36	1.73	106.54	1.78	109.63	1.83	112.63	1.88	115.56	1.93	129.20	2.16
0.20	180.29	1.99	186.20	2.06	191.93	2.12	197.50	2.18	202.91	2.24	208.18	2.30	232.75	2.57
0.25	282.01	2.27	291.26	2.34	300.22	2.41	308.93	2.48	317.39	2.55	325.64	2.62	364.07	2.93
0.30	403.18	2.51	416.40	2.59	429.22	2.67	441.66	2.75	453.76	2.83	465.55	2.90	520.50	3.24
0.35	541.34	2.73	559.09	2.82	576.30	2.90	593.00	2.99	609.25	3.07	625.08	3.15	698.86	3.52
0.40	693.79	2.92	716.55	3.02	738.60	3.11	760.01	3.20	780.84	3.29	801.12	3.37	895.68	3.77
0.45	857.55	3.09	885.68	3.19	912.93	3.29	939.40	3.38	965.14	3.48	990.22	3.57	1107.10	3.99
0.50	1029.39	3.24	1063.15	3.34	1095.87	3.45	1127.64	3.55	1158.54	3.64	1188.64	3.74	1328.94	4.18
0.55	1205.86	3.36	1245.40	3.47	1283.73	3.58	1320.95	3.68	1357.15	3.79	1392.40	3.88	1556.75	4.34
0.60	1383.18	3.47	1428.54	3.58	1472.50	3.69	1515.19	3.80	1556.71	3.91	1597.16	4.01	1785.67	4.48
0.65	1557.28	3.56	1608.35	3.67	1657.85	3.79	1705.91	3.90	1752.66	4.00	1798.19	4.11	2010.44	4.59
0.70	1723.70	3.62	1780.23	3.74	1835.02	3.86	1888.22	3.97	1939.96	4.08	1990.36	4.18	2225.29	4.68
0.75	1877.37	3.67	1938.94	3.79	1998.61	3.91	2056.55	4.02	2112.91	4.13	2167.80	4.24	2423.67	4.74
0.80	2012.41	3.69	2078.41	3.81	2142.38	3.93	2204.49	4.04	2264.89	4.15	2323.73	4.26	2598.01	4.76
0.85	2121.47	3.68	2191.04	3.80	2258.48	3.92	2323.95	4.03	2387.63	4.14	2449.66	4.25	2738.80	4.75
0.90	2194.26	3.64	2266.23	3.76	2335.97	3.87	2403.69	3.99	2469.56	4.10	2533.72	4.20	2832.78	4.70
0.95	2212.21	3.54	2284.76	3.66	2355.08	3.77	2423.36	3.88	2489.76	3.99	2554.44	4.09	2855.95	4.57
1.00	2058.80	3.24	2126.32	3.34	2191.76	3.45	2255.30	3.55	2317.10	3.64	2377.30	3.74	2657.90	4.18

$D = 950\text{mm}$

h/D	\multicolumn{14}{c}{i（‰）}
	\multicolumn{2}{c}{0.6}	\multicolumn{2}{c}{0.7}	\multicolumn{2}{c}{0.8}	\multicolumn{2}{c}{0.9}	\multicolumn{2}{c}{1.0}	\multicolumn{2}{c}{1.1}	\multicolumn{2}{c}{1.2}
	Q	v	Q	v	Q	v	Q	v	Q	v	Q	v	Q	v
0.10	9.93	0.27	10.73	0.29	11.47	0.31	12.16	0.33	12.82	0.35	13.45	0.36	14.04	0.38
0.15	23.12	0.35	24.97	0.37	26.70	0.40	28.32	0.42	29.85	0.45	31.30	0.47	32.70	0.49
0.20	41.65	0.41	44.99	0.45	48.09	0.48	51.01	0.51	53.77	0.53	56.39	0.56	58.90	0.58
0.25	65.15	0.47	70.37	0.51	75.23	0.54	79.79	0.58	84.11	0.61	88.21	0.64	92.14	0.66
0.30	93.14	0.52	100.60	0.56	107.55	0.60	114.07	0.64	120.25	0.67	126.11	0.71	131.72	0.74
0.35	125.06	0.57	135.08	0.61	144.40	0.65	153.16	0.69	161.45	0.73	169.33	0.77	176.86	0.80
0.40	160.28	0.61	173.12	0.65	185.07	0.70	196.30	0.74	206.92	0.78	217.02	0.82	226.67	0.86
0.45	198.11	0.64	213.98	0.69	228.76	0.74	242.63	0.78	255.76	0.83	268.24	0.87	280.17	0.91
0.50	237.81	0.67	256.86	0.72	274.60	0.77	291.25	0.82	307.01	0.87	321.99	0.91	336.31	0.95
0.55	278.57	0.70	300.89	0.75	321.67	0.81	341.18	0.85	359.64	0.90	377.19	0.94	393.96	0.99
0.60	316.54	0.72	345.14	0.78	368.97	0.83	391.35	0.88	412.52	0.93	432.66	0.97	451.90	1.02
0.65	359.76	0.74	388.59	0.80	415.41	0.85	440.61	0.90	464.45	0.95	487.12	1.00	508.78	1.04
0.70	398.21	0.75	430.11	0.81	459.81	0.87	487.70	0.92	514.08	0.97	539.17	1.02	563.15	1.06
0.75	433.71	0.76	468.46	0.82	500.80	0.88	531.18	0.93	559.91	0.98	587.24	1.03	613.35	1.08
0.80	464.90	0.76	502.15	0.83	536.82	0.88	569.39	0.94	600.19	0.99	629.48	1.04	657.47	1.08
0.85	490.10	0.76	529.37	0.82	565.92	0.88	600.24	0.93	632.71	0.99	663.60	1.03	693.10	1.08
0.90	506.91	0.75	547.53	0.81	585.33	0.87	620.84	0.92	654.42	0.97	686.37	1.02	716.89	1.07
0.95	511.06	0.73	552.01	0.79	590.12	0.85	625.92	0.90	659.78	0.95	691.98	0.99	722.75	1.04
1.00	475.62	0.67	513.73	0.72	549.20	0.77	582.51	0.82	614.02	0.87	643.99	0.91	672.63	0.95

D = 950mm

h/D	i (‰)												
	1.3		1.4		1.5		1.6		1.7		1.8		1.9	
	Q	v	Q	v	Q	v	Q	v	Q	v	Q	v	Q	v
0.10	14.62	0.40	15.17	0.41	15.70	0.43	16.22	0.44	16.71	0.45	17.20	0.47	17.67	0.48
0.15	34.03	0.51	35.32	0.53	36.56	0.55	37.75	0.57	38.92	0.58	40.04	0.60	41.14	0.62
0.20	61.31	0.61	63.62	0.63	65.85	0.65	68.01	0.67	70.11	0.69	72.14	0.71	74.12	0.73
0.25	95.90	0.69	99.52	0.72	103.01	0.74	106.39	0.77	109.66	0.79	112.84	0.81	115.93	0.84
0.30	137.10	0.77	142.28	0.80	147.27	0.82	152.10	0.85	156.78	0.88	161.33	0.90	165.75	0.93
0.35	184.08	0.83	191.03	0.86	197.73	0.89	204.22	0.92	210.50	0.95	216.61	0.98	222.54	1.01
0.40	235.92	0.89	244.83	0.92	253.42	0.90	261.73	0.99	269.79	1.02	277.61	1.05	285.22	1.08
0.45	291.61	0.94	302.62	0.98	313.24	1.01	323.51	1.05	333.47	1.08	343.14	1.11	352.54	1.14
0.50	350.04	0.99	363.26	1.02	376.01	1.06	388.34	1.10	400.29	1.13	411.89	1.16	423.18	1.19
0.55	410.05	1.03	425.53	1.07	440.46	1.10	454.91	1.14	468.91	1.17	482.51	1.21	495.73	1.24
0.60	470.35	1.06	488.10	1.10	505.24	1.14	521.81	1.18	537.86	1.21	553.46	1.25	568.62	1.28
0.65	529.55	1.09	549.54	1.13	568.83	1.17	587.49	1.20	605.57	1.24	623.12	1.28	640.20	1.31
0.70	586.14	1.11	608.27	1.15	629.62	1.19	650.27	1.23	670.28	1.26	689.71	1.30	708.61	1.34
0.75	638.40	1.12	662.50	1.16	685.75	1.20	708.24	1.24	730.04	1.28	751.20	1.32	771.79	1.35
0.80	684.32	1.13	710.15	1.17	735.08	1.21	759.18	1.25	782.55	1.29	805.24	1.32	827.30	1.36
0.85	721.40	1.12	748.64	1.17	774.91	1.21	800.33	1.25	824.96	1.28	848.87	1.32	872.14	1.36
0.90	746.16	1.11	774.33	1.15	801.50	1.19	827.79	1.23	853.26	1.27	878.00	1.31	902.06	1.34
0.95	752.26	1.08	780.66	1.12	808.06	1.16	834.56	1.20	860.24	1.24	885.18	1.27	909.44	1.31
1.00	700.09	0.99	726.52	1.02	752.02	1.06	776.69	1.10	800.59	1.13	823.80	1.16	846.37	1.19

D = 950mm

h/D	i (‰)												
	2.0		2.1		2.2		2.3		2.4		2.5		2.6	
	Q	v	Q	v	Q	v	Q	v	Q	v	Q	v	Q	v
0.10	18.13	0.49	18.58	0.50	19.01	0.52	19.44	0.53	19.86	0.54	20.27	0.55	20.67	0.56
0.15	42.21	0.63	43.25	0.65	44.27	0.66	45.27	0.68	46.24	0.69	47.19	0.71	48.13	0.72
0.20	76.04	0.75	77.92	0.77	79.75	0.79	81.55	0.81	83.30	0.83	85.02	0.84	86.70	0.86
0.25	118.95	0.86	121.88	0.88	124.75	0.90	127.56	0.92	130.30	0.94	132.99	0.96	135.62	0.98
0.30	170.05	0.95	174.25	0.97	178.35	1.00	182.36	1.02	186.28	1.04	190.12	1.06	193.89	1.08
0.35	228.32	1.03	233.96	1.06	239.47	1.08	244.85	1.11	250.12	1.13	255.27	1.15	260.33	1.18
0.40	292.63	1.11	299.85	1.13	306.91	1.16	313.81	1.19	320.56	1.21	327.17	1.24	333.65	1.26
0.45	361.70	1.17	370.63	1.20	379.35	1.23	387.88	1.25	396.22	1.28	404.39	1.31	412.40	1.33
0.50	434.18	1.23	444.90	1.26	455.37	1.28	465.60	1.31	475.62	1.34	485.42	1.37	495.04	1.40
0.55	508.61	1.27	521.17	1.30	533.43	1.34	545.42	1.37	557.15	1.39	568.64	1.42	579.90	1.45
0.60	583.40	1.31	597.80	1.35	611.87	1.38	625.62	1.41	639.08	1.44	652.26	1.47	665.17	1.50
0.65	656.83	1.35	673.05	1.38	688.89	1.41	704.37	1.44	719.52	1.48	734.36	1.51	748.90	1.54
0.70	727.02	1.37	744.98	1.41	762.51	1.44	779.64	1.47	796.41	1.50	812.83	1.53	828.93	1.56
0.75	791.84	1.39	811.39	1.42	830.48	1.46	849.15	1.49	867.41	1.52	885.30	1.55	902.83	1.58
0.80	848.79	1.40	869.76	1.43	890.22	1.46	910.23	1.50	929.81	1.53	948.98	1.56	967.77	1.59
0.85	894.79	1.39	916.89	1.43	938.47	1.46	959.56	1.49	980.20	1.53	1000.41	1.56	1020.22	1.59
0.90	925.50	1.38	948.35	1.41	970.67	1.44	992.48	1.48	1013.83	1.51	1034.74	1.54	1055.23	1.57
0.95	933.07	1.34	956.11	1.37	978.61	1.41	1000.60	1.44	1022.12	1.47	1043.20	1.50	1063.86	1.53
1.00	868.36	1.23	889.80	1.26	910.74	1.28	931.21	1.31	951.24	1.34	970.86	1.37	990.08	1.40

						$D=950\text{mm}$							
	i（‰）												
h/D	2.7		2.8		2.9		3.0		3.1		3.2		3.3	
	Q	v	Q	v	Q	v	Q	v	Q	v	Q	v	Q	v
0.10	21.06	0.57	21.45	0.58	21.83	0.59	22.20	0.60	22.57	0.61	22.93	0.62	23.29	0.63
0.15	49.04	0.74	49.94	0.75	50.83	0.76	51.70	0.78	52.55	0.79	53.39	0.80	54.22	0.81
0.20	88.35	0.88	89.97	0.89	91.57	0.91	93.13	0.92	94.67	0.94	96.19	0.95	97.68	0.97
0.25	138.20	1.00	140.74	1.02	143.23	1.03	145.68	1.05	148.09	1.07	150.46	1.09	152.79	1.10
0.30	197.58	1.10	201.21	1.13	204.77	1.14	208.27	1.16	211.71	1.18	215.10	1.20	218.44	1.22
0.35	265.29	1.20	270.16	1.22	274.94	1.24	279.64	1.26	284.26	1.29	288.81	1.31	293.29	1.33
0.40	340.00	1.28	346.24	1.31	352.37	1.33	358.39	1.35	364.32	1.38	370.15	1.40	375.89	1.42
0.45	420.26	1.36	427.97	1.38	435.54	1.41	442.99	1.43	450.31	1.46	457.52	1.48	464.61	1.50
0.50	504.47	1.42	513.72	1.45	522.82	1.48	531.75	1.50	540.54	1.53	549.19	1.55	557.71	1.57
0.55	590.95	1.48	601.79	1.51	612.44	1.53	622.91	1.56	633.21	1.59	643.34	1.61	653.32	1.64
0.60	677.84	1.53	690.28	1.55	702.50	1.58	714.51	1.61	726.32	1.64	737.94	1.66	746.39	1.69
0.65	763.17	1.56	777.17	1.59	790.93	1.62	804.45	1.65	817.75	1.68	830.83	1.70	843.71	1.73
0.70	844.72	1.59	860.22	1.62	885.45	1.65	890.42	1.68	905.13	1.71	919.62	1.74	933.88	1.76
0.75	920.03	1.61	936.91	1.64	953.50	1.67	969.80	1.70	985.83	1.73	1001.60	1.76	1017.13	1.78
0.80	986.21	1.62	1004.31	1.65	1022.08	1.68	1039.56	1.71	1056.74	1.74	1073.65	1.77	1090.30	1.79
0.85	1039.65	1.62	1058.73	1.65	1077.47	1.68	1095.89	1.71	1114.01	1.73	1131.83	1.76	1149.38	1.79
0.90	1075.33	1.60	1095.06	1.63	1114.44	1.66	1133.50	1.69	1152.23	1.71	1170.67	1.74	1188.82	1.77
0.95	1084.12	1.56	1104.02	1.59	1123.56	1.62	1142.77	1.64	1161.66	1.67	1180.25	1.70	1198.54	1.72
1.00	1008.94	1.42	1027.46	1.45	1045.64	1.48	1063.52	1.50	1081.10	1.53	1098.40	1.55	1115.43	1.57

						$D=950\text{mm}$							
	i（‰）												
h/D	3.4		3.5		3.6		3.7		3.8		3.9		4.0	
	Q	v	Q	v	Q	v	Q	v	Q	v	Q	v	Q	v
0.10	23.64	0.64	23.98	0.65	24.32	0.66	24.66	0.67	24.99	0.68	25.32	0.69	25.64	0.70
0.15	55.04	0.83	55.84	0.84	56.63	0.85	57.41	0.86	58.18	0.87	58.94	0.88	59.69	0.90
0.20	99.15	0.98	100.59	1.00	102.02	1.01	103.43	1.02	104.82	1.04	106.19	1.05	107.54	1.07
0.25	155.09	1.12	157.35	1.14	159.58	1.15	161.78	1.17	163.96	1.18	166.10	1.20	168.22	1.21
0.30	221.72	1.24	224.96	1.26	228.15	1.28	231.30	1.29	234.40	1.31	237.47	1.33	240.49	1.34
0.35	297.70	1.35	302.04	1.37	306.33	1.39	310.55	1.40	314.72	1.42	318.84	1.44	322.90	1.46
0.40	381.54	1.44	387.11	1.46	392.60	1.48	398.02	1.50	403.36	1.52	408.63	1.54	413.84	1.56
0.45	471.60	1.52	478.48	1.55	485.27	1.57	491.96	1.59	498.57	1.61	505.08	1.63	511.52	1.65
0.50	566.10	1.60	574.36	1.62	582.51	1.64	590.54	1.67	598.47	1.69	606.29	1.71	614.02	1.73
0.55	663.14	1.66	672.82	1.68	682.37	1.71	691.78	1.73	701.06	1.76	710.23	1.78	719.28	1.80
0.60	760.66	1.71	771.76	1.74	782.71	1.76	793.50	1.79	804.16	1.81	814.67	1.83	825.05	1.86
0.65	856.40	1.76	868.90	1.78	881.23	1.81	893.38	1.83	905.38	1.86	917.21	1.88	928.90	1.90
0.70	947.92	1.79	961.76	1.81	975.40	1.84	988.86	1.87	1002.13	1.89	1015.23	1.92	1028.16	1.94
0.75	1032.43	1.81	1047.50	1.84	1062.36	1.86	1077.01	1.89	1091.47	1.91	1105.74	1.94	1119.82	1.96
0.80	1106.69	1.82	1122.85	1.85	1138.78	1.87	1154.48	1.90	1169.98	1.92	1185.28	1.95	1200.38	1.97
0.85	1166.67	1.82	1183.70	1.84	1200.49	1.87	1217.05	1.90	1233.39	1.92	1249.51	1.95	1265.43	1.97
0.90	1206.70	1.80	1224.32	1.82	1241.68	1.85	1258.81	1.87	1275.71	1.90	1292.38	1.92	1308.85	1.95
0.95	1216.57	1.75	1234.33	1.77	1251.84	1.80	1269.11	1.82	1286.14	1.85	1302.96	1.87	1319.55	1.90
1.00	1132.20	1.60	1148.73	1.62	1165.03	1.64	1181.10	1.67	1196.95	1.69	1212.60	1.71	1228.05	1.73

D = 950mm

h/D	i (‰)												
	4.1		4.2		4.3		4.4		4.6		4.8		5.0	
	Q	v	Q	v	Q	v	Q	v	Q	v	Q	v	Q	v
0.10	25.96	0.70	26.27	0.71	26.58	0.72	26.89	0.73	27.49	0.75	28.09	0.76	28.66	0.78
0.15	60.44	0.91	61.17	0.92	61.89	0.93	62.61	0.94	64.02	0.96	65.39	0.98	66.74	1.00
0.20	108.88	1.08	110.20	1.09	111.50	1.10	112.79	1.12	115.32	1.14	117.80	1.17	120.23	1.19
0.25	170.31	1.23	172.37	1.24	174.41	1.26	176.43	1.27	180.39	1.30	184.27	1.33	188.07	1.36
0.30	243.48	1.36	246.43	1.38	249.35	1.39	252.23	1.41	257.90	1.44	263.44	1.47	268.88	1.50
0.35	326.91	1.48	330.87	1.50	334.79	1.51	338.66	1.53	346.27	1.57	353.72	1.60	361.01	1.63
0.40	418.98	1.58	424.06	1.60	429.08	1.62	434.04	1.64	443.79	1.68	453.34	1.71	462.69	1.75
0.45	517.87	1.67	524.15	1.69	530.35	1.71	536.49	1.73	548.54	1.77	560.34	1.81	571.90	1.85
0.50	621.64	1.75	629.18	1.78	636.63	1.80	643.99	1.82	658.46	1.86	672.62	1.90	686.49	1.94
0.55	728.21	1.82	737.04	1.85	745.76	1.87	754.38	1.89	771.34	1.93	787.93	1.97	804.18	2.01
0.60	835.30	1.88	845.42	1.90	855.43	1.93	865.32	1.95	884.76	1.99	903.79	2.04	922.43	2.08
0.65	940.44	1.93	951.84	1.95	963.10	1.97	974.23	2.00	996.13	2.04	1017.55	2.09	1038.54	2.13
0.70	1040.94	1.96	1053.55	1.99	1066.02	2.01	1078.35	2.03	1102.58	2.08	1126.30	2.13	1149.52	2.17
0.75	1133.74	1.99	1147.48	2.01	1161.06	2.04	1174.48	2.06	1200.88	2.11	1226.71	2.15	1252.00	2.20
0.80	1215.29	2.00	1230.02	2.02	1244.58	2.05	1258.97	2.07	1287.26	2.12	1314.95	2.16	1342.06	2.21
0.85	1281.15	2.00	1296.68	2.02	1312.02	2.04	1327.19	2.07	1357.02	2.11	1386.21	2.16	1414.79	2.20
0.90	1325.11	1.97	1341.17	2.00	1357.04	2.02	1372.73	2.04	1403.58	2.09	1433.77	2.13	1463.34	2.18
0.95	1335.95	1.92	1352.14	1.94	1368.14	1.97	1383.96	1.99	1415.06	2.03	1445.50	2.08	1475.31	2.12
1.00	1243.30	1.75	1258.37	1.78	1273.27	1.80	1287.99	1.82	1316.93	1.86	1345.26	1.90	1373.00	1.94

D = 950mm

h/D	i (‰)												
	5.5		6.0		6.5		7.0		7.5		8.0		8.5	
	Q	v	Q	v	Q	v	Q	v	Q	v	Q	v	Q	v
0.10	30.06	0.81	31.40	0.85	32.68	0.89	33.92	0.92	35.11	0.95	36.26	0.98	37.37	1.01
0.15	70.00	1.05	73.11	1.10	76.10	1.14	78.97	1.18	81.74	1.23	84.42	1.27	87.02	1.31
0.20	126.10	1.25	131.71	1.31	137.09	1.36	142.26	1.41	147.25	1.46	152.08	1.51	156.76	1.55
0.25	197.25	1.42	206.02	1.49	214.43	1.55	222.53	1.61	230.34	1.66	237.89	1.72	245.21	1.77
0.30	282.00	1.58	294.54	1.65	306.57	1.71	318.14	1.78	329.30	1.84	340.10	1.90	350.57	1.96
0.35	378.63	1.71	395.47	1.79	411.62	1.86	427.16	1.93	442.15	2.00	456.65	2.07	470.70	2.13
0.40	485.27	1.83	506.85	1.91	527.54	1.99	547.46	2.07	566.67	2.14	585.26	2.21	603.27	2.28
0.45	599.81	1.94	626.48	2.03	652.06	2.11	676.68	2.19	700.43	2.26	723.40	2.34	745.66	2.41
0.50	720.00	2.03	752.01	2.12	782.72	2.21	812.27	2.29	840.78	2.37	868.35	2.45	895.08	2.53
0.55	843.43	2.11	880.93	2.21	916.90	2.30	951.51	2.38	984.91	2.47	1017.21	2.55	1048.52	2.62
0.60	967.45	2.18	1010.47	2.28	1051.73	2.37	1091.43	2.46	1129.74	2.54	1166.79	2.63	1202.70	2.71
0.65	1089.23	2.23	1137.66	2.33	1184.11	2.43	1228.81	2.52	1271.94	2.61	1313.66	2.69	1354.09	2.78
0.70	1205.63	2.27	1259.24	2.38	1310.66	2.47	1360.13	2.57	1407.87	2.66	1454.04	2.74	1498.79	2.83
0.75	1313.11	2.30	1371.50	2.41	1427.50	2.50	1481.39	2.60	1533.38	2.69	1583.67	2.78	1632.41	2.86
0.80	1407.57	2.32	1470.15	2.42	1530.19	2.52	1587.95	2.61	1643.68	2.70	1697.59	2.79	1749.83	2.88
0.85	1483.84	2.31	1549.83	2.41	1613.11	2.51	1674.00	2.61	1732.76	2.70	1789.58	2.79	1844.66	2.87
0.90	1534.76	2.28	1603.01	2.39	1668.46	2.48	1731.44	2.58	1792.21	2.67	1850.99	2.75	1907.96	2.84
0.95	1547.31	2.22	1616.12	2.32	1682.11	2.42	1745.61	2.51	1806.87	2.60	1866.13	2.68	1923.56	2.77
1.00	1440.01	2.03	1504.04	2.12	1565.46	2.21	1624.55	2.29	1681.57	2.37	1736.72	2.45	1790.17	2.53

$D = 950\text{mm}$

h/D	9.0		9.5		10		11		12		13		14	
	Q	v	Q	v	Q	v	Q	v	Q	v	Q	v	Q	v
0.10	38.46	1.04	39.51	1.07	40.54	1.10	42.52	1.15	44.41	1.20	46.22	1.25	47.97	1.30
0.15	89.54	1.34	92.00	1.38	94.39	1.42	98.99	1.48	103.39	1.55	107.62	1.61	111.68	1.68
0.20	161.31	1.60	165.73	1.64	170.03	1.68	178.33	1.77	186.26	1.85	193.87	1.92	201.19	1.99
0.25	252.32	1.82	259.24	1.87	265.97	1.92	278.95	2.01	291.36	2.10	303.26	2.19	314.70	2.27
0.30	360.74	2.02	370.62	2.07	380.25	2.13	398.81	2.23	416.54	2.33	433.55	2.42	449.92	2.52
0.35	484.35	2.19	497.62	2.25	510.55	2.31	535.47	2.42	559.28	2.53	582.11	2.63	604.09	2.73
0.40	620.76	2.34	637.77	2.41	654.34	2.47	686.27	2.59	716.79	2.71	746.06	2.82	774.22	2.92
0.45	767.28	2.48	788.30	2.55	808.78	2.61	848.26	2.74	885.98	2.86	922.15	2.98	956.96	3.09
0.50	921.02	2.60	946.26	2.67	970.85	2.74	1018.23	2.87	1063.51	3.00	1106.93	3.12	1148.72	3.24
0.55	1078.91	2.70	1108.48	2.77	1137.28	2.85	1192.78	2.99	1245.82	3.12	1296.69	3.25	1345.64	3.37
0.60	1237.57	2.79	1271.48	2.86	1304.51	2.94	1368.18	3.08	1429.02	3.22	1487.37	3.35	1543.52	3.48
0.65	1393.34	2.86	1431.52	2.94	1468.71	3.01	1540.40	3.16	1608.89	3.30	1674.59	3.43	1737.81	3.56
0.70	1542.25	2.91	1584.51	2.99	1625.67	3.07	1705.02	3.22	1780.83	3.36	1853.55	3.50	1923.52	3.63
0.75	1679.74	2.95	1725.77	3.03	1770.60	3.10	1857.02	3.26	1939.59	3.40	2018.79	3.54	2095.00	3.67
0.80	1800.56	2.96	1849.90	3.04	1897.96	3.12	1990.60	3.27	2079.11	3.42	2164.01	3.56	2245.70	3.69
0.85	1898.14	2.96	1950.15	3.04	2000.82	3.12	2098.47	3.27	2191.78	3.41	2281.28	3.55	2367.40	3.69
0.90	1963.27	2.92	2017.07	3.00	2069.47	3.08	2170.48	3.23	2266.99	3.37	2359.56	3.51	2448.63	3.64
0.95	1979.33	2.85	2033.57	2.92	2086.40	3.00	2188.23	3.15	2285.53	3.29	2378.86	3.42	2468.66	3.55
1.00	1842.07	2.60	1892.55	2.67	1941.71	2.74	2036.49	2.87	2127.04	3.00	2213.89	3.12	2297.47	3.24

$D = 950\text{mm}$

h/D	15		16		17		18		19		20		25	
	Q	v	Q	v	Q	v	Q	v	Q	v	Q	v	Q	v
0.10	49.65	1.35	51.28	1.39	52.86	1.43	54.39	1.47	55.88	1.51	57.33	1.55	64.10	1.74
0.15	115.60	1.73	119.39	1.79	123.06	1.85	126.63	1.90	130.10	1.95	133.48	2.00	149.24	2.24
0.20	208.25	2.06	215.08	2.13	221.70	2.20	228.13	2.26	234.38	2.32	240.47	2.38	268.85	2.66
0.25	325.75	2.35	336.43	2.43	346.79	2.50	356.84	2.58	366.62	2.65	376.14	2.71	420.54	3.03
0.30	465.71	2.60	480.98	2.69	495.78	2.77	510.16	2.85	524.14	2.93	507.75	3.01	601.22	3.36
0.35	625.29	2.88	645.80	2.92	665.67	3.01	684.97	3.10	703.74	3.18	722.02	3.27	807.25	3.65
0.40	801.39	3.03	1827.68	3.13	853.15	3.22	877.88	3.32	901.94	3.41	925.37	3.50	1034.60	3.91
0.45	990.55	3.20	1023.04	3.31	1054.52	3.41	1085.10	3.51	1114.83	3.60	1143.79	3.70	1278.80	4.13
0.50	1189.04	3.35	1228.03	3.47	1265.83	3.57	1302.53	3.68	1338.22	3.78	1372.98	3.37	1535.04	4.33
0.55	1392.87	3.49	1438.55	3.60	1482.83	3.71	1525.82	3.82	1567.63	3.92	1608.35	4.03	1798.19	4.50
0.60	1597.70	3.60	1650.09	3.72	1700.88	3.83	1750.19	3.94	1798.15	4.05	1844.86	4.15	2062.62	4.64
0.65	1798.80	3.69	1857.79	3.81	1914.97	3.93	1970.49	4.04	2024.48	4.15	2077.07	4.26	2322.24	4.76
0.70	1991.03	3.76	2056.33	3.88	2119.61	4.00	2181.07	4.12	2240.83	4.23	2299.04	4.34	2570.41	4.85
0.75	2168.53	3.80	2239.65	3.93	2308.58	4.05	2375.51	4.17	2440.60	4.28	2504.00	4.39	2799.56	4.91
0.80	2324.52	3.82	2400.75	3.95	2474.64	4.07	2546.38	4.19	2616.16	4.30	2684.12	4.42	3000.94	4.94
0.85	2450.49	3.82	2530.85	3.94	2608.74	4.06	2684.38	4.18	2757.93	4.29	2829.58	4.41	3163.57	4.93
0.90	2534.57	3.77	2617.70	3.90	2698.26	4.02	2776.49	4.13	2852.57	4.25	2926.67	4.36	3272.12	4.87
0.95	2555.31	3.67	2639.11	3.79	2720.33	3.91	2799.20	4.02	2875.90	4.13	2950.61	4.24	3298.89	4.74
1.00	2478.10	3.36	2456.09	3.47	2531.68	3.57	2605.08	3.68	2676.47	3.78	2746.00	3.87	3070.12	4.33

$D = 1000\text{mm}$

h/D	i (‰)												
	0.5		0.6		0.7		0.8		0.9		1.0		1.1	
	Q	v	Q	v	Q	v	Q	v	Q	v	Q	v	Q	v
0.10	10.39	0.25	11.39	0.28	12.30	0.30	13.15	0.32	13.94	0.34	14.70	0.36	15.42	0.38
0.15	24.20	0.33	26.51	0.36	28.63	0.39	30.61	0.41	32.47	0.44	34.22	0.46	35.89	0.49
0.20	43.59	0.35	47.75	0.43	51.58	0.46	55.14	0.49	58.49	0.52	61.65	0.55	64.66	0.58
0.25	68.19	0.44	74.70	0.49	80.68	0.53	86.26	0.56	91.49	0.60	96.44	0.63	101.14	0.66
0.30	97.49	0.49	106.79	0.54	115.35	0.58	123.32	0.62	130.80	0.66	137.87	0.70	144.60	0.73
0.35	130.90	0.53	143.39	0.69	154.88	0.63	165.57	0.68	175.62	0.72	185.11	0.76	194.15	0.79
0.40	167.76	0.57	183.77	0.63	198.50	0.68	212.20	0.72	225.07	0.77	237.25	0.81	248.83	0.85
0.45	207.36	0.60	227.15	0.66	245.35	0.72	262.29	0.77	278.20	0.81	293.25	0.86	307.56	0.90
0.50	248.91	0.63	272.67	0.69	294.51	0.75	314.85	0.80	333.95	0.85	352.01	0.90	369.19	0.94
0.55	291.58	0.66	319.41	0.72	345.00	0.78	368.82	0.83	391.19	0.88	412.35	0.93	432.48	0.98
0.60	334.45	0.68	366.38	0.74	395.73	0.80	423.06	0.86	448.72	0.91	472.99	0.96	496.08	1.01
0.65	376.55	0.70	412.49	0.76	445.54	0.82	476.31	0.88	505.20	0.93	532.53	0.99	558.52	1.03
0.70	416.79	0.71	456.57	0.78	493.16	0.84	527.21	0.90	559.19	0.95	589.44	1.00	618.20	1.05
0.75	453.95	0.72	497.28	0.79	537.12	0.85	574.21	0.91	609.04	0.96	641.98	1.02	673.32	1.07
0.80	486.60	0.72	533.05	0.79	575.76	0.85	615.51	0.91	652.85	0.97	688.16	1.02	721.75	1.07
0.85	512.97	0.72	561.94	0.79	606.96	0.85	648.87	0.91	688.23	0.97	725.46	1.02	760.86	1.07
0.90	530.58	0.71	581.22	0.78	627.79	0.84	671.13	0.90	711.84	0.96	750.35	1.01	786.97	1.06
0.95	534.92	0.69	585.97	0.76	632.92	0.82	676.62	0.88	717.67	0.93	756.49	0.98	793.41	1.03
1.00	497.82	0.63	545.34	0.69	587.03	0.75	629.70	0.80	667.90	0.85	704.03	0.90	738.39	0.94

$D = 1000\text{mm}$

h/D	i (‰)												
	1.2		1.3		1.4		1.5		1.6		1.7		1.8	
	Q	v	Q	v	Q	v	Q	v	Q	v	Q	v	Q	v
0.10	16.10	0.39	16.76	0.41	17.39	0.43	18.00	0.44	18.59	0.45	19.16	0.47	19.72	0.48
0.15	37.49	0.51	39.02	0.53	40.49	0.55	41.91	0.57	43.29	0.59	44.62	0.60	45.91	0.62
0.20	67.54	0.60	70.29	0.63	72.95	0.65	75.51	0.68	77.98	0.70	80.38	0.72	82.71	0.74
0.25	105.64	0.69	109.95	0.72	114.10	0.74	118.11	0.77	121.98	0.79	125.74	0.82	129.38	0.84
0.30	151.03	0.76	157.20	0.79	163.13	0.82	168.86	0.85	174.39	0.88	179.76	0.91	184.97	0.93
0.35	202.78	0.83	211.06	0.86	219.03	0.89	226.72	0.93	234.15	0.96	241.36	0.99	248.36	1.01
0.40	259.89	0.89	270.51	0.92	280.72	0.96	290.57	0.99	300.10	1.02	309.33	1.05	318.30	1.08
0.45	321.24	0.94	334.35	0.98	346.98	1.01	359.15	1.05	370.93	1.08	382.35	1.12	393.43	1.15
0.50	385.61	0.98	401.35	1.02	416.50	1.06	431.12	1.10	445.26	1.13	458.96	1.17	472.27	1.20
0.55	451.71	1.02	470.16	1.06	487.90	1.10	505.03	1.14	521.59	1.18	537.64	1.21	453.23	1.25
0.60	518.13	1.05	539.29	1.10	559.65	1.14	579.29	1.18	598.29	1.22	616.70	1.25	634.58	1.29
0.65	583.35	1.08	607.17	1.12	630.09	1.17	652.21	1.21	673.60	1.25	694.33	1.28	714.46	1.32
0.70	645.69	1.10	672.06	1.14	697.43	1.19	721.91	1.23	745.58	1.27	768.53	1.31	790.81	1.35
0.75	703.26	1.11	731.97	1.16	759.60	1.20	786.27	1.24	812.05	1.29	837.04	1.32	861.31	1.36
0.80	753.84	1.12	784.63	1.16	814.25	1.21	842.82	1.25	870.46	1.29	897.25	1.33	923.27	1.37
0.85	794.70	1.12	827.15	1.16	858.37	1.21	888.50	1.25	917.64	1.29	945.88	1.33	973.30	1.37
0.90	821.97	1.10	855.53	1.15	887.82	1.19	918.99	1.23	949.12	1.27	978.33	1.31	1006.70	1.35
0.95	828.69	1.08	862.53	1.12	895.09	1.16	926.50	1.20	956.89	1.24	986.34	1.28	1014.93	1.32
1.00	771.22	0.98	802.71	1.02	833.01	1.06	862.25	1.10	890.53	1.13	917.94	1.17	944.55	1.20

	$D=1000\text{mm}$													

Table: $D = 1000\text{mm}$, i (‰)

h/D	1.9		2.0		2.1		2.2		2.3		2.4		2.5	
	Q	v	Q	v	Q	v	Q	v	Q	v	Q	v	Q	v
0.10	20.26	0.50	20.79	0.51	21.30	0.52	21.80	0.53	22.29	0.55	22.77	0.56	23.24	0.57
0.15	47.17	0.64	48.40	0.66	49.59	0.67	50.76	0.69	51.90	0.70	53.02	0.72	54.11	0.73
0.20	84.98	0.76	87.19	0.78	89.34	0.80	91.44	0.82	93.50	0.84	95.51	0.85	97.48	0.87
0.25	132.93	0.87	136.38	0.89	139.75	0.91	143.04	0.93	146.25	0.95	149.40	0.97	152.48	0.99
0.30	190.04	0.96	194.98	0.98	199.79	1.01	204.49	1.03	209.09	1.06	213.59	1.08	217.99	1.10
0.35	255.16	1.04	261.79	1.07	268.26	1.10	274.57	1.12	280.74	1.15	286.78	1.17	292.69	1.19
0.40	327.03	1.11	335.52	1.14	343.81	1.17	351.90	1.20	359.81	1.23	367.54	1.25	375.12	1.28
0.45	404.21	1.18	414.72	1.21	424.96	1.24	434.96	1.27	444.73	1.30	454.30	1.33	463.67	1.35
0.50	485.21	1.24	497.82	1.27	510.11	1.30	522.11	1.33	533.85	1.36	545.33	1.39	556.58	1.42
0.55	568.39	1.28	583.16	1.32	597.56	1.35	611.62	1.38	625.36	1.41	638.81	1.44	651.99	1.47
0.60	651.97	1.33	668.91	1.36	685.43	1.39	701.56	1.43	717.33	1.46	732.75	1.49	747.86	1.52
0.65	734.04	1.36	753.11	1.39	771.70	1.43	789.86	1.46	807.62	1.49	824.99	1.53	842.00	1.56
0.70	812.48	1.38	833.59	1.42	854.17	1.45	874.27	1.49	893.92	1.52	913.15	1.56	931.98	1.59
0.75	884.91	1.40	907.90	1.44	930.32	1.47	952.21	1.51	973.62	1.54	994.56	1.57	1015.06	1.61
0.80	948.57	1.41	973.21	1.44	997.24	1.48	1020.71	1.52	1043.65	1.55	1066.10	1.58	1088.08	1.62
0.85	999.97	1.41	1025.95	1.44	1051.29	1.48	1076.02	1.51	1100.21	1.55	1123.87	1.58	1147.05	1.61
0.90	1034.28	1.39	1061.15	1.43	1087.36	1.46	1112.95	1.49	1137.96	1.53	1162.44	1.56	1186.41	1.59
0.95	1042.74	1.35	1069.83	1.39	1096.25	1.42	1122.05	1.46	1147.27	1.49	1171.94	1.52	1196.11	1.55
1.00	970.43	1.24	995.64	1.27	1020.23	1.30	1044.24	1.33	1067.71	1.36	1090.67	1.39	1113.16	1.42

Table: $D = 1000\text{mm}$, i (‰)

h/D	2.6		2.7		2.8		2.9		3.0		3.1		3.2	
	Q	v	Q	v	Q	v	Q	v	Q	v	Q	v	Q	v
0.10	23.70	0.58	24.15	0.59	24.60	0.60	25.03	0.61	25.46	0.62	25.88	0.63	26.29	0.64
0.15	55.18	0.75	56.23	0.76	57.27	0.78	58.28	0.79	59.27	0.80	60.25	0.82	61.22	0.83
0.20	99.41	0.89	101.30	0.91	103.16	0.92	104.99	0.94	106.78	0.95	108.55	0.97	110.28	0.99
0.25	155.50	1.01	158.46	1.03	161.37	1.05	164.22	1.07	167.03	1.09	169.79	1.11	172.51	1.12
0.30	222.31	1.12	226.54	1.14	230.70	1.16	234.78	1.18	238.80	1.21	242.75	1.22	246.63	1.24
0.35	298.49	1.22	304.17	1.24	309.76	1.26	315.24	1.29	320.63	1.31	325.93	1.33	331.14	1.35
0.40	382.55	1.30	389.84	1.33	396.99	1.35	404.02	1.38	410.93	1.40	417.72	1.42	424.40	1.45
0.45	472.85	1.38	481.86	1.41	490.70	1.43	499.38	1.46	507.92	1.48	516.32	1.51	524.58	1.53
0.50	567.60	1.45	578.41	1.47	589.02	1.50	599.45	1.53	609.70	1.55	619.78	1.58	629.69	1.60
0.55	664.90	1.50	677.57	1.53	690.00	1.56	702.21	1.59	714.22	1.61	726.02	1.64	737.64	1.67
0.60	762.67	1.55	777.20	1.58	791.46	1.61	805.47	1.64	819.24	1.67	832.79	1.69	846.11	1.72
0.65	858.67	1.59	875.03	1.62	891.09	1.65	906.86	1.68	922.36	1.71	937.61	1.73	952.61	1.76
0.70	950.44	1.62	968.54	1.65	986.31	1.68	1003.77	1.71	1020.93	1.74	1037.81	1.77	1054.41	1.80
0.75	1035.17	1.64	1054.89	1.67	1074.24	1.70	1093.26	1.73	1111.95	1.76	1130.33	1.79	1148.41	1.82
0.80	1109.63	1.65	1130.77	1.68	1151.52	1.71	1171.90	1.74	1191.93	1.77	1211.64	1.80	1231.02	1.83
0.85	1169.76	1.64	1192.05	1.68	1213.92	1.71	1235.41	1.74	1256.53	1.77	1277.30	1.80	1297.73	1.82
0.90	1209.90	1.63	1232.95	1.66	1255.57	1.69	1277.80	1.72	1299.64	1.75	1321.12	1.77	1342.26	1.80
0.95	1219.80	1.58	1243.03	1.61	1265.84	1.64	1288.25	1.67	1310.27	1.70	1331.93	1.73	1353.24	1.76
1.00	1135.21	1.45	1156.83	1.47	1178.06	1.50	1198.91	1.53	1219.41	1.55	1239.57	1.58	1259.40	1.60

							$D = 1000$mm							
							i (‰)							
h/D	3.3		3.4		3.5		3.6		3.7		3.8		3.9	
	Q	v	Q	v	Q	v	Q	v	Q	v	Q	v	Q	v
0.10	26.70	0.65	27.10	0.66	27.50	0.67	27.89	0.68	28.27	0.69	28.65	0.70	29.03	0.71
0.15	62.17	0.84	63.10	0.85	64.02	0.87	64.93	0.88	65.83	0.89	66.71	0.90	67.58	0.91
0.20	111.99	1.00	113.68	1.02	115.34	1.03	116.97	1.05	118.59	1.06	120.18	1.07	121.75	1.09
0.25	175.19	1.14	177.82	1.16	180.42	1.18	182.97	1.19	185.50	1.21	187.99	1.22	190.45	1.24
0.30	250.45	1.26	254.22	1.28	257.93	1.30	261.59	1.32	265.20	1.34	268.76	1.36	272.27	1.37
0.35	336.28	1.37	341.33	1.39	346.32	1.41	351.23	1.43	356.08	1.45	360.85	1.47	365.57	1.49
0.40	430.98	1.47	437.47	1.49	443.85	1.51	450.15	1.53	456.36	1.56	462.48	1.58	468.53	1.60
0.45	532.71	1.55	540.72	1.58	548.62	1.60	556.40	1.62	564.07	1.65	571.65	1.67	579.12	1.69
0.50	639.46	1.63	649.07	1.65	658.55	1.68	667.89	1.70	677.10	1.72	686.19	1.75	695.16	1.77
0.55	749.08	1.69	760.34	1.72	771.44	1.74	782.39	1.77	793.18	1.79	803.82	1.82	814.33	1.84
0.60	859.23	1.75	872.15	1.77	884.88	1.80	897.44	1.82	909.81	1.85	922.03	1.87	934.08	1.90
0.65	967.38	1.79	981.93	1.82	996.26	1.84	1010.40	1.87	1024.33	1.90	1038.08	1.92	1051.65	1.95
0.70	1070.76	1.82	1086.86	1.85	1102.73	1.88	1118.37	1.90	1133.80	1.93	1149.02	1.96	1164.04	1.98
0.75	1166.22	1.85	1183.76	1.87	1201.04	1.90	1218.08	1.93	1234.88	1.95	1251.46	1.98	1267.82	2.01
0.80	1250.11	1.86	1268.91	1.88	1287.43	1.91	1305.70	1.94	1323.71	1.97	1341.48	1.99	1359.01	2.02
0.85	1317.86	1.85	1337.67	1.88	1357.20	1.91	1376.46	1.93	1395.44	1.96	1414.17	1.99	1432.66	2.01
0.90	1363.08	1.83	1383.57	1.86	1403.77	1.89	1423.69	1.91	1443.32	1.94	1462.70	1.96	1481.82	1.99
0.95	1374.23	1.78	1394.80	1.81	1415.26	1.84	1435.33	1.86	1455.13	1.89	1474.66	1.91	1493.94	1.94
1.00	1278.93	1.63	1298.16	1.65	1317.11	1.68	1335.80	1.70	1354.22	1.72	1372.40	1.75	1390.34	1.77

							$D = 1000$mm							
							i (‰)							
h/D	4.0		4.1		4.2		4.4		4.6		4.8		5.0	
	Q	v	Q	v	Q	v	Q	v	Q	v	Q	v	Q	v
0.10	29.40	0.72	29.76	0.73	30.12	0.74	30.83	0.75	31.52	0.77	32.20	0.79	32.87	0.80
0.15	68.44	0.93	69.30	0.94	70.14	0.95	71.79	0.97	73.40	0.99	74.98	1.01	76.52	1.04
0.20	123.30	1.10	124.83	1.12	126.35	1.13	129.32	1.16	132.23	1.18	135.07	1.21	137.86	1.23
0.25	192.87	1.26	195.27	1.27	197.64	1.29	202.29	1.32	206.83	1.35	211.28	1.38	215.64	1.40
0.30	275.74	1.39	279.17	1.41	282.55	1.43	289.20	1.46	295.70	1.49	302.06	1.52	308.29	1.56
0.35	370.23	1.51	374.83	1.53	379.37	1.55	388.30	1.59	397.03	1.62	405.57	1.66	413.93	1.69
0.40	474.50	1.62	480.39	1.64	486.22	1.66	497.66	1.70	508.84	1.73	519.79	1.77	930.50	1.81
0.45	586.50	1.71	593.78	1.73	600.98	1.75	615.12	1.79	628.95	1.83	642.47	1.87	655.72	1.91
0.50	704.02	1.79	712.76	1.82	721.40	1.84	738.38	1.88	754.98	1.92	771.21	1.96	787.12	2.00
0.55	824.71	1.86	834.95	1.89	845.07	1.91	864.96	1.95	884.40	2.00	903.42	2.04	922.05	2.08
0.60	945.98	1.92	957.73	1.95	969.34	1.97	992.15	2.02	1014.45	2.06	1036.27	2.11	1057.64	2.15
0.65	1065.05	1.97	1078.28	2.00	1091.35	2.02	1117.04	2.07	1142.14	2.11	1166.71	2.16	1190.76	2.20
0.70	1178.87	2.01	1193.52	2.03	1207.98	2.06	1236.41	2.11	1264.20	2.15	1291.39	2.20	1318.02	2.24
0.75	1283.97	2.03	1299.92	2.06	1315.67	2.08	1346.64	2.13	1376.90	2.18	1406.51	2.23	1435.52	2.27
0.80	1376.33	2.04	1393.42	2.07	1410.31	2.09	1443.50	2.14	1475.94	2.19	1507.69	2.24	1538.78	2.28
0.85	1450.91	2.04	1468.94	2.06	1486.74	2.09	1521.73	2.14	1555.93	2.19	1589.39	2.23	1622.17	2.28
0.90	1500.70	2.02	1519.34	2.04	1537.76	2.07	1573.94	2.11	1609.32	2.16	1643.93	2.21	1677.83	2.25
0.95	1512.97	1.96	1531.77	1.99	1550.34	2.01	1586.82	2.06	1622.48	2.11	1657.38	2.15	1691.55	2.19
1.00	1408.05	1.79	1425.54	1.82	1442.82	1.84	1476.78	1.88	1509.97	1.92	1542.44	1.96	1574.25	2.00

	$D = 1000\text{mm}$													
	i（‰）													
h/D	5.5		6.0		6.5		7.0		7.5		8.0		8.5	
	Q	v	Q	v	Q	v	Q	v	Q	v	Q	v	Q	v
0.10	34.47	0.84	36.00	0.88	37.47	0.92	38.89	0.95	40.25	0.98	41.57	1.02	42.85	1.05
0.15	80.26	1.09	83.83	1.13	87.25	1.18	90.54	1.23	93.72	1.27	96.80	1.31	99.77	1.35
0.20	144.58	1.29	151.01	1.35	157.18	1.41	163.11	1.46	168.84	1.51	174.38	1.56	179.74	1.61
0.25	226.16	1.47	236.22	1.54	245.87	1.60	255.15	1.66	264.10	1.72	272.76	1.78	281.16	1.83
0.30	323.33	1.63	337.71	1.70	351.50	1.77	364.77	1.84	377.57	1.91	389.96	1.97	401.96	2.03
0.35	434.13	1.77	453.44	1.85	471.95	1.93	489.77	2.00	506.96	2.07	523.58	2.14	539.70	2.20
0.40	556.40	1.90	581.14	1.98	604.87	2.06	627.70	2.14	649.73	2.21	671.04	2.29	691.69	2.36
0.45	687.73	2.01	718.31	2.10	747.64	2.18	775.86	2.26	803.09	2.34	829.43	2.42	854.69	2.49
0.50	825.53	2.10	862.24	2.20	897.45	2.29	931.33	2.37	964.02	2.45	995.63	2.54	1026.27	2.61
0.55	967.05	2.18	1010.06	2.28	1051.30	2.38	1090.98	2.46	1129.28	2.55	1166.31	2.64	1202.21	2.72
0.60	1109.26	2.25	1158.58	2.35	1205.89	2.45	1251.41	2.54	1295.34	2.63	1337.82	2.72	1378.99	2.80
0.65	1248.88	2.31	1304.42	2.41	1357.68	2.51	1408.93	2.61	1458.38	2.70	1506.21	2.79	1552.57	2.87
0.70	1382.35	2.35	1443.82	2.46	1502.77	2.56	1559.50	2.66	1614.23	2.75	1667.17	2.84	1718.48	2.93
0.75	1505.58	2.38	1572.53	2.49	1636.74	2.59	1698.53	2.69	1758.14	2.78	1815.80	2.87	1871.69	2.96
0.80	1613.88	2.40	1685.65	2.50	1754.48	2.60	1820.71	2.70	1884.61	2.80	1946.42	2.89	2006.32	2.98
0.85	1701.34	2.39	1777.00	2.50	1849.56	2.60	1919.38	2.70	1986.74	2.79	2051.90	2.88	2115.05	2.97
0.90	1759.72	2.36	1837.97	2.47	1913.02	2.57	1985.24	2.67	2054.91	2.76	2122.31	2.85	2187.62	2.94
0.95	1774.12	2.30	1853.00	2.40	1928.67	2.50	2001.47	2.60	2071.72	2.69	2139.67	2.78	2205.52	2.86
1.00	1651.09	2.10	1724.50	2.20	1794.92	2.29	1862.68	2.37	1928.05	2.45	1991.29	2.54	2052.57	2.61

	$D = 1000\text{mm}$													
	i（‰）													
h/D	9.0		9.5		10		11		12		13		14	
	Q	v	Q	v	Q	v	Q	v	Q	v	Q	v	Q	v
0.10	44.10	1.08	45.30	1.11	46.48	1.14	48.75	1.19	50.92	1.25	53.00	1.30	55.00	1.35
0.15	102.67	1.39	105.48	1.43	108.22	1.46	113.50	1.54	118.55	1.60	123.39	1.67	128.05	1.73
0.20	184.95	1.65	190.02	1.70	194.96	1.74	204.47	1.83	213.57	1.91	222.29	1.99	230.68	2.06
0.25	289.31	1.88	297.24	1.94	304.96	1.99	319.84	2.08	334.06	2.18	347.71	2.26	360.83	2.35
0.30	413.61	2.09	424.95	2.14	435.98	2.20	457.26	2.31	477.60	2.41	497.10	2.51	515.86	2.60
0.35	555.34	2.27	570.56	2.33	585.98	2.39	613.96	2.51	641.26	2.62	667.44	2.72	692.64	2.83
0.40	711.75	2.43	731.25	2.49	750.25	2.56	786.87	2.68	821.85	2.80	855.41	2.92	887.70	3.03
0.45	879.74	2.57	903.85	2.64	927.33	2.71	972.59	2.84	1015.84	2.96	1057.32	3.08	1097.23	3.20
0.50	1056.03	2.69	1084.96	2.76	1113.15	2.83	1167.48	2.97	1219.40	3.11	1269.19	3.23	1317.10	3.35

D = 1000mm

h/D	9.0		9.5		10		11		12		13		14	
	Q	v	Q	v	Q	v	Q	v	Q	v	Q	v	Q	v
0.55	1237.06	2.79	1270.96	2.87	1303.98	2.95	1367.62	3.09	1428.43	3.23	1486.76	3.36	1542.88	3.49
0.60	1418.97	2.88	1457.85	2.96	1495.73	3.04	1568.73	3.19	1638.49	3.33	1705.39	3.47	1769.77	3.60
0.65	1597.58	2.96	1641.36	3.04	1683.99	3.12	1766.19	3.27	1844.72	3.41	1920.05	3.55	1992.53	3.69
0.70	1768.31	3.01	1816.76	3.09	1863.96	3.17	1954.94	3.33	2041.86	3.48	2125.24	3.62	2205.46	3.76
0.75	1925.95	3.05	1978.72	3.13	2030.13	3.21	2129.22	3.37	2223.89	3.52	2314.70	3.66	2402.08	3.80
0.80	2064.49	3.06	2121.06	3.15	2176.16	3.23	2282.38	3.39	2383.87	3.54	2481.21	3.68	2574.87	3.82
0.85	2176.37	3.06	2236.00	3.14	2294.09	3.22	2406.06	3.38	2513.05	3.53	2615.67	3.68	2714.41	3.81
0.90	2251.05	3.02	2312.73	3.11	2372.81	3.19	2488.62	3.34	2599.28	3.49	2705.42	3.63	2807.55	3.77
0.95	2269.46	2.94	2331.65	3.03	2392.22	3.10	2508.98	3.26	2620.54	3.40	2727.55	3.54	2830.51	3.67
1.00	2112.08	2.69	2169.95	2.76	2226.33	2.83	2334.99	2.97	2438.82	3.11	2538.40	3.23	2634.22	3.35

D = 1000mm

h/D	15		16		17		18		19		20		25	
	Q	v	Q	v	Q	v	Q	v	Q	v	Q	v	Q	v
0.10	56.93	1.39	58.79	1.44	60.60	1.48	62.36	1.53	64.07	1.57	65.73	1.61	73.49	1.80
0.15	132.54	1.79	136.89	1.85	141.10	1.91	145.19	1.97	149.17	2.02	153.05	2.07	171.11	2.32
0.20	238.77	2.14	246.60	2.21	254.19	2.27	261.56	2.34	268.73	2.40	275.71	2.47	308.26	2.76
0.25	373.50	2.43	385.74	2.51	397.62	2.59	409.14	2.66	420.36	2.74	431.28	2.81	482.18	3.14
0.30	533.97	2.69	551.48	2.78	568.45	2.87	584.93	2.95	600.96	3.03	616.58	3.11	689.33	3.48
0.35	716.95	2.93	740.46	3.02	763.25	3.12	785.37	3.21	806.90	3.29	827.86	3.38	925.57	3.78
0.40	918.86	3.13	949.00	3.23	978.20	3.33	1006.56	3.43	1034.14	3.53	1061.01	3.62	1186.24	4.04
0.45	1135.75	3.31	1172.99	3.42	1209.09	3.53	1244.15	3.63	1278.24	3.73	1311.45	3.83	1466.24	4.28
0.50	1363.33	3.47	1408.04	3.59	1451.37	3.70	1493.45	3.80	1534.37	3.91	1574.23	4.01	1760.05	4.48
0.55	1597.04	3.61	1649.41	3.73	1700.18	3.84	1749.47	3.95	1797.41	4.06	1844.10	4.17	2061.77	4.66
0.60	1831.88	3.72	1891.96	3.85	1950.19	3.96	2006.73	4.08	2061.72	4.19	2115.28	4.30	2364.95	4.81
0.65	2062.46	3.82	2130.10	3.94	2195.66	4.06	2259.32	4.18	2321.23	4.30	2381.53	4.41	2662.63	4.93
0.70	2282.87	3.89	2357.74	4.02	2430.30	4.14	2500.76	4.26	2569.29	4.38	2636.03	4.49	2947.18	5.02
0.75	2486.39	3.94	2567.93	4.06	2646.96	4.19	2723.70	4.31	2798.34	4.43	2871.04	4.54	3209.92	5.08
0.80	2665.24	3.96	2752.65	4.09	2837.37	4.21	2919.63	4.33	2999.63	4.45	3077.56	4.57	3440.81	5.11
0.85	2809.68	3.95	2901.82	4.08	2991.13	4.20	3077.85	4.33	3162.19	4.44	3244.34	4.56	3627.28	5.10
0.90	2906.09	3.90	3001.39	4.03	3093.77	4.16	3183.46	4.28	3270.69	4.39	3355.66	4.51	3751.74	5.04
0.95	2929.86	3.80	3025.94	3.93	3119.07	4.05	3209.50	4.16	3297.45	4.28	3383.11	4.39	3782.43	4.91
1.00	2726.68	3.47	2816.10	3.59	2902.77	3.70	2986.93	3.80	3068.78	3.91	3148.50	4.01	3520.13	4.48

5.4 建筑给水薄壁不锈钢管水力计算

建筑给水薄壁不锈钢管水力计算见表5-16，薄壁不锈钢管水头损失的温度修正系数见表5-17。

建筑给水薄壁不锈钢管水力计算表

表 5-16

Q (m³/h)	Q (L/s)	DN10 d0.0104 v	DN10 d0.0104 i	DN10 d0.0098 v	DN10 d0.0098 i	DN15 d0.01428 v	DN15 d0.01428 i	DN15 d0.0128 v	DN15 d0.0128 i	DN20 d0.02022 v	DN20 d0.02022 i	DN20 d0.0188 v	DN20 d0.0188 i	DN25 d0.02658 v	DN25 d0.02658 i	DN25 d0.0238 v	DN25 d0.0238 i
0.234	0.065	0.46	1.05	0.46	1.40												
0.252	0.070	0.48	1.20	0.48	1.61	0.48	0.26	0.48	0.44								
0.270	0.075	0.52	1.37	0.52	1.83	0.52	0.29	0.52	0.50								
0.288	0.080	0.55	1.54	0.55	2.06	0.55	0.33	0.55	0.56								
0.306	0.085	0.59	1.73	0.59	2.30	0.59	0.37	0.59	0.63								
0.324	0.090	0.62	1.92	0.62	2.56	0.62	0.41	0.62	0.70								
0.342	0.095	0.65	2.12	0.65	2.83	0.65	0.45	0.65	0.77								
0.360	0.100	0.69	2.33	0.69	3.11	0.69	0.50	0.69	0.85								
0.396	0.110	0.76	2.78	0.76	3.71	0.76	0.59	0.76	1.01								
0.432	0.120	0.83	3.27	0.83	4.36	0.83	0.70	0.83	1.19								
0.468	0.130	0.89	3.79	0.89	5.06	0.89	0.81	0.89	1.34								
0.504	0.140	0.96	4.34	0.96	5.80	0.96	0.93	0.96	1.58								
0.540	0.150	1.03	4.93	1.03	6.59	1.03	1.05	1.03	1.79								
0.576	0.160	1.10	5.56	1.10	7.43	1.10	1.19	1.10	2.02	0.50	0.22	0.50	0.30				
0.612	0.170	1.17	6.22	1.17	8.31	1.17	1.33	1.17	2.26	0.53	0.24	0.53	0.34				

Q (m³/h)	(L/s)	DN10				DN15				DN20				DN25			
		d0.0104		d0.0098		d0.01428		d0.0128		d0.02022		d0.0188		d0.02658		d0.0238	
		v	i	v	i	v	i	v	i	v	i	v	i	v	i	v	i
0.648	0.180	1.24	6.91	1.24	9.23	1.24	1.48	1.24	2.51	0.56	0.27	0.56	0.38				
0.684	0.190	1.31	7.64	1.31	10.21	1.31	1.63	1.31	2.78	0.59	0.30	0.59	0.42				
0.720	0.200	1.38	8.40	1.38	11.22	1.38	1.79	1.38	3.06	0.62	0.33	0.62	0.46				
0.900	0.250	1.72	12.69	1.72	16.96	1.72	2.71	1.72	4.62	0.78	0.50	0.78	0.69	0.46	0.13	0.46	0.23
1.080	0.300	2.07	17.79	2.07	23.76	2.07	3.80	2.07	6.47	0.94	0.70	0.94	0.97	0.56	0.18	0.56	0.32
1.260	0.350									1.09	0.93	1.09	1.29	0.65	0.25	0.65	0.42
1.440	0.400									1.25	1.19	1.25	1.65	0.74	0.31	0.74	0.54
1.620	0.450									1.40	1.48	1.40	2.05	0.83	0.39	0.83	0.67
1.800	0.500									1.56	1.80	1.56	2.49	0.93	0.47	0.93	0.81
1.980	0.550									1.72	2.14	1.72	2.97	1.02	0.57	1.02	0.97
2.160	0.600									1.87	2.52	1.87	3.49	1.11	0.66	1.11	1.14
2.340	0.650									2.03	2.92	2.03	4.04	1.21	0.77	1.21	1.32
2.520	0.700													1.30	0.88	1.30	1.51
2.700	0.750													1.39	1.00	1.39	1.72
2.880	0.800													1.48	1.13	1.48	1.94
3.060	0.850													1.58	1.27	1.58	2.17
3.240	0.900													1.67	1.41	1.67	2.41
3.420	0.950													1.76	1.55	1.76	2.66
3.600	1.000													1.85	1.71	1.85	2.93
3.780	1.050													1.95	1.87	1.95	3.20
3.960	1.100													2.04	2.04	2.04	3.49

Q		DN32				DN40				DN50				DN65			
(m³/h)	(L/s)	d0.0316		d0.0033		d0.0403		d0.038		d0.0462		d0.059		d0.0731		d0.0646	
		v	i	v	i	v	i	v	i	v	i	v	i	v	i	v	i
1.440	0.400	0.48	0.14	0.48	0.11												
1.620	0.450	0.54	0.17	0.54	0.14												
1.800	0.500	0.60	0.20	0.60	0.17												
1.980	0.550	0.66	0.24	0.66	0.20												
2.160	0.600	0.72	0.29	0.72	0.23	0.49	0.09	0.49	0.12								
2.340	0.650	0.78	0.33	0.78	0.27	0.53	0.10	0.53	0.14								
2.520	0.700	0.84	0.38	0.84	0.31	0.57	0.12	0.57	0.15								
2.700	0.750	0.90	0.43	0.90	0.35	0.61	0.13	0.61	0.18								
2.880	0.800	0.96	0.49	0.96	0.39	0.65	0.15	0.65	0.20								
3.060	0.850	1.02	0.54	1.02	0.44	0.69	0.17	0.69	0.22								
3.240	0.900	1.08	0.61	1.08	0.49	0.73	0.19	0.73	0.25								
3.420	0.950	1.14	0.67	1.14	0.54	0.77	0.20	0.77	0.27								
3.600	1.000	1.20	0.74	1.20	0.60	0.81	0.23	0.81	0.30	0.48	0.12	0.48	0.04				
3.780	1.050	1.26	0.81	1.26	0.65	0.85	0.25	0.85	0.33	0.50	0.13	0.50	0.04				
3.960	1.100	1.32	0.88	1.32	0.71	0.89	0.27	0.89	0.36	0.53	0.14	0.53	0.04				
4.140	1.150	1.38	0.95	1.38	0.77	0.93	0.29	0.93	0.39	0.55	0.15	0.55	0.05				
4.320	1.200	1.44	1.03	1.44	0.84	0.97	0.32	0.97	0.42	0.57	0.16	0.57	0.05				
4.500	1.250	1.50	1.11	1.50	0.90	1.01	0.34	1.01	0.45	0.60	0.17	0.60	0.05				

Q (m³/h)	Q (L/s)	DN32 d0.0316 v	DN32 d0.0316 i	DN32 d0.0033 v	DN32 d0.0033 i	DN40 d0.0403 v	DN40 d0.0403 i	DN40 d0.038 v	DN40 d0.038 i	DN50 d0.0462 v	DN50 d0.0462 i	DN50 d0.059 v	DN50 d0.059 i	DN65 d0.0731 v	DN65 d0.0731 i	DN65 d0.0646 v	DN65 d0.0646 i
4.680	1.300	1.56	1.20	1.56	0.97	1.06	0.37	1.06	0.49	0.62	0.19	0.62	0.06				
4.860	1.350	1.62	1.28	1.62	1.04	1.10	0.39	1.10	0.52	0.65	0.20	0.65	0.06				
5.040	1.400	1.68	1.37	1.68	1.11	1.14	0.42	1.14	0.56	0.67	0.22	0.67	0.07				
5.220	1.450	1.74	1.46	1.74	1.19	1.18	0.45	1.18	0.60	0.69	0.23	0.69	0.07				
5.400	1.500	1.80	1.56	1.80	1.26	1.22	0.48	1.22	0.63	0.72	0.25	0.72	0.07				
5.580	1.550	1.86	1.66	1.86	1.34	1.26	0.51	1.26	0.67	0.74	0.26	0.74	0.08				
5.760	1.600	1.92	1.76	1.92	1.42	1.30	0.54	1.30	0.72	0.77	0.28	0.77	0.08	0.50	0.03	0.50	0.05
5.940	1.650	1.98	1.86	1.98	1.51	1.34	0.57	1.34	0.76	0.79	0.29	0.79	0.09	0.51	0.03	0.51	0.06
6.120	1.700	2.04	1.96	2.04	1.60	1.38	0.60	1.38	0.80	0.81	0.31	0.81	0.09	0.53	0.03	0.53	0.06
6.300	1.750					1.42	0.63	1.42	0.84	0.84	0.33	0.84	0.10	0.54	0.03	0.54	0.06
6.480	1.800					1.46	0.67	1.46	0.89	0.86	0.34	0.86	0.10	0.56	0.04	0.56	0.07
6.660	1.850					1.50	0.70	1.50	0.94	0.88	0.36	0.88	0.11	0.58	0.04	0.58	0.07
6.840	1.900					1.54	0.74	1.54	0.98	0.91	0.38	0.91	0.12	0.59	0.04	0.59	0.07
7.020	1.950					1.58	0.77	1.58	1.03	0.93	0.40	0.93	0.12	0.61	0.04	0.61	0.08
7.200	2.000					1.62	0.81	1.62	1.08	0.96	0.42	0.96	0.13	0.62	0.04	0.62	0.08
7.560	2.100					1.71	0.89	1.71	1.18	1.00	0.46	1.00	0.14	0.65	0.05	0.65	0.09
7.920	2.200					1.79	0.97	1.76	1.29	1.05	0.50	1.05	0.15	0.68	0.05	0.68	0.10
8.280	2.300					1.87	1.05	1.87	1.40	1.10	0.54	1.10	0.16	0.71	0.06	0.71	0.11

Q (m³/h)	Q (L/s)	DN32				DN40				DN50				DN65			
		d0.0316		d0.0033		d0.0403		d0.038		d0.0462		d0.059		d0.0731		d0.0646	
		v	i	v	i	v	i	v	i	v	i	v	i	v	i	v	i
8.640	2.400					1.95	1.14	1.95	1.51	1.15	0.58	1.15	0.18	0.75	0.06	0.75	0.11
9.000	2.500					2.03	1.23	2.03	1.63	1.20	0.63	1.20	0.19	0.78	0.07	0.78	0.12
9.360	2.600									1.24	0.68	1.24	0.21	0.81	0.07	0.81	0.13
9.720	2.700									1.29	0.73	1.29	0.22	0.84	0.08	0.84	0.14
10.080	2.800									1.34	0.78	1.34	0.24	0.87	0.08	0.87	0.15
10.440	2.900									1.39	0.83	1.39	0.25	0.90	0.09	0.90	0.16
10.800	3.000									1.43	0.88	1.43	0.27	0.93	0.09	0.93	0.17
11.160	3.100									1.48	0.94	1.48	0.29	0.96	0.10	0.96	0.18
11.520	3.200									1.53	1.00	1.53	0.30	0.99	0.11	0.99	0.19
11.880	3.300									1.58	1.05	1.58	0.32	1.03	0.11	1.03	0.21
12.240	3.400									1.63	1.11	1.63	0.34	1.06	0.12	1.06	0.22
12.600	3.500									1.67	1.18	1.67	0.36	1.09	0.13	1.09	0.23
12.960	3.600									1.72	1.24	1.72	0.38	1.12	0.13	1.12	0.24
13.320	3.700									1.77	1.30	1.77	0.40	1.15	0.14	1.15	0.25
13.680	3.800									1.82	1.37	1.82	0.42	1.18	0.15	1.18	0.27
14.040	3.900									1.86	1.44	1.86	0.44	1.21	0.15	1.21	0.28
14.400	4.000									1.91	1.50	1.91	0.46	1.24	0.16	1.24	0.29
14.760	4.100									1.96	1.57	1.96	0.48	1.27	0.17	1.27	0.31
15.120	4.200									2.01	1.65	2.01	0.50	1.31	0.18	1.31	0.32

Q (m³/h)	Q (L/s)	DN65 dⱼ0.0731 v	i	DN65 dⱼ0.0646 v	i	DN80 dⱼ0.0849 v	i	DN80 dⱼ0.0731 v	i
7.560	2.100					0.50	0.02	0.50	0.05
7.920	2.200					0.52	0.03	0.52	0.05
8.280	2.300					0.55	0.03	0.55	0.06
8.640	2.400					0.57	0.03	0.57	0.06
9.000	2.500					0.60	0.03	0.60	0.07
9.360	2.600					0.62	0.04	0.62	0.07
9.720	2.700					0.64	0.04	0.64	0.08
10.080	2.800					0.67	0.04	0.67	0.08
10.440	2.900					0.69	0.04	0.69	0.09
10.800	3.000					0.71	0.05	0.71	0.09
11.160	3.100					0.74	0.05	0.74	0.10
11.520	3.200					0.76	0.05	0.76	0.11
11.880	3.300					0.79	0.05	0.79	0.11
12.240	3.400					0.81	0.06	0.81	0.12
12.600	3.500					0.83	0.06	0.83	0.13
12.960	3.600					0.86	0.06	0.86	0.13
13.320	3.700					0.88	0.07	0.88	0.14
13.680	3.800					0.91	0.07	0.91	0.15
14.040	3.900					0.93	0.07	0.93	0.15
14.400	4.000					0.95	0.08	0.95	0.16
14.760	4.100					0.98	0.08	0.98	0.17

Q (m³/h)	Q (L/s)	DN65 dⱼ0.0731 v	i	DN65 dⱼ0.0646 v	i	DN80 dⱼ0.0849 v	i	DN80 dⱼ0.0731 v	i
15.120	4.200	1.34	0.18	1.34	0.34	1.00	0.09	1.00	0.18
15.480	4.300	1.37	0.19	1.37	0.35	1.02	0.09	1.02	0.18
15.840	4.400	1.40	0.20	1.40	0.37	1.05	0.09	1.05	0.19
16.20	4.50	1.43	0.21	1.43	0.38	1.07	0.10	1.07	0.20
16.56	4.60	1.46	0.22	1.46	0.40	1.10	0.10	1.10	0.21
16.92	4.70	1.49	0.23	1.49	0.41	1.12	0.10	1.12	0.22
17.28	4.80	1.52	0.23	1.52	0.43	1.14	0.11	1.14	0.23
17.64	4.90	1.55	0.24	1.55	0.44	1.17	0.11	1.17	0.23
18.00	5.00	1.59	0.25	1.59	0.46	1.19	0.12	1.19	0.24
18.36	5.10	1.62	0.26	1.62	0.48	1.22	0.12	1.22	0.25
18.72	5.20	1.65	0.27	1.65	0.49	1.24	0.13	1.24	0.26
19.08	5.30	1.68	0.28	1.68	0.51	1.26	0.13	1.26	0.27
19.44	5.40	1.71	0.29	1.71	0.53	1.29	0.14	1.29	0.28
19.80	5.50	1.74	0.30	1.74	0.55	1.31	0.14	1.31	0.29
20.16	5.60	1.77	0.31	1.77	0.57	1.33	0.14	1.33	0.30
20.52	5.70	1.80	0.32	1.80	0.58	1.36	0.15	1.36	0.31
20.88	5.80	1.83	0.33	1.83	0.60	1.38	0.15	1.38	0.32
21.24	5.90	1.87	0.34	1.87	0.62	1.41	0.16	1.41	0.33
21.60	6.00	1.90	0.35	1.90	0.64	1.43	0.16	1.43	0.34
21.96	6.10	1.93	0.36	1.93	0.66	1.45	0.17	1.45	0.35
22.32	6.20					1.48	0.17	1.48	0.36

Q		DN65				DN80			
		d_j0.0731		d_j0.0646		d_j0.0849		d_j0.0731	
(m³/h)	(L/s)	v	i	v	i	v	i	v	i
22.68	6.30	1.96	0.37	1.96	0.68	1.50	0.18	1.50	0.37
23.04	6.40	1.99	0.38	1.99	0.70	1.52	0.19	1.52	0.38
23.40	6.50	2.02	0.40	2.02	0.72	1.55	0.19	1.55	0.40
23.76	6.60					1.57	0.20	1.57	0.41
24.12	6.70					1.60	0.20	1.60	0.42
24.48	6.80					1.62	0.21	1.62	0.43
24.84	6.90					1.64	0.21	1.64	0.44
25.20	7.00					1.67	0.22	1.67	0.45
25.56	7.10					1.69	0.22	1.69	0.47
25.92	7.20					1.72	0.23	1.72	0.48
26.28	7.30					1.74	0.24	1.74	0.49
26.64	7.40					1.76	0.24	1.76	0.50
27.00	7.50					1.79	0.25	1.79	0.52
27.36	7.60					1.81	0.25	1.81	0.53
27.72	7.70					1.83	0.26	1.83	0.54
28.08	7.80					1.86	0.27	1.86	0.55
28.44	7.90					1.88	0.27	1.88	0.57
28.80	8.00					1.91	0.28	1.91	0.58
29.16	8.10					1.93	0.29	1.93	0.59
29.52	8.20					1.95	0.29	1.95	0.61
29.88	8.30					1.98	0.30	1.98	0.62
30.24	8.40					2.00	0.31	2.00	0.64
30.60	8.50								
30.96	8.60								
31.32	8.70								
31.68	8.80								
32.04	8.90								
32.40	9.00								
32.76	9.10								
33.12	9.20								
33.48	9.30								
33.84	9.40								
34.20	9.50								
34.56	9.60								
34.92	9.70								
35.28	9.80								
35.64	9.90								
36.00	10.00								
36.90	10.25								
37.80	10.50								
38.70	10.75								
39.60	11.00								
40.50	11.25								
41.40	11.50								

Q (m³/h)	Q (L/s)	DN100 d0.0104 v	DN100 d0.0104 i	DN100 d0.099 v	DN100 d0.099 i	DN125 d0.0129 v	DN125 d0.0129 i	DN125 v	DN125 i	DN150 d0.0153 v	DN150 d0.0153 i	DN150 d0.156 v	DN150 d0.156 i
32.76	9.10	1.05	0.13	1.05	0.17	0.71	0.05						
33.12	9.20	1.06	0.14	1.06	0.17	0.71	0.05			0.50	0.02	0.50	0.02
33.48	9.30	1.07	0.14	1.07	0.18	0.72	0.05			0.51	0.02	0.51	0.02
33.84	9.40	1.09	0.14	1.09	0.18	0.73	0.05			0.51	0.02	0.51	0.02
34.20	9.50	1.10	0.14	1.10	0.18	0.74	0.05			0.52	0.02	0.52	0.02
34.56	9.60	1.11	0.15	1.11	0.19	0.75	0.05			0.52	0.02	0.52	0.02
34.92	9.70	1.12	0.15	1.12	0.19	0.75	0.05			0.53	0.02	0.53	0.02
35.28	9.80	1.13	0.15	1.13	0.19	0.76	0.05			0.53	0.02	0.53	0.02
35.64	9.90	1.14	0.15	1.14	0.20	0.77	0.05			0.54	0.02	0.54	0.02
36.00	10.00	1.15	0.16	1.15	0.20	0.78	0.06			0.54	0.02	0.54	0.02
36.90	10.25	1.18	0.16	1.18	0.20	0.80	0.06			0.56	0.03	0.56	0.02
37.80	10.50	1.21	0.17	1.21	0.22	0.82	0.06			0.57	0.03	0.57	0.02
38.70	10.75	1.24	0.18	1.24	0.23	0.84	0.06			0.58	0.03	0.58	0.03
39.60	11.00	1.27	0.19	1.27	0.24	0.85	0.07			0.60	0.03	0.60	0.03
40.50	11.25	1.30	0.20	1.30	0.25	0.87	0.07			0.61	0.03	0.61	0.03
41.40	11.50	1.33	0.20	1.33	0.26	0.89	0.07			0.63	0.03	0.63	0.03
42.30	11.75	1.36	0.21	1.36	0.27	0.91	0.07			0.64	0.03	0.64	0.03
43.20	12.00	1.39	0.22	1.39	0.28	0.93	0.08			0.65	0.03	0.65	0.03
44.10	12.25	1.41	0.23	1.41	0.29	0.95	0.08			0.67	0.03	0.67	0.03
45.00	12.50	1.44	0.24	1.44	0.30	0.97	0.08			0.68	0.04	0.68	0.03
45.90	12.75	1.47	0.25	1.47	0.31	0.99	0.09			0.69	0.04	0.69	0.03
46.80	13.00	1.50	0.26	1.50	0.33	1.01	0.09			0.71	0.04	0.71	0.04

Q (m³/h)	Q (L/s)	DN100 d0.0104 v	i	DN100 d0.099 v	i	DN125 v	i	DN125 d0.0129 v	i	DN150 d0.0153 v	i	DN150 d0.156 v	i
47.70	13.25	1.53	0.27	1.53	0.34			1.03	0.09	0.72	0.04	0.72	0.04
48.60	13.50	1.56	0.27	1.56	0.35			1.05	0.10	0.73	0.04	0.73	0.04
49.50	13.75	1.59	0.28	1.59	0.36			1.07	0.10	0.75	0.04	0.75	0.04
50.40	14.00	1.62	0.29	1.62	0.37			1.09	0.10	0.76	0.05	0.76	0.04
51.30	14.25	1.65	0.30	1.65	0.39			1.11	0.10	0.78	0.05	0.78	0.04
52.20	14.50	1.67	0.31	1.67	0.40			1.13	0.11	0.79	0.05	0.79	0.04
53.10	14.75	1.70	0.32	1.70	0.41			1.15	0.11	0.80	0.05	0.80	0.04
54.00	15.00	1.73	0.33	1.73	0.42			1.17	0.12	0.82	0.05	0.82	0.05
55.80	15.50	1.79	0.35	1.79	0.45			1.20	0.12	0.84	0.05	0.84	0.05
57.60	16.00	1.85	0.38	1.85	0.48			1.24	0.13	0.87	0.06	0.87	0.05
59.40	16.50	1.91	0.40	1.91	0.51			1.28	0.14	0.90	0.06	0.90	0.06
61.20	17.00	1.96	0.42	1.96	0.53			1.32	0.15	0.92	0.06	0.92	0.06
63.00	17.50	2.02	0.44	2.02	0.56			1.36	0.16	0.95	0.07	0.95	0.06
64.80	18.00							1.40	0.16	0.98	0.07	0.98	0.06
66.60	18.50							1.44	0.17	1.01	0.08	1.01	0.07
68.40	19.00							1.48	0.18	1.03	0.08	1.03	0.07
70.20	19.50							1.52	0.19	1.06	0.08	1.06	0.08
72.00	20.00							1.55	0.20	1.09	0.09	1.09	0.08
73.80	20.50							1.59	0.21	1.12	0.09	1.12	0.08
75.60	21.00							1.63	0.22	1.14	0.09	1.14	0.09
77.40	21.50							1.67	0.23	1.17	0.10	1.17	0.09
79.20	22.00							1.71	0.24	1.20	0.10	1.20	0.09

Q (m³/h)	Q (L/s)	DN125 dj0.0731 v	i	DN125 dj0.0646 v	i	DN150 dj0.0849 v	i	DN150 dj0.0731 v	i	Q (m³/h)	Q (L/s)	DN125 dj0.0731 v	i	DN125 dj0.0646 v	i	DN150 dj0.0849 v	i	DN150 dj0.0731 v	i
81.00	22.50	1.75	0.25			1.22	0.11	1.22	0.10	108.0	30.00					1.63	0.18	1.63	0.17
82.80	23.00	1.79	0.26			1.25	0.11	1.25	0.10	109.8	30.50					1.66	0.19	1.66	0.17
84.60	23.50	1.83	0.27			1.28	0.12	1.28	0.11	111.6	31.00					1.69	0.19	1.69	0.18
88.20	24.00	1.87	0.28			1.31	0.13	1.31	0.11	113.4	31.50					1.71	0.20	1.71	0.18
90.00	24.50	1.90	0.29			1.33	0.13	1.33	0.11	115.2	32.00					1.74	0.21	1.74	0.19
91.80	25.00	1.94	0.30			1.36	0.13	1.36	0.12	117.0	32.50					1.77	0.21	1.77	0.19
93.60	25.50	1.98	0.31			1.39	0.14	1.39	0.12	118.8	33.00					1.79	0.22	1.79	0.20
93.60	26.00	2.02	0.32			1.41	0.14	1.41	0.13	120.6	33.50					1.82	0.23	1.82	0.20
95.40	26.50					1.44	0.15	1.44	0.13	122.4	34.00					1.85	0.23	1.85	0.21
97.20	27.00					1.47	0.15	1.47	0.14	124.2	34.50					1.88	0.24	1.88	0.22
99.00	27.50					1.50	0.16	1.50	0.14	126.0	35.00					1.90	0.24	1.90	0.22
100.8	28.00					1.52	0.16	1.52	0.15	127.8	35.50					1.93	0.25	1.93	0.23
102.6	28.50					1.55	0.17	1.55	0.15	129.6	36.00					1.96	0.26	1.96	0.23
104.4	29.00					1.58	0.17	1.58	0.16	131.4	36.50					1.99	0.26	1.99	0.24
106.2	29.50					1.60	0.18	1.60	0.16	133.2	37.00					2.01	0.27	2.01	0.25

注: 1. 表中单位: d—m; v—m/s, i—kPa/m。
2. 本表为冷水水力计算表，用于热水，表中水头损失值应乘0.76。

薄壁不锈钢管水头损失的温度修正系数 表5-17

水温 (℃)	10	20	30	40	50	60	70	80	90	95
修正系数	1.0	0.94	0.90	0.86	0.82	0.79	0.77	0.75	0.73	0.72

5.5 建筑给水铜管水力计算

建筑给水铜管水力计算见表5-18。

流量 Q		DN15 d_j0.0136		DN20 d_j0.0202		DN25 d_j0.0262		DN32 d_j0.0326	
（m³/h）	（L/s）	v（m/s）	i（kPa/m）	v（m/s）	i（kPa/m）	v（m/s）	i（kPa/m）	v（m/s）	i（kPa/m）
0.252	0.070	0.48	0.33						
0.270	0.075	0.52	0.37						
0.288	0.080	0.55	0.42						
0.306	0.085	0.59	0.47						
0.324	0.090	0.62	0.52						
0.342	0.095	0.65	0.57						
0.360	0.100	0.69	0.63						
0.396	0.110	0.76	0.75						
0.432	0.120	0.83	0.88						
0.468	0.130	0.89	1.03						
0.504	0.140	0.96	1.18						
0.540	0.150	1.03	1.34						
0.576	0.160	1.10	1.51	0.50	0.22				
0.612	0.170	1.17	1.68	0.53	0.25				
0.648	0.180	1.24	1.87	0.56	0.27				
0.684	0.190	1.31	2.07	0.59	0.30				
0.720	0.200	1.38	2.27	0.62	0.33				
0.900	0.250	1.72	3.44	0.78	0.50	0.46	0.14		
1.080	0.300	2.07	4.82	0.94	0.70	0.56	0.20		
1.260	0.350			1.09	0.93	0.65	0.26		
1.440	0.400			1.25	1.19	0.74	0.34	0.48	0.12
1.620	0.450			1.40	1.49	0.83	0.42	0.54	0.14
1.800	0.500			1.56	1.80	0.93	0.51	0.60	0.18
1.980	0.550			1.72	2.15	1.02	0.61	0.66	0.21
2.160	0.600			1.87	2.53	1.11	0.71	0.72	0.25
2.340	0.650			2.03	2.93	1.21	0.83	0.78	0.29
2.520	0.700					1.30	0.95	0.84	0.33
2.700	0.750					1.39	1.08	0.90	0.37
2.880	0.800					1.48	1.21	0.96	0.42
3.060	0.850					1.58	1.36	1.02	0.47
3.240	0.900					1.67	1.51	1.08	0.52

流量 Q		DN15		DN20		DN25		DN32	
		d_j0.0136		d_j0.0202		d_j0.0262		d_j0.0326	
(m³/h)	(L/s)	v (m/s)	i (kPa/m)	v (m/s)	i (kPa/m)	v (m/s)	i (kPa/m)	v (m/s)	i (kPa/m)
3.420	0.950					1.76	1.67	1.14	0.58
3.600	1.000					1.85	1.83	1.20	0.63
3.780	1.050					1.95	2.01	1.26	0.69
3.960	1.100					2.04	2.19	1.32	0.75
4.140	1.150							1.38	0.82
4.320	1.200							1.44	0.89
4.500	1.250							1.50	0.96
4.680	1.300							1.56	1.03
4.860	1.350							1.62	1.10
5.040	1.400							1.68	1.18
5.220	1.450							1.74	1.26
5.440	1.500							1.80	1.34
5.580	1.550							1.86	1.42
5.760	1.600							1.92	1.51
5.940	1.650							1.98	1.60
6.120	1.700							2.04	1.69

流量 Q		DN40		DN50		DN65			
		d_j0.0328		d_j0.0380		d_j0.0640		d_j0.0643	
(m³/h)	(L/s)	v (m/s)	i (kPa/m)	v (m/s)	i (kPa/m)	v (m/s)	i (kPa/m)	v (m/s)	i (kPa/m)
2.160	0.600	0.49	0.10						
2.340	0.650	0.53	0.11						
2.520	0.700	0.57	0.13						
2.700	0.750	0.61	0.14						
2.880	0.800	0.65	0.16						
3.060	0.850	0.69	0.18						
3.240	0.900	0.73	0.20						
3.420	0.950	0.77	0.22						
3.600	1.000	0.81	0.25						
3.780	1.050	0.85	0.27	0.50	0.07				
3.960	1.100	0.89	0.29	0.53	0.08				
4.140	1.150	0.93	0.32	0.55	0.09				
4.320	1.200	0.97	0.34	0.57	0.09				
4.500	1.250	1.01	0.37	0.60	0.10				
4.680	1.300	1.06	0.40	0.62	0.11				

流量 Q		DN40		DN50		DN65			
		d_j0.0328		d_j0.0380		d_j0.0640		d_j0.0643	
(m³/h)	(L/s)	v (m/s)	i (kPa/m)	v (m/s)	i (kPa/m)	v (m/s)	i (kPa/m)	v (m/s)	i (kPa/m)
4.860	1.350	1.10	0.43	0.65	0.12				
5.040	1.400	1.14	0.46	0.67	0.13				
5.220	1.450	1.18	0.49	0.69	0.13				
5.400	1.500	1.22	0.52	0.72	0.14				
5.580	1.550	1.26	0.55	0.74	0.15				
5.760	1.600	1.30	0.59	0.77	0.16	0.50	0.06		
5.940	1.650	1.34	0.62	0.79	0.17	0.51	0.06	0.51	0.06
6.120	1.700	1.38	0.65	0.81	0.18	0.53	0.06	0.52	0.06
6.300	1.750	1.42	0.69	0.84	0.19	0.54	0.07	0.54	0.07
6.480	1.800	1.46	0.73	0.86	0.20	0.56	0.07	0.56	0.07
6.660	1.850	1.50	0.77	0.88	0.21	0.58	0.07	0.57	0.07
6.840	1.900	1.54	0.80	0.91	0.22	0.59	0.08	0.59	0.08
7.020	1.950	1.58	0.84	0.93	0.23	0.61	0.08	0.60	0.08
7.200	2.000	1.62	0.88	0.96	0.24	0.62	0.09	0.62	0.08
7.560	2.100	1.71	0.97	1.00	0.27	0.65	0.09	0.65	0.09
7.920	2.200	1.79	1.05	1.05	0.29	0.68	0.10	0.68	0.10
8.280	2.300	1.87	1.15	1.10	0.32	0.71	0.11	0.71	0.11
8.640	2.400	1.95	1.24	1.15	0.34	0.75	0.12	0.74	0.12
9.000	2.500	2.03	1.34	1.20	0.37	0.78	0.13	0.77	0.13
9.360	2.600			1.24	0.40	0.81	0.14	0.80	0.14
9.720	2.700			1.29	0.42	0.84	0.15	0.83	0.15
10.080	2.800			1.34	0.45	0.87	0.16	0.86	0.16
10.440	2.900			1.39	0.48	0.90	0.17	0.89	0.17
10.800	3.000			1.43	0.52	0.93	0.18	0.92	0.18
11.160	3.100			1.48	0.55	0.96	0.19	0.95	0.19
11.520	3.200			1.53	0.58	0.99	0.20	0.99	0.20
11.880	3.300			1.58	0.62	1.03	0.22	1.02	0.21
12.240	3.400			1.63	0.65	1.06	0.23	1.05	0.22
12.600	3.500			1.67	0.69	1.09	0.24	1.08	0.23
12.960	3.600			1.72	0.72	1.12	0.25	1.11	0.25
13.320	3.700			1.77	0.76	1.15	0.27	1.14	0.26
13.680	3.800			1.82	0.80	1.18	0.28	1.17	0.27
14.040	3.900			1.86	0.84	1.21	0.29	1.20	0.29
14.400	4.000			1.91	0.88	1.24	0.31	1.23	0.30
14.760	4.100			1.96	0.92	1.27	0.32	1.26	0.31

流量 Q		DN65				DN80			
		d_j0. 0640		d_j0. 0643		d_j0. 0731		d_j0. 0850	
（m³/h）	（L/s）	v（m/s）	i（kPa/m）	v（m/s）	i（kPa/m）	v（m/s）	i（kPa/m）	v（m/s）	i（kPa/m）
7. 560	2. 100	0. 65	0. 09	0. 65	0. 09	0. 50	0. 05		
7. 920	2. 200	0. 68	0. 10	0. 68	0. 10	0. 52	0. 05		
8. 280	2. 300	0. 71	0. 11	0. 71	0. 11	0. 55	0. 06		
8. 640	2. 400	0. 75	0. 12	0. 74	0. 12	0. 57	0. 06		
9. 000	2. 500	0. 78	0. 13	0. 77	0. 13	0. 60	0. 07		
9. 360	2. 600	0. 81	0. 14	0. 80	0. 14	0. 62	0. 07		
9. 720	2. 700	0. 84	0. 15	0. 83	0. 15	0. 64	0. 08	0. 51	0. 04
10. 080	2. 800	0. 87	0. 16	0. 86	0. 16	0. 67	0. 08	0. 53	0. 05
10. 440	2. 900	0. 90	0. 17	0. 89	0. 17	0. 69	0. 09	0. 55	0. 05
10. 800	3. 000	0. 93	0. 18	0. 92	0. 18	0. 71	0. 09	0. 57	0. 05
11. 160	3. 100	0. 96	0. 19	0. 95	0. 19	0. 74	0. 10	0. 59	0. 06
11. 520	3. 200	0. 99	0. 20	0. 99	0. 20	0. 76	0. 11	0. 61	0. 06
11. 880	3. 300	1. 03	0. 22	1. 02	0. 21	0. 79	0. 11	0. 62	0. 06
12. 240	3. 400	1. 06	0. 23	1. 05	0. 22	0. 81	0. 12	0. 64	0. 07
12. 600	3. 500	1. 09	0. 24	1. 08	0. 23	0. 83	0. 13	0. 66	0. 07
12. 960	3. 600	1. 12	0. 25	1. 11	0. 25	0. 86	0. 13	0. 68	0. 08
13. 320	3. 700	1. 15	0. 27	1. 14	0. 26	0. 88	0. 14	0. 70	0. 08
13. 680	3. 800	1. 18	0. 28	1. 17	0. 27	0. 91	0. 15	0. 72	0. 08
14. 040	3. 900	1. 21	0. 29	1. 20	0. 29	0. 93	0. 15	0. 74	0. 09
14. 400	4. 000	1. 24	0. 31	1. 23	0. 30	0. 95	0. 16	0. 76	0. 09
14. 760	4. 100	1. 27	0. 32	1. 26	0. 31	0. 98	0. 17	0. 78	0. 10
15. 120	4. 200	1. 31	0. 34	1. 29	0. 33	1. 00	0. 18	0. 80	0. 10
15. 480	4. 300	1. 34	0. 35	1. 32	0. 34	1. 02	0. 18	0. 81	0. 11
15. 840	4. 400	1. 37	0. 37	1. 36	0. 36	1. 05	0. 19	0. 83	0. 11
16. 20	4. 50	1. 40	0. 38	1. 39	0. 37	1. 07	0. 20	0. 85	0. 11
16. 56	4. 60	1. 43	0. 40	1. 42	0. 39	1. 10	0. 21	0. 87	0. 12
16. 92	4. 70	1. 46	0. 41	1. 45	0. 41	1. 12	0. 22	0. 89	0. 12
17. 28	4. 80	1. 49	0. 43	1. 48	0. 42	1. 14	0. 23	0. 91	0. 13
17. 64	4. 90	1. 52	0. 45	1. 51	0. 44	1. 17	0. 23	0. 93	0. 13
18. 00	5. 00	1. 55	0. 46	1. 45	0. 45	1. 19	0. 24	0. 95	0. 14
18. 36	5. 10	1. 59	0. 48	1. 57	0. 47	1. 22	0. 25	0. 97	0. 14
18. 72	5. 20	1. 62	0. 50	1. 60	0. 49	1. 24	0. 26	0. 98	0. 15
19. 08	5. 30	1. 65	0. 52	1. 63	0. 51	1. 26	0. 27	1. 00	0. 15
19. 44	5. 40	1. 68	0. 54	1. 66	0. 52	1. 29	0. 28	1. 02	0. 16

流量 Q		DN65				DN80			
		d_j0. 0640		d_j0. 0643		d_j0. 0731		d_j0. 0850	
（m³/h）	（L/s）	v（m/s）	i（kPa/m）	v（m/s）	i（kPa/m）	v（m/s）	i（kPa/m）	v（m/s）	i（kPa/m）
19. 80	5. 50	1. 71	0. 55	1. 69	0. 54	1. 31	0. 29	1. 04	0. 17
20. 16	5. 60	1. 74	0. 57	1. 72	0. 56	1. 33	0. 30	1. 06	0. 17
20. 52	5. 70	1. 77	0. 59	1. 76	0. 58	1. 36	0. 31	1. 08	0. 18
20. 88	5. 80	1. 80	0. 61	1. 79	0. 60	1. 38	0. 32	1. 10	0. 18
21. 24	5. 90	1. 83	0. 63	1. 82	0. 62	1. 41	0. 33	1. 12	0. 19
21. 60	6. 00	1. 87	0. 65	1. 85	0. 64	1. 43	0. 34	1. 14	0. 19
21. 96	6. 10	1. 90	0. 67	1. 88	0. 66	1. 45	0. 35	1. 16	0. 20
22. 32	6. 20	1. 93	0. 69	1. 91	0. 68	1. 48	0. 36	1. 17	0. 21
22. 68	6. 30	1. 96	0. 71	1. 94	0. 70	1. 50	0. 37	1. 19	0. 21
23. 04	6. 40	1. 99	0. 73	1. 97	0. 72	1. 52	0. 38	1. 21	0. 22
23. 40	6. 50	2. 02	0. 76	2. 00	0. 74	1. 55	0. 40	1. 23	0. 23
23. 76	6. 60			2. 03	0. 76	1. 57	0. 41	1. 25	0. 23
24. 12	6. 70					1. 60	0. 42	1. 27	0. 24
24. 48	6. 80					1. 62	0. 43	1. 29	0. 25
24. 84	6. 90					1. 64	0. 44	1. 31	0. 25
25. 20	7. 00					1. 67	0. 45	1. 33	0. 26

流量 Q		DN80				DN100		DN125	
		d_j0. 0731		d_j0. 0820		d_j0. 1050		d_j0. 1280	
（m³/h）	（L/s）	v（m/s）	i（kPa/m）	v（m/s）	i（kPa/m）	v（m/s）	i（kPa/m）	v（m/s）	i（kPa/m）
15. 480	4. 300	1. 02	0. 18	0. 81	0. 11	0. 50	0. 03		
15. 840	4. 400	1. 05	0. 19	0. 83	0. 11	0. 51	0. 03		
16. 20	4. 50	1. 07	0. 20	0. 85	0. 11	0. 52	0. 03		
16. 56	4. 60	1. 10	0. 21	0. 87	0. 12	0. 53	0. 04		
16. 92	4. 70	1. 12	0. 22	0. 89	0. 12	0. 54	0. 04		
17. 28	4. 80	1. 14	0. 23	0. 91	0. 13	0. 55	0. 04		
17. 64	4. 90	1. 17	0. 23	0. 93	0. 13	0. 57	0. 04		
18. 00	5. 00	1. 19	0. 24	0. 95	0. 14	0. 58	0. 04		
18. 36	5. 10	1. 22	0. 25	0. 97	0. 14	0. 59	0. 04		
18. 72	5. 20	1. 24	0. 26	0. 98	0. 15	0. 60	0. 04		
19. 08	5. 30	1. 26	0. 27	1. 00	0. 15	0. 61	0. 05		
19. 44	5. 40	1. 29	0. 28	1. 02	0. 16	0. 62	0. 05		
19. 80	5. 50	1. 31	0. 29	1. 04	0. 17	0. 64	0. 05		
20. 16	5. 60	1. 33	0. 30	1. 06	0. 17	0. 65	0. 05		
20. 52	5. 70	1. 36	0. 31	1. 08	0. 18	0. 66	0. 05		

流量 Q		DN80				DN100		DN125	
		d_j0. 0731		d_j0. 0820		d_j0. 1050		d_j0. 1280	
(m³/h)	(L/s)	v (m/s)	i (kPa/m)	v (m/s)	i (kPa/m)	v (m/s)	i (kPa/m)	v (m/s)	i (kPa/m)
20. 88	5. 80	1. 38	0. 32	1. 10	0. 18	0. 67	0. 05		
21. 24	5. 90	1. 41	0. 33	1. 12	0. 19	0. 68	0. 06		
21. 60	6. 00	1. 43	0. 34	1. 14	0. 19	0. 69	0. 06		
21. 96	6. 10	1. 45	0. 35	1. 16	0. 20	0. 70	0. 06		
22. 32	6. 20	1. 48	0. 36	1. 17	0. 21	0. 72	0. 06		
22. 68	6. 30	1. 50	0. 37	1. 19	0. 21	0. 73	0. 06		
23. 04	6. 40	1. 52	0. 38	1. 21	0. 22	0. 74	0. 07	0. 50	0. 03
23. 40	6. 50	1. 55	0. 40	1. 23	0. 23	0. 75	0. 07	0. 51	0. 03
23. 76	6. 60	1. 57	0. 41	1. 25	0. 23	0. 76	0. 07	0. 51	0. 03
24. 12	6. 70	1. 60	0. 42	1. 27	0. 24	0. 77	0. 07	0. 52	0. 03
24. 48	6. 80	1. 62	0. 43	1. 29	0. 25	0. 79	0. 07	0. 53	0. 03
24. 84	6. 90	1. 64	0. 44	1. 31	0. 25	0. 80	0. 08	0. 54	0. 03
25. 20	7. 00	1. 67	0. 45	1. 33	0. 26	0. 81	0. 08	0. 54	0. 03
25. 56	7. 10	1. 69	0. 47	1. 34	0. 27	0. 82	0. 08	0. 55	0. 03
25. 92	7. 20	1. 72	0. 48	1. 36	0. 27	0. 83	0. 08	0. 56	0. 03
26. 28	7. 30	1. 74	0. 49	1. 38	0. 28	0. 84	0. 08	0. 57	0. 03
26. 64	7. 40	1. 76	0. 50	1. 40	0. 29	0. 85	0. 09	0. 58	0. 03
27. 00	7. 50	1. 79	0. 52	1. 42	0. 29	0. 87	0. 09	0. 58	0. 03
27. 36	7. 60	1. 81	0. 53	1. 44	0. 30	0. 88	0. 09	0. 59	0. 03
27. 72	7. 70	1. 83	0. 54	1. 46	0. 31	0. 89	0. 09	0. 60	0. 04
28. 08	7. 80	1. 86	0. 55	1. 48	0. 32	0. 90	0. 09	0. 61	0. 04
28. 44	7. 90	1. 88	0. 57	1. 50	0. 32	0. 91	0. 10	0. 61	0. 04
28. 80	8. 00	1. 91	1. 58	1. 51	0. 33	0. 92	0. 10	0. 62	0. 04
29. 16	8. 10	1. 93	0. 59	1. 53	0. 34	0. 94	0. 10	0. 63	0. 04
29. 52	8. 20	1. 95	0. 61	1. 55	0. 35	0. 95	0. 10	0. 64	0. 04
29. 88	8. 30	1. 98	0. 62	1. 57	0. 36	0. 96	0. 11	0. 65	0. 04
30. 24	8. 40	2. 00	0. 64	1. 59	0. 36	0. 97	0. 11	0. 65	0. 04
30. 60	8. 50			1. 61	0. 37	0. 98	0. 11	0. 66	0. 04
30. 96	8. 60			1. 63	0. 38	0. 99	0. 11	0. 67	0. 04
31. 32	8. 70			1. 65	0. 39	1. 00	0. 12	0. 68	0. 04
31. 68	8. 80			1. 67	0. 40	1. 02	0. 12	0. 67	0. 05
32. 04	8. 90			1. 69	0. 40	1. 03	0. 12	0. 69	0. 05
32. 40	9. 00			1. 70	0. 41	1. 04	0. 12	0. 70	0. 05
32. 76	9. 10			1. 72	0. 42	1. 05	0. 13	0. 71	0. 05
33. 12	9. 20			1. 74	0. 43	1. 06	0. 13	0. 71	0. 05

流量 Q		DN80				DN100		DN125	
		d_j0. 0820		d_j0. 1050		d_j0. 0280		d_j0. 1300	
(m³/h)	(L/s)	v (m/s)	i (kPa/m)	v (m/s)	i (kPa/m)	v (m/s)	i (kPa/m)	v (m/s)	i (kPa/m)
24. 12	6. 70	1. 27	0. 24	0. 77	0. 07	0. 52	0. 03	0. 50	0. 03
24. 48	6. 80	1. 29	0. 25	0. 79	0. 07	0. 53	0. 03	0. 51	0. 03
24. 84	6. 90	1. 31	0. 25	0. 80	0. 08	0. 54	0. 03	0. 52	0. 03
25. 20	7. 00	1. 33	0. 26	0. 81	0. 08	0. 54	0. 03	0. 53	0. 03
25. 56	7. 10	1. 34	0. 27	0. 82	0. 08	0. 55	0. 03	0. 53	0. 03
25. 92	7. 20	1. 36	0. 27	0. 83	0. 08	0. 56	0. 03	0. 54	0. 03
26. 28	7. 30	1. 38	0. 28	0. 84	0. 08	0. 57	0. 03	0. 55	0. 03
26. 64	7. 40	1. 40	0. 29	0. 85	0. 09	0. 58	0. 03	0. 56	0. 03
27. 00	7. 50	1. 42	0. 29	0. 87	0. 09	0. 58	0. 03	0. 57	0. 03
27. 36	7. 60	1. 44	0. 30	0. 88	0. 09	0. 59	0. 03	0. 57	0. 03
27. 72	7. 70	1. 46	0. 31	0. 89	0. 09	0. 60	0. 04	0. 58	0. 03
28. 08	7. 80	1. 48	0. 32	0. 90	0. 09	0. 61	0. 04	0. 59	0. 03
28. 44	7. 90	1. 50	0. 32	0. 91	0. 10	0. 61	0. 04	0. 60	0. 03
28. 80	8. 00	1. 51	0. 33	0. 92	0. 10	0. 62	0. 04	0. 60	0. 04
29. 16	8. 10	1. 53	0. 34	0. 94	0. 10	0. 63	0. 04	0. 61	0. 04
29. 52	8. 20	1. 55	0. 35	0. 95	0. 10	0. 64	0. 04	0. 62	0. 04
29. 88	8. 30	1. 57	0. 36	0. 96	0. 11	0. 65	0. 04	0. 63	0. 04
30. 24	8. 40	1. 59	0. 36	0. 97	0. 11	0. 65	0. 04	0. 63	0. 04
30. 60	8. 50	1. 61	0. 37	0. 98	0. 11	0. 66	0. 04	0. 64	0. 04
30. 96	8. 60	1. 63	0. 38	0. 99	0. 11	0. 67	0. 04	0. 65	0. 04
31. 32	8. 70	1. 65	0. 39	1. 00	0. 12	0. 68	0. 04	0. 66	0. 04
31. 68	8. 80	1. 67	0. 40	1. 02	0. 12	0. 68	0. 05	0. 66	0. 04
32. 04	8. 90	1. 69	0. 40	1. 03	0. 12	0. 69	0. 05	0. 67	0. 04
32. 40	9. 00	1. 70	0. 41	1. 04	0. 12	0. 70	0. 05	0. 68	0. 04
32. 76	9. 10	1. 72	0. 42	1. 05	0. 13	0. 71	0. 05	0. 69	0. 04
33. 12	9. 20	1. 74	0. 43	1. 06	0. 13	0. 71	0. 05	0. 69	0. 05
33. 48	9. 30	1. 76	0. 44	1. 07	0. 13	0. 72	0. 05	0. 70	0. 05
33. 84	9. 40	1. 78	0. 45	1. 09	0. 13	0. 73	0. 05	0. 71	0. 05
34. 20	9. 50	1. 80	0. 46	1. 10	0. 14	0. 74	0. 05	0. 72	0. 05
34. 56	9. 60	1. 82	0. 46	1. 11	0. 14	0. 75	0. 05	0. 72	0. 05
34. 92	9. 70	1. 84	0. 47	1. 12	0. 14	0. 75	0. 05	0. 73	0. 05
35. 28	9. 80	1. 86	0. 48	1. 13	0. 14	0. 76	0. 06	0. 74	0. 05
35. 64	9. 90	1. 87	0. 49	1. 14	0. 15	0. 77	0. 06	0. 75	0. 05

流量 Q		DN80				DN100		DN125	
		d_j0. 0820		d_j0. 1050		d_j0. 1280		d_j0. 1300	
(m³/h)	(L/s)	v (m/s)	i (kPa/m)	v (m/s)	i (kPa/m)	v (m/s)	i (kPa/m)	v (m/s)	i (kPa/m)
36. 00	10. 00	1. 89	0. 50	1. 15	0. 15	0. 78	0. 06	0. 75	0. 05
36. 90	10. 25	1. 94	0. 52	1. 18	0. 16	0. 80	0. 06	0. 77	0. 06
37. 80	10. 50	1. 99	0. 55	1. 21	0. 16	0. 82	0. 06	0. 79	0. 06
38. 70	10. 75	2. 04	0. 57	1. 24	0. 17	0. 84	0. 07	0. 81	0. 06
39. 60	11. 00			1. 27	0. 18	0. 85	0. 07	0. 83	0. 06
40. 50	11. 25			1. 30	0. 19	0. 87	0. 07	0. 85	0. 07
41. 40	11. 50			1. 33	0. 19	0. 89	0. 07	0. 87	0. 07
42. 30	11. 75			1. 36	0. 20	0. 91	0. 08	0. 89	0. 07
43. 20	12. 00			1. 39	0. 21	0. 93	0. 08	0. 90	0. 07
44. 10	12. 25			1. 41	0. 22	0. 95	0. 08	0. 92	0. 08
45. 00	12. 50			1. 44	0. 23	0. 97	0. 09	0. 94	0. 08
45. 90	12. 75			1. 47	0. 24	0. 99	0. 09	0. 96	0. 08
46. 80	13. 00			1. 50	0. 24	1. 01	0. 09	0. 98	0. 09
47. 70	13. 25			1. 53	0. 25	1. 03	0. 10	1. 00	0. 09
48. 60	13. 50			1. 56	0. 26	1. 05	0. 10	1. 02	0. 09
49. 50	13. 75			1. 59	0. 27	1. 07	0. 10	1. 04	0. 10
50. 40	14. 00			1. 62	0. 28	1. 09	0. 11	1. 05	0. 10

流量 Q		DN100		DN125		DN150			
		d_j0. 1050		d_j0. 1280		d_j0. 1300		d_j0. 1530	
(m³/h)	(L/s)	v (m/s)	i (kPa/m)	v (m/s)	i (kPa/m)	v (m/s)	i (kPa/m)	v (m/s)	i (kPa/m)
33. 12	9. 20	1. 06	0. 13	0. 71	0. 05	0. 69	0. 05	0. 50	0. 02
33. 48	9. 30	1. 07	0. 13	0. 72	0. 05	0. 70	0. 05	0. 51	0. 02
33. 84	9. 40	1. 09	0. 13	0. 73	0. 05	0. 71	0. 05	0. 51	0. 02
34. 20	9. 50	1. 10	0. 14	0. 74	0. 05	0. 72	0. 05	0. 52	0. 02
34. 56	9. 60	1. 11	0. 14	0. 75	0. 05	0. 72	0. 05	0. 52	0. 02
34. 92	9. 70	1. 12	0. 14	0. 75	0. 05	0. 73	0. 05	0. 53	0. 02
35. 28	9. 80	1. 13	0. 14	0. 76	0. 06	0. 74	0. 05	0. 53	0. 02
35. 64	9. 90	1. 14	0. 15	0. 77	0. 06	0. 75	0. 05	0. 54	0. 02
36. 00	10. 00	1. 15	0. 15	0. 78	0. 06	0. 75	0. 05	0. 54	0. 02
36. 90	10. 25	1. 18	0. 16	0. 80	0. 06	0. 77	0. 06	0. 56	0. 03
37. 80	10. 50	1. 21	0. 16	0. 82	0. 06	0. 79	0. 06	0. 57	0. 03
38. 70	10. 75	1. 24	0. 17	0. 84	0. 07	0. 81	0. 06	0. 58	0. 03
39. 60	11. 00	1. 27	0. 18	0. 85	0. 07	0. 83	0. 06	0. 60	0. 03
40. 50	11. 25	1. 30	0. 19	0. 87	0. 07	0. 85	0. 07	0. 61	0. 03

流量 Q		DN100		DN125				DN150	
		d_j0. 1050		d_j0. 1280		d_j0. 1300		d_j0. 1530	
（m³/h）	（L/s）	v（m/s）	i（kPa/m）	v（m/s）	i（kPa/m）	v（m/s）	i（kPa/m）	v（m/s）	i（kPa/m）
41. 40	11. 50	1. 33	0. 19	0. 89	0. 07	0. 87	0. 07	0. 63	0. 03
42. 30	11. 75	1. 36	0. 20	0. 91	0. 08	0. 89	0. 07	0. 64	0. 03
43. 20	12. 00	1. 39	0. 21	0. 93	0. 08	0. 90	0. 07	0. 65	0. 03
44. 10	12. 25	1. 41	0. 22	0. 95	0. 08	0. 92	0. 08	0. 67	0. 03
45. 00	12. 50	1. 44	0. 23	0. 97	0. 09	0. 94	0. 08	0. 68	0. 04
45. 90	12. 75	1. 47	0. 24	0. 99	0. 09	0. 96	0. 08	0. 69	0. 04
46. 80	13. 00	1. 50	0. 24	1. 01	0. 09	0. 98	0. 09	0. 71	0. 04
47. 70	13. 25	1. 53	0. 25	1. 03	0. 10	1. 00	0. 09	0. 72	0. 04
48. 60	13. 50	1. 56	0. 26	1. 05	0. 10	1. 02	0. 09	0. 73	0. 04
49. 50	13. 75	1. 59	0. 27	1. 07	0. 10	1. 04	0. 10	0. 75	0. 04
50. 40	14. 00	1. 62	0. 28	1. 09	0. 11	1. 05	0. 10	0. 76	0. 04
51. 30	14. 25	1. 65	0. 29	1. 11	0. 11	1. 07	0. 10	0. 78	0. 05
52. 20	14. 50	1. 67	0. 30	1. 13	0. 11	1. 09	0. 11	0. 79	0. 05
53. 10	14. 75	1. 70	0. 31	1. 15	0. 12	1. 11	0. 11	0. 80	0. 05
54. 00	15. 00	1. 73	0. 32	1. 17	0. 12	1. 13	0. 11	0. 82	0. 05
55. 80	15. 50	1. 79	0. 34	1. 20	0. 13	1. 17	0. 12	0. 84	0. 05
57. 60	16. 00	1. 85	0. 36	1. 24	0. 14	1. 21	0. 13	0. 87	0. 06
59. 40	16. 50	1. 91	0. 38	1. 28	0. 14	1. 24	0. 13	0. 90	0. 06
61. 20	17. 00	1. 96	0. 40	1. 32	0. 15	1. 28	0. 14	0. 92	0. 06
63. 00	17. 50	2. 02	0. 42	1. 36	0. 16	1. 32	0. 15	0. 95	0. 07
64. 80	18. 00			1. 40	0. 17	1. 36	0. 16	0. 98	0. 07
66. 60	18. 50			1. 44	0. 18	1. 39	0. 17	1. 01	0. 08
68. 40	19. 00			1. 48	0. 19	1. 43	0. 17	1. 03	0. 08
70. 20	19. 50			1. 52	0. 20	1. 47	0. 18	1. 06	0. 08
72. 00	20. 00			1. 55	0. 21	1. 51	0. 19	1. 09	0. 09
73. 80	20. 50			1. 59	0. 22	1. 54	0. 20	1. 12	0. 09
75. 60	21. 00			1. 63	0. 23	1. 58	0. 21	1. 14	0. 09
77. 40	21. 50			1. 67	0. 24	1. 62	0. 22	1. 17	0. 10
79. 20	22. 00			1. 71	0. 25	1. 66	0. 23	1. 20	0. 10
81. 00	22. 50			1. 75	0. 26	1. 70	0. 24	1. 22	0. 11
82. 80	23. 00			1. 79	0. 27	1. 73	0. 25	1. 25	0. 11
84. 60	23. 50			1. 83	0. 28	1. 77	0. 26	1. 28	0. 12
86. 40	24. 00			1. 87	0. 29	1. 81	0. 27	1. 31	0. 12
88. 20	24. 50			1. 90	0. 30	1. 85	0. 28	1. 33	0. 13
90. 00	25. 00			1. 94	0. 31	1. 88	0. 29	1. 36	0. 13
91. 80	25. 50			1. 98	0. 32	1. 92	0. 30	1. 39	0. 14

流量 Q		DN125		DN150				DN200	
		d_j0. 1300		d_j0. 1530		d_j0. 1550		d_j0. 2090	
（m³/h）	（L/s）	v （m/s）	i （kPa/m）	v （m/s）	i （kPa/m）	v （m/s）	i （kPa/m）	v （m/s）	i （kPa/m）
34. 20	9. 50	0. 72	0. 05	0. 52	0. 02	0. 50	0. 02		
34. 56	9. 60	0. 72	0. 05	0. 52	0. 02	0. 51	0. 02		
34. 92	9. 70	0. 73	0. 05	0. 53	0. 02	0. 51	0. 02		
35. 28	9. 80	0. 74	0. 05	0. 53	0. 02	0. 52	0. 02		
35. 64	9. 90	0. 75	0. 05	0. 54	0. 02	0. 52	0. 02		
36. 00	10. 00	0. 75	0. 05	0. 54	0. 02	0. 53	0. 02		
36. 90	10. 25	0. 77	0. 06	0. 56	0. 03	0. 54	0. 02		
37. 80	10. 50	0. 79	0. 06	0. 57	0. 03	0. 56	0. 02		
38. 70	10. 75	0. 81	0. 06	0. 58	0. 03	0. 57	0. 03		
39. 60	11. 00	0. 83	0. 06	0. 60	0. 03	0. 58	0. 03		
40. 50	11. 25	0. 85	0. 07	0. 61	0. 03	0. 60	0. 03		
41. 40	11. 50	0. 87	0. 07	0. 63	0. 03	0. 61	0. 03		
42. 30	11. 75	0. 89	0. 07	0. 64	0. 03	0. 62	0. 03		
43. 20	12. 00	0. 90	0. 07	0. 65	0. 03	0. 64	0. 03		
44. 10	12. 25	0. 92	0. 08	0. 67	0. 03	0. 65	0. 03		
45. 00	12. 50	0. 94	0. 08	0. 68	0. 04	0. 66	0. 03		
45. 90	12. 75	0. 96	0. 08	0. 69	0. 04	0. 68	0. 04		
46. 80	13. 00	0. 98	0. 09	0. 71	0. 04	0. 69	0. 04		
47. 70	13. 25	1. 00	0. 09	0. 72	0. 04	0. 70	0. 04		
48. 60	13. 50	1. 02	0. 09	0. 73	0. 04	0. 72	0. 04		
49. 50	13. 75	1. 04	0. 10	0. 75	0. 04	0. 73	0. 04		
50. 40	14. 00	1. 05	0. 10	0. 76	0. 04	0. 74	0. 04		
51. 30	14. 25	1. 07	0. 10	0. 78	0. 05	0. 76	0. 04		
52. 20	14. 50	1. 09	0. 11	0. 79	0. 05	0. 77	0. 04		
53. 10	14. 75	1. 11	0. 11	0. 80	0. 05	0. 78	0. 05		
54. 00	15. 00	1. 13	0. 11	0. 82	0. 05	0. 79	0. 05		
55. 80	15. 50	1. 17	0. 12	0. 84	0. 05	0. 82	0. 05		
57. 60	16. 00	1. 21	0. 13	0. 87	0. 06	0. 85	0. 05		
59. 40	16. 50	1. 24	0. 13	0. 90	0. 06	0. 87	0. 06		
61. 20	17. 00	1. 28	0. 14	0. 92	0. 06	0. 90	0. 06	0. 50	0. 01
63. 00	17. 50	1. 32	0. 15	0. 95	0. 07	0. 93	0. 06	0. 51	0. 01
64. 80	18. 00	1. 36	0. 16	0. 98	0. 07	0. 95	0. 07	0. 52	0. 02
66. 60	18. 50	1. 39	0. 17	1. 01	0. 08	0. 98	0. 07	0. 54	0. 02
68. 40	19. 00	1. 43	0. 17	1. 03	0. 08	1. 01	0. 07	0. 55	0. 02

流量 Q		DN125		DN150				DN200	
		d_j0. 1300		d_j0. 1530		d_j0. 1550		d_j0. 2090	
（m³/h）	（L/s）	v（m/s）	i（kPa/m）	v（m/s）	i（kPa/m）	v（m/s）	i（kPa/m）	v（m/s）	i（kPa/m）
70. 20	19. 50	1. 47	0. 18	1. 06	0. 08	1. 03	0. 08	0. 57	0. 02
72. 00	20. 00	1. 51	0. 19	1. 09	0. 09	1. 06	0. 08	0. 58	0. 02
73. 80	20. 50	1. 54	0. 20	1. 12	0. 09	1. 09	0. 09	0. 60	0. 02
75. 60	21. 00	1. 58	0. 21	1. 14	0. 09	1. 11	0. 09	0. 61	0. 02
77. 40	21. 50	1. 62	0. 22	1. 17	0. 10	1. 14	0. 09	0. 63	0. 02
79. 20	22. 00	1. 66	0. 23	1. 20	0. 10	1. 17	0. 10	0. 64	0. 02
81. 00	22. 50	1. 70	0. 24	1. 22	0. 11	1. 19	0. 10	0. 66	0. 02
82. 80	23. 00	1. 73	0. 25	1. 25	0. 11	1. 22	0. 11	0. 67	0. 02
84. 60	23. 50	1. 77	0. 26	1. 28	0. 12	1. 25	0. 11	0. 68	0. 03
88. 40	24. 00	1. 81	0. 27	1. 31	0. 12	1. 27	0. 11	0. 70	0. 03
88. 20	24. 50	1. 85	0. 28	1. 33	0. 13	1. 30	0. 12	0. 71	0. 03
90. 00	25. 00	1. 88	0. 29	1. 36	0. 13	1. 32	0. 12	0. 73	0. 03
91. 80	25. 50	1. 92	0. 30	1. 39	0. 14	1. 35	0. 13	0. 74	0. 03
93. 60	26. 00	1. 96	0. 31	1. 41	0. 14	1. 38	0. 13	0. 76	0. 03
95. 40	26. 50	2. 00	0. 32	1. 44	0. 15	1. 40	0. 14	0. 77	0. 03
97. 20	27. 00			1. 47	0. 15	1. 43	0. 14	0. 79	0. 03

流量 Q		DN150				DN200			
		d_j0. 1530		d_j0. 1550		d_j0. 2090		d_j0. 2110	
（m³/h）	（L/s）	v（m/s）	i（kPa/m）	v（m/s）	i（kPa/m）	v（m/s）	i（kPa/m）	v（m/s）	i（kPa/m）
63. 00	17. 50	0. 95	0. 07	0. 93	0. 06	0. 51	0. 01	0. 50	0. 01
64. 80	18. 00	0. 98	0. 07	0. 95	0. 07	0. 52	0. 02	0. 51	0. 01
66. 60	18. 50	1. 01	0. 08	0. 98	0. 07	0. 54	0. 02	0. 53	0. 02
68. 40	19. 00	1. 03	0. 08	1. 01	0. 07	0. 55	0. 02	0. 54	0. 02
70. 20	19. 50	1. 06	0. 08	1. 03	0. 08	0. 57	0. 02	0. 56	0. 02
72. 00	20. 00	1. 09	0. 09	1. 06	0. 08	0. 58	0. 02	0. 57	0. 02
73. 80	20. 50	1. 12	0. 09	1. 09	0. 09	0. 60	0. 02	0. 59	0. 02
75. 60	21. 00	1. 14	0. 09	1. 11	0. 09	0. 61	0. 02	0. 60	0. 02
77. 40	21. 50	1. 17	0. 10	1. 14	0. 09	0. 63	0. 02	0. 61	0. 02
79. 20	22. 00	1. 20	0. 10	1. 17	0. 10	0. 64	0. 02	0. 63	0. 02
81. 00	22. 50	1. 22	0. 11	1. 19	0. 10	0. 66	0. 02	0. 64	0. 02
82. 80	23. 00	1. 25	0. 11	1. 22	0. 11	0. 67	0. 02	0. 66	0. 02
84. 60	23. 50	1. 28	0. 12	1. 25	0. 11	0. 68	0. 03	0. 67	0. 02
86. 40	24. 00	1. 31	0. 12	1. 27	0. 11	0. 70	0. 03	0. 69	0. 03
88. 20	24. 50	1. 33	0. 13	1. 30	0. 12	0. 71	0. 03	0. 70	0. 03

| 流量 Q | | DN150 | | | | DN200 | | | |
| | | d_j0.1530 | | d_j0.1550 | | d_j0.2090 | | d_j0.2110 | |
(m³/h)	(L/s)	v (m/s)	i (kPa/m)	v (m/s)	i (kPa/m)	v (m/s)	i (kPa/m)	v (m/s)	i (kPa/m)
90.00	25.00	1.36	0.13	1.32	0.12	0.73	0.03	0.71	0.03
91.80	25.50	1.39	0.14	1.35	0.13	0.74	0.03	0.73	0.03
93.60	26.00	1.41	0.14	1.38	0.13	0.76	0.03	0.74	0.03
95.40	26.50	1.44	0.15	1.40	0.14	0.77	0.03	0.76	0.03
97.20	27.00	1.47	0.15	1.43	0.14	0.79	0.03	0.77	0.03
99.00	27.50	1.50	0.16	1.46	0.15	0.80	0.03	0.79	0.03
100.80	28.00	1.52	0.16	1.48	0.15	0.82	0.04	0.80	0.03
102.60	28.50	1.55	0.17	1.51	0.16	0.83	0.04	0.82	0.03
104.40	29.00	1.58	0.17	1.54	0.16	0.85	0.04	0.83	0.04
106.20	29.50	1.60	0.18	1.56	0.17	0.86	0.04	0.84	0.04
108.00	30.00	1.63	0.18	1.59	0.17	0.87	0.04	0.86	0.04
109.80	30.50	1.66	0.19	1.62	0.18	0.89	0.04	0.87	0.04
111.60	31.00	1.69	0.19	1.64	0.18	0.90	0.04	0.89	0.04
113.40	31.50	1.71	0.20	1.67	0.19	0.92	0.04	0.90	0.04
115.20	32.00	1.74	0.21	1.70	0.19	0.93	0.05	0.92	0.04
117.00	32.50	1.77	0.21	1.72	0.20	0.95	0.05	0.93	0.04
118.80	33.00	1.79	0.22	1.75	0.21	0.96	0.05	0.94	0.05
120.60	33.50	1.82	0.23	1.78	0.21	0.98	0.05	0.96	0.05
122.40	34.00	1.85	0.23	1.80	0.22	0.99	0.05	0.97	0.05
124.20	34.50	1.88	0.24	1.83	0.22	1.01	0.05	0.99	0.05
126.00	35.00	1.90	0.24	1.85	0.23	1.02	0.05	1.00	0.05
127.80	35.50	1.93	0.25	1.88	0.24	1.03	0.05	1.02	0.05
129.60	36.00	1.96	0.26	1.91	0.24	1.05	0.06	1.03	0.05
131.40	36.50	1.99	0.26	1.93	0.25	1.06	0.06	1.04	0.06
133.20	37.00	2.01	0.27	1.96	0.25	1.08	0.06	1.06	0.06
135.00	37.50			1.99	0.26	1.09	0.06	1.07	0.06
136.80	38.00			2.01	0.27	1.11	0.06	1.09	0.06
138.60	38.50					1.12	0.06	1.10	0.06
140.40	39.00					1.14	0.07	1.12	0.06
142.20	39.50					1.15	0.07	1.13	0.06
144.00	40.00					1.17	0.07	1.14	0.07
145.80	40.50					1.18	0.07	1.16	0.07
147.60	41.00					1.20	0.07	1.17	0.07
149.40	41.50					1.21	0.07	1.19	0.07
151.20	42.00					1.22	0.07	1.20	0.07

流量 Q		DN200				流量 Q		DN200			
		d_j0. 2090		d_j0. 2110				d_j0. 2090		d_j0. 2110	
（m^3/h）	（L/s）	v（m/s）	i(kPa/m)	v（m/s）	i(kPa/m)	（m^3/h）	（L/s）	v（m/s）	i(kPa/m)	v（m/s）	i(kPa/m)
153. 00	42. 50	1. 24	0. 08	1. 22	0. 07	203. 40	56. 50	1. 65	0. 13	1. 62	0. 12
154. 80	43. 00	1. 25	0. 08	1. 23	0. 07	205. 20	57. 00	1. 66	0. 13	1. 63	0. 13
156. 60	43. 50	1. 27	0. 08	1. 24	0. 08	207. 00	57. 50	1. 68	0. 13	1. 64	0. 13
158. 40	44. 00	1. 28	0. 08	1. 26	0. 08	208. 80	58. 00	1. 69	0. 14	1. 66	0. 13
160. 20	44. 50	1. 30	0. 08	1. 27	0. 08	210. 60	58. 50	1. 71	0. 14	1. 67	0. 13
162. 00	45. 00	1. 31	0. 09	1. 29	0. 08	212. 40	59. 00	1. 72	0. 14	1. 69	0. 13
163. 80	45. 50	1. 33	0. 09	1. 30	0. 08	214. 20	59. 50	1. 73	0. 14	1. 70	0. 14
165. 60	46. 00	1. 34	0. 09	1. 32	0. 08	216. 00	60. 00	1. 75	0. 14	1. 72	0. 14
167. 40	46. 50	1. 36	0. 09	1. 33	0. 09	217. 80	60. 50	1. 76	0. 15	1. 73	0. 14
169. 20	47. 00	1. 37	0. 09	1. 34	0. 09	219. 60	61. 00	1. 78	0. 15	1. 74	0. 14
171. 00	47. 50	1. 38	0. 09	1. 36	0. 09	221. 40	61. 50	1. 79	0. 15	1. 76	0. 14
172. 80	48. 00	1. 40	0. 10	1. 37	0. 09	223. 20	62. 00	1. 81	0. 15	1. 77	0. 15
174. 60	48. 50	1. 41	0. 10	1. 39	0. 09	225. 00	62. 50	1. 82	0. 16	1. 79	0. 15
176. 40	49. 00	1. 43	0. 10	1. 40	0. 10	226. 80	63. 00	1. 84	0. 16	1. 80	0. 15
178. 20	49. 50	1. 44	0. 10	1. 42	0. 10	228. 60	63. 50	1. 85	0. 16	1. 82	0. 15
180. 00	50. 00	1. 46	0. 10	1. 43	0. 10	230. 40	64. 00	1. 87	0. 16	1. 83	0. 16
181. 80	50. 50	1. 47	0. 11	1. 44	0. 10	232. 20	64. 50	1. 88	0. 17	1. 84	0. 16
183. 60	51. 00	1. 49	0. 11	1. 46	0. 10	234. 00	65. 00	1. 89	0. 17	1. 86	0. 16
185. 40	51. 50	1. 50	0. 11	1. 47	0. 10	235. 80	65. 50	1. 91	0. 17	1. 87	0. 16
187. 20	52. 00	1. 52	0. 11	1. 49	0. 11	237. 60	66. 00	1. 92	0. 17	1. 89	0. 16
189. 00	52. 50	1. 53	0. 11	1. 50	0. 11	239. 40	66. 50	1. 94	0. 18	1. 90	0. 17
190. 80	53. 00	1. 54	0. 12	1. 52	0. 11	241. 20	67. 00	1. 95	0. 18	1. 92	0. 17
192. 60	53. 50	1. 56	0. 12	1. 53	0. 11	243. 00	67. 50	1. 97	0. 18	1. 93	0. 17
194. 40	54. 00	1. 57	0. 12	1. 54	0. 11	244. 80	68. 00	1. 98	0. 18	1. 94	0. 17
196. 20	54. 50	1. 59	0. 12	1. 56	0. 12	246. 60	68. 50	2. 00	0. 09	1. 96	0. 18
198. 00	55. 00	1. 60	0. 12	1. 57	0. 12	248. 40	69. 00	2. 01	0. 19	1. 97	0. 18
199. 80	55. 50	1. 62	0. 13	1. 59	0. 12	250. 20	69. 50			1. 99	0. 18
201. 60	56. 00	1. 63	0. 13	1. 60	0. 12	252. 00	70. 00			2. 00	0. 18

5.6 热水钢管水力计算

5.6.1 计算公式

热水钢管水力计算采用式（5-23）~式（5-28）：

$$R = 9.806 \frac{\lambda}{d_j} \frac{v^2}{2g} \gamma \tag{5-23}$$

式中　R——单位水头损失（Pa/m）；

　　　　λ——摩阻系数；

　　　　d_j——管的计算内径（mm），见表5-19；

　　　　v——管内平均水流速度（m/s）；

　　　　g——重力加速度，为$9.81\mathrm{m/s^2}$；

　　　　γ——热水的相对密度，为0.98324（水温为60℃时）。

热水钢管计算内径 d_j 值　　　　　　　　　　　　　　表5-19

公称内径 DN（mm）	外径 D（mm）	内径 d（mm）	计算内径 d_j（mm）
15	21.25	15.75	13.25
20	26.75	21.25	18.75
25	33.50	27.00	24.50
32	42.25	35.75	33.25
40	48.00	41.00	38.50
50	60.00	53.00	50.00
70	75.50	68.00	65.00
80	88.50	80.50	77.50
100	114.00	106.00	103.00
125	140.00	131.00	127.00
150	165.00	156.00	152.00
175	194.00	174.00	174.00
200	219.00	199.00	195.00

按照冷水管的计算原则见5.1.1节，λ 值的确定如下：

当 $\dfrac{v}{\nu} \geqslant 9.2 \times 10^5 \dfrac{1}{\mathrm{m}}$ 时，按式（5-24）计算：

$$\lambda = \frac{0.021}{d_j^{0.3}} \tag{5-24}$$

当 $\dfrac{v}{\nu} < 9.2 \times 10^5 \dfrac{1}{\mathrm{m}}$ 时，按式（5-25）计算：

$$\lambda = \frac{1}{d_j^{0.3}} \left(1.5 \times 10^{-6} + \frac{\nu}{v} \right)^{0.3} \tag{5-25}$$

当水温为60℃时，$\nu = 0.478 \times 10^{-6} \mathrm{m^2/s}$，则

$$\lambda = \frac{0.0179}{d_j^{0.3}} \left(1 + \frac{0.3187}{v}\right)^{0.3} \tag{5-26}$$

将式（5-24）和式（5-26）代入式（5-23）中，得出热水管的计算式［式（5-27）和式（5-28）］：

当 $v < 0.44 \mathrm{m/s}$ 时，

$$R = 0.000897 \frac{v^2}{d_j^{1.3}} \left(1 + \frac{0.3187}{v}\right)^{0.3} \tag{5-27}$$

当 $v \geqslant 0.44 \mathrm{m/s}$ 时，

$$R = 0.0010524 \frac{v^2}{d_j^{1.3}} \tag{5-28}$$

5.6.2 水力计算

热水钢管水力计算见表 5-20。

热水钢管水力计算表 表 5-20

Q		DN15		DN20		DN25		DN32		DN40	
L/h	L/s	R (Pa)	v (m/s)	R (Pa)	v (m/s)	R (Pa)	v (m/s)	R (Pa)	v (m/s)	R (Pa)	v (m/s)
18	0.005	6.37	0.04	1.18	0.02	0.39	0.01	0.10	0.01	—	—
36	0.010	21.18	0.07	4.02	0.04	1.18	0.02	0.29	0.01	0.10	0.01
54	0.015	43.34	0.11	8.14	0.05	2.26	0.03	0.49	0.02	0.29	0.01
72	0.020	72.47	0.15	13.43	0.07	3.73	0.04	0.88	0.02	0.39	0.02
90	0.025	100.26	0.18	19.91	0.09	5.49	0.05	1.27	0.03	0.69	0.02
108	0.030	150.72	0.22	27.55	0.11	7.55	0.06	1.77	0.03	0.88	0.03
126	0.035	199.75	0.25	36.18	0.13	9.90	0.07	2.26	0.04	1.18	0.03
144	0.040	255.35	0.29	45.99	0.14	12.55	0.08	2.94	0.05	1.47	0.03
162	0.045	317.32	0.33	56.87	0.16	15.49	0.10	3.53	0.05	1.77	0.04
180	0.050	385.87	0.36	68.74	0.18	18.63	0.11	4.31	0.06	2.16	0.04
198	0.055	460.88	0.40	81.78	0.20	22.06	0.12	5.10	0.06	2.55	0.05
216	0.060	542.37	0.44	95.71	0.22	25.79	0.13	5.88	0.07	2.94	0.05
234	0.065	633.27	0.47	110.81	0.24	29.71	0.14	6.77	0.07	3.34	0.06
252	0.070	734.47	0.51	126.89	0.25	33.93	0.15	7.75	0.08	3.82	0.06
270	0.075	843.12	0.54	144.05	0.27	38.44	0.16	8.73	0.09	4.31	0.06
288	0.080	959.22	0.59	162.19	0.29	43.15	0.17	9.81	0.09	4.81	0.07
306	0.085	1082.88	0.62	181.41	0.31	48.15	0.18	10.89	0.10	5.39	0.07
324	0.090	1214.08	0.65	201.61	0.33	53.45	0.19	12.06	0.10	5.88	0.08
342	0.095	1352.64	0.69	222.89	0.34	58.94	0.20	13.24	0.11	6.47	0.08
360	0.100	1498.85	0.73	245.15	0.36	64.72	0.21	14.51	0.12	7.16	0.09

Q		DN50		DN70		DN80		DN100		DN125	
L/h	L/s	R (Pa)	v (m/s)	R (Pa)	v (m/s)	R (Pa)	v (m/s)	R (Pa)	v (m/s)	R (Pa)	v (m/s)
396	0.110	1813.52	0.80	292.83	0.40	76.98	0.23	17.16	0.13	8.43	0.09
432	0.120	2158.30	0.87	344.51	0.43	90.32	0.25	20.10	0.14	9.81	0.10
468	0.130	2532.99	0.94	402.27	0.47	104.64	0.28	23.14	0.15	11.38	0.11
504	0.140	2937.68	1.02	466.50	0.51	119.94	0.30	26.48	0.16	12.94	0.12
540	0.150	3372.38	1.09	535.54	0.54	136.21	0.32	30.00	0.17	14.61	0.13
576	0.160	3836.99	1.16	609.29	0.58	153.47	0.34	33.73	0.18	16.48	0.14
612	0.170	4331.04	1.23	687.84	0.62	171.81	0.36	37.66	0.20	18.34	0.15
648	0.180	4856.13	1.31	771.19	0.65	191.03	0.38	41.77	0.21	20.30	0.15
684	0.190	5410.75	1.38	859.26	0.69	211.33	0.40	46.09	0.22	22.36	0.16
720	0.200	5995.29	1.45	952.13	0.72	232.61	0.42	50.60	0.23	24.52	0.17
18	0.005	—	—	—	—	—	—	—	—	—	—
36	0.010	—	—	—	—	—	—	—	—		
54	0.015	0.10	0.01	—	—	—	—	—	—		
72	0.020	0.10	0.01	0.10	0.01	—	—	—	—	—	—
90	0.025	0.20	0.01	0.10	0.01	—	—	—	—	—	—
108	0.030	0.29	0.02	0.10	0.01	—	—	—	—	—	—
126	0.035	0.29	0.02	0.10	0.01	—	—	—	—	—	—
144	0.040	0.39	0.02	0.10	0.01	0.10	0.01	—	—	—	—
162	0.045	0.49	0.02	0.20	0.01	0.10	0.01	—	—	—	—
180	0.050	0.59	0.03	0.20	0.02	0.10	0.01	—	—	—	—
198	0.055	0.69	0.03	0.20	0.02	0.10	0.01	—	—	—	—
216	0.060	0.88	0.03	0.20	0.02	0.10	0.01	—	—	—	—
234	0.065	0.10	0.03	0.29	0.02	0.10	0.01	—	—	—	—
252	0.070	1.08	0.04	0.29	0.02	0.10	0.01	—	—	—	—
270	0.075	1.27	0.04	0.39	0.02	0.20	0.02	—	—	—	—
288	0.080	1.37	0.04	0.39	0.02	0.20	0.02	—	—	—	—
306	0.085	1.57	0.04	0.39	0.03	0.20	0.02	0.10	0.01	—	—
324	0.090	1.67	0.05	0.49	0.03	0.20	0.02	0.10	0.01	—	—
342	0.095	1.86	0.05	0.49	0.03	0.20	0.02	0.10	0.01	—	—
360	0.100	2.06	0.05	0.59	0.03	0.29	0.02	0.10	0.01	—	—
396	0.110	2.35	0.06	0.69	0.03	0.29	0.02	0.10	0.01	—	—
432	0.120	2.75	0.06	0.78	0.04	0.39	0.03	0.10	0.01	—	—
468	0.130	3.24	0.07	0.88	0.04	0.39	0.03	0.10	0.02	—	—
504	0.140	3.63	0.07	1.08	0.04	0.49	0.03	0.10	0.02	—	—
540	0.150	4.12	0.08	1.18	0.05	0.49	0.03	0.10	0.02	—	—
576	0.160	4.61	0.08	1.27	0.05	0.59	0.03	0.20	0.02	0.10	0.01
612	0.170	5.10	0.09	1.47	0.05	0.59	0.04	0.20	0.02	0.10	0.01
648	0.180	5.69	0.09	1.57	0.05	0.69	0.04	0.20	0.02	0.10	0.01
684	0.190	6.28	0.10	1.77	0.06	0.78	0.04	0.20	0.02	0.10	0.01
720	0.200	6.86	0.10	1.96	0.06	0.88	0.04	0.20	0.02	0.10	0.02

Q		DN15		DN20		DN25		DN32		DN40		DN50		DN70	
L/h	L/s	R (Pa)	v (m/s)	R (Pa)	v (m/s)	R (Pa)	v (m/s)	R (Pa)	v (m/s)	R (Pa)	v (m/s)	R (Pa)	v (m/s)	R (Pa)	v (m/s)
900	0.250	9368.19	1.81	1487.67	0.91	360.39	0.53	76.10	0.29	36.77	0.21	10.20	0.13	2.84	0.08
1080	0.300	13490.22	2.18	2142.16	1.09	519.07	0.64	106.70	0.35	51.29	0.26	14.12	0.15	3.92	0.09
1260	0.350	18361.78	2.54	2915.71	1.27	706.47	0.74	142.10	0.40	68.16	0.30	18.63	0.18	5.20	0.11
1440	0.400	23982.65	2.90	3317.98	1.45	922.71	0.85	182.89	0.46	87.28	0.34	23.83	0.20	6.57	0.12
1620	0.450	30353.05	3.26	4819.97	1.63	1167.78	0.95	231.44	0.52	108.66	0.39	29.52	0.23	8.14	0.14
1800	0.500	—	—	5950.48	1.81	1441.68	1.06	285.77	0.58	132.29	0.43	35.79	0.25	9.81	0.15
1980	0.550	—	—	7200.14	1.99	1744.50	1.17	345.77	0.63	158.97	0.47	42.56	0.28	11.67	0.17
2160	0.600	—	—	8568.76	2.17	2076.07	1.27	411.49	0.69	189.17	0.52	50.01	0.31	13.63	0.18
2340	0.650	—	—	10056.43	2.35	2436.46	1.38	482.88	0.75	222.02	0.56	57.96	0.33	15.79	0.20
2520	0.700	—	—	11663.05	2.54	2825.79	1.48	560.06	0.81	257.52	0.60	66.49	0.36	18.04	0.21
2700	0.750	—	—	13388.63	2.72	3243.84	1.59	642.92	0.86	295.57	0.64	75.61	0.38	20.40	0.23
2880	0.800	—	—	15233.36	2.90	3690.83	1.70	731.48	0.92	336.37	0.69	85.32	0.41	22.95	0.24
3060	0.850	—	—	17197.04	3.08	4166.55	1.80	825.82	0.98	379.71	0.73	95.61	0.43	25.69	0.26
3240	0.900	—	—	19279.68	3.26	4671.20	1.91	925.75	1.04	425.71	0.77	106.50	0.46	28.54	0.27
3420	0.950	—	—	21481.37	3.44	5204.59	2.02	1031.46	1.09	474.25	0.82	118.66	0.48	32.26	0.29
3600	1.000	—	—	—	—	5766.90	2.12	1142.97	1.15	525.54	0.86	131.51	0.51	34.62	0.30
3780	1.050	—	—	—	—	6357.95	2.23	1260.06	1.21	579.38	0.90	145.04	0.53	37.95	0.32
3960	1.100	—	—	—	—	6977.92	2.33	1382.93	1.27	635.86	0.94	159.16	0.56	41.29	0.33
4140	1.150	—	—	—	—	7626.73	2.44	1511.50	1.32	695.00	0.99	173.97	0.59	44.91	0.35
4320	1.200	—	—	—	—	8304.27	2.55	1645.85	1.38	756.78	1.03	189.37	0.61	48.54	0.36
4500	1.250	—	—	—	—	9010.74	2.65	1785.89	1.44	821.11	1.07	205.45	0.64	52.37	0.38
4680	1.300	—	—	—	—	9746.04	2.76	1931.62	1.50	888.09	1.12	222.22	0.66	56.39	0.39
4860	1.350	—	—	—	—	10510.18	2.86	2083.03	1.55	957.72	1.16	239.67	0.69	60.51	0.41
5040	1.400	—	—	—	—	11303.14	2.97	2240.13	1.61	1029.99	1.20	257.82	0.71	64.72	0.42
5220	1.450	—	—	—	—	12124.84	3.08	2403.02	1.67	1104.92	1.25	276.55	0.74	69.14	0.44
5400	1.500	—	—	—	—	12975.47	3.18	2571.60	1.73	1182.39	1.29	295.87	0.76	73.65	0.45
5580	1.550	—	—	—	—	13854.93	3.29	2745.96	1.79	1262.51	1.33	315.97	0.79	78.65	0.47
5760	1.600	—	—	—	—	14763.23	3.39	2925.91	1.84	1345.28	1.37	336.66	0.81	83.85	0.48
5940	1.650	—	—	—	—	15700.35	3.50	3111.65	1.90	1430.69	1.42	358.04	0.84	89.14	0.50
6120	1.700	—	—	—	—	—	—	3303.08	1.96	1518.76	1.46	380.11	0.87	94.63	0.51

Q		DN80		DN100		DN125		DN150		DN175		DN200	
L/h	L/s	R (Pa)	v (m/s)	R (Pa)	v (m/s)	R (Pa)	v (m/s)	R (Pa)	v (m/s)	R (Pa)	v (m/s)	R (Pa)	v (m/s)
900	0.250	1.27	0.05	0.29	0.03	0.10	0.02	0.10	0.01	—	—	—	—
1080	0.300	1.67	0.06	0.39	0.04	0.20	0.02	0.10	0.02	—	—	—	—
1260	0.350	2.26	0.07	0.59	0.04	0.20	0.03	0.10	0.02	—	—	—	—
1440	0.400	2.84	0.08	0.69	0.05	0.29	0.03	0.10	0.02	0.10	0.02	—	—
1620	0.450	3.43	0.10	0.88	0.05	0.29	0.04	0.10	0.02	0.10	0.02	—	—
1800	0.500	4.12	0.11	1.08	0.06	0.39	0.04	0.20	0.03	0.10	0.02	0.10	0.02
1980	0.550	4.90	0.12	1.27	0.07	0.49	0.04	0.20	0.03	0.10	0.02	0.10	0.02
2160	0.600	5.79	0.13	1.47	0.07	0.49	0.05	0.20	0.03	0.10	0.03	0.10	0.02
2340	0.650	6.67	0.14	1.67	0.08	0.59	0.05	0.29	0.04	0.10	0.03	0.10	0.02
2520	0.700	7.55	0.15	1.86	0.08	0.69	0.06	0.29	0.04	0.20	0.03	0.10	0.02
2700	0.750	8.63	0.16	2.16	0.09	0.78	0.06	0.29	0.04	0.20	0.03	0.10	0.03
2880	0.800	9.61	0.17	2.45	0.10	0.88	0.06	0.39	0.04	0.20	0.03	0.10	0.03
3060	0.850	10.79	0.18	2.65	0.10	0.98	0.07	0.39	0.05	0.20	0.04	0.10	0.03
3240	0.900	11.96	0.19	2.94	0.11	1.08	0.07	0.49	0.05	0.20	0.04	0.10	0.03
3420	0.950	13.14	0.20	3.24	0.11	1.18	0.07	0.49	0.05	0.29	0.04	0.20	0.03
3600	1.000	14.51	0.21	3.63	0.12	1.27	0.08	0.59	0.06	0.29	0.04	0.20	0.03
3780	1.050	15.79	0.22	3.92	0.13	1.37	0.08	0.59	0.06	0.29	0.04	0.20	0.04
3960	1.100	17.26	0.23	4.22	0.13	1.57	0.09	0.69	0.06	0.29	0.05	0.20	0.04
4140	1.150	18.73	0.24	4.61	0.14	1.67	0.09	0.69	0.06	0.39	0.05	0.20	0.04
4320	1.200	20.20	0.25	5.00	0.14	1.77	0.09	0.78	0.07	0.39	0.05	0.20	0.04
4500	1.250	21.77	0.26	5.39	0.15	1.96	0.10	0.78	0.07	0.39	0.05	0.29	0.04
4680	1.300	23.34	0.28	5.79	0.16	2.06	0.10	0.88	0.07	0.49	0.05	0.29	0.04
4860	1.350	25.11	0.29	6.18	0.16	2.26	0.11	0.88	0.07	0.49	0.06	0.29	0.05
5040	1.400	26.77	0.30	6.57	0.17	2.35	0.11	0.98	0.08	0.49	0.06	0.29	0.05
5220	1.450	28.64	0.31	6.96	0.17	2.55	0.11	1.08	0.08	0.59	0.06	0.29	0.05
5400	1.500	30.40	0.32	7.45	0.18	2.65	0.12	1.08	0.08	0.59	0.06	0.29	0.05
5580	1.550	32.36	0.33	8.14	0.19	2.84	0.12	1.18	0.09	0.59	0.07	0.39	0.05
5760	1.600	34.32	0.34	8.34	0.19	3.04	0.13	1.27	0.09	0.69	0.07	0.39	0.05
5940	1.650	36.28	0.35	8.83	0.20	3.14	0.13	1.27	0.09	0.69	0.07	0.39	0.06
6120	1.700	38.44	0.36	9.32	0.20	3.33	0.13	1.37	0.09	0.69	0.07	0.39	0.06

Q		DN32		DN40		DN50		DN70		DN80	
L/h	L/s	R (Pa)	v (m/s)	R (Pa)	v (m/s)	R (Pa)	v (m/s)	R (Pa)	v (m/s)	R (Pa)	v (m/s)
6300	1.750	3500.29	2.02	1609.37	1.50	402.76	0.89	100.22	0.53	40.50	0.37
6480	1.800	3703.19	2.07	1702.63	1.55	426.10	0.92	106.11	0.54	42.66	0.38
6660	1.850	3911.77	2.13	1798.54	1.59	450.13	0.94	112.09	0.56	44.91	0.39
6840	1.900	4126.05	2.19	1897.10	1.63	474.74	0.97	118.17	0.57	47.27	0.40
7020	1.950	4346.01	2.25	1998.20	1.68	500.14	0.99	124.45	0.59	49.62	0.41
7200	2.000	4571.76	2.30	2102.06	1.72	526.03	1.02	130.92	0.60	51.98	0.42
7560	2.100	5040.42	2.42	2317.51	1.80	579.97	1.07	144.35	0.63	56.88	0.45
7920	2.200	5531.83	2.53	2543.45	1.89	636.55	1.12	158.48	0.66	62.37	0.47
8280	2.300	6046.19	2.65	2779.99	1.98	695.68	1.17	173.19	0.69	68.16	0.49
8640	2.400	6583.40	2.76	3026.92	2.06	757.56	1.22	188.58	0.72	74.24	0.51
9000	2.500	7143.46	2.88	3284.44	2.15	821.99	1.27	204.66	0.75	80.51	0.53
9360	2.600	7726.37	2.99	2552.46	2.23	889.07	1.32	221.34	0.78	87.08	0.55
9720	2.700	8332.12	3.11	3830.97	2.32	958.80	1.38	238.69	0.81	93.95	0.57
10080	2.800	8960.73	3.22	4119.97	2.41	1031.07	1.43	256.64	0.84	101.01	0.59
10440	2.900	9612.18	3.34	4419.56	2.49	1106.09	1.48	275.37	0.87	108.36	0.61
10800	3.000	10286.49	3.46	4729.55	2.58	1183.66	1.53	294.69	0.90	116.01	0.64
11160	3.100	—	—	5050.13	2.66	1263.88	1.58	314.60	0.93	123.86	0.66
11520	3.200	—	—	5381.20	2.75	1346.75	1.63	335.29	0.96	132.00	0.68
11880	3.300	—	—	5722.77	2.83	1432.26	1.68	356.57	0.99	140.33	0.70
12240	3.400	—	—	6074.93	2.92	1520.32	1.73	378.44	1.02	148.96	0.72
12600	3.500	—	—	6437.48	3.01	1611.04	1.78	401.09	1.05	157.89	0.74
12960	3.600	—	—	6810.62	3.09	1704.49	1.83	424.33	1.08	167.01	0.76
13320	3.700	—	—	7194.26	3.18	1800.50	1.88	448.26	1.12	176.42	0.78
13680	3.800	—	—	7588.39	3.26	1899.06	1.94	472.78	1.15	186.13	0.81
14040	3.900	—	—	7993.01	3.35	2000.36	1.99	497.98	1.18	196.35	0.83
14400	4.000	—	—	8408.12	3.44	2104.31	2.04	523.87	1.21	206.23	0.85
14760	4.100	—	—	—	—	2210.81	2.09	550.35	1.24	216.63	0.87
15120	4.200	—	—	—	—	2319.96	2.14	577.51	1.27	227.32	0.89
15480	4.300	—	—	—	—	2431.76	2.19	605.36	1.30	238.30	0.91
15840	4.400	—	—	—	—	2546.20	2.24	633.80	1.33	249.58	0.93

Q		DN100		DN125		DN150		DN175		DN200	
L/h	L/s	R (Pa)	v (m/s)	R (Pa)	v (m/s)	R (Pa)	v (m/s)	R (Pa)	v (m/s)	R (Pa)	v (m/s)
6300	1.750	9.81	0.21	3.53	0.14	1.47	0.10	0.78	0.07	0.49	0.06
6480	1.800	10.30	0.22	3.73	0.14	1.57	0.10	0.78	0.08	0.49	0.06
6660	1.850	10.89	0.22	3.92	0.15	1.67	0.10	0.88	0.08	0.49	0.06
6840	1.900	11.38	0.23	4.12	0.15	1.67	0.10	0.88	0.08	0.49	0.06
7020	1.950	11.96	0.23	4.31	0.15	1.77	0.11	0.88	0.08	0.49	0.07
7200	2.000	12.55	0.24	4.51	0.16	1.86	0.11	0.98	0.08	0.59	0.07
7560	2.100	13.73	0.25	4.90	0.17	2.06	0.12	1.08	0.09	0.59	0.07
7920	2.200	14.91	0.26	5.30	0.17	2.16	0.12	1.18	0.09	0.69	0.07
8280	2.300	16.18	0.28	5.79	0.18	2.35	0.13	1.27	0.10	0.69	0.08
8640	2.400	17.55	0.29	6.18	0.19	2.55	0.13	1.37	0.10	0.78	0.08
9000	2.500	18.93	0.30	6.67	0.20	2.75	0.14	1.47	0.11	0.78	0.08
9360	2.600	20.30	0.31	7.16	0.21	2.94	0.14	1.57	0.11	0.88	0.09
9720	2.700	21.77	0.32	7.65	0.21	3.14	0.15	1.67	0.11	0.98	0.09
10080	2.800	23.34	0.34	8.24	0.22	3.43	0.15	1.77	0.12	0.98	0.09
10440	2.900	24.91	0.35	8.73	0.23	3.63	0.16	1.86	0.12	1.08	0.10
10800	3.000	26.48	0.36	9.32	0.24	3.82	0.17	1.96	0.13	1.18	0.10
11160	3.100	28.15	0.37	9.90	0.24	4.12	0.17	2.06	0.13	1.18	0.10
11520	3.200	29.91	0.38	10.49	0.25	4.31	0.18	2.26	0.13	1.27	0.11
11880	3.300	31.58	0.40	11.08	0.26	4.61	0.18	2.35	0.14	1.37	0.11
12240	3.400	33.44	0.41	11.77	0.27	4.81	0.19	2.45	0.14	1.47	0.11
12600	3.500	35.30	0.42	12.36	0.28	5.10	0.19	2.64	0.15	1.47	0.12
12960	3.600	37.17	0.43	13.04	0.28	5.30	0.20	2.75	0.15	1.57	0.12
13320	3.700	39.03	0.44	13.73	0.29	5.59	0.20	2.84	0.16	1.67	0.12
13680	3.800	41.19	0.46	14.42	0.30	5.88	0.21	3.04	0.16	1.77	0.13
14040	3.900	43.44	0.47	15.10	0.31	6.18	0.21	3.14	0.16	1.86	0.13
14400	4.000	45.70	0.48	15.79	0.32	6.47	0.22	3.33	0.17	1.86	0.13
14760	4.100	47.95	0.49	16.57	0.32	6.77	0.23	3.43	0.17	1.96	0.14
15120	4.200	50.31	0.50	17.26	0.33	7.06	0.23	3.63	0.18	2.06	0.14
15480	4.300	52.76	0.52	18.04	0.34	7.35	0.24	3.82	0.18	2.16	0.14
15840	4.400	55.21	0.53	18.83	0.35	7.75	0.24	3.92	0.19	2.26	0.15

Q		DN50		DN70		Q		DN70	
L/h	L/s	R (Pa)	v (m/s)	R (Pa)	v (m/s)	(L/h)	(L/s)	R (Pa)	v (m/s)
16200	4.500	2663.19	2.29	663.03	1.36	27000	7.500	1841.59	2.26
16560	4.600	2782.93	2.34	692.74	1.39	27360	7.600	1891.11	2.29
16920	4.700	2905.22	2.39	723.24	1.42	27720	7.700	1941.13	2.32
17280	4.800	3030.16	2.44	754.33	1.45	28080	7.800	1991.93	2.35
17640	4.900	3157.74	2.50	786.10	1.48	28440	7.900	2043.31	2.38
18000	5.000	3287.88	2.55	818.46	1.51	28800	8.000	2095.39	2.41
18360	5.100	3420.76	2.60	851.61	1.54	29160	8.100	2148.05	2.44
18720	5.200	3556.19	2.65	885.25	1.57	29520	8.200	2201.49	2.47
19080	5.300	3694.26	2.70	919.67	1.60	29880	8.300	2255.43	2.50
19440	5.400	3834.99	2.75	954.68	1.63	30240	8.400	2310.15	2.53
19800	5.500	3978.36	2.80	990.37	1.66	30600	8.500	2365.46	2.56
20160	5.600	4124.38	2.85	1026.76	1.69	30960	8.600	2421.46	2.59
20520	5.700	4272.95	2.90	1063.73	1.72	31320	8.700	2478.14	2.62
20880	5.800	4424.17	2.95	1101.38	1.75	31680	8.800	2535.41	2.65
21240	5.900	4578.14	3.00	1139.73	1.78	32040	8.900	2593.37	2.68
21600	6.000	4734.55	3.06	1178.66	1.81	32400	9.000	2651.91	2.71
21960	6.100	4893.71	3.11	1218.28	1.84	32760	9.100	2711.24	2.74
22320	6.200	5055.52	3.16	1258.49	1.87	33120	9.200	2771.16	2.77
22680	6.300	5219.88	3.21	1299.48	1.90	33480	9.300	2831.67	2.80
23040	6.400	5386.89	3.26	1341.06	1.93	33840	9.400	2892.96	2.83
23400	6.500	5556.55	3.31	1383.22	1.96	34200	9.500	2954.84	2.86
23760	6.600	—	3.36	1426.18	1.99	34560	9.600	3017.31	2.89
24120	6.700	5728.85	3.41	1469.72	2.02	34920	9.700	3080.56	2.92
24480	6.800	5903.80	3.46	1513.95	2.05	35280	9.800	3144.40	2.95
24840	6.900	6081.30	—	1558.77	2.08	35640	9.900	3208.83	2.98
25200	7.000	—	—	1604.27	2.11	36000	10.000	3274.05	3.01
25560	7.100	—	—	1650.46	2.14	36900	10.250	3439.78	3.09
25920	7.200	—	—	1697.24	2.17	37800	10.500	3609.63	3.16
26280	7.300	—	—	1744.70	2.20	38700	10.750	3783.50	3.24
26640	7.400	—	—	1792.85	2.23	39600	11.000	3961.59	3.31

Q		DN80		DN100		DN125		DN150		DN175		DN200	
L/h	L/s	R (Pa)	v (m/s)	R (Pa)	v (m/s)	R (Pa)	v (m/s)	R (Pa)	v (m/s)	R (Pa)	v (m/s)	R (Pa)	v (m/s)
16200	4.500	261.05	0.95	57.76	0.54	19.71	0.36	8.04	0.25	4.12	0.19	2.35	0.15
16560	4.600	272.72	0.98	60.41	0.55	20.50	0.36	8.34	0.25	4.31	0.19	2.45	0.15
16920	4.700	284.69	1.00	63.06	0.56	21.28	0.37	8.73	0.26	4.41	0.20	2.55	0.16
17280	4.800	296.95	1.02	65.80	0.58	22.16	0.38	9.02	0.26	4.61	0.20	2.65	0.16
17640	4.900	309.50	1.04	68.55	0.59	23.05	0.39	9.41	0.27	4.81	0.21	2.75	0.16
18000	5.000	322.25	1.06	71.39	0.60	23.93	0.39	9.71	0.28	5.00	0.21	2.84	0.17
18360	5.100	335.29	1.08	74.23	0.61	24.81	0.40	10.10	0.28	5.20	0.21	2.94	0.17
18720	5.200	348.53	1.10	77.18	0.62	25.79	0.41	10.49	0.29	5.39	0.22	3.04	0.17
19080	5.300	362.06	1.12	80.22	0.64	26.67	0.42	10.89	0.29	5.49	0.22	3.14	0.18
19440	5.400	375.89	1.14	83.26	0.65	27.65	0.43	11.18	0.30	5.69	0.23	3.24	0.18
19800	5.500	389.91	1.17	86.30	0.66	28.64	0.43	11.57	0.30	5.88	0.23	3.33	0.18
20160	5.600	404.23	1.19	89.53	0.67	29.52	0.44	11.96	0.31	6.08	0.24	3.53	0.19
20520	5.700	418.74	1.21	92.77	0.68	30.60	0.45	12.36	0.31	6.37	0.24	3.63	0.19
20880	5.800	433.55	1.23	96.01	0.70	31.68	0.46	12.85	0.32	6.57	0.24	3.73	0.19
21240	5.900	448.65	1.25	99.34	0.71	32.75	0.47	13.24	0.33	6.77	0.25	3.82	0.20
21600	6.000	464.05	1.27	102.77	0.72	33.83	0.47	13.63	0.33	6.96	0.25	3.92	0.20
21960	6.100	479.64	1.29	106.21	0.73	35.01	0.48	14.02	0.34	7.16	0.26	4.12	0.20
22320	6.200	495.43	1.31	109.74	0.74	36.19	0.49	14.51	0.34	7.35	0.26	4.21	0.21
22680	6.300	511.61	1.34	113.27	0.76	37.36	0.50	14.91	0.35	7.55	0.26	4.31	0.21
23040	6.400	527.89	1.36	116.90	0.77	38.54	0.51	15.40	0.35	7.85	0.27	4.41	0.21
23400	6.500	544.56	1.38	120.62	0.78	39.72	0.51	15.79	0.36	8.04	0.27	4.61	0.22
23760	6.600	561.43	1.40	124.35	0.79	40.99	0.52	16.28	0.36	8.24	0.28	4.71	0.22
24120	6.700	578.59	1.42	128.17	0.80	42.23	0.53	16.77	0.37	8.53	0.28	4.81	0.22
24480	6.800	595.95	1.44	132.00	0.82	43.44	0.54	17.16	0.37	8.73	0.29	5.00	0.23
24840	6.900	613.60	1.46	135.92	0.83	44.82	0.54	17.65	0.38	9.02	0.29	5.10	0.23
25200	7.000	631.55	1.48	139.84	0.84	46.09	0.55	18.14	0.39	9.22	0.29	5.20	0.23
25560	7.100	649.79	1.51	143.86	0.85	47.34	0.56	18.63	0.39	9.51	0.30	5.39	0.24
25920	7.200	668.13	1.53	147.98	0.86	48.74	0.57	19.12	0.40	9.71	0.30	5.49	0.24
26280	7.300	687.84	1.55	152.10	0.88	50.11	0.58	19.61	0.40	10.00	0.31	5.69	0.24
26640	7.400	705.78	1.57	156.32	0.89	51.48	0.58	20.10	0.41	10.20	0.31	5.79	0.25

Q		DN80		DN100		DN125		DN150		DN175		DN200	
L/h	L/s	R (Pa)	v (m/s)	R (Pa)	v (m/s)	R (Pa)	v (m/s)	R (Pa)	v (m/s)	R (Pa)	v (m/s)	R (Pa)	v (m/s)
27000	7.500	725.01	1.59	160.53	0.90	52.86	0.59	20.69	0.41	10.49	0.32	5.98	0.25
27360	7.600	744.52	1.61	164.85	0.91	54.33	0.60	21.18	0.42	10.79	0.32	6.08	0.25
27720	7.700	764.23	1.63	169.26	0.92	55.80	0.61	21.67	0.42	10.98	0.32	6.28	0.26
28080	7.800	784.14	1.65	173.68	0.94	57.17	0.62	22.26	0.43	11.28	0.33	6.37	0.26
28440	7.900	804.44	1.67	178.09	0.95	58.74	0.62	22.75	0.44	11.57	0.33	6.57	0.26
28800	8.000	824.94	1.70	182.70	0.96	60.21	0.63	23.24	0.44	11.77	0.34	6.67	0.27
29160	8.100	845.63	1.72	187.31	0.97	61.68	0.64	23.83	0.45	12.06	0.34	6.86	0.27
29520	8.200	866.71	1.74	191.92	0.98	63.25	0.65	24.42	0.45	12.36	0.34	6.96	0.27
29880	8.300	887.89	1.76	196.62	1.00	64.82	0.66	25.01	0.46	12.65	0.35	7.16	0.28
30240	8.400	909.47	1.78	201.43	1.01	66.39	0.66	25.60	0.46	12.94	0.35	7.35	0.28
30600	8.500	931.24	1.80	206.23	1.02	67.96	0.67	26.18	0.47	13.24	0.36	7.45	0.28
30960	8.600	953.30	1.82	211.14	1.03	69.53	0.68	26.87	0.47	13.53	0.36	7.65	0.29
31320	8.700	975.57	1.84	216.04	1.04	71.20	0.69	27.46	0.48	13.83	0.37	7.85	0.29
31680	8.800	998.12	1.87	221.04	1.06	72.86	0.69	28.15	0.48	14.12	0.37	7.94	0.29
32040	8.900	1020.97	1.89	226.04	1.07	74.53	0.70	28.73	0.49	14.42	0.37	8.14	0.30
32400	9.000	1044.02	1.91	231.14	1.08	76.20	0.71	29.42	0.50	14.71	0.38	8.34	0.30
32760	9.100	1067.36	1.93	236.34	1.09	77.86	0.72	30.01	0.50	15.00	0.38	8.43	0.30
33120	9.200	1090.89	1.95	241.54	1.10	79.63	0.73	30.69	0.51	15.30	0.39	8.63	0.31
33480	9.300	1114.82	1.97	246.83	1.12	81.30	0.73	31.38	0.51	15.59	0.39	8.83	0.31
33840	9.400	1138.85	1.99	252.23	1.13	83.06	0.74	32.07	0.52	15.98	0.40	9.02	0.31
34200	9.500	1163.26	2.01	257.62	1.14	84.93	0.75	32.75	0.52	16.28	0.40	9.22	0.32
34560	9.600	1187.88	2.04	263.01	1.15	86.69	0.76	33.44	0.53	16.57	0.40	9.32	0.32
34920	9.700	1212.69	2.06	268.51	1.16	88.46	0.77	34.13	0.53	16.87	0.41	9.51	0.32
35280	9.800	1237.89	2.08	274.10	1.18	90.32	0.77	34.81	0.54	17.26	0.41	9.71	0.33
35640	9.900	1263.29	2.10	279.78	1.19	92.18	0.78	35.60	0.55	17.55	0.42	9.90	0.33
36000	10.000	1288.89	2.12	285.37	1.20	94.05	0.79	36.28	0.55	17.85	0.42	10.10	0.33
36900	10.250	1354.20	2.17	299.89	1.23	98.85	0.81	38.15	0.56	18.73	0.43	10.59	0.34
37800	10.500	1420.98	2.23	314.70	1.26	103.66	0.83	40.01	0.58	19.52	0.44	11.08	0.35
38700	10.750	1489.53	2.28	329.80	1.29	108.66	0.85	41.97	0.59	20.50	0.45	11.57	0.36
39600	11.000	1559.55	2.33	345.39	1.32	113.76	0.87	43.93	0.61	21.48	0.46	12.06	0.37

Q		DN80		DN100		DN125		DN150		DN175		DN200	
L/h	L/s	R (Pa)	v (m/s)	R (Pa)	v (m/s)	R (Pa)	v (m/s)	R (Pa)	v (m/s)	R (Pa)	v (m/s)	R (Pa)	v (m/s)
40500	11.250	1631.24	2.38	361.28	1.35	119.05	0.89	43.93	0.62	22.46	0.47	12.55	0.38
41400	11.500	1704.59	2.44	377.46	1.38	124.35	0.91	47.95	0.63	23.44	0.48	13.04	0.39
42300	11.750	1779.51	2.49	394.03	1.41	129.84	0.93	50.11	0.65	24.52	0.49	13.63	0.39
43200	12.000	1856.01	2.54	411.00	1.44	135.43	0.95	52.27	0.66	25.50	0.50	14.22	0.40
44100	12.250	1934.17	2.60	428.35	1.47	141.12	0.97	54.43	0.68	26.58	0.52	14.71	0.41
45000	12.500	2013.89	2.65	446.01	1.50	147.00	0.99	56.68	0.69	27.65	0.53	15.30	0.42
45900	12.750	2095.29	2.70	463.95	1.53	152.89	1.01	59.04	0.70	28.83	0.54	15.89	0.43
46800	13.000	2178.25	2.76	482.39	1.56	158.97	1.03	61.29	0.72	29.91	0.55	16.48	0.44
47700	13.250	2262.88	2.81	501.12	1.59	165.14	1.05	63.74	0.73	31.09	0.56	16.97	0.44
48600	13.500	2349.08	2.86	520.14	1.62	171.42	1.07	66.10	0.74	32.26	0.57	17.65	0.45
49500	13.750	2436.85	2.91	539.66	1.65	177.79	1.09	68.65	0.76	33.54	0.58	18.34	0.46
50400	14.000	2526.29	2.97	559.47	1.68	184.37	1.11	71.10	0.77	34.72	0.59	19.02	0.47
51300	14.250	2617.30	3.02	579.57	1.71	190.94	1.12	73.65	0.79	35.99	0.60	19.71	0.48
52200	14.500	2709.97	3.07	600.07	1.74	197.70	1.14	76.30	0.80	37.27	0.61	20.40	0.49
53100	14.750	2804.21	3.13	620.96	1.77	204.66	1.16	78.94	0.81	38.54	0.62	21.08	0.49
54000	15.000	2900.02	3.18	642.24	1.80	211.63	1.18	81.69	0.83	39.91	0.63	21.77	0.50
55800	15.500	3096.65	3.29	685.68	1.86	225.95	1.22	87.18	0.85	42.56	0.65	23.24	0.52
57600	16.000	3299.64	3.39	730.69	1.92	240.75	1.26	92.87	0.88	45.40	0.67	24.81	0.54
59400	16.500	3509.02	3.50	777.08	1.98	256.05	1.30	98.75	0.91	48.25	0.69	26.38	0.55
61200	17.000	—	—	824.84	2.04	271.84	1.34	104.83	0.94	51.19	0.71	28.05	0.57
63000	17.500	—	—	874.07	2.10	288.02	1.38	111.11	0.96	54.33	0.74	29.71	0.59
64800	18.000	—	—	924.77	2.16	304.69	1.42	117.58	0.99	57.47	0.76	31.38	0.60
66600	18.500	—	—	976.84	2.22	321.85	1.46	124.15	1.02	60.70	0.78	33.15	0.62
68400	19.000	—	—	1030.38	2.28	339.51	1.50	131.02	1.05	64.04	0.80	35.01	0.64
70200	19.500	—	—	1085.30	2.34	357.65	1.54	137.98	1.07	67.37	0.82	36.87	0.65
72000	20.000	—	—	1141.69	2.40	376.18	1.58	145.14	1.10	70.90	0.84	38.74	0.67
73800	20.500	—	—	1199.45	2.46	395.21	1.62	152.49	1.13	74.53	0.86	40.70	0.69
75600	21.000	—	—	1258.68	2.52	414.72	1.66	160.04	1.16	78.16	0.88	42.76	0.70
77400	21.500	—	—	1319.39	2.58	434.73	1.70	167.69	1.18	81.98	0.90	44.82	0.72
79200	22.000	—	—	1381.46	2.64	455.22	1.74	175.64	1.21	85.81	0.93	46.88	0.74

Q		DN100		DN125		DN150		DN175		DN200	
L/h	L/s	R (Pa)	v (m/s)	R (Pa)	v (m/s)	R (Pa)	v (m/s)	R (Pa)	v (m/s)	R (Pa)	v (m/s)
81000	22.500	1444.91	2.70	476.11	1.78	183.68	1.24	89.73	0.95	49.03	0.75
82800	23.000	1509.83	2.76	497.49	1.82	191.92	1.27	93.75	0.97	51.29	0.77
84600	23.500	1576.22	2.82	519.36	1.86	200.35	1.30	97.87	0.99	53.54	0.79
86400	24.000	1643.99	2.88	541.72	1.89	208.98	1.32	102.87	1.01	55.80	0.80
88200	24.500	1713.22	2.94	564.57	1.93	217.81	1.35	106.40	1.03	58.15	0.82
90000	25.000	1783.83	3.00	587.81	1.97	226.83	1.38	110.82	1.05	60.61	0.84
91800	25.500	1855.91	3.06	611.54	2.01	235.95	1.41	115.23	1.07	63.06	0.85
93600	26.000	1929.46	3.12	635.77	2.05	245.26	1.43	119.84	1.09	65.51	0.87
95400	26.500	2004.38	3.18	660.48	2.09	254.78	1.46	124.45	1.11	68.06	0.89
97200	27.000	2080.68	3.24	685.58	2.13	264.49	1.49	129.25	1.14	70.61	0.90
99000	27.500	2158.44	3.30	711.28	2.17	274.39	1.52	134.06	1.16	73.26	0.92
100800	28.000	2237.68	3.36	737.36	2.21	284.49	1.54	138.96	1.18	76.00	0.94
102600	28.500	2318.29	3.42	763.94	2.25	294.79	1.57	143.96	1.20	78.75	0.95
104400	29.000	2400.37	3.48	791.00	2.29	305.18	1.60	149.06	1.22	81.49	0.97
106200	29.500	—	—	818.46	2.33	315.77	1.63	154.26	1.24	84.34	0.99
108000	30.000	—	—	846.41	2.37	326.56	1.65	159.55	1.26	87.18	1.00
109800	30.500	—	—	874.95	2.41	337.54	1.68	164.85	1.28	90.12	1.02
111600	31.000	—	—	903.78	2.45	348.72	1.71	170.34	1.30	93.16	1.04
113400	31.500	—	—	933.20	2.49	360.10	1.74	175.93	1.32	96.11	1.05
115200	32.000	—	—	963.11	2.53	371.57	1.76	181.52	1.35	99.24	1.07
117000	32.500	—	—	993.41	2.57	383.24	1.79	187.21	1.37	102.38	1.09
118800	33.000	—	—	1024.21	2.61	395.21	1.82	192.99	1.39	105.52	1.10
120600	33.500	—	—	1055.49	2.64	407.27	1.85	198.98	1.41	108.76	1.12
122400	34.000	—	—	1087.26	2.68	419.43	1.87	204.96	1.43	111.99	1.14
124200	34.500	—	—	1119.43	2.72	431.88	1.90	210.94	1.45	115.33	1.16
126000	35.000	—	—	1152.09	2.76	444.54	1.93	217.12	1.47	118.66	1.17
127800	35.500	—	—	1185.23	2.80	457.28	1.96	223.40	1.49	122.09	1.19
129600	36.000	—	—	1218.87	2.84	470.33	1.98	229.77	1.51	125.62	1.21
131400	36.500	—	—	1253.00	2.88	483.47	2.01	236.14	1.53	129.06	1.22
133200	37.000	—	—	1287.52	2.92	496.80	2.04	242.71	1.56	132.68	1.24

Q		DN125		DN150		DN175		DN200	
L/h	L/s	R (Pa)	v (m/s)	R (Pa)	v (m/s)	R (Pa)	v (m/s)	R (Pa)	v (m/s)
135000	37.500	1322.62	2.96	510.24	2.07	249.29	1.58	136.31	1.26
136800	38.000	1358.12	3.00	523.97	2.09	255.95	1.60	139.94	1.27
138600	38.500	1394.11	3.04	537.89	2.12	262.72	1.62	143.67	1.29
140400	39.000	1430.50	3.08	551.92	2.15	269.58	1.64	147.39	1.31
142200	39.500	1467.47	3.12	566.14	2.18	276.55	1.66	151.22	1.32
144000	40.000	1504.83	3.16	580.55	2.20	283.61	1.68	155.04	1.34
145800	40.500	1542.68	3.20	595.17	2.23	290.77	1.70	158.97	1.36
147600	41.000	1581.03	3.24	609.97	2.26	297.93	1.72	162.89	1.37
149400	41.500	1619.76	3.28	624.98	2.29	305.28	1.75	166.91	1.39
151200	42.000	1659.09	3.32	640.08	2.31	312.73	1.77	170.93	1.41
153000	42.500	1698.81	3.35	655.48	2.34	320.19	1.79	175.05	1.42
154800	43.000	1739.01	3.39	670.97	2.37	327.74	1.81	179.17	1.44
156600	43.500	1779.71	3.43	686.66	2.40	335.39	1.83	183.38	1.46
158400	44.000	1820.80	3.47	702.55	2.42	343.13	1.85	187.60	1.47
160200	44.500	—	—	718.53	2.45	350.98	1.87	191.92	1.49
162000	45.000	—	—	734.81	2.48	358.92	1.89	196.23	1.51
163800	45.500	—	—	751.19	2.51	366.96	1.91	200.64	1.52
165600	46.000	—	—	767.86	2.54	375.10	1.93	205.06	1.54
167400	46.500	—	—	784.63	2.56	383.24	1.96	209.57	1.56
169200	47.000	—	—	801.60	2.59	391.58	1.98	214.08	1.57
171000	47.500	—	—	818.76	2.62	399.92	2.00	218.59	1.59
172800	48.000	—	—	836.02	2.65	408.45	2.02	223.30	1.61
174600	48.500	—	—	853.57	2.67	416.98	2.04	227.91	1.62
176400	49.000	—	—	871.22	2.70	425.61	2.06	232.71	1.64
178200	49.500	—	—	889.17	2.73	434.34	2.08	237.42	1.66
180000	50.000	—	—	907.21	2.76	443.16	2.10	242.22	1.67
181800	50.500	—	—	925.45	2.78	452.09	2.12	247.13	1.69
183600	51.000	—	—	943.79	2.81	461.01	2.14	252.03	1.71
185400	51.500	—	—	962.42	2.84	470.13	2.17	257.03	1.72
187200	52.000	—	—	981.16	2.87	479.35	2.19	262.03	1.74

Q		DN150		DN175		DN200	
L/h	L/s	R (Pa)	v (m/s)	R (Pa)	v (m/s)	R (Pa)	v (m/s)
189000	52.500	1000.18	2.89	488.57	2.21	267.13	1.76
190800	53.000	1019.30	2.92	497.88	2.23	272.23	1.77
192600	53.500	1038.62	2.95	507.40	2.25	277.33	1.79
194400	54.000	1058.14	2.98	516.91	2.27	282.53	1.81
196200	54.500	1077.85	3.00	526.52	2.29	287.83	1.82
198000	55.000	1097.66	3.03	536.23	2.31	293.12	1.84
199800	55.500	1117.76	3.06	546.03	2.33	298.51	1.86
201600	56.000	1137.96	3.09	555.81	2.36	303.91	1.88
203400	56.500	1158.36	3.11	565.84	2.38	309.30	1.89
205200	57.000	1178.96	3.14	575.94	2.40	314.79	1.91
207000	57.500	1199.75	3.17	586.05	2.42	320.38	1.93
208800	58.000	1220.73	3.20	596.34	2.44	325.97	1.94
210600	58.500	1241.82	3.22	606.64	2.46	331.66	1.96
212400	59.000	1263.19	3.25	617.03	2.48	337.35	1.98
214200	59.500	1284.67	3.28	627.53	2.50	343.04	1.99
216000	60.000	1306.34	3.31	638.12	2.52	348.82	2.01
217800	60.500	1328.21	3.33	648.81	2.54	354.71	2.03
219600	61.000	1350.28	3.36	659.60	2.57	360.59	2.04
221400	61.500	1372.44	3.39	670.48	2.59	366.47	2.06
223200	62.000	1394.90	3.42	681.37	2.61	372.46	2.08
225000	62.500	1417.45	3.44	692.45	2.63	378.54	2.09
226800	63.000	1440.20	3.47	703.53	2.65	384.62	2.11
228600	63.500	1463.15	3.50	714.71	5.67	390.70	2.13
230400	64.000	—	—	726.08	2.69	396.88	2.14
232200	64.500	—	—	737.46	2.71	403.15	2.16
234000	65.000	—	—	748.93	2.73	409.43	2.18
235800	65.500	—	—	760.51	2.75	415.70	2.19
237600	66.000	—	—	772.18	2.78	422.08	2.21
239400	66.500	—	—	783.85	2.80	428.55	2.23
241200	67.000	—	—	795.71	2.82	435.02	2.24

Q		DN175		DN200		Q		DN175		DN200	
L/h	L/s	R (Pa)	v (m/s)	R (Pa)	v (m/s)	L/h	L/s	R (Pa)	v (m/s)	R (Pa)	v (m/s)
243000	67.500	807.68	2.84	441.50	2.26	297000	82.500	1206.51	3.47	659.60	2.76
244800	68.000	819.64	2.86	448.07	2.28	298800	83.000	1221.12	3.49	667.54	2.78
246600	68.500	831.70	2.88	454.73	2.29	300600	83.500	—	—	675.68	2.80
248400	69.000	843.96	2.90	461.40	2.31	302400	84.000	—	—	683.72	2.81
250200	69.500	856.22	2.92	468.07	2.33	304200	84.500	—	—	691.96	2.83
252000	70.000	868.57	2.94	474.84	2.34	306000	85.000	—	—	700.10	2.85
253800	70.500	881.03	2.96	481.60	2.36	307800	85.500	—	—	708.43	2.86
255600	71.000	893.58	2.99	488.47	2.38	309600	86.000	—	—	716.67	2.88
257400	71.500	906.23	3.01	495.43	2.39	311400	86.500	—	—	725.01	2.90
259200	72.000	918.88	3.03	502.39	2.41	313200	87.000	—	—	733.44	2.91
261000	72.500	931.73	3.05	502.49	2.43	315000	87.500	—	—	741.87	2.93
262800	73.000	944.58	3.07	516.42	2.44	316800	88.000	—	—	750.40	2.95
264600	73.500	957.62	3.09	523.48	2.46	318600	88.500	—	—	758.94	2.96
266400	74.000	970.66	3.11	530.64	2.48	320400	89.000	—	—	767.57	2.98
268200	74.500	983.80	3.13	537.80	2.49	322200	89.500	—	—	776.20	3.00
270000	75.000	997.04	3.15	545.05	2.51	324000	90.000	—	—	784.92	3.01
271800	75.500	1010.38	3.18	552.41	2.53	325800	90.500	—	—	793.65	3.03
273600	76.000	1023.81	3.20	559.67	2.54	327600	91.000	—	—	802.48	3.05
275400	76.500	1037.35	3.22	567.12	2.56	329400	91.500	—	—	811.30	3.06
277200	77.000	1050.98	3.24	574.57	2.58	331200	92.000	—	—	820.23	3.08
279000	77.500	1064.71	3.26	582.02	2.60	333000	92.500	—	—	829.15	3.10
280800	78.000	1078.44	3.28	491.51	2.61	334800	93.000	—	—	838.08	3.11
282600	78.500	1092.36	3.30	591.13	2.63	336600	93.500	—	—	847.20	3.13
284400	79.000	1106.29	3.32	604.78	2.65	338400	94.000	—	—	856.22	3.15
286200	79.500	1120.31	3.34	612.42	2.66	340200	94.500	—	—	865.34	3.16
288000	80.000	1134.43	3.36	620.17	2.68	342000	95.000	—	—	874.56	3.18
289800	80.500	1148.65	3.39	627.92	2.70	343800	95.500	—	—	883.78	3.20
291600	81.000	1162.97	3.41	635.77	2.71	345600	96.000	—	—	893.09	3.21
393400	81.500	1177.39	3.43	643.61	2.73	347400	96.500	—	—	902.41	3.23
295200	82.000	1191.90	3.45	651.55	2.75	349200	97.000	—	—	911.72	3.25

	Q		DN200			Q		DN200	
L/h	L/s	R (Pa)	v (m/s)		L/h	L/s	R (Pa)	v (m/s)	
351000	97.500	921.14	3.26		365400	101.500	998.32	3.40	
352800	98.000	930.65	3.28		367200	102.000	1008.22	3.42	
354600	98.500	940.16	3.30		369000	102.500	1018.13	3.43	
356400	99.000	949.77	3.31		370800	103.000	1028.03	3.45	
358200	99.500	959.38	3.33		372600	103.500	1038.03	3.47	
360000	100.000	969.00	3.35		374000	104.000	1048.13	3.48	
361800	100.500	978.70	3.37		376200	104.500	1058.24	3.50	
363600	101.000	988.51	3.38						

注：$1mmH_2O = 9.80665Pa$。

5.7 给水聚丙烯热水管水力计算

给水聚丙烯热水管水力计算见表 5-21、表 5-22。

给水聚丙烯热水管水力计算表 1　　　　表 5-21

Q		D_e (mm)										
(m^3/h)	(L/s)	20		25		32		40		50		63	
		v	1000i	v	1000i	v	1000i	v	1000i	v	1000i	v	1000i
0.090	0.025	0.18	4.534										
0.108	0.030	0.22	0.266	0.14	2.098								
0.126	0.035	0.26	8.237	0.16	2.758								
0.144	0.040	0.29	10.438	0.18	3.495								
0.162	0.045	0.33	12.864	0.21	4.307	0.13	1.340						
0.180	0.050	0.37	15.508	0.23	5.192	0.14	1.615						
0.198	0.055	0.40	18.364	0.25	6.149	0.16	1.913						
0.216	0.060	0.44	21.429	0.28	7.175	0.17	2.232						
0.236	0.065	0.47	24.699	0.30	8.270	0.18	2.573						
0.252	0.070	0.51	28.169	0.32	9.432	0.20	2.934						
0.270	0.075	0.55	31.837	0.35	10.660	0.21	3.316	0.13	1.122				
0.288	0.080	0.58	35.699	0.37	11.953	0.23	3.718	0.14	1.259				
0.306	0.085	0.62	39.752	0.39	13.310	0.24	4.140	0.15	1.402				
0.324	0.090	0.66	43.944	0.42	14.731	0.25	4.582	0.16	1.551				
0.342	0.095	0.69	48.423	0.44	16.213	0.27	5.044	0.17	1.707				
0.360	0.100	0.73	53.036	0.46	17.758	0.28	5.524	0.18	1.870				
0.396	0.110	0.80	62.806	0.51	21.029	0.31	6.542	0.20	2.214				
0.432	0.120	0.88	73.289	0.55	24.539	0.34	7.634	0.22	2.584	0.14	0.897		
0.468	0.130	0.95	84.470	0.60	28.283	0.37	8.798	0.23	2.978	0.15	1.034		
0.504	0.140	1.02	96.339	0.65	32.257	0.40	10.034	0.25	3.397	0.16	1.179		

Q		D_e (mm)											
		20		25		32		40		50		63	
(m³/h)	(L/s)	v	1000i	v	1000i	v	1000i	v	1000i	v	1000i	v	1000i
0.540	0.150	1.10	108.882	0.69	36.457	0.42	11.341	0.27	3.839	0.17	1.332		
0.576	0.160	1.17	122.090	0.74	40.897	0.45	12.717	0.29	4.304	0.18	1.494		
0.612	0.170	1.24	135.952	0.79	45.521	0.48	14.160	0.31	4.793	0.20	1.664		
0.648	0.180	1.32	150.461	0.83	50.379	0.51	15.672	0.32	5.305	0.21	1.841	0.13	0.599
0.684	0.190	1.39	165.607	0.88	55.450	0.54	17.249	0.34	5.839	0.22	2.027	0.14	0.660
0.720	0.200	1.46	181.383	0.92	60.732	0.57	18.892	0.36	6.395	0.23	2.220	0.14	0.722
0.900	0.250	1.83	269.473	1.16	90.228	0.71	28.068	0.45	9.501	0.29	3.298	0.18	1.073
1.080	0.300	2.19	372.377	1.39	124.683	0.85	38.786	0.54	13.129	0.35	4.557	0.22	1.483
1.260	0.350	2.56	489.493	1.62	163.897	0.99	50.985	0.63	17.258	0.40	5.990	0.25	1.950
1.440	0.400	2.92	620.331	1.85	207.705	1.13	64.512	0.72	21.871	0.46	7.592	0.29	2.471
1.620	0.450			2.08	255.972	1.27	79.627	0.81	26.953	0.52	9.356	0.32	3.045
1.800	0.500			2.31	308.579	1.42	95.992	0.90	32.492	0.58	11.278	0.36	3.671
1.980	0.550			2.54	365.424	1.56	113.675	0.99	38.478	0.64	13.356	0.40	4.347
2.160	0.600			2.77	426.416	1.70	132.648	1.08	44.900	0.69	15.585	0.43	5.073
2.340	0.650			3.00	491.475	1.84	152.887	1.17	51.750	0.75	17.963	0.47	5.847
2.520	0.700					1.98	174.368	1.26	59.021	0.81	20.487	0.51	6.668
2.700	0.750					2.12	197.070	1.35	66.706	0.87	23.154	0.54	7.536
2.880	0.800					2.27	220.975	1.44	74.797	0.92	25.963	0.58	8.450
3.060	0.850					2.41	246.066	1.53	83.290	0.98	28.911	0.61	9.410
3.240	0.900					2.55	272.325	1.62	92.179	1.04	31.966	0.65	10.414
3.420	0.950					2.69	299.739	1.71	101.458	1.10	35.217	0.68	11.462
3.600	1.000					2.81	328.293	1.80	111.123	1.16	38.572	0.72	12.554
3.780	1.050					2.97	357.974	1.89	121.170	1.21	42.060	0.76	13.689
3.960	1.100					3.12	388.770	1.98	131.594	1.27	45.678	0.79	14.867
4.140	1.150							2.07	142.391	1.33	49.426	0.83	16.087
4.320	1.200							2.16	153.558	1.39	53.302	0.87	17.349
4.500	1.250							2.25	165.091	1.44	57.305	0.90	18.652
4.680	1.300							2.34	176.986	1.50	61.434	0.94	19.996
4.860	1.350							2.43	189.242	1.56	65.688	0.97	21.380
5.040	1.400							2.52	201.853	1.62	70.066	1.01	22.805
5.220	1.450							2.61	214.818	1.67	74.566	1.05	24.270
5.400	1.500							2.70	228.134	1.73	79.188	1.08	25.774
5.580	1.550							2.79	241.798	1.79	8.931	1.12	27.318
5.760	1.600							2.88	255.808	1.85	88.794	1.15	28.901
5.940	1.650							2.97	270.160	1.91	93.776	1.19	30.522
6.120	1.700							3.06	284.853	1.96	98.876	1.23	32.182
6.300	1.750									2.02	104.094	1.26	33.880
6.480	1.800									2.08	109.428	1.30	35.616
6.660	1.850									2.14	114.879	1.34	37.390
6.840	1.900									2.19	120.444	1.37	39.202
7.020	1.950									2.25	126.124	1.41	41.051
7.200	2.000									2.31	131.918	1.44	42.936
7.860	2.100									2.43	143.844	1.52	46.818
7.920	2.200									2.54	156.219	1.59	50.846
8.280	2.300									2.66	169.037	1.66	55.018

Q		D_e (mm)											
		20		25		32		40		50		63	
(m³/h)	(L/s)	v	1000i	v	1000i	v	1000i	v	1000i	v	1000i	v	1000i
8.640	2.400									2.77	182.293	1.73	59.332
9.000	2.500									2.89	195.985	1.80	63.789
9.360	2.600									3.00	210.106	1.88	68.385
9.720	2.700											1.95	73.120
10.080	2.800											2.02	77.993
10.440	2.900											2.09	83.0003
10.800	3.000											2.17	88.148
11.160	3.100											2.24	93.427
11.520	3.200											2.31	98.840
11.880	3.300											2.8	104.386
12.240	3.400											2.45	110.063
12.600	3.500											2.53	115.871
12.960	3.600											2.60	121.809
13.320	3.700											2.67	127.875
13.680	3.800											2.74	134.071
14.010	3.900											2.81	140.393
14.400	4.000											2.89	146.813
14.760	4.100											2.96	153.418
15.120	4.200											3.03	160.119

注：1. $t=70℃$，$\gamma=0.0041\text{cm}^2/\text{s}$。
2. 公称压力 2.5MPa。

给水聚丙烯热水管水力计算表 2   表 5-22

Q		D_e (mm)					
		75		90		110	
(m³/h)	(L/s)	v	1000i	v	1000i	v	1000i
0.090	0.025						
0.108	0.030						
0.126	0.035						
0.144	0.040						
0.162	0.045						
0.180	0.050						
0.198	0.055						
0.216	0.060						
0.234	0.065						
0.252	0.070						
0.270	0.075						
0.288	0.080						
0.306	0.085						
0.324	0.090						
0.342	0.095						

Q		D_e (mm)					
		75		90		110	
(m³/h)	(L/s)	v	1000i	v	1000i	v	1000i
0. 360	0. 100						
0. 396	0. 110						
0. 432	0. 120						
0. 468	0. 130						
0. 504	0. 140						
0. 540	0. 150						
0. 576	0. 160						
0. 612	0. 170						
0. 648	0. 180						
0. 684	0. 190						
0. 720	0. 200						
0. 900	0. 250						
1. 080	0. 300	0. 150	0. 645				
1. 260	0. 350	0. 180	0. 848				
1. 440	0. 400	0. 200	1. 075	0. 140	0. 450		
1. 620	0. 450	0. 230	1. 325	0. 160	0. 555		
1. 800	0. 500	0. 250	1. 597	0. 180	0. 669		
1. 980	0. 550	0. 280	1. 891	0. 190	0. 792		
2. 160	0. 600	0. 310	2. 207	0. 210	0. 924	0. 140	0. 353
2. 340	0. 650	0. 330	2. 543	0. 230	1. 065	0. 150	0. 407
2. 520	0. 700	0. 360	2. 901	0. 250	1. 215	0. 170	0. 464
2. 700	0. 750	0. 380	3. 278	0. 270	1. 373	0. 180	0. 524
2. 880	0. 800	0. 410	3. 676	0. 280	1. 539	0. 190	0. 588
3. 060	0. 850	0. 430	4. 094	0. 300	1. 714	0. 200	0. 655
3. 240	0. 900	0. 460	5. 430	0. 320	1. 897	0. 210	0. 725
3. 420	0. 950	0. 480	4. 986	0. 340	2. 088	0. 220	0. 798
3. 600	1. 000	0. 510	5. 461	0. 350	2. 287	0. 240	0. 874
3. 780	1. 050	0. 530	5. 955	0. 370	2. 494	0. 250	0. 953
3. 960	1. 100	0. 560	6. 468	0. 390	2. 708	0. 260	1. 035
4. 140	1. 150	0. 590	6. 998	0. 410	2. 931	0. 270	1. 120
4. 320	1. 200	0. 610	7. 547	0. 420	3. 161	0. 280	1. 207
4. 500	1. 250	0. 640	8. 114	0. 440	3. 398	0. 300	1. 298
4. 680	1. 300	0. 660	8. 698	0. 460	3. 643	0. 310	1. 392
4. 860	1. 350	0. 690	9. 301	0. 480	3. 895	0. 320	1. 488
5. 040	1. 400	0. 710	9. 921	0. 500	4. 155	0. 330	1. 587

Q		D_e （mm）					
		75		90		110	
（m³/h）	（L/s）	v	$1000i$	v	$1000i$	v	$1000i$
5.220	1.450	0.740	10.558	0.150	4.421	0.340	1.689
5.400	1.500	0.760	11.212	0.530	4.695	0.350	1.794
5.580	1.550	0.790	11.884	0.550	4.977	0.370	1.901
5.760	1.600	0.810	12.572	0.570	5.265	0.380	2.011
5.940	1.650	0.840	13.278	0.580	5.560	0.390	2.124
6.120	1.700	0.870	14.000	0.300	5.863	0.400	2.240
6.300	1.750	0.890	14.739	0.620	6.172	0.410	2.358
6.480	1.800	0.920	15.494	0.640	6.489	0.430	2.479
6.660	1.850	0.940	16.266	0.650	6.812	0.440	2.602
6.840	1.900	0.970	17.054	0.670	7.142	0.450	2.728
7.020	1.950	0.990	17.858	0.690	7.479	0.460	2.857
7.200	2.000	1.020	18.678	0.710	7.822	0.470	2.988
7.560	2.100	1.070	20.367	0.740	8.529	0.500	3.258
7.920	2.200	1.120	22.119	0.780	9.263	0.520	3.538
8.280	2.300	1.170	23.934	0.810	10.023	0.540	3.829
8.640	2.400	1.220	25.811	0.850	10.809	0.570	4.129
9.000	2.500	1.270	27.749	0.880	11.621	0.590	4.439
9.360	2.600	1.320	29.749	0.920	12.458	0.610	4.759
9.720	2.700	1.380	31.809	0.850	13.321	0.640	5.089
10.080	2.800	1.430	33.929	0.990	14.209	0.660	5.428
10.440	2.900	1.480	36.108	1.030	15.121	0.690	5.776
10.800	3.000	1.530	38.346	1.060	16.059	0.710	6.134
11.160	3.100	1.580	40.643	1.100	17.020	0.730	6.502
11.520	3.200	1.630	42.997	1.130	18.007	0.760	6.878
11.880	3.300	1.680	45.410	1.170	19.017	0.780	7.264
12.240	3.400	1.730	47.880	1.200	20.051	0.800	7.659
12.600	3.500	1.780	50.406	1.240	21.109	0.830	8.064
12.960	3.600	1.830	52.989	1.270	22.191	0.850	8.477
13.320	3.700	1.880	55.628	1.310	23.296	0.870	8.899
13.680	3.800	1.940	58.323	1.340	24.425	0.900	9.330
14.040	3.900	1.990	61.074	1.380	25.577	0.920	9.770
14.400	4.000	2.040	63.879	1.410	26.752	0.950	10.219
14.760	4.100	2.090	66.740	1.450	27.949	0.970	10.677
15.120	4.200	2.140	69.655	1.490	29.170	0.990	11.143
15.480	4.300	2.190	72.624	1.520	30.414	1.020	11.618

Q		D_e (mm)					
		75		90		110	
(m³/h)	(L/s)	v	1000i	v	1000i	v	1000i
15. 840	4. 400	2. 240	75. 647	1. 560	31. 680	1. 010	12. 102
16. 200	4. 500	2. 290	78. 724	1. 590	32. 968	1. 060	12. 594
16. 560	4. 600	2. 340	81. 854	1. 630	34. 279	1. 090	13. 094
16. 920	4. 700	2. 390	85. 037	1. 660	35. 612	1. 110	13. 604
17. 280	4. 800	2. 440	88. 273	1. 700	36. 967	1. 130	14. 121
17. 640	4. 900	2. 500	91. 562	1. 730	38. 344	1. 160	14. 648
18. 000	5. 000	2. 550	94. 903	1. 770	39. 744	1. 180	15. 182
18. 360	5. 100	2. 600	98. 296	1. 800	41. 165	1. 210	15. 725
18. 720	5. 200	2. 650	101. 741	1. 840	42. 607	1. 230	16. 276
19. 080	5. 300	2. 700	105. 238	1. 870	44. 072	1. 250	16. 835
19. 440	5. 400	2. 750	108. 768	1. 910	45. 558	1. 280	17. 403
19. 800	5. 500	2. 800	112. 385	1. 950	47. 065	1. 300	17. 979
20. 160	5. 600	2. 850	116. 036	1. 980	48. 594	1. 320	18. 563
20. 520	5. 700	2. 900	119. 737	2. 020	50. 144	1. 350	19. 155
20. 880	5. 800	2. 950	123. 489	2. 050	51. 715	1. 370	19. 755
21. 240	5. 900	3. 000	127. 291	2. 090	53. 307	1. 390	20. 363
21. 600	6. 000	3. 060	131. 143	2. 120	54. 921	1. 420	20. 980
21. 960	6. 100			2. 160	56. 555	1. 440	21. 604
22. 320	6. 200			2. 190	58. 210	1. 470	22. 236
22. 680	6. 300			2. 320	59. 886	4. 490	22. 876
23. 040	6. 400			2. 260	61. 583	1. 510	23. 524
23. 400	6. 500			2. 300	63. 300	1. 540	24. 180
23. 760	6. 600			2. 330	65. 038	1. 560	24. 844
24. 120	6. 700			2. 370	66. 796	1. 580	25. 516
24. 480	6. 800			2. 410	68. 575	1. 610	26. 196
24. 840	6. 900			2. 440	70. 374	1. 630	26. 883
25. 200	7. 000			2. 480	72. 194	1. 650	27. 578
25. 560	7. 100			2. 510	74. 033	1. 680	28. 281
25. 920	7. 200			2. 550	75. 893	1. 700	28. 991
26. 280	7. 300			2. 580	77. 773	1. 730	29. 709
26. 640	7. 400			2. 620	79. 673	1. 750	30. 435
27. 000	7. 500			2. 650	81. 593	1. 770	31. 168
27. 360	7. 600			2. 690	83. 533	1. 800	31. 909
27. 720	7. 700			2. 720	85. 493	1. 820	32. 658
28. 080	7. 800			2. 760	87. 472	1. 840	33. 414

Q		D_e (mm)					
		75		90		110	
(m³/h)	(L/s)	v	$1000i$	v	$1000i$	v	$1000i$
28.440	7.900			2.790	89.472	1.870	34.178
28.800	8.000			2.830	91.491	1.890	34.949
29.160	8.100			2.860	93.529	1.910	35.728
29.520	8.200			2.900	95.587	1.940	36.514
29.880	8.300			2.940	96.665	1.960	37.308
30.240	8.400			2.970	99.762	1.990	38.109
30.600	8.500			3.010	101.879	2.010	39.919
30.960	8.600			3.040	104.015	2.030	39.733
31.320	8.700			3.080	106.170	2.060	40.557
31.680	8.800			3.110	108.344	2.080	41.387
32.040	8.900					2.100	42.225
32.400	9.000					2.130	43.071
32.760	9.100					2.150	43.923
33.120	9.200					2.170	44.783
33.480	9.300					2.200	45.650
33.840	9.400					2.200	46.525
34.200	9.500					2.250	47.406
34.560	9.600					2.270	48.295
34.920	9.700					2.290	49.191
35.280	9.800					2.320	50.095
35.640	9.900					2.340	51.005
36.000	10.000					2.360	51.923
36.900	10.250					2.420	54.248
37.800	10.500					2.480	56.617
38.700	10.750					2.540	59.030
39.600	11.000					2.600	61.487
40.500	11.250					2.660	63.988
41.400	11.500					2.720	66.533
42.300	11.750					2.780	69.120
43.200	12.000					2.840	71.750
44.100	12.250					2.900	74.423
45.000	12.500					2.950	77.139
45.900	12.750					3.010	79.897
46.800	13.000					3.010	79.897
47.700	13.250						
48.600	13.500						
49.500	13.500						
50.400	14.000						
51.300	14.250						
52.200	14.500						

5.8 排水塑料管水力计算 （$n=0.009$）

排水塑料管水力计算见表5-23、表5-24。

排水塑料管水力计算表 （$de=50\sim160mm$，$n=0.009$）（de：mm，v：m/s，Q：L/s）

表 5-23

坡度	$h/D=0.5$										$h/D=0.6$			
	$de=50$		$de=75$		$de=90$		$de=110$		$de=125$		$de=160$		$de=200$	
	v	Q	v	Q	v	Q	v	Q	v	Q	v	Q	v	Q
0.003											0.74	8.38	0.86	15.24
0.0035									0.63	3.48	0.80	9.05	0.93	16.46
0.004							0.62	2.59	0.67	3.72	0.85	9.68	0.99	17.60
0.005					0.60	1.64	0.69	2.90	0.75	4.16	0.95	10.82	1.11	19.67
0.006					0.65	1.79	0.75	3.18	0.82	4.55	1.04	11.85	1.21	21.55
0.007			0.63	1.22	0.71	1.94	0.81	3.43	0.89	4.92	1.13	12.80	1.31	23.28
0.008			0.67	1.31	0.75	2.07	0.87	3.67	0.95	5.26	1.20	13.69	1.40	24.89
0.009			0.71	1.39	0.80	2.20	0.92	3.89	1.01	5.58	1.28	14.52	1.48	26.40
0.01			1.75	1.46	0.84	2.31	0.97	4.10	1.06	5.88	1.35	15.30	1.56	27.82
0.011			0.79	1.53	0.88	2.43	1.02	4.30	1.12	6.17	1.41	16.05	1.64	29.18
0.012	0.62	0.52	0.82	1.60	0.92	2.53	1.07	4.49	1.17	6.44	1.48	16.76	1.71	30.48
0.015	0.69	0.58	0.92	1.79	1.03	2.83	1.19	5.02	1.30	7.20	1.65	18.74	1.92	34.08
0.02	0.80	0.67	1.06	2.07	1.19	3.27	1.38	5.80	1.51	8.31	1.90	21.64	2.21	39.35
0.025	0.90	0.74	1.19	2.31	1.33	3.66	1.54	6.48	1.68	9.30	2.13	24.19	2.47	43.99
0.026	0.91	0.76	1.21	2.36	1.36	3.73	1.57	6.61	1.72	9.48	2.17	24.67	2.52	44.86
0.03	0.98	0.81	1.30	2.53	1.46	4.01	1.68	7.10	1.84	10.18	2.33	26.50	2.71	48.19
0.035	1.06	0.88	1.41	2.74	1.58	4.33	1.82	7.67	1.99	11.00	2.52	28.63	2.93	52.05
0.04	1.13	0.94	1.50	2.93	1.69	4.63	1.95	8.20	2.13	11.76	2.69	30.60	3.13	55.65
0.045	1.20	1.00	1.59	3.10	1.79	4.91	2.06	8.70	2.26	12.47	2.86	32.46	3.32	59.02
0.05	1.27	1.05	1.68	3.27	1.89	5.17	2.17	9.17	2.38	13.15	3.01	34.22	3.50	62.21
0.06	1.39	1.15	1.84	3.58	2.07	5.67	2.38	10.04	2.61	14.40	3.30	37.48	3.83	68.15
0.07	1.50	1.24	1.99	3.87	2.23	6.12	2.57	10.85	2.82	15.56	3.56	40.49	4.14	73.61
0.08	1.60	1.33	2.13	4.14	2.38	6.54	2.75	11.60	3.01	16.63	3.81	43.28	4.42	78.70

排水塑料管水力计算表 （$de=200\sim630mm$，非满流 $n=0.009$）（de：mm，v：m/s，Q：L/s）

表 5-24

h/D	$de=200$ （$d_{im}=167$）															
	i（‰）															
	2.0		3.0		3.5		4.0		5.0		6.0		7.0		8.0	
	v	Q	v	Q	v	Q	v	Q	v	Q	v	Q	v	Q	v	Q
0.40	0.54	4.41	0.66	5.41	0.71	5.84	0.76	6.24	0.85	6.98	0.93	7.64	1.01	8.26	1.08	8.83
0.45	0.57	5.46	0.70	6.68	0.76	7.22	0.81	7.72	0.90	8.63	0.99	9.45	1.07	10.21	1.14	10.91
0.50	0.60	6.55	0.73	8.02	0.79	8.66	0.85	9.26	0.95	10.36	1.04	11.34	1.12	12.25	1.20	13.10
0.55	0.62	7.67	0.76	9.40	0.82	10.15	0.88	10.85	0.98	12.13	1.08	13.29	1.16	14.35	1.24	15.34
1.00	0.60	13.10	0.73	16.04	0.79	17.33	0.85	18.52	0.95	20.71	1.04	22.69	1.12	24.51	1.20	26.20

$de = 200$ ($d_{im} = 167$)

h/D	i (‰)															
	9.0		10.0		11.0		12.0		15.0		20.0		25.0		30.0	
	v	Q	v	Q	v	Q	v	Q	v	Q	v	Q	v	Q	v	Q
0.40	1.14	9.36	1.21	9.87	1.27	10.35	1.32	10.81	1.48	12.09	1.71	13.96	1.91	15.61	2.09	17.09
0.45	1.21	11.57	1.28	12.20	1.34	12.80	1.40	13.37	1.56	14.94	1.80	17.25	2.02	19.29	2.21	21.13
0.50	1.27	13.89	1.34	14.65	1.40	15.36	1.46	16.04	1.64	17.94	1.89	20.71	2.11	23.16	2.32	25.37
0.55	1.32	16.28	1.39	17.16	1.46	17.99	1.52	18.79	1.70	21.01	1.97	24.26	2.20	27.13	2.41	29.72
1.00	1.27	27.79	1.34	29.29	1.40	30.72	1.46	32.09	1.64	35.87	1.89	41.42	2.11	46.31	2.32	50.73

$de = 200$ ($d_{im} = 167$)

h/D	i (‰)												
	35.0		40.0		45.0		50.0		60.0		70.0		80.0	
	v	Q	v	Q	v	Q	v	Q	v	Q	v	Q	v	Q
0.40	2.26	18.46	2.41	19.74	2.56	20.94	2.70	22.07	2.95	24.18	3.19	26.11	3.41	27.92
0.45	2.39	22.83	2.55	24.40	2.71	25.88	2.85	27.28	3.13	29.89	3.38	32.28	3.61	34.51
0.50	2.50	27.40	2.67	29.29	2.84	31.07	2.99	32.75	3.28	35.87	3.54	38.75	3.78	41.42
0.55	2.60	32.10	2.78	34.31	2.95	36.39	3.11	38.36	3.40	42.02	3.68	45.39	3.93	48.52
1.00	2.50	54.80	2.67	58.58	2.84	62.13	2.99	65.49	3.28	71.75	3.54	77.49	3.78	82.84

$de = 250$ ($d_{im} = 209$)

h/D	i (‰)															
	2.0		3.0		3.5		4.0		5.0		6.0		7.0		8.0	
	v	Q	v	Q	v	Q	v	Q	v	Q	v	Q	v	Q	v	Q
0.40	0.63	8.03	0.77	9.83	0.83	10.62	0.89	11.35	0.99	12.69	1.09	13.91	1.17	15.02	1.25	16.06
0.45	0.66	9.92	0.81	12.16	0.88	13.13	0.94	14.04	1.05	15.69	1.15	17.19	1.24	18.57	1.33	19.85
0.50	0.69	11.91	0.85	14.59	0.92	15.76	0.98	16.85	1.10	18.84	1.20	20.63	1.30	22.29	1.39	23.83
0.55	0.72	13.96	0.88	17.09	0.95	18.46	1.02	19.74	1.14	22.07	1.25	24.17	1.35	26.11	1.44	27.91
1.00	0.69	23.83	0.85	29.18	0.92	31.52	0.98	33.69	1.10	37.67	1.20	41.27	1.30	44.57	1.39	47.65

$de = 250$ ($d_{im} = 209$)

h/D	i (‰)															
	9.0		10.0		11.0		12.0		15.0		20.0		25.0		30.0	
	v	Q	v	Q	v	Q	v	Q	v	Q	v	Q	v	Q	v	Q
0.40	1.33	17.03	1.40	17.95	1.47	18.83	1.53	19.67	1.72	21.99	1.98	25.39	2.22	28.38	2.43	31.09
0.45	1.41	21.05	1.48	22.19	1.55	23.28	1.62	24.31	1.82	27.18	2.10	31.38	2.34	35.09	2.57	38.44
0.50	1.47	25.27	1.55	26.64	1.63	27.94	1.70	29.18	1.90	32.62	2.20	37.67	2.46	42.12	2.69	46.14
0.55	1.53	29.60	1.61	31.21	1.69	32.73	1.77	34.18	1.98	38.22	2.28	44.13	2.55	49.34	2.80	54.05
1.00	1.47	50.54	1.55	53.28	1.63	55.88	1.70	58.36	1.90	65.25	2.20	75.34	2.46	84.24	2.69	92.28

$de = 250$ （$d_{im} = 209$）

h/D	i (‰)													
	35.0		40.0		45.0		50.0		60.0		70.0		80.0	
	v	Q	v	Q	v	Q	v	Q	v	Q	v	Q	v	Q
0.40	2.62	33.58	2.80	35.90	2.97	38.08	3.13	40.14	3.43	43.97	3.71	47.50	3.96	50.78
0.45	2.77	41.52	2.96	44.38	3.14	47.08	3.31	49.62	3.63	54.36	3.92	58.71	4.19	62.77
0.50	2.91	49.84	3.11	53.28	3.29	56.51	3.47	59.56	3.80	65.25	4.11	70.48	4.39	75.34
0.55	3.02	58.38	3.23	62.41	3.42	66.20	3.61	69.78	3.95	76.44	4.27	82.56	4.57	88.26
1.00	2.91	99.67	3.11	106.55	3.29	113.02	3.47	119.13	3.80	130.50	4.11	140.95	4.39	150.69

$de = 315$ （$d_{im} = 263$）

h/D	i (‰)															
	1.0		2.0		3.0		3.5		4.0		5.0		6.0		7.0	
	v	Q	v	Q	v	Q	v	Q	v	Q	v	Q	v	Q	v	Q
0.40	0.52	10.48	0.73	14.82	0.89	18.15	0.97	19.60	1.03	20.96	1.15	23.43	1.26	25.67	1.37	27.72
0.45	0.55	12.95	0.77	18.32	0.95	22.43	1.02	24.23	1.09	25.91	1.22	28.96	1.34	31.73	1.45	34.27
0.50	0.57	15.55	0.81	21.99	0.99	26.93	1.07	29.09	1.14	31.09	1.28	34.77	1.40	38.08	1.51	41.13
0.55	0.59	18.21	0.84	25.76	1.03	31.55	1.11	34.07	1.19	36.43	1.33	40.73	1.46	44.61	1.57	48.19
0.60	0.61	20.89	0.87	29.54	1.06	36.18	1.15	39.08	1.23	41.78	1.37	46.71	1.50	51.17	1.62	55.27
0.65	0.63	23.52	0.89	33.26	1.09	40.74	1.18	44.00	1.26	47.04	1.41	52.59	1.54	57.61	1.66	62.23
1.00	0.57	31.09	0.81	43.97	0.99	53.86	1.07	58.17	1.14	62.19	1.28	69.53	1.40	76.17	1.51	82.27

$de = 315$ （$d_{im} = 263$）

h/D	i (‰)															
	8.0		9.0		10.0		11.0		12.0		15.0		20.0		25.0	
	v	Q	v	Q	v	Q	v	Q	v	Q	v	Q	v	Q	v	Q
0.40	1.46	29.64	1.55	31.43	1.63	33.13	1.71	34.75	1.79	36.30	2.00	40.58	2.31	46.86	2.58	52.39
0.45	1.55	36.64	1.64	38.86	1.73	40.96	1.81	42.96	1.89	44.87	2.12	50.16	2.44	57.93	2.73	64.76
0.50	1.62	43.97	1.72	46.64	1.81	49.17	1.90	51.57	1.98	53.86	2.22	60.22	2.56	69.53	2.86	77.74
0.55	1.68	51.51	1.78	54.64	1.88	57.60	1.97	60.41	2.06	63.09	2.30	70.54	2.66	81.45	2.97	91.07
0.60	1.74	59.09	1.84	62.67	1.94	66.06	2.04	69.29	2.13	72.37	2.38	80.91	2.75	93.43	3.07	104.46
0.65	1.78	66.53	1.89	70.56	1.99	74.38	2.09	78.01	2.18	81.48	2.44	91.09	2.81	105.19	3.15	117.60
1.00	1.62	87.95	1.72	93.28	1.81	98.33	1.90	103.13	1.98	107.72	2.22	120.43	2.56	139.06	2.86	155.47

$de = 315$ （$d_{im} = 263$）

h/D	i (‰)											
	30.0		35.0		40.0		45.0		50.0		60.0	
	v	Q	v	Q	v	Q	v	Q	v	Q	v	Q
0.40	2.83	57.39	3.05	61.99	3.27	66.27	3.46	70.29	3.65	74.09	4.00	81.16
0.45	2.99	70.94	3.23	76.63	3.46	81.92	3.66	86.89	3.86	91.59	4.23	100.33
0.50	3.14	85.16	3.39	91.98	3.62	98.33	3.84	104.30	4.05	109.94	4.43	120.43
0.55	3.26	99.76	3.52	107.75	3.76	115.19	3.99	122.18	4.21	128.79	4.61	141.08
0.60	3.36	114.43	3.63	123.59	3.88	132.13	4.12	140.14	4.34	147.72	4.75	161.82
0.65	3.45	128.83	3.72	139.15	3.98	148.76	4.22	157.78	4.45	166.32	4.87	182.19
1.00	3.14	170.31	3.39	183.96	3.62	196.66	3.84	208.59	4.05	219.87	4.43	240.86

$de=400$ （$d_{im}=335$）

h/D	i (‰)													
---	1.0		2.0		3.0		3.5		4.0		5.0		6.0	
	v	Q	v	Q	v	Q	v	Q	v	Q	v	Q	v	Q
0.40	0.61	19.98	0.86	28.25	1.05	34.60	1.14	37.37	1.21	39.95	1.36	44.67	1.49	48.93
0.45	0.64	24.69	0.91	34.92	1.11	42.77	1.20	46.20	1.28	49.39	1.44	55.22	1.57	60.49
0.50	0.67	29.64	0.95	41.92	1.17	51.34	1.26	55.45	1.35	59.28	1.50	66.28	1.65	72.61
0.55	0.70	34.72	0.99	49.11	1.21	60.14	1.31	64.96	1.40	69.45	1.56	77.64	1.71	85.06
0.60	0.72	39.83	1.02	56.33	1.25	68.99	1.35	74.51	1.44	79.66	1.61	89.06	1.77	97.56
0.65	0.74	44.84	1.05	63.42	1.28	77.67	1.38	83.89	1.48	89.68	1.65	100.27	1.81	109.84
1.00	0.67	59.28	0.95	83.84	1.17	102.68	1.26	110.91	1.35	118.57	1.50	132.56	1.65	145.21

$de=400$ （$d_{im}=335$）

h/D	i (‰)													
---	7.0		8.0		9.0		10.0		11.0		12.0		15.0	
	v	Q	v	Q	v	Q	v	Q	v	Q	v	Q	v	Q
0.40	1.61	52.85	1.72	56.50	1.82	59.93	1.92	63.17	2.01	66.25	2.10	69.20	2.35	77.37
0.45	1.70	65.33	1.82	69.85	1.93	74.08	2.03	78.09	2.13	81.90	2.22	85.54	2.49	95.64
0.50	1.78	78.42	1.90	83.84	2.02	88.92	2.13	93.73	2.23	98.31	2.33	102.68	2.60	114.80
0.55	1.85	91.87	1.98	98.21	2.10	104.17	2.21	109.81	2.32	115.17	2.42	120.29	2.71	134.48
0.60	1.91	105.38	2.04	112.65	2.16	119.49	2.28	125.95	2.39	132.10	2.50	137.97	2.79	154.26
0.65	1.96	118.64	2.09	126.83	2.22	134.53	2.34	141.80	2.45	148.72	2.56	155.34	2.86	173.67
1.00	1.78	156.85	1.90	167.68	2.02	177.85	2.13	187.47	2.23	196.62	2.33	205.36	2.60	229.60

$de=400$ （$d_{im}=335$）

h/D	i (‰)											
---	20.0		25.0		30.0		35.0		40.0		45.0	
	v	Q	v	Q	v	Q	v	Q	v	Q	v	Q
0.40	2.71	89.33	3.03	99.88	3.32	109.41	3.59	118.18	3.84	126.34	4.07	134.00
0.45	2.87	110.43	3.21	123.47	3.52	135.25	3.80	146.09	4.06	156.18	4.31	165.65
0.50	3.01	132.56	3.36	148.21	3.68	162.35	3.98	175.36	4.25	187.47	4.51	198.84
0.55	3.13	155.29	3.50	173.62	3.83	190.19	4.14	205.43	4.42	219.61	4.69	232.93
0.60	3.23	178.12	3.61	199.14	3.95	218.15	4.27	235.63	4.56	251.90	4.84	267.18
0.65	3.31	200.54	3.70	224.21	4.05	245.61	4.37	265.29	4.68	283.61	4.96	300.81
1.00	3.01	265.12	3.36	296.41	3.68	324.70	3.98	350.72	4.25	374.94	4.51	397.68

$de=500$ （$d_{im}=418$）

h/D	i (‰)													
---	0.5		0.6		0.7		0.8		0.9		1.0		2.0	
	v	Q	v	Q	v	Q	v	Q	v	Q	v	Q	v	Q
0.40	0.50	25.49	0.54	27.92	0.59	30.16	0.63	32.24	0.67	34.20	0.70	36.05	0.99	50.98
0.45	0.53	31.51	0.58	34.52	0.62	37.28	0.67	39.86	0.71	42.27	0.74	44.56	1.05	63.02
0.50	0.55	37.82	0.60	41.43	0.65	44.75	0.70	47.84	0.74	50.74	0.78	53.49	1.10	75.64
0.55	0.57	44.31	0.63	48.53	0.68	52.42	0.72	56.04	0.77	59.44	0.81	62.66	1.15	88.61
0.60	0.59	50.82	0.65	55.67	0.70	60.13	0.75	64.28	0.79	68.18	0.84	71.87	1.18	101.64
0.65	0.61	57.22	0.66	62.68	0.72	67.70	0.77	72.37	0.81	76.76	0.86	80.92	1.21	114.43
0.70	0.62	63.33	0.68	69.38	0.73	74.94	0.78	80.11	0.83	84.97	0.87	89.57	1.23	126.66
1.00	0.55	75.64	0.60	82.86	0.65	89.50	0.70	95.68	0.74	101.48	0.78	106.97	1.10	151.28

$de=500$ （$d_{im}=418$）

h/D	i （‰）													
	3.0		3.5		4.0		5.0		6.0		7.0		8.0	
	v	Q	v	Q	v	Q	v	Q	v	Q	v	Q	v	Q
0.40	1.22	62.43	1.32	67.44	1.41	72.09	1.57	80.60	1.72	88.29	1.86	95.37	1.99	101.95
0.45	1.29	77.18	1.39	83.36	1.49	89.12	1.66	99.64	1.82	109.15	1.97	117.89	2.10	126.03
0.50	1.35	92.64	1.46	100.06	1.56	106.97	1.74	119.60	1.91	131.02	2.06	141.51	2.20	151.28
0.55	1.40	108.53	1.52	117.22	1.62	125.32	1.81	140.11	1.98	153.48	2.14	165.78	2.29	177.22
0.60	1.45	124.48	1.56	134.46	1.67	143.74	1.87	160.71	2.05	176.05	2.21	190.15	2.36	203.28
0.65	1.48	140.15	1.60	151.38	1.71	161.83	1.92	180.93	2.10	198.20	2.27	214.08	2.42	228.87
0.70	1.51	155.13	1.63	167.56	1.75	179.13	1.95	200.27	2.14	219.39	2.31	236.97	2.47	253.33
1.00	1.35	185.28	1.46	200.13	1.56	213.95	1.74	239.20	1.91	262.03	2.06	283.03	2.20	302.57

$de=500$ （$d_{im}=418$）

h/D	i （‰）													
	9.0		10.0		11.0		12.0		15.0		20.0		30.0	
	v	Q	v	Q	v	Q	v	Q	v	Q	v	Q	v	Q
0.40	2.11	108.14	2.22	113.99	2.33	119.55	2.44	124.87	2.72	139.61	3.14	161.20	3.85	197.43
0.45	2.23	133.68	2.35	140.91	2.47	147.79	2.58	154.36	2.88	172.58	3.33	199.28	4.08	244.06
0.50	2.34	160.46	2.47	169.14	2.59	177.40	2.70	185.28	3.02	207.15	3.49	239.20	4.27	292.96
0.55	2.43	187.97	2.56	198.14	2.69	207.81	2.81	217.05	3.14	242.67	3.62	280.21	4.44	343.19
0.60	2.51	215.61	2.64	227.27	2.77	238.37	2.90	248.97	3.24	278.35	3.74	321.41	4.58	393.65
0.65	2.57	242.75	2.71	255.88	2.84	268.37	2.97	280.30	3.32	313.39	3.83	361.87	4.69	443.20
0.70	2.62	268.70	2.76	283.23	2.90	297.06	3.02	310.26	3.38	346.89	3.90	400.55	4.78	490.57
1.00	2.34	320.92	2.47	338.28	2.59	354.79	2.70	370.57	3.02	414.31	3.49	478.40	4.27	585.92

$de=630$ （$d_{im}=527$）

h/D	i （‰）													
	0.5		0.6		0.7		0.8		0.9		1.0		2.0	
	v	Q	v	Q	v	Q	v	Q	v	Q	v	Q	v	Q
0.40	0.58	47.28	0.64	51.80	0.69	55.95	0.73	59.81	0.78	63.44	0.82	66.87	1.16	94.56
0.45	0.61	58.45	0.67	64.03	0.73	69.16	0.78	73.93	0.82	78.42	0.87	82.66	1.23	116.90
0.50	0.64	70.16	0.70	76.86	0.76	83.01	0.81	88.75	0.86	94.13	0.91	99.22	1.29	140.32
0.55	0.67	82.19	0.73	90.03	0.79	97.25	0.85	103.96	0.90	110.27	0.95	116.23	1.34	164.38
0.60	0.69	94.27	0.76	103.27	0.82	111.55	0.87	119.25	0.93	126.48	0.98	133.32	1.38	188.55
0.65	0.71	106.14	0.77	116.27	0.84	125.59	0.89	134.26	0.95	142.40	1.00	150.10	1.41	212.28
0.70	0.72	117.49	0.79	128.70	0.85	139.01	0.91	148.61	0.97	157.62	1.02	166.15	1.44	234.97
1.00	0.64	140.32	0.70	153.71	0.76	166.03	0.81	177.49	0.86	188.26	0.91	198.44	1.29	280.64

$de=630$ （$d_{im}=527$）

h/D	i （‰）													
	3.0		3.5		4.0		5.0		6.0		7.0		8.0	
	v	Q	v	Q	v	Q	v	Q	v	Q	v	Q	v	Q
0.40	1.42	115.82	1.54	125.10	1.64	133.73	1.84	149.52	2.01	163.79	2.17	176.91	2.32	189.13
0.45	1.50	143.17	1.62	154.64	1.74	165.32	1.94	184.84	2.13	202.48	2.30	218.70	2.46	233.80
0.50	1.58	171.86	1.70	185.63	1.82	198.44	2.03	221.87	2.23	243.04	2.41	262.52	2.57	280.64
0.55	1.64	201.32	1.77	217.45	1.89	232.47	2.11	259.91	2.32	284.71	2.50	307.53	2.67	328.76
0.60	1.69	230.92	1.83	249.43	1.95	266.65	2.18	298.12	2.39	326.58	2.58	352.74	2.76	377.10
0.65	1.73	259.99	1.87	280.82	2.00	300.21	2.24	335.64	2.45	367.68	2.65	397.14	2.83	424.56
0.70	1.76	287.78	1.91	310.84	2.04	332.30	2.28	371.52	2.50	406.98	2.70	439.59	2.88	469.94
1.00	1.58	343.71	1.70	371.25	1.82	396.89	2.03	443.73	2.23	486.08	2.41	525.03	2.57	561.28

	de=630 （d_{im}=527）												
	i （‰）												
h/D	9.0		10.0		11.0		12.0		15.0		20.0		25.0	
	v	Q	v	Q	v	Q	v	Q	v	Q	v	Q	v	Q
0.40	2.46	200.60	2.60	211.45	2.72	221.77	2.84	231.64	3.18	258.98	3.67	299.04	4.10	334.34
0.45	2.60	247.98	2.75	261.40	2.88	274.15	3.01	286.35	3.36	320.14	3.88	369.67	4.34	413.30
0.50	2.73	297.66	2.88	313.77	3.02	329.08	3.15	343.71	3.52	384.28	4.07	443.73	4.55	496.11
0.55	2.84	348.70	2.99	367.56	3.14	385.51	3.28	402.65	3.66	450.17	4.23	519.82	4.73	581.17
0.60	2.93	399.97	3.09	421.61	3.24	442.19	3.38	461.85	3.78	516.36	4.36	596.24	4.88	666.62
0.65	3.00	450.31	3.16	474.67	3.32	497.84	3.46	519.98	3.87	581.35	4.47	671.29	5.00	750.52
0.70	3.06	498.45	3.22	525.41	3.38	551.06	3.53	575.56	3.95	643.49	4.56	743.04	5.09	830.75
1.00	2.73	595.33	2.88	627.53	3.02	658.16	3.15	687.43	3.52	768.57	4.07	887.46	4.55	992.21

注：该表适用聚乙烯双壁波纹管材。de：管材公称外径，mm；d_{im}：计算内径，mm；i：坡度；‰

5.9 机制排水铸铁管水力计算（$n=0.013$）

机制排水铸铁管水力计算见表5-25。

机制排水铸铁管水力计算表（0.013）（de：mm，v：m/s，Q：L/s）　　表5-25

坡度	h/D=0.5								h/D=0.6			
	de=50		de=75		de=100		de=125		de=150		de=200	
	v	Q	v	Q	v	Q	v	Q	v	Q	v	Q
0.005	0.29	0.29	0.38	0.85	0.47	1.83	0.54	3.38	0.65	7.23	0.79	15.57
0.006	0.32	0.32	0.42	0.93	0.51	2.00	0.59	3.71	0.72	7.92	0.87	17.06
0.007	0.35	0.34	0.45	1.00	0.55	2.16	0.64	4.00	0.77	8.56	0.94	18.43
0.008	0.37	0.36	0.49	1.07	0.59	2.31	0.68	4.28	0.83	9.15	1.00	19.70
0.009	0.39	0.39	0.52	1.14	0.62	2.45	0.72	4.54	0.88	9.70	1.06	20.90
0.01	0.41	0.41	0.54	1.20	0.66	2.58	0.76	4.78	0.92	10.23	1.12	22.03
0.011	0.43	0.43	0.57	1.26	0.69	2.71	0.80	5.02	0.97	10.72	1.17	23.10
0.012	0.45	0.45	0.59	1.31	0.72	2.83	0.84	5.24	1.01	11.20	1.23	24.13
0.015	0.51	0.50	0.66	1.47	0.81	3.16	0.93	5.86	1.13	12.52	1.37	26.98
0.02	0.59	0.58	0.77	1.70	0.93	3.65	1.08	6.76	1.31	14.46	1.58	31.15
0.025	0.66	0.64	0.86	1.90	1.04	4.08	1.21	7.56	1.46	16.17	1.77	34.83
0.03	0.72	0.70	0.94	2.08	1.14	4.47	1.32	8.29	1.60	17.71	1.94	38.15
0.035	0.78	0.76	1.02	2.24	1.23	4.83	1.43	8.95	1.73	19.13	2.09	41.21
0.04	0.83	0.81	1.09	2.40	1.32	5.17	1.53	9.57	1.85	20.45	2.24	44.05

坡度	h/D = 0.5								h/D = 0.6			
	de = 50		de = 75		de = 100		de = 125		de = 150		de = 200	
	v	Q	v	Q	v	Q	v	Q	v	Q	v	Q
0.045	0.88	0.86	1.15	2.54	1.40	5.48	1.62	10.15	1.96	21.69	2.38	46.72
0.05	0.93	0.91	1.21	2.68	1.47	5.78	1.71	10.70	2.07	22.87	2.50	49.25
0.06	1.02	1.00	1.33	2.94	1.61	6.33	1.87	11.72	2.26	25.05	2.74	53.95
0.07	1.10	1.08	1.44	3.17	1.74	6.83	2.02	12.66	2.45	27.06	2.96	58.28
0.08	1.17	1.15	1.54	3.39	1.86	7.31	2.16	13.53	2.61	28.92	3.17	62.30

6 管渠水力计算图

6.1 钢筋混凝土圆管（满流，$n = 0.013$）水力计算图

6.1.1 计算公式

钢筋混凝土圆管（满流）水力计算，采用式（6-1）～式（6-5）：

$$Q = vA \tag{6-1}$$

$$v = \frac{1}{n}R^{2/3}i^{1/2} \tag{6-2}$$

$$A = \frac{\pi}{4}D^2 \tag{6-3}$$

$$X = \pi D \tag{6-4}$$

$$R = \frac{D}{4} \tag{6-5}$$

式中　D——管径（m）；

　　　v——流速（m/s）；

　　　n——粗糙系数，$n = 0.013$；

　　　Q——流量（m³/s）；

　　　i——水力坡降；

　　　A——水流断面面积（m²）；

　　　X——湿周（m）；

　　　R——水力半径（m）。

6.1.2 水力计算

钢筋混凝土圆管（满流，$n = 0.013$）水力计算图，见图6-1。

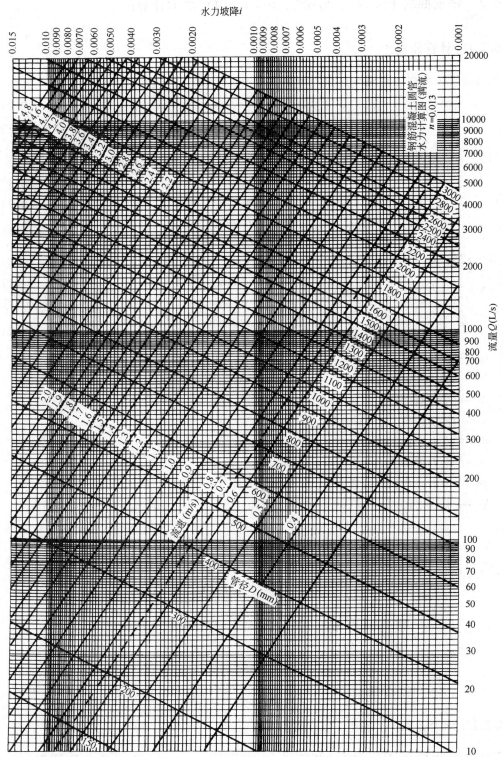

图 6-1　钢筋混凝土圆管水力计算图（满流，$n = 0.013$）

313

6.2 钢筋混凝土圆管（非满流，$n = 0.014$）水力计算图

6.2.1 计算公式

钢筋混凝土圆管（非满流）水力计算，采用式（6-6）~式（6-13）：

$$Q = vA \tag{6-6}$$

$$v = \frac{1}{n}R^{2/3}i^{1/2} \tag{6-7}$$

当 $h < D/2$ 时（图6-2），

$$A = (\theta - \cos\theta\sin\theta)\, r^2 \tag{6-8}$$

$$X = 2\theta r \tag{6-9}$$

$$R = \frac{(\theta - \cos\theta\sin\theta)}{2\theta}r \tag{6-10}$$

当 $h > D/2$ 时（图6-3），

$$A = (\pi - \theta + \sin\theta\cos\theta)\, r^2 \tag{6-11}$$

$$X = 2(\pi - \theta)\, r \tag{6-12}$$

$$R = r\left[\frac{\pi - \theta + \sin\theta\cos\theta}{2\,(\pi - \theta)}\right] \tag{6-13}$$

式中　Q——流量（m^3/s）；

v——流速（m/s）；

A——水流断面面积（m^2）；

n——粗糙系数，$n = 0.014$；

R——水力半径（m）；

i——水力坡降；

θ——半中心角，以弧度计；

X——湿周（m）。

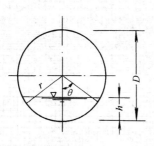

图6-2　$h < D/2$

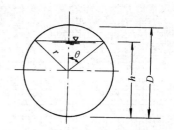

图6-3　$h > D/2$

6.2.2 水力计算

钢筋混凝土圆管 $D = 150 \sim 3000\text{mm}$（非满流，$n = 0.014$）水力计算图，见图6-4~图6-40。

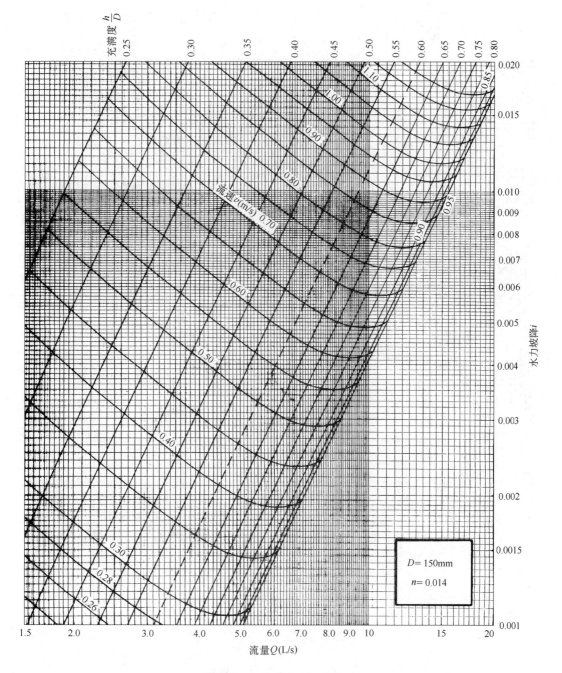

图 6-4　$n = 0.014$，$D = 150\text{mm}$

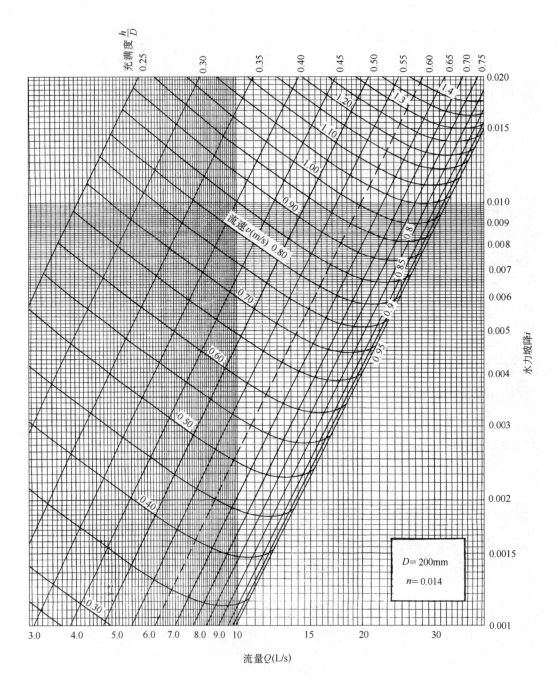

图 6-5　$n = 0.014$，$D = 200mm$

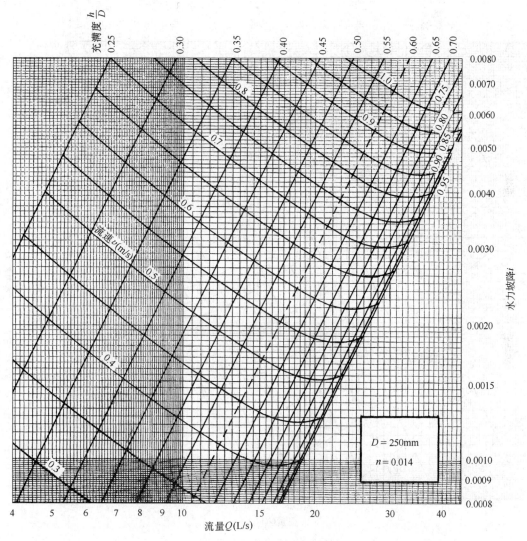

图 6-6 $n = 0.014$，$D = 250\text{mm}$

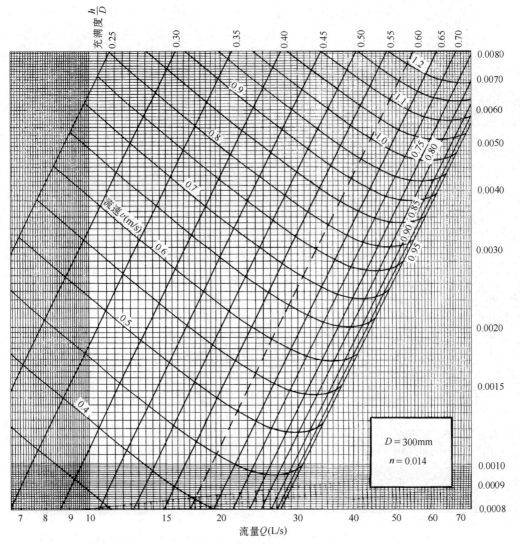

图 6-7　$n = 0.014$，$D = 300\text{mm}$

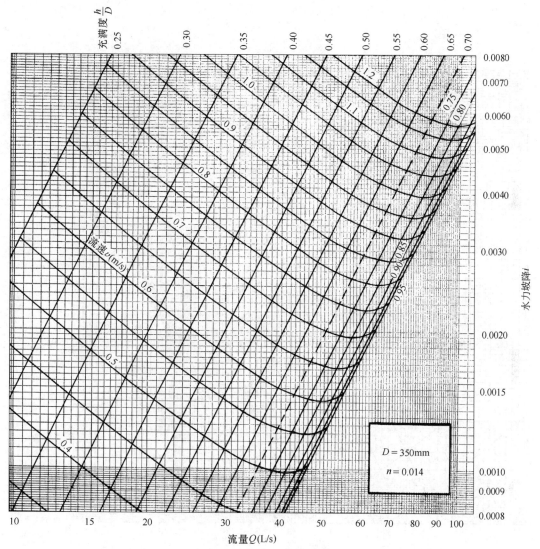

充满度 $\frac{h}{D}$

流速 v(m/s)

水力坡降 i

流量 Q(L/s)

$D = 350\text{mm}$
$n = 0.014$

图 6-8　$n = 0.014$，$D = 350\text{mm}$

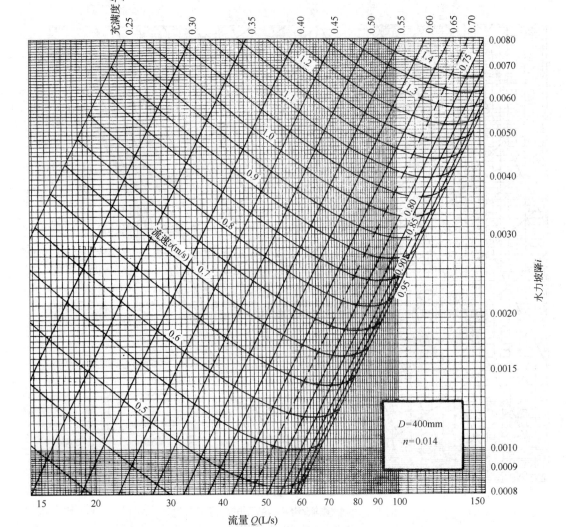

充满度 $\frac{h}{D}$

流速 v(m/s)

水力坡降 i

$D=400mm$
$n=0.014$

流量 Q(L/s)

图 6-9　$n=0.014$，$D=400mm$

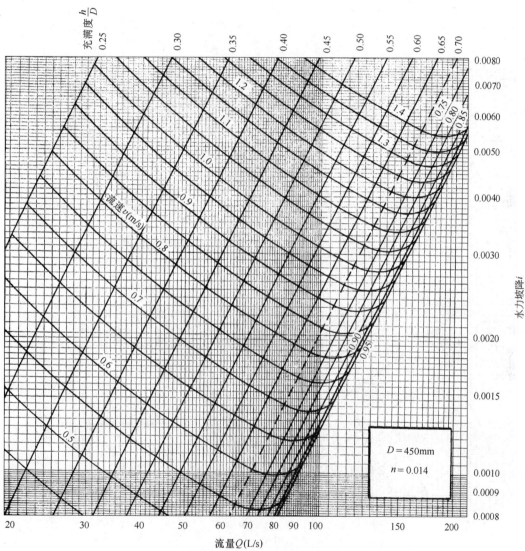

充满度 $\frac{h}{D}$

水力坡降 i

流量 Q(L/s)

图 6-10　$n = 0.014$，$D = 450$mm

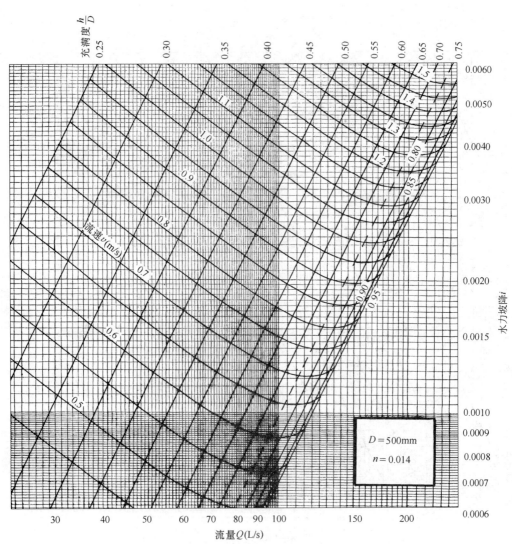

图 6-11　　$n = 0.014$，$D = 500$mm

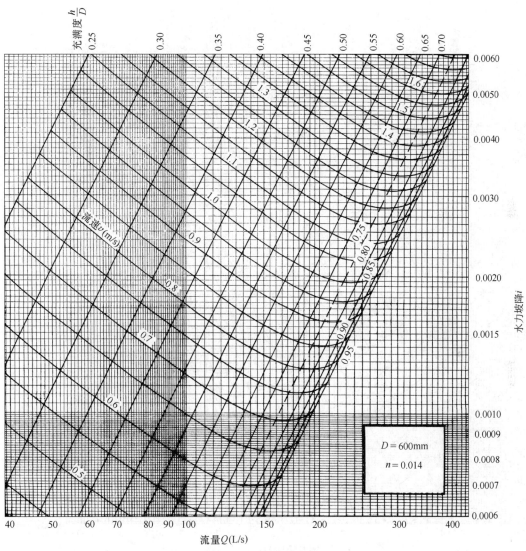

图 6-12　$n = 0.014$，$D = 600$mm

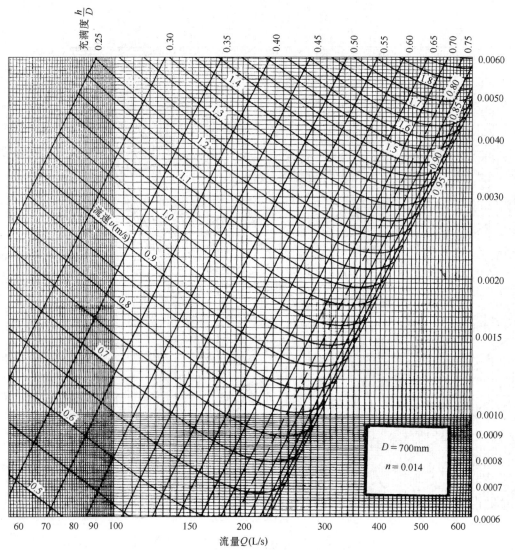

图 6-13　$n = 0.014$，$D = 700\text{mm}$

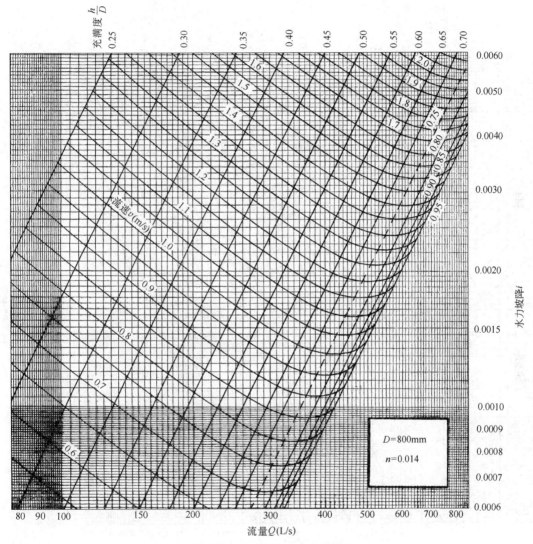

充满度 $\dfrac{h}{D}$

流速 v(m/s)

水力坡降 i

$D=800\text{mm}$

$n=0.014$

流量 Q(L/s)

图 6-14　$n=0.014$，$D=800\text{mm}$

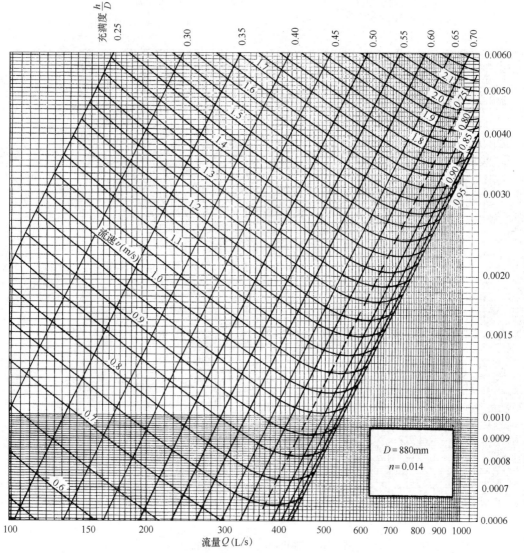

图 6-15　$n = 0.014$，$D = 880\text{mm}$

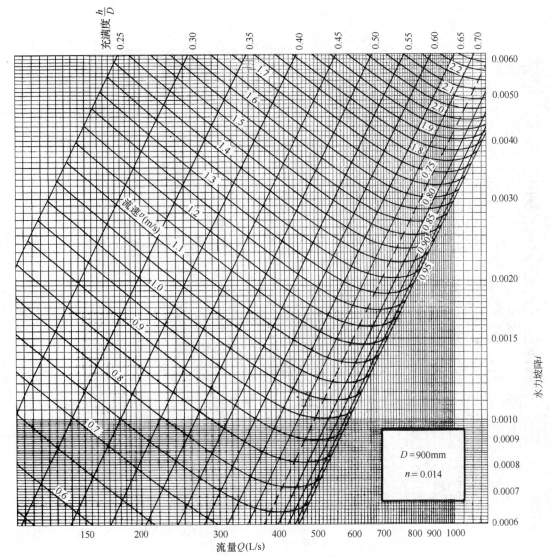

充满度 $\frac{h}{D}$

流速 v(m/s)

水力坡降 i

$D = 900$mm

$n = 0.014$

流量 Q(L/s)

图 6-16　$n = 0.014$，$D = 900$mm

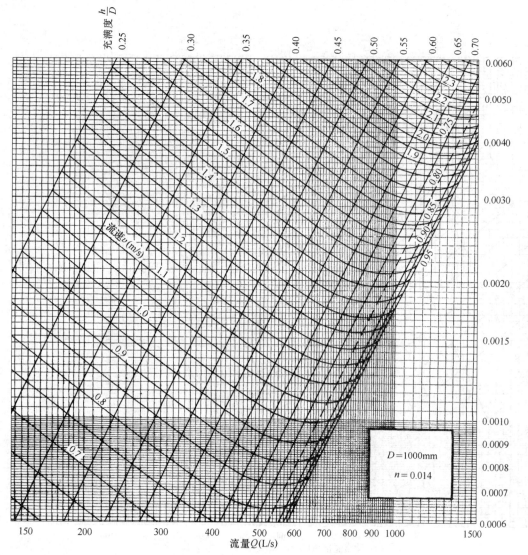

图 6-17　n = 0.014，D = 1000mm

充满度 $\frac{h}{D}$

流速 v (m/s)

水力坡降 i

流量 Q (L/s)

$D = 1000$mm

$n = 0.014$

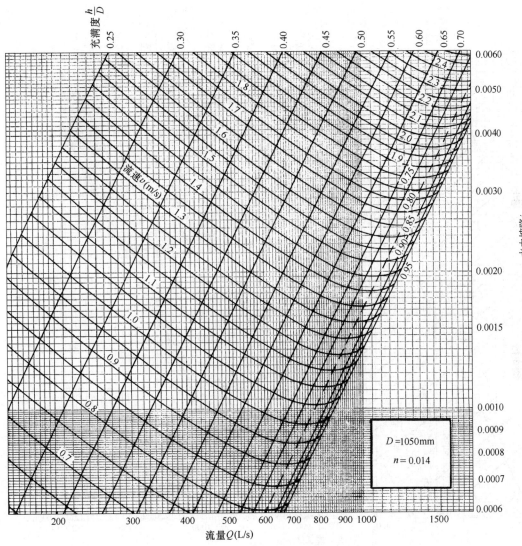

充满度 $\frac{h}{D}$

流速 v (m/s)

水力坡降 i

流量 Q (L/s)

$D = 1050\text{mm}$
$n = 0.014$

图 6-18 $\quad n = 0.014$, $D = 1050\text{mm}$

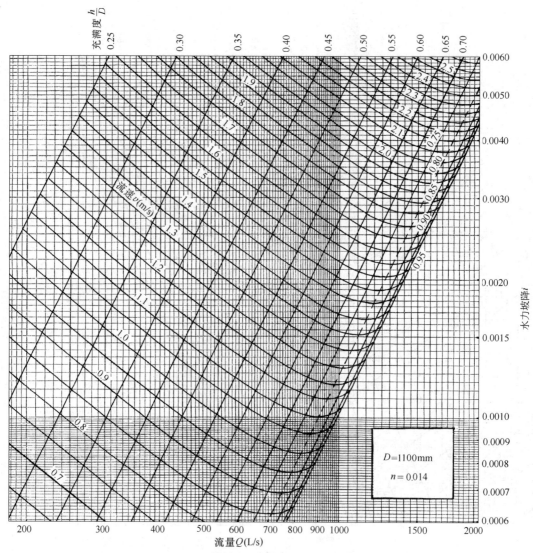

图 6-19　$n = 0.014$，$D = 1100$mm

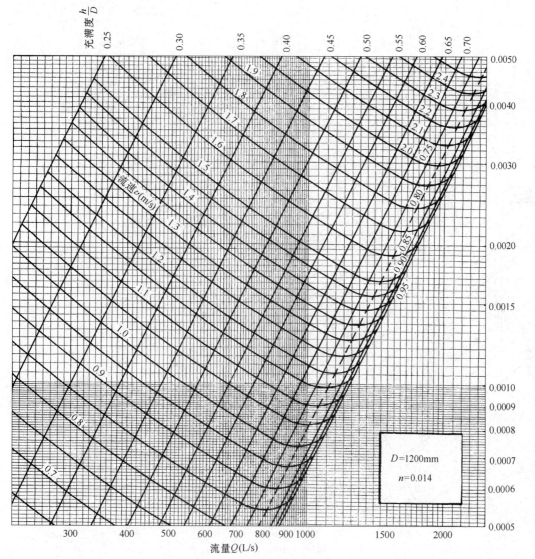

图 6-20　$n = 0.014$，$D = 1200$mm

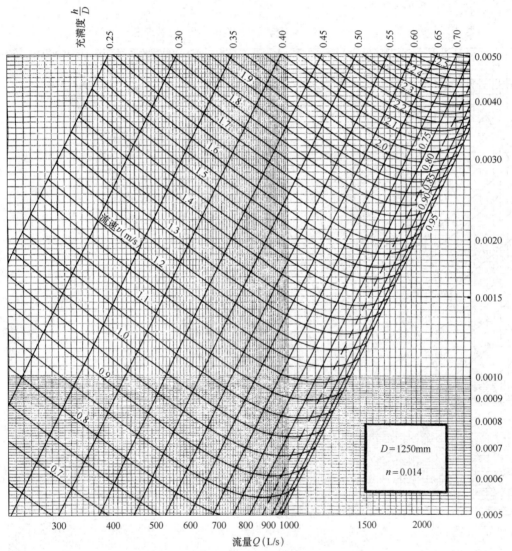

充满度 $\frac{h}{D}$

流速 v（m/s）

流量 Q（L/s）

水力坡降 i

$D = 1250\text{mm}$

$n = 0.014$

图 6-21　$n = 0.014$，$D = 1250\text{mm}$

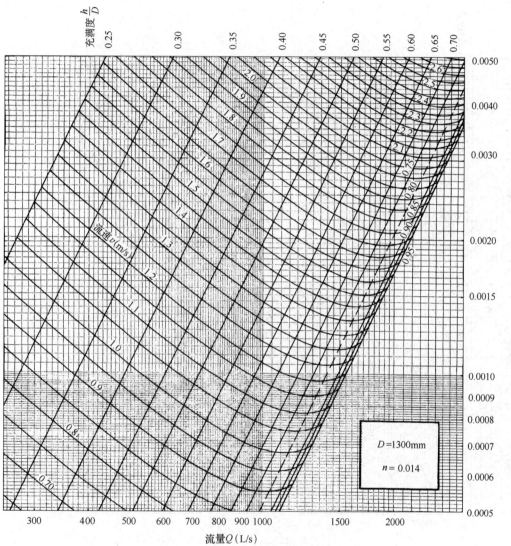

图 6-22　$n = 0.014$，$D = 1300\mathrm{mm}$

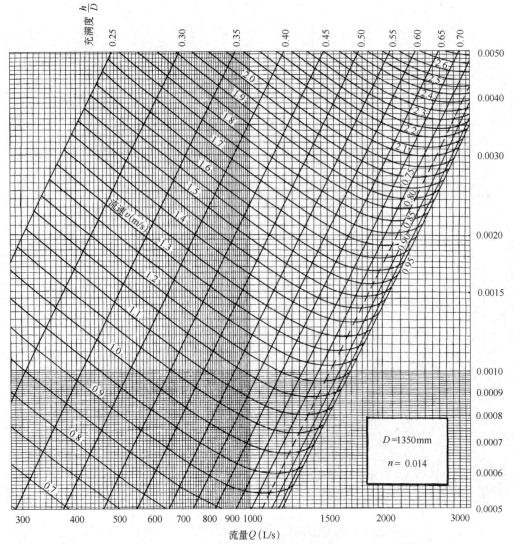

图 6-23　$n = 0.014$，$D = 1350\text{mm}$

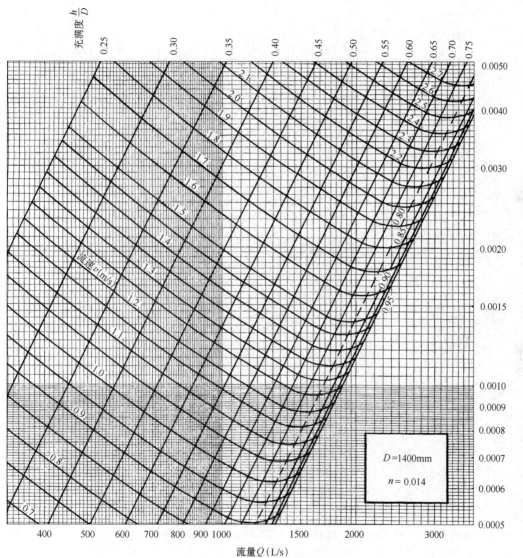

図 6-24　$n = 0.014$，$D = 1400$mm

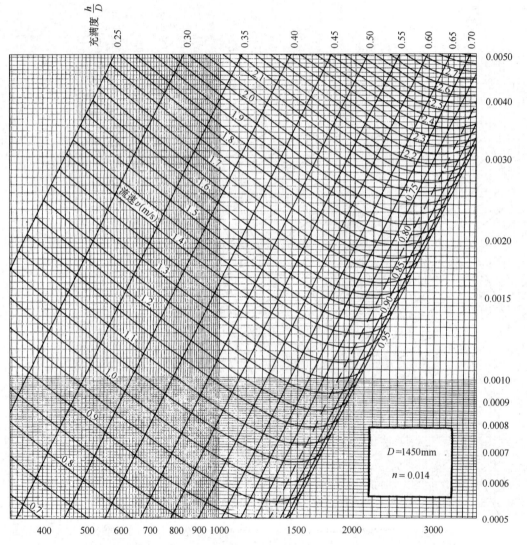

图 6-25　　$n = 0.014$，$D = 1450\text{mm}$

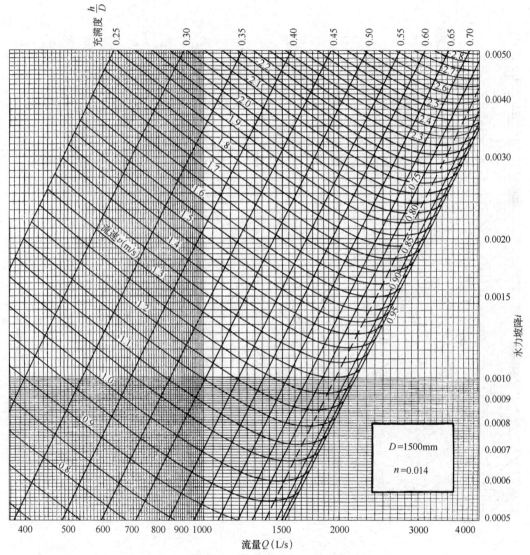

图 6-26　$n = 0.014$，$D = 1500\text{mm}$

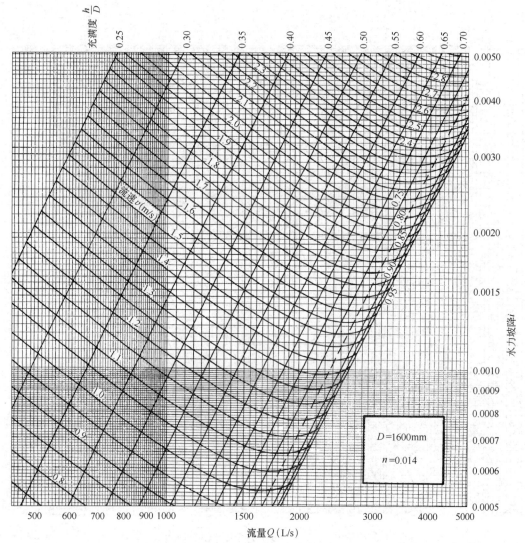

图 6-27　$n = 0.014$，$D = 1600$mm

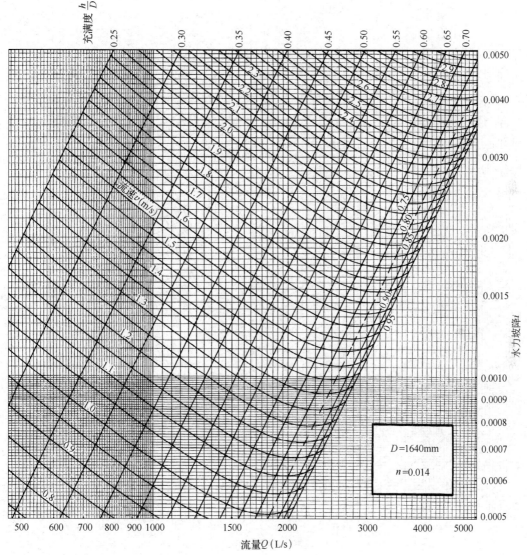

图 6-28　$n = 0.014$，$D = 1640$mm

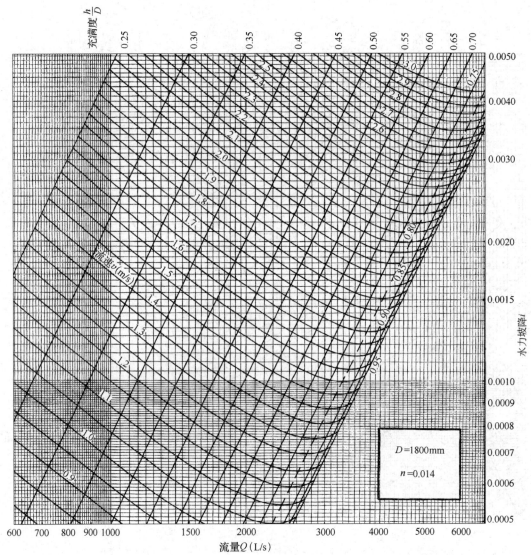

图 6-29　$n=0.014$，$D=1800$mm

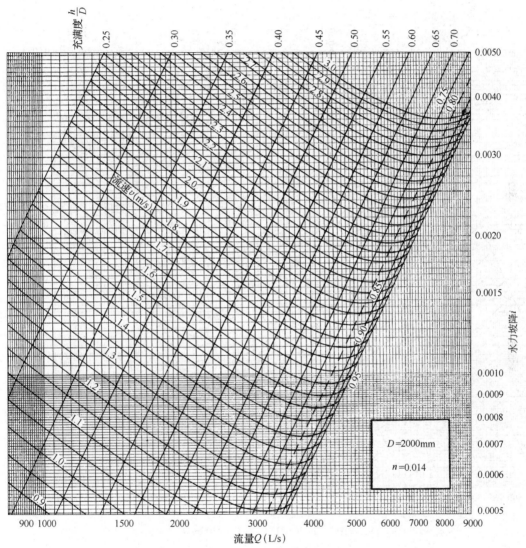

充满度 $\frac{h}{D}$

流速 v (m/s)

水力坡降 i

D=2000mm

n=0.014

流量 Q (L/s)

图 6-30 $\quad n=0.014$, $\quad D=2000$mm

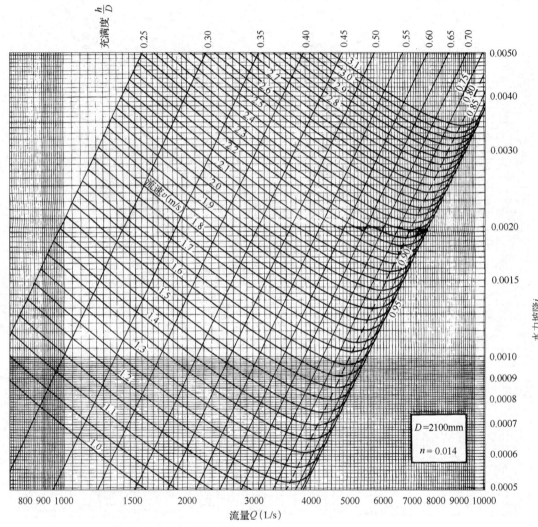

图 6-31 $n = 0.014$，$D = 2100$mm

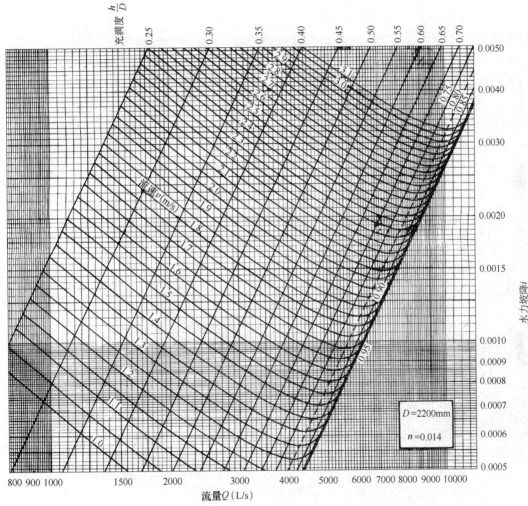

图 6-32　$n = 0.014$，$D = 2200$mm

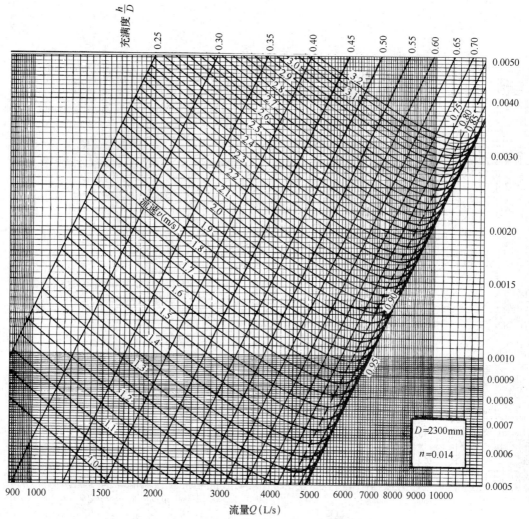

图 6-33　$n = 0.014$，$D = 2300\text{mm}$

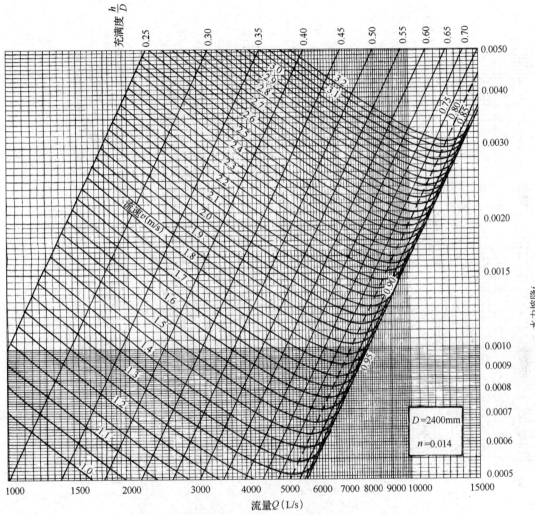

图 6-34 $n=0.014$，$D=2400mm$

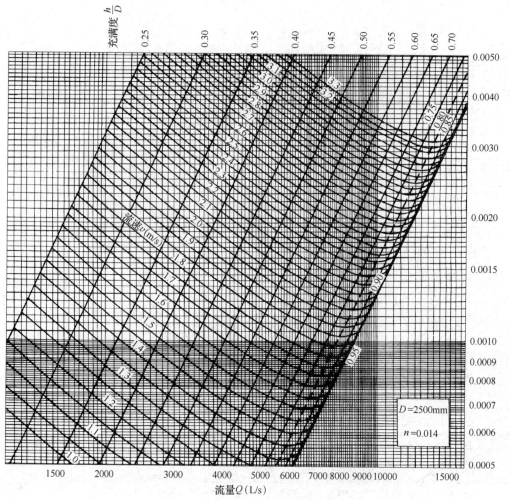

图 6-35　*n* = 0.014，*D* = 2500mm

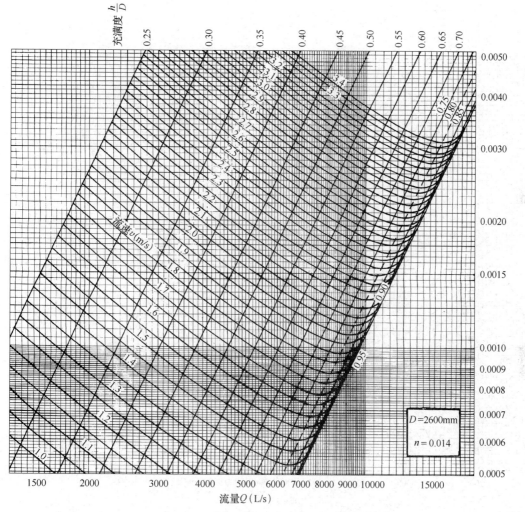

图 6-36　$n = 0.014$，$D = 2600$mm

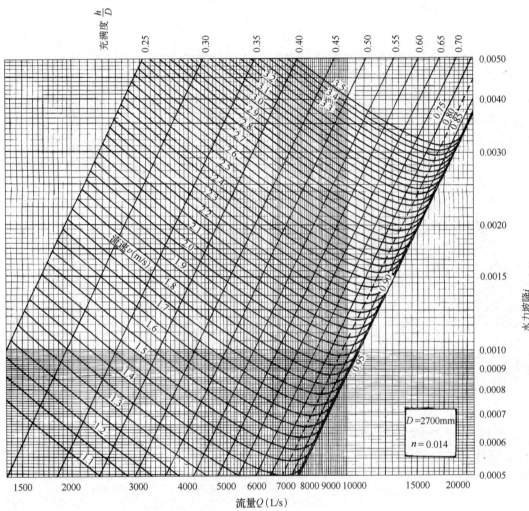

图 6-37　$n=0.014$，$D=2700mm$

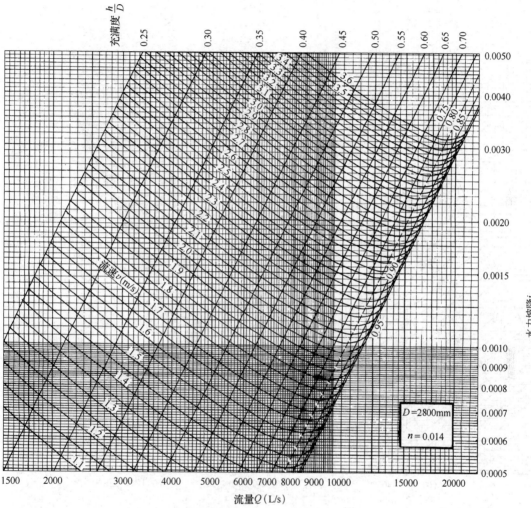

图 6-38　$n = 0.014$，$D = 2800\text{mm}$

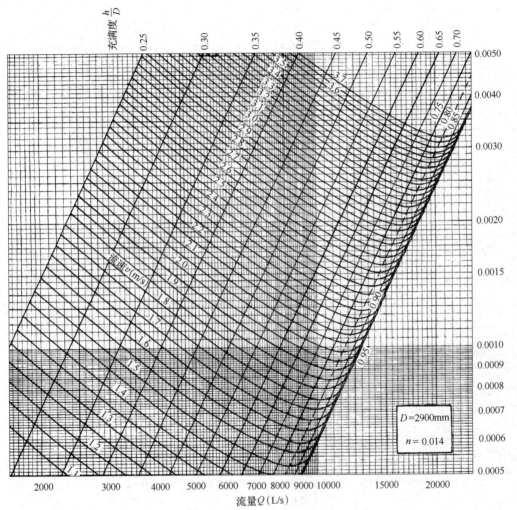

图 6-39　$n = 0.014$，$D = 2900$mm

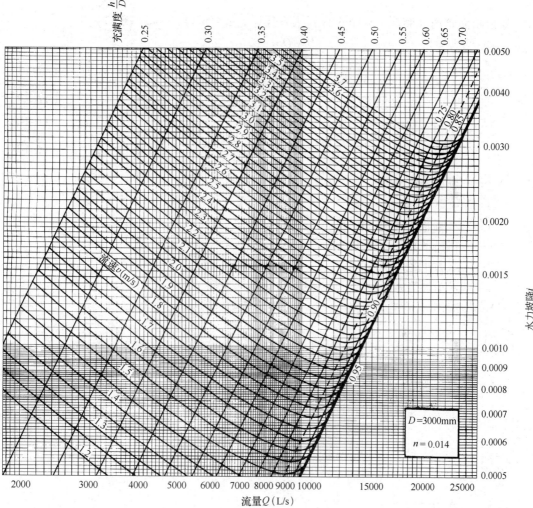

图 6-40 $n = 0.014$，$D = 3000\mathrm{mm}$

6.3 矩形断面暗沟（满流，$n = 0.013$）水力计算图

6.3.1 计算公式

矩形断面暗沟（满流，见图 6-41）水力计算见式（6-14）～式（6-17）。

$$Q = vA$$

$$v = \frac{1}{n} R^{2/3} i^{1/2} \tag{6-14}$$

$$A = WH \tag{6-15}$$

$$X = 2W + 2H \tag{6-16}$$

$$R = \frac{A}{X} \tag{6-17}$$

式中　Q——流量（m³/s）；

　　　v——流速（m/s）；

　　　A——水流断面面积（m²）；

　　　n——粗糙系数，$n = 0.013$；

　　　R——水力半径（m）；

　　　i——水力坡降；

　　　X——湿周（m）。

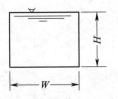

图 6-41　矩形断面示意

6.3.2 水力计算

矩形断面暗沟 $W = 500 \sim 3000\text{mm}$（满流，$n = 0.013$）水力计算见图 6-42～图 6-60；图中 W 表示底宽，（四）表示四面湿周。

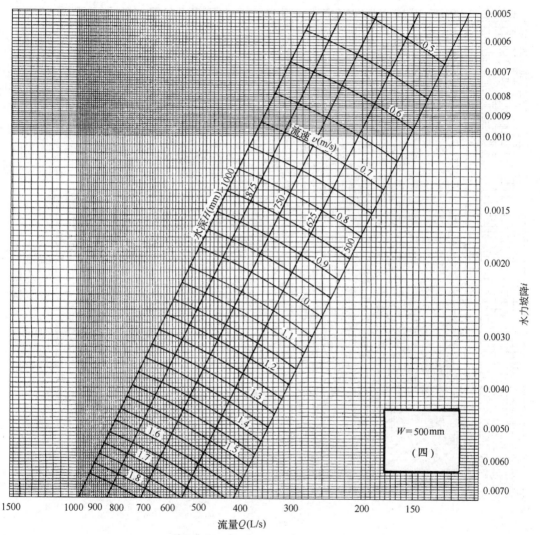

图 6-42　$W = 500$mm，满流，$n = 0.013$

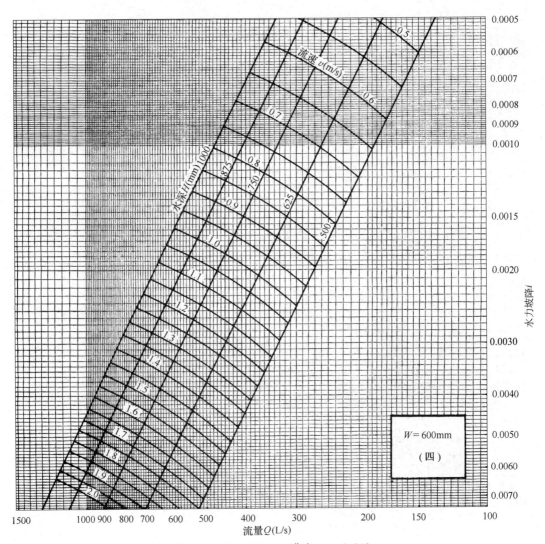

图 6-43　$W = 600$mm，满流，$n = 0.013$

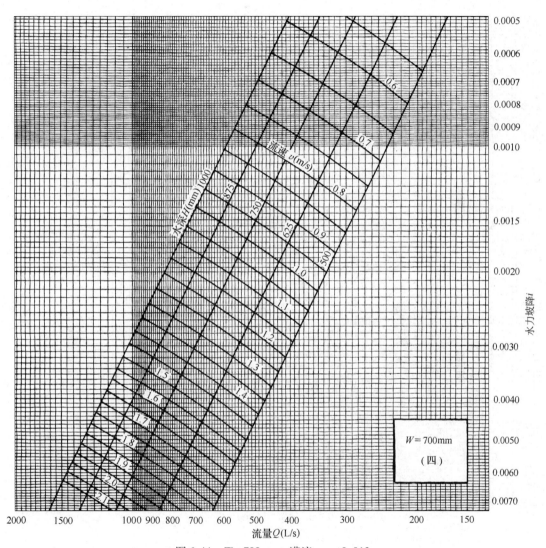

图 6-44　$W = 700 \text{mm}$，满流，$n = 0.013$

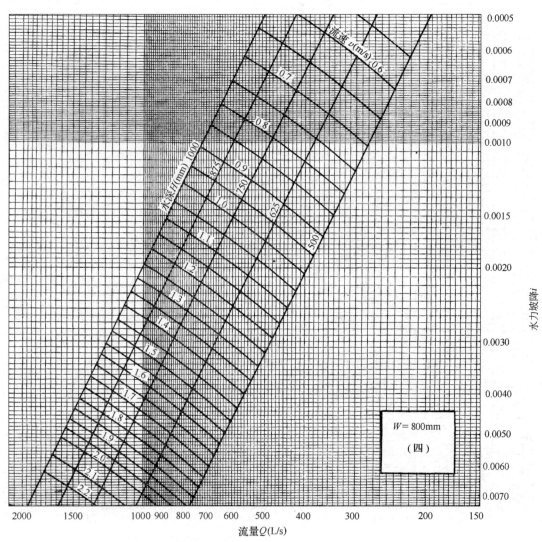

图 6-45　$W=800$mm，满流，$n=0.013$

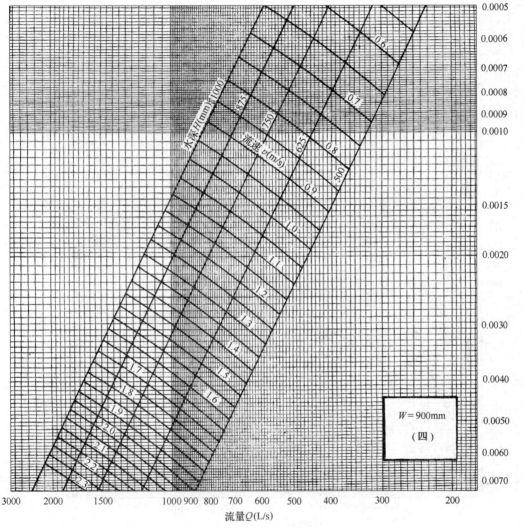

图 6-46 $W = 900$mm，满流，$n = 0.013$

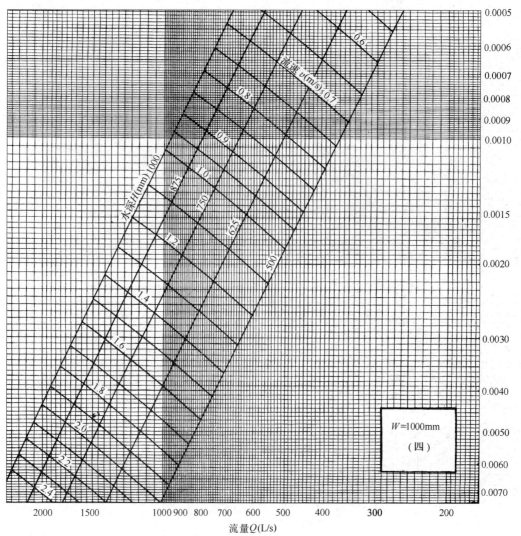

图 6-47　$W = 1000$mm，满流，$n = 0.013$

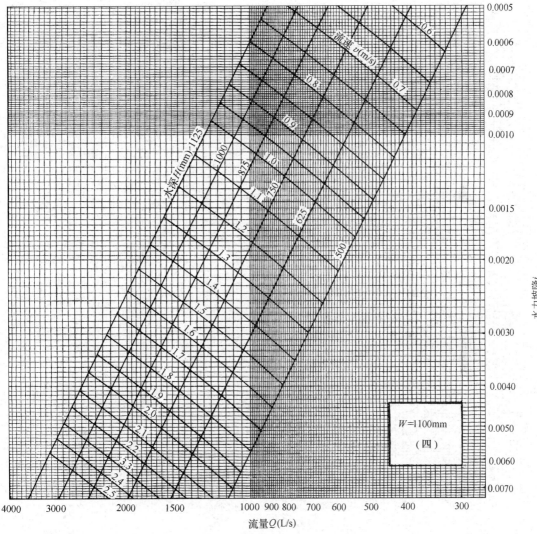

图 6-48　　$W = 1100$mm，满流，$n = 0.013$

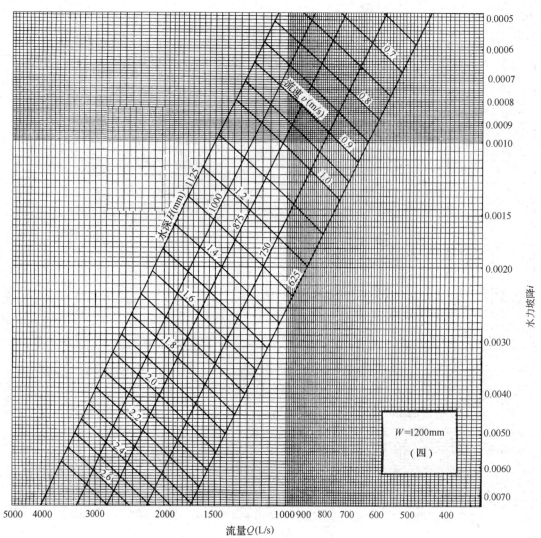

图 6-49　W = 1200mm，满流，n = 0.013

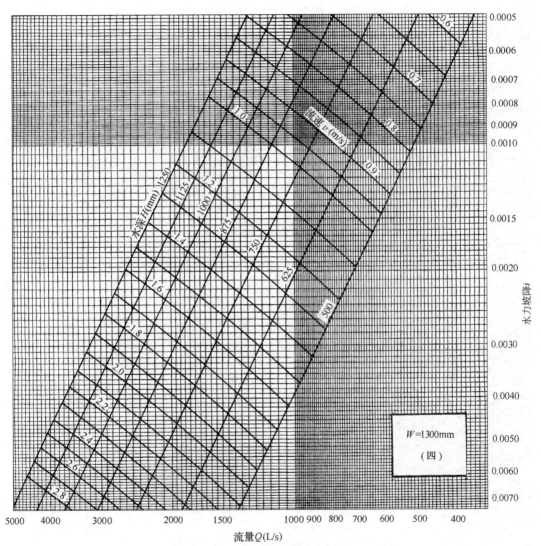

图 6-50 $W = 1300$mm，满流，$n = 0.013$

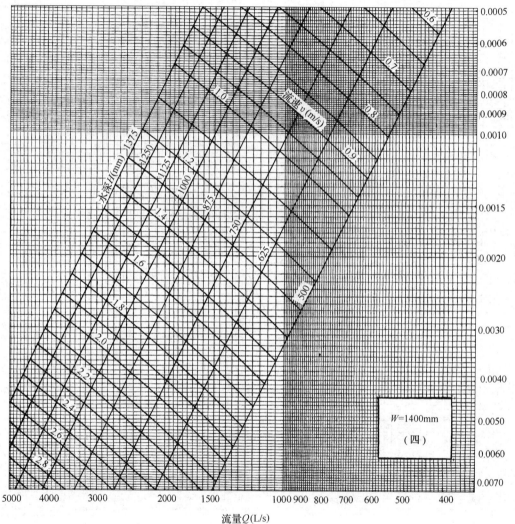

图 6-51 $W = 1400\text{mm}$，满流，$n = 0.013$

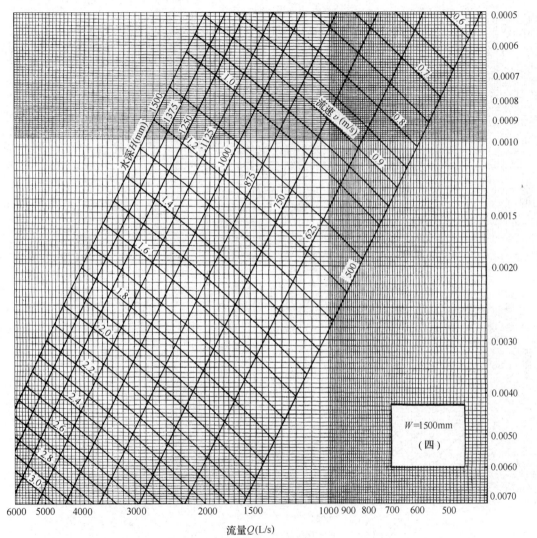

图 6-52　$W = 1500\text{mm}$，满流，$n = 0.013$

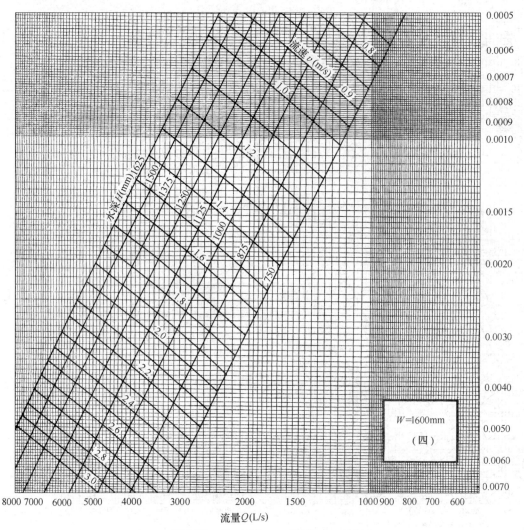

图 6-53　$W=1600\text{mm}$，满流，$n=0.013$

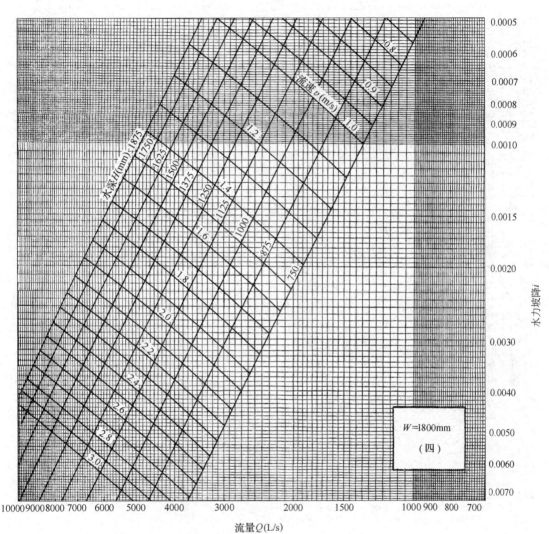

水深H(mm):1875 1750 1625 1500 1375 1250 1125 1000 875 750

流速v(m/s)

0.8 0.9 1.0 1.2 1.4 1.6 1.8 2.0 2.2 2.4 2.6 2.8 3.0

水力坡降i

0.0005
0.0006
0.0007
0.0008
0.0009
0.0010
0.0015
0.0020
0.0030
0.0040
0.0050
0.0060
0.0070

W=1800mm

（四）

流量Q(L/s)

10000 9000 8000 7000 6000 5000 4000 3000 2000 1500 1000 900 800 700

图 6-54　W = 1800mm，满流，n = 0.013

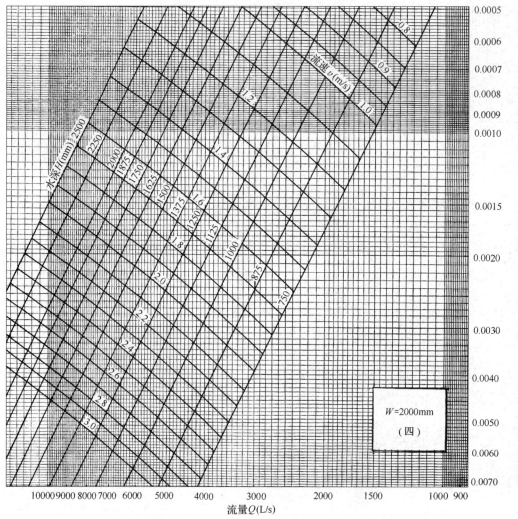

图 6-55 $W = 2000\text{mm}$，满流，$n = 0.013$

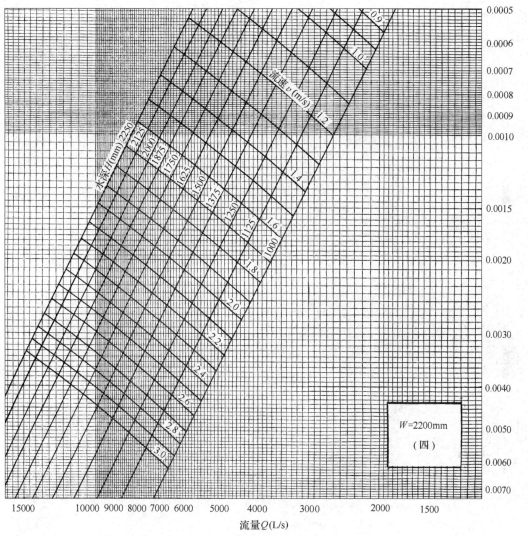

图 6-56　$W = 2200\text{mm}$，满流，$n = 0.013$

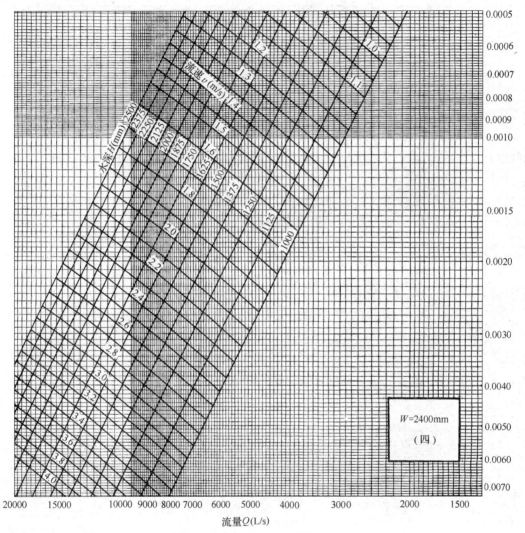

图 6-57　$W = 2400$mm，满流，$n = 0.013$

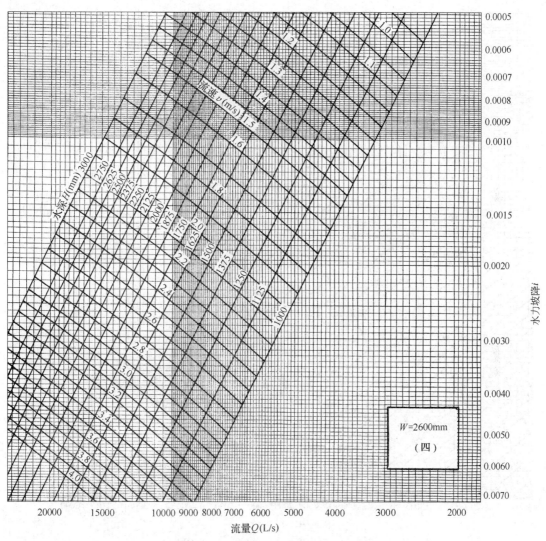

图 6-58　$W=2600\mathrm{mm}$，满流，$n=0.013$

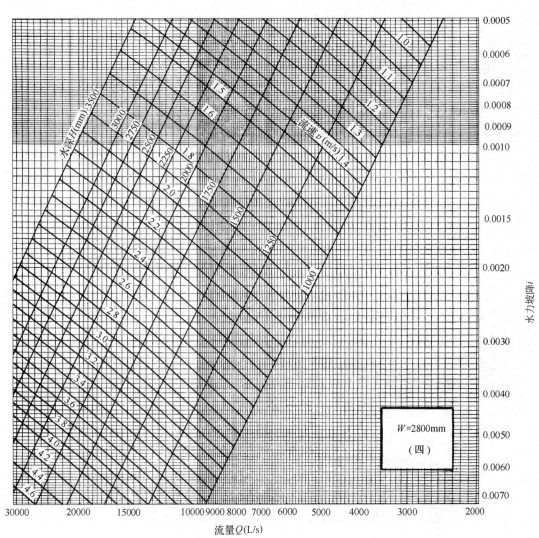

图 6-59　W = 2800mm，满流，n = 0.013

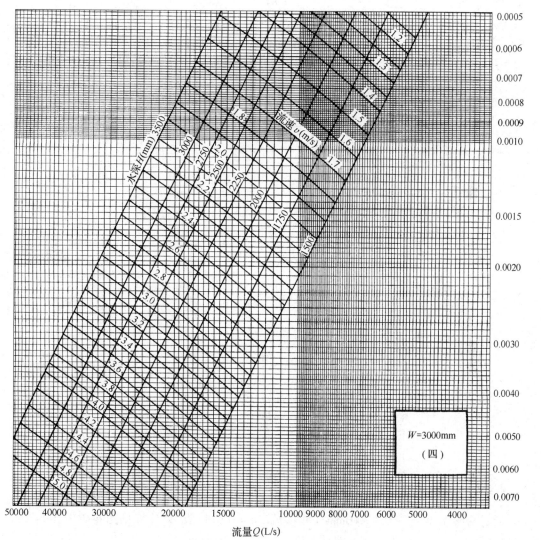

图 6-60　$W = 3000$mm，满流，$n = 0.013$

6.4 矩形断面暗沟（非满流，$n = 0.013$）水力计算图

6.4.1 计算公式

矩形断面暗沟（非满流，见图 6-61）水力计算，见式（6-18）~式（6-22）：

$$Q = Av \tag{6-18}$$

$$v = \frac{1}{n}R^{2/3}i^{1/2} \tag{6-19}$$

$$A = WH \tag{6-20}$$

$$X = W + 2H \tag{6-21}$$

式中　Q——流量（m^3/s）；

　　　v——流速（m/s）；

　　　A——水流断面面积（m^2）；

　　　n——粗糙系数；$n = 0.013$；

　　　R——水力半径（m）；

$$R = \frac{A}{X} \tag{6-22}$$

　　　i——水力坡降；

　　　X——湿周（m）。

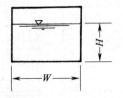

图 6-61　矩形断面示意

6.4.2 水力计算

矩形断面暗沟 $W = 1000 \sim 3000mm$（非满流，$n = 0.013$）水力计算见图 6-62 ~ 图 6-75；图中 W 表示底宽，（三）表示三面湿周。

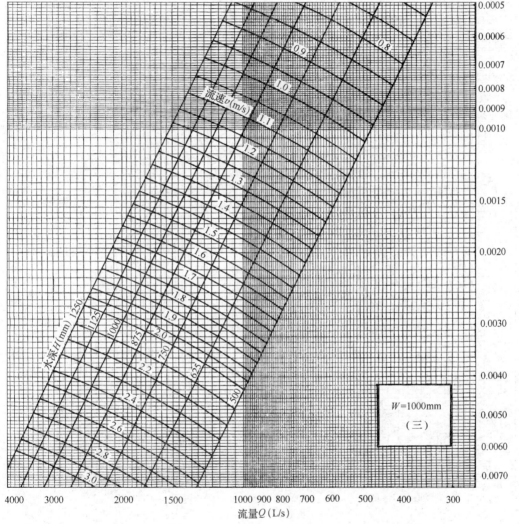

图 6-62　$W = 1000\text{mm}$，非满流，$n = 0.013$

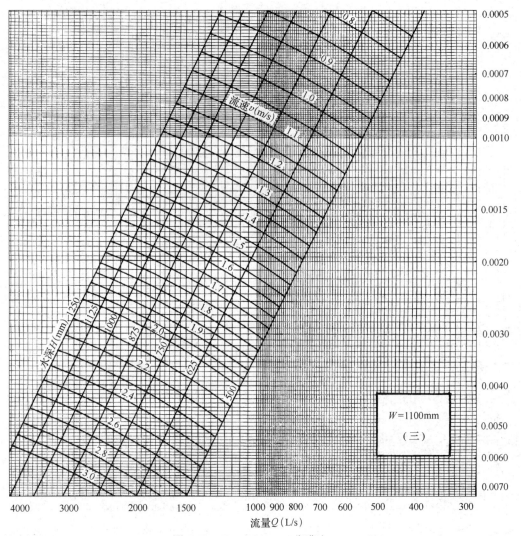

图 6-63　$W = 1100$mm，非满流，$n = 0.013$

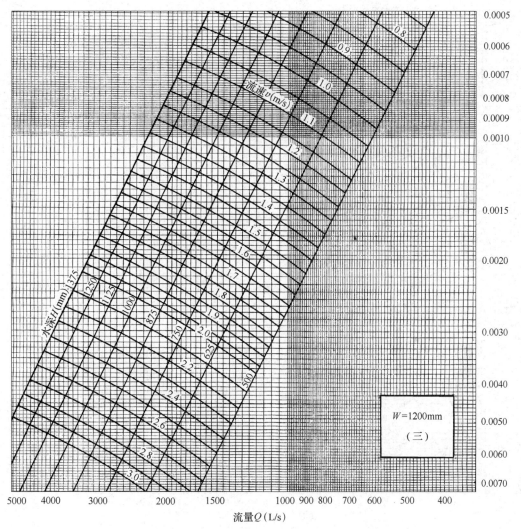

图 6-64　$W = 1200\text{mm}$，非满流，$n = 0.013$

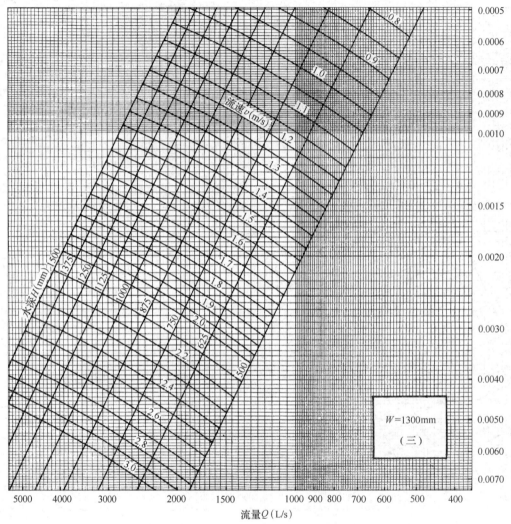

图 6-65　$W = 1300\text{mm}$，非满流，$n = 0.013$

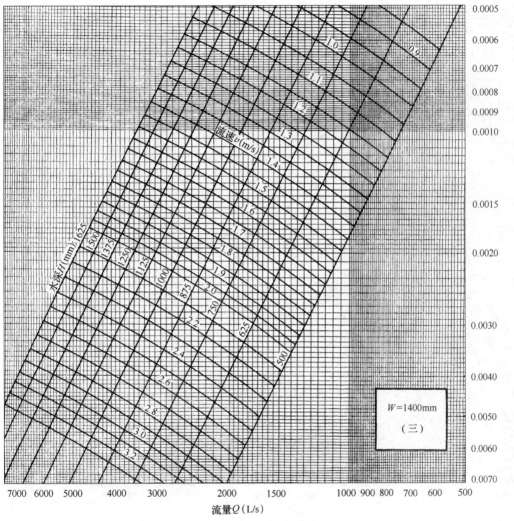

水力坡降 i

流量 Q(L/s)

图 6-66 $W = 1400$mm，非满流，$n = 0.013$

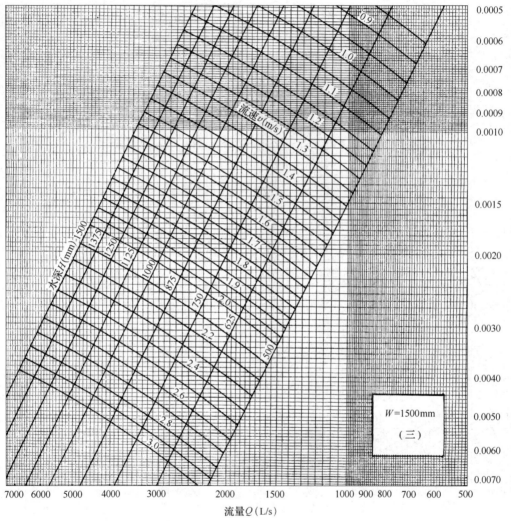

水力坡降 i

流量 Q（L/s）

图 6-67　$W=1500$mm，非满流，$n=0.013$

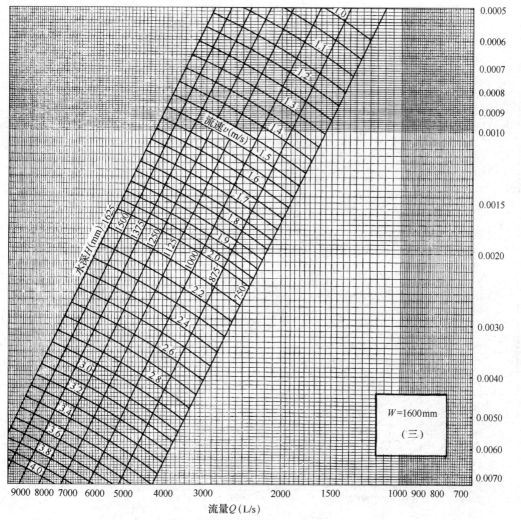

图 6-68　W = 1600mm，非满流，n = 0.013

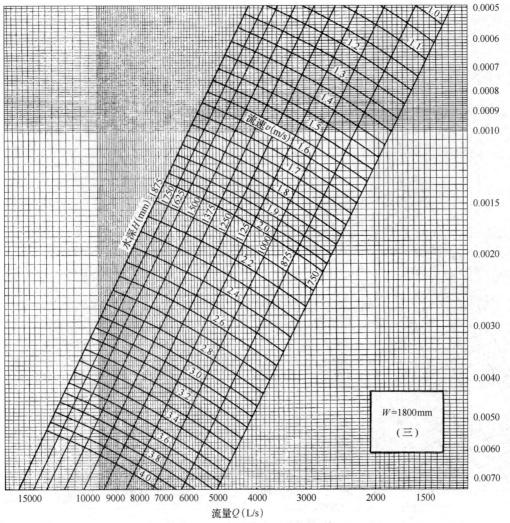

图 6-69　$W = 1800$mm，非满流，$n = 0.013$

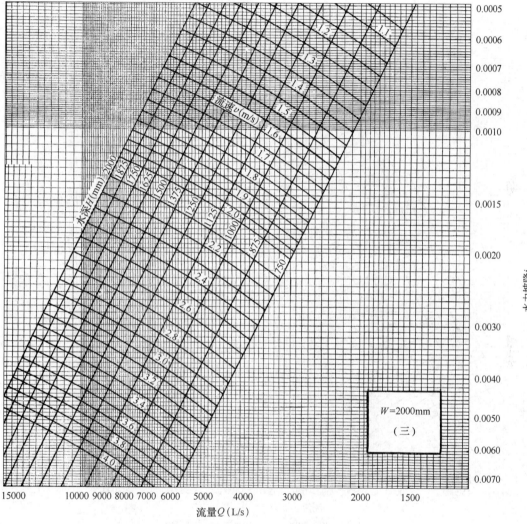

图 6-70　$W=2000$mm，非满流，$n=0.013$

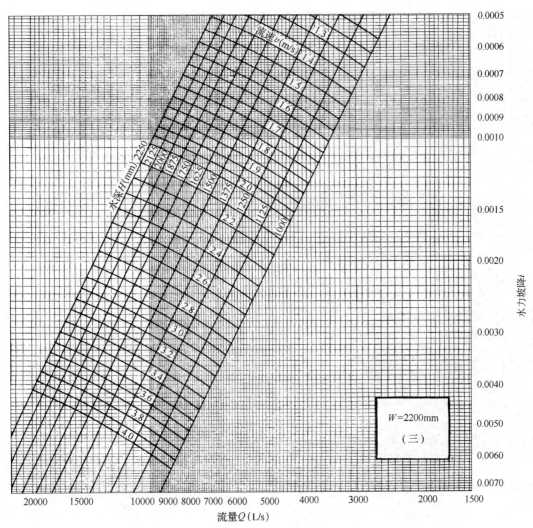

图 6-71　$W = 2200$mm，非满流，$n = 0.013$

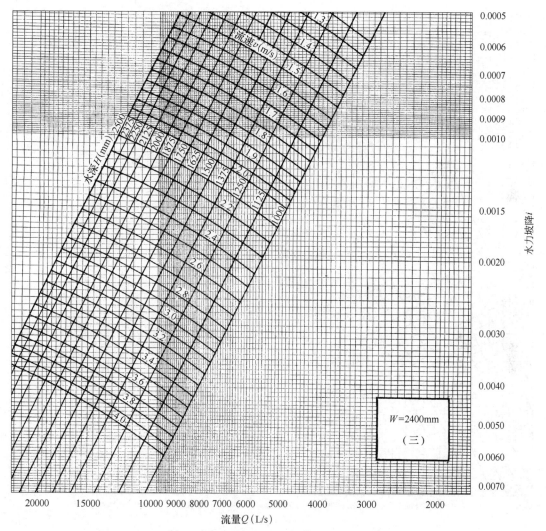

图 6-72　$W = 2400\text{mm}$，非满流，$n = 0.013$

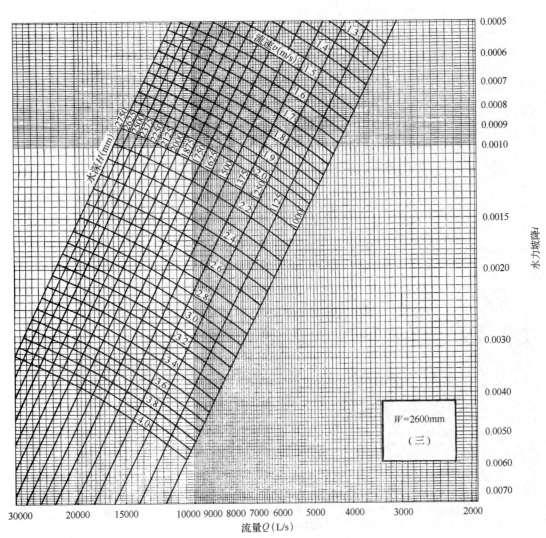

图 6-73 $W = 2600\text{mm}$ ，非满流， $n = 0.013$

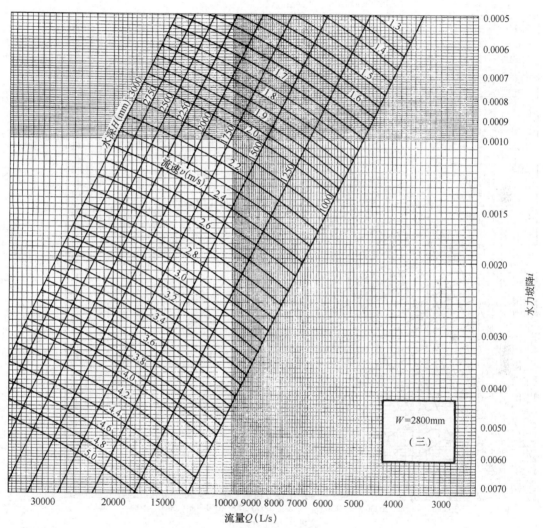

图 6-74　$W = 2800$mm，非满流，$n = 0.013$

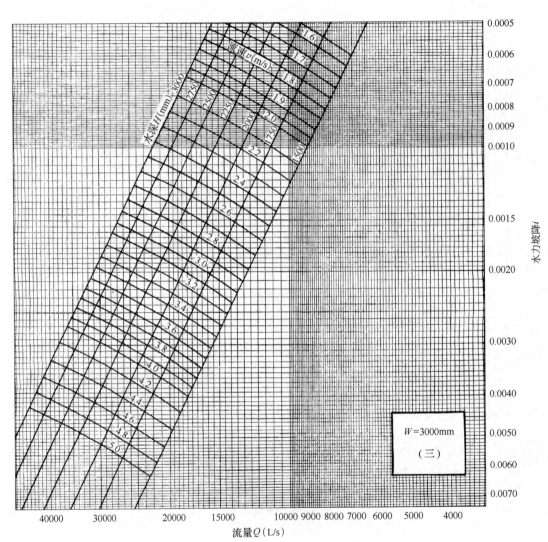

图 6-75　$W = 3000\text{mm}$，非满流，$n = 0.013$

6.5 梯形断面明渠（$n=0.025$，$m=2.0$）水力计算图

6.5.1 计算公式

梯形断面明渠（$m=2$，见图6-76）水力计算，见式（6-23）～式（6-27）：

$$Q = vA \tag{6-23}$$

$$v = \frac{1}{n}R^{2/3}i^{1/2} \tag{6-24}$$

$$A = (2H+B)\,H \tag{6-25}$$

$$X = B + 4.4721H \tag{6-26}$$

式中　Q——流量（$\mathrm{m^3/s}$）；

　　　v——流速（$\mathrm{m/s}$）；

　　　A——水流断面面积（$\mathrm{m^2}$）；

　　　n——粗糙系数；$n=0.025$；

　　　R——水力半径（m）；

$$R = \frac{A}{X} \tag{6-27}$$

　　　i——水力坡降；

　　　X——湿周（m）。

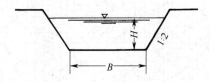

图 6-76　梯形断面示意

6.5.2 水力计算

梯形断面明渠 $B = 500 \sim 3000\mathrm{mm}$（$n=0.025$，$m=2.0$）水力计算，见图6-77～图6-92；图中 B 为明渠底宽。

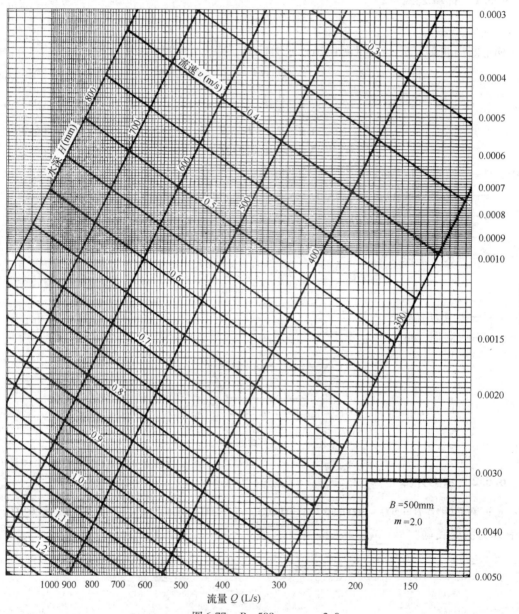

图 6-77　$B = 500\text{mm}$，$m = 2.0$

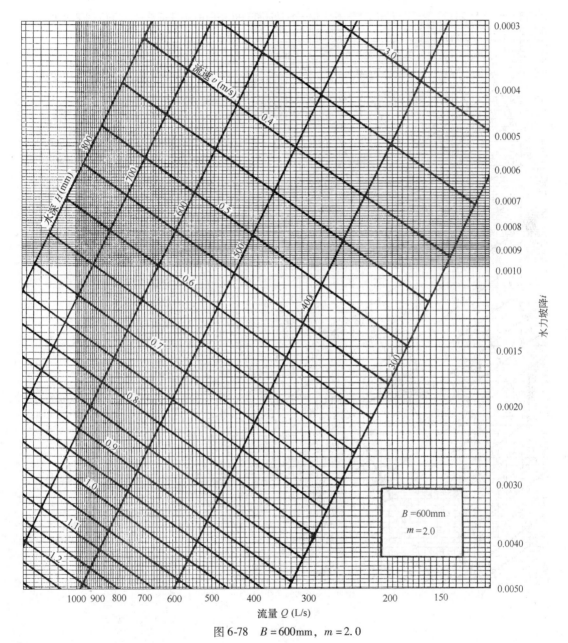

图 6-78　$B = 600$mm，$m = 2.0$

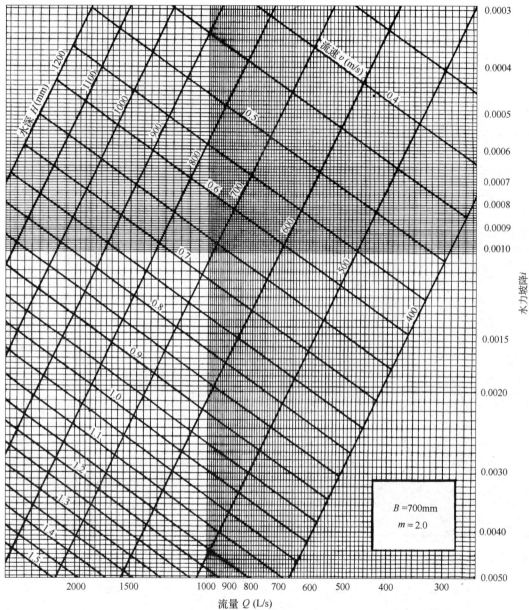

图 6-79 $B = 700\text{mm}$，$m = 2.0$

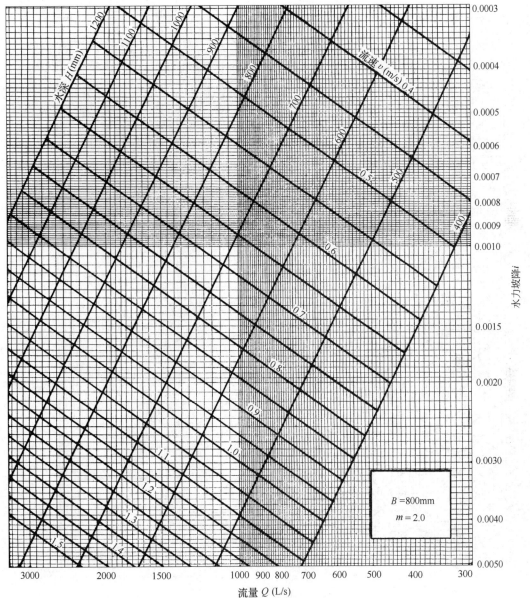

图 6-80　*B* = 800mm，*m* = 2.0

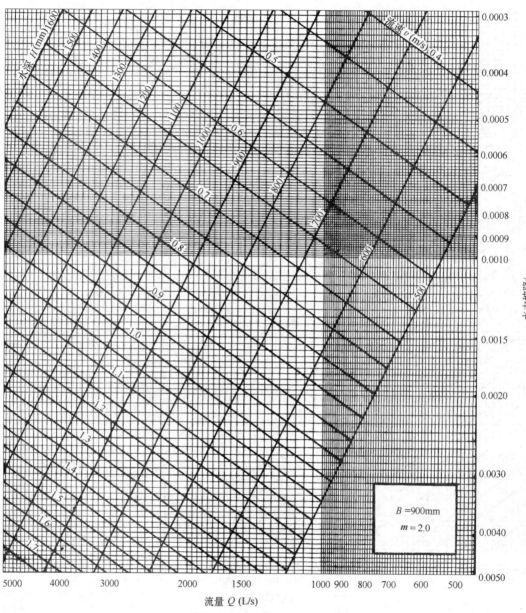

图 6-81　$B=900$mm，$m=2.0$

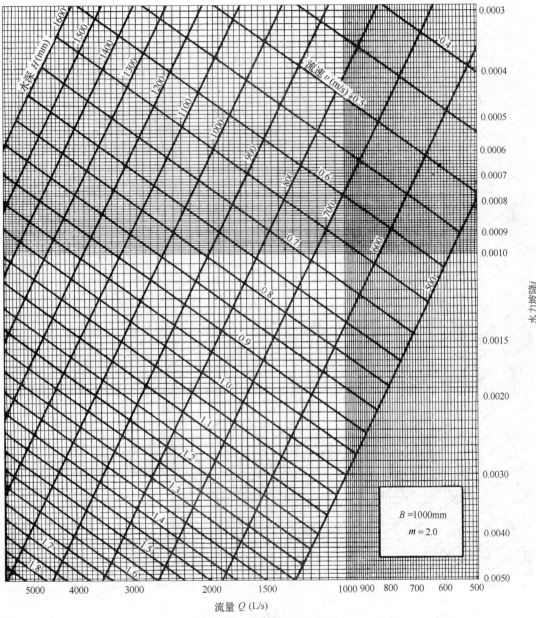

图 6-82　$B = 1000$mm，$m = 2.0$

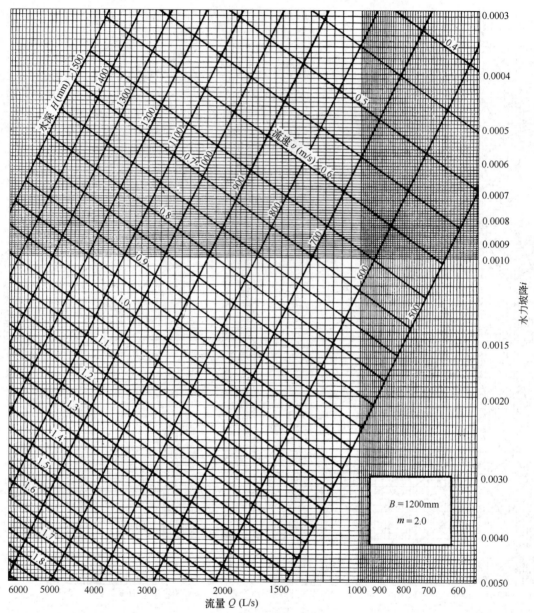

图 6-83　$B = 1200\text{mm}$，$m = 2.0$

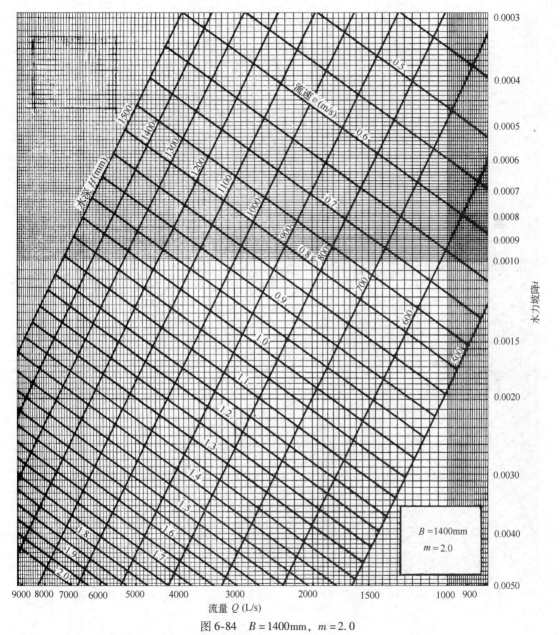

图 6-84　　$B = 1400\text{mm}$，　$m = 2.0$

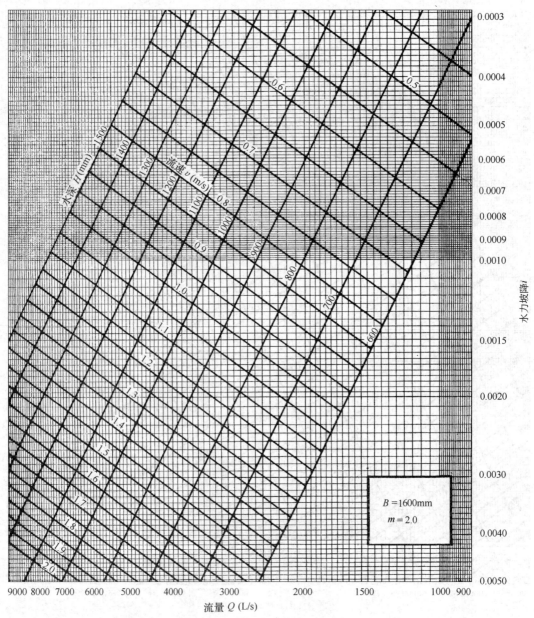

图 6-85　　$B = 1600\text{mm}$，$m = 2.0$

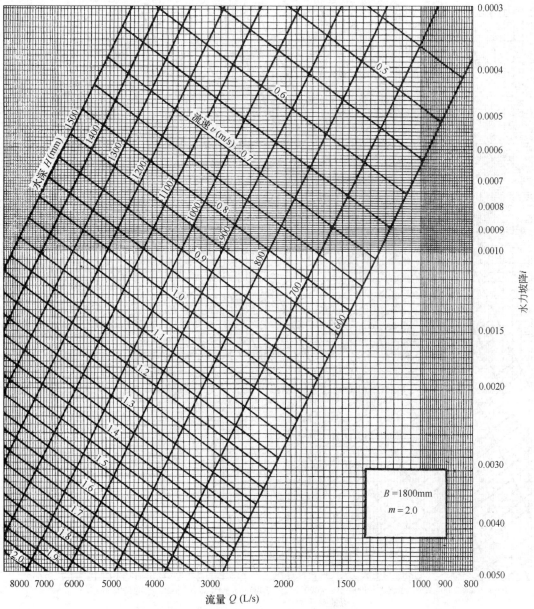

图 6-86 $B = 1800\text{mm}$，$m = 2.0$

流量 Q (L/s)

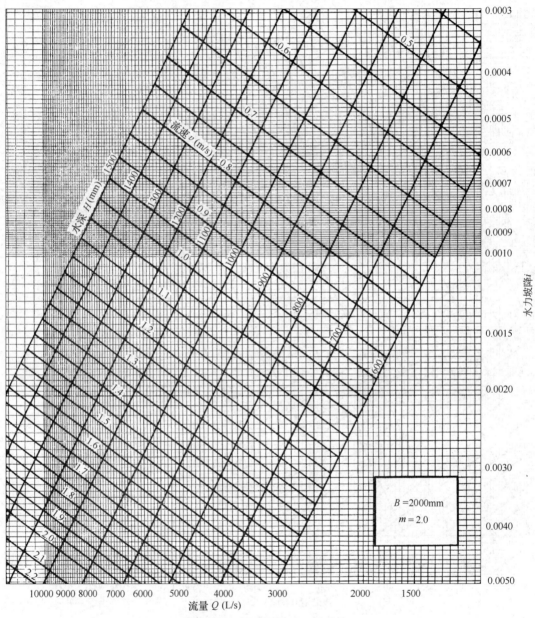

图 6-87　$B = 2000\text{mm}$，$m = 2.0$

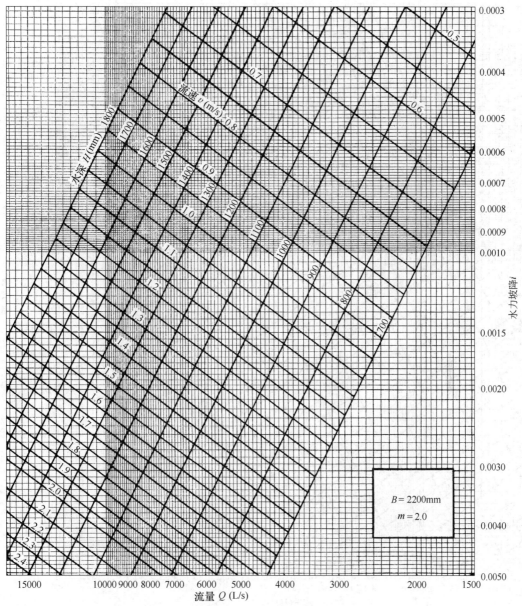

图 6-88　$B = 2200\text{mm}$，$m = 2.0$

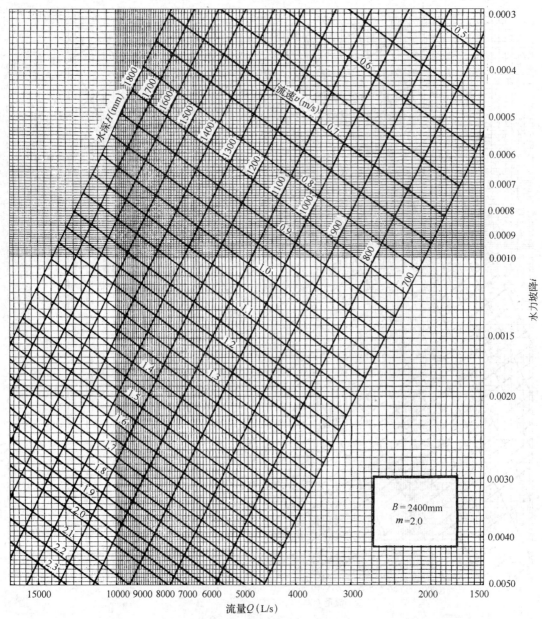

图 6-89　$B = 2400\text{mm}$, $m = 2.0$

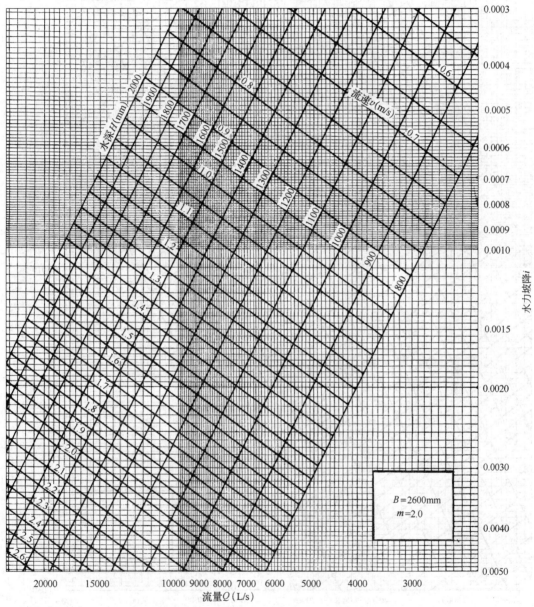

图 6-90　$B = 2600$mm，$m = 2.0$

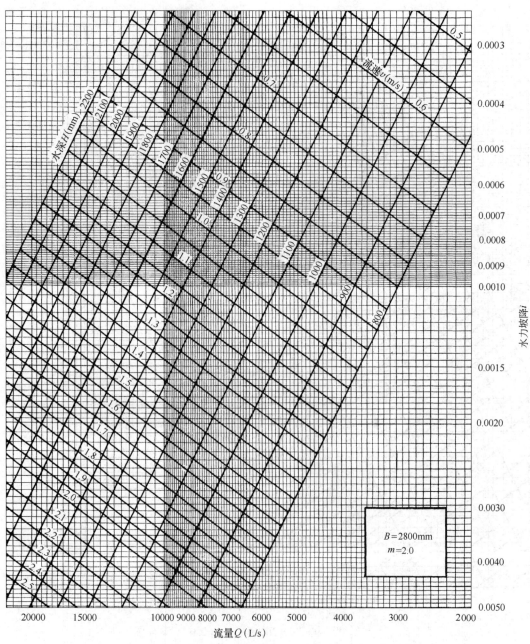

图 6-91　$B=2800$mm，$m=2.0$

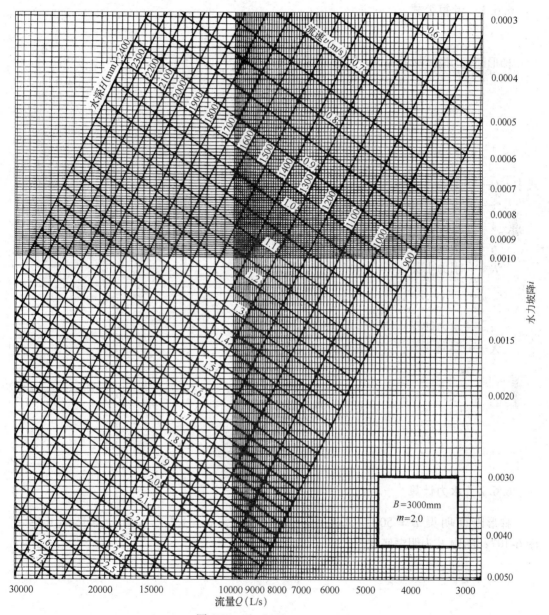

图 6-92　$B=3000mm$，$m=2.0$

6.6 梯形断面明渠（$n=0.025$，$m=1.5$）水力计算图

6.6.1 计算公式

梯形断面明渠（$m=1.5$，见图6-93）水力计算，见式（6-28）～式（6-32）：

$$Q = vA \tag{6-28}$$

$$v = \frac{1}{n}R^{2/3}i^{1/2} \tag{6-29}$$

$$A = (1.5H + B)H \tag{6-30}$$

$$X = B + 3.6056H \tag{6-31}$$

式中 Q——流量（m^3/s）；

v——流速（m/s）；

A——水流断面面积（m^2）；

n——粗糙系数，$n=0.025$；

R——水力半径（m）；

$$R = \frac{A}{X} \tag{6-32}$$

i——水力坡降；

X——湿周（m）。

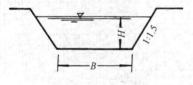

图6-93 梯形断面示意

6.6.2 水力计算

梯形断面明渠 $B=500\sim3000mm$（$n=0.025$，$m=1.5$）水力计算见图6-94～图6-107；图中 B 为明渠底宽。

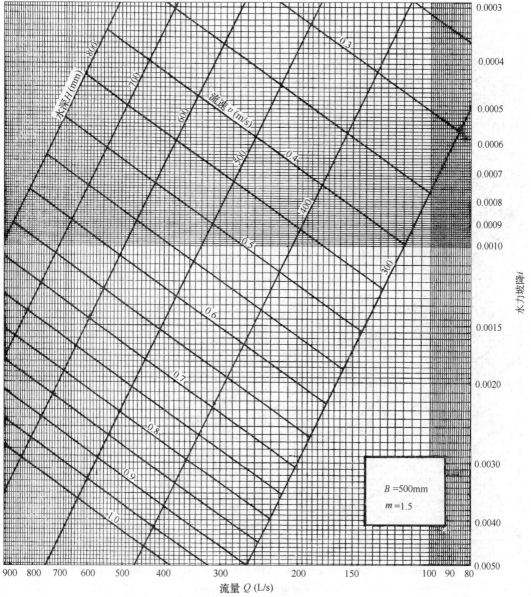

图 6-94　$B = 500\text{mm}$，$m = 1.5$

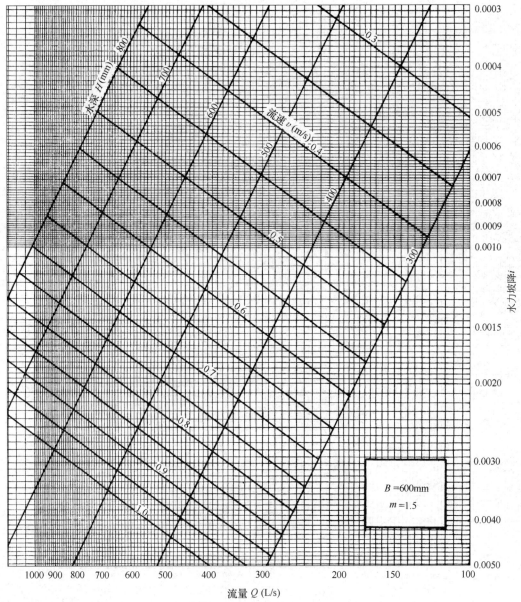

图 6-95　$B = 600\text{mm}$，$m = 1.5$

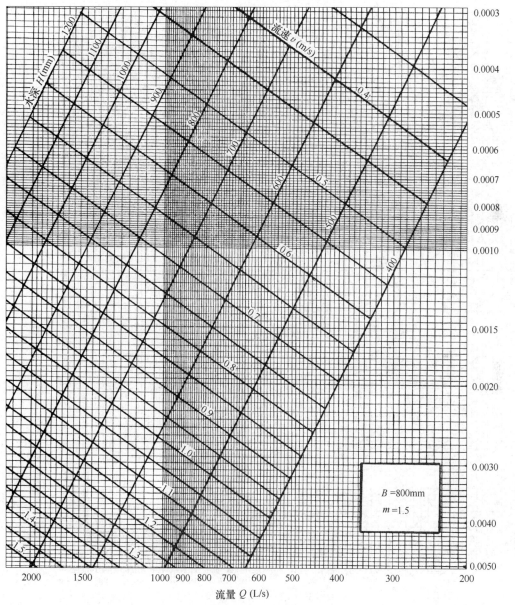

图 6-96 $B = 800\text{mm}$, $m = 1.5$

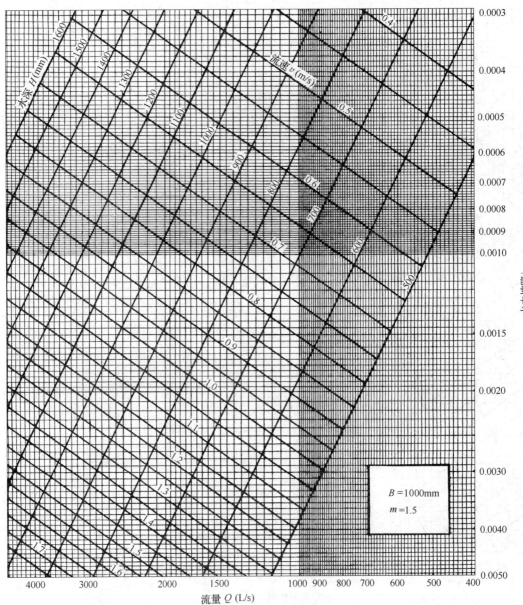

图 6-97　B = 1000mm，m = 1.5

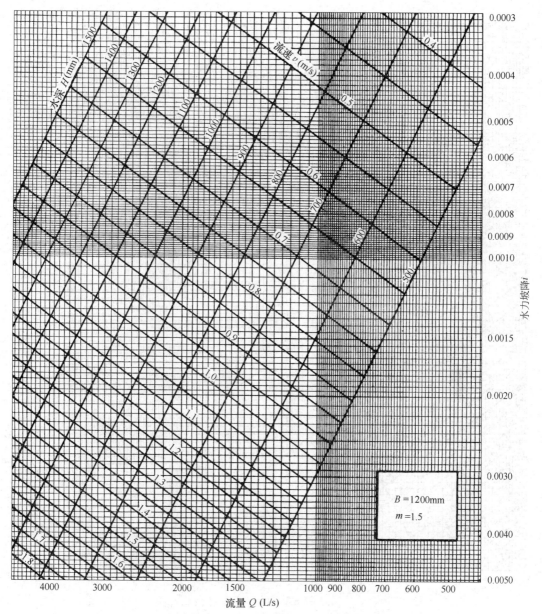

图 6-98　*B* = 1200mm，*m* = 1.5

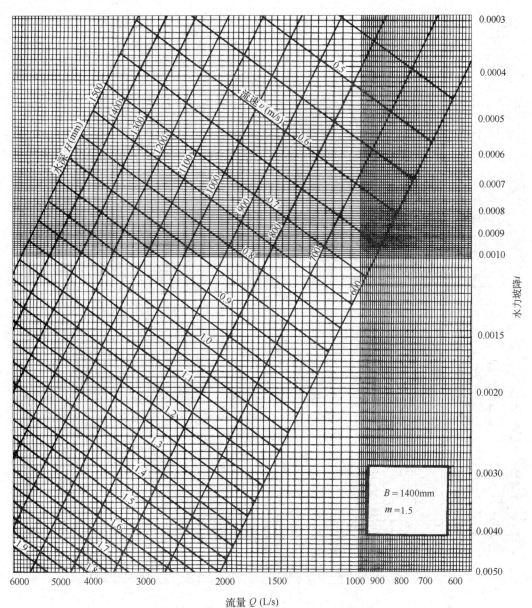

图 6-99　$B = 1400\text{mm}$，$m = 1.5$

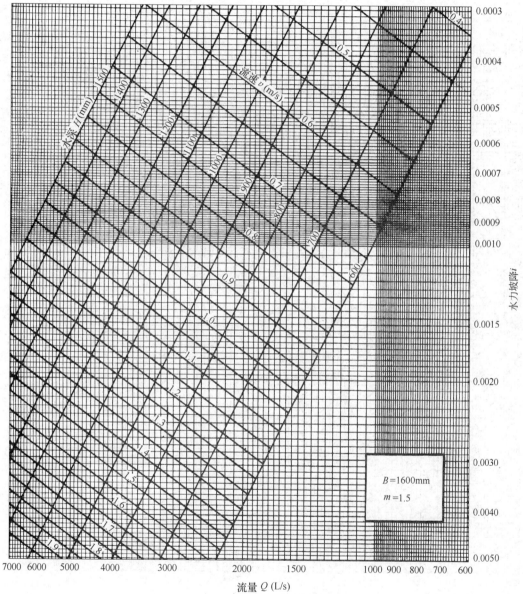

图 6-100 $B = 1600\text{mm}$，$m = 1.5$

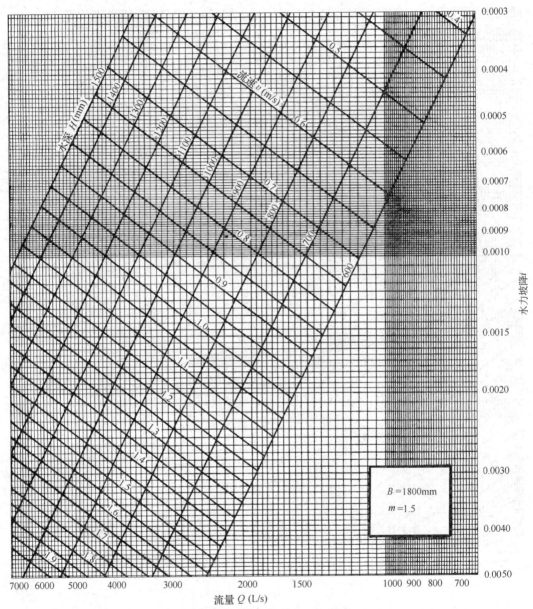

图 6-101　　$B = 1800\text{mm}$，$m = 1.5$

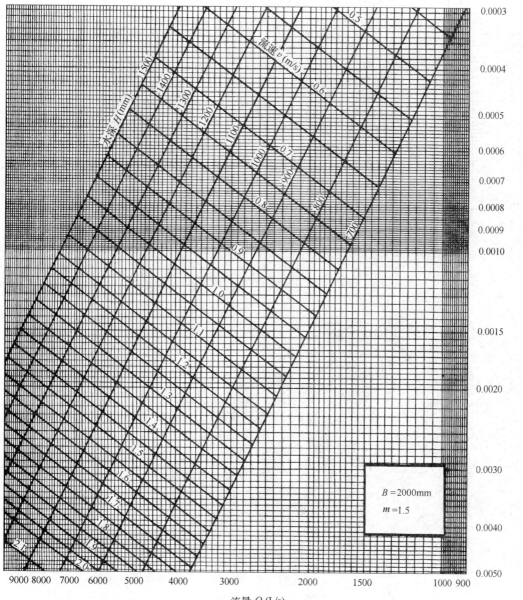

图 6-102　　$B = 2000\text{mm}$，$m = 1.5$

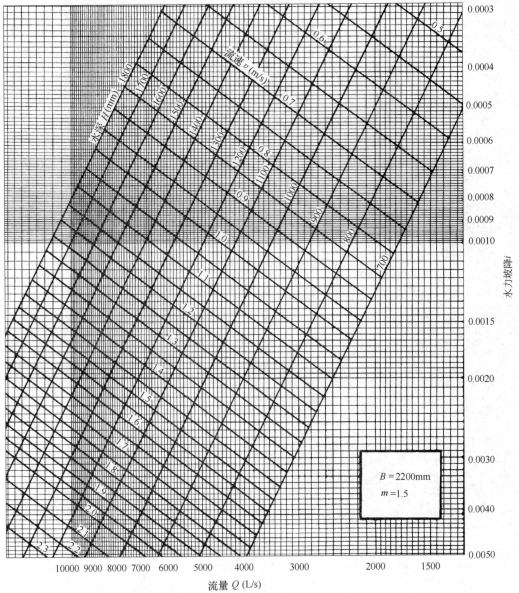

图 6-103　$B = 2200\text{mm}$，$m = 1.5$

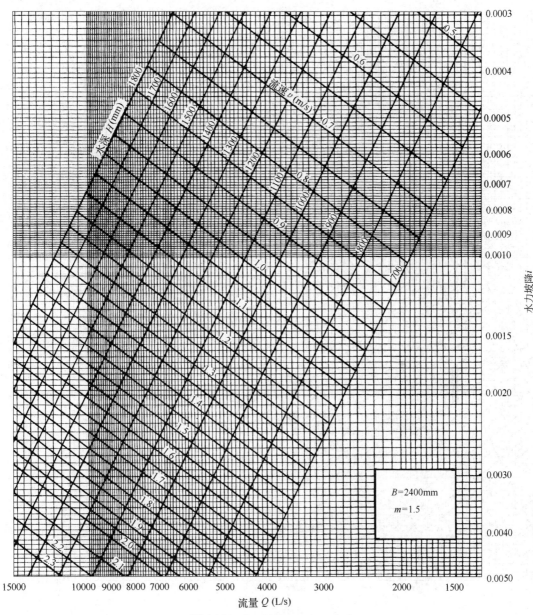

图 6-104　$B = 2400\text{mm}$，$m = 1.5$

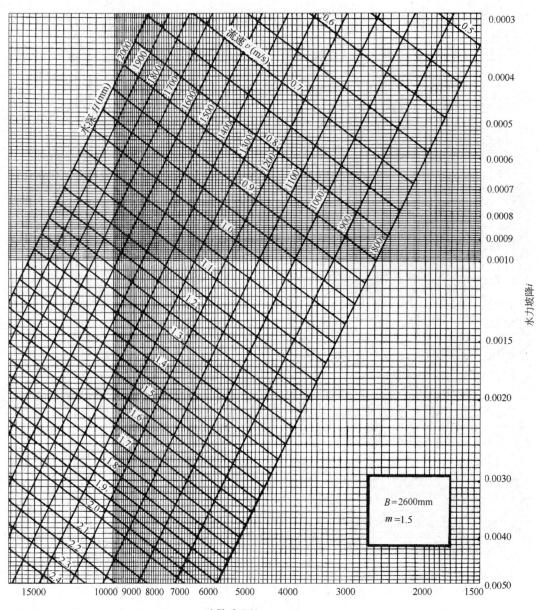

图 6-105 　$B = 2600\text{mm}$，$m = 1.5$

流量 Q (L/s)

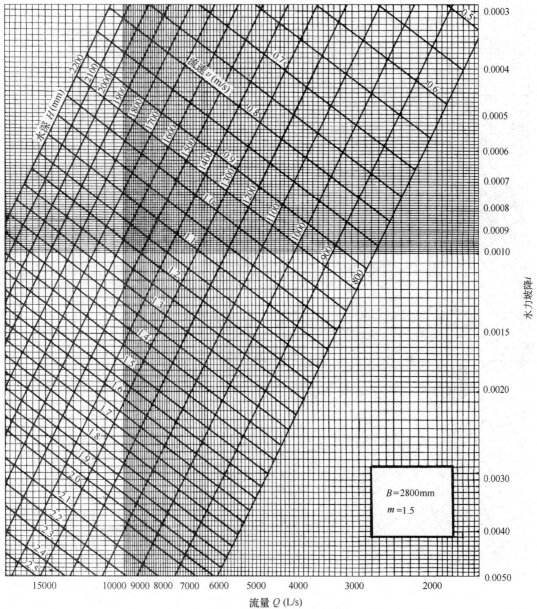

图 6-106　　$B = 2800$mm，$m = 1.5$

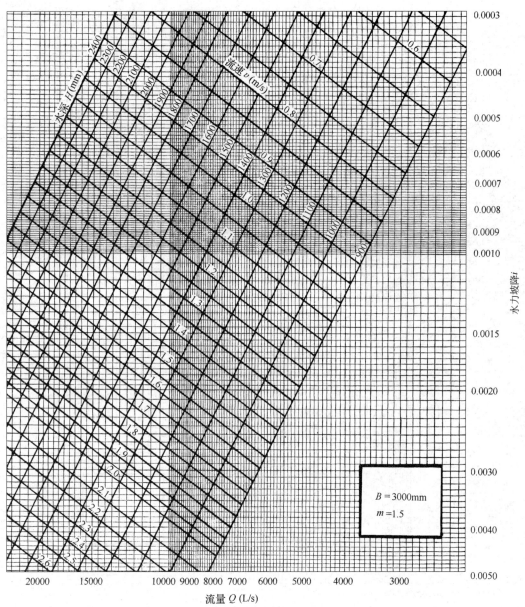

图 6-107　B = 3000mm，m = 1.5

主要参考文献

［1］中国市政工程西南设计研究院. 给水排水设计手册. 第1册常用资料［M］. 2版. 北京：中国建筑工业出版社，2000.

［2］中国建筑设计研究院有限公司. 建筑给水排水设计手册［M］. 3版. 北京：中国建筑工业出版社，2018.